生 物 問 題 集

合格100問

[生物基礎・生物]

定番難問編

田部眞哉

東進ハイスクール・東進衛星予備校 講師

はじめに

　こんにちは，田部です。私は 40 年以上にわたって大学入試問題の分析を行っていますが，近年の入試生物における変化は，これまでに経験した変化の中でも特に大きなものであり，多くの受験生たちは未だにきちんと対応しきれていないように思います。そこで，現在の入試に " 完全対応 " した問題集を作ろうと考え，既刊『生物問題集合格 177 問【入試必修編】』の続巻として完成させたのが本書です。本書の制作にあたっては以下の 3 つを重視しました。

1 圧倒的な「網羅性」

過去の入試問題（過去問）の 99％以上は，教科書（学習指導要領）の範囲内から出題されています。それらのうちの約 75 〜 80％を占めるのが，『多くの教科書に記載されている事柄を，比較的ストレートに問う「易〜標準」レベルの問題』，いわば大学へ合格するためにはミスの許されない必修問題です。『合格 177 問』ではこの必修問題のほとんどすべてを収録しました。過去問のうちの約 20 〜 25％を占めるのが，『学習指導要領の範囲内ではあるが，多くの教科書に記載されていない実験・図・表などを提示し，"教科書の知識を応用する力"を問う「やや難〜難」レベルの問題』であり，難関大合格への鍵となる問題です。本書では，この「やや難〜難」レベルの問題のうち，近年の入試において出題頻度が高いものを「定番難問」と呼び，それらのほとんどすべてを収録しました（詳細は P.3）。

『本書を徹底的にやれば，難関大合格の扉が開く！』

2 徹底した「データ分析」

全国 209 大学（詳細は P.5）およびセンター試験について，18 年分（2003 〜 2020 年）の入試「生物」・「生物基礎」や「総合問題（生物分野）」の過去問（約 18,000 大問）を収集・データ化した後，調査・分析しました。本書では，この分析結果にもとづいて問題を選定・収録しましたので，「よく見かける（ような気がした）から」「難しそうな図・表があったから」などという印象やカンに頼らない，真の「定番難問」演習が可能になります。なお，本書では，一題ごとに「出題頻度の変動」（詳細は P.4）や「入試出題頻度」ならびに「類題出題校」（詳細は P.7）を明確にするとともに，限られた紙面での学習効果を最大限に高めるための一部改題を行いました。

『本当に出題頻度の高い難問を効率よく演習しよう！』

3 正確で親切な「解答・解説」

「教科書の内容をどのように理解・記憶するか」「教科書の知識をどのように使ってどのように答えにたどりつくか」「なぜ，このように考えてはいけないのか」など，ポイントを押さえた，正確で親切な解説を書きました。

『解答・解説を丁寧に読んでちゃんとした実力をつけよう！』

　本書の作成にあたり，中井邦子さん，針ケ谷和花子さん，小山亜理沙さん，根本祐衣さんには解説作成や校正を通して内容の丁寧なチェックをしていただきました。解説作成については，橋本紫光さん，宮内菜奈子さんにお手伝いいただきました。また，企画編集にあたり，和久田希さん，倉野英樹さん，八重樫清隆さんをはじめとする東進ブックスの皆さまに大変お世話になりました。この場をかりて，厚くお礼申し上げます。

2023 年 2 月　田部 眞哉

本書の特長①入試問題の分類と本書の網羅性

生物の入試問題は次のようなタイプに分類することができます。

タイプA
多くの教科書，または一部の教科書に記載されている事柄，実験，図・表などをそのまま提示し，それらに関して用語や定義，実験の結果・結論などを比較的ストレートに問う問題，いわば合格するための必修問題（下図の $\boxed{\text{I}}$・$\boxed{\text{II}}$・$\boxed{\text{III}}$ など）。難易度は「易～標準」が多く，過去問に占める割合は約 75 ～ 80%。

タイプB
教科書（学習指導要領）の範囲内ではあるが，多くの教科書またはすべての教科書に記載のない実験，図・表などを提示し，教科書の知識を応用する力や，高い思考力を問う問題。難易度は「やや難～難」が多く，過去問に占める割合は約 20 ～ 25%。このタイプには次のような問題が含まれています。

①出題頻度が高い問題（下図の $\boxed{\text{V}}$ など）。
②出題頻度が高かった問題（下図の $\boxed{\text{IV}}$）。
③出題頻度が低かったが，近年増加傾向にある問題（下図の $\boxed{\text{VI}}$）。

本書では，これらを定番難問と呼ぶ。
（タイプBに占める出題の割合は，約 75 ～ 80%である。）

④出題頻度が低い問題（下図の $\boxed{\text{IV}}$）。タイプBの約 15 ～ 25%。本書では未収録。
⑤過去に出題歴がない新規テーマ問題。タイプBの 5% 程度ですが，この問題の高頻度出題大学（東京大・京都大・早稲田大・慶應義塾大・東京理科大など）もあります。本書では未収録。

タイプC
教科書（学習指導要領）の範囲外の知識を問うたり，教科書の範囲外の知識がなければ正解にたどりつけない問題，いわば反則問題。入試生物の全設問に占める割合は 0.1 ～ 0.2% ですが，反則問題を好んで出題する大学もあるので要注意。本書では未収録。

入試全体の約 75～80% を占める「合格するために必修」の問題。このタイプの問題のほとんどすべてを『合格 177 問』に収録。

入試全体の約 20～25% を占める「一度解いておくと入試で差がつく」問題。本書では高頻出問題や増加傾向問題のほとんどすべてを収録。

入試全体の 0.1～0.2% に過ぎない問題。

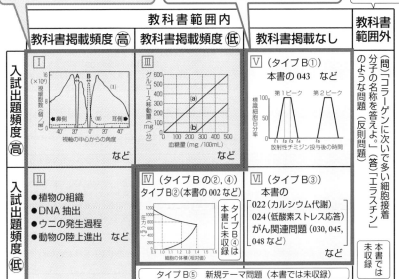

本書の特長②入試問題の収集・データ化・調査・分析

　"はじめに"で，「18年分（2003〜2020年，以下03〜20年と表記することもあり）の入試の過去問約18,000大問を収集」と言いましたが，これは毎年一定数（約1,000大問）を収集したということではありません。様々な理由により，収集できる入試問題数が年度ごとに異なっており，03〜20年（18年間）を3つの期間に分け，各期間に収集することができた大問数の合計（概算）を示すと次のようになります。

- 03〜08年の6年間（06年には教育課程変更後の初入試実施）……約4,000大問
- **09〜14年の6年間**（この間は同一教育課程における入試の継続）……約5,000大問
- 15〜20年の6年間（15年には教育課程変更後の初入試実施）……約9,000大問

　これらをデータ化，調査・分析した一例として，「出題頻度の変動」を表示（例えば → 043, ↘ 002, ↗ 030）するまでの分析過程（大学名と出題年度などの生データや，集計・計算過程）を下表に示しました。

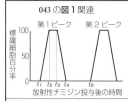043の図1関連	北海道大 (17)，愛知工業大 (18)，杏林大 (18)，東京理科大 (19) (10) (07)，愛知医科大 (20)，中央大 (19)，甲南大 (20)，宮城大 (20)，名城大 (16)，東海大 (18) (12)，旭川医大 (16)，奈良県立医科大 (15)，東京女子大 (19)，北里大 (09)，淑徳大 (20)，武庫川女子大 (18)，東京薬科大 (15)，横浜市立大 (15)，京都府立医科大 (16) (11)，関西医大 (19)，関西大 (18)，千葉大 (11)，関西学院大 (14)，大阪府立大 (14)，獨協医科大 (11)，愛知学院大 (14)，神戸大 (09)，埼玉医科大 (09)，酪農学園大 (14)，早稲田大 (08)，九州歯科大 (04)，日本大 (07)，大阪薬科大 (04)，東京大 (05)，芝浦工業大 (08)		
〔2003〜2008年〕合計**7**大問	〔2009〜2014年〕合計**12**大問	〔2015〜2020年〕合計**21**大問	出題頻度の変動
1大問あたりの出題率 $= \dfrac{7}{約4,000} = 0.0018$	1大問あたりの出題率 $= \dfrac{12}{約5,000} = \mathbf{0.0024}$	1大問あたりの出題率 $= \dfrac{21}{約9,000} = 0.0023$	→
002の図1関連	龍谷大 (16)，神戸学院大 (17)，東京薬科大 (17)，杏林大 (15)，金沢工業大 (18)，奈良教育大 (18)，立教大 (15)，静岡大 (05)，東京女子大 (19) (12) (05)，近畿大 (16) (14)，同志社大 (15)，東京電機大 (15)，獨協医科大 (14)，熊本県立大 (20)，関西医大 (14)，帝京科学大 (12)，麻布大 (13) (06)，大阪府立大 (14)，秋田県立大 (12)，中部大 (14) (13)，摂南大 (13) (12)，明治大 (10) (06) (03)，富山大 (13)，東邦大 (13) (05)，神奈川工科大 (13) (10)，北海道大 (12)，関西大 (11)，立命館大 (14)，京都工芸繊維大 (10)，信州大 (10) (03)，埼玉大 (09)，九州歯科大 (09)，鎌倉女子大 (12)，日本獣医生命科学大 (09)，法政大 (11)，女子栄養大 (13)，共立女子大 (12)，文教大 (09)，愛媛大 (09)，県立広島大 (14) (12)，		

〔003の図1関連の続き〕神戸大 (04)，広島大 (04)，高知大 (03)，東京女子大 (05)，早稲田大 (07)，東京慈恵会医科大 (08)，宮崎大 (08)，大阪薬科大 (08) (07) (04)，北里大 (08) (06)，東京農業大 (08) (04)，名古屋大 (05)，大阪医科大 (03)，日本大 (04) (07)，東北大 (04)，日本医科大 (06)，東京理科大 (08)

〔2003〜2008年〕合計**28**大問	〔2009〜2014年〕合計**32**大問	〔2015〜2020年〕合計**14**大問	出題頻度の変動
1大問あたりの出題率 $= \dfrac{28}{約4,000} = 0.007$	1大問あたりの出題率 $= \dfrac{32}{約5,000} = \mathbf{0.0064}$	1大問あたりの出題率 $= \dfrac{14}{約9,000} = 0.0016$	↘
030関連「免疫と近年の医療」〔Ⅰ〕〔Ⅱ〕	〔Ⅰ〕PLタンパク質阻害剤：同志社大 (18)，筑波大 (20)，名古屋市立大 (17)，滋賀医大 (18)　　〔Ⅱ〕その他：三重大 (18)，近畿大 (15) (19)，中央大 (17)，福岡教育大 (15)，愛知学院大 (18)，早稲田大 (15)，東京電機大 (17)，信州大 (17)，関西医科大 (18)，東京農工大 (19)，大阪大 (19)，東海大 (16)，明治大 (18)，筑波大 (20)，同志社大 (19)，関西大 (19)，お茶の水女子大 (19)，名古屋大 (19)		
〔2003〜2014年〕出題なし（〔Ⅰ〕のPLタンパク質阻害剤に関しては，本庶佑が2018年にノーベル生理学・医学賞を受賞。）		〔2015〜2020年〕合計**23**大問	出題頻度の変動 ↗

分析大学一覧

(1) 青数字の大学は複数回（前・後期，複数学部・学科，複数試験日，推薦・AO入試など）の入試について分析した。

(2) 大学名の後に記のある大学では，「記述・論述を含む問題」の出題がみられた。

No	大学名	No	大学名	No	大学名	No	大学名
1	愛知医科大 (記)	52	京都教育大 (記)	105	聖路加国際大	159	日本女子大 (記)
2	愛知学院大 (記)	53	京都工芸繊維大 (記)	106	摂南大	160	日本大 (記)
3	愛知教育大 (記)	54	京都産業大 (記)	107	大同大	161	浜松医科大 (記)
4	愛知工業大 (記)	55	京都女子大 (記)	108	玉川大	162	兵庫医科大 (記)
5	秋田県立大 (記)	56	京都大 (記)	109	千葉工業大	163	兵庫県立大 (記)
6	秋田大 (記)	57	京都府立医科大 (記)	110	千葉大 (記)	164	弘前大 (記)
7	旭川医科大 (記)	58	京都府立大 (記)	111	中央大	165	広島国際大
8	朝日大	59	共立女子大	112	中部大	166	広島大 (記)
9	麻布大	60	杏林大	113	筑波大 (記)	167	福井県立大 (記)
10	石川県立大 (記)	61	近畿大 (記)	114	鶴見大 (記)	168	福井工業大
11	茨城大 (記)	62	金城学院大	115	帝京科学大	169	福井大 (記)
12	岩手医科大 (記)	63	熊本県立大	116	帝京大 (記)	170	福岡教育大
13	岩手大 (記)	64	熊本大 (記)	117	東海大	171	福岡女子大
14	宇都宮大 (記)	65	久留米大 (記)	118	東京医科歯科大 (記)	172	福岡大 (記)
15	愛媛大 (記)	66	群馬大 (記)	119	東京医科大 (記)	173	福島県立医科大 (記)
16	桜美林大	67	慶應義塾大 (記)	120	東京海洋大	174	福島大 (記)
17	大分大 (記)	68	県立広島大	121	東京学芸大 (記)	175	藤田医科大 (記)
18	大阪医科薬科大（大阪医科大・大阪薬科大）(記)	69	工学院大 (記)	122	東京家政大	176	文教大
19	大阪教育大 (記)	70	高知工科大 (記)	123	東京工業大	177	防衛医科大学校 (記)
20	大阪工業大	71	高知大	124	東京歯科大	178	法政大 (記)
21	大阪公立大（大阪市立大・大阪府立大）(記)	72	甲南大 (記)	125	東京慈恵会医科大	179	北海学園大 (記)
22	大阪歯科大 (記)	73	神戸学院大	126	東京女子医科大	180	北海道医療大
23	大阪大 (記)	74	神戸女学院大 (記)	127	東京女子大 (記)	181	北海道科学大（北海道薬科大）(記)
24	大阪電気通信大	75	神戸大 (記)	128	東京大	182	北海道大 (記)
25	大妻女子大	76	神戸薬科大	129	東京電機大	183	前橋工科大
26	岡山県立大 (記)	77	国際医療福祉大	130	東京都市大 (記)	184	松本歯科大
27	岡山大 (記)	78	国士舘大	131	東京農業大	185	松山大 (記)
28	岡山理科大 (記)	79	国立看護大学校	132	東京農工大 (記)	186	三重大 (記)
29	お茶の水女子大 (記)	80	駒澤大	133	東京薬科大	187	宮城大 (記)
30	帯広畜産大 (記)	81	埼玉医科大	134	東京理科大	188	宮崎大 (記)
31	香川大 (記)	82	埼玉大 (記)	135	同志社女子大	189	武庫川女子大
32	学習院大 (記)	83	札幌医科大 (記)	136	同志社大 (記)	190	明海大 (記)
33	鹿児島大 (記)	84	産業医科大	137	東邦大 (記)	191	明治大 (記)
34	神奈川工科大	85	滋賀医科大 (記)	138	東北医科薬科大	192	明治薬科大
35	神奈川大 (記)	86	滋賀県立大	139	東北大 (記)	193	名城大 (記)
36	金沢医科大	87	静岡大 (記)	140	東洋大	194	安田女子大 (記)
37	金沢工業大	88	静岡理工科大 (記)	141	徳島大 (記)	195	山形大 (記)
38	金沢大 (記)	89	自治医科大	142	徳島文理大 (記)	196	山口県立大
39	鎌倉女子大 (記)	90	実践女子大 (記)	143	常葉大	197	山口大 (記)
40	川崎医科大	91	芝浦工業大	144	獨協医科大	198	山梨大 (記)
41	関西医科大 (記)	92	島根大 (記)	145	鳥取大 (記)	199	横浜国立大
42	関西大 (記)	93	淑徳大	146	富山県立大	200	横浜市立大 (記)
43	関西学院大 (記)	94	東京都立大（首都大学東京）(記)	147	富山大 (記)	201	酪農学園大 (記)
44	関東学院大	95	順天堂大 (記)	148	長岡技術科学大 (記)	202	立教大 (記)
45	北九州市立大 (記)	96	上智大 (記)	149	長崎大 (記)	203	立正大
46	北里大	97	湘南工科大	150	名古屋市立大 (記)	204	立命館大 (記)
47	岐阜大	98	昭和女子大 (記)	151	名古屋大 (記)	205	琉球大 (記)
48	九州工業大 (記)	99	昭和大	152	奈良教育大 (記)	206	龍谷大
49	九州産業大 (記)	100	女子栄養大	153	奈良県立医科大 (記)	207	和歌山県立医科大 (記)
50	九州歯科大 (記)	101	信州大 (記)	154	奈良女子大 (記)	208	和歌山大 (記)
51	九州大 (記)	102	水産大学校	155	新潟大 (記)	209	早稲田大 (記)
		103	成蹊大	156	日本医科大 (記)		センター試験（本試・追試）
		104	聖マリアンナ医科大 (記)	157	日本歯科大 (記)		
				158	日本獣医生命科学大 (記)		

本書の使い方

【本冊：問題編】

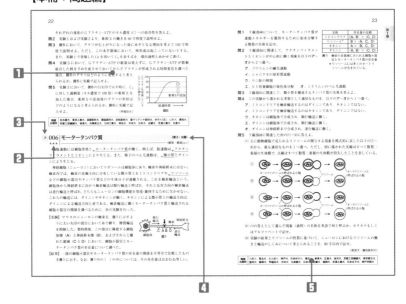

【別冊：解答解説編】

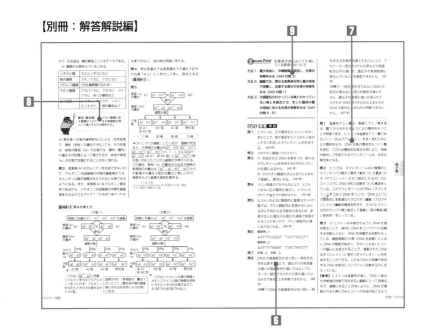

1 問題

1978年以降の膨大な入試問題から，良問を厳選して収録しています。紙面の都合や学習効果を考慮し，内容を改変したり複数の問題を統合したりしたものもあります。問題文のあとには出題された大学名が表示されています。

2 入試出題頻度

問題番号や問題テーマの真下にある★マークは，「入試出題頻度」を3段階で表したものです。★が多いものほど近年の入試に頻出の問題となります。全国209大学の現行課程の過去問（2015～2020年実施分）を分析し，出題している大学数により以下のように設定されています。なお，1つの大学が，ある問題テーマで入試実施年度・日程，学部・学科の異なる入試を複数回実施していても，大学数は「1」と数えました。

　　　★★★ … 30大学以上が出題
　　　　　　　　（1年平均5大学以上）
　　　★★ … 18～29大学が出題
　　　　　　　　（1年平均3大学以上5大学未満）
　　　★ … 6～17大学が出題
　　　　　　　　（1年平均1大学以上3大学未満）

（注）例えば，〔Ⅰ〕と〔Ⅱ〕の出題が，それぞれ8大学（★）と7大学（★）の場合は，合計が8＋7＝15大学（★）となります。

3 出題頻度の変動

問題番号の左側にある矢印は，「出題頻度の変動」を ↗，→，↘ で示したものです。P.4に記したように，2003～2020年（18年間）を6年ずつの3つの期間（2003～2008年，2009～2014年，2015～2020年）に分け，各期間の出題頻度が，増加傾向にあれば ↗ を，横ばいなら → を，減少傾向にあれば ↘ を記しました。

4 『生物合格77講【完全版】』対応講

その問題のテーマが『生物合格77講【完全版】』のどの講に対応しているかを表したものです。復習の際の参考としてください。

※『生物合格77講【完全版】』『生物合格77講【完全版】2nd edition』のいずれにも対応しています。

5 類題出題校

全国209大学のうち，2015～2020年の6年間に類似問題を出題した大学の一例を**太字**で示しました。また，2014年以前に類似問題を出題した大学を細字で示しました。類似問題には，同じ図や表を掲載しているもの，同じ内容の設問を出題しているもの，同じ内容が異なる形式で問われているものを含みます。

6 解答

解答字数が設定されている問題については，漢字・ひらがな・アルファベット・句読点・括弧・スラッシュなどの記号を1文字としてカウントし，小数点や乗数，添字などの小さな文字はカウントしていません。実際の入試においても，字数はあくまで解答する際の目安ですので，字数にこだわらず内容を重視しましょう。なお，同じ内容の解答でも，異なった視点にもとづいたものや異なった表現方法があり，それらが重要であると思われる場合は， 解答 に〈別解〉として示したり， 解説 の中で言及したりしています。

7 解説

解法の着眼点・道すじ・注意点などを詳しく示しました。視覚的にわかりやすくするため，図や表を多数掲載しています。また，教科書外ではあるが，問題の理解の助けとなる内容を【参考】として示しています。

8 キャラクターコメント

問題を解くときに注意が必要なポイント，入試の出題傾向などを「田部クマ」が解説しています。

9 Success Point

その問題や分野に関する重要事項や出題傾向をまとめたものです。必ず読んでおきましょう。

目次

章	問題番号	頻出度	問題テーマ	キーワード	『177問』対応問題	頁
第5章 酵素と代謝	31	★★	酵素反応速度論	ミカエリス定数，競争的阻害，非競争的阻害，二重逆数プロット	048	74
	32	★	酵素反応と温度	最適温度，赤血球，Na^+-K^+-ATP アーゼ	048	76
	33	★★★	消化・吸収	消化酵素，炭水化物分解酵素，タンパク質分解酵素	047	78
	34	★	解糖系で働く酵素	アロステリック酵素，補酵素，ATP，AMP	049, 051, 052	78
	35	★★★	電子伝達系	ATP 合成酵素，溶存酵素，ミトコンドリア内膜，化学浸透説，チラコイド膜	052, 059	80
	36	★★	酵母の代謝と気体の出入り	水酸化ナトリウム，窒素(N_2)	057	83
	37	★★	光合成速度と環境条件	グルコース蓄積量，クロレラ懸濁液	060, 061	84
	38	★★	C_3 植物・C_4 植物・CAM 植物	RuBP カルボキシラーゼ，C_4 化合物，PEP カルボキシラーゼ，気孔抵抗，リンゴ酸	062	85
	39	★★★	光合成に関する研究	白色光，プリズム，シュウ酸鉄	063	86
	40	★★★	窒素同化・窒素固定	必須アミノ酸，根粒，接ぎ木，根粒形成抑制シグナル	003, 065	89
	41	★★★	代謝に関する化学反応式	化学合成，発酵，緑色硫黄細菌	052, 064	92
第6章 遺伝情報の複製と細胞周期	42	★★★	細胞周期と DNA 量	細胞周期，培養細胞，同調・非同調	068, 069, 071, 088, 097	93
	43	★★★	細胞周期と DNA の複製	オートラジオグラフィー，放射性チミジン	068, 070	94
	44	★★	細胞周期の進行の調節	細胞の融合，プロゲストロン，サイクリン，チェックポイント	068, 081	95
	45	★	テロメア	永久増殖能，不死化細胞株，テロメラーゼ，クローン個体	112	97
第7章 遺伝子の発現とその調節	46	★★★	選択的スプライシング	エキソン，イントロン，RNA 干渉，性決定	074	99
	47	★	ポリペプチドの合成方向と特定の領域の機能	翻訳，色素体遺伝子・核遺伝子・サブユニット	077	101
	48	★	がんの原因となる遺伝子	がん原遺伝子，がん抑制遺伝子，2 段階ヒット理論，アポトーシス	108	103
	49	★	一遺伝子一酵素説・菌類	アカパンカビ，子のう菌類，組換え価	080	105
	50	★★★	ヒストン・DNA のメチル化	ヌクレオソーム，クロマチン，メチル化，アセチル化	066	108
	51	★★★	真核生物の遺伝子発現の調節（1）	転写調節領域，レポーター遺伝子，蛍光タンパク質	081	110
	52	★★★	真核生物の遺伝子発現の調節（2）	ホルモン，核内受容体，パフ	081	111
	53	★★	染色体の不活性化	遺伝子の刷り込み(ゲノムインプリンティング)，X 染色体，三毛ネコ	095	113
	54	★★	原核生物の遺伝子発現の調節	トリプトファンオペロン，ラクトースオペロン，活性化因子，抑制因子	078, 083	115

章	問題番号	頻出度	問題テーマ	キーワード	『177問』対応問題	頁
第11章 バイオテクノロジー	80	★★★	ゲノム・DNA マイクロアレイ・SNP	ゲノムサイズ，cDNA，蛍光標識，フィブリノーゲン，オーダーメイド医療	079，086	164
	81	★★★	ノックアウトマウス・キメラマウス	ジーンターゲッティング，ターゲッティングベクター，胚盤胞，ノックアウトマウス，キメラマウス	113，131	166
	82	★	ゲノム編集	CRISPR/Cas9，ガイド RNA，ノックアウトマウス		168
	83	★★	アグロバクテリウム	Ti プラスミド，植物ホルモン，オピン，制限酵素，抗生物質耐性遺伝子	130，136，	170
	84	★	モノクローナル抗体	ハイブリドーマ，がん治療，デノボ経路，サルベージ経路	041	173
	85	★★★	PCR 法・反復配列・DNA 鑑定	PCR，非翻訳領域，マイクロサテライト，親子鑑定，DNA 鑑定，反復配列，電気泳動	132，134，135	174
第12章 生態と環境	86	★★★	個体群の成長と密度	個体群密度，密度効果，最終収量一定の法則，自己間引き	140，144	176
	87	★	世界のバイオーム	バイオーム，生活系スペクトル，植物群系，植物群落	146，148	178
	88	★★★	種の多様性	侵入種，絶滅種，種分化，多様性指数	159，168	180
	89	★★★	里山の生態系	トキ，絶滅，二次林，種子散布，胸高直径	147，150	182
	90	★★★	水界生態系	植物プランクトン，シアノバクテリア，珪藻類，褐藻類，紅藻類，緑藻類，分子系統学的解析	058，061，064，151，174	185
第13章 生物の進化と系統	91	★	ハーディ・ワインベルグの法則（伴性遺伝）	X 染色体，赤緑色覚異常，伴性遺伝（子）	095，168，170，171	187
	92	★★★	集団遺伝学（淘汰・選択がある場合など）	アルビノ	170，171	188
	93	★★★	色覚の進化	赤錐体細胞，緑錐体細胞，赤オプシン，不等交差，緑オプシン，遺伝子重複，X 染色体の不活性化	015，169	189
	94	★★	胎児の循環系、ヘモグロビンの変異と進化	グロビン鎖，胎児，胎盤，卵円孔，鎌状赤血球貧血症，マラリア	027，030，075，079，169	192
	95	★★	ダーウィンフィンチ	遺伝的浮動，隔離，自然選択，遺伝子頻度	168	194
	96	★★★	分岐年代の推定・最節約法・無根系統樹	系統，最節約法，無根系統樹，遺伝的距離	172	195
第14章 特別章	97	★★★	研究者と業績	ハーシー，レーウェンフック，ミーシャー，モーガン，ジェンナー，ニーレンバーグ，グリフィス，大隅良典，岡崎令治，本庶佑，利根川進，オートファジー，ワクチン，ヌクレイン，遺伝暗号，抗体，肺炎（双）球菌，免疫チェックポイント	006，063，066，070，102，103，112，113，135，148，160，168，173	199
	98	★★★	生元素	カドヘリン，ヘモグロビン，気孔の開度上昇	002，128	200
	99	★★★	生体物質の構造式	アミノ酸，ペプチド結合，水素結合，サンガー法，ヌクレオシド三リン酸，ATP	003，050，066	200
	100	★★★	読図・描画問題	ファージ，酵母，レッドリスト，保護繁殖，ミジンコ，筋原線維，雄性配偶子	006，010，023，042	202

第1章 細胞と生体物質

↗ 001 タンパク質の構造 〈第2・42・43・61講〉

★★★ 〔I〕★★ 〔II〕★ ──────────────── 〈解答・解説〉p.2

〔I〕インスリンは,膵臓のランゲルハンス島に存在するB細胞(β細胞)から分泌される。まず,前駆体であるプロインスリンとして発現され,その後,システイン(Cys)の側鎖のSH基同士がS-S結合を形成する。さらに,特異的なアミノ酸配列を切断するタンパク質分解酵素で切断されて,活性型インスリンとなる。

図1は,プロインスリンの一次構造を直鎖状に簡略化したものである。まず,プロインスリンがB細胞内で折りたたまれ,3か所にS-S結合が形成される。アミノ末端(N末端)から数えて7番目と70番目,19番

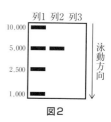

N末端 ─B鎖─↓─C鎖─↓A鎖─ C末端
                30   63   84

数字はN末端からのアミノ酸数を示し,矢印はタンパク質分解酵素による切断部位を示す。

図1

目と83番目,69番目と74番目のCysがそれぞれ結合する。その後,タンパク質分解酵素により30番目のアミノ酸と63番目のアミノ酸のカルボキシ末端(C末端)側で切断され,A鎖とB鎖からなる活性型インスリンとなって,血中に分泌される。C鎖も同様に分泌され,血中の活性型インスリンとC鎖を定量(質量や濃度などの量的関係の測定)すると,モル比1:1で検出される。

問1 タンパク質の一次構造,二次構造,三次構造の意味をそれぞれ簡潔に説明せよ。

問2 タンパク質分解酵素で切断される前の折りたたまれたプロインスリンの構造を図1にならって示せ。さらに,タンパク質分解酵素で切断された後の活性型インスリンの構造も図示せよ。ただし,それぞれの図中には,A鎖,B鎖,C鎖の別,S-S結合の位置が分かるように示せ。また,活性型インスリンの構造には,A鎖及びB鎖の両端のアミノ酸の番号を明記せよ。アミノ酸の番号は,プロインスリンで付された番号とする。

問3 タンパク質の純度などを調べるための手法として,異なるタンパク質を分子量の違いによって分離するための電気泳動法がある。この手法では,分子量が小さいタンパク質ほど,泳動方向に速く移動する。たとえば,既知の分子量のタンパク質4種類の混合物(分子量マーカー)と分子量5,000のタンパク質aを同時に電気泳動すると,図2のようなバンドとなって現れる。

S-S結合を全て切断できる濃度の還元剤を加えた活性型インスリンを,分子量マーカー(列1)とタンパク質a(列2)と同時に電気泳動した。どのような大きさのバンドが現れるか,図2の列3に図示し,バンドの横に分子量を記載せよ。また,そのように考えた根拠を80字程度で述べよ。ただし,全てのアミノ酸の分子量は100として計算せよ。

問4 活性型インスリンは,糖尿病患者の治療に古くから用いられており,血糖値の維持が図られている。しかし,活性型インスリンを血中投与するには,その度に自己

注射が必要であり，患者にとって負担が大きい。このような背景のもと，ヒトラン ゲルハンス島の移植を試みる臨床研究がなされている。ヒトランゲルハンス島を移 植する際，その初期には，活性型ヒトインスリンも血中投与される。

この併用投与において，血中の何を定量すれば，移植細胞から分泌される活性型 ヒトインスリン量のみを把握できるかについて，根拠とともに100字程度で述べよ。 ただし，移植される患者自身は，プロインスリンを発現しないものとする。

〔Ⅱ〕ポリペプチドの長い鎖は，合成途中から折りたたまれ，それぞれに特有の立体的な 構造をとる。この立体構造には，αヘリックス構造やβシート構造などの特徴的な構造 が見られる。一般に，βシート構造は固い構造体を形成し，αヘリックス構造は柔らか い構造体を形成する。熱や強酸性ないし強アルカリ性の水溶液などでタンパク質を処理 すると，タンパク質の立体構造が変化し，タンパク質が変性することがある。

さて，ウシ海綿状脳症（BSE）やヤコブ病などのプリオン病の原因とされているプリオ ンはタンパク質性感染因子で，その本体は異常なプリオンタンパク質（異常型プリオン タンパク）とされている。正常なプリオンタンパク質（正常型プリオンタンパク）は，も ともと神経細胞などに豊富に存在している。プリオン病に罹った個体では，正常型プリ オンタンパクは，一部のαヘリックス構造がβシート構造に変換され，βシート構造含 量が増えることにより，異常型プリオンタンパクとなる。この変換が起こる機序は不明 であるが，この変換によりプリオンタンパクは新たに感染性と病原性という生物的機能 を獲得する。正常型プリオンタンパクと異なり，異常型プリオンタンパクは熱や酸では 変性せず，タンパク質分解酵素存在下でも分解されにくい。異常型プリオンタンパクは「ア ミロイド」と呼ばれる不溶性の凝集体を形成し，脳組織に沈着して病気を起こす。

問5　文章中の下線部の過程は何と呼ばれているか，答えよ。

問6　DNAの塩基配列が変化を起こすと，その遺伝情報をもとにしてつくられるタンパ ク質のアミノ酸配列に変化が起こり，個体の形質に変化が起こることがある。しかし， DNAの塩基配列の変化が，たとえ遺伝子中のタンパク質に翻訳される領域であって も必ずしもアミノ酸配列の変化を起こさない場合もある。その理由を110字程度で 説明せよ。

問7　ヒトに感染するBSEの脅威が，ウシ由来の非加工食材（肉，内臓など）だけではなく， ウシ由来の成分を含む加工品（加工食材，医薬品など）にまで及ぶことが危惧されて いる。その理由を90字程度で説明せよ。

問8　本来何らかの生物的機能を持ったタンパク質が，「アミロイド」を形成して組織に 沈着することが原因と考えられる疾患は，プリオン病以外にもいくつか知られてい る。それらの疾患の原因となるタンパク質は異なるものの，「アミロイド」を形成し た際の立体構造には共通点がある。この共通点について，〔Ⅱ〕の前文から推測でき ることを50字程度で説明せよ。

(大阪大・東北大)

類題出題校	京都大，慶應義塾大[医]，藤田医科大，昭和大[医]，大阪医科薬科大[医]，国際医療福祉大，近畿大[医]，滋賀医科大，愛知医科大，横浜市立大，東京農工大，大阪公立大，千葉大，早稲田大，上智大，東京理科大，秋田県立大

002 細胞の体積と浸透圧 〈第7・8講〉

★★ 〔Ⅰ〕★★　　〔Ⅱ〕★
〈解答・解説〉p.4

〔Ⅰ〕図1は，植物細胞を種々の浸透圧のスクロース水溶液や蒸留水に浸して体積変化が停止した時の植物細胞の浸透圧，膨圧と原形質（細胞膜で包まれた部分）の体積の関係を示したものである。

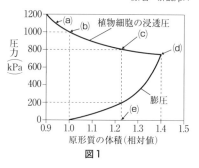

図1

問1 等張液中の細胞の浸透圧と，原形質分離状態の細胞の浸透圧を示しているものを，図中の(a)～(d)からそれぞれ一つずつ選べ。

問2 低張液中に浸されて原形質の体積が(e)になった細胞を，浸透圧 800kPa のスクロース水溶液に移した場合，原形質の体積はどのようになると考えられるか。次の①～④のうちから最も適当なものを一つ選べ。

① 細胞から水が出て，体積は 1.0 より小さくなる。

② 細胞から水が出て，体積は 1.0 と(e)の中間あたりとなる。

③ 細胞の水の出入りはほとんどなく，体積はほとんど変化しない。

④ 細胞へ水が入って，体積は(e)と 1.4 の中間あたりとなる。

問3 体積が 1.4 の細胞の浸透圧(d)は何 kPa か。ただし，細胞の浸透圧と体積には反比例の関係が成立するものとして，四捨五入して小数第 1 位まで求めよ。

〔Ⅱ〕図2の A は 1mol/L の尿素水溶液にアオミドロの細胞を浸し，原形質の体積の変化を，時間を追って観察した結果である。B は 1mol/L のスクロース水溶液を用いて，A を得た実験と同様な実験を行った結果である。

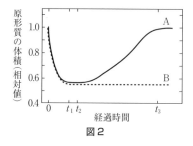

図2

問4 A において，次にあげる時間帯(1)～(3)の変化を説明するものとして適切なものを，下の a ～ g からそれぞれ一つずつ選べ。

(1) 0 から t_1 まで　　(2) t_1 から t_2 まで　　(3) t_2 から t_3 まで

a. 尿素が細胞内に透過して細胞の浸透圧が低下し，水が吸収される。

b. 尿素が細胞内に透過して細胞の浸透圧が上昇し，水が吸収される。

c. 尿素が細胞内に透過して細胞の浸透圧が上昇し，水を失う。

d. 尿素が細胞内に透過して細胞の浸透圧が低下し，水を失う。

e. 尿素は細胞内に透過せず，細胞は浸透により水を失い，浸透圧が上昇する。

f. 尿素は細胞内に透過せず，細胞は浸透により水を失い，浸透圧が低下する。

g. 尿素は細胞内に透過せず，細胞の浸透圧はほぼ一定である。

問5 Aにおいて，経過時間 t_3 における細胞の状態を何というか。

問6 BがAと異なったグラフになる理由を50字以内で述べよ。

（順天堂大・東海大・東邦大）

類題 出題校	北海道大，**神戸大**，東京女子医科大，京都府立医科大，**群馬大**，**静岡大**，県立広島大，高知大，信州大，**奈良教育大**， 大阪公立大，富山大，福井大，自治医科大，上智大，九州歯科大，**立教大**，法政大，**同志社大**，立命館大，**近畿大**

→ **003** | **生体膜とタンパク質** 〈第8・28・61講〉
★★ 〔Ⅰ〕★ 〔Ⅱ〕★★ ──── 〈解答・解説〉p.6

〔Ⅰ〕細胞膜について以下の実験1〜3を行った。

【実験1】 1個の動物細胞の細胞膜にカリウムチャネルは一様に分布する。このチャネル1つずつに緑色の蛍光を発する緑色蛍光タンパク質（GFP）を結合させた。GFPは，紫外光や青色光が照射されると緑色の蛍光を発する性質をもつ。図1で示された細胞膜表面の計測領域（ ▭ で示される太線四角）に対して青色光を持続的に照射し，GFPが発する緑色蛍光の強さを測定した。測定途中で，強いレーザー光をごく短時間照射し，瞬時にGFPを変性させて蛍光を退色させた。退色領域と計測領域は同一とした。測定の結果，図1のグラフのように，退色によって蛍光強度はただちに減少したが，やがて蛍光強度が回復していった。なお，いったん退色したGFPは二度と蛍光を発しないこと，蛍光測定のために照射した青色光はGFP蛍光の退色をもたらさないこと，測定中に新たなチャネルタンパク質の合成と分解はないこととする。

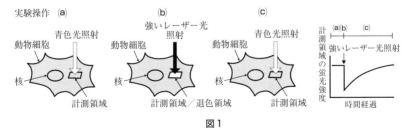

図1

実験1の模式図（左）と，計測領域における緑色蛍光強度の時間経過のグラフ（右）を示している。
ⓐ，ⓑ，ⓒの順で次のような実験操作を行った。
ⓐ 計測領域のGFP蛍光強度を測定した。
ⓑ 計測領域と同じ領域に強いレーザー光を照射してGFPを変性させた。
ⓒ レーザー光照射後，計測領域のGFP蛍光強度を測定し続けた。

【実験2】 計測領域における蛍光強度の測定途中で強いレーザー光を照射し，図2の白色部分，すなわち計測領域以外の領域のGFPを瞬時に変性させた。その他の実験手順は実験1と同じとした。

図2

【実験3】 蛍光タンパク質にはGFP以外にもさまざまな性質をもつものがある。タンパク質Xは蛍光を発しないが，強いレーザー光の照射によってGFP同様の蛍光タンパク質に変化する。このタンパク質をGFPのかわりにカリウムチャネル1つずつに結合させ，その他は実験1と同じ手

順の実験を行った。すなわち，**図1**と同一の計測領域において緑色蛍光強度を測定し，途中で強いレーザー光を計測領域にのみ照射することで，タンパク質Xの蛍光を瞬時に活性化させた。

問1 実験1の結果からカリウムチャネルは細胞膜中を移動することができると結論されたが，その根拠を80字程度で答えよ。

問2 実験2について，計測領域のGFP蛍光強度をレーザー光照射前後で持続的に測定したとき，その時間経過はどうなるか，**図3**の予想図(ア)〜(カ)から最も適切なものを1つ選べ。

図3 実験結果の予想図（X軸は右，Y軸は上方向の方が値が大きい。↓は強いレーザー光照射を行った時点）

問3 実験3について，計測領域の緑色蛍光強度をレーザー光照射前後で持続的に測定したとき，その時間経過はどうなるか，**図3**の予想図(ア)〜(カ)から最も適切なものを1つ選べ。

〔Ⅱ〕**図4**は100個のアミノ酸で構成されるある膜貫通タンパク質を示している。この膜貫通タンパク質は**ア〜オ**の5つの部分に分かれており，親水性のアミノ酸が集まっている部分が白で，疎水性のアミノ酸が集まっている部分が灰色で表されている。

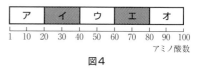

図4

問4 **図4**の膜貫通タンパク質が細胞膜に埋め込まれた状態を示すモデルとしてあてはまるものはどれか。下の**図5**の**a〜e**から適当なものをすべて選べ。

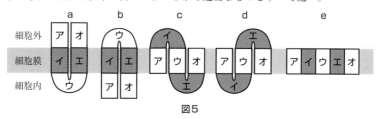

図5

　図4の膜貫通タンパク質を含む細胞を組織から取り出し，以下の実験4〜8に用いた。なお，トリプシンは特定のアミノ酸が並んだ部分でペプチド結合を切断する酵素である。

【**実験4**】細胞構造を保持したまま，何も加えずにpH8.0の緩衝液中で37℃で1時間置いたところ，この膜貫通タンパク質は切断されなかった。

【**実験5**】細胞構造を保持したまま，トリプシンを加えてpH8.0の緩衝液中で37℃で1時間置いたところ，**ウ**の1カ所でペプチド結合が切断された。

【**実験6**】細胞を破壊してから，何も加えずにpH8.0の緩衝液中で37℃で1時間置いたところ，**ウ**の1カ所でペプチド結合が切断された。

【実験7】細胞を破壊してから，トリプシンを加えて pH8.0 の緩衝液中で 37℃ で 1 時間置いたところ，**ア，オ**のそれぞれ 1 カ所と，**ウ**の 2 カ所でペプチド結合が切断された。

【実験8】この膜貫通タンパク質を細胞膜から完全に離し，この膜貫通タンパク質のみにトリプシンを加えて pH8.0 の緩衝液中で 37℃ で 1 時間置いたところ，**ア，ウ，オ**のそれぞれ 1 カ所で，**イ**の 2 カ所でペプチド結合が切断された。

問5 実験 4 〜 8 の結果に対する考察としてあてはまらないものはどれか。最も適当なものを次の①〜⑥から 1 つ選べ。

① この細胞の細胞膜は，トリプシンを透過させない。

② この膜貫通タンパク質の細胞膜に埋め込まれた部分は，細胞膜に埋め込まれた状態ではトリプシンによって切断されない。

③ この実験に用いた細胞は，トリプシン以外のタンパク質分解酵素を含んでいる。

④ この膜貫通タンパク質には，少なくとも 5 カ所，トリプシンで切断される部分がある。

⑤ 実験 5 でこの膜貫通タンパク質が切断されて生じたペプチドは膜から離れる。

⑥ 実験 8 の結果，この膜貫通タンパク質は 6 つのペプチドに分解される。

問6 実験 4 〜 8 の結果から導かれる結論として，この膜貫通タンパク質は細胞膜でどのような構造になっていると推定されるか。最も適当なものを**図5**の a 〜 e から 1 つ選べ。

(同志社大・摂南大)

類題出題校	**センター**，東北大，大阪大，名古屋大，北里大[医]，東邦大[医]，近畿大[医]，浜松医科大，聖マリアンナ医科大，**お茶の水女子大**，**大阪公立大**，**金沢大**，**岐阜大**，**東京都立大**，横浜市立大，**岡山大**，東京理科大，九州歯科大

↗ **004** 輸送タンパク質

〈第 7・8 講〉

★★　(Ⅰ) ★　　(Ⅱ) ★　　(Ⅲ) ★ ─── 〈解答・解説〉p.8

〔Ⅰ〕食物が胃に入ると，胃内部の表面に多数あるくぼみを構成する胃粘膜壁細胞（胃壁細胞）から塩酸（HCl）を含む胃酸が分泌される。この結果，胃内部は，強酸性（約 pH 1 〜 2）の環境になる。

胃壁細胞の胃内部側の細胞膜には H^+-K^+ATP アーゼと呼ばれるプロトンポンプが存在する。このポンプは，ATP の加水分解により得たエネルギーを使って，一個の K^+ を胃壁細胞内に取り込むと同時に，一個の H^+ を胃内部に排出する。プロトンポンプによる輸送と同時に，血管側細胞膜に存在する陰イオン輸送タンパク質と胃内部側の細胞膜に存在するイオンチャネルによる輸送も行われる。そのため，H^+ と K^+ だけでなく，

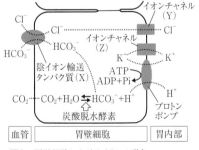

図1 胃壁細胞におけるイオンの動き
（各種イオンと CO_2 の移動は破線で示されている）

Cl^- と HCO_3^- も細胞膜を通過して移動する（**図1**）。このようにいろいろなイオン輸送タンパク質が協調して働くことにより，胃壁細胞の細胞内は中性に保たれる。

問1 文中の下線部について，図1ではこれらのイオンを運ぶ輸送タンパク質が協調して働くことにより，胃壁細胞は胃内部に塩酸を分泌しても，細胞内の H^+，K^+，Cl^-，HCO_3^- の濃度は，一定に保たれるようすを表している。陰イオン輸送タンパク質 X における(1)HCO_3^- と，(2)Cl^-，(3)イオンチャネル Y における Cl^-，(4)イオンチャネル Z における K^+ のそれぞれについて，これらのイオンの移動方向として最適なものを，次の①～③から選べ。ただし，同じ番号を複数回選択してもよい。

① 胃壁細胞内から外へ　② 胃壁細胞外から内へ　③ 見かけ上動かない

問2 胃壁細胞においてプロトンポンプの調節機構が異常であると，胃酸が分泌されすぎて胃潰瘍と呼ばれる病気になることがある。胃潰瘍を防ぐようなプロトンポンプの活性だけを特異的に阻害する物質は，薬として有用である。プロトンポンプの働きを阻害剤によって抑制する場合，(1)イオンチャネル Y における Cl^- と，(2)イオンチャネル Z における K^+ の輸送量は，阻害剤で抑制しない場合と比べて，それぞれどのようになるか。最適な語を次の①～③から選べ。ただし，同じ番号を選択してもよい。

① 増加　　② 減少　　③ 変化なし

問3 胃壁細胞の血管側細胞膜にはナトリウムポンプ（Na^+-K^+ATP アーゼ）が存在し，プロトンポンプや陰イオン輸送タンパク質 X，イオンチャネル Y，Z とは無関係に働く。問2においてプロトンポンプの働きを抑制する場合，ナトリウムポンプにおける(1)Na^+ の輸送量と，(2)K^+ の輸送量は，抑制しない場合と比べて，それぞれどのようになるか。最適な語を次の①～③から選べ。ただし，同じ番号を選択してもよい。

① 増加　　② 減少　　③ 変化なし

〔Ⅱ〕小腸でのグルコースの輸送の仕組みを理解するために，ラットの反転腸管を利用した実験を行った。反転腸管は図2のように腸管の内側と外側を反転させ，栄養素の吸収面が外側を向くようにし，内側にはグルコースを含まない培養液（充てん液）を満たして両端をしばり，中の溶液がもれないようにした。外側にはグルコースを添加した培養液（グルコース液）を加えた。グルコース液中にガラス管を通じて酸素（O_2）または窒素（N_2）を通気した。

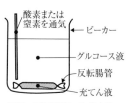

図2 反転腸管の培養実験

図3の通り，グルコースはグルコース液側の細胞膜上に存在するグルコース輸送タンパク質 α で取り込まれ，吸収上皮細胞内を通過したのち，充てん液側のグルコース輸送タンパク質 β で運び出されることで輸送が完了する。吸収上皮細胞の充てん液側には筋組織などの支持層が存在するが，これらの組織は物質の輸送に影響を与えないものとし，図3では省略した。また，吸収

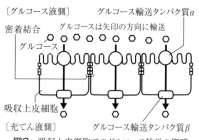

図3 吸収上皮細胞でのグルコース輸送の概略

上皮細胞間には密着結合があるので小分子が通過できないようになっている。

　反転腸管の培養（**図2**）を用いて，以下の実験を行った。A から E の 5 つの実験では，ナトリウムポンプの働きを阻害するウアバインのグルコース液あるいは充てん液への添加の有無，グルコース液へのナトリウムイオン（Na⁺）の添加の有無，グルコース液に通気する気体の種類の違いによるグルコース輸送量の変化を観察した。各実験の条件を**表1**に，結果を**図4**に示した。

条件＼実験	A	B	C	D	E
グルコース液の ウアバイン	−	＋	−	−	−
充てん液の ウアバイン	−	−	＋	−	−
グルコース液の Na⁺	＋	＋	＋	−	＋
グルコース液に 通気する気体	O₂	O₂	O₂	O₂	N₂

表1　各実験の条件（＋と−はそれぞれ添加の有無を表す。）

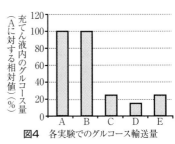

図4　各実験でのグルコース輸送量

問4　次の(1)・(2)の文章は，本実験の結果をふまえてグルコース輸送のしくみをまとめたものである。空欄　**ア**　〜　**カ**　に入る最も適切な用語を記入せよ。ただし，空欄　**イ**，**ウ**，**オ**　には「内」または「外」のどちらかを記入せよ。

(1)　A，B，C の比較から，グルコースの吸収には　**ア**　液側の細胞膜に存在するナトリウムポンプの稼働が必要なことがわかる。ナトリウムポンプとは一般的に Na⁺ を細胞　**イ**　から細胞　**ウ**　に運搬するものである。吸収上皮細胞では，この働きにより，細胞　**イ**　の Na⁺ 濃度が低下すると考えられる。

(2)　A と D の比較から，グルコース輸送タンパク質 a は　**エ**　液側の高濃度の Na⁺ と細胞　**オ**　の低濃度の Na⁺ がつくる　**カ**　を利用して，Na⁺ とともにグルコースを細胞内に取り込んでいることが考えられる。この輸送により細胞内のグルコース濃度は充てん液側よりも高くなるため，グルコース輸送タンパク質 β はグルコースの　**カ**　に従ってグルコースを充てん液側に輸送すると考えられる。

問5　上記の結果をもとに，E のグルコース輸送量が低下した理由を 70 字以内で述べよ。

〔Ⅲ〕アクアポリンに関する次の**問6・7**に答えよ。

問6　細胞は水を豊富に含む。細胞膜の水分子の透過にはアクアポリンが働く。次の①〜⑥からアクアポリンの働きについて正しい記述をすべて選べ。

①　水分子とともにイオンも透過させる

②　水分子を透過させて，膜電位を発生させる

③　浸透圧に従って水分子を輸送する　　④　膨圧に逆らって水分子を輸送する

⑤　水分子を能動輸送する　　　　　　　⑥　水分子を受動輸送する

問7　アクアポリンを発現している動物培養細胞を用いて，次の実験Ⓐ〜Ⓓを行った。なお，アクアポリンの働きは，塩化水銀溶液の処理で直ちに，ほぼ完全に阻害されるものとする。

　実験Ⓐ　細胞を培養液よりも低張な溶液に入れた。

　実験Ⓑ　遺伝子導入技術によって人工的にアクアポリンタンパク質の発現量を増や

し，その細胞を培養液よりも低張な溶液に入れた。

実験Ⓒ　細胞を培養液よりも低張な，塩化水銀を含む溶液に入れた。

実験Ⓓ　細胞を培養液よりも高張な溶液に入れた。

　図5は，実験Ⓐ～Ⓓで観察された相対的な細胞体積（縦軸）と時間（横軸）との関係を示したグラフである。実験Ⓐ～Ⓓの結果として最も適切なものを，図5の結果1～4から一つずつ選べ。ただし，同じ結果を複数選んではいけない。

（東京理科大・名古屋大）

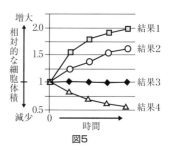

図5

類題出題校	東北大, 大阪大, **九州大**, 東邦大[医], 東海大[医], **藤田医科大**, **聖マリアンナ医科大**, 慶應義塾大[医], 札幌医科大, **大阪医科薬科大[医]**, 埼玉医科大, **和歌山県立医科大**, 久留米医科大, **山口大**, **九州工業大**, **東京農工大**, **早稲田大**

↗ 005 細胞骨格の形成

★★

〈第9講〉

〈解答・解説〉p.9

　細胞骨格の1つであるアクチンフィラメント（Fアクチン）は，1本のポリペプチドが全体として球状に折りたたまれたアクチンモノマー（Gアクチン）とよばれる小型のタンパク質か

図1

らなる。多数のGアクチンが結合して鎖状に連なり，さらに2本の鎖が互いにらせん状に巻き付いてFアクチンが形成される（図1）。Fアクチンには方向性があり，一方の端はプラス端（＋端）とよばれ他方はマイナス端（－端）とよばれる。また，Gアクチンには，ATPが結合した状態の分子（Gアクチン-ATP）とADPが結合した状態の分子（Gアクチン-ADP）の2通りが存在する。

　Fアクチンの形成の初期段階では，まず数個のGアクチン-ATPが集まって核とよばれる構造が作られる。この段階ではゆっくり進行するが，ひとたび核が形成されると，引き続いて多数のGアクチン-ATPが端から次々に結合していき（重合），Fアクチンを伸長させる。Gアクチン-ATPは，Fアクチンの＋端と－端のいずれへも結合し（図1），＋端へ結合する速度は－端へ結合する速度よりも大きい。ここでは，Gアクチン-ADPのFアクチンへの結合は考えなくてよいものとする。

　Fアクチンに結合したGアクチン-ATPは，適当な時間の後に変換され，Gアクチン-ADPとなる。＋端側に結合したGアクチン-ATPの変換速度は，Gアクチン-ATPがFアクチンの＋端に結合する速度よりも遅い。一方で，－端では，Gアクチン-ATPは結合と同時にGアクチン-ADPへ変換されるものとする。このため，Fアクチンにおいて，Gアクチン-ATPとGアクチン-ADPの分布に偏りが生じる。

　Gアクチン-ATPがFアクチンに重合し伸長させる一方で，Fアクチンの端からはGアクチンが次々に分離し（脱重合），Fアクチンを短縮させる（図1）。FアクチンにはGアクチン-ATPとGアクチン-ADPの分布の偏りがあるため，Fアクチンのそれぞれの

端からはＧアクチン-ATPまたはＧアクチン-ADPのいずれか一方が連続的に分離していく。Ｆアクチンの端からの分離速度は，Ｇアクチン-ATPとＧアクチン-ADP分子で異なる。Ｆアクチンから分離したＧアクチン-ADPからは，すぐにADPが放出され，続いて周囲に存在するATPが速やかに取りこまれてＧアクチン-ATPが再生され，再び重合に利用される。重合と脱重合の速度の大小関係により，Ｆアクチンの全体の長さが変化する。

　以上をふまえて，ＦアクチンとＧアクチンについて，以下の実験1から実験3を行った。

【実験1】Ｆアクチンに取り込まれていない（遊離の）Ｇアクチン-ATPをさまざまなモル濃度（C）で準備し，そこに適当な長さの1本のＦアクチンを加えて反応させた。このとき，Ｆアクチンを加えた直後の，＋端での伸長速度（Vp）と−端での伸長速度（Vm）のグラフは，図2のそれぞれの実線と点線で示された。図2の縦軸は，Ｆアクチンのそれぞれの端での伸長速度を表し，正の場合は端が伸長し，負の場合は短縮することを意味する。また，VpおよびVmのグラフにおいて，端での長さが変化しない場合のCの値は，それぞれCeと2Ceであった。

【実験2】薬剤Ｘを遊離のＧアクチン-ATPと予め反応させた後に，Ｆアクチンを加える以降は実験1と同じ手順で実験を行った。薬剤Ｘのモル濃度が2Ceの場合には，VpとVmのグラフは図3のそれぞれの実線と点線のグラフとなった。また，薬剤Ｘのモル濃度が4Ceの場合には，VpとVmのグラフは図4のそれぞれ実線と点線のグラフとなった。

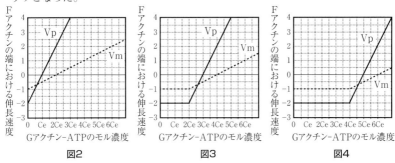

図2　　　　　　　　　図3　　　　　　　　　図4

【実験3】モル濃度がC_0のＧアクチン-ATPと，C_0に対して過剰量（モル濃度で100倍）のATPが加えられた実験系において，Ｆアクチンが生成される時間変化を調べたところ，図5の点線のグラフが得られた。図5の縦軸は，Ｆアクチンを形成しているＧアクチンのＧアクチン全体に対する割合を示し，横軸は経過時間を表している。

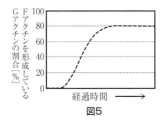

図5

問1　文中の下線部について，Ｆアクチンの＋端および−端からは，Ｇアクチン-ATPとＧアクチン-ADPのいずれが分離していくか答えよ。また，実験1および実験2に基づき，Ｇアクチン-ATPおよびＧアクチン-ADPが脱重合していく速度の違いと，

それぞれの速度の G アクチン-ATP のモル濃度 (C) への依存性を答えよ。

問2　実験1および実験2より，薬剤 X の働きを60字程度で説明せよ。

問3　図5において，グラフが右上がりになった後に水平となる理由を考えて150字程度で説明せよ。ただし，この水平領域において，核形成は起こっていないとする。また，実験1で登場した Ce を用いて C_0 を表す式を，導出過程とあわせて書け。

問4　実験3において，G アクチン-ATP の総量は変えずに，G アクチン-ATP が数個結合した核を予め生成させておいてから F アクチンが形成される時間変化を調べた場合，図5のグラフはどのように変化すると考えられるか。図5に実線で記入せよ。

問5　実験3において，図6の白矢印で示す時に，C_0 に対して過剰量（モル濃度で100倍）の薬剤 X を加えた場合，薬剤 X の添加後のグラフの形状はどのようになると考えられるか。図6に実線で記入せよ。

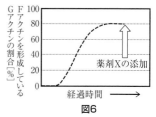

薬剤 X の添加

図6

（早稲田大）

類題出題校	名古屋大，東京工業大，滋賀医科大，獨協医科大，浜松医科大，聖マリアンナ医科大，東邦大[医]，山形大，高知大，京都工芸繊維大，岐阜大，兵庫県立大，九州工業大，明治大，中央大，日本大，近畿大，芝浦工業大，北里大

↗ 006 モータータンパク質

★★★　　　　　　　　　　　　　　　　　　　　　　　〈第3・9講〉

〈解答・解説〉p11

細胞運動には細胞骨格と(a)モータータンパク質が働く。例えば，筋運動は(b)アクチンフィラメントとミオシンにより生じる。また，精子のべん毛運動は，(c)微小管とダイニンにより生じる。

神経細胞（ニューロン）においてリボソームは細胞体にあり，軸索や神経終末にはない。軸索内では，軸索の長軸方向に分布している微小管上をミトコンドリアや(d)リソソームなどの細胞小器官やタンパク質などの生体分子が運搬される。これを軸索輸送という。細胞体から神経終末に向かう軸索輸送は順行輸送と呼ばれ，それと反対方向の軸索輸送は逆行輸送と呼ばれ，どちらもニューロンの細胞機能を発現・維持するために欠かせない。これらの輸送には，ダイニンやキネシンが働く。キネシンによる微小管上の輸送方向は，ダイニンによる輸送方向と逆である。軸索輸送に働くモータータンパク質と輸送される細胞小器官の関係を調べるために，次の実験を行った。

【実験】 マウスのニューロンの軸索を，図1に示すように太い矢印の部分において糸で縛り，物質輸送を抑制した。数時間後，この部分に隣接する細胞体側（**A**）と神経終末側（**B**），およびそれらと離れた領域（**C** と**D**）において，細胞小器官とモータータンパク質の存在量について調べた。

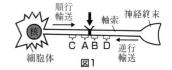

順行輸送　軸索　神経終末
核
C A B D
細胞体　逆行輸送
図1

【結果】 一部の細胞小器官やモータータンパク質の存在量の関係を不等号で比較したものを**表1**に示す。なお，**表1**中の（　）の中については，その存在量はおおむね等しい。

問1 下線部(a)について，モータータンパク質が運動エネルギーを獲得するために加水分解する物質の名称を記せ。

問2 下線部(b)に関連して，アクチンフィラメントとミオシンが中心的に働く現象を以下の**ア〜オ**から2つ選べ。

ア．ゾウリムシの繊毛運動

イ．シャジクモの原形質流動

ウ．ウニ胚の卵割

エ．ヒト培養細胞の染色体分配　　**オ**．ミドリムシのべん毛運動

名称	存在量の比較
ミトコンドリア	(A, B) ＞ (C, D)
リソソーム*	B ＞ (A, C, D)
キネシン	A ＞ (B, C, D)
ダイニン	(A, B) ＞ (C, D)

表1　軸索の各領域にみられる細胞小器官とモータータンパク質の存在量
*リソソームには多くのオートリソソームが含まれている。

問3 下線部(c)に関連して，微小管を構成するタンパク質の名称を答えよ。

問4 この実験から導かれる考察として適切なものを，以下の**ア〜オ**から1つ選べ。

ア．ミトコンドリアを軸索輸送するのはダイニンであり，キネシンではない。

イ．ミトコンドリアを軸索輸送するのはキネシンであり，ダイニンではない。

ウ．キネシンは細胞体で合成され，順行輸送に働く。

エ．ダイニンは細胞体で合成され，順行輸送に働く。

オ．ダイニンは神経終末で合成され，逆行輸送に働く。

問5 下線部(d)に関連した次の(1)〜(3)に答えよ。

(1) 主に動物細胞で見られるリソソームの関与する現象を模式的に表した以下の①〜④から，最も適切なものを1つ選べ。ただし，図に描かれた実線はすべて脂質二重層の生体膜で，点線はすべて脂質二重層の生体膜が消失したことを表している。

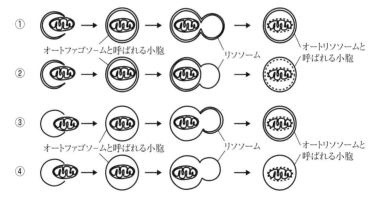

(2) (1)の答えとして選んだ現象（過程）の名称を英語で何と呼ぶか。カタカナもしくはアルファベットで記せ。

(3) 実験の結果とリソソームの性質に基づいて，ニューロンにおけるリソソームの働きと輸送のしくみについて考えられることを，80字以内で記せ。

（筑波大・藤田医科大）

類題出題校	大阪大，**東北大**，名古屋大，**神戸大**，防衛医科大，**埼玉大**，岐阜大，広島大，金沢大，京都工芸繊維大，東京都立大，信州大，静岡大，**早稲田大**，中央大，立命館大，日本大，近畿大，福岡大，芝浦工業大，日本女子大，神戸学院大

↗ 007 細胞接着

★★★ 〔Ⅰ〕★★　　　　〔Ⅱ〕★ ───────

〈解答・解説〉p.12

〔Ⅰ〕多細胞生物では秩序だった構造や機能を実現するために，細胞同士が接着し合ったり情報を伝達し合ったりする仕組みが必要であり，これらの仕組みには，細胞膜に埋め込まれたタンパク質が関わっている。細胞間の接着や情報伝達の仕組みについて調べるために，以下の実験を行った（図1）。

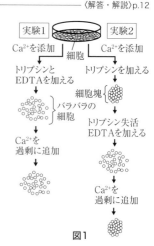

図1

【準備実験】シャーレ（ペトリ皿）の中に栄養液を入れて，動物から取り出した細胞を加えて数日間培養すると，細胞はシャーレの底面に接着し，さらに分裂を繰り返して増えながら，細胞同士も接着し合ってシャーレの底に一面に広がった。続いて以下の実験1～3を行った。なお，ここで用いるトリプシンはタンパク質を分解する酵素であり，EDTA はカルシウムイオン（Ca^{2+}）を捕獲できる分子である。

【実験1】栄養液を取り除き，Ca^{2+} を含む緩衝液（Ca^{2+} の濃度が一定の範囲内に保たれるように調節された溶液）を加えた。さらに，トリプシンと同時に EDTA を加えたところ，細胞はシャーレの底面からはがれて個々の細胞にバラバラに分離した。ここに EDTA が捕獲できる以上に Ca^{2+} を加えても，細胞はバラバラに分離したままであった。

【実験2】栄養液を取り除き，Ca^{2+} を含む緩衝液を加えた。まずトリプシンを加えると，細胞は互いに接着し合った塊の状態でシャーレの底面からはがれた。続いて，トリプシンの働きを失わせて（失活させて）から EDTA を加えると，細胞の塊は個々の細胞にバラバラに分離した。さらに EDTA が捕獲できる以上に Ca^{2+} を加えると，細胞は再度集まって塊を形成した。

【実験3】シャーレの底に一面に広がって接着している細胞のひとつに，極細の針で蛍光を発する親水性の小分子を注入したところ，隣接する細胞へと順々に蛍光が広がっていった。大きさの異なる蛍光分子で同様の実験を行ったところ，ある一定の大きさ以上の蛍光分子では隣の細胞への蛍光の広がりは観察されなくなった。これら一連の実験において，栄養液中には蛍光分子は検出されなかった。

問1　Ca^{2+} およびトリプシンはそれぞれ，「細胞同士の接着において実際につなぎとめている分子」にどのように作用しているかについて，実験1と実験2からわかることを用いてそれぞれ90字程度で説明せよ。

問2　実験3より，蛍光分子が隣接する細胞へどのようなメカニズムで移動したと考えられるかを60字程度で述べよ。

問3　文中の下線部について，親水性の蛍光分子が栄養液中に検出されなかった理由を60字程度で説明せよ。

〔Ⅱ〕 **図2**はカエルにおける神経胚の形成の模式図である。

問4　**図2**中の（ A ）〜（ C ）の名称を記せ。

問5　**図2**中の（ B ）細胞は将来，胚の内部に遊走して様々な細
　　胞に分化する。次のうち（ B ）細胞由来のものをすべて選べ。

　　① 副交感神経　　　② 始原生殖細胞
　　③ グリア細胞　　　④ ランゲルハンス島 A 細胞
　　⑤ 色素細胞

問6　神経管の形成には細胞接着因子カドヘリンが重要な役割
　　を果たしている。**図2**には E 型カドヘリンと N 型カドヘリ
　　ンの分布を示した。カドヘリンの機能を知るために行った実
　　験 4 〜 7 について，下の(1)〜(3)に答えよ。

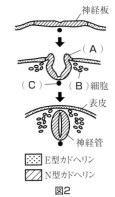

図2

【実験4】 通常の培養条件下では細胞同士が接着性を示さない細胞 X に E 型カドヘリン
　　遺伝子を導入し，発現させた。この細胞を Ca^{2+} 存在下で培養したところ，細胞同士
　　の接着が観察された。一方，Ca^{2+} 非存在下では細胞の接着は観察されなかった。また，
　　この細胞は，導入前の細胞 X とは Ca^{2+} の有無に関わらず接着しなかった。

【実験5】 実験4の E 型カドヘリン遺伝子導入細胞株の実験系に，E 型カドヘリンの抗体
　　を加えたところ，Ca^{2+} の有無に関わらず細胞同士の接着は観察されなかった。

【実験6】 細胞 X に，E 型とは異なる組織に発現する P 型カドヘリン遺伝子を導入し培
　　養した。その結果，実験4と同様の結果を得た。そこで E 型カドヘリン発現株と P
　　型カドヘリン発現株を混合したところ，両者の間で接着は観察されなかった。

【実験7】 E 型カドヘリンのアミノ末端 120 残基を P 型カドヘリンのアミノ末端 120 残基
　　に改変した遺伝子を細胞 X に導入した。この変異株を E 型カドヘリン遺伝子導入細
　　胞株と混合したところ，両者の間で接着は観察されなかった。

　(1) 実験5において接着が見られなかった理由を，抗体の認識部位の観点から考察し，
　　90字程度で述べよ。

　(2) 実験6および実験7の結果から，E 型および P 型カドヘリンにおけるアミノ末端
　　の構造および機能について考察し，60字程度で述べよ。

　(3) **図2**中の（ B ）細胞は構造（ A ）から遊離したものである。**図2**中の神経板お
　　よび神経管におけるカドヘリンの発現の分布をもとに，（ B ）細胞におけるカド
　　ヘリンの発現の変化について考察し，90字程度で述べよ。　　(早稲田大・福島県立医科大)

| 類題
出題校 | センター，北海道大，東北大，九州大，金沢医科大，日本医科大，川崎医科大，大阪医科薬科大[医]，三重大，大分大，
岐阜大，熊本大，群馬大，金沢大，名古屋市立大，慶應義塾大，東京理科大，立教大，関西学院大，近畿大，龍谷大 |

第2章 動物の反応と行動

↗008 聴覚 ★

〈第11講〉
〈解答・解説〉p.16

音刺激は空気の振動として，耳で受容される。(1)ヒトが聞き分けられる音の1秒間の振動数（Hz）は，一定の範囲でほぼ決まっており，(2)聴覚の経路のどこが傷害されても音の聞こえが悪くなる現象，すなわち難聴がおこりうる。(3)また高齢になると生理的な難聴がおこる。

音が発生する位置については，目を閉じていてもある程度，感知できる。水平方向の音源の位置については(4)左右の耳に音が伝わるわずかな時間差や音の強さの差を利用していることが知られている。

問1 下線部(1)に関して，ヒトが聞くことのできる振動数のおよその範囲を答えよ。

問2 下線部(2)に関して，聴力検査のグラフを図1に示す。耳にレシーバーをあてて聞く気導音（実線）と，耳の後ろの骨に当てた装置から骨を伝わって内耳で感じる骨導音（破線）とを，振動数の小さいものから大きいものまで音量を変えて検査した結果をプロットしたグラフである。音の大きさはdB（デシベル）で表現され，グラフの縦軸に音が聞こえたときのdB値をプロットしてある。0～30dBまではほぼ正常とみなされ，それより大きな音でないと聞こえない場合が聴力

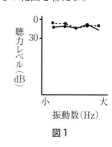

図1

の低下（難聴）とみなされる。内耳だけが原因の難聴と考えられるものを図2のa～eから1つ選べ。

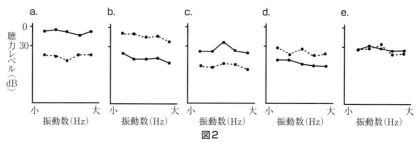

図2

問3 下線部(3)に関して，老人性（加齢性）難聴の際には，聴覚検査のグラフは一般に図3のようになる。このときに聴覚を伝える経路に起きている変化として考えられるものを次のⓐ～ⓔから1つ選べ。

ⓐ．鼓膜の弾性が低下した。

ⓑ．耳小骨の動きが悪くなった。

ⓒ．うずまき管基部の聴細胞の数が減った

ⓓ．うずまき管先端部の聴細胞の機能が低下した。

ⓔ．うずまき管のリンパ液の粘性が増した。

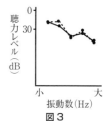

図3

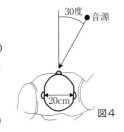

⑥. 聴神経繊維の数が減った。

⑧. 大脳聴覚中枢の細胞の感受性が鈍くなった。

問4 下線部(4)に関して，音源が図4のように正面から右方向30度の位置にあった場合，両耳間を20cm，音速を330m/秒とすると，左右の耳に音が伝わる時間差はいくらか。ただし，音源は十分遠い場所にあり，音は平行な波として両耳に届くものとする。

(東邦大[医])

類題出題校	北海道大，浜松医科大，産業医科大，東京慈恵会医科大，日本大[医]，獨協医科大，藤田医科大，札幌医科大，福島県立医科大，近畿大[医]，お茶の水女子大，千葉大，龍谷大

↗ **009 味覚・嗅覚** 〈第11・12・21講〉

★★★ 〔I〕★ 〔II〕★★ ─────── 〈解答・解説〉p.17

〔I〕動物は，(A)外界の刺激を受容する様々な受容器をもち，それらの受容器には(B)刺激を感知する細胞があり，温度も刺激として受容される。温度受容体の一つに，特定の温度以上の熱で活性化するTRPV1がある(図1)。興味深いことに，TRPV1は，カレーライスにも使われるトウガラシの主成分カプサイシンを感知するタンパク質でもある。カレーライスを食べると，辛さとともに熱く感じることがあるのはこのためである。TRPV1が，熱やカプサイシンの刺激を感知すると，(C)Na^+やCa^{2+}が細胞内に流入し脱分極が起

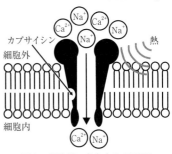

図1 細胞膜に存在するTRPV1
（矢印は，カプサイシンがTRPV1に作用する部位を表している）

こり，その刺激が電気信号として神経細胞を伝わっていく。「辛い」も「熱い」も英語では「hot」というが，実に同じしくみだったのである。熱は，痛みをもたらすこともあり，(D)TRPV1は「痛み」の感知にも関与している。

　一方，冷覚に関する受容体も発見されており，その一つは28℃以下の温度を感知するとともに，ミントの主成分であるメントールの受容体としても知られている。このように，ヒトは温度の変化を察知するしくみをもっている。

問1 下線部(A)について，視覚・聴覚・味覚・嗅覚の受容器以外に外界の刺激を受容するヒトの受容器を5つ答えよ。

問2 下線部(B)の名称を答えよ。

問3 物質が結合することでイオンを通過させるタンパク質の総称を答えよ。

問4 下線部(C)の説明として最も適切な文章を，次の⑦〜㊤から1つ選べ。

⑦ Na^+やCa^{2+}の流入が直接的に活動電位となり，神経繊維に沿って伝わる。

⑦ 脱分極が引き金となり，次々とK^+の流入が起き，刺激の大きさに応じて頻度が異なる活動電位となって神経繊維に沿って伝わる。

⑦ 脱分極が引き金となり，次々とNa^+の流入が起き，刺激の大きさに応じて頻度が

　　　　異なる活動電位となって神経繊維に沿って伝わる。

　㋓　脱分極が引き金となり，次々と K^+ の流入が起き，刺激の大きさに応じて大きさ
　　　が異なる活動電位となって神経繊維に沿って伝わる。

　㋔　脱分極が引き金となり，次々と Na^+ の流入が起き，刺激の大きさに応じて大きさ
　　　が異なる活動電位となって神経繊維に沿って伝わる。

問5　熱いカレーライスは辛く感じるが，冷めたカレーライスはそれほどでもない。本
　　　文中に記載してある TRPV1 の性質を考慮して，この現象について最もふさわしい
　　　理由を，句読点を含め 30 字以内で述べよ。

問6　下線部(D)に関する以下の文章を読み，
　　　次の(1)～(3)に答えよ。

　　　　生体が何らかの傷害を受けると，発
　　　熱や痛みが生じる炎症が起こる。炎症
　　　の部位ではプロスタグランジンという
　　　物質が放出されて，TRPV1 のはたらき
　　　で細胞が脱分極することが知られてい
　　　る。図2は，プロスタグランジン放出前
　　　後での，各温度に対する TRPV1 によ
　　　る活動電位の発生を示す。

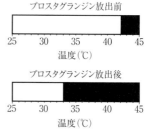

図2　プロスタグランジン放出前後の TRPV1
　　　による活動電位の発生

黒い部分は活動電位が発生する温度域を，白い部分は活動電位の発生しない温度域を示している。

(1)　健常なヒトでの TRPV1 の閾値は何℃か答えよ。

(2)　プロスタグランジン放出後で，ヒトの痛みの感じ方はどのように変化するか，次
　　　の㋐～㋒から最も適切なものを1つ選べ。また，その理由を句読点を含め 25 字
　　　以内で述べよ。

　　　㋐　感じやすくなる　　㋑　感じにくくなる　　㋒　変化しない

(3)　炎症部位の痛みを和らげるには，医師の処方する鎮痛剤を処方したり湿布薬を
　　　使ったりするが，仮にそれらが入手できない場合には，どのような処置に鎮痛の
　　　効果が期待できるか，句読点を含め 10 字以内で答えよ。

問7　以下の文章を読み，次の(1)～(4)に答えよ。

　　　　西アフリカ原産のミラクルフルーツと呼ばれる果実がある。興味深いことに，こ
　　　れだけを食べても特段甘くはないが，その直後にレモンや梅干しなど酸味のあるも
　　　のを食べると，非常に強い甘みを感じる。舌には（ あ ）や支持細胞などが集まって
　　　作られる（ い ）が分布しており，ミラクルフルーツに含まれるミラクリンと呼ばれ
　　　るタンパク質がここに作用する。ミラクリンは，（ あ ）の甘味の受容体にのみ結合し，
　　　このとき周囲が酸性であると，甘味の受容体がより強く反応し，(E)受容体に結合し
　　　ているタンパク質が GDP 結合型から GTP 結合型に変換され，（ あ ）を脱分極させ
　　　ることが知られている。

(1)　空欄（ あ ）と（ い ）に該当する最も適切な語句を答えよ。

(2)　甘味と酸味以外の基本的な味覚（基本味）を3つ答えよ。

(3)　下線部(E)に関する次の文章中の空欄（ ① ）～（ ④ ）に適する語をそれぞれ答えよ。
　　　　この受容体は（ ① ）と呼ばれ，（ ① ）に結合しているタンパク質は（ ② ）と

呼ばれる。（ ① ）に甘味などのシグナル分子が結合すると，（ ② ）に結合していた GDP が GTP に入れかわる。これにより，（ ② ）は活性化されて（ ① ）から離れ，アデニル酸シクラーゼに結合する。その結果，この酵素が活性化され（ ③ ）の一種である（ ④ ）という物質が大量に合成される。

(4)トムヤムクンは，タイ料理の一つで，強い酸味と辛さが特徴のスープである。ミラクルフルーツを食べた後でトムヤムクンを食べたときの感じ方の変化はどのようになるか。甘味と辛さのそれぞれについて最も適切なものを次の⑦～⑦から1つずつ選べ。

　　⑦ 強くなる　　　④ 弱くなる　　　⑦ 変化しない

〔II〕 (F)嗅覚の受容細胞は鼻腔の奥にある嗅上皮の嗅細胞である。1つの嗅細胞には1種類の受容体だけが発現しており，ヒトでは約 400 種類が見つかっている（図3）。嗅細胞の受容体に，におい物質が結合するとカルシウムイオンチャネルが開き，その結果，活動電位が発生する。(G)1つの受容体は複数のにおい物質と反応することができるが，におい物質ごとに反応の強さは異なる。一方，1つのにおい物質もまた複数の受容体と反応することができる（次ページの図4）。嗅細胞で生じた興奮は，脳の嗅球にある嗅糸球体を介して大脳へと伝わるが，同一種類の受容体が発現している嗅細胞からの神経はすべて1つの嗅糸球体につながっている（図3）。このようなしくみを使うことによって，(H)ヒトでは 400 種類程度の受容体を使って 10 万種類以上のにおいを嗅ぎ分けることができるといわれている。

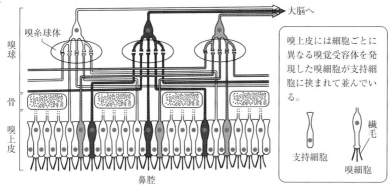

におい物質が嗅細胞の繊毛にある受容体に結合すると，興奮が脳の嗅球に伝わる。嗅球には嗅糸球体が規則正しく並んでおり，同じ嗅覚受容体を発現している嗅細胞から伸びた軸索は1つの嗅糸球体につながっている。嗅糸球体で受けた信号は大脳へと伝わる。嗅球における嗅糸球体の配置は個体差がなく一定であると考えられている。

図3　ヒトの嗅覚器

問8　下線部(F)について，嗅覚と味覚は化学物質に対する反応ということで共通点も多いが，相違点もある。ヒトでは味覚を生じさせるのに必ずしも必要ではないが，嗅覚を生じさせるのに必須となるにおい物質の特性は何か。10字以内で1つ記せ。

問9　下線部(G)について，次ページの図4には，におい物質 a ～ k に対する嗅覚受容体の組み合わせの一例が示してある。

におい物質＼嗅細胞		1	2	3	4	5	6	7	8	9	10	11	12	13	14
a	C_3-COOH														
b	C_4-COOH														
c	C_5-COOH														
d	C_6-COOH														
e	C_7-COOH														
f	C_8-COOH														
g	C_5-OH														
h	C_6-OH														
i	C_7-OH														
j	C_8-OH														
k	C_9-OH														

図4 さまざまなにおい物質 a ～ k に対する嗅細胞 1 ～ 14 の反応パターン

マス目の色の濃淡は左に示したにおい物質（a ～ k）に対する各嗅細胞の反応の強さを示す。各嗅細胞にはそれぞれ異なった1種類の嗅覚受容体が発現している。白いマス目は，におい物質に反応しなかったことを示し，マス目の色が濃くなるほど反応が強いことを示す。
a ～ f の物質は炭素数が3から8の直鎖状炭化水素の末端にカルボキシ基が結合していることを示し，g ～ k の物質は炭素数が5から9の直鎖状炭化水素の末端にヒドロキシ基が結合していることを示す。

(1) 最も多種類の嗅覚受容体に結合できるにおい物質を a ～ k から1つ選べ。

(2) 最も多種類のにおい物質と反応できる嗅細胞を 1 ～ 14 から1つ選べ。

(3) ある物質のにおいを嗅いだときに，5 と 7 の嗅細胞は反応したが，11 と 12 の嗅細胞は反応しなかった。この物質の可能性があるものを a ～ k からすべて選べ。

(4) 図4では異なったにおい物質に対する各嗅細胞の反応の強さが色の濃淡として示されている。1つの嗅細胞において反応の強さは興奮のどのような違いとして伝えられるか。10字以内で記せ。

問10 下線部(H)について，400種類程度の受容体で10万種類以上のにおいを嗅ぎ分けられるのはどうしてか。そのしくみについて，図3と図4を参照して40字程度で述べよ。

（同志社大・藤田医科大）

類題出題校	東京大，**大阪大**，神戸大，**東京医科歯科大**，浜松医科大，**大阪医科薬科大[医]**，和歌山県立医科大，**北里大[医]**，**岐阜大**，宮城大，山梨大，三重大，**お茶の水女子大**，東京学芸大，**東京都立大**，埼玉大，**名古屋市立大**，福井大，**九州工業大**

→ **010** | **膜電位の変化** 〈第12講〉

★★★ ｜〔Ⅰ〕★   〔Ⅱ〕★★ ────────────〈解答・解説〉p.19

〔Ⅰ〕膜電位の変化は図1の実験装置で観察することができる。神経繊維（軸索）の細胞質内にガラス毛細管電極を挿入し，神経繊維の外液中のもう一方の電極との電位差を測定することで，膜電位を知ることができる。また，繊維の一端に電気的刺激を加えると，活動電位の発生を観察することができる。

　神経繊維の材料として丈夫なヤリイカの巨大ニューロンの神経繊維（直径 0.5 ～ 1mm，長さ数 cm）がよく使われる。ゴムローラーを用いて神経繊維内の細胞質を押し出し，神経膜（細胞膜）だけの中空のチューブをつくり，これに毛細管をつないで人工的溶液を繊維内に流しこみ（かん流），

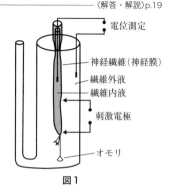

図1

細胞質を完全に人工的溶液で置換することが可能である。人工的溶液の組成を変え，膜電位や活動電位の発生のしくみを調べることができる。

問1　図2はかん流実験の結果の一つである。

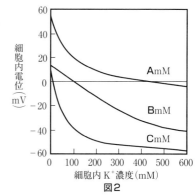

図2

AmM（mmol/L），BmM，CmM の3種類のカリウムイオン（K^+）濃度の外液に対して，神経繊維の内液の K^+ 濃度を広範囲にわたって変えていったときの細胞内電位の変化を示している。

(a) 図2の **A ～ C** に対応する数字を以下の**ア～ケ**から選び，記号で答えよ。

　　ア. 10　　**イ**. 40　　**ウ**. 100
　　エ. 140　　**オ**. 240　　**カ**. 340
　　キ. 440　　**ク**. 540　　**ケ**. 600

(b) 図2から，K^+ 濃度と膜電位はどのような関係にあると考えられるか，70字以内で述べよ。

(c) 図2の各曲線（AmM，BmM，CmM）において，細胞内電位が0（mV）より高くなっている神経繊維では，K^+ の細胞内外への移動はどのようになっているか，20字以内で述べよ。

(d) ヤリイカの体内にある神経繊維の静止電位を測定したら −58（mV）であった。この神経繊維における(1)細胞内の K^+ 濃度と(2)細胞外の K^+ 濃度はそれぞれいくらか。図2をもとに推定し，(a)の選択肢**ア～ケ**から最も近いものをそれぞれ1つずつ選べ。

〔Ⅱ〕　活動電位の性質を調べるため，電気刺激により生じる膜電位の変化を観察した。

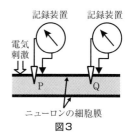

図3

　図3に示したように，イカの巨大ニューロンを取り出し，矢印（↓↓）の所に1回の電気刺激を加え，PおよびQの位置で膜電位を記録した。膜電位の記録は，1本の電極をニューロンの外側に置き，他の電極をニューロンの内側に入れ細胞外の電位を基準として行った。

問2　刺激の強さを変えたとき，刺激部位のごく近く（Pの位置）に置いた電極から記録された膜電位の変化の例を次ページの図4に示した。次ページの図5はこのような実験で得られた膜電位の最大値と刺激の強さとの関係を示したものである。図5に示した**ア～キ**のうち，刺激の強さの閾値はどれか。

問3　Pの位置で記録された膜電位の変化が図4の a ～ c であるとき，刺激部位から十分に離れた位置Qで記録される膜電位の変化はそれぞれどのようなものになるか。最も近い膜電位の変化を次ページの図6の m ～ p からそれぞれ1つずつ選べ。

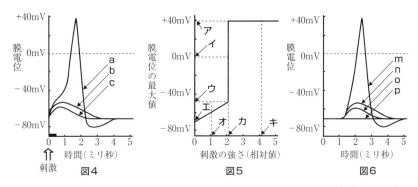

（札幌医科大・京都大）

↗ 011 シナプス後電位の加重 〈第12講〉

★★　　　　　　　　　　　　　　　　　　　　　　　　　　　　　　〈解答・解説〉p.21

　　ある種の動物からニューロン（神経細胞）をとりだして培養すると，体内にあったときの性質に応じてニューロン間のシナプスが形成されることがある。培養ニューロンが図1のようなシナプスを形成した場合について，次の実験1〜3を行った。なお，この培養ニューロンは，一般的なニューロンの性質に従うものとする。

【実験1】図1のように，ニューロンA，B，Cそれぞれの細胞体に記録電極を刺し入れ，膜電位を記録した。また，ニューロンA，Bの軸索のa，bの位置に刺激電極をあて，電気刺激を与えることによりニューロンを興奮させることができるようにした。刺激の強さは，この実験を含むすべての実験で，同じになる

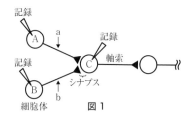

図1

ようにした。この状態で，ニューロンAの軸索をaの位置で1回だけ刺激すると，ニューロンCの細胞体からは図2に示すような　ア　性シナプス後電位が記録された。また，ニューロンBの軸索をbの位置で1回だけ刺激すると，ニューロンCの細胞体からは図3に示すような　イ　性シナプス後電位が記録された。

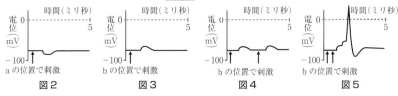

問1　文章中の　ア　，　イ　に当てはまる最も適当な語句を答えよ。

【実験2】ニューロンBの軸索をbの位置で時間間隔をあけて2回刺激すると，ニューロンCの細胞体からは図4のような反応が記録された。また，短い時間間隔で2回刺

激すると，ニューロンCの細胞体からは**図5**のような反応が記録された。

問2 **図4**に示した刺激条件では，ニューロンCは活動電位を発生しなかったが，**図5**に示した刺激条件では，ニューロンCは活動電位を発生した。それはなぜか。「シナプス後電位」という用語を使って，その理由を40字以内で説明せよ。

問3 ニューロンAの軸索とニューロンBの軸索を，それぞれaとbの位置で同時に刺激すると，ニューロンA，B，Cの細胞体からはそれぞれどのような電位変化が記録されると予想されるか。以下の①〜⑥から最も適当なものを1つずつ選べ。

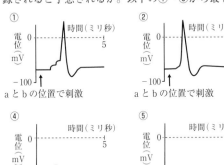

①
電位（mV）　0　時間（ミリ秒）　5　−100
aとbの位置で刺激

②
電位（mV）　0　時間（ミリ秒）　5　−100
aとbの位置で刺激

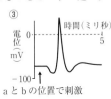
③
電位（mV）　0　時間（ミリ秒）　5　−100
aとbの位置で刺激

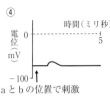
④
電位（mV）　0　時間（ミリ秒）　5　−100
aとbの位置で刺激

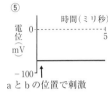
⑤
電位（mV）　0　時間（ミリ秒）　5　−100
aとbの位置で刺激

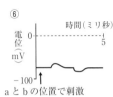
⑥
電位（mV）　0　時間（ミリ秒）　5　−100
aとbの位置で刺激

【実験3】培養液にカドミウムイオンを加え，ニューロンBの軸索をbの位置で1回刺激すると，ニューロンCの細胞体には電位変化があらわれなかった。また，培養液にカドミウムイオンを加えた状態で，ニューロンBの神経伝達物質を培養液に滴下したところ，ニューロンCの細胞体が興奮した。なお，カドミウムイオンは活動電位の発生を阻害しないことがわかっている。

問4 実験3の結果から導き出されるカドミウムイオンの働きに関する仮説として考えうるものを以下の①〜⑥から2つ選べ。
① ニューロンの不応期を延長する効果をもつ。
② ニューロンの軸索における跳躍伝導を阻害する。
③ 電位依存性のナトリウムイオンチャネルの働きを阻害する。
④ 電位依存性のカルシウムイオンチャネルの働きを阻害する。
⑤ ニューロンCの受容体の働きを阻害する。
⑥ ニューロンBのシナプス小胞の働きを阻害する。

(広島大)

類題出題校	大阪大，名古屋大，東京医科歯科大，札幌医科大，浜松医科大，京都府立医科大，東京医科大，北里大[医]，筑波大，富山大，岐阜大，福井大，茨城大，九州工業大，慶應義塾大，早稲田大，立教大，中央大，近畿大，福岡大，東邦大

→ **012** **反射** 〈第13講〉

★★ 〔I〕★★　〔II〕★ ────────────────〈解答・解説〉p.22

〔I〕脊髄のレベルで起こる反射を脊髄反射という。たとえば，ハンマーなどで膝のすぐ下側を軽く叩くと，(a)無意識のうちに足が前に跳ね上がる反応が見られるが，この脊髄

反射を特に(b)膝蓋腱反射といい，大腿四頭筋に存在している(c)筋紡錘と呼ばれるセンサーが重要な役割を果たしている（図1）。膝蓋腱反射では，ハンマーの刺激により膝の関節を伸ばす伸筋が収縮すると同時に，膝の関節を曲げる屈筋が弛緩することにより，足が前に跳ね上がる反応が円滑に生じることが知られている。

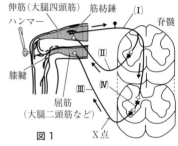

図1

問1 下線部(a)について，なぜ，反射は無意識に起こるのかを簡潔に記せ。

問2 目に光を当てると瞳孔が縮小するという瞳孔反射において主に関与する脳部位を次の①～⑤から1つ選べ。

　① 大脳皮質　　② 中脳　　③ 小脳　　④ 延髄　　⑤ 脊髄

問3 ある毒物をカエルに投与すると脊髄反射が消失した。このカエルの感覚神経を電気刺激したとき，運動神経の興奮は正常であったが筋収縮の強さは低下した。アセチルコリンを筋に直接与えたときは正常に収縮した。この毒物は何を抑制したと考えられるか。20字以内で述べよ。

問4 下線部(b)の膝蓋腱反射と似た仕組みの生体反応を，次の①～⑤から2つ選べ。

　① 手の指が熱いものにふれてしまい，瞬時に手を熱いものから遠ざけた。

　② 毎日，イヌに食物を与える前にベルの音を聞かせると，イヌはベルの音を聞くだけで唾液を分泌するようになった。

　③ 手にもったコップに勢いよくジュースを注がれたが，コップを落とさなかった。

　④ 誤って画びょうを素足で踏んでしまったときに，足を上げた。

　⑤ 疲れていたが，長い間，姿勢を保って起立していた。

問5 下線部(c)の筋紡錘が受容する適刺激は何かを簡潔に記せ。

問6 図1は膝蓋腱反射における反射弓を模式的に表している。なお，図1中の(I)，(II)，(III)，(IV)は神経繊維を，矢印は興奮が生じた場合，その伝導方向を示す。

（1）図1の(I)，(II)で示される神経繊維（ニューロン）上に観察される活動電位の振幅と頻度は，ハンマーで膝のすぐ下側を軽く叩くことにより，起立している場合と比べてどのように変化するか。**表1**の(ア)～(エ)のそれぞれに最適な語を次の①～③から1つずつ選べ。

活動電位の変化	振幅	頻度
(I)の神経繊維	(ア)	(イ)
(II)の神経繊維	(ウ)	(エ)

表1　ハンマーの刺激による活動電位の変化

　① 変化しない　　② 増大する　　③ 減少する

（2）(IV)の神経繊維上に観察される活動電位の頻度はハンマーの刺激により増大することが知られている。(IV)の神経細胞が放出する神経伝達物質は(III)の神経細胞の膜電位をどのように変化させるのかを簡潔に記せ。

（3）膝蓋腱反射が起こっている際に，図1中のX点で，細胞外に対する細胞内の膜電位を測定すると，次ページの①～⑤のうちのいずれのグラフとなるか。最適なものを1つ選べ。なお，(III)の静止電位は－70mVである。

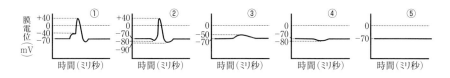

〔Ⅱ〕 前庭動眼反射では，不意に頭が水平方向に回転させられたとき，内耳の感覚器（受容器）である半規管が回転を感知し，その情報が脳幹の神経回路を介して伝達され，視線の方向のずれを打ち消すような眼球運動をひきおこす。これにより，視線の向きが一定に保たれる。図2にその神経回路の概略を示す。

この図の中の神経核とは，ニューロンの細胞体が多数集まった部分である。簡単のため，ここでは最小限の数のニューロンを表示している。ニューロンの細胞体からのびる軸索の先端には神経終末が形成され，別のニューロンや眼筋（外直筋と内直筋）へと接続している。また，興奮性ニューロンとは，接続先のニューロンの活動を増加させるニューロンであり，抑制性ニューロンとは，接続先のニューロンの活動を打ち消して減少させるニューロンである。

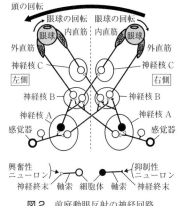

図2 前庭動眼反射の神経回路

この神経回路を見て，感覚器→前庭神経核（以後，神経核Aと呼ぶ）→外転神経核（神経核B）→動眼神経核（神経核C）→眼筋，と信号が伝達される際のニューロンの活動について考えてみよう。太い矢印で示すように，頭が左側（水平面上で反時計回り）に回転させられる場合，左側の感覚器の活動は増加し，右側の感覚器の反応は減少する。すると，この神経回路により，左側の神経核Aのニューロン（神経核Aに細胞体のあるニューロン）の活動は増加し，右側の神経核Aのニューロンの活動は減少する。また，左側の神経核Bのニューロンの活動は ⬜1 し，右側の神経核Bのニューロンの活動は ⬜2 する。さらに，左側の神経核Cのニューロンの活動は ⬜3 し，右側の神経核Cのニューロンの活動は ⬜4 する。その結果，左右の眼球がともに右に回転する。

問7 ⬜1 ～ ⬜4 に「増加」または「減少」の語を入れよ。

問8 正常な前庭動眼反射において，左側の神経核Bのニューロンと左側の神経核Cのニューロンの活動は相反的に増減する。つまり，一方の活動が増加するともう一方の活動が減少し，逆に一方の活動が減少するともう一方の活動が増加する。同様に，右側の神経核Bのニューロンと右側の神経核Cのニューロンの活動も相反的に増減する。このようなニューロンの活動は眼球に対してどのような作用を及ぼすか。そのときの外直筋と内直筋の挙動とともに60字程度で述べよ。

問9 正常な前庭動眼反射において，左側の神経核Bのニューロンと右側の神経核Bの

36

ニューロンの活動は相反的に増減する。同様に，左側の神経核Cのニューロンと右側の神経核Cのニューロンの活動も相反的に増減する。このようなニューロンの活動はどのような左右の眼の動きをひきおこすか。20字程度で述べよ。ただし，**問8**で述べた増減の関係は保たれているものとする。

問10 図2で，右側の感覚器の活動が消失した場合，頭を不意に左側に回転させられると，左右の眼球はそれぞれどちらの方向に動くか。理由とともに120字程度で述べよ。

（東北大・東京大）

類題出題校	北海道大，名古屋大，滋賀医科大，東京慈恵会医科大，藤田医科大，聖マリアンナ医科大，東海大[医]，防衛医科大，昭和大[医]，東邦大[医]，札幌医科大，獨協医科大，産業医科大，浜松医科大，京都府立医科大，横浜国立大

↗ 013 興奮の伝導・伝達 〈第12・13講〉

★★ （Ⅰ） （Ⅱ）★ ───────────〈解答・解説〉p.24

〔Ⅰ〕神経は，情報を活動電位として伝える役割をになっている。神経における活動電位の伝導のしかたを調べるため，カエルの座骨（坐骨）神経（神経繊維束）を用いて，以下の実験1～3を行った。

【実験1】あるカエルから座骨神経を切り出し，その神経繊維（ニューロン）束に刺激電極と記録電極を一定の距離をあけて設置した。興奮を誘発できる最短の持続時間の刺激を用いて，刺激強度を1から6へと順に増加させながら，座骨神経に生じる反応を記録した。刺激強度と反応の大きさの関係を図1に示す。
　　刺激強度2で反応Aが出現し，強度が上がるにつれて反応が大きくなった。刺激強度5に達すると，反応Bが出現した。

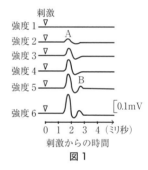

図1

問1 刺激強度の上昇に伴って，早い反応Aが大きくなる理由を40字程度で述べよ。

問2 刺激強度を上昇させると，早い反応Aに遅れて反応Bが生じる理由を100字程度で述べよ。

【実験2】実験1で用いたカエルとは別のカエルから切り出した座骨神経に刺激電極を置き（この部分を刺激点という），電気刺激を与え，刺激点で記録すると，活動電位は1ミリ秒（1/1000秒）後に生じた。刺激点から10mm，30mm，60mm離れたところで記録した活動電位を，それぞれの図2の(1)，(2)，(3)に示した。

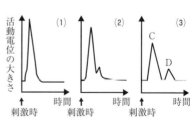

図2　刺激点から10mm，30mm，60mmの距離で記録した活動電位

　　図2の(3)で活動電位は2つに分かれた。はじめの活動電位Cの開始は刺激の4ミリ秒後，2つめの活動電位Dの開始は刺激の76ミリ秒後であった。

【実験3】実験2で用いたカエルから切り出した座骨神経の中央で電気刺激を与え，刺激

点の両側それぞれ 10mm 離れたところで記録すると，両方とも図2の(1)と同様の活動電位が記録できた。このことから，活動電位は神経繊維をどちらの方向にも伝導することがわかった。

問3 下線部の活動電位 C の伝導速度を計算し，m（メートル）／秒の単位で記せ。

問4 実験2で，刺激点から 60mm 離れたところの活動電位が C と D の 2 つに分かれたのはなぜか。このカエルの座骨神経が有髄神経繊維と無髄神経繊維の両方からできており，両神経繊維の構造が違うことと関連づけて 200 字以内で説明せよ。

問5 実験3の結果とは異なり，生体内では，活動電位は神経繊維を一方向にしか伝導していない。それはどのようなしくみによるか，80 字以内で説明せよ。

〔Ⅱ〕ヒトの座骨神経から枝分かれした脛骨神経の神経繊維束には，ふくらはぎのヒラメ筋を支配する運動神経繊維と，ヒラメ筋の伸展を伝える感覚神経繊維が含まれている。電気刺激を用いて，これらを興奮させることができる。

静かに着席している被験者のひざの裏側に刺激電極を装着し，皮膚の上から脛骨神経に電気刺激を加えられるようにした。また，ヒラメ筋が収縮すると生じる筋電位を筋電計を用いて測定した。刺激電極，筋電計，ヒラメ筋，運動神経，感覚神経の位置関係を図3に模式的に示す。

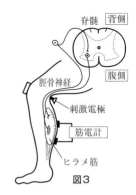

図3

生体内では，1 つの感覚ニューロンが複数の運動ニューロンと接続し，1 つの運動ニューロンが複数の感覚ニューロンと接続する。運動ニューロンでは，複数の感覚ニューロンからの情報伝達によって生じる電位変化が加重する。

痛みを感じない範囲で刺激強度を 1 から 6 へと徐々に増加させると，筋電計に図4のようなヒラメ筋の反応を記録できた。

刺激強度 2 では，刺激から約 30 ミリ秒遅れて反応 E が出現した。また，刺激強度 4 になると，刺激から約 10 ミリ秒遅れて反応 F が出現した。反応 E と反応 F ともに，刺激強度を上げると反応は大きくなった。

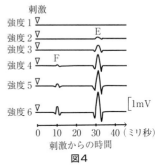

図4

問6 反応 E と反応 F が生じる情報伝達経路の違いを 120 字程度で述べよ。

問7 反応 E が反応 F よりも弱い刺激強度で出現する理由を 50 字程度で述べよ。

（山形大・大阪大）

↗ 014 中枢パターン発生器

★

〈第12・15講〉

〈解答・解説〉p.26

〔Ⅰ〕神経細胞（ニューロン）の軸索末端（神経終末）はわずかなすき間をおいて，他の神経細胞に接してシナプスを形成している。活動電位が神経終末に到達すると，電位依存性の ［ ア ］ チャネルが開き，［ ア ］ イオンが神経終末に流入し，［ イ ］ が神経終末の細胞膜に融合して，［ イ ］ から神経伝達物質がシナプス間隙に放出される。興奮性の神経伝達物質としてグルタミン酸などがあり，抑制性の神経伝達物質としてγ－アミノ酪酸（GABA）などがある。また快感などの報酬系に関わる神経回路では，主要な神経伝達物質として ［ ウ ］ がある。シナプス前細胞による神経伝達物質の放出の結果，シナプス後細胞に生じる変化をシナプス後電位と呼ぶ。たとえば，［ エ ］ チャネルが開くと脱分極性の興奮性シナプス後電位が生じ，クロライドイオン（Cl⁻）チャネルが開くと過分極性の抑制性シナプス後電位が生じる。興奮性シナプス後電位を生じさせるシナプスを興奮性シナプス，抑制性シナプス後電位を生じさせるシナプスを抑制性シナプスという。

問1 文中の ［ ア ］ ～ ［ エ ］ に適切な語句を入れよ。

〔Ⅱ〕脳内では複数のニューロンがシナプスを介して結合し，神経回路をつくっている。興奮性と抑制性のシナプス結合をもつ神経回路の例を右の図1A～図1Cとして示す。これらの神経回路のシナプス結合は，次の2点の性質をもつとする。

(ⅰ) 1つの興奮性シナプスからの興奮性シナプス後電位によってシナプス後細胞で活動電位が生じる。

(ⅱ) 抑制性シナプス後電位は興奮性シナプス後電位をある一定時間打ち消すことができる。

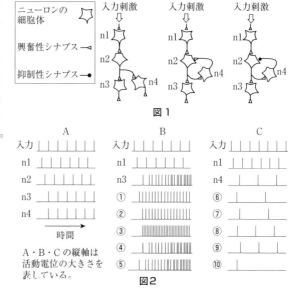

図1

A・B・Cの縦軸は活動電位の大きさを表している。

図2

図1Aの入力刺激とニューロンn1～n4の活動電位の発生パターンが図2Aのようになった。

問2 図1Bの入力刺激とニューロンn1とn3の活動電位の発生パターンが図2Bのようになるとき，図1Bのニューロンn2とn4の活動電位の発生パターンはどのようになるか。図2Bの①～⑤からそれぞれ選べ。

問3 図1Cの入力刺激とニューロンn1とn4の活動電位の発生パターンが図2Cのようになるとき，図1Cのニューロンn2とn3の活動電位の発生パターンはどのようになるか。図2Cの⑥〜⑩からそれぞれ選べ。

〔Ⅲ〕アフリカツメガエルの幼生は，左右の体側筋を交互に収縮することによって水中で遊泳（スイミング）行動する。アフリカツメガエル幼生の遊泳軌跡（高速度ビデオ撮影画像）を図3Aとして示し，左体側筋（図3Aの矢印部）の収縮変化の一部を図3Bとして示す。図3Cに簡略化して示した神経回路によって，このようなリズミカルな行動パターンがつくられると考えら

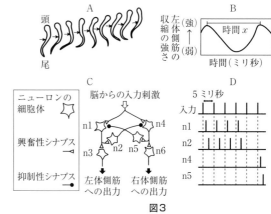

図3

れており，これら複数のニューロンの遊泳中の活動電位の発生パターンの一部を図3Dとして示す。ただし，図3Cの興奮性と抑制性のシナプスは前述の〔Ⅱ〕で示した(i)と(ii)の性質をもつとする。また，ニューロンn1とn4は活動電位を連続して4回まで発生することができるが，その最後の活動電位の発生後20ミリ秒間は一時的に興奮できない性質をもつとする。

問4 図3Dのニューロンn1，n2，n4，n5の活動電位の発生パターンの続きを右の欄の太線枠内部に記入せよ。

問5 図3Dで示したように入力刺激が5ミリ秒間隔で繰り返して入力

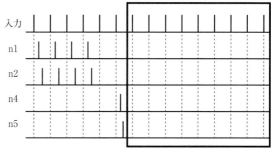

されるとき，図3Bの時間 x は何ミリ秒になるか，答えよ。

問6 図3Cのニューロンn1とn4が活動電位を連続して2回まで発生することができ，その最後の活動電位発生後20ミリ秒間は一時的に興奮できない性質をもっていた場合では，図3Aの場合と比べてどのような泳ぎ方になるか。次の(A)〜(E)から1つ選べ。

(A) 尾を振るリズムがゆっくりとなり，尾の曲がりは大きくなる。

(B) 尾を振るリズムがゆっくりとなり，尾の曲がりは小さくなる。

(C) 尾を振るリズムが速くなり，尾の曲がりは大きくなる。

(D) 尾を振るリズムが速くなり，尾の曲がりは小さくなる。

(E) 左右の体側筋が同時に収縮するため，尾を曲げることができなくなる。 （北海道大）

類題 出題校	大阪大, 自治医科大, 川崎医科大, 島根大, 奈良教育大, 慶應義塾大, 北里大

→ **015 筋収縮** 〈第14講〉

★★★〔Ⅰ〕★　　　〔Ⅱ〕【実験1】★　【実験2】★★ ──────〈解答・解説〉p.28

〔Ⅰ〕現在では，筋収縮のエネルギー源がATPであると知られているが，それを実証するのは容易ではなかった。というのは，ATPが筋収縮のエネルギー源であるならば，収縮後には，当然，消費された分だけATP量が減少していなければならないはずである。ところが，かつて，筋肉中のATPが呼吸や解糖のみで生じると考えられているときに，無酸素条件下において，解糖の阻害剤であるモノヨード酢酸で処理した筋肉では，①収縮の前後でATP量は全く変化せず，見かけ上ATPは消費されないようにみえたからである。その後，筋肉でのエネルギー代謝の研究が進むと，次の3種類の酵素が特に重要であることが明らかになった。②ATPの加水分解反応を触媒するATPアーゼ，③2分子のADPからATPとAMP（アデノシン一リン酸）を1分子ずつ生成する反応を触媒するアデニル酸キナーゼ，④クレアチンリン酸からATPを生成する反応を触媒するクレアチンキナーゼである。このクレアチンキナーゼの働きはジニトロフルオロベンゼンによって阻害されることも発見された。そして，⑤無酸素条件下で，筋肉をモノヨード酢酸とジニトロフルオロベンゼンで処理してから収縮させてみると，**表1**に示すように収縮後にはATP量は明らかに減少していた。これにより，ATPエネルギー源説がようやく証明されたのである。

	ATP	ADP	AMP
収縮前	1.25	0.64	0.10
収縮後	0.81		0.24
差	− 0.44	(x)	+ 0.14

表1　1回の収縮に伴う含有量の変化（単位はμモル）

問1　下線部①のように，ATP量が変化しないのは，どのような理由によると考えられるか。40字以内で述べよ。

問2　下線部②，③，④の反応式を記せ。ただし，物質名や略号などを用い，必ずしも分子式を用いなくてもよい。

問3　下線部⑤の処理をした筋肉内では，収縮後にクレアチンリン酸の含有量はどのように変化するか。適当なものを次の㋐〜㋒から一つ選び，選んだ理由を60字以内で述べよ。

　　㋐ 減少する　　　㋑ 増加する　　　㋒ 変化しない

問4　表1のより，1回の収縮で消費されるATP量（μモル）と表1中の(x)の値を求めよ。

〔Ⅱ〕

【実験1】　カエルの骨格筋を摘出し，50%グリセリン水溶液に4℃で一昼夜以上浸し，グリセリン筋を作製した。筋繊維の束をほぐして細かくしたグリセリン筋は，水やグルコース溶液を与えられても収縮しなかったが，ATP溶液を与えられると収縮した。

問5　なぜ文中の下線部の処理を行ったか。50字以内で説明せよ。

【実験2】　図1は，サルコメアを構成する2種類のフィラメントの配列を，模式的に示したものである。ミオシンフィラメントの表面には，中央部のごく限られた範囲（0.25

μm）を除いて全体に小さい突起（ミオシン頭部）が一様に分布しており，この小突起がアクチンフィラメントをサルコメアの中央部に引き込むように動いて筋肉を短縮させ，張力（相対張力）を発生させる。筋肉の張力は小突起が分布する範囲におけるフィラメントの重なり合いの程度に比例して発生するので，小突起の存在しない部位におけるフィラメントの重なり合いは，張力の発生に影響しないし，フィラメント間の重なり合いがなくなるまで筋肉を引き伸ばすと，張力は発生しなくなる。

　サルコメアの長さと発生する張力の大きさとの関係を図2に示す。なお，Z膜の幅（厚さ）はこの場合，無視できるほど小さいものとする。

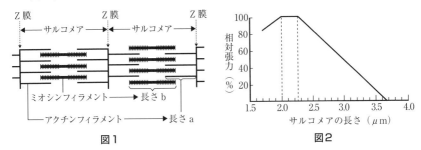

図1　　　　　　　　　　　　　　　図2

問6　図1・2から，アクチンフィラメントとミオシンフィラメントそれぞれの1本の長さを求めよ。

（福島県立医科大・京都大）

類題出題校	北海道大，金沢医科大，川崎医科大，関西医科大，順天堂大[医]，獨協医科大，東京慈恵会医科大，愛知医科大，東京医科大，和歌山県立医科大，滋賀医科大，**慶應義塾大[医]**，大阪公立大，千葉大，横浜国立大，京都工芸繊維大

→ **016 | ガの行動**　　　　　　　　　　　　　　　　　　〈第15講〉
★★★　〔I〕★　　　　〔II〕★　──────────── 〈解答・解説〉p.29

〔I〕カイコガの雄は羽化するとすぐに近くの雌に近づき交尾する。そこで，雌のカイコガを机の端に置き，20cmほど離れたところに雄を放して，雌雄のカイコガの行動を観察した。雌は机に置かれると尾部の先端から側胞腺と呼ばれる分泌腺を突出させた。すると，雄ははねをはげしく羽ばたかせながら接近し，やがて雌のところにたどりついた。

　雄がどのような刺激を感じて交尾相手を探し出しているのか知るために，次の実験1～6を行った。なお，実験には雌雄ともに成虫になったばかりの未交尾のカイコガを用いた。机に置かれた雌のカイコガは，すべてすぐに側胞腺を突出させた。また，外科的手術そのものの影響はなかった。

【実験1】机の端に雌を置き，側胞腺を突出させる前に透明なガラス容器をかぶせて密閉した。その後，雄を放したところ，雄は何の反応も示さなかった。

【実験2】机の端に雌を置き，両眼を黒エナメルで塗りつぶした雄を放したところ，雄ははねを羽ばたかせながら歩行し，雌のところにたどりついた。

【実験3】机の端に雌をしばらく置いておき，その雌を取り除いた直後に雄を放したところ，雄はすぐにはねをはげしく羽ばたかせながら動き回った。

【実験4】ビーカーの中に雄を入れておき，雌の尾部にこすりつけたろ紙をピンセットで

つまんで近づけると，雄ははねをはげしく羽ばたかせた。次に，別のビーカーの中に両方の触角を根元から切った雄を入れ，雌の尾部にこすりつけたろ紙をピンセットでつまんで近づけたが，触角のない雄は何の反応も示さなかった。

問1 実験1〜4の結果から，雄のカイコガは，a) 視覚によって雌に接近しているのではないこと，b) 雌が発するにおいを手がかりに雌に接近していること，そして，c) 触角で雌が発するにおい刺激を受容していること，がわかる。a)〜c)の根拠を，実験1〜4の結果に基づいて，それぞれ50字以内で記せ。

問2 雌の尾部先端の側胞腺からは揮発性の高い性フェロモンが分泌され，雄はその情報をもとに，雌に近づいている。多くの動物は性フェロモン以外にも，ほかの役割をもつさまざまな種類のフェロモンを利用している。性フェロモン以外のフェロモンの種類を1つあげ，その名称を，そのフェロモンを用いている動物名とともに記せ。

問3 雌のカイコガが発する性フェロモンには雄のカイコガだけが反応し，雌のカイコガやほかの動物は反応しない。感覚受容の観点から，その理由を50字以内で記せ。

【実験5】 雌を机の端に置き，両方のはねを根元から切断した雄を放したところ，雄はなかなか雌のところへたどりつけなかった。そこで，雌のいる側から雄の方に向けてうちわで風を送ったところ，雄は短い時間で雌にたどりついたが，雄のいる側から雌の方に向けて風を送っても，雄はなかなか雌のところへたどりつけなかった。

【実験6】 正常な雄の頭部前方に火のついた線香を近づけたところ，はねの羽ばたきにより，線香の煙は雄の触角の方へ吸い寄せられるように流れていくことが観察された。

問4 実験5と6の結果から，雄のはねの羽ばたきが果たしている役割について，もっとも適切と思われるものを，次のア)〜エ)から1つ選べ。

　　ア) 前方から後方へ向かう風の流れを作り，歩行速度を高めている。

　　イ) 後方から前方へ向かう風の流れを作り，歩行速度を高めている。

　　ウ) 前方から後方へ向かう風の流れを作り，触角で性フェロモンを検出しやすくしている。

　　エ) 後方から前方へ向かう風の流れを作り，触角で性フェロモンを検出しやすくしている。

〔II〕ある種のコウモリとガを同じ広い室内に放すと，ガはコウモリに追いかけられるが，それを避けるように飛ぶ。コウモリは超音波を発しており，その反射を利用してえものを発見することが知られている。この超音波がガの胸部の左右に位置する聴覚器に到達すると，鼓膜が振動し，その内側にあるA1と呼ばれる聴細胞（A1細胞）が興奮を起こす。コウモリの声を合成してスピーカーから再生すると，ガのA1細胞は，音量がある程度より小さいときは興奮しないが，それ以上の音量になると，音量にかかわらず同じ大きさの興奮を示す。一方興奮の頻度は，音量が増大するにつれて高くなる。このためコウモリの位置によって，ガの左右のA1細胞は異なる 1 で興奮することになる。興奮は 2 を通って脳へ伝達され，脳から今度は 3 を通ってガの特定の筋肉に伝達される。そこで筋肉が 4 を起こし，ガの飛び方を変化させるのである。

問5　文中の下線部のような性質のことを何と呼ぶか，記せ。

問6　文中の 2 ・ 3 ・ 4 にあてはまる語をそれぞれ記せ。

問7　 1 にあてはまる語句を次のア）〜ウ）から1つ選べ。

　　　ア）頻度と大きさ　　イ）大きさ　　ウ）頻度

問8　図1において，位置A（×）にあるスピーカーからガに向けて，ある音量でコウモリの声を再生した。このときガのA1細胞は左右とも同じ大きさと頻度で興奮した。その様子を模式的に示したのが図2である。以下の(1)・(2)に答えよ。

（1）位置B（×）から同じ音量で同じ声の再生を行ったとき，ガの左右のA1細胞はどのように興奮するか，位置Aの場合との共通点と違いを，模式図を示したうえで簡単に説明せよ。

（2）位置C（×）から同様に再生を行ったときはどうか。(1)の場合と同様に説明せよ。

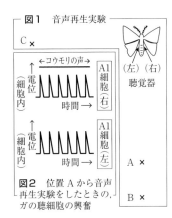

図1　音声再生実験

図2　位置Aから音声再生実験をしたときの，ガの聴細胞の興奮

（山形大・宮城教育大）

類題出題校	センター，東北大，名古屋大，自治医科大，岩手医科大，聖マリアンナ医科大，近畿大[医]，兵庫医科大，東京女子医科大，杏林大[医]，東海大[医]，滋賀県立大，信州大，岡山大，東京学芸大，宇都宮大，弘前大，埼玉大，横浜国立大

→ **017 ネズミの行動**　★

〈第13・15講〉

―――〈解答・解説〉p.31

　水深1m，半径2m程度の円形のプールに放たれたネズミは泳ぐことはできるが，足が届く場所では直ちに泳ぐのをやめて，その場所で休憩する。プールの周囲には数個の

図1

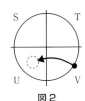
図2

図3

異なった目印を置く。ネズミは泳ぎながらこの目印を見ることができる。プールは白濁した水で満たされており，水面下は見えない。プール内領域を指し示す目的で，図1, 2, 3（プールを上方から見て描いた図）では2本の実線で仕切って四分画（S, T, U, Vと名付ける）しているが，実際にはこの仕切り線は存在しない。分画Uの底にはネズミの足が届く程度の浅瀬（①水面下に隠れた白色の踏み台）を設置しておく（図1, 2の破線）。

　プールの縁からネズミを放って泳がせ，そのネズミの動きを追う（図1〜3の黒丸から矢印の先までの実線）。②ネズミは，最初はあてもなく泳ぎ回り，なかなか浅瀬に到達できない（図1）。しかし，これを繰り返すうちに，どの地点からネズミを放っても，すぐに浅瀬の位置へ泳いで行くようになる（図2）。③こうして浅瀬にすぐにたどり着けるようになったネズミを，浅瀬を取り除いたプールに放したところ，試行時間のおよそ100%の間，分画U内を泳ぎ回った（図3）。

　脳の機能を調べる目的で，実験動物の脳の一部を壊してその影響を調べるという実験がしばしば行われる。例えば，ネズミの④脳のうち海馬と呼ばれる部分を壊すと，上に述べた学習はできなくなるが，それ以外の障害はまったく見られない。このネズミについて，浅瀬の場所に旗を立てて水面上に見えるようにして実験を行ったところ，⑤旗を手がかりに浅瀬に到達できるようになった。なお，海馬を壊していないネズミでも，旗を手がかりとしたこの学習は可能であった。

問1　下線部①について，浅瀬として白色の踏み台を水面下に設置し，隠れた状態にした理由を50字以内で述べよ。

問2　下線部②は，生物学用語で何と呼ばれるか，答えよ。

問3　下線部③のネズミについて，浅瀬を取り除いたプールで以下の(a), (b)の実験を行った。分画U内を泳いでいた時間(U内の遊泳時間)は，試行時間のそれぞれおよそ何%であったと考えられるか。

　　(a) プールの周囲の目印を取り払った後にネズミを放った。

　　(b) プールの周囲の目印を，プールの中心を基準に180度回転して取り付け直し，ネズミを放った。

問4　下線部④について，海馬が存在する脳の部分として最適なものを，次の(a)～(e)から1つ選べ。

　　(a) 大脳　　(b) 間脳　　(c) 中脳　　(d) 小脳　　(e) 延髄

問5　下線部⑤のネズミを用いて，浅瀬を取り除いたプールで以下の(c)～(e)の実験を行った。U内の遊泳時間は，試行時間のそれぞれおよそ何%であったと考えられるか。

　　(c) 旗と目印の両方がある状態で，ネズミを放った。

　　(d) 旗を取り除き，目印は残して，ネズミを放った。

　　(e) 旗を残して，目印を取り除き，ネズミを放った。

問6　ネズミが浅瀬にたどり着く方法を学習する上で，脳の海馬と呼ばれる部分は，どのような機能を果たしていると考えられるか，問題文の記述からわかることを60字以内で述べよ。

（京都大）

類題 出題校	大阪大，**近畿大[医]**，**兵庫医科大**，滋賀医科大，東海大[医]，**富山大**，**お茶の水女子大**，**埼玉大**，宮城大，**同志社大**， 福岡大，日本女子大，**東邦大**，杏林大，東京農業大，金沢工業大

↗018 ｜ 概日リズム

★★

〈第15・21・44講〉

〈解答・解説〉p.33

〔I〕陸上動物の多くは，ほぼ1日の周期に合わせて活動している。この概日リズム（サーカディアンリズム）を生み出すのは，脳のニューロン群である。ある動物のこれらのニューロンでは，時計遺伝子Aの転写と翻訳が起こり，タンパク質Aが合成される。産生されたタンパク質Aは負のフィードバックにより遺伝子Aの発現を低下させる。また，遺伝子Bは遺伝子Aの調節遺伝子であることが知られている。これらのニューロンでの遺伝子Aの転写の活性化と抑制というサイクルが約1日の周期で繰り返されることで，個体の概日リズムの周期性が生み出されている。

このニューロン群の中のあるニューロンにおいて，タンパク質Cが約1日の周期で増減を繰り返すことで，1つの機能の発現が概日リズムの周期に従って変動する場合を想定する。さらに，タンパク質Cをコードする遺伝子Cの調節遺伝子は遺伝子Bであり，遺伝子CのmRNA量は遺伝子Aの転写の活性化と抑制の周期と同じ周期で変動するものとする。

問1 このニューロンにおいて，遺伝子Bの機能のみが失われると，遺伝子Aと遺伝子CのmRNA量は減少し，約1日の周期の変動も見られなくなった。遺伝子Bの働きに関する次の文中の（ **ア** ）〜（ **ウ** ）のそれぞれに適する語を，下の①〜⑥から1つずつ選べ。ただし，遺伝子Bの情報をもとにして作られるタンパク質をタンパク質Bと呼ぶ。

（ **ア** ）は，遺伝子Aと遺伝子Cの（ **イ** ）に結合し，遺伝子Aと遺伝子Cの転写を（ **ウ** ）する。

① タンパク質B　　② 遺伝子B　　③ mRNA
④ 転写調節領域　　⑤ 促進　　⑥ 抑制

問2 このニューロンにおいて，遺伝子Aの機能のみが失われると，遺伝子CのmRNAは高濃度のまま，ほぼ一定になり，約1日の周期の変動が見られなくなった。遺伝子Aによる調節機構に関する次の文中の（ **ア** ）〜（ **エ** ）のそれぞれに適する語を，下の①〜⑧から1つずつ選べ。

（ **ア** ）は，（ **イ** ）が遺伝子Cの（ **ウ** ）に結合することを（ **エ** ）する。

① 遺伝子Aの転写調節領域　　② タンパク質A　　③ 遺伝子B
④ タンパク質B　　　　　　　⑤ mRNA　　　　　⑥ 転写調節領域
⑦ 促進　　　　　　　　　　　⑧ 抑制

〔Ⅱ〕2017年のノーベル生理学・医学賞の研究対象分野は「体内時計」であった。受賞者はショウジョウバエで時計遺伝子を発見し，*period*と名付けた。その後，これと相同の時計遺伝子*period1*や*period2*が哺乳類でも発見された。*period1*や*period2*のmRNA量は概日リズムを示し，同様に翻訳産物であるPERIOD1やPERIOD2のタンパク質の量もリズム性の変動を示した。細胞質で十分量になったPERIOD1やPERIOD2のタンパク質は核内に入り，負のフィードバックで*period1*や*period2*の遺伝子発現を抑制的に転写調節することが出来る。このように転写過程が抑制されることでPERIOD1やPERIOD2のタンパク質の量が少なくなると，再び*period1*や*period2*の転写が促進されmRNA量が増えてくる。この一連の反応に約24時間を要することが知られている。

【実験1】 シクロヘキシミドという薬剤は，真核生物のタンパク質合成を阻害する。この薬剤を培養細胞の培養液に添加し，*period1*や*period2*のmRNA発現量の概日リズムの周期性を調べた。また，この薬剤を長期的に作用させても細胞は死なないことを確認した。

問3 この薬剤を添加した後，*period1*や*period2*のmRNA発現量の概日リズムの周期はどのように変化していくか，100字程度で説明せよ。

【実験2】PERIOD1やPERIOD2のタンパク質は，遺伝子zの転写も調節し，遺伝子zのmRNA量も概日リズムを示す。遺伝子zの変異マウスは，行動をはじめ多くのリズム現象（一定のリズムで起こる現象）に目立った異常は見られなかった。一方，*period1*や*period2*の遺伝子変異マウスは，行動をはじめ多くのリズム現象の周期が大きく変化するなど体内時計に明らかな異常を示した。

問4 遺伝子zの変異マウスと，*period1*や*period2*の遺伝子変異マウスで，なぜこのような違いが起こるのか，80字程度で説明せよ。

【実験3】外界の光刺激は*period1*や*period2*の遺伝子発現を転写調節することにより約24時間の概日リズムの周期を正確な24時間周期に合わせている（同調）。夜行性のマウスを用いて図1Aの飼育環境において以下の実験を行った。12時間の明期と12時間の暗期の部屋で飼育し（1−3日の明暗条件），その後このマウスを常に暗い状態の部屋で飼育すると（4−14日の恒暗条件），行動リズムのパターン（位相）は図1Bのようになった（**問5**）。次に別のマウスを用いて図2Aの飼育環境において以下の実験を行った。12時間の明期と12時間の暗期の部屋で飼育し（1−2日），その後明暗周期を6時間前進させた（3−10日）。11日から明暗周期を6時間後退させ（11−16日），元の

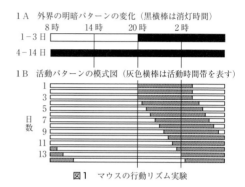

図1 マウスの行動リズム実験

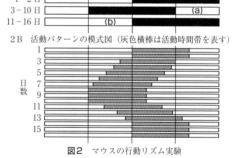

図2 マウスの行動リズム実験

明暗環境で飼育した。このときのマウスの行動リズムの位相を模式的に示したものが図2Bである。明暗周期を前進させたときになぜ行動リズムが前進するかを考えてみる。3−10日目では，1−2日目の明暗周期の暗期の後半にあたるタイミングの(a)に光が当たる。このことが体内時計の位相前進をもたらした。一方，11−16日目では，3−10日目の明暗周期の暗期の前半にあたるタイミングの(b)に光が当たる。このことが体内時計の位相後退をもたらした。

問5 このマウスは明暗環境下においては，活動開始時刻を24時間周期で刻んでいるが，恒常暗環境下では周期が変化して，活動開始時刻が徐々にずれていく。恒常暗環境下での周期は何時間何分であるか，理由とともに100字程度で説明せよ。

問6 人が海外旅行に行くときに，日本からの時差の絶対値がいずれも6時間で，同一

緯度の東方向の都市，または西方向の都市に行く場合は，いずれの方が一過性の時差ボケの続く日数が長いと考えられるか，マウスを用いた**図2B**の結果を参考にし，理由とともに150字程度で説明せよ。一過性時差ボケとは，現地の実時間と自分の体内時計の時間が合っていないと生じる現象であり，健康問題が出やすい。

問7 **問6**の東方向の都市に行って2日目の夜になったので寝始めたが，一過性の時差ボケで3時間後に目が覚めた。自分の体内時計を現地時間に早く合わせるという意味では，このとき光をつけて本などを読むことと，我慢してそのまま光を避けることとではどちらがよいと考えられるか，理由も含めて120字程度で説明せよ。

（北里大・早稲田大）

類題 出題校	**東京大**, 北海道大, 東北大, **大阪大**, 九州大, **愛知医科大**, **東京女子医科大**, **京都府立医科大**, **産業医科大**, 大阪医科大, 防衛医科大, **埼玉大**, 島根大, 高知大, 和歌山県立大, 大阪公立大, 帯広畜産大, **慶應義塾大**, **明治大**, 東邦大

第3章 体内環境と恒常性

↗019 心臓・血管の収縮・弛緩 〈第16・20・21講〉
★★ 〔Ⅰ〕★ 〔Ⅱ〕★ ──────〈解答・解説〉p.36

〔Ⅰ〕ヒトの(a)心臓では，(b)左心室から大動脈に送り出された血液は，からだの各部に到達し，毛細血管を流れた後，大静脈に集められ，右心房に帰って来る。右心房に帰って来た血液は，(c)右心室から肺動脈に送り出され肺の毛細血管，肺静脈を経て左心房に戻る。このような循環は心臓の収縮と拡張によって維持されている。

収縮と拡張を繰り返す1周期の左心室の内圧と容積の変化を図1に示す。心室の活動は下記の4つのステージに分けられる。

ステージ1．心室の収縮とともに心室の内圧が上昇するが弁は閉じたままであり，心室内容積は変化しない。

ステージ2．心室の筋がさらに収縮すると出口の弁が開放し，血液が動脈に送り出される。

ステージ3．心室の筋の弛緩が始まり，心室の内圧が低下してくる。

ステージ4．心室の内圧が低下し心房の内圧よりも低くなると心房にたまっていた血液が心室内へ流れ込む。

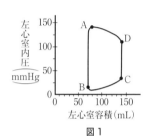

図1

問1　下線部(a)に関する次の文章について，下の(1)・(2)に答えよ。

心臓の心筋細胞間には細胞接着の様式の一つである　ア　結合が局在している。　ア　結合は，植物細胞の　イ　と類似した構造をしており，心筋が同調して拍動することに寄与している。

(1) 上記の文章中の空欄　ア　・　イ　に適する語をそれぞれ答えよ。

(2)「心筋が同調して拍動することに寄与している」理由を　ア　結合の構造の観点から推測し，70字以内で説明せよ。

問2　図1に示した収縮と拡張を繰り返す周期，A→Bとまわり再びAに戻るまでの時間が1秒のとき，1分間に送り出される血液量を求め，単位も含めて答えよ。

問3　ステージ4に相当する区間を次の①から④のなかから選べ。
①　A→B　　②　B→C　　③　C→D　　④　D→A

問4　大動脈弁が開くと，左心室から大動脈に血液が流れていく。図1で，大動脈弁が閉じているのはどの区間であるか。問3の選択肢のなかからすべて選べ。

問5　下線部(b)と下線部(c)の各過程で，1分間に流れる血液量の比はいくらか。

〔Ⅱ〕血管の働きを調べるために，次のような実験を行い，図2のような結果を得た。実験ではイヌの動脈を取り出し，輪切りにして生理食塩水に浸した。このとき動脈の一端は固定し，一端はセンサーにつなぎ，動脈の収縮を測定した。この動脈を浸している水槽の中にノルアドレナリン（NAd），アセチルコリン（ACh）を添加して動脈の収縮の変化を調べた。なお，添加するNAd，AChの量，濃度は予備実験で決定していた。変化

がない場合は十分量を添加しても変化がなかったものとする。まずNAdを添加したところ血管の収縮がみられたが（実験結果1），ACh添加ではこのような収縮は認められなかった(実験結果2)。しかし，NAd添加により血管を収縮させた後にAChを添加すると，収縮していた血管の拡張が認められた（実験結果3）。次に，血管内皮細胞を除去した動脈を用いて同じ実験を行った。NAdを添加したところ内皮細胞がある血管と同様に血管の収縮がみられた（実験結果4）。しかしACh添加では，内皮細胞がある血管での反応とは異なり，収縮が認められた（実験結果5）。さらに，NAd添加により血管を収縮させた後にAChを添加しても収縮していた血管の拡張は認められなかった(実験結果6)。

第3章

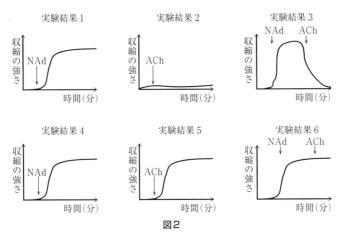

図2

問6 動脈を輪切りにした場合，顕微鏡ではどのように見えるか，図を描いて，血管内皮細胞と血管平滑筋細胞との位置関係を示せ。

問7 実験3，6の結果からAChの血管拡張作用と血管内皮細胞との関係を40字以内で書け。

問8 実験5の結果からAChと血管平滑筋との関係を20字以内で説明せよ。

（熊本大・昭和大[医]）

類題 出題校	東北大, 大阪大, **聖マリアンナ医科大**, 産業医科大, **京都府立医科大**, 杏林大[医], 札幌医科大, **関西医科大**, 近畿大[医], 国際医療福祉大, 鳥取大, お茶の水女子大, 名古屋市立大, 奈良教育大, 早稲田大, 立教大, **立命館大**, 同志社大

→ **020** **腎臓の働き**　　　　　　　　　　　　　　　　　　　　　　　〈第19講〉
★★★　〔Ⅰ〕★　　　　〔Ⅱ〕★★ ────────────────── 〈解答・解説〉p.37

〔Ⅰ〕次ページの図1は，ヒトの腎臓の構造と機能を模式的に表したものである。

問1 構造A，B，Dの名称をそれぞれ答えよ。

問2 構造A内の血しょうの浸透圧として最適なレベルを**ア〜カ**から1つ選べ。ただし，血しょう中に存在するタンパク質の浸透圧への影響は無視すること。

問3 区画1においては，原尿の浸透圧が一定に保たれている。この区画の性質を説明する記述として最適なものを次ページの①〜⑦から1つ選べ。

① 無機塩類とグルコースだけが再吸収される。

② 無機塩類だけが再吸収される。

③ グルコースだけが再吸収される。

④ 水だけが再吸収される。

⑤ 無機塩類とグルコースと水が再吸収される。

⑥ 何も再吸収されない。

⑦ 無機塩類と水が分泌される。

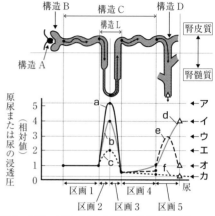

図1　腎臓の内部に見られる構造の概略図(上図)と対応する各区画の原尿または尿の浸透圧(下グラフ)グラフの・と▲は上図の・と▲の位置における浸透圧にそれぞれ対応する。

問4　図中の構造Lでは，水の再吸収は浸透(受動輸送)によって起こり，Na^+の再吸収は能動輸送によって起こる。構造Lにおける原尿の浸透圧変化の理由を述べた次の文章中の**a・b**の(　)内からそれぞれ正しいものを1つ選べ

区画2は，**a**(① Na^+を能動輸送するが，水に対する透過性は　② 水に対する透過性はあるが，Na^+を能動輸送し　③ Na^+にも水に対しても透過性は)ないので，原尿の浸透圧はしだいに上昇する。

区画3は，**b**(① Na^+を能動輸送するが，水に対する透過性は　② 水に対する透過性があるが，Na^+を能動輸送し　③ Na^+にも水に対しても透過性は)ないので，原尿の浸透圧はしだいに低下する。

問5　腎皮質の組織液の浸透圧は血しょうとほぼ等しいが，腎髄質側に行くほど組織液の浸透圧は高くなり，腎髄質の深いところ(腎うに近いところ)の組織液では，浸透圧は血しょうの約4倍にも高くなる。図中の構造Lの機能により，腎髄質で起こることを述べた次の文章中の**a～c**の(　)内からそれぞれ正しいものを1つ選べ。

腎髄質の浅いところ(皮質に近いところ)では，Na^+の能動輸送により周囲の組織液の浸透圧が**a**(① 上昇　② 低下)し，水の受動輸送により原尿の浸透圧が**b**(① 上昇　② 低下)している。また，腎髄質の深いところでは，構造Lを流れてきた原尿は，周囲の組織液の浸透圧**c**(① と同じ浸透圧まで上昇している　② より高い浸透圧へと上昇している　③ と同じ浸透圧まで低下している　④ より低い浸透圧へと低下している)。

問6　構造Dがバソプレシンの作用を十分に受けた場合に構造Dで起こることを述べた次の文章中の**a・b**の(　)内からそれぞれ正しいものを1つ選べ。

水の受動輸送が**a**(① 促進　② 阻害)されて，尿の浸透圧は周囲の腎髄質の組織液**b**(① より高い　② と同じ　③ より低い)浸透圧になる。

問7　バソプレシンが十分に作用している場合に，区画2～5の原尿の浸透圧変化を表すグラフとして，最適な組合せは図中の**a～f**のいずれであるか，次の①～⑨から

1つ選べ。なお，腎髄質の同じ深さにおける組織液の浸透圧は腎臓内で一定である。

① a-d   ② a-e   ③ a-f   ④ b-d   ⑤ b-e

⑥ b-f   ⑦ c-d   ⑧ c-e   ⑨ c-f

〔Ⅱ〕 ある物質の腎細管（細尿管）での処理過程を腎全体として調べるために，その物質の腎クリアランスを測定する方法がある。クリアランスとは元々「除去」という意味であり，腎クリアランスは以下のようにして計算することができる。

ある物質 X の血しょう中の濃度を P_X mg/mL とすると，X は糸球体からボーマンのうへ血しょう中と同じ濃度でろ過されるので X の原尿中濃度も P_X mg/mL である。物質 X は腎細管を流れる間に再吸収あるいは分泌され，最終的な X の尿中濃度は U_X mg/mL になる。単位時間当たりの尿量を V mL/ 時間とすると，単位時間当たりの尿中 X 排出量は $U_X \times V$ mg/ 時間である。$U_X \times V$ を P_X mg/mL で除した値が X の腎クリアランス（C_X）である。したがって，$C_X = \dfrac{U_X \times V}{P_X}$（mL/ 時間）として表される。

問8 ある物質 W は腎細管で再吸収も分泌も受けずに尿として排出される。したがって，糸球体からボーマンのうへろ過された物質 W の全量が尿中に排出される。このような物質 W の腎クリアランス（C_W）は，腎臓の機能を表すどのような量に相当するか示せ。

問9 物質 Z は毛細血管から腎細管へ主に分泌される。このような物質 Z の腎クリアランス（C_Z）と C_W を比較すると，どちらが大きいか，あるいは等しいか記せ。

問10 ある人の血しょう量は 3000mL であり，物質 Z の血しょう中濃度は 10mg/mL，腎クリアランスは 1000mL/10 時間，尿量は 500mL/10 時間であった。Z の血しょう中濃度は，10 時間後にはいくらになるか記せ。ただし，この 10 時間のうちに尿以外による体液喪失はなく，また，Z は体外から補給されることも，体内で生成されることもないものとする。

(北里大[医]・岐阜大)

類題 出題校	東京大，九州大，**岩手医科大**，**福島県立医科大**，**川崎医科大**，滋賀医科大，札幌医科大，昭和大[医]，東邦大[医]， **東京慈恵会医科大**，**産業医科大**，近畿大[医]，**国際医療福祉大**，**熊本大**，**群馬大**，慶應義塾大，**早稲田大**，**明治大**

→ **021** ｜ **いろいろなホルモンの働き** 〈第21講〉

★★ 〔Ⅰ〕★ 〔Ⅱ〕★ ──────────── 〈解答・解説〉p.39

〔Ⅰ〕チロキシンは，甲状腺から分泌され，さまざまな組織や細胞で代謝を促進する。通常，ヒトでは，体内のチロキシンの濃度は視床下部や脳下垂体前葉で感知され，これにより，視床下部からの甲状腺刺激ホルモン放出ホルモン（TRH）の分泌や脳下垂体前葉からの甲状腺刺激ホルモン（TSH）の分泌が調節されることによって，チロキシンの濃度が適切に維持されている。

血液中のチロキシン濃度の低下がみられた A，B，C の 3 人について，その原因を調べるために，血液中の TSH の濃度を測定した。加えて，TRH 投与後の血液中の TSH 濃度を測定して，表 1 の結果を得た。チロ

	TSH 濃度 （正常値に対して）	TRH 投与後の TSH 濃度 （投与前の値に対して）
A	高い	上昇
B	低い	上昇
C	低い	変化しない

表 1

キシン濃度の低下の原因が，甲状腺，脳下垂体，または視床下部のいずれか1つの器官（組織）に存在し，A，B，Cの3人は異なった器官に原因がある。また，それぞれの器官から分泌されるホルモンは正常に働くものとする。

問1 A，B，Cは，いずれの器官の機能が低下していると考えられるか，それぞれ答えよ。また，AとCについてはそのように考えた理由をそれぞれ30字以内で述べよ。

〔Ⅱ〕 レプチンは，遺伝的肥満を示すマウスの研究により発見されたペプチドホルモンである。レプチンは，脂肪細胞により産生・分泌され，脳の視床下部にあるレプチン受容体に結合して，摂食行動を抑制することが知られている。レプチンの血中濃度は食物摂取後24時間で増加し，逆に絶食後12時間以内に肝臓などで分解され減少することから，厳密にフィードバック制御されていることが示唆される。

ob/ob と *db/db* の2系統のマウスは，餌を食べ続けるために体重が正常マウスの3～4倍になる。*ob* 遺伝子と *db* 遺伝子は，レプチンあるいはその受容体の遺伝子のいずれか1つに欠陥が生じた潜性（劣性）の遺伝子であることがわかった。そこで，*ob* 遺伝子と *db* 遺伝子のいずれが，レプチンあるいはその受容体に対応するのか確かめるために，以下の実験を行った。

実験1：外科的手術により *ob/ob* マウスと正常マウスの血管を結合させ，両者の血液が行き来するようにして飼育した。

結果1：正常マウスには変化がなかったが，*ob/ob* マウスは食欲が低下して正常マウスとほぼ同じ体重になった。

実験2：*db/db* マウスと正常マウスの血管を実験1と同様に結合して飼育した。

結果2：*db/db* マウスは肥満したままだったが，正常マウスは餌を食べなくなり体重が減少し，やがて餓死した。

問2 レプチンに関する次の(1)～(5)に答えよ。

(1) 実験1で血管を結合することにより，*ob/ob* マウスの摂食行動が正常に戻った理由を60字以内で述べよ。

(2) *ob/ob* マウスと *db/db* マウスの遺伝的肥満の直接的な原因は，それぞれどのような異常であると考えられるか。合わせて60字以内で述べよ。

(3) *ob/ob* マウスと *db/db* マウスの血管を結合すると，それぞれのマウスの食欲と体重はどうなると考えられるか。50字以内で述べよ。

(4) レプチンとレプチン受容体に関する記述として最も適切と考えられるものを次の①～③から選べ。
① レプチン受容体は細胞膜上に存在している。
② レプチン受容体はレプチン結合後に核内に移行する。
③ レプチンは細胞膜を透過できる。

(5) *ob* 遺伝子のみをヘテロにもつ保因マウスと *db* 遺伝子のみをヘテロにもつ保因マウスの個体を掛け合わせて得られた仔マウスどうしを自由に交配（任意交配）させたときに，肥満マウスの出現する確率は，何％と推定されるか。ただし，*ob/ob* マウスおよび *db/db* マウス以外の遺伝子型をもつマウスは，同等の繁殖力が

あると仮定する。最も近い数値を次の①〜⑩から選べ。

① 0.1   ② 0.4   ③ 4   ④ 7   ⑤ 8

⑥ 9   ⑦ 12   ⑧ 25   ⑨ 38   ⑩ 44

〔Ⅲ〕ヒトでは，女児が成長して思春期をむかえると，ホルモンのはたらきによって調節される月経周期が始まる。安定した月経周期においては，まず脳下垂体から分泌されたろ胞刺激ホルモンが卵巣のろ胞にはたらきかけ，それに応答したろ胞が成長を始める。これと同時にそのろ胞中の卵母細胞が減数分裂を再開し，成長する。卵母細胞が排卵可能な程度まで成長すると，減数分裂は再び停止する。一方，成長中のろ胞からはエストロゲンというホルモンが分泌され，エストロゲンの血中濃度が一定以上になると脳下垂体からの黄体形成ホルモンの大量の分泌を促す。一過性に大量に分泌された黄体形成ホルモンは，十分に成長したろ胞にはたらきかけて排卵を引き起こす。排卵は十分に成長した卵母細胞が卵巣壁を突き破ってろ胞から輸卵管へと飛び出す現象である。排卵後のろ胞は黄体に変化し，エストロゲンに加えてプロゲステロンも分泌するようになる。<u>これら２つのホルモンは脳下垂体にはたらきかけ，ろ胞刺激ホルモンと黄体形成ホルモンの分泌を抑制する</u>とともに子宮にもはたらきかけて，子宮内膜を肥厚させて受精卵の着床に備える。このとき，排卵されて輸卵管中にある卵母細胞に精子が進入して受精が起こると，その刺激によって卵母細胞の減数分裂が再開・完了する。もし，卵母細胞が受精しなければ着床することもなく，卵巣内の黄体も退化する。黄体が退化するとエストロゲンとプロゲステロンの分泌量が低下し，子宮内膜がはがれ落ちる。これが月経である。

問3 図1は文中に出てきた４つのホルモンの月経周期における分泌量の変動を示したものである。図1中の①〜④のそれぞれに適するものを〔Ⅲ〕の文章中から選べ。

問4 下線部の現象を利用した薬のひとつが，望まない妊娠を防ぐために女性が服用する経口避妊薬（通称ピル）である。経口避妊薬にはエストロゲンとプロゲステロンが含まれており，

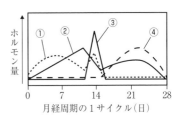

図1 月経周期におけるホルモン分泌量の変動

通常それを３週間程度服用した後に，服用しない（あるいはホルモンを含まない「偽薬」を服用する）期間を１週間程度もうける。このとき，服用を開始してから最初の３週間に経口避妊薬は卵巣にどのような効果をもたらすか，20字以内で述べよ。

問5 問4で経口避妊薬を服用しない１週間に子宮ではどのような変化が見られるか。最初の３週間に子宮で起きる変化を考慮しながら，20字以内で述べよ。

（埼玉大・武庫川女子大・北里大[医]・北海道大）

↗ 022 カルシウム代謝

〈第 12・16・21 講〉

〈解答・解説〉p.41

〔Ⅰ〕カルシウムイオン（Ca^{2+}）は，生物の様々な活動に必要であり，特に，動物の体内において筋収縮や①血液凝固，ホルモンや②神経伝達物質の放出などの生理的に重要な多くの機能を制御しており，これらの反応が正常に行われるために，血液中の Ca^{2+} 濃度は $9 \sim 11mg/100mL$ の一定範囲内に保たれている。血液中の Ca^{2+} 濃度の調節には，骨，腎臓，小腸の３つの器官が関与している。その中で，骨はカルシウムの貯蔵庫として働き，血液中の Ca^{2+} を取り込んで蓄えるとともに，蓄えられたカルシウムを Ca^{2+} として血液中に放出している。ホルモンは，これらの器官に作用して，**図1**の矢印に示

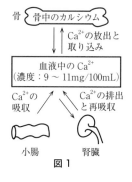

図1

す Ca^{2+} の移動を制御することにより，血液中の Ca^{2+} 濃度を一定に保っている。例えば，血液中の Ca^{2+} 濃度が低下すると，③パラトルモンが分泌され，骨から血液中に Ca^{2+} を放出させたり腎臓の細尿管での Ca^{2+} の再吸収を促進させたりすることで，血液中の Ca^{2+} 濃度を上昇させる。

問1 下線部①について，血液凝固における Ca^{2+} の働きを70字以内で述べよ。なお，「Ca^{2+}」は１文字分とする。

問2 下線部②について，あるニューロン（シナプス前細胞）から別のニューロン（シナプス後細胞）への興奮の伝達は，神経伝達物質によって起こる。シナプス前細胞の軸索の末端に興奮が伝わってから神経伝達物質が放出されるまでの仕組みを，以下の語句をすべて用いて100字以内で述べよ。

カルシウムチャネル，Ca^{2+}，神経伝達物質

問3 下線部③のパラトルモンを分泌する内分泌腺の名称を答えよ。

〔Ⅱ〕血液中の Ca^{2+} 濃度を調節するホルモンとして，パラトルモン以外にホルモン A が存在する。ホルモン A は甲状腺から分泌されるが，チロキシンとは異なることがわかっている。ホルモン A の作用について調べるために，以下の実験1〜5を行った。

【実験1】 正常なイヌの血管に様々な濃度の Ca^{2+} 溶液を注入した後，血液中の Ca^{2+} 濃度と甲状腺から分泌される単位時間あたりのホルモン A の分泌量を調べたところ，**図2**の結果を得た。

【実験2】 正常なイヌの血管に一定量の Ca^{2+} 溶液を注入した後，経時的に血液中の Ca^{2+} 濃度を測定したところ，次ページの**図3(イ)**の結果を得た。次に，甲状腺を摘出したイヌの血管に同量の

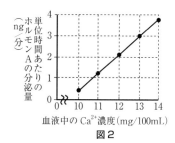

図2

Ca^{2+} 溶液を注入し，経時的に血液中の Ca^{2+} 濃度を測定したところ，**図3(ロ)**の結果を得た。

【実験3】 甲状腺を摘出したイヌの血管に，実験2と同量の Ca^{2+} 溶液を実験2と同じ方

法で注入した。その後，ホルモンAを投与したところ，高い値を示していた血液中の Ca^{2+} 濃度は正常値に戻った。

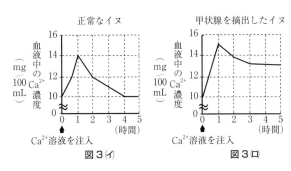

図3(イ) 正常なイヌ

図3(ロ) 甲状腺を摘出したイヌ

Ca²⁺溶液を注入

【実験4】放射性物質で標識したホルモンAを，正常なイヌの血管に注入して全身を循環させた。放射性物質が持つ放射活性を目印とすることにより，標識した物質の生体内でのゆくえを追跡することが可能となる。様々な器官の放射活性を測定した結果，骨に放射活性が検出された。骨には骨を破壊する細胞（破骨細胞）と骨を造る細胞（骨芽細胞）が存在するため，さらに詳しく調べたところ，④放射活性は破骨細胞の細胞膜に検出された。また，その他の臓器や細胞に放射活性は検出されなかった。

【実験5】図4(イ)～(ハ)の上段の模式図に示すように，イヌから取り出した骨（細胞を含まない）を培養液中に置き，(イ)では細胞が存在しない，(ロ)では破骨細胞が存在する，(ハ)では骨芽細胞が存在する，という培養条件を設定した。

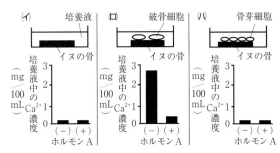

図4 （−）はホルモンAを含まない培養液，（＋）はホルモンAを含む培養液を示す。

それぞれの培養条件で，ホルモンAを含まない培養液とホルモンAを含む培養液で3日間培養した後に，培養液中の Ca^{2+} 濃度を測定したところ，図4(イ)～(ハ)の下段に示す棒グラフの結果を得た。

問4 下線部④のように，放射活性が破骨細胞の細胞膜にのみ検出された理由を60字以内で説明せよ。

問5 血液中の Ca^{2+} 濃度は，ホルモンAによってどのように調節されていると考えられるか。実験1～5の結果に基づいて，160字以内で述べよ。 （大阪大）

類題出題校	名古屋大，神戸大，産業医科大，獨協医科大，昭和大[医]，岩手医科大，藤田医科大，大分大[医]，名古屋市立大，鹿児島大，学習院大，福岡大，愛知学院大，大阪医科薬科大，久留米大，神奈川工科大

↗ **023** 血糖調節におけるホルモンの作用 〈第8・21・22講〉

★★★ （I）★★ （II）★ ──────────── 〈解答・解説〉p.42

〔I〕食後に血糖値が増加すると，すい臓ランゲルハンス島のB細胞にグルコースがグル

コース輸送担体により取り込まれ，解糖系で代謝されピルビン酸が生じる。その後ミトコンドリア内のクエン酸回路，電子伝達系を介してATPが産生される。このATP産生量の増加が引き金になりインスリンはB細胞から分泌される。

問1　インスリンの分泌のしくみは次のように考えられている（図1参照）。静止状態ではATP感受性のカリウムチャネル⑦は開いており細胞内のカリウムイオンは細胞外へ放出されており静止膜電位を保っている。カリウムチャネルはATPと結合することで閉鎖する。細胞外のグルコース濃度が上昇するとグルコース輸送担体⑦によりグルコースは細胞内に取り込ま

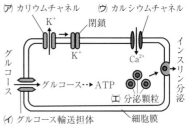

図1　B細胞における血糖上昇によるインスリン分泌のしくみ

れ，ミトコンドリアを介してATPが増加する。細胞内ATP量が増加するとカリウムチャネルが閉じることで細胞膜が電位変化（細胞膜の脱分極）を引き起こす。さらに細胞膜の電位変化によりカルシウムチャネル⑦が開き，細胞外のカルシウムイオンが細胞内へと流入する。増加したカルシウムイオンにより，分泌顆粒⑦内に濃縮されているインスリンが細胞外へ分泌される。

（ⓐ）カリウムチャネル遺伝子に異常があり，カリウムチャネルが常に閉鎖した状態となれば，インスリン分泌および血糖値はどのように変化するのか。その変化について80字以内で述べよ。

（ⓑ）細胞外のカルシウムイオンを除去すると，インスリン分泌および血糖値はどのように変化するのか。その変化について80字以内で述べよ。

問2　下線部について，クエン酸回路の脱水素酵素に遺伝子異常が存在し，ミトコンドリア機能が低下する場合には，インスリン分泌と血糖値はどのように変化するのかを80字以内で述べよ。

問3　高タンパク質の食事をした時のヒトの血中ホルモン濃度を測定したところ，インスリンの濃度が上昇した。その原因を知るために，アミノ酸の一種である，正の電荷を持つアルギニンをすい臓に加えたところ，アルギニンが細胞内に取り込まれ，インスリンの分泌が促進されることがわかった。細胞内のクエン酸回路が働かなかったとして，どのような機構によってインスリンの分泌が促進されたと考えられるか，60字以内で述べよ。

〔Ⅱ〕〔**文1**〕グルカゴンが肝細胞に作用すると，次ページの**図2**に示すような過程を経てグルコースが作られる。グルカゴンは細胞膜を透過できないため細胞外から受容体に作用して，肝細胞内にサイクリックAMP（cAMP）と呼ばれる物質を増加させる。cAMPはATPから細胞膜に埋め込まれている酵素A（cAMP合成酵素）により作られる。次いで，細胞質内でcAMPによって活性化される酵素B（cAMP依存性リン酸化酵素）によって，酵素C（グリコーゲン分解酵素）が活性化（リン酸化）されるとグリコーゲンが分解されてグルコースができ，最終的に細胞外に放出される。

問4 ［**文1**］の知見と矛盾する実験結果を次の a～h からすべて選べ。

a. 肝細胞に酵素 A 活性化薬を添加すると，グルカゴンを作用させなくてもグルコースが放出された。

b. 肝細胞に酵素 A 阻害薬を添加すると，グルカゴンを作用させても cAMP は増加しなかった。

c. 肝細胞に酵素 B 阻害薬を添加すると，グルカゴンを作用させてもグルコースは放出されなかった。

d. 肝細胞に酵素 B 阻害薬を添加しても，グルカゴンを作用させると cAMP は増加した。

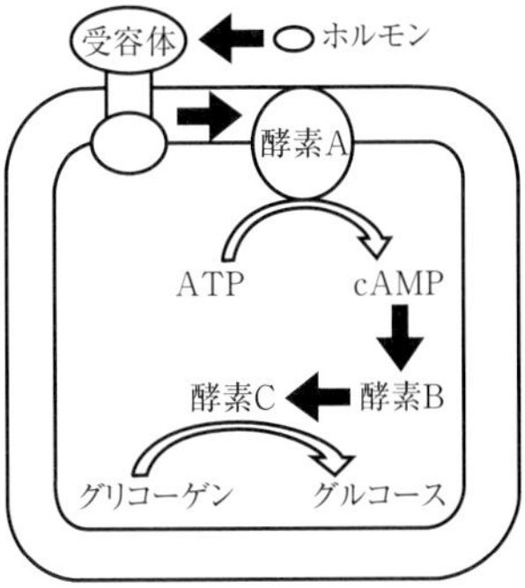

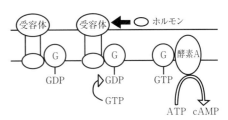

図2 グルカゴンの細胞内情報の伝達経路

e. 細胞質の抽出液に cAMP を添加すると酵素 B が活性化された。

f. 細胞質の抽出液に cAMP を添加すると酵素 C が活性化された。

g. 精製した酵素 B に cAMP を添加しても酵素 B は活性化されなかった。

h. 精製した酵素 C に cAMP を添加しても酵素 C は活性化されなかった。

［**文2**］ グルカゴンはどのようにして肝細胞内に cAMP を増加させるのだろうか。グルカゴンが受容体に結合すると受容体と隣接している G タンパク質が活性化される。G タンパク質は不活性化状態では GDP（グアノシン二リン酸）を結合しているが，GTP（グアノシン三リン酸）との交換反応が起こると活性化

図3 グルカゴンが酵素Aを活性化させるまでの過程

される。GTP 結合型の G タンパク質は酵素 A を活性化して細胞内に cAMP を増加させるのである。一方，GTP 結合型の G タンパク質は GTP 分解酵素活性を持っており，直ちに分解して不活性化状態の GDP 結合型に戻る。このような GDP と GTP の交換反応，GTP の分解反応，cAMP の合成反応は細胞膜の細胞質側で起こっている（**図3**参照）。

問5 肝細胞を機械的に破壊して調整した細胞膜分画を用いて実験を行った。［**文2**］の知見と矛盾する実験結果を次の a～f からすべて選べ。

a. G タンパク質は細胞膜分画から精製された。

b. 酵素 A は細胞膜分画から精製された。

c. 細胞膜分画にグルカゴンを作用させても酵素 A は活性化されなかった。

d. GTP 存在下で細胞膜分画にグルカゴンを作用させても G タンパク質は活性化されなかった。

e. GTP 存在下で細胞膜分画にグルカゴンを作用させると酵素 A は活性化された。

f. 細胞膜分画に G タンパク質の活性化薬を添加すると酵素 A は活性化された。

（九州大・京都府立医科大・東邦大）

58

類題 出題校	センター, 東京大, 東北大, 大阪大, 東海大[医], 北里大[医], 島根大, 福井大, 長崎大, 宮城大, 東京都立大, 三重大, 山梨大, 名古屋市立大, 早稲田大, 法政大, 日本大, 近畿大, 福岡大, 名城大, 芝浦工業大, 常葉大, 武庫川女子大

↗ 024 低酸素ストレス応答　〈第3・17・42・44・61講〉

★　　　　　　　　　　　　　　　　　　　　　　　　　　　　　　　　〈解答・解説〉p.44

　ヒトを含むほぼすべての多細胞生物は，酸素を失えば生命を維持できない。多くのヒトは約20%の酸素濃度下で生活しているが，一過的に低酸素濃度の状態に陥ることがある。このように生体が低い酸素濃度にさらされることを，低酸素ストレスとよぶ。生物は低酸素ストレスに対して生体防御するために様々な恒常性維持メカニズムを備えている。例えば(A)ある特定の遺伝子を発現誘導することで，細胞の代謝反応を解糖系を中心におこなったり，(B)赤血球を増やすことで組織への酸素供給能を向上させたりする。

問1　下線部(A)に関して，低酸素ストレスなどの細胞の外的・内的状況によってある特定の遺伝子だけを発現させることを何というか答えよ。

問2　低酸素ストレスに対する遺伝子発現メカニズムに関する下記の文章を読み，次の(1)〜(3)に答えよ。

　図1は，通常酸素濃度と低酸素濃度における低酸素ストレス応答遺伝子の発現メカニズムを示している。細胞が低酸素ストレスにさらされると，遺伝子Hから発現誘導されたタンパク質Hが

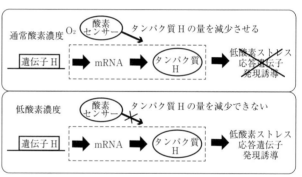

図1　低酸素ストレス応答遺伝子の発現メカニズム

低酸素ストレス応答遺伝子を発現誘導することで恒常性を維持する。一方，通常酸素濃度では，細胞内に存在する酸素センサーがこの酸素濃度を感知し，遺伝子Hからタンパク質Hを発現させる一連の過程のいずれかに作用することで(図1，点線枠)，細胞内のタンパク質Hの量を減少させる。これによりタンパク質Hによる低酸素ストレス応答遺伝子の発現は抑制される。つまり通常酸素濃度において酸素センサーがタンパク質Hの量を低下させるメカニズムを阻害することが，低酸素ストレス応答メカニズムの一つなのだ。そこで，通常酸素濃度において酸素センサーがタンパク質Hの量を減少させるメカニズムを解明するために，まず実験1を行った。

実験1：通常酸素濃度と低酸素濃度で細胞を4時間培養後，その細胞からすみやかにRNAと細胞の全タンパク質を抽出し，遺伝子Hに対するmRNAとタンパク質Hの発現量を解析した（図2）。グラフでは，通常酸素濃度における発現量を1として，低酸素濃度における発現量はその相対値で示している。

第3章

(1) 実験1の結果だけをふまえた場合，通常酸素濃度において酸素センサーがタンパク質Hの量を減少させるメカニズムとして適切なものを，次の㋐～㋗からすべて選べ。

　㋐　遺伝子Hの転写の活性化

　㋑　遺伝子Hに対するmRNAの分解抑制

　㋒　遺伝子Hの転写の抑制

　㋓　遺伝子Hに対するmRNAの分解促進

　㋔　タンパク質Hの翻訳の活性化　㋕　タンパク質Hの翻訳の抑制

　㋖　タンパク質Hの分解抑制

　㋗　タンパク質Hの分解促進

次に実験1の結果から考えられた複数の可能性を検討するために，様々な実験を行った。その結果，下記の実験2において大きな差が見られた。

実験2：細胞を低酸素濃度で4時間培養する。その際，培養液中には放射性同位体元素で標識されたアミノ酸を添加し，低酸素濃度下4時間で翻訳されたタンパク質だけを標識した。次に低酸素状態を維持しながら，培養液から放射性同位体元素を完全に除去した後に，通常酸素濃度と低酸素濃度の2つの条件で培養を継続

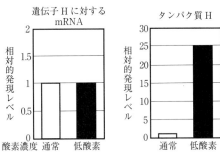

図2　実験1の概要と遺伝子Hに対するmRNA・タンパク質Hの発現変動

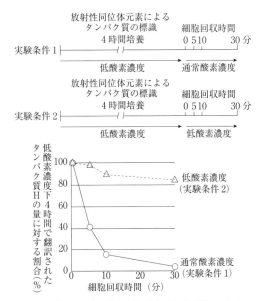

図3　実験2の概要と放射性同位体元素で標識されたタンパク質Hの通常酸素濃度あるいは低酸素濃度で培養後の量の変動

し，0，5，10，30分後に細胞を回収した。それぞれの細胞からすみやかに全タンパク質を抽出し，放射性同位体元素で標識されたタンパク質Hの量の変動を

解析した（前ページ**図3**）。なお，グラフに示す各細胞回収時のタンパク質 H の量は，0 分時の量に対する割合として表記してある。

(2) 実験 1 と 2 の結果を総合的に考えた場合，通常酸素濃度において酸素センサーがタンパク質 H の量を減少させるメカニズムとして最適なものを(1)の選択肢**あ**～**く**から選べ。

(3) 実験 1 と 2 で解明した低酸素ストレス応答メカニズムを生物が採用した生理的意義として，最適な考察を次の記述**あ**～**え**の中から選べ。

　　あ 転写により遺伝子発現レベルは精密に制御できる。

　　い タンパク質の変性を防ぐことができる。

　　う 低酸素応答をすみやかに行うことができる。

　　え mRNA のスプライシングで遺伝子の多様性をもたらすことができる。

問3 下線部**B**に関する下記の文章を読み，次の(1)～(3)に答えよ。

　　低酸素ストレス下でタンパク質 H は，細胞内の代謝変化だけではなく，組織の低酸素ストレス応答ももたらす。その一つとして，エリスロポエチンとよばれる造血因子の分泌を促進することで赤血球を増やし，血中の酸素運搬量を増加させる。赤血球にはヘモグロビンが存在し，これが酸素と強く結合するため，肺で取り込んだ酸素を体内の各組織へ運搬・供給する。

(1) 血液量 100mL あたり 20mL の酸素を運ぶためには，血液 100mL あたり何 g のヘモグロビンが必要か。小数点以下第一位まで示せ。ただしヘモグロビンの分子量は 66,000，気体 1mol の体積は 22.4L とする。また 1 分子のヘモグロビンには 4 分子の酸素が結合しているとする。

(2) エリスロポエチンは 165 個のアミノ酸からなるポリペプチドであり，その産生過程においてゴルジ体で単糖分子が鎖状に結合する糖鎖修飾を受けることが，その造血活性に必要である。近年，遺伝子工学技術の発展によりエリスロポエチンが腎臓の細尿管の間質細胞で産生されることが明らかになった。エリスロポエチン遺伝子を大腸菌に導入し産生したエリスロポエチンは，正しくフォールディングされていたにもかかわらず造血活性をもたないため，動物細胞に遺伝子導入することでエリスロポエチンを産生している。大腸菌で産生したエリスロポエチンが造血作用を示さない理由を 50 字以内で簡潔に説明せよ。

(3) エリスロポエチンの産生細胞は，GFP 遺伝子を組み込んだトランスジェニックマウスを用いた解析により判明した。このトランスジェニックマウスの作成，及びその解析に関する以下の文中の　①　～　⑤　に適切な語句を入れよ。

　　　真核生物の遺伝子の発現は，RNA 鎖の合成を行う　①　が　②　と複合体を形成し，DNA の　③　に結合することで開始する。この複合体形成は，特定の転写調節因子が細胞環境変化に応じて転写調節領域に結合することで誘導される。これにより遺伝子の発現を介した適切な細胞応答が引き起こされる。この原理を応用して，エリスロポエチンの産生細胞を調べるために，エリスロポエチン遺伝子領域に GFP 遺伝子が組み込まれたトランスジェニックマウスが作成され

た。このマウスを貧血状態にすると，末梢組織では ④ 濃度が低下しエリスロポエチン遺伝子の発現が活性化されることになる。これに伴い産生されるGFP が発する ⑤ を顕微鏡で観察することにより，エリスロポエチン産生細胞が同定された。

（同志社大・熊本大）

類題 出題校	東北大, **産業医科大**, **聖マリアンナ医科大**, 早稲田大

第4章 生体防御

→025 抗体の多様性と特異性
★★

〈第25講〉

――――― 〈解答・解説〉p.46

抗体は，（　**ア**　）と呼ばれるY字状のタンパク質であり，B細胞によってつくられる。1種類の抗体は，抗原に存在する特定の部分（この部分は（　**イ**　）と呼ばれる）にのみ結合する特異性をもつ。ヒトの血中に存在する抗体の多くは(a)2本のH鎖と2本のL鎖からできており，H鎖とL鎖は，可変部と(b)定常部から構成されている。これらの構造は**図1**のように模式的に表すことができる。ヒトのゲノムに存在するタンパク質をコードする

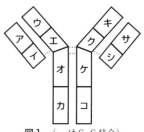

図1　（…はS-S結合）

遺伝子はおおよそ2万個にすぎないが，B細胞が（　**ウ**　）中で分化する際に(c)（　**ア**　）の遺伝子の再編成が起こるので，ヒトは多種多様な抗体を作ることができる。

問1　文章中の（　**ア**　）～（　**ウ**　）に当てはまる最適な語をそれぞれ答えよ。

問2　図1に示した抗体の構造の模式図において，下線部(a)と(b)はそれぞれどの領域に相当するか，図中に示した**ア～シ**からすべて選び記号で記せ。

問3　下線部(c)について，H鎖遺伝子の可変部遺伝子断片が，V, D, Jそれぞれについて，40個，23個，6個であり，L鎖遺伝子の可変部遺伝子断片は κ （カッパー）と λ （ラムダ）とよばれ2つの異なる染色体に存在し，κ はV, Jそれぞれについて35個と5個，λ はV, Jそれぞれについて30個と4個であった場合，この組み合わせで可能な抗体は最大何種類あるか。なお，個々の細胞では κ と λ のいずれか一方のみからL鎖遺伝子の可変部遺伝子断片が選択される。

問4　血中や試料中に含まれている抗体がどのような抗原に反応するのかを調査する方法として，二重免疫拡散法（オクタロニー法）がある。この方法は，抗原と抗体の両者をシャーレ（ペトリ皿）に入れた寒天培地に置き，抗原抗体反応を観察するものである。抗原と抗体は寒天培地中を拡散によって広がっていき，抗原抗体反応が起こると，それによって生じた複合体が白濁した線（沈降線）として観察される。**図2～6**は，抗原抗体反応による複合体を太線により模式的に表した図である。

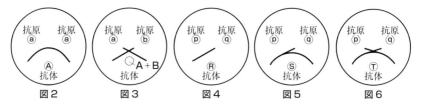

図2　　　　図3　　　　図4　　　　図5　　　　図6

　例えば，抗原aを寒天培地の2か所に置き，さらに抗原aに特異的に反応する抗体Aをaからやや離れた位置に置くと，aとAの間に生じた複合体が**図2**のように観察される。また，2種類の異なる抗原aとbを寒天培地の別々の位置に置き，さ

らに，抗原 b に特異的に反応する抗体 B と抗体 A とを混合したものを抗原からやや離れた位置に置くと，複合体が**図3**のように観察される。

いま，3種類の抗原 x，y，z，およびこれらの抗原にそれぞれ特異的に反応する抗体 X，Y，Z を用意した。そして，x，y，z を組み合わせた混合抗原液 p と q，および，X，Y，Z を組み合わせた混合抗体液 R，S，T を用意した。これらの p，q，

	p	q	R	S	T
ア	x と y	y と z	X	X と Y	X と Y と Z
イ	x	y	X	X と Y	X と Z
ウ	x と y	x と z	X	Y と Z	X と Y と Z
エ	x と y	y	Y	X と Y	X と Y と Z
オ	x と z	x と y	Z	X と Z	X と Y と Z

表1

R，S，T を組み合わせて寒天培地に置いたところ，複合体が**図4～6**のように観察された。この場合，p，q，R，S，T に含まれる抗原および抗体の組み合わせとしてありうるものはどれか，**表1**の**ア～オ**からすべて選び記号で記せ。 (筑波大)

類題出題校	京都大，九州大，**大阪医科薬科大[医]**，京都府立医科大，福島県立医科大，金沢医科大，岩手医科大，和歌山県立医科大，東邦大[医]，昭和大[医]，**札幌医科大**，お茶の水女子大，**福井大**，岩手大，三重大，帯広畜産大，早稲田大，福岡大

→026 臓器移植と MHC

★★ 〈第25・54講〉
〈解答・解説〉p.47

生体防御反応の一翼を担う獲得（適応）免疫は，感染防御に大きな役割を果たしているが，臓器や組織の移植という局面では，　**ア**　といった医療上望ましくない問題にも関与する。

　ア　とは，移植のレシピエント（移植を受けるものの呼称）において，移植片の定着が妨げられる現象であるが，主として，レシピエントの T 細胞が移植片を異物とみなすことにより起こるとされている。この場合に T 細胞が異物と認識するものは，移植片内の細胞表面に存在するタンパク質である。このようなタンパク質は，現在までに多くの種類が発見されているが，その中でも特に強い　**ア**　を誘導するものを，　**イ**　（以下，MHC と呼ぶ）と呼ぶ。

これまでの研究から，個体ごとに MHC のアミノ酸配列は異なっており，T 細胞が移植片を異物とみなす対象は，レシピエントと移植片の間にある MHC のアミノ酸配列の違いにあると理解されている。

まず，ハッカネズミを使った皮膚移植の実験例で　**ア**　と MHC の関係を考えてみる。ハッカネズミの場合も，個体間で皮膚移植を行って　**ア**　が起こるか否かは，ヒトの場合と同様に MHC の一致性で決まることがわかっている。以下の実験では，MHC 遺伝子型が aa の A 系統と bb の B 系統のハッカネズミを用いており，a と b は対立遺伝子とする。A 系統の個体からの皮膚組織は B 系統の個体には定着せず，またその逆の場合も定着しないとする。

A 系統と B 系統を交配して F_1 を作出し，親から子（F_1）への皮膚移植を試みた。その結果，この皮膚移植はすべて成功することがわかった。F_1 の T 細胞が親の皮膚組織を異物と認識しなかったと考えることができる。この理由について，移植のドナー（移植臓器や移植片を供与するものの呼称）の MHC とレシピエントの MHC の関係で考えてみる。

ドナー側となる親系統の MHC 遺伝子型は aa か bb，レシピエント側となる F_1 のそれは ab となり，親子間で MHC 遺伝子型は一致しない。しかし，F_1 では a と b の両方に由来する MHC が発現しているため，F_1 の T 細胞は両親の MHC を異物と認識しなかったのである。

ハツカネズミやヒトの MHC は複数の遺伝子に由来しているが，それらは染色体上で極めて隣接して存在している。したがって，MHC の遺伝は単一遺伝子産物の場合と同じとみなしてよい。本設問の解答に際しては，MHC 遺伝子は一つで，皮膚移植の成否は MHC の一致性のみに依存すると仮定する。

問1 上記の文章中の ［ア］・［イ］ に適当な語を入れよ。

問2 A 系統，B 系統，F_1 の任意の 2 個体間で皮膚移植を行ったとき，［ア］ はどのような組合せの場合に起こると期待されるか。右の表に示したいくつかの組合せの例にならい，［ウ］～［キ］ の部分に，［ア］ ありの場合は×，［ア］ なしの場合は○を入れよ。

<table>
<tr><td colspan="2" rowspan="2"></td><td colspan="3">ドナー側</td></tr>
<tr><td>A 系統</td><td>B 系統</td><td>F_1</td></tr>
<tr><td rowspan="3">レシピエント側</td><td>A 系統</td><td>○</td><td>×</td><td>（ウ）</td></tr>
<tr><td>B 系統</td><td>×</td><td>○</td><td>（エ）</td></tr>
<tr><td>F_1</td><td>（オ）</td><td>（カ）</td><td>（キ）</td></tr>
</table>

問3 上記の F_1 どうしの交配から得られる F_2 世代において，任意の 2 個体間で皮膚移植を行ったとき，［ア］ が起こらない確率を答えよ。

問4 もし，私たちヒトにおいて親から子への皮膚移植を行えば，ほとんどの場合に ［ア］ が起こると考えなければならない。なぜ，本設問にあるハツカネズミの実験の場合と違うのか。その理由を 100 字程度で記せ。

問5 文章中の下線部について，ヒトでは，その MHC はヒト白血球抗原（HLA）と呼ばれ，HLA-A，-B，-C，-DP，-DQ，-DR の 6 種類が知られている。これら 6 個の遺伝子は第 6 染色体上に近接してあり完全連鎖している。また，これらの遺伝子は顕性・潜性の別なく発現する。ヒトの T 細胞は自分と異なる HLA を持つ細胞を攻撃するという特徴を持っている。他人から臓器移植を受けた場合には，レシピエントの T 細胞が移植臓器を攻撃して排除してしまう。このため移植を行う場合はできるだけ多くの HLA が一致したドナーとレシピエントの組合せを見出すことが重要になってくる。HLA-A，-B，-C，-DP，-DQ，-DR には，対立遺伝子が存在し，それぞれ 26，55，10，6，9，24 種類あること，ならびに臓器移植においてはこれらの遺伝子群のうち，HLA-A，-B，-DR の型が拒絶反応に強く関与し，HLA-C，-DP，-DQ の関与は弱いことなどが知られている。次の(1)～(3)に答えよ。

(1) 一般的に兄弟間で 6 種類の HLA が同じ組合せになる確率を答えよ。

(2) 腎臓移植の場合，HLA-A，-B，-DR の型が完全に一致していることが望ましい。ヒトの HLA-A，-B，-DR 型の理論上の組合せは，何通りあるか計算式とその値を答えよ。

(3) 日本人のある HLA-A，-B，-DR 型の組合せでは，一致する確率が(2)の理論値から求められる値と異なる。その理由を 40 字以内で答えよ。　　（東北大・横浜市立大）

| 類題出題校 | 滋賀医科大，近畿大[医]，**産業医科大**，**東京女子医科大**，藤田医科大，埼玉医科大，獨協医科大，東京医科大，札幌医科大，福島県立医科大，東邦大[医]，**金沢大**，**群馬大**，熊本大，鹿児島大，**東京理科大**，中央大，関西大，同志社大 |

——————————〈解答・解説〉p.49
★★

　ABO 式血液型における赤血球の凝集は，抗原抗体反応によるものである。この場合，抗原は凝集原と呼ばれ，抗体は凝集素と呼ばれ，凝集原は赤血球の表面に存在する糖鎖である。O 型のヒトの赤血球では糖鎖の末端にフコースという単糖が結合しており，このような糖鎖を H 抗原と呼ぶ。A 型のヒトの赤血球では，H 抗原に加えて，H 抗原に N−アセチルガラクトサミンという単糖が付加した A 抗原が存在する。B 型のヒトの赤血球では，H 抗原に加えて，H 抗原にガラクトースという単糖が付加した B 抗原が存在する。AB 型のヒトの赤血球では，H 抗原，A 抗原，B 抗原の 3 種類が存在している。これらの抗原が細胞表面に存在しない場合に，その仕組みは不明であるが，存在しない抗原に対する抗体が凝集素として産生される。

　赤血球表面の H 抗原にどのような単糖が付加されるかは，9 番染色体上の A 遺伝子，B 遺伝子，O 遺伝子と呼ばれる 3 つの対立遺伝子によって決定される。(1) A 遺伝子は H 抗原に N−アセチルガラクトサミンを付加する 354 アミノ酸からなる酵素をコードしている。B 遺伝子は，A 遺伝子に複数の変異が起きた結果，H 抗原に N−アセチルガラクトサミンのかわりにガラクトースを付加する酵素をコードしている。(2) O 遺伝子では A 遺伝子の 1 塩基が欠失する変異が起きている。その結果，O 遺伝子の成熟 mRNA は，A 遺伝子の成熟 mRNA の 261 番目のシトシンが欠失したものとなっている。この O 遺伝子は 117 アミノ酸からなるタンパク質をコードしている。A 遺伝子において (3) ある特殊な変異が生じたものは，H 抗原にガラクトースを付加することも，N−アセチルガラクトサミンを付加することもできる酵素をコードする。結果として，この遺伝子をもつヒトの赤血球では，H 抗原，A 抗原，B 抗原の 3 種類が存在する。この変異遺伝子をここでは C と呼ぶ。

　これらとは別に，ABO 式血液型に関するものとして，h 遺伝子があげられる。H 遺伝子と h 遺伝子は 1 組の対立遺伝子である。多くの場合，ヒトは 19 番染色体に H 遺伝子を少なくとも 1 つもっているが，h 遺伝子を 2 つもっている場合，この個体は糖鎖末端へのフコースの付加活性をもたないため，H 抗原が形成されない。そのため，通常は存在しない抗体が産生される。

　ABO 式血液型の判定方法として，抗 A 抗体を含む血清（抗 B 抗体は含まない），および抗 B 抗体を含む血清（抗 A 抗体は含まない）を対象者の血液と反応させて凝集反応の有無により判定する方法がある。この方法をオモテ検査と呼ぶ。一方で対象者の血液の血清を用いて，A，B，O の各型の赤血球との凝集反応の有無により判定する方法もある。この方法をウラ検査と呼ぶ。(4) オモテ検査とウラ検査の結果が一致した場合に血液型が確定する。

問1　下線部(1)について，
　(1) 1 つの遺伝子が 1 つの酵素の合成を支配しているという考え方を最初に提唱した研究者 2 名の名前をそれぞれ答えよ。
　(2) また，彼らがこの研究のために実験材料として用いた生物名は何か答えよ。

第4章

問2 下線部(2)について，このような突然変異の名称を記せ。

問3 遺伝子型が HHAO の父親と，HHAB の母親から生まれてくる子供のオモテ検査で判定される ABO 式血液型について，それぞれの血液型になる確率は何%であるか記せ。なお，突然変異は起こらないものとする。

問4 下線部(3)について，遺伝子型が HHCO のヒトは，オモテ検査で何型と判定されるか。

問5 遺伝子型が HHAO の父親と HHCO の母親から生まれてくる子供のオモテ検査で判定される ABO 式血液型について，それぞれの血液型になる確率は何%であるか記せ。なお，突然変異は起こらないものとする。

問6 遺伝子型が hhBC のヒトは，オモテ検査で何型と判定されるか。

問7 遺伝子型が HhAO の父親と hhBC の母親から生まれてくる子供のオモテ検査で判定される ABO 式血液型について，それぞれの血液型になる確率は何%であるか記せ。なお，突然変異は起こらないものとする。

問8 下線部(4)について，この方法により血液型が確定しない遺伝子型について，その遺伝子型とオモテ検査，ウラ検査の結果について 120 字程度で具体的に説明せよ。

(奈良県立医科大)

類題 出題校	東京大，京都大，東北大，**東京女子医科大**，近畿大[医]，**兵庫医科大**，**福井大**，**広島大**，東京都立大，名古屋市立大， **兵庫県立大**，岐阜大，山形大，島根大，**熊本大**，**東京理科大**，**立教大**，**日本大**，**日本女子大**，**大阪医科薬科大**，**東海 大**

→028 抗体の構造と働き 〈第25講〉

★ 〔Ⅰ〕★ 〔Ⅱ〕 ──────────────── 〈解答・解説〉p.51

〔Ⅰ〕抗体分子（免疫グロブリン）の構造と各部分の働きを調べるために，抗体を様々な方法で分解したところ，下のような結果が得られた。なお，実験に用いたウサギの抗体（分子量 15 万）の構造を模式的に表すと**図1**のようになり，分子量 5 万のポリペプチドと 2 万 5 千のポリペプチドそれぞれ 2 本ずつから構成されており，これらのポリペプチドどうしは，**図1**の太線で表したジスルフィド結合（S-S 結合）によって結ばれていることがわかる。

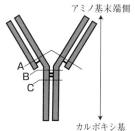

図1 抗体分子の
構造の模式図

【実験1】抗体分子を還元剤で処理（還元処理）して，ジスルフィド結合を切断した後，電気泳動によって分子量の大きさにしたがって分離した。

【実験2】消化酵素であるペプシンで処理すると，抗体が抗原と結合する働き（抗原結合活性）と抗原を凝集させる働き（抗原凝集活性）は変わらなかったが，食細胞に抗原を取り込ませる働き（抗原捕食活性）は失われた。

【実験3】タンパク質分解酵素の一つであるパパインで処理すると，抗体分子はほぼ同じ大きさの 3 つの断片に分かれた。

問1 実験1について，抗体を電気泳動したときの結果として，最も適切なものを次の

①～⑧から1つ選べ。

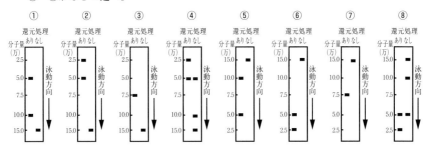

問2 実験2について，ペプシンが切断する部位として最も適切なものを図1のA～C
から1つ選べ。

問3 実験3について，次の(1)・(2)に答えよ。

　(1) パパインが切断する部位として最も適切なものを図1のA～Cから1つ選べ。

　(2) 抗体をパパインで処理すると，抗原結合活性，抗原凝集活性，抗原捕食活性はそ
　　　れぞれ処理前と比較してどのようになると推測されるか。「増強される」，「失わ
　　　れる」，「変わらない」のいずれかで答えよ。

問4 抗体の抗原結合活性，抗原凝集活性，抗原捕食活性について，最も適切なものを
次の①～⑨から3つ選べ。

　① 抗原結合活性は，H鎖が対になった部分のカルボキシ基末端側にある。

　② 抗原結合活性は，H鎖とL鎖が対になった部分のアミノ基末端側にある。

　③ 抗原結合活性は，H鎖とL鎖が対になった部分のカルボキシ基末端側にある。

　④ 抗原凝集活性は，H鎖とL鎖が対になった部分のカルボキシ基末端側にある。

　⑤ 抗体に抗原凝集活性があるのは，抗体分子の2か所に抗原と結合する部位が存在
　　　するからである。

　⑥ 抗体が抗原を凝集させるのは，抗原と結合した抗体分子のカルボキシ基末端側に
　　　変化が起こり，他の抗体分子と互いに結合するからである。

　⑦ 抗原捕食活性は，H鎖とL鎖が対になった部分のカルボキシ基末端側にある。

　⑧ 抗原捕食活性は，H鎖が対になった部分のカルボキシ基末端側にある。

　⑨ 抗体が抗原と結合すると，抗体分子のアミノ基末端側に変化が起こり，食細胞の
　　　受容体と抗体のアミノ基末端側が結合しやすくなる。

〔Ⅱ〕Rh式血液型では，アカゲザルと共通するタンパク質抗原のRh因子が赤血球にあ
る場合をRh陽性（Rh⁺），ない場合をRh陰性（Rh⁻）とする。Rh⁻型の母がRh⁺型の子
を妊娠すると，出産時に胎児のRh⁺型赤血球が母体血液中に移行し，母体にRh因子に
対する抗体（Rh抗体）がつくられる場合がある。この女性が次回にRh⁺型の子を妊娠し
た場合，(1)胎児内で抗原抗体反応が起こり，(2)胎児に障害が現れることがある。この現
象を血液型不適合とよび，これを防止するために，Rh⁺型の子を出産した直後に母体に
Rh抗体を投与することがある。(3)投与されたRh抗体は母体中のRh因子に結合し，胎
児由来のRh⁺型赤血球は食細胞により排除される。

68

下線部(3)に関連して，以下の実験4～6を行った。

【実験4】Rh抗体を含まない血清またはRh抗体を含む血清とRh⁺型赤血球を混合し，しばらくおいた。血清を取り除いた後，食細胞を加えて培養し，赤血球の貪食（食

表1 加えた血清	赤血球を貪食した食細胞の割合(%)
Rh抗体を含まない血清	2
Rh抗体を含む血清	69

作用）を行っている食細胞数を顕微鏡で測定した。加えた食細胞のうち，赤血球を貪食した食細胞の割合を**表1**に示す。

【実験5】Rh抗体を含む血清とRh⁺型の赤血球を混合し，しばらくおいた。血清を取り除いた後，新たに**表2**の溶液と食細胞を加え培養し，顕微鏡で赤血球を貪食し

表2 加えた溶液	赤血球を貪食した食細胞の割合(%)
生理食塩水	86
Rh抗体を含まない血清	4
Rh抗体を含む血清	4

ている食細胞数を測定した。加えた食細胞のうち，赤血球を貪食した食細胞の割合を**表2**に示す。

【実験6】免疫グロブリンを**図2**のように断片1と断片2に分解する酵素を用いてRh抗体を含まない血清中の免疫グロブリンを処理し，断片1のみを含む溶液を作製した。Rh抗体を含む血清とRh⁺型の赤血球を混合し，しばらくおい

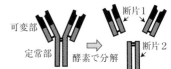

図2 酵素による免疫グロブリンの分解

た。血清を取り除いた後，新たに**表3**の溶液と食細胞を加えて培養し，顕微鏡で赤血球を貪食している食細胞数を測定した。加えた食細胞のうち，赤血球を貪食した食細胞の割合を**表3**に示す。

表3 加えた溶液	赤血球を貪食した食細胞の割合(%)
生理食塩水	92
酵素処理していない免疫グロブリンの溶液	2
図2の酵素で処理した免疫グロブリンの断片1の溶液	90

問5 下線部(1)に関連して，胎児の体内で抗原抗体反応が起きるのはなぜか。理由を40字程度で述べよ。

問6 下線部(2)について，障害が現れる胎児ではどのような抗原抗体反応が起こると考えられるか，30字程度で述べよ。

問7 実験4について，Rh抗体の食作用に対する働きを30字程度で述べよ。

問8 実験5について，新たに血清を加えた2つの培養を比較したとき，赤血球を貪食した食細胞の割合に差が見られないのはなぜか。理由を60字程度で述べよ。

問9 実験6において，血清を取り除いた後，新たに断片2のみを含む溶液と食細胞を加えて培養した場合，赤血球を貪食する食細胞の割合はどのようになると予測されるか。理由とともに80字程度で述べよ。

（北里大[医]・滋賀医科大）

| 類題出題校 | 東京大，京都大，**旭川医科大**，**日本大[医]**，防衛医科大，藤田医科大，福島県立医科大，東海大[医]，長崎大，新潟大，**岡山大**，**大阪公立大**，兵庫県立大，岡山県立大，愛知教育大，慶應義塾大，上智大，**東京理科大**，立教大，麻布大 |

↗ 029 ★★ ｜ウイルスと免疫

〈第 26・40・41 講〉
〈解答・解説〉p.53

スパイクタンパク質
脂質膜
RNA
図1

　はしかに一度かかった人は二度とはしかにかかることはない。このように同じ病原体による感染症に二度とかかることのない現象を免疫とよぶ。はしかの病原体はウイルスであるが，ウイルスがヒトの体内で増殖するためには「細胞に感染する」ことが必要である。はしかウイルスの構造を模式的に図1に示したが，はしかウイルスは，ウイルス粒子中に遺伝物質として生物のように（ **あ** ）を持つのではなく RNA を持ち（このようなウイルスを (a)RNA ウイルスという），遺伝子 RNA はタンパク質と結合した形で脂質膜に包まれて保護されている。この脂質膜にはスパイクタンパク質とよばれるタンパク質が存在し，ウイルス粒子の表面に露出している。このスパイクタンパク質でウイルスは感受性細胞の表面に結合することができ，細胞への感染を開始，すなわち，遺伝子 RNA の細胞内移行とその遺伝情報に基づいたウイルス増殖を開始する。増殖が始まると感染細胞内には多量のウイルスタンパク質がつくられ，その一部は感染細胞表面にも現れている。ウイルスタンパク質はヒトにとっては異物なので（ **い** ）として免疫系に認識される。免疫が誘導された結果（体内に免疫記憶細胞が存在するようになった結果），生体内にスパイクタンパク質に対する（ **う** ）を生じると，（ **う** ）がウイルスのスパイクタンパク質に結合するため，生体内でのはしかウイルスはもはや細胞表面への結合ができなくなる。一方で，同じ RNA ウイルスでもインフルエンザウイルスや (b)新型コロナウイルス（SARS-CoV-2）などは，比較的短期間にスパイクタンパク質遺伝子の（ **え** ）を繰り返すことによりその構造を変化させることも知られている。

　あるウイルスに初めて感染したヒトの体内におけるウイルス量，細胞性免疫の強さ，体液性免疫の強さの時間変化を，図2に模式的に示した。縦軸の濃度または強度はそれぞれについての時間変化の相対値で，相互に比較はできない。ウイルスの増殖にともない細胞性免疫と体液性免疫が誘導されている。臨床症状は体内でのウイルス量の消長と関係することも多いが，通常は時間とともに回復する。

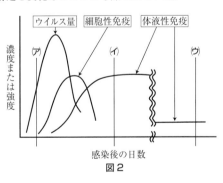

ウイルス量　細胞性免疫　体液性免疫
濃度または強度
（ア）　　（イ）　　　　（ウ）
感染後の日数
図2

多くのウイルス感染では，回復した時点で体内のウイルスは完全に排除されている。

問1　文中の（ **あ** ）〜（ **え** ）に入る適切な単語を記せ。

問2　以下の①〜④の溶液で，はしかウイルスを処理した場合，ウイルスの感染性が失われるものがある。感染性をなくすと考えられるものをすべて選べ。また，感染性がなくなる理由をまとめ，80字以内で説明せよ。

①　石けん水　　②　生理食塩水　　③　酢　　④　パイナップル果汁

問3 はしかに一度感染すると二度と感染しないのに対して，インフルエンザには何度も感染する理由を以下の言葉を用いて100字以内で説明せよ。

　　使う言葉：免疫系，スパイクタンパク質，異物

問4 図2の縦線(イ)の時点に同じウイルスが体内に再侵入した場合，体内のウイルス量は初回感染時と比べてどのように変化すると考えられるか，理由とともに40字以内で説明せよ。ただし，ここでは体液性免疫の強度は体内の抗体量と考えてよい。

問5 図2の縦線(ウ)の時点に同じウイルスが体内に再侵入した場合，体内のウイルス量と体液性免疫の強度は初回感染時と比べてどのように変化すると考えられるか，理由とともに70字以内で説明せよ。ただし，ここでは体液性免疫の強度は体内の抗体量と考えてよい。

問6 下線部(a)について，HIVはRNAウイルスの一種である。図3はHIV感染後の血液中に含まれるHIVウイルス，HIVに特異的なT細胞，HIVに対する抗体，血小板の各数量変化を模式的に示したものである。図中の(イ)〜(ニ)の曲線のうち，HIVに対する抗体の量の変化を表しているものを1つ選べ。

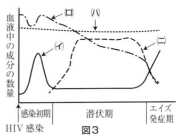

図3

問7 下線部(b)について，ウイルスの遺伝子を検出するためにPCR法が行われるが，SARS-CoV-2のようなRNAウイルスの遺伝子RNAを検出するためにはPCR法を行う前にある操作を行う必要がある。この操作に必要な酵素の名称をあげ，操作の内容を50字以内で説明せよ。

問8 まだ免疫という概念がなかった時代に，ジェンナーは天然痘の感染を防ぐための方法を工夫した。その原理はワクチンとして現在広く用いられ，種々の感染症に対し広く実用化されている。ジェンナーはどのような工夫をしたのか，ワクチンの原理とともに80字以内で説明せよ。

(和歌山県立医科大・福岡大)

類題出題校	東北大，滋賀医科大，近畿大[医]，**産業医科大**，東海大[医]，帝京大[医]，**東北医科薬科大**，**熊本大**，鳥取大，**福井大**，山梨大，名古屋市立大，横浜市立大，お茶の水女子大，**慶應義塾大**，**東京理科大**，法政大，**立教大**，中央大

↗ 030 免疫と近年の医療 ★★

〈第26・61講〉

――――〈解答・解説〉p.55

〔I〕哺乳動物は，自己抗原に対する免疫反応を起こさないように，また過剰な免疫反応を回避するために免疫寛容というシステムを有している。T細胞の免疫寛容には(a)胸腺で行われる中枢性の機構と，リンパ組織などで行われる末梢性の機構がある。中枢性の機構は，まず修飾された自己抗原と胸腺内の抗原提示細胞上の主要組織適合遺伝子複合体（MHC）との複合体が未熟T細胞に提示される。そして，その複合体を強く認識してしまうと多くのものはアポトーシスなどで除去される。しかし，胸腺に発現する自己抗原には限りがあり，組織特異的な自己抗原に反応するT細胞が末梢に出ていく可能性がある。そのため，(b)末梢性の免疫寛容により，自己抗原を認識した成熟T細胞がそれ以

降の抗原に対する応答性を示さなくなる。近年がん細胞の一部で類似した機構を有することが報告され，それを標的とした治療薬の臨床応用が始まっている。

問1 下線部(a)に関して，実験動物として胸腺の欠損したヌードマウスが多用される。ヌードマウスを使用する利点と原理を80字程度で述べよ。

問2 下線部(b)について以下の実験1，2を行った。(1)・(2)に答えよ。

【実験1】マウスにリンパ球性脈絡髄膜炎ウイルス（LCMV）を感染させると，感染細胞を貪食した樹状細胞がタンパク質A，またはBを細胞膜に発現することによりT細胞性の免疫反応を誘導する。ある遺伝子改変マウス（Tg1マウス）は，LCMVの感染の有無にかかわらず，一部の樹状細胞の細胞膜にタンパク質Aを発現する特徴を持つ。そこでTg1マウスと野生型マウス（Wtマウス）にLCMVを感染させた後，脾臓を取り出し，脾臓内の全キラーT細

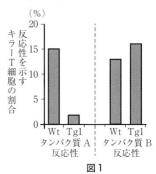

図1

胞中のタンパク質A，B各々に反応性を示すキラーT細胞の割合（%）を調べた。結果を図1に示す。

【実験2】キラーT細胞に発現している受容体Pと樹状細胞の膜に発現している受容体P結合タンパク質（PLタンパク質）の働きに着目して実験を行った。まず，受容体Pの発現を欠損させたマウス（Tg2マウス）を作製した。さらに，Tg2マウスと実験1で使用したTg1マウスの両者の形質を有したマウス（Tg3マウス）を作製した。Tg1，Tg2，Tg3マウスにLCMVを感染させた後，脾臓を取り出し，タンパク質

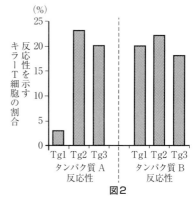

図2

A，B各々に反応性を示すキラーT細胞の割合（%）を調べた。結果を図2に示す。

(1) 実験1，2に対する以下の考察中の **A** ～ **D** に最適な語句を括弧内から選べ。

実験1から，Wtマウスと比べてTg1マウスではタンパク質Aに対する免疫反応は **A**：（抑制されている・変わらない・活性化されている）。一方実験2の結果から，キラーT細胞の細胞膜に発現した受容体Pが欠損すると，異物に対する免疫反応は **B**：（抑制される・変わらない・促進される）が，末梢性の機構が働いていたタンパク質に対しての免疫反応は **C**：（抑制されている・変わらない・活性化される）。つまり末梢性の機構には，受容体PとPLタンパク質の結合によって免疫反応に対して **D**：（抑制性・促進性）のシグナルを伝えることが重要であると考えられる。

(2) 近年ある種のがん細胞は PL タンパク質を発現していることが明らかとなってきた。この事実を基に以下の設問に答えよ。

  (i) PL タンパク質を発現したがん細胞は，今発現していないがん細胞と比較して生存や増殖活性の点でどう異なるか。理由を付して 60 字程度で考察せよ。

  (ii) PL タンパク質を発現したがん細胞に対する治療戦略として推察される正しい選択肢を全て選べ。

    ⓐ 受容体 P の阻害薬を用いることでがんの進行を抑制できる。

    ⓑ PL タンパク質の阻害薬を用いることでがんの進行を抑制できる。

    ⓒ 受容体 P 刺激薬を用いることでがんの進行を抑制できる。

    ⓓ PL タンパク質の活性を増強させる薬を用いることでがんの進行を抑制できる。

    ⓔ 受容体 P や PL タンパク質はがんの治療標的にならない。

〔Ⅱ〕 日本におけるがん患者の罹患率と死亡率は年々増加傾向にある。T 細胞はがん細胞を特異的に認識し攻撃することができる。そこで新規治療法として，人為的にがん特異性を付与した T 細胞をがん患者に移入（点滴によって投与）する治療法に注目が集まっている。T 細胞に特異性を付与する遺伝子組換え技術として，がん細胞に特異的に反応する T 細胞から T 細胞受容体（TCR）遺伝子を単離し，□□□□ などを用いて患者の T 細胞に導入する（TCR-T）方法と，がん細胞の細胞表面抗原を認識する抗体の抗原結合部位と T 細胞受容体のシグナル伝達部位(注) を付加したキメラ抗原受容体（CAR）遺伝子を作製して T 細胞に導入する（CAR-T）方法が存在する（図3）。

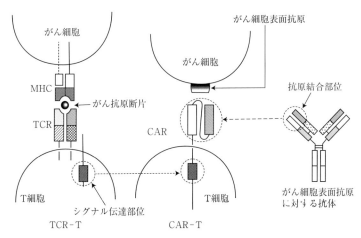

図3

(注) シグナル伝達部位：受容体が抗原と結合すると，T 細胞の活性化を誘導することができる細胞内領域

問3 文章中の ☐ に当てはまる語句を記せ。

問4 遺伝子または，ここで述べたように遺伝子を組み込んだ細胞を体内に導入して治療する方法を何と呼ぶか答えよ。

問5 一種類の CAR-T が適用できる患者数は，一種類の TCR-T が適用できる患者数より多い。その理由を 70 字程度で述べよ。 (名古屋市立大・三重大)

類題出題校	名古屋大，大阪大，滋賀医科大，近畿大[医]，東海大[医]，関西医科大，お茶の水女子大，信州大，筑波大，東京農工大，福岡教育大，早稲田大，東京理科大，明治大，中央大，同志社大，関西大，愛知学院大

第5章 酵素と代謝

↗031 酵素反応速度論

★★

〈第29講〉
〈解答・解説〉p.58

　生体内で起こるほとんど全ての代謝反応は$_{(ア)}$酵素による触媒反応によって制御されている。基質が1つで反応生成物も1つという単純な酵素反応について考える。酵素をE，基質をS，酵素と基質の複合体をES，反応生成物をPとすると，この酵素反応式は**式1**のように表せる。

　この式は，ESは，EとSから速度定数k_1で生成し，ESは速度定数k_{-1}でEとSに戻るか，速度定数k_2でPを生成することを示している。

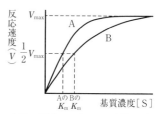

図1　酵素のミカエリス定数K_mと反応速度V_{max}の関係

$$E + S \underset{k_{-1}}{\overset{k_1}{\rightleftharpoons}} ES \overset{k_2}{\longrightarrow} E + P \qquad \text{式1}$$

　典型的な酵素反応速度Vは基質濃度が低いときは基質濃度 [S] に比例し，基質濃度が十分高くなると一定値V_{max}に達する（**図1**のA）。

　このような酵素反応速度Vは，右に示したミカエリス・メンテンの式とよばれる簡単な関係式（K_m：ミカエリス定数）で表される。

$$V = \frac{V_{max}\,[S]}{[S] + K_m} \qquad \text{ミカエリス・メンテンの式}$$

　ここで，V_{max}はこの反応の最大の反応速度を表し，この式を見ると，基質濃度 [S] にのみ依存していることが分かる。

　また，K_mはミカエリス定数とよばれ，反応速度がV_{max}の$\frac{1}{2}$となる基質濃度を表しているが，$_{(イ)}$これは酵素と基質との親和性（結合のしやすさ）の目安となるものと解釈されている。さらに，このミカエリス・メンテンの式と実際のデータを利用することで，この反応系における酵素と基質の親和性だけでなく，$_{(ウ)}$阻害剤による効果に関しても推測ができる場合がある。例えば，コハク酸デヒドロゲナーゼの基質はコハク酸であるが，競争的阻害を引き起こす物質（マロン酸）が反応系に存在すると，V_{max}は変化がないが，K_mが大きくなる。すなわち基質との親和性が低下することで判断することができる（**図1**のB）。これは非競争的阻害とは決定的に異なる特徴である。ここでいう非競争的阻害とは，阻害を引き起こす物質（非競争的阻害剤）が，酵素の活性部位以外の部位に結合することにより，酵素の活性部位の立体構造は変化しないが，基質に対する反応性は低下する現象である。したがって，非競争的阻害剤は，酵素の基質に対する親和性に影響を与えることはないが，V_{max}の値は変化させる。

　また，ミカエリス・メンテンの式において，両辺をそれぞれ逆数にとると

$$\frac{1}{V} = \frac{1}{V_{max}} + \frac{K_m}{V_{max}}\frac{1}{[S]} \qquad \text{式2}$$

となるので，$_{(エ)}\frac{1}{[S]}$，$\frac{1}{V}$を軸としてグラフを描くこと（二重逆数プロットという）により，

容易に K_m や V_{max} を求めることができる（図2）。

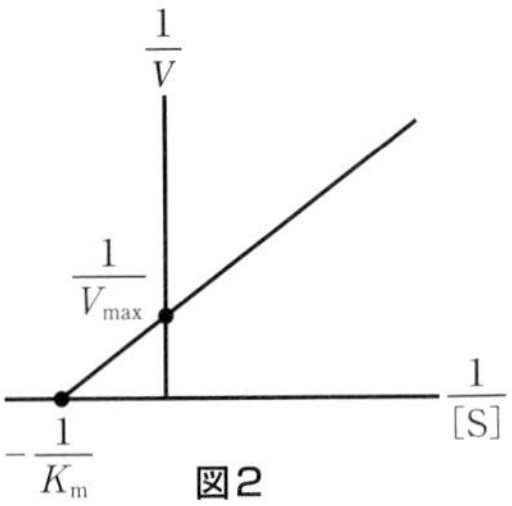

問1 下線部(ア)について，**図3**に酵素反応開始後の酵素濃度 [E]，基質濃度 [S]，酵素・基質複合体濃度 [ES]，生成物濃度 [P] の各濃度変化を時間変化とともに示した。a～dの曲線が示しているものはそれぞれなにか。[E]，[S]，[ES]，[P] で示せ。

問2 下線部(イ)についての説明として最も適当なものを，次の①～④から1つ選べ。

① K_m が小さいと，低基質濃度下でも反応速度は V_{max} に達するから。

② K_m が大きいと，低基質濃度下でも反応速度は V_{max} に達するから。

③ K_m が小さいと，高温度環境下でも変性せずに反応速度は V_{max} に達するから。

④ K_m が大きいと，高温度環境下でも変性せずに反応速度は V_{max} に達するから。

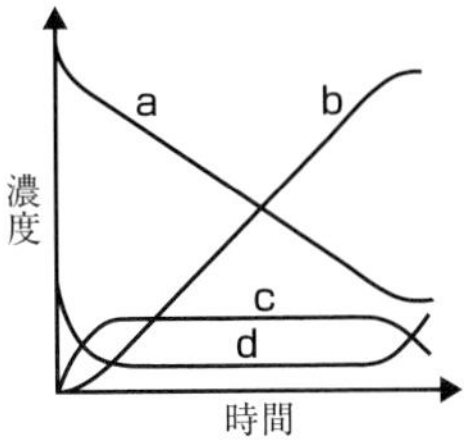

問3 下線部(ウ)について，競争的阻害の場合，阻害剤は酵素に対してどのような効果を及ぼしているのか。その説明として最も適当なものを，次の①～④から1つ選べ。

① 活性部位以外と可逆的に結合　　② 活性部位以外と不可逆的に結合

③ 活性部位と可逆的に結合　　④ 活性部位と不可逆的に結合

問4 下線部(エ)について，ある酵素の濃度を一定にして，様々な基質濃度 [S] で反応させ，酵素と基質が混ぜられた直後の反応速度 V（生成物の生成速度）を測定し，その結果を**表1**に示した。それをグラフにしたものが**図4**であり，(a)は酵素のみを添加，(b)は酵素に一定濃度の阻害剤1を添加，(c)は酵素に一定濃度の阻害剤2を添加した場合の結果である。次の(1)～(5)に答えよ。

基質濃度	反応速度（V）		
（[S]）	(a)阻害剤なし	(b)阻害剤1添加	(c)阻害剤2添加
0	0.0	0.0	0.0
5.0	25.0	10.0	5.0
7.5	33.3	14.2	6.6
15.0	50.0	25.0	10.0
30.0	66.6	40.0	13.3

表1

(1) 次ページの**図5**は，二重逆数プロットである。**図5**に既に記入されている阻害剤なしの場合（**図5**の(a)）を参考にして，**表1**から阻害剤1と阻害剤2を加えた際の [S] と V のそれぞれの逆数を求め，**図5**のグラフを完成させよ（ただし基質濃度 [S] が0の場合は除く）。その際に，どちらが阻害剤1添加のプロットで，どちらが阻害剤2添加のプロットであるのかを(b)，(c)を記入して区別できるようにすること。

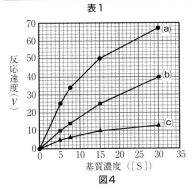

図2

図3

図4

第5章

(2) この実験では基質濃度が比較的低い場合での反応速度しか測定していないが、基質濃度 [S] を最大限に高くして(a)、(b)、(c)の各条件で反応させた時に、反応速度 V はいくつになると予想されるか。(1)で求めた各プロットが直線になると仮定して、それぞれの値を求めよ。

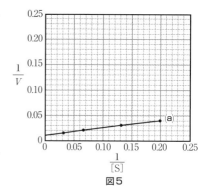

図5

(3) (2)の答えをもとにして、基質と構造が類似しているため、酵素の活性部位に結合して酵素反応を阻害すると考えられるのは、「阻害剤1」と「阻害剤2」のどちらであるか答えよ。

(4) (2)、(3)の答えをもとにして、阻害剤1、および阻害剤2の阻害様式の名称をそれぞれ答えよ。

(5) 二重逆数プロットは図4のグラフと比べて優れた点がある。(1)〜(4)をふまえ、酵素反応と阻害剤の関係を調べるうえで、二重逆数プロットはどのような点が優れていると考えられるか、120字以内で説明せよ。なお、K_m や V_{max} という用語を用いる場合は、それぞれ2文字として数える。

（東京理科大・芝浦工業大・信州大）

類題 出題校	京都大、東北大、関西医科大、兵庫医科大、埼玉医科大、岩手医科大、福島県立医科大、川崎医科大、東海大[医]、宮城大、広島大、東京海洋大、横浜市立大、兵庫県立大、早稲田大、中央大、日本大、龍谷大、同志社女子大、福岡女子大

→032 酵素反応と温度 〈第8・28・29講〉

★ 〔Ⅰ〕★ 〔Ⅱ〕

〈解答・解説〉p.63

〔Ⅰ〕

問1 あるタンパク質分解酵素について、さまざまな温度で反応時間に伴う生成物の量を測定したところ、図1のグラフが得られた。この酵素の反応速度が急速に低下しはじめる温度 (a) と、この酵素反応を20分間続けたときの反応液中に残っている基質（タンパク質）が最も少なくなる温度 (b) の組合せとして、正しいものはどれか。下の①〜⑨から1つ選べ。

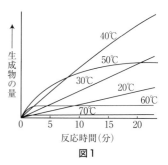

図1

	①	②	③	④	⑤	⑥	⑦	⑧	⑨
a	20℃	30℃	30℃	40℃	40℃	50℃	50℃	60℃	70℃
b	70℃	70℃	50℃	40℃	50℃	40℃	50℃	70℃	70℃

問2 図1のグラフの曲線から読みとれない項目を次の①～④から1つ選べ。

①　酵素の熱による不活性化　　②　酵素の反応速度と酵素量の関係

③　酵素反応が化学反応であること　④　酵素の反応の最適温度

問3　この酵素反応を40℃で40分間続けると，生成物の量がそれ以上増加しなくなった。その理由として考えられる可能性を2つあげ，そのうちのいずれが正しいかを調べる方法を考え，100字程度で述べよ。

〔Ⅱ〕細胞内の種々の物質の濃度は，細胞をとりまく体液とは異なるように維持されている。ヒトの赤血球を例にとると，細胞の内側は外側に比べてカリウムイオン（K^+）の濃度は高く，ナトリウムイオン（Na^+）の濃度は低い。このような細胞のイオン濃度の調節のしくみを調べるために，以下のような実験を行った。

【実験1】 ヒトの体内から取り出した赤血球を，体液と同じようなイオン組成の溶液に浮遊させ，4℃で数日間放置したところ，赤血球内の K^+ 濃度は減少し，Na^+ 濃度は増加し，それぞれ外液の値に近づいた。そこで温度を37℃に上げたところ，数時間で赤血球内の K^+ 濃度が増加し，Na^+ 濃度が減少した。しかし，37℃のままさらに数時間放置すると，赤血球内の K^+ 濃度の減少と Na^+ 濃度の増加が見られた。

【実験2】 実験1にひきつづき，赤血球の浮遊液にグルコースを加えたところ，赤血球内の K^+ 濃度の増加と，Na^+ 濃度の減少が起こり，それぞれ取り出したときの赤血球の値に近づいた。グルコースの代わりにATPを加えたのでは効果は見られなかった。

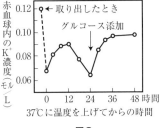

図2

図2には，温度を37℃に上げた時点を0時間として赤血球内の K^+ 濃度の変化が示してある。

問4　実験1で，4℃に放置したとき，赤血球内の K^+ 濃度の減少と Na^+ 濃度の増加が見られたのはなぜか。その理由を推測し，60字以内で述べよ。

問5　実験1で，温度を37℃に上げたとき，はじめ赤血球内の K^+ 濃度の増加と Na^+ 濃度の減少が見られたのはなぜか。その理由を推測し，60字以内で述べよ。

問6　実験1で，37℃のまま，さらに数時間放置すると，いったん増加した K^+ 濃度が減少し，いったん減少した Na^+ 濃度が増加した。このとき，K^+ 濃度が増加せずに減少したのはなぜか。その理由を50字以内で述べよ。

問7　実験2では，グルコース添加によって，どのようなことが起こり，赤血球内の K^+ 濃度が上昇したと考えられるか。50字以内で説明せよ。

問8　実験2で，ATPを加えたのでは効果がなかったのはなぜか。その理由を60字以内で述べよ。

（センター・大阪大）

| 類題
出題校 | 名古屋大，帝京大［医］，東海大［医］，**産業医科大**，近畿大［医］，滋賀医科大，金沢大，福井大，宮崎大，**早稲田大**，**東京理科大**，**立教大**，**関西大**，**立命館大**，**日本大**，**神奈川工科大**，**大阪医科薬科大**，岡山理科大 |

→ 033 ★★★ 消化・吸収

〈第6・18・28講〉
〈解答・解説〉p.65

　ヒトにおける消化には，口から肛門までの消化管と，消化管に付随する消化腺が関与している。口腔のだ腺からは，食物の刺激によって炭水化物を分解する酵素である（　1　）を含むだ液が分泌される。胃では胃液の主成分である（　2　），$_a$不活性な酵素前駆体（酵素が作られる過程において，酵素の前段階の物質）のペプシノーゲン，および$_b$多糖類を主成分とする粘液が分泌される。ペプシノーゲンは，（　2　）や，ペプシノーゲンの活性化分子である（　3　）によって活性化されたのち，タンパク質をペプトン（低分子のタンパク質断片）にまで分解する。胃内クリーム状になった食物は，十二指腸に移行し，（　4　）液，（　5　）汁および腸液（小腸粘膜表面）の働きを受けて消化される。（　4　）液中には炭水化物分解酵素である（　6　），脂肪分解酵素である（　7　）およびタンパク質分解酵素の前駆体である（　8　）などが含まれる。（　8　）は，小腸内で活性化されて（　9　）になる。（　5　）汁には消化酵素は含まれていないが，$_c$脂肪の酵素分解を助ける物質が含まれている。炭水化物は最終的には（　10　）などの単糖類に，タンパク質は（　11　）に，脂肪は脂肪酸とモノグリセリドに分解されて小腸壁から吸収される。吸収された（　10　）や（　11　）は，小腸内の（　12　）管へ入り，門脈を経て（　13　）に達する。また，脂肪の分解産物は小腸内の（　14　）管に入り，胸管を通って，最終的には血液により直接全身に運ばれる。

問1　文中の空欄（　1　）〜（　14　）に，適当な語または文字を入れよ。

問2　下線部 a が分泌される理由を，50字以内で説明せよ。

問3　胃の内壁が下線部 b で覆われていることの意味を50字以内で述べよ。

問4　（　4　）液と（　5　）汁は，それぞれ何と呼ばれる器官で生産されるか。

問5　下線部 c の物質の働きを25字以内で説明せよ。

（昭和薬科大）

類題出題校	北海道大，東北大，神戸大，東京女子医科大，藤田医科大，兵庫医科大，京都府立医科大，久留米医科大，福島県立医科大，大阪公立大，和歌山大，岐阜大，横浜市立大，群馬大，東京都立大，宮崎大，信州大，三重大，京都工芸繊維大

↗ 034 ★ 解糖系で働く酵素

〈第14・18・29・30講〉
〈解答・解説〉p.65

　呼吸の過程ではいくつかの酵素が化学反応を調節する。解糖系全体の速度は，解糖系の第1段階であるグルコースからグルコース 6-リン酸を生じる過程に大きく影響されているが，これを触媒する酵素として$_{(A)}$ヘキソキナーゼとグルコキナーゼが知られている。

　また，解糖系の調節には，第3段階の反応を触媒する$_{(B)}$ホスホフルクトキナーゼ（PFK）も重要な役割を果たしていることが知られている。

問1　下線部(A)について，図1は血中グルコース濃度（血糖濃度）と一定量のヘキソキナーゼおよびグルコキナーゼの反応速度の関係を示している。ヒトの場合，血糖濃度は 4.5 〜 5.5mmol/L の範囲で維持されており，食後には6.5〜7.2mmol/Lに上昇し，

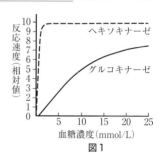

図1

空腹時には 3.3 ～ 3.9mmol/L に低下する。次の(1)・(2)に答えよ。

(1) ヘキソキナーゼとグルコキナーゼのうち，基質との親和性が高いのはいずれの酵素か，答えよ。なお，基質との親和性は，基質に対する酵素の結合のしやすさであり，最大反応速度の $\frac{1}{2}$ になるときの基質濃度が低いほど，親和性は高くなる。

(2) ヒトの場合，ヘキソキナーゼはすべての細胞に存在するが，グルコキナーゼは肝臓などで特異的に存在する。血糖濃度に対する両酵素の反応速度から考えると，肝臓におけるグルコキナーゼの存在にはどのような利点があるか，120 字程度で述べよ。

問2 下線部(B)について，PFK は，以下に示すようにフルクトース 6-リン酸 （F6-P） と ATP を基質とするアロステリック酵素であり，ATP の一番外側のリン酸基を F6-P へ転移する反応を触媒し，フルクトース 1,6-ビスリン酸を生成する。下の(1)～(3)に答えよ。

フルクトース 6-リン酸 ＋ ATP ⟶ フルクトース 1,6-ビスリン酸 ＋ ADP

(1) 筋細胞内で働く PFK の反応速度（活性）と F6-P の濃度との関係を調べる実験を行うと**図2**のグラフ1とグラフ2の結果が得られた。ATP 濃度の違いで PFK の反応速度が変化することにどのような生物学的意義があるのか，**図2**のグラフ1とグラフ2に注目して 90 字程度で述べよ。

(2) (1)の実験の次に，高濃度の ATP に AMP （ATP の外側の2つのリン酸基が外れた物質） を加えて，PFK の活性と F6-P の濃度との関係を調べると，**図2**のグラフ3の結果が得られた。なお，筋細胞内では，ATP の濃度は ADP の濃度よりも，また ADP の濃度は AMP の濃度よりもはるかに高く，ATP，ADP，AMP を合わせた総貯蔵量は短時間では変化しない。したがって，激しい運動を行ったときでも，安静時に比べ，筋細胞内の ATP 濃度は 10％しか減らない。

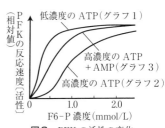

図2 PFK の活性の変化

注) 正常の筋細胞内の ATP 濃度は，この図で示す低濃度にはならない。また，筋細胞内の ATP が 10% 減少しても，この図の高濃度よりも高い濃度が維持される。

筋収縮で ATP が消費されて ADP が増加すると，アデニル酸キナーゼ （AK） が次の反応を触媒し，ADP から ATP が生成される。

　　　2ADP ⇌ ATP ＋ AMP

PFK の活性の調節に関する考察として適切なものを次の①～⑥から2つ選べ。

① 高濃度の ATP は PFK の活性を阻害するため，安静にしているときの筋細胞内のすべての PFK は不活性な状態である。

② PFK は，解糖系の代謝産物である ATP によって活性が図のように阻害されるため，ATP の結合部位を活性部位のほかにももっている。

③ AMP は，高濃度の ATP が存在しているときでも PFK の反応速度を上昇させるため，補酵素として働いている。

④ AMP は，高濃度の ATP 存在下で PFK の反応速度曲線を図のように変化させるため，F6-P と競争的に PFK に結合する。

⑤ AMP 濃度の変化率は，ATP 濃度の変化率よりも AK の働きで増幅されるため，ATP 減少より強力な PFK 活性化シグナルとして機能している。

⑥ クレアチンリン酸からの ATP の供給は，PFK 活性を阻害すると考えられるため，筋細胞内での主要なフィードバック調節の経路として働いている。

(3) 血糖濃度が上昇すると，F6-P からフルクトース 2,6-ビスリン酸（F2,6-BP）という別の化合物が合成される。F2,6-BP が PFK に結合すると，F6-P への親和性を高めると同時に，高濃度 ATP による効果を弱めることが知られている。F6-P の濃度を一定にして ATP の濃度を変化させて PFK の反応速度を調べる実験を行うと図3の結果が得られた。次に，F2,6-BPを添加して図3と同じ実験を行ったとき，反応速度の変化を表した図として適当なものを以下の A ～ D から1つ選べ。

ただし，--- は「F2,6-BP なし」の場合，━━ は「F2,6-BP あり」の場合である。

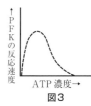
図3

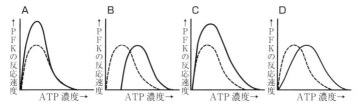

(名古屋市立大・東京医科大)

類題 出題校	東北大，獨協医科大，東邦大[医]，慶應義塾大[医]，福島県立医科大，岡山県立大，群馬大，広島大，岐阜大，上智大，立教大，名城大，芝浦工業大，北里大，福岡女子大，東海大

↗ 035 電子伝達系

〈第 30・31・33 講〉

★★★ 〔Ⅰ〕★★ 〔Ⅱ〕★★ ────────〈解答・解説〉p.67

〔Ⅰ〕20 世紀中頃，ミトコンドリアの中での ATP 合成のしくみについて多くの議論が交わされた。そんな中，イギリスのピーター・ミッチェルは，①化学浸透説という新たな ATP 合成のモデルを 1961 年に発表した。しかし，化学浸透説はなかなか受け入れられず，支持を得るには 10 年余りの年月といくつかの実験的証明が必要であった。

ここでは，一連の実験的証明のうち，最初に発表された光合成の ATP 合成に関する実験をとりあげる。1962 年，アメリカのアンドレ・ヤーゲンドルフは，国際会議でミッチェルの発表を聴いた後，着

図1　ヤーゲンドルフの実験

想を得て次のような実験を行った（前ページの**図1**）。②pH8の緩衝液にけん濁しておいた葉緑体チラコイド膜をpH4の緩衝液に入れ，平衡化した。次に，③チラコイド膜を集め，pH8の緩衝液に移した。このpH8の緩衝液にはあらかじめADP，リン酸，およびホタルの抽出液を含めておく。その後，④チラコイド膜けん濁液を暗所で観察すると，発光を呈した。なお，チラコイド膜は水素イオン（H⁺）をわずかに透過させる。

問1 下線部①に関して，化学浸透とは何か，その内容を「濃度勾配」という語を用いて70字以内で具体的に述べよ。

問2 下線部②に関して，チラコイド膜の内側と外側のpHはそれぞれどうなるか。

問3 下線部③に関して，チラコイド膜の内側と外側のpHはそれぞれどうなるか。

問4 下線部④に関して，なぜ発光したか，その理由を90字以内で述べよ。

問5 逆に，チラコイド膜をpH8の緩衝液で平衡化した後に，ADP，リン酸，ホタルの抽出液を含むpH4の緩衝液に移した場合，発光が見られるか，理由とともに70字以内で述べよ。

問6 (1) 光合成における電子伝達系を介したATP合成は何と呼ばれるか。
   (2) (1)のATP合成の際，植物の葉緑体の電子伝達系では，最初の電子供与体と最終電子受容体は何か。それぞれの名称を答えよ。略称で答えてもよい。

〔Ⅱ〕呼吸は解糖系・クエン酸回路・電子伝達系の3段階からなり，脱水素酵素による反応を含むクエン酸回路や解糖系で生じたNADHが電子供与体となり，電子伝達系は作動する。これによってミトコンドリア内膜を挟んだH⁺の濃度差が形成されてこれがATP合成に用いられている。このH⁺の濃度差が大きくなると電子の伝達が進みにくくなると考えられている。電子伝達系の働きを調べるために，分離・精製したラット（ドブネズミ）肝臓のミトコンドリアを用いて実験1を行った。

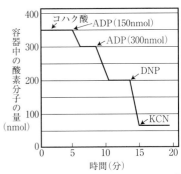

図2 ラット肝臓のミトコンドリアの酸素消費

【実験1】 外気から密閉された容器にミトコンドリアとリン酸を含む反応液を入れ，反応液中の溶存酸素量（容器中の酸素分子の量）を測定した。**図2**はその結果である。図の矢印の位置では，反応液にそれぞれの物質が加えられた。

問7 ADPは，ミトコンドリアのどの位置で反応したと考えられるか。次の(a)～(d)から適切なものを1つ選べ。
   (a) 外膜の細胞質に接する表面　　　(b) 内膜のマトリックス側に位置する表面
   (c) 内膜の外膜側に位置する表面　　(d) 内膜から離れた位置のマトリックス

問8 **図2**で加えられたADPは，反応液中のミトコンドリアでATP合成に使われる。**図2**から酸素1分子の消費によって生成するATPの分子数を計算せよ。ただし，図中のnmol（＝ 10^{-9} mol）は，物質量の単位であり，分子数に比例する。また図中に示すように，ADPは150nmolと300nmolが別々に加えられたものとする。

問9 2,4-ジニトロフェノール（DNP）は，ミトコンドリア内膜の H^+ の透過性を増大させる。図2で DNP を加えてからのミトコンドリアではどのようなことが起こっているか。次の(a)〜(e)から適切なものを1つ選べ。

 (a) 電子伝達系が停止している。

 (b) ATP のミトコンドリア外への輸送が停止している。

 (c) 電子伝達系が活発に働いている。

 (d) ATP 合成が活発に行われている。

 (e) ATP の分解が進行して ADP が生成している。

問10 KCN（シアン化カリウム）を加えると図2に示されているような結果となった。KCN はどのような作用を及ぼしたか。「電子伝達系」，「酸素消費」の2つの語を用いて30字以内で述べよ。

問11 DNP は体重減少作用があるので，過去に抗肥満薬として用いられた（安全性の問題から，現在は使用されていない）。DNP が体重を減少させる理由を，「電子伝達系」，「NAD^+」，「NADH」，「有機物の代謝」の4つの語句を用いて150字以内で述べよ。

問12 実験1において，十分量のコハク酸と ADP を加えたときに見られる溶存酸素量の減少は，右の枠内で示すようなミトコンドリア内で進行する2つの経路のうちで，コハク酸から始まる経路を通って電子が伝達され，それにともない水素と酸素が消費されやすくなることによる。

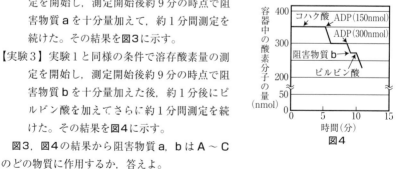

 次の実験2と3は，物質 A〜C のいずれかに作用して電子伝達を阻害する異なる物質 a および b を加えた実験である。

【実験2】 実験1と同様の条件で溶存酸素量の測定を開始し，測定開始後約9分の時点で阻害物質 a を十分量加えて，約1分間測定を続けた。その結果を図3に示す。

【実験3】 実験1と同様の条件で溶存酸素量の測定を開始し，測定開始後約9分の時点で阻害物質 b を十分量加えた後，約1分後にピルビン酸を加えてさらに約1分間測定を続けた。その結果を図4に示す。

 図3，図4の結果から阻害物質 a，b は A〜C のどの物質に作用するか，答えよ。

問13 ミトコンドリア内膜に存在する ATP 合成酵素を阻害する薬剤 O は，ATP 合成酵素の中を通る H^+ の通過を止める。実験1と同様の条件で溶存酸素量を測定し，測定開始後約9分の時点で薬剤 O を与えたときの酸素消費量の変化について，理由とともに70字以内で述べよ。

（埼玉大・岐阜大・大阪大）

| 類題出題校 | 京都大, **名古屋大**, **東北大**, **藤田医科大**, 福島県立医科大, **浜松医科大**, 東京慈恵会医科大, **埼玉医科大**, **聖マリアンナ医科大**, 関西医科大, 日本医科大, 北里大[医], **金沢大**, **静岡大**, 広島大, **筑波大**, 島根大, 山形大, 岩手大 |

→ 036 酵母の代謝と気体の出入り

★★

〈第30・32講〉

―――――――――――――――――― 〈解答・解説〉p.71

酵母（酵母菌）を使って, 図1のような装置を用いて実験を行った。装置の(イ)には酵母を含んだ液を入れ, また(ハ)には水酸化ナトリウム（NaOH）の濃い水溶液あるいは蒸留水を入れた。

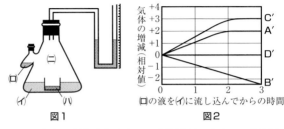

図1

図2

(ロ)にはあらかじめ少量のグルコースを含んだ水溶液を入れ, 実験開始にあたって装置をかたむけ(ロ)の液を(イ)に流し込んだ。ただし, (ハ)の液は装置をかたむけても(イ)とは混じらない。(ニ)には空気あるいは窒素（N_2）を満たしておき, この気体の容積が変化するとU字管内の液面の高さが変わり, (ニ)内の気体の増減がわかるようになっている。いま, **表1**の実験 A ～ D を行い, **図2**のような結果が得られた。

表1		実験 A	実験 B	実験 C	実験 D
条件	(ロ)内の液	グルコース水溶液	グルコース水溶液	グルコース水溶液	グルコース水溶液
	(ハ)内の液	蒸留水	NaOH 水溶液	蒸留水	NaOH 水溶液
	(ニ)内の気体	空気	空気	窒素（N_2）	窒素（N_2）
結果（図2）		グラフ A′	グラフ B′	グラフ C′	グラフ D′

問1 図2のグラフ B′ は酵母による気体の吸収と放出に関して何を表すと考えられるか。次の①～④のうちから最も適当なものを一つ選べ。

① 吸収酸素（O_2）量

② 放出二酸化炭素（CO_2）量

③ 吸収 O_2 量と放出 CO_2 量との和

④ 吸収 O_2 量と放出 CO_2 量との差

問2 図2のグラフ D′ で気体の増減がみられなかったのはなぜか。次の①～③のうちから最も適当なものを一つ選べ。

① 酵母による気体放出がなかったから。

② 酵母が放出した CO_2 が N_2 と反応して液体になったから。

③ 酵母が放出した CO_2 が NaOH 水溶液に吸収されたから。

問3 図2のグラフ A′ と C′ が, 実験開始から約2時間後より水平になることの説明として最も適当なものを, 次の①～④のうちからそれぞれ一つ選べ。

① 酵母による気体放出が停止した。

② 酵母による気体吸収が停止した。

③ 酵母による気体の吸収量と放出量が等しくなった。

④ 酵母による気体の吸収と放出がともになくなった。

問4 (ロ)の液を(イ)に流し込んでから1時間後の測定値は, 実験 A では 44.8mL の気体放出であり, 実験 B では 33.6mL の気体吸収であった。これらの値をもとに, 実験 A

第5章

における1時間あたりの次の(1)～(3)を計算せよ。有効数字は3桁で答えよ。ただし、気体の量は0℃、101.3kPaに換算した値であり、この条件では気体1モルの体積は22.4Lである。反応生成物はすべてグルコースに由来するとする。また、エタノールの比重（比重＝重量÷体積）は0.8とする。

(1) グルコースの消費量は何mgか。　　(2) エタノールの生成量は何μLか。

(3) ATPの生成量は最大何ミリモルか。

（愛知医科大・明治大）

類題出題校	獨協医科大、日本大[医]、東京慈恵会医科大、島根大、大阪教育大、愛媛大、広島大、岐阜大、群馬大、長崎大、県立広島大、中央大、立命館大、関西大、芝浦工業大、摂南大、愛知工業大、日本獣医生命科学大、大阪医科薬科大

↘ 037 ★★ 光合成速度と環境条件

〈第33・34講〉
〈解答・解説〉p.72

〔Ⅰ〕ある植物の葉（葉面積200cm²）に十分な量の水と二酸化炭素、ならびに十分な強さの光を与え、温度を5℃から40℃まで5℃おきに変えたときの各温度における光合成速度と呼吸速度を測定した。その結果を、葉面積100cm²当たり、1時間当たりの二酸化炭素の吸収量（mg）および、排出量（mg）で右表に示した。

温度(℃)	光合成速度	呼吸速度
5	7.5	2.0
10	11.0	2.5
15	16.0	3.5
20	20.0	5.0
25	20.5	7.0
30	20.0	10.0
35	18.0	13.0
40	15.0	16.0

問1 見かけの光合成速度が光合成速度の半分となる温度は何℃か。

問2 葉中に蓄積される光合成産物の量が最も大きくなる温度は何℃か。

問3 葉中に蓄積される光合成産物がすべてグルコースとすれば、**問2**の温度で5時間の光合成によって蓄積されるグルコースは何mgか。ただし、原子量はC＝12、H＝1、O＝16とし、計算は小数点以下1桁で四捨五入せよ。

問4 **問3**の温度で葉に5時間照射後、暗黒にすると、その5時間後には葉中のグルコースの蓄積量はどれだけになるか。ただし、照射前から葉中に存在したグルコースは考えないこととし、計算は**問3**と同様にする。

問5 温度が10℃と20℃のときの、光の強さと二酸化炭素の吸収、排出量の関係をグラフに示したい。下図A～Fの中からそのグラフに最も近いと思われるものを一つ選び、記号で答えよ。図は模式的に描いてある。

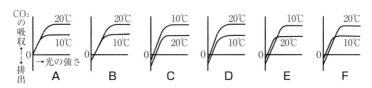

〔Ⅱ〕単細胞の緑藻であるクロレラの懸濁液を密閉した容器に入れ、種々の条件を与えて、クロレラ懸濁液中の溶存酸素量の変化を測定した。その結果を次ページの図に模式的に示してある。ただし、測定中の温度・pHならびに、光照射中の光の強さは一定に保たれ

ていたものとする。

問 6 容器は，光が照射される前は暗所に置かれていた。このとき，溶存酸素量が減少するのはなぜか。30字以内で述べよ。

問 7 光照射を開始したあと，溶存酸素量はいったん増加するが，すぐに増加が止まってしまう。これはどのような理由によるのか。100字以内で述べよ。

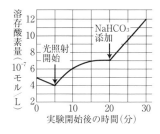

問 8 実験開始30分後に，光強度を光補償点の強さにすると，その5分後（実験開始35分後）の溶存酸素量はいくつ（10^{-7} モル /L）になるか。

問 9 実験開始30分後に，光合成の反応のみを阻害する試薬（阻害剤）を与えると，その5分後の溶存酸素量はいくつ（10^{-7} モル /L）になるか。 〈東京海洋大・滋賀医科大〉

類題出題校	センター，**東京大**，**名古屋大**，**神戸大**，大阪医科薬科大[医]，岩手医科大，川崎医科大，愛知医科大，**兵庫医科大**，埼玉医科大，聖マリアンナ医科大，**帝京大[医]**，**京都工芸繊維大**，**弘前大**，筑波大，東京農工大，岐阜大，長崎大

第5章

↗ **038** | **C₃ 植物・C₄ 植物・CAM 植物** 〈第34講〉
★★ ──────────────────────────────────── 〈解答・解説〉p.74

ほとんどの植物は，カルビン・ベンソン回路をもち，RuBP カルボキシラーゼという酵素により，反応の初期産物として炭素3個の化合物（C_3 化合物）を生成するので，C_3 植物と呼ばれる。ところが，サトウキビの光合成の研究では初期産物が C_3 ではなく C_4 化合物であることが発見され，その後つぎつぎに同じような代謝が他の種でもみつかった。この型の植物は C_4 植物と呼ばれ，イネ，タバコなどの C_3 植物と区別される。また，C_3 植物，C_4 植物の他に，砂漠や海岸の岩場などに自生し，CAM 植物と呼ばれる第三のタイプもある。図1〜3は，環境条件の変化と光合成速度について，C_3 植物と C_4 植物の比較をした結果である。図4はCAM 植物の CO_2 吸収速度，気孔抵抗，リンゴ酸含量の日周変動を示している。気孔抵抗とは気孔の閉鎖度を表す指標であり，この値が高い時には気孔が閉じていることを示す。なお，C_3 植物，C_4 植物，CAM 植物において，葉緑体のチラコイドで起こる反応に違いはない。

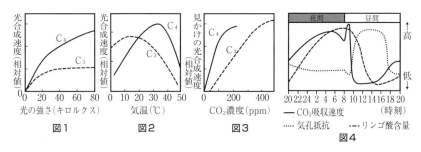

図1 図2 図3 図4

問 1 図1と図2の結果から，C_4 植物はどのような気候のもとで生育するのに適していると思うか。根拠とともに50字以内で述べよ。

問 2 図3の結果から推定されることがらを根拠とともに80字以内で述べよ。

問3 C_3 植物と，CAM 植物の CO_2 固定における共通点について，100 字以内で述べよ。

問4 C_4 植物と，CAM 植物の光合成における相違点について，130 字以内で述べよ。なお，CO_2 を C_4 化合物に固定する反応は，C_4 植物では C_4 回路と表し，CAM 植物では C_4 回路と同様の反応と表す。また，カルビン・ベンソン回路を C_3 回路と表してよい。

問5 図4の9時から10時にかけて CO_2 吸収速度が急激に低下するのはなぜか。根拠とともに40字以内で述べよ。

問6 CAM 植物におけるデンプン量の日周変動はどのようになるか。図4に実線で書き加えよ。なお，CO_2 と結合するホスホエノールピルビン酸（PEP）は，デンプンが分解されて生じることが知られている。

問7 CAM 植物が砂漠などの厳しい環境下でも生存が可能であるのはなぜか。50 字以内で述べよ。

問8 CAM 植物の代表的な植物名を1つ答えよ。

（名古屋市立大・新潟大）

類題出題校	センター，東京大，京都大，東北大，九州大，日本大[医]，旭川医科大，浜松医科大，札幌医科大，福島大，愛媛大，三重大，広島大，お茶の水女子大，岐阜大，島根大，大阪公立大，岡山県立大，琉球大，九州工業大，香川大

→ **039** | **光合成に関する研究** 〈第35講〉

★★★ 〔Ⅰ〕　　　　　　〔Ⅱ〕★★★　　〔Ⅲ〕★　　　　　〔Ⅳ〕★ ────〈解答・解説〉p.76

〔Ⅰ〕 19 世紀後期は，光合成研究のための十分な装置や器具などがまだなかった時代である。この時代に，エンゲルマンは酸素に敏感なある種の細菌の運動性を利用して，光合成に関する研究を行った。

　エンゲルマンの実験方法にならって，次のような実験1・2を再現した。

【実験1】 リボン状の葉緑体をもつアオミドロをスライドガラスにのせ，そこに細菌を含む培養液を加え，カバーガラスをかけた。さらに空気が入らないようにカバーガラスのまわりを封じ，そのスライドガラスをしばらく暗所に置いた後，㋐，㋑，㋒で示したスポットのみに白色光を照射し，細菌の集合状態を顕微鏡で観察した。結果は図1に模式的に示した。

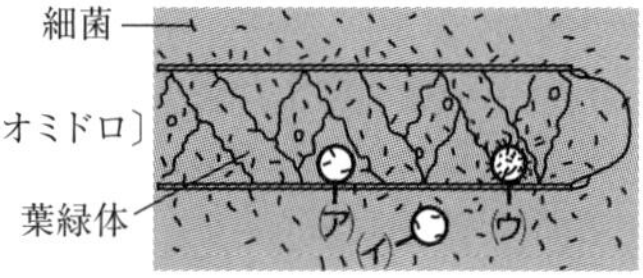

図1

【実験2】 アオミドロをスライドガラスにのせ，そこに細菌を含む培養液を加え，カバーガラスをかけた。さらに空気が入らないようにカバーガラスのまわりを封じ，そのスライドガラスをしばらく暗所に置いた後，白色光をプリズムで分光して照射すると，図2に示すように細菌が分布した。

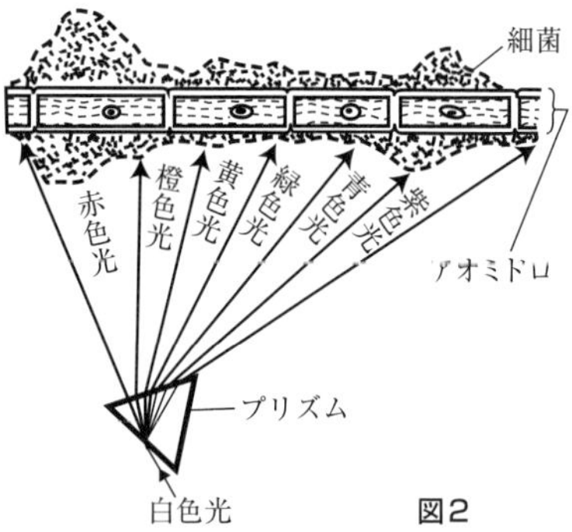

図2

問1 文中の下線部について，次の(1)，(2)に答えよ。

(1) この細菌がもつ運動性の特徴を20字以内で述べよ。

(2) なぜ，この細菌が用いられたか。40字以内で述べよ。

問2 実験1において，⑦～⑨の三つのスポットのうち，どれを照射した結果を用いると葉緑体のみで光合成が行われていることを確認できるか。次の(a)～(f)から適切なものを一つ選び，記号で答えよ。またその理由を60字以内で述べよ。

(a) ⑦　　(b) ⑦　　(c) ⑦　　(d) ⑦と⑦　　(e) ⑦と⑦　　(f) ⑦と⑦

問3 実験2の結果（図2）からどのようなことがわかるか。25字以内で述べよ。

〔Ⅱ〕 イギリスの生化学者ヒルは，植物の葉から葉緑体を取り出してツンベルク管に入れ，空気を抜いてシュウ酸鉄（Ⅲ）を加えた後，主室と副室の液を混合させて，光を照射すると酸素が発生することを発見した。図3は，その実験【実験3】を示したものである。なお，ヒルが植物の葉から取り出した葉緑体の多くは，葉緑体を包む膜が破れていた。

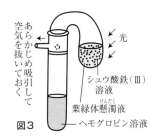

図3

問4 ヒルは，図3のようにツンベルク管にヘモグロビン溶液を入れて実験を行った。ヘモグロビンは，どのような目的で用いられているかを60字以内で説明せよ。

問5 光合成では，水（H_2O）と二酸化炭素（CO_2）を材料として有機物が合成される。

(1) 実験3で発生した酸素は，H_2O と CO_2 のいずれに由来するか。

(2) (1)において，そのように答えた理由を40字以内で述べよ。

問6 この反応におけるシュウ酸鉄（Ⅲ）の働きを20字以内で述べよ。

問7 ルーベンは，緑藻と酸素の同位体を用いた実験により，**問5**(1)の答が正しいことを証明した。彼が行った実験の内容と結果を70字以内で述べよ。

〔Ⅲ〕 ベンソンは，緑藻を用いて光合成に関する次の二つの実験4・5を行い，光合成速度を調べた。なお，どちらの実験でも，光合成に適当な一定の温度条件を保ち，十分な水分を与えた。光合成速度は，単位時間あたりに吸収された CO_2 の体積で示した。これらの実験の条件と結果を以下（図4）に示す。

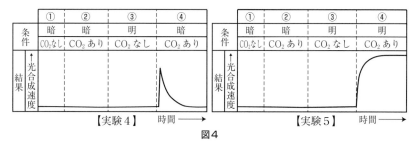

図4

問8 実験4, 5の結果から，どのような結論を導くことができるか。次の二つの句を用いて100字以内で述べよ。〔光が必要な反応，直接光が必要でない反応〕

〔Ⅳ〕 次ページの**図5**，**6**はカルビンらが炭素の放射性同位体（^{14}C）で標識した二酸化炭素（$^{14}CO_2$）を緑藻に与えて光合成を行わせた実験【実験6】の結果である。縦軸は炭素原子を5個含む物質（以下，これをC_5と呼ぶ）と炭素原子を3個含む物質（以下，これをC_3と呼ぶ）の細胞内の濃度（相対値），横軸は時間を示している。

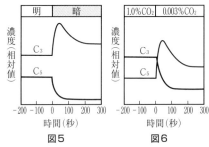

図5　　　　図6

図5は，適当な温度条件下において，十分な強さの光と十分な濃度（1.0%）のCO_2を与えた状態から，時間0で暗条件（光照射を止めた状態）に変えたときのC_3とC_5の濃度の変動を示したものである。**図6**は，適当な温度条件下において，十分な強さの光と濃度1.0%のCO_2を与えた状態から，時間0でCO_2濃度を0.003%（CO_2がほとんど供給されていない状態）に変えたときのC_3とC_5の濃度の変動を示したものである。

問9　次の文章の ⑦ ～ ㋚ に適するものを，下の〔語群〕から一つずつ選び，ⓐ～ⓙの記号で答えよ。同じ記号を何回選んでもよい。

図5は次のように説明される。葉緑体の ⑦ に存在していた ㋑ は，明・暗条件に関係なく ㋒ に変換されるが，明条件において葉緑体の ㋓ で進んでいた ㋔ と ㋕ の生産が暗条件になり止まると， ㋖ は ㋗ に変換されないので，C_3の濃度は上昇し，C_5の濃度は低下した。すなわち，葉緑体の ㋘ で起こる反応は回路を形成し，CO_2がC_5と反応してC_3を生成する反応は， ㋙ と ㋚ を必要としないことを示している。

図6は次のように説明される。CO_2が存在しない条件下では， ㋛ が ㋜ に変換される反応は停止するが， ㋝ が ㋞ に変換される反応はCO_2濃度とは無関係に進行する。したがって，CO_2の供給を断たれると，C_5の濃度が上昇しC_3の濃度が低下する。

〔語群〕ⓐ NADPH　　ⓑ CO_2　　ⓒ ATP　　ⓓ ADP　　ⓔ O_2　　ⓕ H_2O
　　　　ⓖ C_5　　ⓗ C_3　　ⓘ チラコイド　　ⓙ ストロマ

（山形大・東京学芸大・香川大・広島大）

類題出題校	北海道大，大阪大，防衛医科大，藤田医科大，川崎医科大，産業医科大，弘前大，信州大，山口大，岡山大，京都工芸繊維大，大阪公立大，九州工業大，福井県立大，名古屋市立大，明治大，立命館大，関西学院大，日本大，甲南大

↗040 窒素同化・窒素固定 〈第2・36・43・65講〉

★★★ (Ⅰ) ★★★ (Ⅱ) ★ ─────〈解答・解説〉p.78

〔Ⅰ〕生物を構成するタンパク質は①20種類のアミノ酸からなる。アミノ酸は,炭素,窒素,酸素および水素からなる。窒素 (N) は窒素ガス (N₂) として大気の約80% を占めている。しかし,N₂ は不活性な物質であり,これを窒素源として利用できる生物は限られている。②一般に,植物は土壌や水に含まれる硝酸イオンを吸収し,タンパク質を合成する。また,③一部の細菌は,土壌中の硝酸イオンを低酸素濃度条件で N₂ に変換し,大気に放出している。

問1 下線部①について,次の(1)・(2)に答えよ。

(1) 下の⑥〜⑧から必須アミノ酸をすべて選べ。

⑥ グルタミン酸 ⑩ セリン ⑤ ロイシン ⑳ アスパラギン酸

⑱ グルタミン ⑰ メチオニン ⑲ グリシン ⑳ フェニルアラニン

(2) (1)の⑥〜⑧から硫黄原子を含むものをすべて選べ。

問2 下線部②は,硝酸イオンが根から取り込まれた後還元され,亜硝酸イオンを経てアンモニウムイオンとなり,さらにアンモニウムイオンが分子内に取り込まれてアミノ酸が生成する窒素同化と呼ばれる過程である。これは,**図1**に示すようにグルタミン酸などの化合物が関与する反応である。**図1**の a, b, c に入る最も適当な化合物を**図2**の(イ)〜(ト)から選べ。

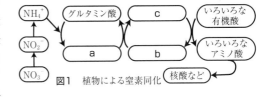

図1 植物による窒素同化

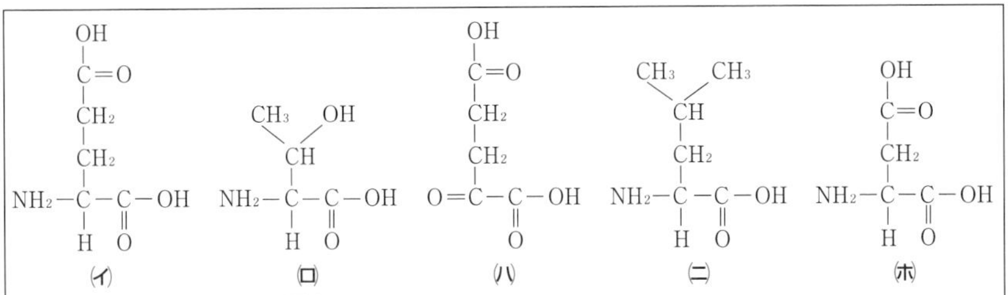

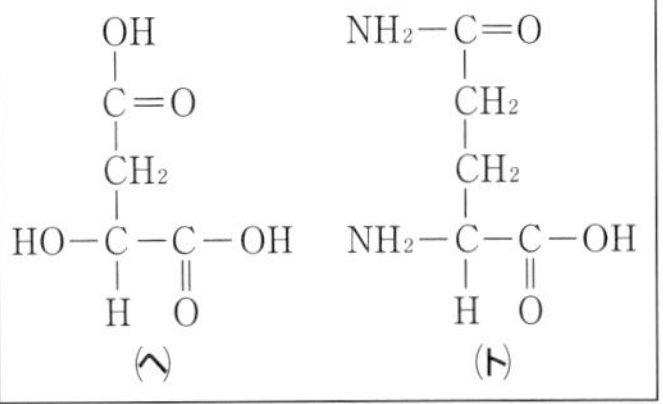

図2

問3 下線部③の硝酸イオンが分子状窒素に変換される反応は何と呼ばれるか。また,このような反応を行う微生物は土壌以外にも池や沼にも存在している。どのような池や沼に多いと考えられるか,理由とあわせて120字以内で説明せよ。

〔Ⅱ〕マメ科植物は，根に共生窒素固定根粒を形成するため，窒素不足の土壌においても生育できる。このとき，植物は根粒が増えすぎないように制御している。この制御機構を研究する過程で，植物ゲノムにあるひとつの遺伝子の塩基配列が変化したために異常に根粒数が増加した突然変異体を得た。そこで，野生型もしくは突然変異体の根を図3のように均等に分けて窒素肥料を含まない土壌に入れ，④分割根Aに根粒菌を接種して10日間育てた。そのあとに分割根Bに同量の根粒菌を接種し，根粒菌以外の微生物は存在しない環境でさらに30日間育てた。その結果，根粒数は表1のようになった。また，野生型と突然変異体の幼植物を茎の下部で切断し，種々の組み合わせで

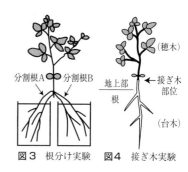

図3　根分け実験　　図4　接ぎ木実験

植物	40日後の分割根Aの根粒数	30日後の分割根Bの根粒数
野生型	8	2
変異体	40	41

表1　時間差接種のあと形成された根粒数の平均値

組み合わせ(穂木／台木)	1個体あたりの根粒数
野生型／野生型	9
野生型／変異体	8
変異体／野生型	52
変異体／変異体	50

表2　接ぎ木のあと形成された根粒数の平均値

台木（主に根部）と穂木（地上部）を1本ずつ切断部位で接ぎ木した（前ページ図4参照）。そのあと，分割していない各々の根に同量の根粒菌を接種して40日間育てたところ，表2のように根粒が形成された。以上の実験を含めたこれまでの研究結果から，野生型において過剰な根粒形成が妨げられるためには，⑤根粒形成に応じて第1の体内移動性シグナル物質が植物によって産生され，それが植物の受容体で認識され，その認識が起こる器官で第2の体内移動性物質である根粒形成抑制シグナル物質が産生されて最終的に根で機能することが必要であると考えられた。なお，⑥窒素源不足の土壌で根粒を形成した野生型の草丈は根粒を形成しないときより大きくなったが，逆に，突然変異体の草丈は根粒を形成することにより小さくなった。また，十分な濃度の窒素肥料が土壌に存在するときには，野生型に根粒菌を接種しても根粒は形成されなかった。

問4　下線部④と並行して，分割根A，Bに根粒菌を同時に接種して40日間育てた。その結果，接種後30日までに野生型では両方に約8個，突然変異体では両方に約40個の根粒が形成され，それ以後根粒数に変化はなかった。また，分割根Aにのみ根粒菌を接種して40日間育てたところ，野生型においても突然変異体においても，分割根Bに根粒は形成されなかった。表1の結果に関する以下の解釈が正しい場合には○，誤っている場合には×で答えよ。

a) 野生型においては，分割根Aにおける根粒形成に伴って分割根Bに根粒形成抑制シグナルが作用した結果，分割根Bの根粒数が減少した。

b) 突然変異体においては，いずれの分割根においても根粒形成抑制シグナルが作用していないため，両方の根における根粒数が増加した。

c) 突然変異体においては，分割根Aから分割根Bへの根粒菌の移動が容易になったため，両方の根における根粒数が増加した。

- d）野生型では分割根Bのみならず分割根Aでも根粒形成抑制シグナルが作用したため，突然変異体に比べて根粒数が減少した。
- e）分割根A，Bのいずれにも根粒菌を接種しない対照実験が行われていないため，**表1**からは何の結論も導きだせなかった。

問5　下線部⑤に関連して，根粒が形成されたことを伝える第1の物質はポリペプチドである。**表1，2**の結果の解釈として最も可能性の高いものを下のa）〜f）から選べ。

- a）第1の物質は根粒を形成した根で作られ，根で受容体に認識される。
- b）第1の物質は根粒を形成しない根で作られ，根で受容体に認識される。
- c）第1の物質は根粒を形成した根で作られ，地上部で受容体に認識される。
- d）第1の物質は根粒を形成しない根で作られ，地上部で受容体に認識される。
- e）第1の物質は地上部で作られ，地上部で受容体に認識される。
- f）第1の物質は地上部で作られ，根で受容体に認識される。

問6　突然変異体は，受容体遺伝子のアミノ酸を指定する領域において，野生型にはない終止コドンが開始コドンの直後に生じたものであった。突然変異の結果，どのようなしくみで最終的に根粒数が増加したと考えられるか，70字以内で説明せよ。

問7　突然変異体の穂木を接ぎ木した野生型台木の根を**図3**のように分割し，下線部④のように根粒菌の時間差接種を行って，さらに30日間育てた。分割根A，Bの根粒数はどのようになると考えられるか，40字以内で説明せよ。

問8　下線部⑥に関連する以下の文章の　ア　〜　エ　に最も適切な句を下のa）〜h）から選べ。ただし，記号は一度しか使用できない。

　植物は太陽の光エネルギーを光合成産物の化学エネルギーとして一旦蓄え，物質の合成，呼吸，みずからの生育などに利用している。ところで，私たちが工業的に窒素ガスをアンモニアに転換する反応は，化学触媒の存在下に高温・高圧でようやく進行する。一方，根粒内の窒素固定反応は　ア　。しかし，野生型と突然変異体の草丈の変化からも示唆されるように，根粒形成やその機能維持のためには，　イ　。そのため，十分な窒素肥料が土壌にあれば野生型マメ科植物は窒素肥料を根から直接吸収するが，この方が根粒を形成するより　ウ　からである。窒素源不足の土壌における野生型マメ科植物は，窒素固定を行いつつ旺盛な生育を成し遂げるために，根粒数を調節することによって　エ　と考えることができる。

- a）高温・高圧で進行する
- b）エネルギー消費を片方に集中させている
- c）常温・常圧で進行する
- d）エネルギー消費のバランスを保っている
- e）低温・低圧で進行する
- f）エネルギー消費を両方向に増加させている
- g）多量のエネルギーが必要である
- h）エネルギー消費が少なくてすむ

（福島大・名古屋大）

→ 041 代謝に関する化学反応式

★★★ 〈第30・32・33・36講〉

—————————————————————————————— 〈解答・解説〉p.81

問1 次の(1)〜(7)に示した生物が行う代謝の経路に含まれる化学反応を下の**ア〜コ**の中から選べ。なお,〔H〕は反応性の高い水素原子を表すものとする。また,化学反応が複数含まれる場合は,それらをすべて答えよ。その場合,それらの化学反応の間の量的な関係は考慮しなくてもよい。また,同じものを繰り返し選んでもよい。

(1) 哺乳類の呼吸
(2) 植物の光合成
(3) 乳酸菌の乳酸発酵
(4) 亜硝酸菌の化学合成
(5) 緑色硫黄細菌の光合成
(6) 硫黄細菌の化学合成
(7) 酵母のアルコール発酵

ア. $C_3H_4O_3 + 2〔H〕 \longrightarrow C_3H_6O_3$

イ. $C_3H_4O_3 + 2〔H〕 \longrightarrow C_2H_6O + CO_2$

ウ. $C_3H_4O_3 + 2〔H〕 + 3O_2 \longrightarrow 3CO_2 + 3H_2O$

エ. $(C_6H_{12}O_6) \longrightarrow 2C_3H_4O_3 + 4〔H〕$

オ. $2NH_3 + 3O_2 \longrightarrow 2HNO_2 + 2H_2O$

カ. $6CO_2 + 24〔H〕 \longrightarrow (C_6H_{12}O_6) + 6H_2O$

キ. $2HNO_2 + O_2 \longrightarrow 2HNO_3$

ク. $2H_2O \longrightarrow 4〔H〕 + O_2$

ケ. $2H_2S + O_2 \longrightarrow 2S + 2H_2O$

コ. $H_2S \longrightarrow 2〔H〕 + S$

問2 カルビン・ベンソン回路ではATPと還元型補酵素 $X \cdot 2〔H〕$ が使われる。カルビン・ベンソン回路を表す以下の反応式中の(a)〜(f)のそれぞれに適する数字を答えよ。

(a)CO_2 + (b)ATP + (c)$(X \cdot 2〔H〕)$ $\longrightarrow$ $(C_6H_{12}O_6)$ + (d)ADP + (e)X + (f)H_2O

（京都大・工学院大）

類題出題校	東京医科大, 埼玉医科大, 関西医科大, 埼玉医科大, 藤田医科大, 川崎医科大, 和歌山県立医科大, 熊本大, 横浜国立大, 九州工業大, 前橋工科大, 立教大, 関西大, 日本大, 日本女子大, 京都女子大, 北里大, 順天堂大, 東京農業大, 麻布大,

第6章 遺伝情報の複製と細胞周期

↗042 細胞周期とDNA量

★★★

〈第38・46・49講〉

〈解答・解説〉p.83

　ある哺乳類の体細胞を培養皿で増殖させたところ，培養皿中の細胞数は**図1**のように変化した。

問1　**図1**の25～100時間において，この細胞の1回の細胞周期に要する時間は何時間か。

問2　**図1**の⑦の時点で，この細胞を8,000個採取し，1つ1つの細胞ごとにDNA量を測定した結果，それぞれのDNA量に対する細胞数の分布は，**図2**のようになった。また，このうちM期（分裂期）の細胞は全体の10%存在した。⑦の時点において細胞周期が全く同調していないとした場合，次の各期間に要する時間を**問1**の結果をもとにして計算せよ。解答は何時間何分と記すこと。

(1) M期
(2) S期（DNA合成期）
(3) G_2期（分裂準備期）
(4) G_1期（DNA合成準備期）

問3　この培養細胞のG_1期の核1個に含まれるDNAの大きさが5.0×10^9塩基対（bp）であるとき，**図1**の⑦の時点の細胞におけるDNAの複製速度（bp/秒）を有効数字2桁で答えよ。

問4　**図1**の⑦の時点の細胞において，DNAの複製に関与する複合体の，DNAが開裂する方向への進行速度が50bp/秒だとすると，G_1期におけるこのDNA上の複製起点の数はいくつだと考えられるか，有効数字2桁で答えよ。

問5　**図1**の①の時点における細胞を4,000個採取し，1つ1つの細胞ごとのDNA量を測定したときに，どのようなグラフになると予想されるか。**図2**と同じ縦軸・横軸を記したものにグラフを描け。

問6　この哺乳類のうち，生殖能力をもった雄の精巣から，でたらめに150個の細胞を採取し，1つ1つの細胞ごとのDNA量を測定したところ，**図3**のようなグラフが得られた。このグラフを横軸に沿って4つのグループ（A群，B群，C群，D群）に分けた。以下の(1)・(2)に答えよ。

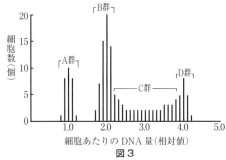

(1) 精細胞の大部分は，**図3**のA群，B群，C群，D群のどの部分に含まれると考え

られるか答えよ。

(2) 下記の①～③の細胞のうちから，**図3**のC群に含まれないと考えられる細胞の番号をすべて答えよ。

① 精原細胞　② 二次精母細胞　③ 精子　　　　（藤田医科大・信州大・摂南大）

類題出題校	東北大，大阪大，神戸大，埼玉医科大，関西医科大，近畿大[医]，聖マリアンナ医科大，奈良県立医科大，産業医科大，東邦大[医]，滋賀医科大，東京医科大，兵庫県立大，茨城大，岡山県立大，大阪公立大，金沢大，埼玉大，千葉大

→ 043 細胞周期とDNAの複製 〈第38・39講〉

★★★ （I）★★ （II）★ ──────────────── 〈解答・解説〉p.84

　放射線を出す水素の同位体 ^3H を含むチミジン（放射性チミジン）を培養細胞の培地に添加すると，放射性チミジンは細胞にはいり，さらに DNA に取り込まれる。放射性チミジンを添加した後，培養細胞を標本とし，暗室内で標本に写真乳剤を密着させ放置すると，DNA に取り込まれた ^3H からの放射線によって乳剤が感光し，その部位には現像によって黒い銀粒子が現れる。この方法をオートラジオグラフィーといい，この方法によって現れる銀粒子数は取り込まれた放射性チミジン量に比例する。なお，用いた培養細胞の細胞周期は同調していないものとする。

問1　ある培養細胞の培養液中に放射性チミジンを短時間与えて，S期にあった細胞をすべて標識した後，放射性チミジンを除去して，それを含まない液の中で培養を続ける。そして適当な時間間隔をおいて細胞を採取し，オートラジオグラフィーを行った。

　このようにして標識されたM期の細胞の数(n)とM期にあるすべての細胞の数(N)を求め，標識細胞百分率 $\left(\dfrac{n}{N} \times 100 \right)$ を求める。縦軸に標識細胞百分率，横軸に放射性チミジン添加後の時間をとったグラフを描くと，すべての細胞が同じ細胞周期で細胞分裂を繰り返しているが，各細胞が同調的な分裂を行っていない細胞集団の場合は，**図1**のようなグラフが期待される。グラフは，標識時にS期にあった細胞がM期に入って出ていく時間経過を示していることになる。なお標識時間は無視できるものとする。

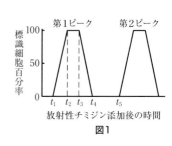

図1

(1) 次の時間は，それぞれ細胞周期の何を示すか。S＋Mのように記せ。

　① t_1　② $t_2 - t_1$　③ $t_3 - t_1$　④ $t_5 - t_1$

(2) 図1のM期の中期で縦裂している染色体における黒い銀粒子の分布を，**図2**の中から可能なものをすべて選び記号で記せ。

① 第1ピークにおける分布を選べ。

② 第2ピークにおける分布を選べ。

③ 第3ピーク（**図1**には示していない）における分布を選べ。

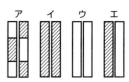

（斜線は黒い銀粒子の存在を表す）
図2

問2　問1で用いたものとは別の培養細胞の培養液中に放射性チミジンを添加した後，放射性チミジンを除去せずに時間を追ってM期中期の培養細胞を標本とし，それぞれの標本についてオートラジオグラフィーを行った。放射性チミジン添加後の時間と，M期中期の細胞の染色体上に検出された銀粒子数との関係を調べた

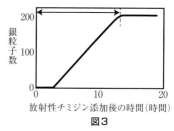

図3

結果を図3に示す。図3中の矢印で示される時間は，細胞周期のどの部分の長さに相当するか。以下の〔例〕にならって答えよ。

〔例〕G₂期～M期終期

（大阪女子大・京都大）

類題 出題校	北海道大，九州大，神戸大，愛知医科大，旭川医科大，京都府立医科大，日本大[医]，奈良県立医科大，埼玉医科大， 川崎医科大，藤田医科大，東京女子医科大，日本医科大，**横浜市立大**，千葉大，大阪公立大，兵庫県立大，宮崎大

↗ **044** | **細胞周期の進行の調節**　　　　　　　〈第38・44講〉
★★ 　　　　　　　　　　　　　　　　　　　　　　　　　　——〈解答・解説〉p.87

第
6
章

　一個の細胞は，決まった順序で起こる細胞周期とよばれる一連の過程によって染色体を複製し，二分して二個の細胞になる。この複製と分裂の繰り返しは，あらゆる細胞の増殖に不可欠である。この細胞周期を制御する仕組みは，A～Cのような研究によって明らかにされた。

A. ヒト細胞どうしを融合させると，細胞質を共有した二つの核をもつ融合細胞ができる。この実験系を利用して以下の実験を行った。

【実験1-1】間期のどの時期にある細胞であっても，分裂期の細胞と融合すると，間期細胞由来の核膜が消失し染色体が凝縮し始めた。

【実験1-2】DNA合成準備期の細胞とDNA合成期の細胞を融合すると，どちらの細胞由来の核もDNAの複製をした。

【実験1-3】DNA合成期の細胞と分裂準備期の細胞を融合すると，分裂準備期細胞由来の核はDNA複製を開始せず，DNA合成期細胞由来の核が分裂準備期に入るまで核膜の消失や染色体の凝縮が起こらなかった。

B. アフリカツメガエルの未受精卵をプロゲステロンで処理すると，一つの未受精卵は①染色体が赤道面に並ぶ二つの卵細胞を形成する段階まで成熟する。この成熟させた卵細胞を利用して以下の実験を行った。

【実験2】卵細胞の細胞質を未処理の未受精卵に注入すると，下線①と同様の段階まで成熟した。さらに，この卵細胞の細胞質を再度別の未受精卵に注入してもやはり成熟を促した。

C. ウニの受精卵の最初の二回の細胞周期において，検出されるタンパク質の量的な変化を調べたところ，細胞周期の進行にともなって周期的に変動するタンパク質がみつかり，サイクリンと名付けられた。このサイクリンの役割を明確にするために，アフリカツメガエルの未受精卵を利用した。アフリカツメガエルの未受精卵から核を除去し，細胞質

だけを抽出した溶液には，複数回の細胞周期の進行に必要なタンパク質がすべて含まれている。また，抽出液中に含まれる mRNA からタンパク質合成も行われる。この₂卵抽出液にカエル精子から単離した核を加えると，精子核はあたかも細胞周期が進行するかのようにふるまい，染色体の脱凝縮と凝縮，DNA の複製，核膜の消失と再生などの反応が複数回繰り返される。この実験系を利用して以下の実験を行った。

【実験3－1】タンパク質合成阻害剤を添加すると，細胞周期は停止した。

【実験3－2】RNA 分解酵素を添加すると，DNA の複製は起こったが，核膜の消失や染色体の凝縮は生じず，細胞周期は停止した。

【実験3－3】RNA 分解酵素で mRNA を完全に分解した後，RNA 分解酵素を，阻害剤で不活性化した。この溶液から RNA 分解酵素と阻害剤を除去し，人為的に合成したサイクリン mRNA を添加すると，再び核膜の消失や染色体の凝縮が観察されるようになり，その後も細胞周期は繰り返された。

【実験3－4】実験3－3と同様の処理を施した後，添加する mRNA を一部の領域が欠損したサイクリン mRNA に変えた場合の細胞周期を観察した。この欠損 mRNA から合成されるサイクリンは，タンパク質分解酵素による分解を受けない変異型である。この条件下では，核膜の消失や染色体の凝縮までは観察されたが，その後の反応は進行せずに細胞周期は停止した。

問1 分裂期の細胞の細胞質には核を分裂期に誘導する因子が存在することを示した実験はどれか。実験1～実験2の中からあてはまるものを二つ選び，それぞれの実験名を答えよ。実験1については，「実験1－4」のように記入せよ。

問2 問1で選んだ実験において，分裂期の細胞にのみ分裂期に誘導する活性があることを確認するためには，どのような対照実験を行えば良いか。二つの実験のうち，いずれか一つの実験について，句読点を含めて50字以内で答えよ。

問3 細胞周期には，細胞周期が進行する過程において一つ前の段階を適切に完了しないうちに，次の段階に進まないように制御する特定のチェックポイントが存在する。実験1～実験2の中で，間期と分裂期の間で細胞周期を一時停止させるチェックポイントがあることを示した実験はどれか。あてはまるものを一つ選び，その実験名を答えよ。実験1については，「実験1－4」のように記入せよ。

問4 問3の仕組みがなく，DNA の複製が完了する前に細胞分裂が起きたり，細胞分裂が起こる前に二回目の DNA 複製が始まったりすると，多くの細胞にとって致命的な問題となる。どのような問題が生じるかについて，句読点を含めて30字以内で答えよ。

問5 実験3により，分裂期を開始するためには，サイクリンの合成が重要であることが示された。しかし，サイクリンと同様の役割を果たす別のタンパク質が存在し，サイクリン非依存的に分裂期の開始を誘導する可能性がある。では，分裂期の開始にサイクリンが必須であることを示すには，下線②の実験系を利用してどのような実験をすれば良いか。句読点を含めて50字以内で説明せよ。

問6 実験3の結果をふまえて，下線②におけるサイクリン量の変動を表す模式図を作

成したい。図中に実線で表されているサイクリン量が，その後の細胞周期の進行にともなってどのように推移するかを予想し，右図に図示せよ。なお，図中の点線は分裂期を開始するために必要なサイクリン量を示したものである。

（東海大）

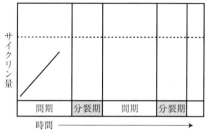

図　細胞周期の進行にともなうサイクリン量の変動

類題出題校	大阪大，東北大，名古屋大，聖マリアンナ医科大，近畿大[医]，日本医科大，昭和大[医]，東京医科歯科大，東京医科大，滋賀医科大，日本大[医]，東京都立大，三重大，埼玉大，広島大，東京理科大，早稲田大，中央大，関西学院大

↗ **045 テロメア**　　　　　　　　　　　　　　　　　　　　　〈第37・39・54・61・75講〉

★　　　〈解答・解説〉p.89

　ⓐ細菌など1倍体 (n) の染色体を持つ原核生物の細胞は無限に分裂増殖する能力を持ち，原則として死ぬことはないのに対して，ヒトなど2倍体 ($2n$) の体細胞からなる多細胞真核生物の動物の個体は必ず死ぬ運命にある。多細胞動物の個体は死ぬが，生殖細胞を作り有性生殖を行うことによって生命の連続性は保たれる。

　ⓑ動物の胎児から細胞をとりだしてシャーレ（ペトリ皿）の中で培養すると増殖を開始する。しかし，ヒトの繊維芽細胞の場合，約50回分裂すると増殖を停止し，体細胞分裂は有限であることがわかる。この分裂能を決めているのは，染色体の末端にあり，テロメアと呼ばれる構造（複数個の塩基の繰り返し配列）である。ⓒ正常な体細胞では，分裂するたびにテロメアが短くなり，テロメアがなくなる直前で分裂できなくなる。一方，ⓓ無限に増殖する能力を獲得したがん細胞では，テロメアを伸長するテロメラーゼという酵素が発現していてテロメアは短くならない。

問1　下線ⓐについて，細菌のような原核生物のDNAとヒトなどの真核生物のDNAを比べた場合，細胞内のDNAの形態と，DNAとタンパク質との関わりにはどのような違いがあるか。相違点を2つあげ，それぞれ説明せよ。なお，転写・スプライシング・翻訳については触れなくてよい。

問2　基本的に単細胞で増殖する真核生物が属している界の名称を2つあげ，それぞれの例となる生物名を1つずつ答えよ。

問3　下線ⓑについて，シャーレの中でヒトの正常体細胞の培養を続けてゆくと，ごく低い頻度で自然に不死化して，永久増殖能を獲得した細胞が出現してくることがある。これらの細胞を分離し，AとBの2つの不死化細胞株を樹立したところ，A株では第1番，B株では第6番の染色体がそれぞれ欠損していることがわかった。これらの不死化細胞株と有限分裂能を持つ体細胞の融合細胞では，無限増殖能は失われた。また，AとBの不死化細胞株どうしの融合細胞でも無限増殖能は失われた。これらの結果から，細胞の分裂能の限界を決める遺伝子についてどのようなことがわかるか，100字程度で説明せよ。

問4　下線ⓒに関する以下の文章中の（　**ア**　）〜（　**オ**　）に最も適する語や記号・数字などをそれぞれ答えよ。

　　DNA の複製は，（　**ア**　）と呼ばれる短いヌクレオチド鎖に，（　**イ**　）と呼ばれる酵素がヌクレオチドを付加することで進行する。PCR 法などに用いられる（　**ア**　）は短い DNA のヌクレオチド鎖であるが，細胞内において DNA が複製される際の（　**ア**　）は，短い RNA のヌクレオチド鎖であり，最終的には分解されて，その部分が（　**イ**　）の働きにより，DNA のヌクレオチド鎖に置き換えられる。

　　新たに合成されるヌクレオチド鎖（新生鎖）は，その伸長様式により，（　**ウ**　）鎖と（　**エ**　）鎖に分けられる。真核細胞の DNA の複製では原核細胞の DNA の複製とは異なり，（　**ウ**　）鎖の（　**オ**　）末端側に存在するテロメアは，分解されたままとなる。これが細胞周期のたびに繰り返されるので，テロメアは短くなっていく。

問5　下線ⓓについて，がん細胞と正常体細胞を細胞融合させると，この融合細胞は正常細胞の性質を示し，分裂にともなってテロメアも短縮した。なぜ，この融合細胞ではテロメアが短縮したのか，100 字程度で説明せよ。

問6　近年，体細胞の核を未受精卵の核と入れ替えることによって，クローン個体をつくることが可能になってきた。このようにして誕生した高等動物のクローン個体には，通常の有性生殖で生まれた個体に比べて，生物学的に問題点がある。それはどのようなことか，またこれをできるだけ回避するにはどのような工夫がいるのか，考えを 120 字程度で述べよ。

（滋賀医科大）

類題出題校	東京大，愛知医科大，浜松医科大，京都府立医科大，防衛医科大，広島大，信州大，大分大，三重大，東京農工大，慶應義塾大，北里大，昭和大

第7章 遺伝子の発現とその調節

↗046 選択的スプライシング
〈第41・42・43・44講〉

★★★ 〔Ⅰ〕★★★ 〔Ⅱ〕★★★ 〔Ⅲ〕★ ——————〈解答・解説〉p.92

〔Ⅰ〕ある動物の遺伝子 E は 7 つのエキソン(1～7)をもち,転写直後の mRNA 前駆体は選択的スプライシングによって mRNA-1,mRNA-2,mRNA-3,mRNA-4 の 4 種類の mRNA となる。

図1-(A)に,mRNA 前駆体のエキソン(長方形)とイントロン(直線)の構成,およびエキソン1,2, 4, 5 の塩基数を示す。長方形と直線は,塩基数と無関係に一定の長さで

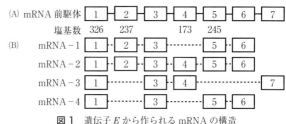

図1 遺伝子 E から作られる mRNA の構造

描かれている。図1-(B)は各 mRNA がもつエキソンを示し,スプライシングにより除去された部分を点線で示す。mRNA の両端の構造は省略してある。すべての mRNA で同じところから翻訳が始まる。

各エキソンで転写開始点側から1, 2, 3, …と塩基番号をつけると,翻訳開始コドン AUG はエキソン 1 の塩基 103-104-105 にある。mRNA-1 の終止コドン UAG はエキソン 5 の塩基 160-161-162 にあり,mRNA-2 の終止コドン UAA はエキソン 6 の塩基 75-76-77 にある。また,mRNA-1, 2, 3, 4 の翻訳によりタンパク質-1, 2, 3, 4 がそれぞれ合成されるが,タンパク質-1 は 332 アミノ酸,タンパク質-3 は 353 アミノ酸からなる。ここでは翻訳開始アミノ酸(第1アミノ酸)が除去されないものとする。

問1 エキソン 3 の塩基数をもとめよ。

問2 mRNA-3 ではエキソン 7 にある UAG が終止コドンとなる。その塩基 U のエキソン 7 における塩基番号をもとめよ。

問3 抗体 M はタンパク質-1 の第 284 アミノ酸～第 291 アミノ酸に特異的に結合する。タンパク質-1 以外で抗体 M が結合できるタンパク質はどれか。あてはまるものをすべて記入し,ない場合は「なし」と記入すること。

問4 タンパク質-1～4 のうち,最も分子量の小さいタンパク質はどれか。また,そのタンパク質は何個のペプチド結合をもつか。ただし,4 つのタンパク質のアミノ酸組成に大きな違いはないものとする。

〔Ⅱ〕ある動物の遺伝子 G は 6 つのエキソンとそれらの間の 5 つのイントロンから成るものとしよう。6 つのエキソンの長さは転写開始点側からそれぞれ,222, 153, 141, 135, 219, 350 塩基であった。健康な動物の遺伝子 G から作られるタンパク質の大きさは,通常の組織では 320 アミノ酸であったが,特定の組織 X で作られる場合だけ 365 アミノ酸であった(第1アミノ酸は除去されないものとする)。最初と最後のエキソンはどの組織でも共通に使用されており,開始コドンは最初のエキソンの途中に,終止コドンは最後

第7章

のエキソンの途中にあるので，組織 X とそれ以外の組織での遺伝子 G のエキソンの選ばれ方が違うことが推測された。この動物のある遺伝病の系統を調べてみると，遺伝子 G に 1 塩基置換の突然変異が起こっていることがわかった。この遺伝病の最も強い症状は組織 X に見られるため，この遺伝病の個体の組織 X で遺伝子 G から作られるタンパク質の大きさを調べたところ，正常な 365 アミノ酸のタンパク質の他に，その約半分の大きさの異常タンパク質が検出された。組織 X 以外の組織では正常な 320 アミノ酸のもののみが検出されたので，この遺伝病における組織 X の障害の原因は，この小さな異常タンパク質の発現にある可能性が考えられた。

問5　組織 X とそれ以外の組織での遺伝子 G のエキソンの選ばれ方の違いについて推定し，60 字程度で述べよ。

問6　⑴ この遺伝病における突然変異が存在する場所は転写開始点側から数えて何番目のエキソンか記せ。また，⑵ その突然変異の結果，なぜ約半分の大きさの異常タンパク質が産生されたと考えられるか，70 字程度で述べよ。ただし，この突然変異はスプライシングのされ方に影響を与えることはなかった。

〔Ⅲ〕カイコガの性決定様式は ZW 型であり，カイコガの雄は ZZ，雌は ZW の性染色体をもつ。カイコガ胚から培養細胞を確立し，カイコガが性を決定するしくみを調べるために実験 1・2 を行った。

【実験1】遺伝子 D に着目し，その mRNA の構造について調べたところ，同一の mRNA 前駆体から図2のように雌雄の細胞間で異なった構造の mRNA が合成されていることがわかった。また，このような mRNA の構造の違いがカイコガの性を決定していることがわかった。

雌	エキソン1	エキソン2	エキソン3	エキソン4	エキソン5	エキソン6
雄	エキソン1	エキソン2	エキソン5	エキソン6		

図2

【実験2】遺伝子 D は常染色体上にあったことから，性染色体上にあり上位でカイコガの性を決定する遺伝子が存在することが予想された。実際，W 染色体上にあり雌だけで発現する遺伝子 F が見つかり，これがカイコガの性を決定していることがわかった。遺伝子 F からはタンパク質に翻訳されない小さな RNA が転写され RNA 干渉と呼ばれる現象に関与していることもわかった。

問7　実験 1 の結果から，なぜ雄の細胞だけでエキソン 3 と 4 がない mRNA が合成されるのか，「制御因子」という語を用いて，80 字程度で説明せよ。なお，制御因子とは選択的スプライシングに関与する RNA 結合性のタンパク質である。

問8　実験 1 で見られるように，同一の mRNA 前駆体から異なった構造の mRNA が合成されることは，生物にとってどのような利点があるか，1 つ挙げ，30 字程度で述べよ。

問9　RNA 干渉とはどのような現象か。80 字程度で説明せよ。

問10　カイコガの性はどのようなしくみで決定されていると考えられるか，雌について説明せよ。ただし，「遺伝子 F」，「遺伝子 D」，「RNA 干渉」，「制御因子」の 4 語を

必ず使用して，80字程度で述べよ。 〈山梨大・京都大・金沢大〉

類題 出題校	センター，東京大，大阪大，東北大，九州大，奈良県立医科大，日本大［医］，兵庫医科大，東京医科大，藤田医科大， 獨協医科大，日本医科大，群馬大，信州大，富山大，茨城大，千葉大，弘前大，東京理科大，慶應義塾大，明治大

→ 047 ポリペプチドの合成方向と特定の領域の機能 〈第42・44・71講〉
★（Ⅰ） （Ⅱ）★ ─────────────── 〈解答・解説〉p.95

〔Ⅰ〕ペプチド鎖の一端にはカルボキシ基（C
末端）があり，他端にはアミノ基（N末端）
がある。翻訳の場であるリボソームでペプチ
ド鎖はどちらの端に向かって合成され，伸長
するかを検討する実験を行った。実験は，ヘ
モグロビンを活発に合成しているウサギ網状
赤血球細胞を用いて行った。この細胞を放射
性アミノ酸を含む培地で培養し，一定時間培
養した細胞から合成が完了したヘモグロビン
a鎖を取り出し，このa鎖をトリプシンで加
水分解して，種々の大きさのペプチド片を得

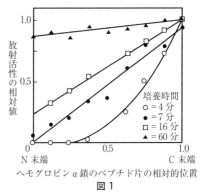

ヘモグロビンa鎖のペプチド片の相対的位置
図1

た。既に，a鎖のアミノ酸配列がわかっているので，加水分解して得たペプチド片をN
末端からC末端までに順序よく並べることができる。図1は，配列した各ペプチドに取
り込まれている放射活性（放射能の強さ）を測定し，ペプチド片の相対的位置とその放射
活性との関係を示したものである。

問1 図1の結果からリボソーム上で合成されるペプチド鎖の伸長方向を推定し，30字
以内で述べよ。また，次の語句を使って，そのように推定した根拠を2つ示し，そ
れぞれ70字以内で説明せよ。
〔C末端，N末端，放射活性，ペプチド片，4分の培養〕

問2 次の文章中の空欄（ **A** ）～（ **E** ）に最も適当な数値を整数で答えよ。なお，必
要のある場合は，小数第1位を四捨五入した数値を答えよ。

合成が完了したヘモグロビンa鎖の分子量は17,000である。アミノ酸の平均分子
量を120とすると，a鎖を構成するアミノ酸の数は（ **A** ）であり，またa鎖遺伝子
を構成する塩基対の数は（ **B** ）である。本実験では，放射性アミノ酸の取り込み速
度はa鎖の合成速度に対応する。図1からa鎖のN末端に放射性アミノ酸が取り込
まれるのは培養時間（ **C** ）分以後であるので，1分子のa鎖の合成に要する時間は
（ **C** ）分と推定できる。ウサギ網状赤血球細胞を放射性アミノ酸培地で培養する前
に，既に，リボソーム上でa鎖を構成するアミノ酸のうちの最初の20個が結合した
ペプチド鎖ができていたとすると，4分後にはさらに（ **D** ）個のアミノ酸が結合し，
培養開始から約（ **E** ）分後にはa鎖の合成が完了することになる。

第7章

〔Ⅱ〕色素体には多くの種類のタンパク質が存在するが，その大部分は核DNAにある遺伝子にコードされている。色素体のDNAには百数十個の遺伝子しか存在していない。ここでは，色素体DNAに存在する遺伝子を色素体遺伝子，核DNAに存在する遺伝子を核遺伝子と呼ぶことにする。色素体には，PEPと呼ばれるRNAポリメラーゼが存在する。<u>この酵素は，複数のサブユニットからなるコアとシグマ因子から構成される複合体を形成することで，RNAポリメラーゼとして機能する。</u>コアを構成する各サブユニット（コアサブユニット）は色素体遺伝子に，シグマ因子は核遺伝子にコードされている。色素体DNAにはRNAポリメラーゼの遺伝子として，PEPのコアサブユニットをコードする遺伝子しか存在していない。

【実験1】核遺伝子にコードされているタンパク質Pについて，**図2**のように一部を削除したタンパク質をコードする遺伝子を核ゲノムに組込んだトランスジェニック植物を作製した。その作製した植物の葉の細胞において，合成されたタンパク質が細胞のどこに局在するかを調べたところ，**図2**の右欄に記載された結果となった。

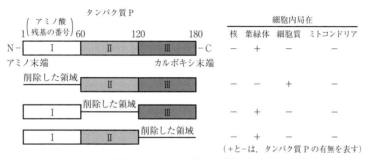

図2 発現させたタンパク質Pの模式図と細胞内局在性

【実験2】ある植物の野生株の種子をリンコマイシン（原核生物の翻訳のみを阻害する物質）を添加した培地と無添加の培地で発芽させ，発芽後の植物体を観察した。得られた結果をまとめたのが表1である。

調べた項目	リンコマイシン	
	無	有
子葉の緑化	正常	抑制
子葉細胞での葉緑体形成	正常	抑制

表1 子葉の形質におよぼすリンコマイシンの効果

問3 下線部について，次の文章中の空欄（ **A** ）と（ **B** ）に最も適当な語を答えよ。

　　PEPのサブユニットであるシグマ因子は，特定の遺伝子の（ **A** ）を認識し，これによってPEPは遺伝子の（ **A** ）に結合する。PEPが転写を開始するときには，シグマ因子はPEPから解離し，コアは遺伝子DNAの配列をもとに4種の（ **B** ）を基質としてRNAを合成する。

問4 実験1の結果から，タンパク質Pの領域Ⅰは，他の領域Ⅱと領域Ⅲにはない機能をもっていると推定される。その機能について，30字程度で述べよ。

問5 色素体のリボソームは，シアノバクテリア由来の原核生物型のものである。実験2の結果をもとに，色素体遺伝子と葉緑体の形成との関係について，30字程度で説明せよ。

（岡山大・東京大）

類題 出題校	センター, 名古屋大, 川崎医科大, 聖マリアンナ医科大, 近畿大[医], お茶の水女子大, 大阪市立大, 京都府立大, 長崎大, 慶應義塾大, 東京理科大, 中央大, 日本女子大, 同志社女子大, 東京薬科大

048 がんの原因となる遺伝子

〈第43・62・74講〉
――――――〈解答・解説〉p.97

〔文1〕 がんは，遺伝子や染色体の異常によって細胞が無秩序に増殖して起こる病気で，がん原遺伝子やがん抑制遺伝子などに異常が積み重なって発症する。遺伝子の異常としては_ア_1塩基の置換や数塩基の欠失，_イ_染色体の異常としては一部分の欠失などがよく知られている。

　がん原遺伝子は，変異によって活性化してがん化を引き起こすように働く遺伝子で，一対の遺伝子の一方に異常が起これば，がん化を引き起こすことがある。がん化能を獲得したがん原遺伝子は，がん遺伝子と呼ばれる。*ras*遺伝子は代表的な例で，いろいろながんで突然変異が見つかっている。正常な*ras*遺伝子産物には活性状態と不活性状態があり，活性状態では多くの場合，細胞の増殖を促進する役割を果たしている。_ウ_しかし，*ras*遺伝子に突然変異が起こると恒常的に活性化した遺伝子産物ができることがあり，細胞のがん化を引き起こす一因となる。

　がん抑制遺伝子は，変異によって失活することにより細胞のがん化が引き起こされるような遺伝子である。正常な状態では細胞のがん化を抑制するように働いていると考えることができるので，この名称がある。このようながん抑制遺伝子の概念は，_エ_正常細胞とがん細胞を融合すると融合細胞が正常細胞の表現形質を示すこと，_オ_遺伝性がん患者の細胞には特定の染色体の一部に欠失などの異常がみられることとよく符合する。

　がん抑制遺伝子には以上のような働きがあるので，一対の遺伝子の一方に異常が起きて失活した（第1ヒット）だけではがん化は引き起こされず，もう一方にも異常が起きて（第2ヒット）両方失活したときに初めてがん化が引き起こされると考えられる。この考え方を2段階ヒット理論（two-hit theory）と呼ぶ。

　初めて実体が明らかになったがん抑制遺伝子は，眼の腫瘍である網膜芽細胞腫の原因遺伝子*Rb*である。網膜芽細胞腫には，片方の*Rb*遺伝子の変異が親から遺伝している遺伝性のものと，非遺伝性のものが知られている。_カ_遺伝性の網膜芽細胞腫では，非遺伝性の場合と異なって早期に発症する頻度が高く，両眼に発症する場合があるが，このような発症の仕方も，two-hit theoryにより説明できる。

問1　下線部(ア)について。一般に1塩基の置換によって，遺伝子産物のアミノ酸配列にどのような変化が起こると考えられるか。2通りあげよ。

問2　下線部(イ)について。染色体の一部の欠失以外で，染色体構造に異常が生じる例を3つあげよ。

問3　下線部(ウ)について。*ras*遺伝子の変異はいろいろながんで見出されるが，遺伝子産物の12番目のグリシンや61番目のグルタミンなどのアミノ酸が特定のアミノ酸に変化したものに限定されている。このような現象が観察される理由を述べた次ページの文①〜⑤の中から最も適切なものを1つ選び，番号で答えよ。

① これらの変異によって置き換わった特定のアミノ酸そのものに発がん性があるから。

② 12番目や61番目などのアミノ酸に対応するコドンは，突然変異の頻度が高いから。

③ これらの変異が起こると，*ras* 遺伝子産物の活性が変化して，がん細胞の増殖に有利に働くから。

④ これらの変異が起こると，*ras* 遺伝子産物の転写が活性化されて，大量に産生されてしまうから。

⑤ これらの変異が起こって活性化した *ras* 遺伝子産物は，細胞の増殖を抑制できないから。

問4 下線部(エ)および(オ)の現象を，文中のがん抑制遺伝子の概念を用いて，それぞれ1行程度で説明せよ。なお，これ以降，1行は30〜40字程度とする。

問5 下線部(カ)のような発症の仕方の違いが生じる理由を，上記の two-hit theory に基づいて2行程度で述べよ。

〔**文2**〕がん抑制遺伝子の中で最も有名なものは *p53* 遺伝子で，ほとんどの種類のがんで高頻度に変異が見出される。一般に，一対の遺伝子の一方は欠失し，他方は別の突然変異を起こしている場合が多く，two-hit theory がよくあてはまる。

　p53 遺伝子の産物（p53 と記す）は，他の遺伝子の転写を活性化する働きをもつタンパク質で，4分子が複合体を形成してはじめて機能することができる。がん細胞で見出される，変異を起こした p53 は，転写を活性化する働きを失っている。したがって，(キ)二方の *p53* 遺伝子が正常で他方の *p53* 遺伝子に突然変異が起きて失活している場合には，変異を起こした p53 が正常な p53 の機能を阻害する可能性もある。そこで，この仮説を検証し，さらに p53 の機能を調べるために以下の実験を行った。

【実験】現在の技術では，任意の遺伝子を培養細胞に導入して発現させることが可能である。そこで，正常 *p53* 遺伝子が完全に欠失したあるがん細胞をシャーレ（ペトリ皿）で培養して，正常 *p53* 遺伝子や変異 *p53* 遺伝子を発現させて，生細胞数の変化を経時的に測定した（**図1**）。もとのがん細胞は，a のような曲線を描いて増殖したが，正常 *p53* 遺伝子を発現させた場合には細胞増殖の抑制が起きた（増殖

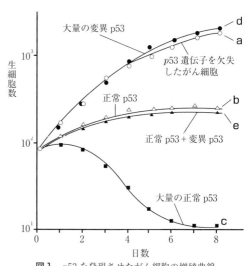

図1 p53 を発現させたがん細胞の増殖曲線

曲線 b)。₍ᴄ₎さらに正常 p53 の発現量を増やしたところ，増殖曲線 c のような生細胞数の変化がみられた。しかし，変異 p53 を大量に発現させても，このような現象は観察されなかった（増殖曲線 d）。₍ᴅ₎一方，正常 p53 とこの変異 p53 を同時に発現させたときには，増殖曲線 e のような生細胞数の変化が観察された。

　細胞が様々な要因によって遺伝子の傷害などのストレスを受けると，p53 の発現の増加と活性化が起こり，p53 の作用によって細胞は間期で停止する。その間に傷害が修復されると，DNA 複製・細胞分裂が再開される。一方，傷害が大きくて修復が不可能な場合には，₍ᴄ₎上記の実験の増殖曲線 c のような現象が起こる。このような p53 の活性を利用して，p53 遺伝子に異常のあるがん細胞に正常 p53 遺伝子を発現させることにより，がんを治療しようという試みも報告されている。また一方で，p53 の機能を阻害する薬剤が，放射線などによるがん治療の副作用軽減に有用である可能性もある。例えば，₍ᴅ₎p53 の機能を一時的に阻害する薬剤を投与したマウスは，致死量の放射線を照射しても生存できたという実験結果が報告されている（なお，この実験では放射線や p53 の機能を阻害する薬剤による発がんは起こらなかった）。p53 の機能を阻害する薬剤を併用することにより，放射線などによるがんの治療をより効果的に進められる可能性もある。

問6　なぜ下線部㋖のような可能性があると考えられるのか。1 つの考え方を 1 行程度で述べよ。

問7　下線部㋗について。p53 の作用によって細胞に何が起こったと考えられるか。簡潔に述べよ。

問8　下線部㋘の実験は，下線部㋖の仮説の実験的検証と考えられる。この結果が何を意味するか。p53 の機能発現のしくみに着目して 2 行程度で述べよ。

問9　p53 のもつ下線部㋙の機能は，がん抑制遺伝子としての働きに最も重要であると考えられている。その理由を推測し，2 行程度で述べよ。

問10　下線部㋚について。なぜこのような結果が得られたのか。p53 の機能を阻害する薬剤の正常細胞に対する作用に着目して，1 行程度で説明せよ。

（東京大）

類題出題校	大阪大，名古屋大，防衛医科大，東海大[医]，昭和大[医]，産業医科大，**金沢大**，**岩手大**，お茶の水女子大，山形大，**千葉大**，**三重大**，**大分大**，早稲田大，**慶應義塾大**，**東京理科大**，**中央大**，関西学院大，芝浦工業大，麻布大

→ **049**｜**一遺伝子一酵素説・菌類**　　　　　　　　　　〈第 43・48・75 講〉
★　（Ⅰ）　　　（Ⅱ）★　　　　　　　　　　　　　　　　　〈解答・解説〉p.99

〔Ⅰ〕野生型の大腸菌は，アミノ酸 A を図 1 に示すような経路で合成できるが，突然変異により生じたアミノ酸 A 要求株は，アミノ酸 A を合成できない。

　3 種類のアミノ酸 A 要求株（Ⅰ株・Ⅱ株・Ⅲ株）を用いて，次のような実験を行った。なおⅠ株，Ⅱ株，Ⅲ株では，図 1 に示すアミノ酸 A の合成経路で働く酵素 a，b，c のいずれか一つが欠損している。

図1

第7章

【実験】この三つの菌株をすべてのアミノ酸を含む液体培地で増殖させた後，アミノ酸Aを含むものと含まないものの2種類の寒天培地の上に濃く塗り付けた。図2は最初の状態を示している。37℃

図2　図3　図4

で1日間保温すると，アミノ酸Aを含む寒天培地では，図3の濃いかげが示すように，塗り付けたところ一面でよく増殖した。アミノ酸Aを含まない寒天培地では，図4の少し濃いかげで示されているように，一部（Ⅰ株の一端，Ⅲ株の両端）でのみ増殖した。

問1　図4に示した実験結果から，Ⅰ株，Ⅱ株，Ⅲ株ではそれぞれどの酵素が欠損しているかを答えよ。また，その理由を200字以内で説明せよ。ただし，アミノ酸Aの合成に働く酵素が欠損している菌株を，アミノ酸Aを含まない寒天培地上で培養すると，欠損酵素の基質（たとえば酵素aが欠損している菌株では物質B）が蓄積して細胞外に漏れ出て，寒天培地中をゆっくり拡散するものとして考えよ。

〔Ⅱ〕₁アカパンカビの野生型株は表1に示す経路を経て，アルギニンとメチオニンを合成する。3株（A1，A2，A3）のアルギニン要求性変異株と，3株（M1，M2，M3）のメチオニン要求性変異株がある。それぞれの変異株では，経

経路	前駆物質→オルニチン→シトルリン→アルギニン
変異株	変異株A1　　変異株A2　　変異株A3
遺伝子	a1　　　　　a2　　　　　a3
経路	前駆物質→シスタ→ホモ→メチオニン チオン　システイン
変異株	変異株M1　　変異株M2　　変異株M3
遺伝子	m1　　　　　m2　　　　　m3

表1

路の各反応に関与する異なった酵素の遺伝子が一つずつ変異しており，それらの変異遺伝子をそれぞれa1，a2，a3，m1，m2，m3とする（表1）。これらの遺伝子はa1とm1が連鎖しており，ほかの組合せでの連鎖関係はない。

問2　下線部1に関する次の(1)〜(3)に答えよ。

アカパンカビのように，胞子を形成して，生活史のどの時期においても鞭毛が形成されない真核生物は菌類として分類される。菌類は（あ）を行わず，体外の有機物を吸収して養分とする（い）である。吸収された養分は代謝されて最終的に無機物にまで分解されるため，菌類は生態系において（う）として位置づけられる。

自然界で生育しているアカパンカビは子のう菌類に分類される。子のう菌類の子のうは子実体内にできる袋状の器官で，その中に通常8個の（え）が入っている。この8個の（え）は1個の接合子が（お）した後にさらに1回分裂してできたものであり，その核相は単相（n）である。またアカパンカビの菌糸の核相は単相（n）であるため，アカパンカビに放射線や（か）などを照射することによって比較的簡単に突然変異株を作成し，₂野生株と突然変異株を容易に分離することができる。

(1) 上記の文中の（あ）〜（か）にあてはまる適切な語を答えよ。

(2) 以下の各菌類(ア)〜(エ)は，(A)接合菌類，(B)子のう菌類，(C)担子菌類のいずれに分類されるかそれぞれ記号で答えよ。

(ア) マツタケ　　(イ) クモノスカビ　　(ウ) コウジカビ　　(エ) ケカビ

(3) 上記の文中の下線部2の理由を50字以内で述べよ。

問3 表2は，アミノ酸合成中間代謝産物のそれぞれ一つを添加した最少培地中で変異株を培養したとき，変異株が生育するかどうかを調べた実験結果である。表中の＋は生育

物質	A1	A2	A3	M1	M2
			変異株		
オルニチン	(1)	−	(7)	(10)	−
シトルリン	(2)	(4)	−	−	(13)
アルギニン	＋	(5)	(8)	−	−
シスタチオン	−	−	(9)	(11)	(14)
ホモシステイン	−	(6)	−	(12)	(15)
メチオニン	(3)	−	−	＋	＋

表2

すること，−は生育しないことを示す。 (1) 〜 (15) に＋または−を記入して表2を完成せよ。

問4 変異株の交配実験を行った。アカパンカビの菌糸は単相(n)であり，変異株間で交配すると互いの菌糸の一部が接合して複相($2n$)の菌糸となる。この菌糸は（ お ）によって，単相(n)の（ え ）を形成する。そして，一つの（ え ）から一つの子孫株が得られる。なお，（ お ）・（ え ）には**問2**(1)と同じ語が入る。表3の交配1，交配2において期待される子孫株の表現型の分離頻度を百分率(%)で (1) 〜 (6) に記入せよ。ただし，組換え価を0と仮定し，表現型は，表2で示したアミノ酸合成中間代謝産物に対する反応性により区別し，A1，A2，A3型ないしM1，M2型とする。また，

〈交配1 （A2 × A3）〉

子孫株	
表現型	分離頻度
A2 型	25 %
A3 型	(1) %
野生型	(2) %
非A2・非A3 型	(3) %

〈交配2 （A2 × M2）〉

子孫株	
表現型	分離頻度
A2 型	25 %
M2 型	(4) %
野生型	(5) %
非A2・非M2 型	(6) %

表3

表3の非A2・非A3型はA2型，A3型，野生型以外の反応性をもつ子孫株を，非A2・非M2型はA2型，M2型，野生型以外の反応性をもつ子孫株を指す。

問5 A1とM1の交配で得られた子孫株の表現型と株数はA1型(66株)，M1型(60株)，野生型(13株)，非A1・非M1型(11株)であった。これから期待される遺伝子a1，m1間の組換え価(%)を求めよ。

（埼玉大・京都府立大）

↗ 050 ヒストン・DNA のメチル化 〈第 44・74 講〉

★★★ 〔Ⅰ〕★★　　　〔Ⅱ〕★　　　　　〈解答・解説〉p.101

〔Ⅰ〕真核細胞内の DNA は(ア)リシン（リシン残基，**図 1**）などを多く含む
タンパク質であるヒストンに巻きつき，ヌクレオソームと呼ばれる構造
を形成する。ヌクレオソームはじゅず状につながり，(イ)繊維状構造を形作
る。真核細胞にみられるこれらの構造は(ウ)細胞周期や遺伝子発現の過程で
大きく変化する。特に，(エ)盛んに転写されている遺伝子領域では，ヌクレ
オソームにおけるヒストンへの DNA の巻きつきが緩んでいる。

リシン残基

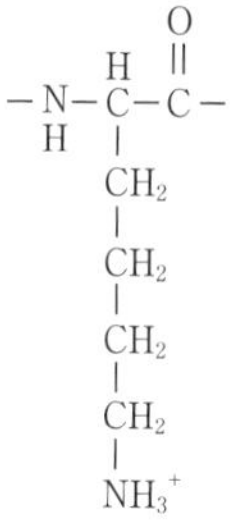

図1

問 1　下線部(ア)について，ヒストンが塩基性アミノ酸であるリシンを多
　　　く含むことは，ヌクレオソームの構築にどのような意義をもつか。60
　　　字程度で述べよ。

問 2　下線部(イ)について，この繊維状構造の名称を答えよ。

問 3　下線部(ウ)について，次の(1)・(2)に答えよ。

　　(1) DNA が複製するとき，ヒストンは盛んに合成されるよう
　　　になる。この理由を 50 字程度で述べよ。

　　(2) 分裂期の染色体の形状を「**問 2 の答**」の状態と関連させて
　　　30 字程度で述べよ。

アセチル化リシン残基

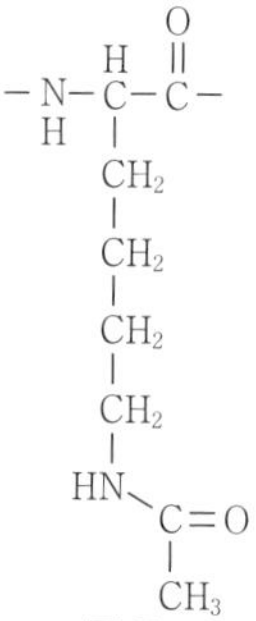

問 4　下線部(エ)について，下線部(イ)が緩む際には，ヒストンのリシ
　　　ン残基がアセチル化（**図2**）される。ヒストンのアセチル化に
　　　よって下線部(イ)が緩む理由を 50 字程度で述べよ。

問 5　タンパク質のアミノ酸配列を各種の生物で比較すると，近
　　　縁なものではよく一致し，遠縁なものほど違いが多くなる。と
　　　ころが，ヒストンのアミノ酸配列は遠縁なものであっても違い
　　　が少ない。この理由を 100 字程度で述べよ。

図2

〔Ⅱ〕DNA の配列が全く同じであっても遺伝子の発現に違いがみられることが少なくな
い。近年，この要因のひとつに DNA のメチル化という現象が関わっていると考えられ
ている。

　DNA は 4 種類の塩基から構成されているが，このうちシトシン（C）のピリミジン環の
5 位にある炭素原子にメチル基が付加されてメチル化シトシン（^mC）となっていることが
見られ，主にこれを DNA のメチル化と呼んでいる。C のメチル化は多くの場合，DNA
配列のなかでも CG ジヌクレオチド配列部位（C–ホスホジエステル結合–G）の C で生じ
る。たとえば，ATTGC<u>C</u>GCTCAGT<u>C</u>GTT という配列があった場合，下線のある <u>C</u> は
^mC となりうるが，それ以外の C はメチル化されない。プロモーター部位に CG ジヌクレ
オチド配列が存在する場合には，転写調節タンパク質のプロモーター部位への結合が C
のメチル化により抑制されることから，DNA のメチル化が遺伝子の発現制御に関与して
いると考えられている。DNA のメチル化の状態は一般的には細胞ごとに異なるが，株化
した細胞（細胞株）ではすべて同一であると考えられている。

　DNA のメチル化を検出する方法として，重亜硫酸ナトリウムを用いる方法が知られて

いる。重亜硫酸ナトリウムで DNA を化学処理すると，DNA 上の C はウラシル（U）に変換されるが，^mC はこの処理では変換されず ^mC のままである。重亜硫酸ナトリウム処理後の DNA を PCR 法で増幅した場合に，増幅対象となった部位に存在する U はチミン（T）として増幅されることから，どの C が ^mC であったかを判別することや，もとの DNA に存在する CG 配列部位の C それぞれについて何 % が ^mC であったかがわかる。

遺伝子 X はリンパ球で発現し，糖尿病の発症に関係することが知られている遺伝子で，そのプロモーター部位の塩基配列の一部を図3に示す（分かりやすいように 10 塩基ごとに空白をあけている）。

AAATTTGGAC　ATGGTCCGCA　┌AATCTCGGGT　TTATTACGCC┐　TGCTGGGCTG

CACGCCATGC　ACGCATCGAA　GCTGGGCCCG　GCCTTGGCAA　ACGAGGGATG
（S1）　　　　（S2）　（S3）　　　　（S4）　　　　　　　　（S5）

図3

問6 ヒト由来リンパ球細胞株 L1 では遺伝子 X のプロモーター部位に存在する C のうち，メチル化されうる C は全て ^mC であり，別のヒト由来リンパ球細胞株 L2 ではこの部位に存在する C は全くメチル化されていないことがわかっている。細胞株 L1 および L2 由来の DNA を重亜硫酸ナトリウム処理したあとに遺伝子 X のプロモーター部位を PCR 法で増幅した。増幅された DNA について，図3の □ で囲まれた部分の塩基配列をそれぞれ記せ。

遺伝子 X のプロモーターと糖尿病との関連を明らかにするために一卵性双生児について以下の解析を行った。_(ｵ)一卵性双生児のペア二人のうち，一人が糖尿病を発症しているがもう一人は健康であるペア 10 組（20 名）を解析対象とし，それらの血中リンパ球から DNA を精製した。次にこれらの DNA を用いて，遺伝子 X のプロモーター部位に存在する（S1）〜（S5）の 5 か所の CG 配列部位（CG と網かけで記載している）のそれぞれについて ^mC の存在率（メチル化率）を解析した。これらの実験の結果を図4に示す。また，同じ 20 名の血中リンパ球において，遺伝子 X から転写された mRNA の発現量を測定したところ，糖尿病発症群は，健康群よりも非常に高い発現量を示していた。

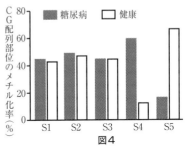

図4

表1		結合配列
転写調節タンパク質	A	CAAACGAGGG
	B	AGGTAGCAA
	C	CATGCACGCAT
	D	TGCACGCCATG
	E	TGGCTGGCT
	F	ATCGAAGCT
	G	GCCCGGCCTT
	H	ATTTGGACA

問7 表1に転写調節タンパク質 A 〜 H が結合する塩基配列をまとめた。表1の転写調節タンパク質のうち，この実験の結果から，遺伝子 X の発現を促進すると考えられる転写調節タンパク質と，遺伝子 X の発現を抑制すると考えられる転写調節タンパク質を，それぞれ記号で 1 つずつ答えよ。

問8 下線部(オ)のように一卵性双生児を解析対象とした理由を，90字以内で説明せよ。

（札幌医科大・東北大・大阪大）

類題 出題校	東京大，京都大，名古屋大，奈良県立医科大，聖マリアンナ医科大，日本医科大，産業医科大，宮城大，東京海洋大，東京農工大，埼玉大，静岡大，金沢大，名古屋市立大，三重大，島根大，山口大，長崎大，熊本県立大，早稲田大

↗ 051 真核生物の遺伝子発現の調節（1） 〈第44・61講〉

★★★ ──────────────────────────〈解答・解説〉p.103

　ある生物由来の細胞Pでは，遺伝子Xからタンパク質xが合成される。タンパク質x の合成は，遺伝子Xの転写の段階で調節されており，3種類の調節タンパク質$z1$〜$z3$ が関わっていることがわかっている。すなわち，遺伝子Xの近傍の3か所には調節タンパク質が結合する領域（転写調節領域）$Y1$〜$Y3$があり（図1の1段目），$z1$は$Y1$，$z2$ は$Y2$，$z3$は$Y3$のみにそれぞれ結合する。転写調節領域に結合した調節タンパク質$z1$ 〜$z3$のそれぞれは，転写の促進あるいは抑制のどちらかのみの決まった作用を持つ。ところで，細胞Pと同じ生物由来であるが細胞Pとは別の3種類の細胞Q，R，Sを調べてみると，細胞RとSでもタンパク質xは合成されていたが，細胞Qでは合成されていなかった。そこで，細胞の種類の違いによって遺伝子Xの発現が異なる仕組みを調べる実験を行った。ただし翻訳の段階における遺伝子Xの発現調節は無いものとする。

　実験には，レポーター遺伝子として，蛍光タンパク質をつくる遺伝子（蛍光タンパク遺伝子）を用いた。まず，遺伝子Xの替わりに蛍光タンパク遺伝子を入れたDNAをプラスミドに組み込んで増やした。この組換えDNAを細胞P 〜Sのそれぞれに導入して，蛍光タンパク質の合成の有（○）無（×）を調べたところ，その結果は細胞P〜Sにおけるタンパク質xの合成の有（○）無（×）と同様であった（図1の上から1，2段目）。さらに，$Y1$〜$Y3$の転写調節領域を，いろいろな組み合わせで蛍光タンパク遺伝子の近傍につなげたDNAをプラスミドに組み込んで増やした。そして，これらの組換えDNAを別々に細胞P〜Sのそれぞれに導入して，蛍光タンパク質の合成の有無を調べたところ，図1に示す結果が得られた（図1の上から3〜6段目）。また，$Y1$〜$Y3$のすべてが欠損している場合にはタンパク質xの合成は起こらなかった。なお，組換えDNAの作製によって新たに生じた連結部分は，実験結果に影響を与えなかったものとする。

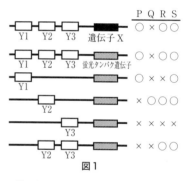

図1

問1　文中の下線部について，この実験において，蛍光タンパク遺伝子はどのような目的でレポーター遺伝子として用いられるか，30字程度で説明せよ。

問2　上記の実験より，調節タンパク質$z1$〜$z3$の働きについて記した(1)〜(3)の文中の（　ア　）〜（　カ　）に最適なものを，次ページの①〜⑯からそれぞれ1つずつ選べ。

(1) z1 は細胞（ **ア** ）でつくられ，Y1 に結合することで遺伝子 X の転写を（ **イ** ）。

(2) z2 は細胞（ **ウ** ）でつくられ，Y2 に結合することで遺伝子 X の転写を（ **エ** ）。

(3) z3 は細胞（ **オ** ）でつくられ，Y3 に結合することで遺伝子 X の転写を（ **カ** ）。

① P　② Q　③ R　④ S　⑤ P，Q　⑥ P，R　⑦ P，S

⑧ Q，R　⑨ Q，S　⑩ R，S　⑪ P，Q，R　⑫ P，Q，S

⑬ Q，R，S　⑭ P，Q，R，S　⑮ 促進する　⑯ 抑制する

問3　Y1 と Y2 のみを蛍光タンパク遺伝子につなげた組換え DNA を用いて同様の実験を行った場合，細胞P〜Sでの蛍光タンパク質の合成の有（○）無（×）を**図1**にしたがって○または×を細胞 P，Q，R，S の順で記せ。

(北里大[医])

類題出題校	京都大，大阪大，東北大，神戸大，日本医科大，埼玉医科大，浜松医科大，東京医科大，東海大[医]，筑波大，秋田大，富山大，岐阜大，福井大，京都工芸繊維大，名古屋市立大，京都府立大，広島大，山口大，中央大，立教大

↗ 052 真核生物の遺伝子発現の調節（2）　〈第21・44講〉

★★★　(I) ★　　(II) ★ ──────────── 〈解答・解説〉p.104

〔I〕哺乳類の異なる組織の細胞間では，ホルモンを介して情報伝達が行われている。ホルモンの受容体はタンパク質であり，(a)細胞膜に存在する受容体と細胞内に存在する受容体の2つに分類できる。

細胞内の受容体は核内受容体と呼ばれ，これに結合するホルモンは細胞膜を自由に通過して細胞内に入る。核内受容体はホルモンと結合する部位（ホルモン結合部位）を1つ持つのに加え，核内で(b)DNAの特定の部位（DNA結合部位）に結合し，その近傍の遺伝子の発現を変化させる機能を持つ。核内受容体は，DNA結合部位，ホルモン結合部位，および遺伝子の発現において転写を活性化させる部位（転写活性領域）を切り離しても，それぞれ独立して機能することが明らかとなっている。あるホルモンHは核内受容体（H受容体）に結合して複合体を形成し，さらにその複合体はDNAの特異的な塩基配列（H応答配列）に結合して近傍の遺伝子の転写を活性化する。H受容体の働きを詳しく調べるため，次の実験1と実験2を行った。

【実験1】H受容体を任意にA〜Eの5つの領域に分け，遺伝子工学の手法を用いて，**図1**に示すように，野生型に加え6種類のH受容体の変異体を発現できるベクター（発現ベクター）を作製した。それらから発現したタンパク質

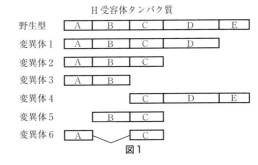

図1

のDNAに対する結合能力を調べると，領域CのみにH応答配列へ結合する活性があることがわかった。

【実験2】受容体による転写の変化を測定するため，H応答配列を含むプロモーターの下流に細菌由来のX遺伝子を連結した人工遺伝子Xを作製した（図2）。かぎ状の矢印は，転写の開始点と転写の方向を示す。野生型および実験1で作製した6種類の発現ベクターのいずれかを，人工遺伝子Xと共に培養細胞に導入し，一定

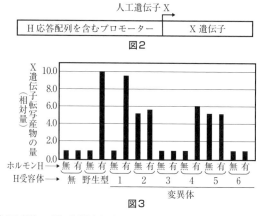

図2

図3

時間後にX遺伝子の転写量（転写産物の量）を測定した。これで，発現ベクターから合成されたタンパク質が及ぼすH応答配列を含むプロモーターへの影響を調べることができる。図1のH受容体タンパク質の発現量は，どれも同程度であった。図3は，X遺伝子の転写量を，H受容体を持たず人工遺伝子Xのみを導入した細胞でホルモンHを添加しない場合の転写量を基準値（1.0）とし相対値で示したものである。

問1 下線部(a)の受容体に結合して働くものを，次の①〜④から2つ選べ。

① 糖質コルチコイド　② グルカゴン　③ 甲状腺ホルモン　④ アドレナリン

問2 核内受容体に作用するホルモンの特徴として，最も適切なものはどれか。次の①〜⑤から1つ選べ。

① 分子量が大きい　　② 脂溶性が高い　　③ 多糖である

④ ポリペプチドである　⑤ 2本鎖RNAである

問3 下線部(b)のようなタンパク質を何というか。

問4 野生型H受容体の転写活性化能は，ホルモンHが無いときは完全に抑制されている（図3，野生型）。実験結果から考えて，ホルモンH非存在下で転写活性化を抑制している領域を，図1中のA〜Eから1つ選べ。ただし，転写活性化を抑制する機能を持つ部位は1つであり，それが複数の領域にまたがって存在することはないものとする。

問5 実験1と実験2の結果から考えられるH受容体についての記述として，適切なものはどれか。次の①〜④からすべて選べ。ただし，1つの機能が，複数の領域にまたがって存在することはないものとする。

① ホルモンHの結合部位はA領域内に含まれる。

② B領域は，ホルモンHに非依存的な転写活性化機能を有する。

③ DNAに結合しなくても転写量を約5倍にする変異体タンパク質がある。

④ 野生型H受容体には，転写活性化領域が複数ある。

〔Ⅱ〕ショウジョウバエの幼虫に存在する　ア　上にはパフが生じる。この　ア　の特徴的な形態は，DNAが複製された後，染色体の分配や細胞分裂が行われずに次のDNA

複製が行われるという現象（エンドレプリケーション）が繰り返されて　イ　した結果生じるものである。また，　ア　では，相同染色体の　ウ　が起きている。

　ショウジョウバエの幼虫が蛹へと変態する過程で働くエクダイソン（エクジソン，エクジステロイド）というホルモンを，まだ蛹になる前の幼虫に投与したところ，通常存在しているいくつかのパフが消失し，代わりに新しいパフが，時間の経過と共に次々と現れ，それらが現れる順番は，幼虫が蛹になる時に現れるパフの順番と同じであると考えられた。次に，エクダイソンの投与と同時に，シクロヘキシミドというタンパク質合成阻害剤を投与してみたところ，初期（エクダイソン投与後数分〜3時間目まで）に現れるパフは生じたが，後期（エクダイソン投与後3時間目以降）に現れるパフは生じなかった。この結果から，(c)エクダイソンが誘導するパフは，少なくとも2種類に分類できる。

問6　文中の　ア　〜　ウ　に入れるべき最適な用語を，次の①〜⑩から1つずつ選べ。
①　倍数化　　②　乗換え　　③　多核体化　　④　DNA　　⑤　分配　　⑥　タンパク質
⑦　だ腺染色体　　⑧　RNA　　⑨　対合　　⑩　ランプブラシ染色体

問7　下線部(c)の解釈として適切でないものを，次の①〜⑤から1つ選べ。
①　初期のパフを誘導するタンパク質はエクダイソン投与時に細胞中に存在している。
②　後期のパフを誘導するタンパク質はエクダイソン投与時に細胞中に存在しない。
③　後期のパフを誘導するタンパク質はエクダイソン投与によって直接合成される。
④　後期のパフを誘導するには，初期のパフが必要となる可能性がある。
⑤　初期のパフが含む遺伝子は，RNAポリメラーゼの遺伝子である可能性がある。

問8　ここで，初期のパフが作り出す遺伝子産物をE，後期のパフが作り出す遺伝子産物をLとする。EがL遺伝子の発現においてどのような役割を果たすのかを調べるには，どのような実験を行えば良いか，次の用語のいずれか（または組合せ）を用いて50〜150字の範囲で答えなさい。

　用語〔突然変異体，形質転換個体，強制発現〕　　　　　　　　　　　　　〈福岡大・学習院大〉

類題出題校	札幌医科大，奈良県立医科大，埼玉医科大，日本医科大，聖マリアンナ医科大，大阪医科薬科大[医]，藤田医科大，川崎医科大，帯広畜産大，筑波大，東京農工大，横浜国立大，富山大，福井大，京都工芸繊維大，九州工業大

↗ **053** **染色体の不活性化**　　　　〈第44講〉
★★★（Ⅰ）　　　　（Ⅱ）★　　　　　　　　　　　　　　〈解答・解説〉p.107

〔Ⅰ〕哺乳類の遺伝子には，メンデルの法則に従って発現が決まるものと，父親または母親のどちらから伝わったかによって，いずれか一方のみが発現する遺伝子がある。つまり特定の遺伝子には父型母型の印がついているわけで，この現象を“遺伝子の刷り込み（ゲノムインプリンティング）”とよぶ（図1）。初期発生を正常に進めるためには父型および母型の刷り込みを受けた遺伝子が両方必要である。卵はすべて母型，精子はすべて父型の刷り込みを受けており，正常な受精卵では父型および母型の刷り込みを受けた遺伝子が両方そろっている。

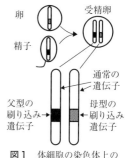

図1　体細胞の染色体上の遺伝子（模式図）

多くの動物では,核を除去した未受精卵に別の細胞の核を移植すること(核移植)によって発生を進めることができる。遺伝子の刷り込みをもとに,哺乳類の核移植に関する次の問いに述べよ。

問1 体細胞核 (2n) のかわりに精子核 (n) 2個を移植した場合には核移植が成功しない。その理由は何か,50字以内で述べよ。

問2 哺乳類において,核移植が成功するためにはどのような条件が必要と考えられるか。次の①〜⑤から最も適当なものを選べ。

① 通常の遺伝子はそのままで,刷り込みを受けた遺伝子は発生初期の状態に戻る。

② 通常の遺伝子および刷り込みを受けた遺伝子がすべて発生初期の状態に戻り,刷り込みも消失する。

③ 移植核の遺伝子はそのままの状態で変化しない。

④ 移植核の遺伝子がすべて発現する。

⑤ すべての遺伝子が発生初期の状態に戻り,刷り込みは維持される。

問3 卵や精子などの生殖細胞を形成する途中の細胞から採取した核 (2n) を移植する場合には,核移植が成功しない一時期がある。生殖細胞も体細胞も元々は1個の受精卵が分裂分化したものであることを考慮して,成功しない理由を遺伝子の刷り込みの観点から推測し100字以内で述べよ。

〔Ⅱ〕哺乳類では,X染色体(全染色体の5%を占める大きな染色体)に1000以上の遺伝子が存在するが,そのほとんどはY染色体には存在しないので,XX型の性染色体をもつ雌は,XY型の雄に比べてX染色体上の遺伝子を2倍もつことになる。そのため,哺乳類の雌は2本のX染色体の1本を不活性化することによって,X染色体の遺伝子量の雌雄差を補償している。このX染色体の不活性化は,胚の子宮への着床後まもなく起こるが,父親と母親のいずれに由来するX染色体が不活性化されるかは細胞により異なる。しかし,どちらか一方のX染色体がいったん不活性化されれば,その後は細胞が何回分裂しても不活性化されるX染色体は変わらない。

この現象の身近な例が三毛ネコである。三毛ネコの毛色が出現するには少なくとも3つの異なる遺伝子座が関わっている。ここでは便宜上,以下の E, F, G 遺伝子座によって毛色が決まるものとする。E 遺伝子座と F 遺伝子座は常染色体上に存在し,G 遺伝子座は X 染色体上にあることがわかっている。

1つ目の E 遺伝子座の遺伝子は有色か白色かを決める遺伝子であり,顕性(優性)の遺伝子 E をもつと,他の遺伝子座の遺伝子型に関係なく全身が白色となるが,潜性(劣性)の遺伝子 e がホモ接合となった場合,有色となる。2つ目は白斑の有無を決める F 遺伝子座で,顕性の遺伝子 F をもつと白斑が表れ,潜性の遺伝子 f がホモ接合の場合,白斑はできない。そして,G 遺伝子座の顕性の遺伝子 G はオレンジ色を表す作用があり,潜性の遺伝子 g は黒色を表す作用がある。

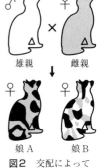

図2 交配によって得られた毛色のパターン

　左ページの**図2**に示したように，ある家庭で飼っている全身白色の雄（♂）親と全身オレンジ色の雌（♀）親の間に，黒色とオレンジ色の毛色が斑状に混じった二毛の雌（♀）ネコ（娘 A）と，黒，オレンジ，白の毛色が斑状に混じり合った三毛の雌（♀）ネコ（娘 B）が生まれた。

問4　これら4種類のネコがもつ G 遺伝子座の遺伝子型をそれぞれ記せ。また，すべての個体について，そのような遺伝子型であると推定した根拠を 100 字程度で述べよ。なお，雄ネコの Y 染色体は「Y」で表記し，遺伝子型は「遺伝子記号 /Y（たとえば G/Y など）」で記せ。

問5　これら4種類のネコがもつ E 遺伝子座の遺伝子型をそれぞれ記せ。また，すべての個体について，そのような遺伝子型であると推定した根拠を 100 字程度で述べよ。

問6　これら4種類のネコがもつ F 遺伝子座の遺伝子型をそれぞれ記せ。また，すべての個体について，そのような遺伝子型であると推定した根拠を 120 字程度で述べよ。

問7　三毛ネコにはさまざまな模様がある。オレンジ色の部分が大きいものや小さいもの，オレンジ色の斑が背中に多いものや少ないものなどさまざまである。また，まったく同じ遺伝子型をもつ三毛ネコどうしであっても，三毛模様のパターンは同じにならない。どうしてひとつとして同じ模様をもつ三毛ネコは存在しないのであろうか。その理由を 80 字程度で述べよ。

問8　通常，三毛模様の毛色のネコは雌であり，このような毛色は雄ネコには表れないが，まれに雄の三毛ネコが生まれることがあり，ほとんどの場合，それらは不妊である。その原因は性染色体の数の異常であると考えられている。この個体はどのような性染色体構成をもつと考えられるか。そして，雄であるにもかかわらずなぜ三毛模様が表れるのか，その理由を 100 字程度で述べよ。

（名古屋市立大，名古屋大）

類題 出題校	**センター**，東京大，**京都大**，北海道大，**奈良県立医科大**，**聖マリアンナ医科大**，埼玉医科大，産業医科大，**兵庫医科大**， 東海大［医］，岩手大，千葉大，埼玉大，東京海洋大，**山梨大**，**岐阜大**，早稲田大，**中央大**，立教大，日本大，**成蹊大**

↗ **054** | **原核生物の遺伝子発現の調節**　　　　　　　　　〈**第45講**〉

★★　〔I〕★　　　　〔II〕★ ────────────────── 〈解答・解説〉p.108

〔I〕生物は，さまざまな遺伝子をもつが，そのうちから必要な遺伝子を適切な量だけ発現することにより，環境の変化に応答している。このような①遺伝子発現の調節は，mRNA が転写される段階で行われる場合が多い。

　タンパク質をコードしている遺伝子の近傍には，その遺伝子の発現を調節するために必要な DNA 領域が存在する。②大腸菌のトリプトファン合成に必要な酵素遺伝子群は，ひとつながりの mRNA として転写され，その転写は調節タンパク質により制御されている。この調節タンパク質は，トリプトファンと結合すると特定の DNA 配列に結合できるようになる。トリプトファン合成酵素遺伝子群の上流には③プロモーターとオペレーター領域が存在し，さらに離れたところに調節遺伝子が存在する。細胞内の④トリプトファン濃度が高い時には，トリプトファン合成酵素遺伝子群の転写は抑制される。一方，細胞内のトリプトファン濃度が低い時には，トリプトファン合成酵素遺伝子群の転写は

抑制されない。このように大腸菌では，細胞内のトリプトファン濃度に依存した遺伝子発現調節が行われている。

問1　下線部①に関して，原核生物の遺伝子発現について真核生物と異なる特徴を2つ挙げ，それぞれ60字以内で説明せよ。ただし，真核生物の特徴については説明しなくてもよい。

問2　下線部②に関して，このような遺伝子群のまとまりを何と呼ぶか答えよ。

問3　下線部③はどのような機能をもつ領域か説明せよ。

問4　下線部④の調節機構を70字以内で説明せよ。

問5　大腸菌のトリプトファン合成酵素遺伝子群と，ラクトース代謝酵素遺伝子群の発現調節機構を比べた場合，どのような違いがあるか，オペレーターと調節タンパク質の特性に着目して120字以内で説明せよ。

〔Ⅱ〕**図1**に示すように，ラクトースの代謝に必要な3つの酵素をつくる3つの遺伝子はDNA上に連なって存在し，1つのプロモーターのもとでまとまって転写調節を受ける。上記3つの酵素遺伝子の発現は，酵素遺伝子のすぐ上流にある調節遺伝子からつくられる調節タンパク質（抑制因子）による負の制御と，活性化因子による正の制御によって巧妙に調節されている。抑制因子はRNAポリメラーゼの機能を阻害することにより，3つの遺伝子の発現を抑制する。一方，活性化因子はグルコースが欠乏している場合に活性化因子結合部位に結合し，RNAポリメラーゼの結合を促進することで3つの遺伝子の発現を活性化させる。グルコースとラクトースの両方が存在する条件で大腸菌の培養を開始すると，**図2**に模式的に示すような二段階増殖曲線が得られた。

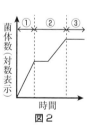

問6　**図2**に示す増殖曲線の変化は，栄養条件に応じて抑制因子と活性化因子の状態が変化することにより生じる。①〜③の各段階における抑制因子と活性化因子の状態を**図1**中の(A)〜(D)からそれぞれ1つ選び，記号で答えよ。ただし，培地中のグルコースとラクトースは常に大腸菌の細胞内にとり込まれるものとする。

問7　段階②において増殖が一時的に停滞したのち再び増殖を開始するのはなぜか。80字以内で説明せよ。

（信州大・北海道大）

第8章 減数分裂と遺伝情報の分配

→ **055** | 連鎖・組換え（応用型）　　　　　　　　　　　　〈第48講〉
　★　　　　　　　　　　　　　　　　　　　　　　　　── 〈解答・解説〉p.113

　問1のAとa，Bとbは，ある植物の常染色体上に存在し，それぞれ異なる2つの遺伝形質に関する遺伝子を表し，**問2・問3・問4**のCとc，Dとd，Eとe，Fとf，Gとg，Hとhは動物の常染色体上に存在し，それぞれ異なる6つの遺伝形質に関する遺伝子を表している。これらの遺伝子のうち，大文字で表された方は顕性（優性）遺伝子，小文字で表された方は潜性（劣性）遺伝子である。それぞれの遺伝子やその組み合わせによって発現する形質（表現型）を各遺伝子の記号に［　］をつけて表す。例えば，遺伝子型AAやAaの個体が発現する形質（表現型）は［A］，遺伝子型aaの個体が発現する形質（表現型）は［a］である。A（もしくはa）とB（もしくはb），C（もしくはc）とD（もしくはd），E（もしくはe）とF（もしくはf），G（もしくはg）とH（もしくはh）のそれぞれの組み合わせの2つの形質に関する遺伝子が連鎖している場合には，減数分裂の際にこの2つの形質に関する遺伝子間の領域でその遺伝子間の距離に応じた一定で検出可能な頻度で組換えが起こるものとする（ただし，組換え価は50％未満である）。また，突然変異の発生は考えなくてよい。

問1　表現型が［Ab］の品種と［aB］の品種とを交配して得られた子（F_1）の表現型はすべて［AB］であった。このF_1どうしで交配を行って得られた子（F_2）では，［AB］：［Ab］：［aB］：［ab］の数の比が129：63：63：1であった。

　(1) 遺伝子A（もしくはa）と遺伝子B（もしくはb）との間の組換え価（％）を示せ。

　(2) F_2において表現型が［B］のもののうち，自家受粉によって次代に［b］を生じる可能性があるものは何％か（小数第2位を四捨五入せよ）。

問2　遺伝子型がそれぞれCCDDとccddの個体を交配させて産まれた遺伝子型CcDdの雌を，表現型が［Cd］の雄と交配させ多数の子を得た。子の表現型は［CD］，［cd］，［Cd］，［cD］の4通りあり，それぞれの数の比は［CD］：［cd］：［Cd］：［cD］＝3：1：3：1であった。交配に用いた表現型が［Cd］の雄の遺伝子型を答えよ。ただし，C（もしくはc）とD（もしくはd）は連鎖していない。

問3　遺伝子型がそれぞれEEFFとeeffの個体を交配させて産まれた遺伝子型EeFfの雄を，表現型が［Ef］の雌と交配させ多数の子を得た。子の表現型は［EF］，［ef］，［Ef］，［eF］の4通りあり，それぞれの数の比は［EF］：［ef］：［Ef］：［eF］＝9：4：6：1であった。E（もしくはe）とF（もしくはf）は連鎖しているかどうか答えよ。なお，連鎖している場合は，「組換え価」を求めて答えよ。また，連鎖していない場合は「していない」と答え，連鎖しているかどうか断定できない場合は「断定できない」と答えよ。

問4　遺伝子Gとh（gとH）は連鎖しており，雌では組換えが起こるが雄では組換えが起こらない。いま，表現型が［Gh］で純系の雌と，表現型が［gH］で純系の雄とを交配させ多数の子（F_1）を得た。このF_1のうちの雌と雄を交配させて生じる子（F_2）における各表現型の分離比（［GH］：［gh］：［Gh］：［gH］）を，なるべく小さな整数で

答えよ。もしある表現型の子が産まれることはないと思う場合は，その表現型は0とせよ。また，組換え価がわからないと答えられないと思うときは，比の代わりに「答えられない」と記せ。

(同志社女子大・東京女子医科大)

類題 出題校	大阪大，東京医科大，高知大，東京農工大，長崎大，東京学芸大，岡山大，福岡教育大，東京都立大，名城大，芝浦工業大，日本女子大，広島国際大，順天堂大，金沢工業大

↗ 056 マーカー遺伝子　　　　　　　　　　　　　　　　　〈第47・48講〉

★　　　　　　　　　　　　　　　　　　　　　　　　〈解答・解説〉p.115

〔I〕ウシには角のあるもの（有角）と角のないもの（無角）とがある。有角になるか無角になるかは常染色体上の1対の遺伝子で決まり，無角が有角に対して顕性（優性）である。無角遺伝子をH，有角遺伝子をhとすると，遺伝子型HHとHhのウシはともに無角であり，顕性のホモ接合体はヘテロ接合体と表現型では区別がつかないので，表現型が無角の雄ウシの遺伝子型を知るためには，多数の有角の雌ウシとの検定交雑を行う必要があった。

　最近では，ある遺伝子のDNAの塩基配列がわかれば，検定交雑に頼らなくてもある特定の個体がその遺伝子についてホモ接合体であるかヘテロ接合体であるかを判定することが可能になった。現在のところ，ウシの角の有無を決めている遺伝子HとhのDNAの塩基配列は，わかっていない。しかし，遺伝子Hの近くに位置している別の遺伝子のDNAの塩基配列の変異が見つかったので，この変異を目印として，遺伝子Hについてのホモ接合体を，効率的に選択する方法が開発された。このような目印となる遺伝子は，マーカー遺伝子と呼ばれている。

問1　無角遺伝子Hに近接しているマーカー遺伝子を探すために，連鎖解析実験が行われ，**表1**に示す種々の遺伝子間の組換

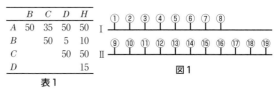

	B	C	D	H
A	50	35	50	50
B		50	5	10
C			50	50
D				15

表1

図1

え価（%）が得られた。**図1**は染色体ⅠとⅡを表している。無角遺伝子Hが染色体Ⅱの⑨にあるものとして，マーカー遺伝子A，B，C，Dの位置を図上の番号で答えよ。ただし，染色体上の1目盛りは組換え価5%を表すものとする。

問2　角の有無に関する遺伝子（H，h）と**問1**のマーカー遺伝子（B，b）について，遺伝子型が$HHBB$である雄ウシと遺伝子型が$hhbb$である雌ウシを交配して，雑種第一代を得た。これらの雑種第一代の雌雄のウシを交配することによって，雑種第二代のウシの集団をつくった。この雑種第二代の集団において，無角で遺伝子型BBのウシのうち，実際に無角遺伝子について顕性ホモの個体は何%含まれるか。小数点以下を四捨五入して答えよ。

〔Ⅱ〕哺乳動物であるマウス（ハツカネズミ）やラット（ダイコクネズミ）を使った実験では，意図的な交配を繰り返すことにより，遺伝的背景（すべての遺伝情報）が実質上全く同じ動物をつくりだすこと（近交化）ができる。このような動物は，常染色体上のすべての遺伝子座において，同一の対立遺伝子を持っており，近交系（純系）動物と呼ばれる。近交

系動物は，精緻な生命現象を解き明かすのに大きな貢献をしてきた。

　黒色の毛色の近交系ラット（Pとする）を，近交化されていない黒色の毛色のラットと交配する実験を繰り返していたところ，生まれた子のなかに茶色の毛色のものがあらわれた。①その茶色のラットを，近交系の黒色ラット（P）と交配することによって得られた子（Qとする）10匹（雄4匹，雌6匹）の毛色はすべて黒色であったが，Qの雄と雌を交配した子には茶色の毛色のものが一定の割合であらわれた。

　交配を繰り返すことにより，この茶色のラットから，数年を経て近交系が得られた。その茶色の近交系ラット（Br）の特徴は，他の系統のラットに比べてきわめて低体重であることであった。Brの各臓器を調べたところ，膵臓に異常があり，脂肪を分解する酵素であるリパーゼが分泌されないため脂肪分の多い糞をすることがわかった。

　②Brに脂肪糞と低体重をもたらしている病気の遺伝子を同定するため，別の近交系白色ラット（Wh）とBrを交配した。すると，その子（雑種第一代）には糞や体重の異常は認められず，毛色は茶であった。さらに，雑種第一代どうしの雄と雌を交配する実験を行った。表2は，その交配実験で得られた子（雑種第二代）の，ある1組の相同染色体に関するデータの一部であり，縦1列が1匹の個体に対応している（マーカーA～F，遺伝情報については後述）。一般的に，同種の生物においては，系統により遺伝情報（DNA塩基配列）の異なる部分があり，その差異は系統に固有なものである。この事実を異なる近交系動物間の交配に応用すれば，各常染色体上の特定部位（例えばA）における一対の遺伝情報が，どちらの系統からきたものかを決定できる。この場合，可能性としては，2通りのホモ（A^{Br}/A^{Br}またはA^{Wh}/A^{Wh}），1通りのヘテロ（A^{Br}/A^{Wh}）の3通りである。染色体上の特定部位Aの遺伝情報はマーカーAにより検出されるが，このような方法は同定しようとする遺伝子の存在部位を絞り込むのに有効である。表2のA～Fの遺伝情報は，図2に示す順で染色体上に並んでいる。

動物番号	1	2	3	4	5	6
性別	雄	雌	雄	雄	雄	雌
糞性状	正常	脂肪糞	正常	脂肪糞	脂肪糞	正常
毛色	茶	茶	白	茶	茶	茶
マーカーA	Br/Wh	Br/Br	Wh/Wh	Br/Wh	Br/Br	Wh/Wh
マーカーB	Br/Wh	Br/Br	Wh/Wh	Br/Wh	Br/Br	Wh/Wh
マーカーC	Br/Wh	Br/Br	Wh/Wh	Br/Wh	Br/Br	Wh/Wh
マーカーD	Br/Br	Br/Wh	Wh/Wh	Br/Wh	Br/Wh	Wh/Wh
マーカーE	Br/Br	Br/Wh	Wh/Wh	Br/Wh	Br/Wh	Br/Wh
マーカーF	Br/Br	Br/Wh	Br/Wh	Br/Br	Br/Wh	Br/Wh

表2

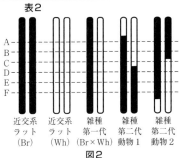

A
B
C
D
E
F

近交系ラット（Br）　近交系ラット（Wh）　雑種第一代動物（Br×Wh）　雑種第二代動物1　雑種第二代動物2

図2

問3　下線部①について，Qの雄と雌を交配すると，毛色はどのような比率で出現すると予想されるか。ただし，毛色を決める遺伝子座は1つであると仮定する。

問4　下線部②の病気を決める遺伝子座は1つであることがわかっている。そして，この病気の遺伝子と毛色を決める遺伝子は，図2の模式図に示されたある1組の相同染色体上にあって連鎖している。

120

表2のデータをもとに，(1) この病気の遺伝子と，(2) 毛色を決める遺伝子の位置は，それぞれこの染色体上のどのマーカーに最も近いと予想されるか，理由とともにそれぞれ90字程度で述べよ。なお，表2の各マーカー部位における遺伝情報は，A^{Br}/A^{Wh} を Br/Wh のように省略して示してある。また，図2に示された動物1，2は，表2の動物番号に対応している。

（京都大）

類題出題校	北海道大，名古屋大，**奈良県立医科大**，**岩手医科大**，東京医科大，**県立広島大**，新潟大，**和歌山大**，**東京理科大**，早稲田大，近畿大

→ 057 マウスの被毛の遺伝・条件遺伝子 〈第47講〉

★★ 〈解答・解説〉p.116

ハッカネズミの被毛の色を決定する遺伝子の代表的なものとして，A と a，B と b，C と c の3種の対立遺伝子がある。A, B, C はそれぞれ a, b, c に対して顕性（優性）であり，3種の対立遺伝子は独立に遺伝する。C は色素の合成に関与する酵素（チロシナーゼ）をつくるが，c はチロシナーゼをつくらないので，遺伝子型 CC または Cc の動物の被毛は有色になるが，遺伝子型 cc の動物はアルビノ（白毛）になる。さらに，A と a は1本の毛の中の色素の分布を支配し，遺伝子型 AA または Aa の動物では色素の分布が粗に，遺伝子型 aa の動物では密になる。B と b は色素の色調を支配し，遺伝子型 BB または Bb の動物は黒色色素を，遺伝子型 bb の動物は褐色色素をつくる。したがって，被毛が有色の動物の毛色は A, a, B および b の各遺伝子の組み合わせによって，野ネズミ色 [A・B]，黒色 [a・B]，薄茶色 [A・b] およびチョコレート色 [a・b] となる。

毎世代同じ毛色の生まれる家系のハッカネズミを用いて次の実験を行った。

【実験1】黒色の動物とチョコレート色の動物を交配したところ，F$_1$ の毛色は〔 ア 〕となった。次いで，この F$_1$ どうしを交配したところ，F$_2$ の毛色の種類は〔 イ 〕が現れ，その比は〔 ウ 〕となった。

【実験2】黒色の動物と薄茶色の動物を交配したところ，F$_1$ の毛色は〔 エ 〕となった。次いで，この F$_1$ どうしを交配したところ，F$_2$ の毛色の種類は〔 オ 〕が現れ，その比は〔 カ 〕となった。

【実験3】アルビノの動物に，チョコレート色の動物を交配したところ，F$_1$ には薄茶色の子のみが生まれたので，親のアルビノの動物の毛色の遺伝子型は〔 キ 〕であると結論した。この F$_1$ どうしを交配したところ，F$_2$ の毛色の種類は〔 ク 〕が現れ，その比は〔 ケ 〕となった。

【実験4】実験3の F$_2$ どうしを交配して，遺伝子型 aabbcc の動物をつくるために，毛色〔 コ 〕のオスと毛色〔 サ 〕のメスの交配を何組か行い，生まれた F$_3$ の中から毛色〔 シ 〕の動物を選ぶことにした。

問 上の文章の〔 ア 〕～〔 シ 〕の中に入れる適当な語句を次の①～㉕の中から選び，番号で答えよ。同じ番号を何度用いてもよい。
① 野ネズミ色 ② 黒色 ③ 薄茶色 ④ チョコレート色 ⑤ アルビノ
⑥ 野ネズミ色と黒色 ⑦ 黒色とチョコレート色 ⑧ 黒色と薄茶色

⑨ 野ネズミ色，黒色とアルビノ　⑩ 野ネズミ色，薄茶色とアルビノ

⑪ 黒色，薄茶色とアルビノ　　　⑫ 薄茶色，チョコレート色とアルビノ

⑬ 野ネズミ色，黒色，薄茶色とチョコレート色

⑭ 野ネズミ色，黒色，薄茶色，チョコレート色とアルビノ

⑮ 1：1　　⑯ 3：1　　⑰ 1：1：2　　⑱ 9：3：4

⑲ 1：1：1：1　⑳ 9：3：3：1　㉑ *AAbbCC*　㉒ *AABBcc*

㉓ *AAbbcc*　㉔ *aaBBcc*　㉕ *aabbcc*

（大阪公立大）

| 類題出題校 | 神戸大，東北大，**獨協医科大**，産業医科大，札幌医科大，聖マリアンナ医科大，**藤田医科大**，**大阪医科薬科大［医］**，東京医科大，奈良女子大，愛媛大，横浜市立大，静岡大，早稲田大，**自治医科大**，**中央大**，**日本大**，近畿大，北里大 |

↘ 058 遺伝子の相互作用

★　　　　　　　　　　　　　　　　　　　　　　　　　　　　　　〈第47講〉

〈解答・解説〉p.118

問1　カイコガには，白まゆをつくる系統と黄まゆをつくる系統がある。黄色を発現する遺伝子（黄色遺伝子）Y と，色の発現を抑制する遺伝子（抑制遺伝子）I は独立に遺伝し，Y がホモ接合またはヘテロ接合で，I が存在しない（遺伝子 i がホモ接合の）場合だけ黄まゆをつくるものとする。いま，$IIyy$ と $iiYY$ を交雑し，得られた F_1 どうしを交雑して F_2 を得た。

(1) F_1 を $iiyy$ と検定交雑したときに生じる個体の表現型とその分離比を記せ。

(2) F_2 において，黄まゆをつくる個体の遺伝子型をすべて記せ。

(3) F_2 の表現型分離比（白まゆをつくる個体数：黄まゆをつくる個体数）を記せ。

(4) F_2 の白まゆをつくる個体のうち，同じ遺伝子型の個体どうしの交配で，白まゆをつくる個体しか生じないものの割合を分数で答えよ。

問2　カボチャの果実の色は，2対の遺伝子により決まる。1対は果実を白色にする顕性（優性）の遺伝子 W と緑色にする潜性（劣性）の遺伝子 w で，他の1対は果実を黄色にする顕性の遺伝子 Y と緑色にする潜性の遺伝子 y である。この2対の遺伝子は連鎖していない。また，W と Y が共存するときには，Y の働きは抑えられて白色になる。カボチャにおいて，緑色の果実をつくる系統と，2対の遺伝子がいずれも顕性のホモ接合である白色の果実をつくる系統とを交雑して F_1 をつくり，F_1 の自家受粉によって F_2 をつくった。

(1) F_2 の果実の色とその分離比を記せ。

(2) 果実が白色で，自家受粉すれば白色と緑色の果実ができるカボチャ(ⓐ)と果実が黄色のカボチャ(ⓑ)とを交雑したら，次代には白色，黄色，緑色の果実をもつものが生じた。この次代の果実の色とその分離比を記せ。

(3) 白色の果実をもつカボチャの中には，自家受粉しても，次代に他の色の果実を生じないものがある。

① それらの遺伝子型をすべて記せ。

② ①の植物のそれぞれと，緑色の果実をつくるカボチャとを交雑したとき，次代の果実の色はどうなるか。

第8章

問3 コムギの粒のこげ茶色と白色の2系統（P）を交雑したところ，F_1の粒の色は両者の中間でよくそろっていた。F_1の自家受精の結果，F_2の粒はこげ茶色から白色まで5段階の色（等級4から0）に分けることができ，その比は1：4：6：4：1となった。両親（P）と同じこげ茶色と白色のものは，それぞれ約$\frac{1}{16}$であった。この結果は，Aとa，Bとbの2対の遺伝子を仮定し，遺伝子Aと遺伝子Bは粒の色を濃くする上で同じ働きをもち，しかも相加的に働くものとすると説明できる。

(1) F_2のこげ茶色と白色は，Pのこげ茶色，白色とそれぞれ同じ等級である。この遺伝子型を記せ。

(2) F_1（等級2）の遺伝子型を記せ。

(3) F_2の最も茶色の薄い粒（等級1）の遺伝子型は二つある。それを記せ。

(4) F_2で得られた中間の色をもつ粒（等級2）の遺伝子型をすべて記せ。

(5) 最も茶色の薄いもの（等級1）を自家受精させると，どのような等級が，どのような比で現れるか。

（昭和女子大・お茶の水女子大・岩手医科大）

類題 出題校	金沢医科大，藤田医科大，札幌医科大，東邦大[医]，千葉大，奈良教育大，**岩手大**，鳥取大，**福岡教育大**，東京理科大，福島県立大，**東洋大**，**近畿大**，龍谷大，**福岡大**，**名城大**，東京女子大，工学院大，麻布大，東海大，**神奈川大**

→ 059 種皮と胚乳の遺伝，巻貝の殻の遺伝

★★★ （I）★★　　（II）★　　〈第47・56講〉
〈解答・解説〉p.121

〔I〕ある被子植物では種子の胚乳が黄色のものと緑色のものとがあり，黄色は緑色に対して顕性（優性）である。また，種皮に灰色と白色のものとがあり，灰色は白色に対して顕性である。白色の種皮は透明なので胚乳の色が種皮を透かして見える。そのため種子を外側（表面）から見たとき，種皮が白色のものは黄色あるいは緑色になる。種皮が灰色のものは透明でないので胚乳の色は見えず，その外観は灰色となる。なお，これらの形質にはそれぞれ1組の対立遺伝子が関係しており，互いに独立している。また，以下の交配で用いた品種は純系である。

問1 胚乳が黄色で種皮が灰色の品種を母親とし，胚乳が緑色で種皮が白色の品種を父親として交配したときにできる種子の外観は何色か。

問2 胚乳が緑色で種皮が白色の品種を母親とし，胚乳が黄色で種皮が灰色の品種を父親として交配したときにできる種子の外観は何色か。

問3 問1の交配でできたF_1を自家受精させてできる種子の外観と胚乳にはどのようなものがどんな割合でできるか。

問4 問2の交配でできたF_1に母親を戻し交配したときにできる種子には，外観でどのような色のものがどんな割合でできるか。

問5 この植物の果実の果皮に緑色のものと黄色のものとがあり，緑色が顕性，黄色が潜性（劣性）である。いま，胚乳が黄色，種皮が白色，果皮が黄色の品種を母親とし，胚乳が緑色，種皮が灰色，果皮が緑色の品種を父親として交配を行った。このF_1を自家受精させたときにできる果実の果皮の色，種子の外観と胚乳は，どのようなものがどんな割合でできるか。なお，3組の遺伝子は互いに独立している。

〔Ⅱ〕モノアラガイでは大部分の個体は右巻きだが，ときには左巻きのものがある。交配実験による遺伝的解析から，右巻きと左巻きは対立形質で，右巻きが顕性であることがわかっている。しかし，表現型の出現頻度はメンデルの法則に従わない。たとえば，(i) 遺伝子型が顕性のホモ接合の雌貝と潜性のホモ接合の雄貝の交配ではF₁の貝はすべて右巻きとなり，(ii) 潜性のホモ接合の雌貝に顕性のホモ接合の雄貝を交配させて得られるF₁の貝はすべて左巻きとなる。これは親の ア 貝の配偶子形成でつくられる細胞質中にある因子が，子の貝殻の巻き方を決めていることを示唆する。実際，(ii)で得られたF₁の貝を交配させた場合にF₂の貝はすべて イ 巻きとなるが，このF₂の多数の孫貝の雌雄を任意に選んで交配させると，F₃では右巻きの貝と左巻きの貝が得られ，その割合は3：1となる。この左巻きの貝は，F₂で生じた ウ の エ 貝から生まれてきたと考えれば理解できる。このようなモノアラガイの殻の巻き方の遺伝は遅滞遺伝とも呼ばれている。

問6 文中の空欄 ア ～ エ を埋めるのに最も適切な語句を下の①～⑦から選び，正しい文章を完成せよ。同じ番号を何回用いてもよい。
① 雄　② 雌　③ 顕性のホモ接合　④ ヘテロ接合
⑤ 潜性のホモ接合　⑥ 右　⑦ 左

問7 文章中の(i)，すなわち顕性のホモ接合の雌貝と潜性のホモ接合の雄貝を親として得られたF₁以降の各世代で，出現する個体数の比に応じて同じ遺伝子型をもつ雌雄どうしを交配させて次世代の子孫をつくる。(ア)F₃および(イ)F₄世代における表現型の比（右巻き：左巻き）として最も適当なものを下の①～⑩から選べ。
① 2：1　② 3：1　③ 5：1　④ 9：1　⑤ 5：3
⑥ 8：5　⑦ 9：7　⑧ 13：3　⑨ 16：3　⑩ 19：3
（東京農業大・東京理科大）

類題出題校	センター，名古屋大，北海道大，東北大，京都大，和歌山県立医科大，京都府立医科大，岩手医科大，東京慈恵会医科大，東京医科大，聖マリアンナ医科大，北里大[医]，埼玉医科大，藤田医科大，旭川医科大，日本大[医]，千葉大

→ **060 致死遺伝子，トランスジェニック動物の遺伝** 〈第47・61講〉
★ (Ⅰ)★ (Ⅱ)★ ───────〈解答・解説〉p.124

〔Ⅰ〕

問1 ハツカネズミの毛色に関して，黄色遺伝子Yは黒色遺伝子yに対して顕性（優性）であるが，生存に関して遺伝子Yはyに対して潜性（劣性）であり，遺伝子Yのホモ接合体は致死となる。いま，黄色の個体（親）どうしを交配したところ，生じた子が黄色：黒色＝2：1の割合に分離した。
(1) 用いた親の遺伝子型を答えよ。
(2) 生じた子の毛色の表現型と遺伝子型をすべて答えよ。

問2 インゲンマメのある品種の有毛遺伝子Kは無毛遺伝子kに対して顕性で，また別の染色体にある長葉の遺伝子Lは短葉の遺伝子lに対して顕性であるとする。また，遺伝子型がKLとklの配偶子は死んでしまい，受精にあずかれないことがわかっている。いま，KKllとkkLLを交雑したところ，生じた子は有毛長葉であった。

⑴ 生じた子の遺伝子型を答えよ。

⑵ 生じた子が成長して，自家受精を行うと，どのような表現型の個体がどのような比で出現するか。

〔Ⅱ〕外来遺伝子を組み入れた動物をトランスジェニック動物とよぶ。通常は外来遺伝子を発現させるために図1のように，転写調節配列とプロモーターを含めた領域（以下プロモーター領域とする），発現させたい遺伝子，そして，ポリA付加シグナル（注：真核生物において成熟mRNAを生産するために必要な配列）をつなげた外来DNA断片を染色体に挿入する。挿入されるゲノムの位置は制御できないが，世代を超えて安定に存在させることが可能で，細胞すべてに外来DNA断片が挿入された動物を得ることができる。また，プロモーター領域を変えることにより，同じ外来遺伝子を発現させる細胞や発現の時期を変化させることもできる。

ここでは外来DNA断片の挿入時には，常染色体上に一ヶ所のみ挿入されるものとする。

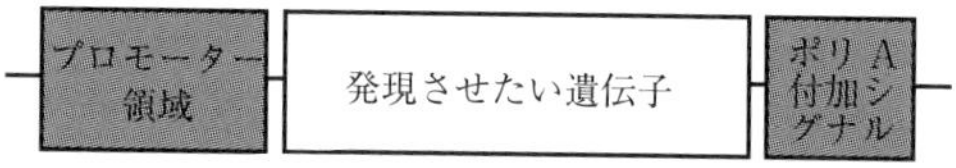

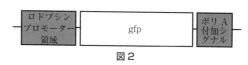

図1

マウスの毛色の形質はメンデル遺伝形式に従い，黒毛［B］が顕性（対立遺伝子Bとする），白毛［b］が潜性（対立遺伝子b）の表現型であるとする。今回黒毛マウスの純系系統（遺伝子型BB）を元に，オワンクラゲの緑色蛍光タンパク質遺伝子gfpを発現させるトランスジェニックマウスを作製した。まず，ロドプシンという視細胞にのみ発現する遺伝子のプロモーター領域とgfpをつなげた図2のようなDNA断片が挿入されたトランスジェニックマウスを2系統（マウスX，マウスYとする）作製した。ここでは，マウスX，Yにおける挿入されたDNA断片をそれぞれ対立遺伝子G_1，G_2とし，それらを持たないものを対立遺伝子g_1，g_2とする。つまり，マウスXの遺伝子型はG_1g_1BB，マウスYの遺伝子型はG_2g_2BBとなる。これらのマウスは両眼に緑の蛍光を持っていた。

ロドプシンプロモーター領域｜gfp｜ポリA付加シグナル

図2

マウスX，マウスYをそれぞれ，白毛のマウス（遺伝子型bb）と交配した。①得られた黒毛で眼に蛍光がある子を用いて，Xの子はXの子と，Yの子はYの子と交配したところ，得られた次世代の子の出生比は次の通りであった。

〔Xの子同士の交配〕眼に蛍光があり黒毛：眼に蛍光があり白毛：眼に蛍光がなく黒毛：眼に蛍光がなく白毛＝9：3：3：1

〔Yの子同士の交配〕眼に蛍光があり黒毛：眼に蛍光があり白毛：眼に蛍光がなく黒毛：眼に蛍光がなく白毛＝22：5：5：4

問3 下線①のマウスについて，Xの子とYの子を交配した場合に予想される出生比（眼に蛍光があり黒毛：眼に蛍光があり白毛：眼に蛍光がなく黒毛：眼に蛍光がなく白毛）を求めよ。

次に，図2のDNA断片からプロモーター領域をなくしたDNA断片（図3）を作製し，

同様に黒毛のマウスをもとにこのDNA断片がゲノム上に挿入されたトランスジェニックマウスを複数系統作製した。②多くのマウス系統では全身のどの器官，どの組織においても蛍光は認められなかった。しかし，一部のマウス系統においては体全体や体の一部の器官，組織に蛍光が認められたが，その蛍光を示す器官，組織はマウス系統によって異なっていた。

図3

問4 下線②について，なぜ一部のマウス系統に蛍光を認め，また，その器官・組織におけるパターンが異なるのか，最も考えられる理由を50字以内で説明せよ。

下線②で蛍光を持つ系統のうち，脳に蛍光を持ち黒毛のマウスZを1系統選び出した。③これを白毛のマウスと交配し得られた黒毛で脳に蛍光がある子（遺伝子型は G_3g_3Bb とする）同士を交配したところ，得られた次世代の子の出生比は次の通りであった。

脳に蛍光があり黒毛：脳に蛍光があり白毛：脳に蛍光がなく黒毛：脳に蛍光がなく白毛＝6：2：3：1

問5 下線③のマウスをマウスZの子孫で脳に蛍光があり白毛のマウスと交配した場合に予想される出生比（脳に蛍光があり黒毛：脳に蛍光があり白毛：脳に蛍光がなく黒毛：脳に蛍光がなく白毛）を求めよ。

（神戸女子大・大阪大）

類題出題校	センター，**京都大**，**北海道大**，**東北大**，**慶應義塾大[医]**，**岡山大**，山口大，宮崎大，**岩手大**，**東京理科大**，早稲田大，**日本大**，**学習院大**，**神戸学院大**，麻布大，大阪医科薬科大

第9章 動物の配偶子形成・受精・発生

↗061 卵形成と受精電位発生のしくみ 〈第12・49講〉
★★ [Ⅰ]　　　　[Ⅱ]★ ──────────── 〈解答・解説〉p.128

〔Ⅰ〕成熟したヒトデの卵巣の中には，ろ胞細胞に取り囲まれた状態のまま第一減数分裂（減数分裂第一分裂）の前期で停止している卵母細胞がある。卵巣から取り出した卵母細胞（図1-A）は，第一減数分裂前期の特徴である大きな核（卵核胞）をもち，海水中に放置しておいても全く

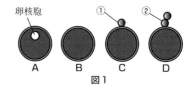

図1

変化しなかった。一方，ヒトデの神経からの抽出物（以後 y という）を含む海水に卵巣を浸すと，核膜が消え，停止していた減数分裂を再開させた卵母細胞（図1-B）が卵巣から放出された。しかし，図1-A のような卵母細胞をこの海水に入れても核膜は消えず，第一減数分裂前期の卵母細胞のままであった。

　また，ヒトデにおいてこの第一減数分裂前期で停止している卵母細胞に細胞外から働きかけて減数分裂の進行を再開させる物質は，1-メチルアデニンという分子であることがわかっている。実際に，図1-A のような第一減数分裂前期で停止中の卵母細胞も，1-メチルアデニンを含む海水に浸すと減数分裂を再開し，図1-B の状態になった。図1-B の状態にある卵母細胞は減数分裂を続け，しばらくすると小さな細胞（図1-C の①）を放出し，さらに時間が経つと同じような小さな細胞（図1-D の②）を放出して卵となった。

問1　通常の細胞分裂を終えた直後の体細胞の核に含まれる DNA 量を $2x$ で表すと，次の(1)〜(4)の細胞の核内 DNA 量はそれぞれどのようになるか。

　(1) 図1-A の卵母細胞　　　　　　(2) 図1-C の①で示された小さな細胞

　(3) 図1-D の②で示された小さな細胞　(4) 図1-D の卵（大きな細胞）

問2　図1-C の①と図1-D の②の小さな細胞の名称をそれぞれ答えよ。

問3　卵巣内で卵の形成に関与する細胞は卵母細胞自体とろ胞細胞しかないと考えると，y はどの細胞にどのような働きをしたと考えられるか。30字以内で記述せよ。抽出物に含まれる成分は変化しないものとする。

問4　1-メチルアデニンの働き方を詳しく調べるために行った実験ア〜ウの結果から1-メチルアデニンは卵母細胞のどこに働き，その結果，卵母細胞の細胞質には何が起こると考えられるか。60字以内で記述せよ。

　【実験ア】1-メチルアデニンを直接図1-A のような卵母細胞内に注入したが，何の変化もみられず，第一減数分裂前期で停止したままであった。

　【実験イ】1-メチルアデニンを含む海水に浸されて減数分裂を再開し，図1-B の状態になった卵母細胞から細胞質を吸い出し，図1-A のような卵母細胞に注入したところ，図1-B で示すように核膜が消失して減数分裂を再開した。

　【実験ウ】1-メチルアデニンを含む海水に浸されて減数分裂を再開し，図1-B の状態になった卵母細胞から細胞質を吸い出し，その細胞質を含む海水に図1-A

のような卵母細胞を浸しても減数分裂は再開しなかった。

〔Ⅱ〕 **図2**はアフリカツメガエル（以降ツメガエルと書く）卵の受精時の膜電位の変化を示している。培養液中のツメガエル卵に精子液を加えた時間を0として，その後の時間（分）が横軸に，縦軸は卵細胞の膜電位（mV）を示している。受精前の膜電位は約（ **ア** ）mV 程度だが，精子を加えて約（ **イ** ）分で膜電位は大きくプラス

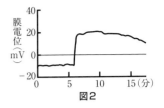

図2

へ変化した。この電位を<u>受精電位</u>という。受精電位が発生後，膜電位がプラスの間，後続の精子は卵に進入することはできない。つまり，受精電位は多精（受精時の卵へ複数の精子が進入すること）を防止する反応（多精防止反応）である。

ツメガエルの人工受精時に用いる水溶液（外液）の Cl^- 濃度を人為的に変化させて，それぞれの受精電位の高さ（大きさ）を比較し，その結果を**表1**に示した。外液の Cl^- の濃度が低い場合は，通常よりも高い受精電位が観察でき，単精（受精時の卵へ単一の精子が進入すること）は維持されたが，35mM（mM：濃度を表す単位）以上の場合，卵は多精となった。

Cl^- 濃度 （mM）	受精電位 の高さ （mV）
1	47
5	35
10	28
29	20
35	0
60	− 10

（注）mM は濃度を表す。
表1

問5 文中の（ **ア** ）・（ **イ** ）に入る値を記入せよ。値は全て整数とする。

問6 下線部の受精電位はウニの受精卵においても発生する。その場合の電位変化は，ニューロンに刺激を与えたときに発生する活動電位と同様の膜電位の変化であることが知られている。この変化について述べた以下の文中の空欄（ 1 ）～（ 3 ）には最も適する語を，（ 4 ）・（ 5 ）には「卵内」または「卵外」のいずれかの語をそれぞれ答えよ。

　ウニの卵では，卵の（ 1 ）膜上に存在する輸送タンパク質である（ 2 ）が開き（ 3 ）イオンが（ 4 ）から（ 5 ）に移動することにより受精電位が発生する。

問7 ツメガエルにおける受精電位の発生のしくみは，ウニにおける受精電位の発生のしくみとは異なっていると考えられる。**表1**より，ツメガエルにおける受精電位の発生のしくみを推察し，25字以内で述べよ。

（九州大・和歌山県立医科大）

類題 出題校	センター，東京医科歯科大，**日本医科大**，**日本大[医]**，聖マリアンナ医科大，**東海大[医]**，川崎医科大，山形大，**山口大**，**お茶の水女子大**，熊本大，**九州工業大**，弘前大，信州大，早稲田大，**上智大**，**関西大**，**甲南大**，東京海洋大

062 ｜ 胚発生と遺伝子発現

★

〈第 50・51・52 講〉

―――――――――――――――――〈解答・解説〉p.129

多くの動物の発生において，卵割期の胚では，細胞周期は主にS期とM期から構成されるが，胞胚期以降は細胞周期に変化が生じ，やがて原腸胚，神経胚，尾芽胚へと発生が進んでいく。このような初期発生でみられる変化について調べるために，カエルやウニを用いて次の実験1〜4を行った。

第9章

【実験1】 カエルやウニの受精卵にピューロマイシン（タンパク質の合成阻害剤）を与えたところ，卵割が起こらなかった。

【実験2】 カエルやウニの受精卵にアクチノマイシンD（RNAの合成阻害剤）を与えたところ，発生は胞胚期まで正常に進行し，そこで停止した。

【実験3】 ウニ卵の受精後のタンパク質合成速度をアクチノマイシンDの存在下(+)，非存在下(−)で比較したところ，図1の結果が得られた。

【実験4】 カエル卵の受精後の核酸合成速度を測定したところ，図2の結果が得られた。

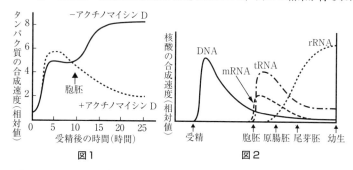

図1　　　　　　　　　　図2

問1　図1において，ウニでは受精から胞胚期までのタンパク質合成速度は，アクチノマイシンDの存在下，非存在下でほとんど一致していた。その理由を50字程度で説明せよ。

問2　図1において，ウニでは胞胚期以降のタンパク質合成速度は，アクチノマイシンDの存在下，非存在下で大きく異なる。その理由を40字程度で説明せよ。

問3　図2において，さまざまな時期に合成されるtRNAの分子量はほぼ一定であった。一方，mRNAは幅広い分子量を有する多様な分子の混合物であった。その理由を150字程度で説明せよ。

問4　ウニ卵を胞胚期まで正常に発生させてからピューロマイシンを加えると，その後の発生はどうなると考えられるか。実験1〜3の結果をもとに，理由とともに80字程度で説明せよ。

問5　実験1，2，4の結果からカエルの初期発生について導き出される考察として正しいものを次の①〜⑥からすべて選べ。

① 胞胚期まではtRNAは細胞内にほとんど存在しない

② タンパク質合成は尾芽胚以降，急激に低下する

③ 胞胚期までは母性因子のmRNAが主に用いられる

④ 原腸胚以降には細胞分裂は起こらず，細胞分化が起こる

⑤ 原腸胚以降，細胞内にリボソームが出現する

⑥ tRNAとrRNAの合成は胞胚期まではほとんど起こらない

（福島県立医科大）

〈解答・解説〉p.130

063 表層回転

★★★ 〈第52講〉

アフリカツメガエルの未受精卵は，動物極側と植物極側とでは構成成分に明確な差があるが，動物極と植物極とを結ぶ軸を中心とする回転対称体であり，将来の背腹の方向性は決まっていない。精子が卵に進入することによりこの対称性が崩され，将来の背腹を決める極性が生じることになる。

正常発生を詳細に調べてみると（**図1のA**），受精後10〜15分頃に，卵細胞膜と受精膜の間に間隙が生じ，卵は受精膜の中で比重の大きな植物極側が下になるように回転する。同じ頃，卵の内部細胞質に流動性が生じる。そのため，これ以降は卵を傾けると内部細胞質は重力によって卵内で移動するようになる。

その後，第1卵割開始までの間に，卵細胞膜を含む表層細胞質と内部細胞質との間で中心角にして約30度のずれ（表層回転）が起こる。これにより植物半球では表層細胞質は精子進入側とは反対方向に移動する（**図1のA**の黒い太矢印）。初期原腸胚期になると，植物極付近の表層細胞質が移動した方向に原口が生じ，この側に，①背側中軸構造が形成されるため，通常は精子進入点の反対側が胚の背側となる。

アフリカツメガエル卵の発生速度は温度により異なるが，水温20℃では，受精から第1卵割開始までの時間は100分である。この温度条件下で以下の実験1と実験2を行った。

【実験1】受精後30分に卵の植物半球へ紫外線を照射して表層回転を阻害すると，胚は背側中軸構造をつくることができなくなり，腹側の特徴をもった丸い細胞塊になっ

た（**図1のB**）。ところが，紫外線照射で表層回転を阻害した胚を受精後65分までに動物極が横になるように90度傾け，第2卵割開始時まで保持して元に戻すと，胚は背側中軸構造をもった正常な形態の胚に発生することができるようになった。

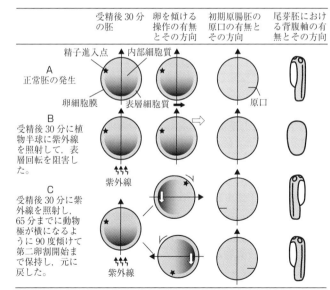

図1

内部細胞質の黒い部分は比重の大きな植物極側細胞質の分布を示す。
▲は動物極の方向，➡は正常胚における表層細胞質のずれの方向，
⇩は重力により比重の大きな内部細胞質が移動する方向を示す。

第9章

この実験では，精子進入点の位置に関わらず，傾けたときに上になっていた側が常に背側になった（**図1**の**C**）。

問1 文中の下線部①について，神経胚期に形成される最も基本的な背側中軸構造（背側で軸となる構造）の名称を2つ挙げよ。

問2 実験1の結果からわかる背側中軸構造の形成に必要な条件を，50字程度で記せ。

【実験2】正常な受精卵を，受精後さまざまな時間に動物極が横で精子進入点が上になるように90度傾けて60分間保持した後に元に戻した。受精後25～65分に傾ける操作を開始した場合には，背側中軸構造が精子進入側にでき，背腹軸の逆転が起こった（図2

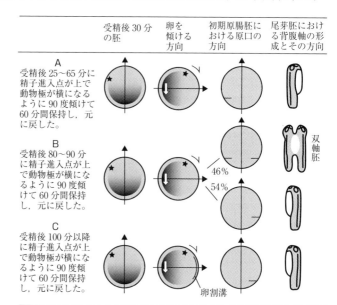

内部細胞質の黒い部分は比重の大きな植物極側細胞質の分布を示す。
🔺は動物極の方向，⬇は重力により比重の大きな内部細胞質が移動する方向を示す。

図2

の**A**）。しかし受精後65分以降に傾ける操作を開始すると，背腹軸逆転の効果は時間の経過と共に減少した。第1卵割が開始し卵割溝が形成された受精後100分以降には，卵を傾けても背側の極性への影響がなくなり，正常胚と同様に精子進入点の反対側が背側になった（**図2**の**C**）。ところが，第1卵割直前の②受精後80～90分に傾ける操作を開始したものでは，約半数の胚で精子進入点の反対側が背側となり，残りの約半数の胚は双軸胚となった（**図2**の**B**）。

問3 背腹軸の方向の決定に関して，実験2の結果からわかることを200字程度で記せ。

問4 下線部②で胚軸が2本生じた理由について考察し，150字程度で述べよ。　　（京都大）

↗ 064 脊椎動物の発生に関与するタンパク質 〈第51・52講〉

★★★

〈解答・解説〉p.131

　カエルの卵は受精前からあらかじめ動物極側と植物極側に分かれており，植物極側には卵黄成分が局在している。発生が進行すると，植物極側は（　1　）胚葉，動物極側は（　2　）胚葉となり，中胚葉はその2つの間に形成される。

　精子は（　3　）極側で卵と接触し，受精する。この受精に伴い（　4　）という現象が起こる。これは，受精後に精子由来の中心体に起因する（　5　）の伸長により，卵の外部表面全体が内部細胞質に対し約（　6　）度回転するものである。この（　4　）に伴い動物極側の色素も移動し，将来個体の背側になる部分に，（　7　）という色の異なる領域が認められるようになる。受精に伴って起こる（　4　）により個体の背腹軸が決定される。そのメカニズムは以下の通りである。（　4　）の際に（　8　）極側に局在し，（　9　）と呼ばれるタンパク質が，将来背側になる部分に移動する。（　9　）は酵素GSK3[注]の活性を抑えることで（　10　）を保護し，その活性を維持させる。

　カエルの中胚葉誘導には様々な因子が関与することが知られている。その活性を持つものとして最初に発見されたのはアクチビンであるが，実際に中胚葉誘導を行う因子は（　11　）である。植物極に局在する転写因子である（　12　），そして（　10　）が（　11　）の濃度を調節し，中胚葉の背側／腹側を決定する。（　11　）の濃度が最も高い部分に形成される中胚葉は将来（　13　）と呼ばれる部分となり，神経誘導の役割を果たす。

　シュペーマンは，イモリの原口背唇部を別のイモリ胚の腹側部分に移植すると，移植された部分が背側化し，本来（　14　）が形成（誘導）される部分に神経が形成（誘導）されることを示した。このことから，シュペーマンはこの部分を（　13　）と命名した。（　13　）から分泌される神経誘導因子は（　15　）や（　16　）である。神経誘導には，（　15　）や（　16　）のほかに，胞胚期には胚全体に均一に分布しているタンパク質である（　17　）も重要な役割を果たしている。

注　GSK3：文中の物質（　10　）にユビキチンという物質を結合させる活性を示す酵素。ユビキチンが結合しているタンパク質は，プロテアソームという巨大なタンパク質の働きにより分解される。

問1　（　1　）～（　17　）に当てはまる語句・数値・記号を記述せよ。

問2　（　15　）～（　17　）がどのようにして外胚葉の神経分化を誘導するかについて，（　15　）～（　17　）のタンパク質名を明示し，（　17　）受容体の存在部位や役割も含めて150字程度で述べよ。

問3　図1は原腸胚期における（　15　）～（　17　）の各物質の濃度を実線で表したグラフである。各物質の影響により，（　17　）による（　14　）の誘導活性が変化する。①～⑤の破線のうち（　17　）による（　14　）の誘導活性の変化を最もよく表しているグラフはどれか。最も適当なものを1つ選べ。

（信州大・立命館大）

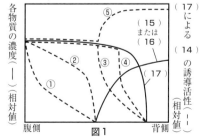

図1

第9章

132

↗065 発生における細胞間の相互作用・アポトーシス　〈第52講〉

★★ ──────────────────────────── 〈解答・解説〉p.133

〔文1〕発生あるいは細胞の分化の過程において，ある細胞がどのように分裂し，どのような組織の細胞に分化するかなど，生物個体内の細胞間の関係，あるいはそれを系列的に示したものを細胞系譜という。線形動物に属する線虫では，受精卵から成虫になる発生の過程で，細胞系譜が完全に解明されている。また，発生の過程であらかじめ死ぬことが決まっている細胞も解明されている（図1）。

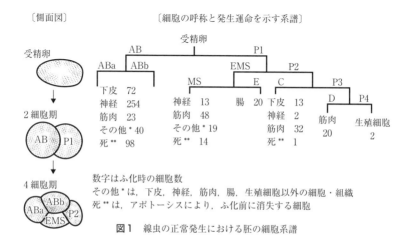

図1　線虫の正常発生における胚の細胞系譜

　線虫を用いた次の3つの実験から，細胞間のシグナル伝達（コミュニケーション）と細胞質含有物質の不均等な分配により，細胞が分化することが明らかにされた。細胞間のコミュニケーションの機構を調べるために実験1，2を行った。

【実験1】第一卵割直後の2細胞期胚から細胞を分離して，それらを単独で培養した。AB細胞は神経と下皮だけをつくった。一方，P1細胞は，正常の発生過程でP1細胞から生じるすべての細胞と組織をつくった（図1）。

【実験2】シクロヘキシミド（翻訳の阻害剤）またはアクチノマイシンD（転写の阻害剤）を含む培地で，第一卵割直後から第二卵割直前まで培養した。この2細胞期胚から細胞を分離して，それらを洗浄し薬剤を除去した後，薬剤を含まない培地で単独で培養した。シクロヘキシミドを含む培地で培養した胚から分離したAB細胞は，神経と下皮だけをつくった。一方，アクチノマイシンDを含む培地で培養した胚から分離したAB細胞は，正常の発生過程でAB細胞から生じるすべての細胞と組織をつくった（図1）。

　A 線虫では，図1の細胞系譜から腸はE細胞だけに由来していることがわかる。この腸の特異化（未分化の細胞が腸になる発生経路を進むように方向づけられること）は，卵

割によって細胞質の特定の物質が偏って分配される結果と考えられている。この機構を
調べるために実験3を行った。

【実験3】 4細胞期胚が次の卵割を開始するまでに，ほぼ15分を要した。この間に，種々
の時間で4細胞期胚から細胞を分離し，直ちに単独または再結合して培養し，腸が
分化するかどうかを調べた。実験の概要と結果を図2に示す。

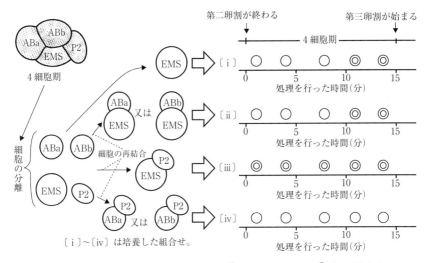

図2　実験3の概要（左図）と結果（右図：○ 腸が分化しない　◎ 腸が分化した）

問1　実験1のどのような結果から，細胞間のコミュニケーションが細胞の運命を決定
することがわかるか。最適なものを，次の①〜④から1つ選べ。

① 分離されたAB細胞の分化が，正常発生におけるAB細胞と異なる。

② 分離されたP1細胞の分化が，正常発生におけるP1細胞と見分けがつかない。

③ 2細胞期に分離されたそれぞれの細胞が分裂して分化することができる。

④ 2細胞期に分離されたそれぞれの細胞が神経と筋肉をつくることができる。

問2　実験1と実験2の結果から考察できる細胞間のコミュニケーションのシグナル伝
達の機構として最適なものを，次の①〜④から1つ選べ。

① P1細胞が自身の核の遺伝子を発現してタンパク質をつくり，これがAB細胞へ
のシグナルとなる。

② AB細胞の細胞質には卵形成の際につくられたタンパク質があって，これがP1
細胞へのシグナルとなる。

③ P1細胞の細胞質には2細胞期になる前から存在するmRNAがあって，この
mRNAから翻訳されたタンパク質がAB細胞へのシグナルとなる。

④ AB細胞の細胞質には2細胞期になる前から存在するmRNAがあって，この
mRNAから翻訳されたタンパク質がABa細胞とABb細胞へのシグナルとなる。

問3 実験3の結果から考察できる腸の特異化と4細胞期胚の細胞間のコミュニケーションの関係について述べた次の文中の（　）内に最適な記述を，下の①〜③から1つ選べ。

　　腸の特異化には，（　）間のコミュニケーションが必要である。

① P2細胞とEMS細胞　　② P2細胞とABa細胞間あるいはP2細胞とABb細胞

③ ABa細胞とEMS細胞間あるいはABb細胞とEMS細胞

問4 腸の分化に必要な物質を受精卵が細胞質に含有していると仮定した場合，この物質は卵割で，受精卵→㋐細胞→㋑細胞→㋒細胞の順に受け継がれる（図1参照）。㋐〜㋒に入るアルファベットまたは数字として最適なものを，図1からそれぞれ選べ。

問5 図1において，文中の下線部 A のように，単一の割球に由来が限定される腸以外の細胞あるいは組織はどれか。最適なものを，次の①〜④から1つ選べ。

① 筋肉　　② 神経　　③ 下皮　　④ 生殖細胞

〔**文2**〕線虫では，アポトーシスの異常による細胞死異常変異体がみつかっている。アポトーシスは，細胞が自身の死のプログラムを活性化して自殺する細胞死で，プログラム細胞死ともいう。アポトーシスのプログラムは，いったん活性化すると後戻りがきかなくなるため，アポトーシスの制御は，$_B$その活性化を調節する細胞内タンパク質によって厳重に行われている。

問6 表1は下線部 B の機能が失われた線虫の細胞死異常変異体の遺伝子型と表現型である。機能欠失型変異遺伝子である $ced\text{-}3^-$，$ced\text{-}4^-$，$ced\text{-}9^-$ それぞれの対立遺伝子の

表1　線虫の細胞死異常変異体の遺伝子型と表現型

遺伝子型	表現型
$ced\text{-}9^-/ced\text{-}9^-$	過剰な細胞死が生じて，生存すべき細胞も死ぬ
$ced\text{-}3^-/ced\text{-}3^-$	予定された細胞死が起こらず，死ぬべき細胞がすべて生存する
$ced\text{-}4^-/ced\text{-}4^-$	
$ced\text{-}3^-\ ced\text{-}9^-/ced\text{-}3^-\ ced\text{-}9^-$	
$ced\text{-}4^-\ ced\text{-}9^-/ced\text{-}4^-\ ced\text{-}9^-$	

野生型遺伝子が指令するタンパク質の働きとして，**表1**から考察できるものはどれか。適切なものを，次の①〜⑤から2つ選べ。ただし，野生型遺伝子が指令するタンパク質のそれぞれをCED-3，CED-4，CED-9とする。野生型は，それぞれの機能欠失型変異遺伝子の対立遺伝子である野生型遺伝子をホモかヘテロにもつ。

① CED-3とCED-4はアポトーシスのプログラムを進行させる。

② CED-9はアポトーシスのプログラムを進行させる。

③ CED-4は，CED-3，CED-9よりも下流（アポトーシスのプログラムの後の段階）で働いてアポトーシスを制御している。

④ CED-3とCED-4は，CED-9よりも上流（アポトーシスのプログラムの前の段階）で働いてアポトーシスを制御している。

⑤ CED-9は，CED-3とCED-4よりも上流（アポトーシスのプログラムの前の段階）で働いてアポトーシスを制御している。

（東京医科大）

| 類題出題校 | センター，東京大，九州大，北海道大，東京医科歯科大，防衛医科大，奈良県立医科大，東京慈恵会医科大，兵庫医科大，日本医科大，金沢医科大，信州大，東京学芸大，山形大，三重大，岡山県立大，千葉大，慶應義塾大，東京理科大 |

↗066 ショウジョウバエの母性因子

★★★ (Ⅰ) ★★★ (Ⅱ)

〈第53講〉

〈解答・解説〉p.134

〔Ⅰ〕キイロショウジョウバエの未受精卵には，母性効果遺伝子の1種であるビコイドのmRNAが前端に偏って存在している。受精後，このmRNAが（ **ア** ）されて母性因子の1種であるビコイドタンパク質が合成される。ビコイドタンパク質は，（ **イ** ）という現象によって後端に向かって移動し，前端から後端に向かう濃度勾配を形成する。一方，母性効果遺伝子の1種であるナノスのmRNAから（ **ア** ）されたナノスタンパク質が後端から前端に向かって濃度勾配を形成する。これらのタンパク質の濃度勾配が前後軸の決定に重要な役割を果たしている。つまり，胚の核は，体の前後軸のどの位置にあるかによって，受け取るビコイドタンパク質とナノスタンパク質の濃度が異なり，濃度に応じて発現する遺伝子を変える。その結果，野生型のキイロショウジョウバエでは，前後軸に沿って前端側から先端部，頭部，胸部，腹部，尾部が形成される。

キイロショウジョウバエのビコイド遺伝子に突然変異が入り，ビコイドタンパク質が働かないショウジョウバエの変異体（bcd^-）の胚では，先端部・頭部・胸部が無くなり，両端に尾部が形成されることが観察された（**図1左**）。

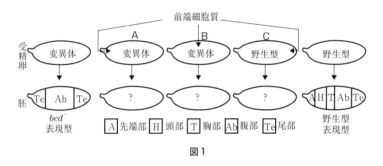

図1

問1 文中の（ **ア** ）・（ **イ** ）のそれぞれに適する語を答えよ。

問2 正常なショウジョウバエ（野生型，**図1右**）の受精直後の受精卵前端の細胞質を抜きとり，これを用いて以下の**A，B，**または**C**の操作を行った。

A 受精直後の変異体の受精卵前端に移植する。

B 受精直後の変異体の受精卵前後軸の真ん中に移植する。

C 受精直後の野生型の受精卵後端に移植する。

操作したあとの胚の前後軸を示す表現型を予想して，次の⑴・⑵に答えよ。なお，胚の末端部は先端部か尾部のいずれかになり，先端部や尾部は，胚の末端部以外には形成されない。また，高濃度のビコイドタンパク質が存在する末端部は先端部となり，それ以外の末端部は尾部となる。

⑴ **図1**の野生型と変異体の胚の表現型を参考にして，**A**と**C**の操作を行った後の胚のそれぞれの表現型を推定し，適当な文字と図を用いて示せ。ただし，**C**の操作を行った後の胚の中央部には腹部が形成されることを考慮して答えよ。

(2) Bの操作を行った後の胚の表現型として最適なものを次の①〜⑥から1つ選べ。

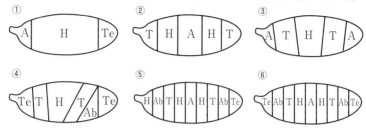

問3 問2において変異体Aの受精卵前端に移植する細胞質の代わりに，野生型から得た以下の①〜③を注入したとき，胚が正常に発生するのはいずれの場合か。①〜③から適するものをすべて選べ。

① ビコイドDNA　　② ビコイドのmRNA前駆体　　③ ビコイドタンパク質

問4 キイロショウジョウバエでは，卵の形成にあたり，将来の卵となる細胞に隣接した細胞（哺育細胞）で合成された細胞質成分が，卵へと輸送される。このような細胞質成分の1つに，母性効果遺伝子ナノスのmRNAがある。正常なショウジョウバエ（野生型）では，後端に局在するナノスのmRNAが，後端から前端にかけてナノスタンパク質の濃度勾配を形成し，正常な胚を生じるが，ナノスの突然変異体の受精卵（ナノス欠損卵）は，腹部が欠損した胚を生じる。また，ある因子（X）の活性をもたない受精卵（X欠損卵）も，ナノス欠損卵と同様に腹部が欠損した胚を生じる。

　　これらの欠損卵を用いた移植実験において，X欠損卵の哺育細胞の細胞質をナノス欠損卵の後端に移植すると正常な胚が生じる。この実験結果をもとに，腹部形成過程におけるXの機能を推定して，100字程度で述べよ。

〔Ⅱ〕昆虫の胚発生を見ると，産卵後の昆虫卵では，卵の中央で核のみが分裂した後，核は周辺に移動していき，そこで核と核の間に細胞膜の仕切りができて，多細胞性の胞胚期になる。キイロショウジョウバエの産卵直後の胚の後極（後端部）に紫外線を照射すると，その胚は成虫にまで成長するが，生殖能力をもたない。このような不妊の個体でも生殖巣と付属の生殖器官は雌雄ともに形成されているが，生殖細胞そのものが存在しない。産卵直後の正常胚の後極から細胞質を細いガラス管で抜き取り，これを紫外線照射直後の胚の後極に入れると，この胚は生殖能力をもつ正常なハエに成長する。

　　産卵直後の正常胚の後極から細胞質を抜き取り，これを別の産卵直後の正常胚の前極（前端部）付近に注入すると，注入された部分に生殖細胞が生ずる。

　　産卵直後の胚の後極付近に存在するこのような細胞質を極細胞質と呼ぶが，極細胞質は母親の細胞でつくられ，卵形成時に卵に送られる。突然変異によって生じたvasaと呼ばれる遺伝子のホモ接合体の雌が生む卵では，極細胞質に含まれるある成分が欠けており，生殖細胞が分化してこない。また，突然変異によって生じたgs(1)N26と呼ばれるホモ接合体の雌が生む胚では，極細胞質は存在するが，生殖細胞が分化しない。このgs(1)N26のホモ接合体の雌より生まれた胚の極細胞質を正常胚の前極に移植するとそこに

生殖細胞が分化する。よく観察するとこのような胚では核の移動に異常があり，後極に核は移動してくるが，正常胚より30分遅れる。また野生型の胚でも，実験的に後極への核の侵入を30分遅らせると，生殖細胞が分化しない。

問5 ショウジョウバエの胚の生殖細胞が分化するためにどのような条件が必要か。その条件を60字程度で述べよ。

問6 ショウジョウバエの胚で生殖細胞と生殖巣の関係について，上の文章からわかることを40字程度で述べよ。

問7 産卵直後の胚Aの後極から細胞質を抜き取り，別の胚Bの前極付近に注入し，多細胞性の胞胚期まで成長させた。そのとき胚Bの前極から細胞を取り出し，同じ発生段階にある胚Cの後極に移植した。Cは生殖能力をもつ成虫に成長した。Cの生殖細胞はどのような細胞からなるか，次の①～⑦から最適なものを選べ。また，それを選択した理由を100字程度で述べよ。（胚A，B，Cはそれぞれ遺伝的マーカーを持っており，その細胞は識別できるものとする）

① Cの生殖細胞はA由来の細胞のみよりなる。
② Cの生殖殖細はA由来の細胞とB由来の細胞が混合している。
③ Cの生殖細胞はB由来の細胞のみよりなる。
④ Cの生殖細胞はA由来の細胞とC由来の細胞が混合している。
⑤ Cの生殖細胞はC由来の細胞のみよりなる。
⑥ Cの生殖細胞はB由来の細胞とC由来の細胞が混合している。
⑦ Cの生殖細胞はA，B，Cすべてに由来する細胞の混合である。

問8 vasaと野生型の遺伝子のヘテロ接合体（極細胞質をつくることができる）同士を交配して生まれるF_1における$+/+, +/-, -/-$の遺伝子型をもつ個体数の比を示せ。（野生型の遺伝子を$+$，vasaを$-$とする）。

問9 問8で得られたF_1同士の自家交配（同じ遺伝子型をもつ個体同士の交配）によってF_2個体を得た。F_2での$+/+, +/-, -/-$の遺伝子型をもつ個体数の比を示せ。

（兵庫医科大・岡山大・京都府立医科大）

| 類題
出題校 | **センター**，大阪大，福島県立医科大，和歌山県立医科大，**滋賀医科大**，藤田医科大，**近畿大[医]**，産業医科大，埼玉医科大，
東京医科大，愛知医科大，日本医科大，**愛媛大**，奈良女子大，**鹿児島大**，熊本大，信州大，**東京海洋大**，**千葉大** |

↗067 | 分節遺伝子・ホメオティック遺伝子 〈第53講〉

★★★ 〔Ⅰ〕★★ 〔Ⅱ〕★ ──────── 〈解答・解説〉p.137

〔Ⅰ〕ショウジョウバエの発生過程では卵割が進み，胞胚のころになると，分節遺伝子と呼ばれる調節遺伝子が発現するようになる。ショウジョウバエのイーブンスキップ（eve）遺伝子は，ペアルールと呼ばれる分節遺伝子群の1つで，胚の前後軸に沿って7つの帯からなるしま状にその発現が観察される（**図1a**）。eve遺伝子の発現は，転写調節領域に調節タンパク質（転写調節因子）が結合することによって，各帯ごとに調節されている。例えば，eve遺伝子の2番目の帯での発現は，ビコイド（Bcd），ハンチバック（Hb），クリュッペル（Kr），ジャイアント（Gt）という4種類の転写調節因子により制御されて

いる。この2番目の帯での発現を制御する領域には，Bcd，Hb，Kr，Gt の各タンパク質の結合配列が存在している。2番目の帯付近での *eve* 遺伝子の発現量と，Bcd，Hb，Kr，Gt の各タンパク質の発現量を模式的に表したものが**図1b**である。

近年に開発された方法を用いて，2番目の帯における *eve* 遺伝子の発現が，4つのタンパク質によって，どのように制御されているかを調べた。はじめに，*eve* 遺伝子の2番目の帯での発現を制御する DNA 配列の後ろに，β ガラクトシダーゼ遺伝子を融合させたベクター A を作製した。このベクターが導入されたショウジョウバエ胚では，2番目の帯でのみ β ガラクトシダーゼ活性がみられた（**図2**）。次に，ベクター A から，Gt，Kr，Bcd のタンパク質結合配列を，それぞれ欠失した3種類のベクター B，C，D も作製した。これらの3種類のベクターが，それぞれ導入されたショウジョウバエ胚の β ガラクトシダーゼ活性を観察したところ，**図2**のようなパターンとなった。

ベクター A：*eve* 遺伝子の2番目の帯での発現を制御する DNA 配列 ＋ β ガラクトシダーゼ遺伝子

ベクター B：ベクター A から Gt タンパク質結合配列を全て欠失

ベクター C：ベクター A から Kr タンパク質結合配列を全て欠失

ベクター D：ベクター A から Bcd タンパク質結合配列を全て欠失

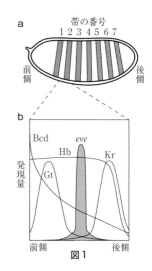

図1

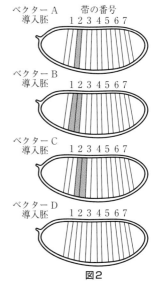

図2

問1 ベクター B 導入胚における β ガラクトシダーゼ活性のパターンから，Gt タンパク質の働きについて考えられることを60字程度で述べよ。

問2 ベクター C 導入胚における β ガラクトシダーゼ活性のパターンから，Kr タンパク質の働きについて考えられることを60字程度で述べよ。

問3 **図2**に示された，4種類のベクター導入胚における β ガラクトシダーゼ活性のパターンから，2番目の帯付近での *eve* 遺伝子の発現において，Hb タンパク質が果たす役割について考えられることを100字程度で述べよ。

〔II〕ショウジョウバエのある1つの遺伝子が突然変異して機能を失うことによって，本来触角であるべき場所に肢が形成されたり，(1)本来は胸部に一対しかない翅が二対形成

されることがある。このような変異をホメオティック変異と呼ぶ。また、(2)このような変異の原因となる遺伝子をホメオティック遺伝子と呼ぶ。

　哺乳類であるマウスでも人工的にホメオティック変異をもつ個体を得ることが可能となった。例としてショウジョウバエのホメオティック遺伝子の1つである *AbdB* と相同なマウスの遺伝子について考える。ショウジョウバエの *AbdB* は腹部体節で発現しており、この遺伝子に変異がおきると、腹部第5〜7体節がより前側の腹部第3〜4体節の性質をもつような変異がおこる。*AbdB* 遺伝子に相当するマウスの遺伝子は *Hoxa10*, *Hoxc10*, *Hoxd10* の3つがあり、それぞれ異なる染色体上に存在する。これらは進化の過程で染色体の重複により生じたと考えられている。ところで、(3)マウスではこれら3つのうちのどれか1つの遺伝子に変異をおこしてその機能を失わせても、椎骨の形態に劇的な変化は見られなかった。いっぽう、これら3つすべての遺伝子の機能を失ったマウスでは、腰の部分の椎骨がすべて胸部の椎骨の形態をとり、その近傍に本来は胸部にしかない肋骨のような骨が形成された。つまり腰の部分の骨を形成するべき細胞群が胸の部分の性質をもつようになる変異が観察された。

問4　下線部(1)の変異体はバイソラックス変異体と呼ばれる。この変異体では *Ubx* 遺伝子が機能を失った結果、3つある胸部体節のうちの後胸が中胸に変化して中胸がもつ翅をもう一対もつようになったと考えられる。図3に示した *Ubx* 遺伝子と *Antp* 遺伝子の発現領域の重なり具合から、なぜ *Ubx* 遺伝子の機能が失われると後胸が中胸の性質を示すようになったのかを、30字程度で述べよ。なお、ホメオティック遺伝子の産物は調節タンパク質であり、遺伝子の発現を促進するものもあれば抑制するものもあることを考慮せよ。

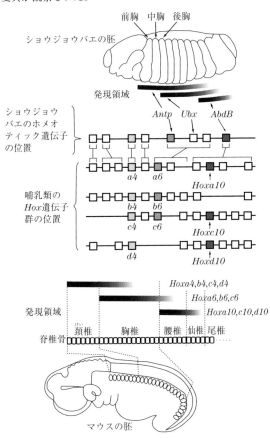

図3　ホメオティック遺伝子とその発現領域

問5　下線部⑵に関して，ホメオティック遺伝子が共通してもつ180塩基対の配列をなんと呼ぶか，その名称を記せ。

問6　下線部⑶に関して，なぜマウスでは1つの遺伝子の変異だけでは劇的な形態の変化が見られなかったのか。3つの遺伝子が重複によって生じ，それぞれがよく似た働きをもつと考えられている点を考慮して，その理由を30字程度で述べよ。

（奈良県立医科大・東北大）

類題 出題校	東京大，東京医科大，東京慈恵会医科大，愛知医科大，近畿大［医］，東京海洋大，琉球大，山形大，千葉大，富山大， 早稲田大，上智大，明治大，立教大，中央大，芝浦工業大，学習院大，順天堂大，大阪医科薬科大，北里大

↗ 068 | クローン動物・iPS 細胞の作製　　〈第25・54・61講〉

★★★　|（I）★★　　（II）★★ ────────────── 〈解答・解説〉p.139

〔I〕1960年代前半に，ガードンはアフリカツメガエルの卵に，成体の体細胞の核を移植することで，核移植された卵をオタマジャクシにまで成長させることに成功した。この実験の成功率は低かったが，彼は，卵細胞の細胞質は分化した核を「初期化」してその能力を回復させると推測した。ガードン以降，30年以上にわたる試行錯誤を経て，哺乳類成体の体細胞の核移植により，ヒツジ，マウスなどの新たな個体（クローン動物）を発生させることができるようになった。

　核移植によるクローン動物の作製は広く用いられる技術となったが，哺乳類での成功率は両生類よりもさらに低く，その原因として次のようなことが考えられていた。

　成体の各種組織には極めて少数ではあるが適当な条件下で様々な細胞に分化できる細胞（成体幹細胞）が含まれることがわかってきたので，上記の核移植実験では，分化した細胞の核が初期化したのではなく，組織に含まれる成体幹細胞の核が正常発生したのを観察した可能性がある。

　そこで，マウスT細胞の核を，移植実験に用いる事を考えた。T細胞は多様な抗原に対応するため，T細胞レセプター遺伝子の（　A　）を行っている。正常な成体の中で，DNAの配列を不可逆的に（　A　）するのはT細胞と（　B　）だけで，成体幹細胞を含む他の細胞では起こりえない。**図1**はT細胞レセプターβ鎖遺伝子領域の構造の一部を示している。(a)は肝臓，(b)，(c)は，あるT細胞（それぞれT細胞-1，T細胞-2と呼ぶ）のものである。β鎖遺伝子はV，D，Jと呼ばれる複数の遺伝子断片からなるグループをもち，分化の過程でグループから一つずつが無作為に選ばれ連結して，多様性に富む様々なVDJ配列を作り上げる。(b)の例では，Vβ12，Dβ2，Jβ2が，(c)の例では，Vβ12，Dβ2，Jβ4が選ばれ，これらに挟まれた領域は切除され，選ばれた断片が再結合する。

　ここで，**図1**に横向きの矢印で示す位置と向きに，3種類のPCR用プライマーX，Y，Zを用意した。正常マウス肝臓，T細胞-1，T細胞-2，および多数のT細胞を含む正常マウスリンパ節から，それぞれのDNAを抽出して，これらを鋳型にしたPCRを行った。電気泳動による解析で，XとZを用いたPCRでは，いずれの検体からも300塩基対（bp）のバンドが検出された（**図2**，レーン1〜4）。これはVβ12の断片が増幅された事を示す。XとYを用いたPCRでは，正常マウス肝臓のDNAからは増幅が起こらなかっ

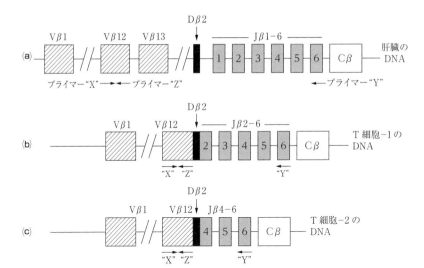

図1 マウスT細胞抗原レセプター遺伝子の構造

た（レーン7）。これは，XとYの位置が大きく離れているために十分な増幅反応が起こらなかったことによる。一方多種類のT細胞が混在しているリンパ節のDNAからは，350bpから1330bpの，異なる大きさの6本のバンドが検出された（レーン10）。T細胞-2ではこれらのうち下から3番目と同じサイズ（840bp）のバンドが検出された（レーン9）。

いま，T細胞-1の核をマウス卵母細胞に移植したところ，正常に発生して成体になった。このマウスの肝臓からDNAを抽出し，XとZ，XとYでPCRを行った（点線内のレーン5，6）。この結果から，確かに分化したT細胞の核が初期化してマウス成体が生じたものと判断された。

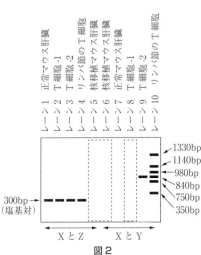

図2
PCRによるT細胞抗原レセプター遺伝子の検出

問1　文中の空欄（ A ），（ B ）に入る最も適切な語句を答えよ。

問2　図2における点線内のレーン5，6，8はどのようなサイズのバンドが検出されると考えられるか。下記の［例］に従って答えよ。なお，検出されるバンドがない場合には，該当レーンに「×」を書け。

　　［例］（レーン1）300bp（レーン10）350bp，750bp，840bp，1140bp，1330bp

〔Ⅱ〕動物個体は，一つの受精卵が分裂を繰り返し，からだのさまざまな組織を構成する細胞へと分化することにより形成される。㋐細胞は，特定の細胞に分化すると，その細胞に特有の機能をもつようになり，他の細胞にはなることはできない。一方，受精卵やES細胞（胚性幹細胞）は，さまざまな細胞へと分化する能力をもち，それらの細胞質には，分化した細胞を初期化する因子が含まれていることが明らかにされた。

　この現象に着目して山中博士（現京都大学iPS細胞研究所所長）らは，㋑ES細胞に高く発現していた遺伝子をベクターに組み込み，人為的に発現させることで，2006年にマウス，2007年にヒトの皮膚の細胞を，さまざまな組織に分化する能力をもった細胞へと初期化させることに成功し，この細胞をiPS細胞（人工多能性幹細胞）と名付けた。

問3　下線部㋐について，ほぼすべての細胞が同じ遺伝情報をもつにもかかわらず，細胞ごとに特有の性質を示す。その理由を遺伝子発現の観点から，40字以内で答えよ。

問4　下線部㋑について，10種類の遺伝子を用いて山中博士らと同様の手法でiPS細胞の作製を試みた。遺伝子（A～J）をベクターに組み込み，同時にすべての遺伝子を皮膚の細胞に導入したところiPS細胞の作製に成功した。次に10種類の遺伝子のうち，必要な遺伝子を決定する目的で，1種類ずつ除いた9種類の遺伝子セットを導入して，再びiPS細胞の作製を試みた。図3は，それぞれの条件で100,000個の皮膚の細胞を用いて遺伝子導入をした時に，作製に成功したiPS細胞の数を示す。図3を参考に，(1)～(3)について答えよ。

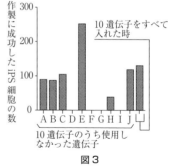

図3

(1) 10種類の遺伝子のうち，iPS細胞の作製に不可欠であると予想される遺伝子をA～Jの中からすべて選び，記号で答えよ。

(2) 図3で示すように遺伝子Eを除いたら，作製に成功したiPS細胞の数が増加した。増加した理由について，考えられることを40字以内で答えよ。

(3) 再生医療において，iPS細胞から作った組織（器官）を移植した後，(1)で答えた遺伝子が再び発現すると，問題のある細胞が現れる可能性がある。ここでいう問題のある細胞として考えられる特徴を1つあげ，40字以内で答えよ。(東海大・千葉大)

類題出題校	京都大，東北大，九州大，名古屋大，慶應義塾大[医]，関西医科大，愛知医科大，金沢医科大，滋賀医科大，東京医科大，大阪医科薬科大[医]，横浜市立大，弘前大，秋田大，香川大，長崎大，新潟大，大阪公立大，富山大

→ **069** | **再生（脊椎動物・無脊椎動物）**　　　　　　　　　　　　　〈第54講〉
★　|〔Ⅰ〕　　　　　〔Ⅱ〕★　——————————————〈解答・解説〉p.140

〔Ⅰ〕再生能力の高い動物として知られているイモリの水晶体再生に関して実験1～3を行った。

【実験1】イモリ眼球から水晶体を除去し，放置した。すると，図1のように背側の虹彩

の先端部分の細胞が色素を消失し，虹彩組織の特徴をもたない未分化細胞に変化した。その後，それらの細胞はさかんに増殖して細胞塊となり，水晶体の細胞の特徴をもつようになることで，_a最終的には元通りの水晶体が再生された。一方，腹側の虹彩組織では，背側のような変化は認められなかった。

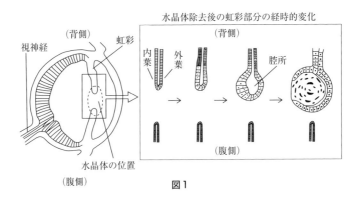

図1

【実験2】 実験1で観察された水晶体除去に対する背側と腹側の虹彩組織の反応の違いを詳しく調べるための実験を行った。イモリ眼球から水晶体を除去した後，図2で示したように，虹彩をⅠ～Ⅵの区画に切り分け，分割片として取り出した。次に，それぞれの分割片をあらかじめ水晶体を除去した別のイモリの眼球内の背側，もしくは腹側の虹彩付近に移植し，分割片から水晶体が再生されるかどうかを調べた。表1は，同一の実験者がこの実験を反復して得た結果である。

図2

表1

虹彩の区画	Ⅰ	Ⅱ	Ⅲ	Ⅳ, Ⅴ, Ⅵ
移植実験の例数	16	15	13	44
水晶体再生の例数 / 背側虹彩付近への移植数	$\frac{3}{8}$	$\frac{8}{8}$	$\frac{2}{6}$	$\frac{0}{20}$
水晶体再生の例数 / 腹側虹彩付近への移植数	$\frac{2}{8}$	$\frac{7}{7}$	$\frac{2}{7}$	$\frac{0}{24}$

注）区画Ⅳ～Ⅵについては，全結果をまとめて示した。

【実験3】 虹彩の水晶体再生能力を細胞レベルで調べた。まず，イモリの虹彩の背側と腹側の色素上皮（色素顆粒を有する上皮細胞からなる組織）を別々にはがし取り，タンパク質分解酵素液で処理して組織を解離し，1個ずつの細胞にした。この細胞を適当な条件下で培養したところ，_b背側と腹側のいずれの虹彩組織の色素上皮に由来する培養細胞においても水晶体様の構造が形成された。

問1 実験1の下線部 **a** について，虹彩から発生した細胞塊が水晶体であることを証明するにはどのような方法があるか。次の①〜⑥から正しいものをすべて選べ。

① 正常な水晶体と細胞塊を電子顕微鏡で観察し，細胞の形態が同じことを示す。

② 正常な水晶体と細胞塊から DNA を抽出し，塩基配列が同じことを示す。

③ 水晶体にのみ存在するタンパク質が細胞塊にも存在することを示す。

④ 切り取った元の水晶体と細胞塊が同じ大きさであることを示す。

⑤ 水晶体にのみ存在することが知られているタンパク質の mRNA が細胞塊でも転写されていることを示す。

⑥ 細胞塊をタンパク質分解酵素で処理して組織を解離し，すべての細胞が色素を欠いて透明であることを確認する。

問2 実験2で得られた**表1**の結果について，次の問いに答えよ。

⑴ 移植された分割片Ⅰ〜Ⅲ（背側の虹彩組織）とⅣ〜Ⅵ（腹側の虹彩組織）の水晶体を再生する能力の違いについてどのようなことが言えるか。50字以内で答えよ。

⑵ 分割片が移植された部位の違い（背側あるいは腹側の虹彩組織付近）が水晶体の再生に与える影響について，どのようなことが言えるか。50字以内で答えよ。

問3 実験3の下線部 **b** の結果と実験2の結果から，背側および腹側虹彩由来の色素上皮細胞と水晶体再生能について言えることを80字以内で答えよ。

〔Ⅱ〕東京にある高校の生物部に所属するS君は，プラナリアの再生について，以下の実験4〜6を行った。

【実験4】図3（A，B）に示した位置でプラナリアの体を横，あるいは縦に切った。切断したプラナリアを水槽で飼って再生過程を3週間にわたって観察した。通常プラナリアの体は色素により黄土色や茶色に見える。しかし，1週間後には切断面から白い組織が現れて膨らみ再生部位を形成しているように見えた。そこでS君は体色を目印に，再生のために新しく増殖した組織と色のついた古い組織を見分けることができると考えた。3週間後には頭部や腹部の

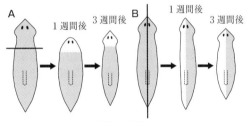

図3 実験4

Aでは体を太線に沿って横に切り，Bでは縦に半分に切って再生する様子を観察した。太線は切断面，灰色部は色のついた組織，白色部は新しく出現した白い組織を示す。

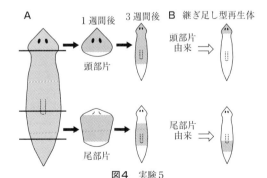

図4 実験5

Aは実際に起きた再生の結果。Bは同じ断片より継ぎ足し型の再生で予想される結果。太線は切断面，灰色部は色のついた組織，白色部は新しく出現した白い組織を示す。

機能が回復し，いずれの切断片からも少し小さいが正常なプラナリアが再生した。

【実験5】図4Aに示した位置でプラナリアの体を横に切ってできた頭部と尾部の小さな断片をそれぞれ水槽に入れて再生過程を3週間にわたって観察した。いずれも小型になったが，実験4と同様に正常な再生が確認された。

【実験6】プラナリアに餌を与えずに2ヶ月間飼育した。プラナリアはやせ細ることはなく，体の形や機能は維持したまま這い回っていた。ただし，体のサイズだけが徐々に小さくなり，2ヶ月後には体長は1/3までになった。

S君は，プラナリアの体には 。ネオブラストと呼ばれる未分化細胞が体中に常に散在しており，この細胞は再生など必要に応じてあらゆる種類の細胞に分化することができるらしいと，文献で知った。この知見にS君の興味はさらに深まり，次はネオブラストをシャーレ(ペトリ皿)で培養していろいろな細胞に分化させてみたいと考えている。

問4 実験4よりプラナリアの再生能力について，前後左右の体の方向性（極性）に注目して40字以内で説明せよ。

問5 S君は，実験4の結果から，失われた体の部分が新しい白い組織によって継ぎ足されるように再生すると考えていた（図4B，継ぎ足し型再生）。ところが実験5で実際に再生した体の白い組織と色のついた組織をよく観察すると，考えていたのとは違った過程を経て再生していることに気が付いた。以下の(1)，(2)に各々30字以内で答えよ。

　(1) 図4Bの継ぎ足し型再生と矛盾する点を図4Aの3週間後の図で指摘せよ。

　(2) プラナリアの再生において色のついた組織では何が起きているかを答えよ。

問6 実験6で，プラナリアの体のサイズが小さくなるメカニズムを推察し30字以内で述べよ。

問7 下線部cについて，プラナリアではネオブラストが再生において重要だとすると，新しく出現した白い組織はネオブラスト由来の細胞の集合ということになる。では，イモリの除去された水晶体の再生が，プラナリアの白い組織の再生と異なる点は何か50字以内で答えよ。

（岡山大・防衛医科大）

第9章

類題出題校	北海道大，東京大，慶應義塾大[医]，**北里大[医]**，東邦大[医]，福岡大[医]，福島県立医科大，**滋賀医科大**，東京女子医科大，京都府立医科大，千葉大，愛媛大，早稲田大，立教大，関西学院大，玉川大，

第10章 植物の配偶子形成・受精・発生と環境応答

↗070 自家不和合性

★★　　　　　　　　　　　　　　　　　　　　　　　　〈第56講〉

—————————————————————〈解答・解説〉p.143

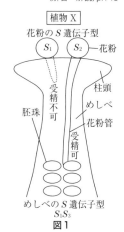

植物 X

花粉の S 遺伝子型

S_1　S_2　—花粉

受精不可

柱頭

胚珠　　　　めしべ

花粉管

受精可

めしべの S 遺伝子型
S_1S_3

図1

　自己の花粉による受粉を自家受粉といい，他個体の花粉による受粉を他家受粉という。植物のなかには自己の花粉による受精（自家受精）を防ぐ機構として，自家受粉を物理的に回避する仕組みが発達しているものがある。また，自家受粉が起きたとしても，自家受精を防ぐ性質をもった植物も存在している。この自家と他家の花粉を識別し，自家受精を防ぐ性質を自家不和合性と呼ぶ。よく研究されている自家不和合性の認識反応は，S 遺伝子により制御されている。S 遺伝子には塩基配列の異なる対立遺伝子が複数存在し，その種類が n 種類あるとすると，S_1，S_2，…，S_n と表すことができる。植物 X では，花粉とめしべが同じ種類（番号）の S 遺伝子をもっている場合に，自家不和合性の認識反応が起こり，その結果として受精は成立しない（図1）。なお，花粉を供与する個体を花粉親，花粉を受け取る個体をめしべ親（種子親）とする。

問1　文中の下線部について，被子植物のうち1つの花の中にめしべとおしべをもつ両性花をつける個体では，自家受粉を回避する仕組みにはどのようなものが見られると考えられるか。花の構造と時期の観点からそれぞれ簡潔に説明せよ。

問2　植物が自家受精を回避する利点と欠点について，それぞれ説明せよ。

問3　植物 X について，(ア) 花粉親 S_1S_2 × めしべ親 S_3S_4，(イ) 花粉親 S_1S_2 × めしべ親 S_1S_4 の組み合わせで交配を行ったとき，雑種第1代（F_1）での S 遺伝子型の分離比を記せ。なお，次世代が1種類しかできない場合は，その個体の S 遺伝子型のみを，できない場合には，「次世代無し」と記せ。

問4　植物 X について，A と a は対立遺伝子であり，S 遺伝子と同一染色体上に存在している。ここに，遺伝子型が S_1S_2Aa の個体 G と遺伝子型が S_2S_3Aa の個体 H がある。個体 G では S_1 が A，S_2 が a と連鎖しており，個体 H では S_2 が A，S_3 が a と連鎖している（図2）。花粉親を個体 G，めしべ親を個体 H の組み合わせで交配を行ったときに形成される種子のうち，AA の遺伝子型をもつものは全体の何 % か記せ。ただし，S 遺伝子と A 遺伝子の間の組換え価を20% とする。

個体 G
S_1S_2Aa

S_1　S_2

A　a

花粉親

個体 H
S_2S_3Aa

S_2　S_3

×

A　a

めしべ親

図2

　植物 Y は植物 X と同様に，S 遺伝子によって自家不和合性の認識反応が制御されている。しかし，その様式は植物 X とは異なっている。この植物 Y の S 遺伝子には顕性（優性）・潜性（劣性）の関係（優劣関係）があり，形成された花粉の花粉親のもつ顕性 S 遺伝

子の種類（番号）と，めしべのもつ S 遺伝子の種類（番号）が一致する場合に自家不和合性の認識反応が起こり，その結果として受精は成立しない。例えば，S_p，S_q，S_r の各 S 遺伝子の形質を現す強さ（優劣関係）の大小を不等号を用いて $S_p > S_q > S_r$ と表す。花粉親を S_pS_q，めしべ親を S_qS_r として交配させた場合，$S_p > S_q$ なので種子が形成される（図3左）。しかし，花粉親を S_qS_r，めしべ親を S_pS_q として交配させた場合は，$S_q > S_r$ なので，自家不和合性の認識反応が起き，その結果種子は形成されない（図3右）。

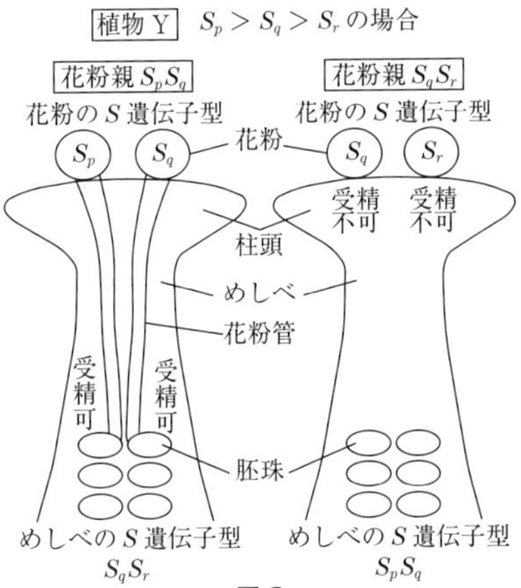

図3

ここに，植物 Y について Sa，Sb，Sc，Sd のいずれか2つの S 遺伝子から成るヘテロ接合体の個体 U がある。この個体 U において以下の交配実験を行った。

【実験1】 花粉親が S_aS_b または S_bS_c，めしべ親が個体 U では種子が得られた。

【実験2】 花粉親が S_aS_d または S_cS_d，めしべ親が個体 U では種子が得られなかった。

【実験3】 花粉親が個体 U，めしべ親が S_bS_d または S_cS_d では種子が得られた。

【実験4】 花粉親が個体 U，めしべ親が S_aS_d では種子が得られなかった。

【実験5】 花粉親が S_cS_d，めしべ親が S_bS_c では種子が得られた。

問5 実験1〜4から，個体 U の S 遺伝子型は S_aS_b，S_aS_c，S_aS_d，S_bS_c，S_bS_d，S_cS_d のうち2つの可能性が考えられる。その2つを記せ。

問6 実験5の結果を考慮し，個体 U の S 遺伝子型を同定し記せ。また，S_a，S_b，S_c，S_d の S 遺伝子の形質を現す強さを不等号を用いて記せ。

（奈良県立医大）

類題出題校	センター，京都大，名古屋大，和歌山県立医科大，福島県立医科大，埼玉医科大，東京医科大，**日本大[医]**，千葉大，岡山県立大，お茶の水女子大，富山大，琉球大，埼玉大，広島大，大阪教育大，徳島大，東京学芸大，帯広畜産大

↗ 071 | 頂端分裂組織

★ 〔Ⅰ〕★ 〔Ⅱ〕　　　　　　　　　　　　　　　　　　　〈第57講〉

——————————————————————〈解答・解説〉p.145

〔Ⅰ〕植物の花や葉は，茎頂分裂組織から分化誘導されることが知られている。その茎頂分裂組織の大きさは，厳密に制御されている。WUS 遺伝子には茎頂分裂組織を大きくする機能（アクセル）があり，CLV3 遺伝子は WUS 遺伝子発現領域を制限することで，茎頂分裂組織を小さくする機能（ブレーキ）がある。このアクセルとブレーキの組合せ（働き合い）により，適切な茎頂分裂組織のサイズが維持されており，WUS 遺伝子や CLV3 遺伝子が機能しない系統（それぞれ wus と clv3 と表す）や，CLV3 遺伝子を過剰に機能させた系統（CLV3OX と表す）では，茎頂分裂組織のサイズが野生型のものと異なる形質を示すことが知られている。

148

問1　野生型，wus，clv3，CLV3OX の茎頂分裂
組織を示す模式図として最も適切なものを，図
1中の①〜③のうちから1つずつ選べ。

問2　WUS遺伝子とCLV3遺伝子との両方の遺伝
子が機能しない系統の茎頂分裂組織を示す模
式図として最も適切なものを，図1中の①〜③のうちから1つ選べ。

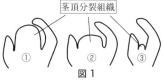
茎頂分裂組織
① ② ③
図1

問3　CLV3遺伝子は細胞間情報伝達物質であるペプチドホルモンをコードし，CLV1遺
伝子はその受容体をコードする。そのCLV1遺伝子が機能しない系統（clv1 と表す）
の茎頂分裂組織は，clv3の茎頂分裂組織と同じ形質を示す。clv1においてCLV3遺
伝子を過剰に機能させた系統の茎頂分裂組織を示す模式図として最も適切なものを，
図1中の①〜③のうちから1つ選べ。

〔Ⅱ〕植物の胚発生過程では胚のおおまかな構造が作られるだけで，植物体のほとんどの
部分は根と芽の先端にある頂端分裂組織の働きにより胚発生以降に作られるので，頂端
分裂組織には細胞の分裂と分化を正しく制御するしくみがある。₍ₐ₎細胞分裂は，娘細胞
が同じ性質を持つ等分裂と，異なる性質を持つ不等分裂に分けることができる。また，
細胞分裂の方向に着目すると，分裂面が細胞層に対して垂直な（細胞層が維持される）垂
層分裂と分裂面が細胞層に平行な（新たな細胞層が作られる）並層分裂に分けられる。

　ある植物の根では，同じ性質を持つ
細胞が一列に並び，外側から表皮，皮
層，内皮の順に同心円状の層構造を作っ
ている（図2）。また，根の先端には根
冠が形成される。最近の研究から，根
の細胞分化パターンの形成には根の頂
端分裂組織のなかの静止中心と呼ばれ
る領域が重要な役割を果たしているこ
とがわかってきた。静止中心を構成す
る数個の細胞はほとんど分裂しないが，
静止中心を取り囲む細
胞は始原（幹）細胞と
して分裂する。

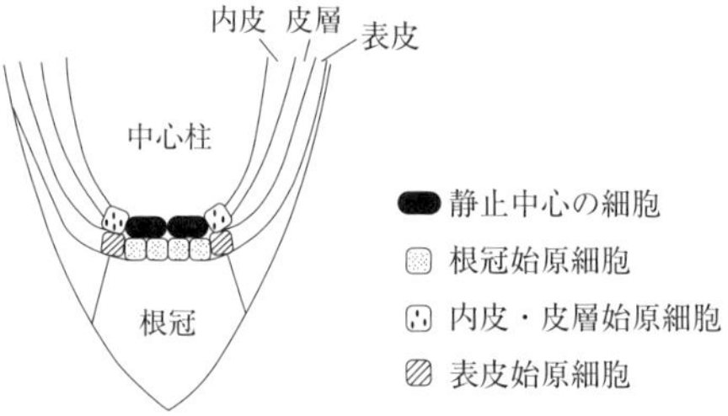

内皮　皮層　表皮
中心柱
根冠

■ 静止中心の細胞
▨ 根冠始原細胞
▨ 内皮・皮層始原細胞
▨ 表皮始原細胞

図2　根先端部の縦方向断面の模式図
この図では，静止中心の細胞とその周囲の細胞の
一部のみが個別の細胞として示されている。

　静止中心の下側に接
する根冠始原細胞の分
裂で生じた娘細胞のう
ち，静止中心に接する
細胞では始原細胞とし
ての性質が維持され，
静止中心から遠い細胞
は根冠細胞に分化する

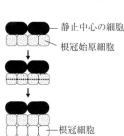
静止中心の細胞
根冠始原細胞
根冠細胞

図3　根冠始原細胞の分裂
破線は細胞分裂面を示す。根
冠始原細胞の分裂から根冠始
原細胞と根冠細胞ができる。

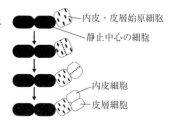
内皮・皮層始原細胞
静止中心の細胞
内皮細胞
皮層細胞

図4　内皮・皮層始原細胞の分裂
破線は細胞分裂面を示す。内皮・皮層始
原細胞は垂層分裂を行った後，静止中心
から遠い細胞が並層分裂する。その娘細
胞が内皮細胞と皮層細胞に分化する。

（図3）。また，静止中心の側部に接する
細胞は内皮・皮層の始原細胞として働く。
この場合は，内皮・皮層始原細胞の分裂
でできた娘細胞のうち静止中心と接する
細胞が始原細胞として維持され，静止中
心から離れた細胞はさらに並層分裂する。
この2度目の分裂から生まれた娘細胞が
内皮細胞と皮層細胞に分化する（図4）。

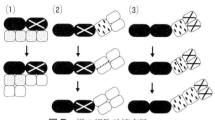

図5 根の細胞破壊実験
×印は破壊された細胞を示す。破線は細胞分裂面
を示す。細胞の表記は図2，3，4と同様である。

　根の細胞分化のしくみをさらに調べる
ために，静止中心や始原細胞などを破壊する実験が行われた（**図5**）。静止中心の1細胞
だけを破壊すると，破壊された静止中心細胞に接する根冠始原細胞は，分裂せずに根冠
細胞に分化したが，破壊されなかった静止中心に接する根冠始原細胞は正常に分裂した
（**図5**の(1)）。また，破壊された静止中心に接する内皮・皮層始原細胞は垂層分裂ではな
く並層分裂し，その娘細胞がそれぞれ内皮細胞と皮層細胞に分化した（**図5**の(2)）。とこ
ろが，すでに内皮や皮層に分化した娘細胞を破壊すると，内皮・皮層始原細胞は等分裂
して始原細胞が増殖した（**図5**の(3)）。(b)静止中心のすべての細胞を破壊したところ，そ
の約1日後には中心柱に新たに静止中心が分化した。

問4　下線部(a)について。
　　A．不等分裂の原因としてどのようなことが考えられるか，40字以内で述べよ。
　　B．植物の表皮は，一層に整然と並んだ表皮細胞群から構成されており，頂端分裂
　　　　組織の最も外側の細胞層に由来する。表皮を作るための細胞分裂の特徴を2つ
　　　　答えよ。
問5　細胞を破壊する実験について。
　　A．この植物の根で細胞の分化が制御されるしくみに関して，**図5**の(1)と(2)に示した
　　　　結果からわかることを60字以内で述べよ。
　　B．この植物の根で細胞の分化が制御されるしくみに関して，**図5**の(3)に示した結果
　　　　からわかることを60字以内で述べよ。
　　C．下線部(b)について。静止中心となる細胞を決定する要因について考えられるこ
　　　　とを30字以内で述べよ。

（熊本大・東京大）

類題 出題校	大阪大，東海大[医]，東京都立大，広島大，上智大，明治大，法政大，松山大

↗ **072**　**植物の光受容体**　　　　　　　　　〈第58・59・60講〉
★★★　　　　　　　　　　　　　　　　　　　　　　　　　〈解答・解説〉p.146

　光受容体A欠損株，B欠損株，C欠損株の3種類の変異体シロイヌナズナがある。こ
れらはそれぞれ光受容体A，B，Cの1種類のみを欠損している。光受容体A，B，Cを
特定するために，A欠損株・B欠損株・C欠損株・野生株の4つの株を用いて以下の実
験を行った。

【実験1】 発芽に適した温度，湿度の条件下で種子を暗所に置いた場合，いずれの株も発芽率は低かった。一方，白色光を当てた場合には A 欠損株のみ発芽率が低く，他の株の発芽率はほぼ100%となった。

【実験2】 発芽した種子を暗所で育てると，すべての芽生えは _aもやし状となった。もやし状になった芽生えに白色光を当てると，A 欠損株と B 欠損株ではもやし状のままであったが，C 欠損株と野生株ではもやし状ではなくなった。

【実験3】 発芽した種子を窓際に置いて育てたところ，C 欠損株以外の3つの芽生えでは _b光の当たる窓側に向かって成長したが，C 欠損株の芽生えは窓側に向かって成長することはなかった。

問1 下線部 **a** について，もやし状の芽生えに見られる形態的特徴を3つあげ，それらを合わせて30字以内で述べよ。

問2 暗所において芽生えがもやし状になることは，種子が地中で発芽した場合に都合がよいと考えられている。地中で発芽した種子の芽生えがもやし状になることの利点を2つあげ，それらを合わせて80字以内で述べよ。

問3 実験2から胚軸の伸長にも光が関与することがわかる。茎の伸長も種子の発芽と同様に，光と植物ホルモンによって調節されている。光の影響を受けて茎の伸長成長を制御，特に伸長成長を促進する植物ホルモンの名称を3つ答えよ。

問4 下線部 **b** について以下の(1)〜(3)に答えよ。

(1) 植物が光に向かって成長する反応を何というか。

(2) この反応に関わる植物ホルモンの名称を答えよ。

(3) 実験3からわかるように，この反応には光受容体が関与している。この反応が起こるしくみを，(2)で答えた植物ホルモンの名称と「光受容体」の語を用いて70字以内で述べよ。

問5 光受容体 A，B，C の名称を答えよ。また，それぞれの光受容体を活性化する光の色を答えよ。

問6 光受容体 C 欠損株では，実験3でみられたように光に向かって成長する性質を失った表現型以外にも，野生株と異なる表現型がみられる。C 欠損株の野生株と異なる表現型のうち，葉で観察されるものを2つあげ，それぞれ40字以内で述べよ。

(静岡大)

↗ **073** | **発芽の調節** 〈第58講〉
★★★ ——————————————————————————〈解答・解説〉p.148

⒜ レタスは，光によって発芽が促進（誘導）される種子をつくる植物としてよく知られている。レタス種子に種々の波長の光を照射する実験の結果より，光には発芽を誘導する効果と抑制する効果があることがわかった。最も誘導効果の高い波長域の光を光A，最も抑制効果の高い波長域の光を光Bと以降も呼ぶことにする。

問1 文中の下線部について，光Aと光Bのそれぞれに適する光の波長（nm）を次の①
〜⑥から1つずつ選べ。

① 330　② 460　③ 530　④ 660　⑤ 730　⑥ 860

(b) レタス種子を発芽に適し
た温度，湿度の条件下にお
いて暗所でまき，暗黒下で
1時間培養後，3時間培養後，
6時間培養後あるいは9時
間培養後，光Aを180秒間
照射し，その後暗黒下で培
養を続けて発芽率を調べた
ところ，図1の結果が得ら
れた。

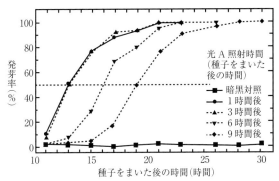

図1　レタス種子の発芽に対する光Aを照射する時期の影響

問2　光Aを，暗黒下で
培養㋐1時間後，㋑3時間後，㋒6時間後，㋓9時間後に照射した種子の発芽率が
50％に到達する時間は，それぞれ種子をまいてから何時間目になるか。適切な整数
値で答えよ。

問3　この結果から，光Aを照射しても発芽過程が先に進まない時期は，種子をまいた
後何時間目までと推定できるか。その推定値を整数で答えよ。

(c) 発芽を誘導する効果の高い
光Aが種子に当たったことや，
発芽を抑制する効果の高い光
Bが種子に当たったことは，
何を意味しているのであろう
か。太陽光と，植物の葉を透
過した後の太陽光の波長ごと
の光強度を調べてみると，図2
のようになる（この図では，強
度が最も高い波長の値を1と
して表示してある）。

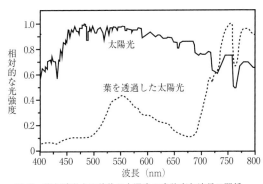

図2　葉を透過する前後の太陽光の光強度と波長の関係

問4　図2の結果から，レタス種子は，光照射の有無，光が当たった場合は，十分な光
Aを含んでいるか，またはほとんどが光Bであるかということから，種子の地中で
の位置，種子の上部における他の植物の状態を感知していると考えられる。レタス
種子がそれぞれの光環境から得ていると考えられる最も適切な環境情報を，㋔ 暗所
の場合，㋕ 十分な光Aを受けた場合，㋖ ほとんど光Bのみを受けた場合について，
次ページの①〜⑥から1つずつ選べ。

第
10
章

① 種子は地中深くに埋まっており，地上に他の植物があるかは不明である。

② 種子は地中深くに埋まっており，地上には他の植物は繁茂していない。

③ 種子は地中深くに埋まっており，地上には他の植物が繁茂している。

④ 種子は地表近くにあり，地上に他の植物があるかは不明である。

⑤ 種子は地表近くにあり，地上には他の植物は繁茂していない。

⑥ 種子は地表近くにあり，地上には他の植物が繁茂している。

(d) レタス種子において光Aが照射されると，種子内で植物ホルモンであるジベレリン（以降 GA と表記）の代謝に関わる1種類の酵素遺伝子の発現が活性化され，その結果，種子発芽誘導能を持つ活性型の GA 量が増えることによって発芽が誘導されることが明らかとなった。GA は発見順に番号が付けられ，GA_1，GA_2 のように呼ばれる。レタス種子中には GA_1，GA_8，GA_{20} の3種類が見いだされた。

これら3種類の GA 中で活性型は1つのみで，他は代謝されて活性型に変化する GA 前駆体と，活性型が代謝されて不活性型に変化した GA であった。レタス種子をあらかじめ GA 合成を抑制する薬剤で処理し，種子中の GA 濃度を種子発芽を誘導できないレベルまで下げた状態で，3種類の GA を与えて，暗黒下と光A照射下で発芽に対する効果を調べたところ，表1 の結果を得た。

表1 レタス種子発芽に対する異なる GA の影響

	発芽		
	投与した GA の種類		
光条件	GA_1	GA_8	GA_{20}
暗　黒	＋	－	－
光A照射	＋	－	＋

＋：種子は発芽した
－：種子は発芽しなかった

問5 表1 の結果から判断して，GA の代謝経路として正しいものはどれか。次の①～⑥から最も適切なものを1つ選べ。

① $GA_1 \rightarrow GA_8 \rightarrow GA_{20}$　② $GA_1 \rightarrow GA_{20} \rightarrow GA_8$　③ $GA_8 \rightarrow GA_1 \rightarrow GA_{20}$

④ $GA_8 \rightarrow GA_{20} \rightarrow GA_1$　⑤ $GA_{20} \rightarrow GA_1 \rightarrow GA_8$　⑥ $GA_{20} \rightarrow GA_8 \rightarrow GA_1$

問6 表1 の結果から判断して，光Aにより制御されるのはどの反応段階に働く酵素の遺伝子と考えられるか，次の①～⑥から最も適切なものを1つ選べ。

① $GA_1 \rightarrow GA_8$　② $GA_1 \rightarrow GA_{20}$　③ $GA_8 \rightarrow GA_1$　④ $GA_8 \rightarrow GA_{20}$

⑤ $GA_{20} \rightarrow GA_1$　⑥ $GA_{20} \rightarrow GA_8$

問7 植物において，植物ホルモンどうしが促進的あるいは抑制的に働くことがある。種子の発芽における植物ホルモンの働きを調べるために，25℃の暗室で，レタス種子に3種類の植物ホルモン（GA，アブシシン酸，カイネチン）を与え，48時間後の発芽率を調べる実験を行った。図3のAは GA とカイネチン，Bは GA のみ，Cは GA とアブシシン酸とカイネチン，Dは GA とアブシシン酸を与えたときの結果である。この結果から，種子の発芽に対する GA の作用と，その作用に対するア

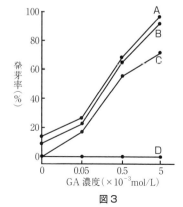

図3

ブシシン酸とカイネチンの働きについて考えられることを，80字以内で述べよ。ただし，実験に用いたアブシシン酸濃度は 0.04×10^{-3} mol/L，カイネチン濃度は 0.05×10^{-3} mol/L である。

(東京理科大・川崎医科大)

類題 出題校	センター，東北大，京都大，奈良県立医科大，昭和大[医]，東京慈恵会医科大，**大阪公立大，新潟大，愛媛大，九州工業大，** 静岡大，**東京都立大，福島大，山形大，広島大，埼玉大，宮城大，**金沢大，東京学芸大，宮崎大，**熊本大，早稲田大**

→ 074　生育環境と花芽形成

★

〈第60講〉

〈解答・解説〉p.149

〔文1〕図1は3種類の植物(a)～(c)について，1日あたりの日照時間の長さをいろいろに変えて栽培したときの，播種（種播き）後から花芽形成までに要する日数を示したものである。なお，温度などの栽培条件はすべて同じにした。

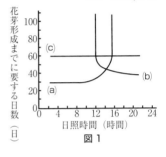

図1

問1　植物(a)～(c)と同じようなグラフを示すタイプの植物はそれぞれ何と呼ばれるか。次の①～③から最も適当なものを1つずつ選べ。

①　長日植物　　　②　短日植物　　　③　中性植物

〔文2〕短日植物Aは品種により花芽形成における限界日長が異なり，品種x，y，zの限界日長はそれぞれ14，12，10時間である。表1は，ある地域Bにおける，日長の季節変動を示している。なお，限界日長とは，花芽形成が起こるか否かの境界となる日長（昼の長さ）である。

問2　地域Bの畑において品種xとyをそれぞれ5月中旬以降1週間おきに9月上旬まで播き，花芽形成までの日数を調べた。播いた日付を早い順に横軸に，播種後花芽形成が始まるまでに要する日数を縦軸にとった場合，品種xとyではそれぞれどのようなグラフになるか。最も適当なものを次の①～⑥から1つずつ選べ。ただし，この季節の範囲では，温度は花芽形成に影響をもたないものとする。

表1

日付	日長 （時間：分）
1月21日	9：31
2月20日	10：44
3月21日	12：11
4月20日	13：38
5月20日	14：49
6月19日	15：22
7月19日	14：57
8月18日	13：50
9月17日	12：26
10月17日	10：59
11月16日	9：46
12月16日	9：01

花芽形成までの日数

①　②　③　④　⑤　⑥

播種した日付

問3　地域Bの畑において，品種xを6月下旬に，品種yを6月初旬に，品種zを5月中旬に播いたとき，最も早く花芽が形成される品種はどれか。最も適当なものを次の①～④から1つ選べ。

①　x　　　②　y　　　③　z　　　④　いずれとも断定できない。

第10章

〔文3〕植物(d)は限界暗期が9時間の長日植物である。この植物(d)を，(1) 札幌（北緯43度）(2) 那覇（北緯26度）のそれぞれにある温室の中で，2月の初めに種子を播いて栽培を開始した。

問4 (1)，(2)において，植物(d)の花芽形成は起こるか。起こるとすればいつ頃始まるか。**図2**を参考にして推測し，次の①〜⑫から最も適当なものを1つずつ選べ。ただし，温室内の温度は，1年中この植物の生育に適する温度に調節されている。

① 3月初め　② 4月初め
③ 5月初め　④ 6月初め
⑤ 7月初め　⑥ 8月初め
⑦ 9月初め　⑧ 10月初め
⑨ 11月初め　⑩ 12月初め
⑪ 1月初め　⑫ 始まらない　　（東京理科大・東京大）

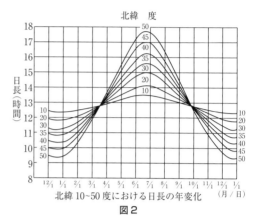

北緯10〜50度における日長の年変化
図2

類題出題校	センター，大阪大，帝京大[医]，京都府立大，**東京農工大**，**愛媛大**，**島根大**，山口大，新潟大，**山形大**，名古屋市立大，**静岡大**，**鳥取大**，**上智大**，早稲田大，明治大，**東邦大**，麻布大，順天堂大，芝浦工業大

↗ 075 │ 花芽形成に関与する遺伝子の発現調節　　〈第15・60講〉

★ │ (Ⅰ)　　　　　(Ⅱ) ★ ──────────────── 〈解答・解説〉p.150

〔Ⅰ〕植物はそれぞれ決まった季節に花を咲かせる。これは，植物に気温や日長の変化に反応して花をつける性質があるためである。20世紀前半以降，花芽形成（花成）には，_ア花成ホルモン（フロリゲン）と呼ばれる因子の関与が推定されていた。花芽形成と光周性の関連について調べるため，あるダイズの品種を用いて実験1〜3を行った。なお，植物体は人工気象室内で十分に成長したものを用い，日長処理は光合成を行うために十分な明るさの蛍光灯を用いた。気温は一定に保った。

【実験1】明期16時間，暗期8時間の明暗サイクル下（長日条件下）で栽培したところ，開花する兆しが見られなかったが，明期8時間,暗期16時間の明暗サイクル下（短日条件下）では開花した。

【実験2】短日条件の暗期開始後9時間目に短い15分間の光パルスを投与する光照射実験を行ったところ，花芽形成が抑制された。

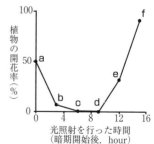

光照射を行った時間
（暗期開始後，hour）

図1

【実験3】暗期中で光照射を行う時間帯を少しずつ変えたところ，図1に示す結果を得た。また，明期8時間，暗期64時間の明暗サイクルを数回かけて，花芽形成率（開花率）を調べた。この際，64時間の暗期中のさまざまな時間帯で光照射実験を行ったところ，図2の結果が得られた。なお，図中の短い白バーは15分間の光照射した時間を示す。

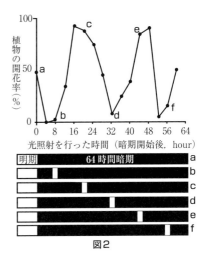

図2

さらに遺伝学的な解析を行うために，同じく短日植物のイネを用いて，実験4〜5を行った。イネでは短日条件下での開花率が大きく低下し，開花の日長感受性を示さなくなる変異株がいくつか知られている。これらの原因遺伝子のうち，A遺伝子とB遺伝子のmRNAの発現パターンを，野生株と変異株を用いて解析した。

【実験4】明期10時間，暗期14時間の明暗サイクル下（短日条件下）でのA遺伝子とB遺伝子の葉でのmRNAの発現量は，野生株では図3の実線部のように変化した。この明暗サイクル中，暗期開始後6時間目（＝明期開始の8時間前）に光パルスの投与（短時間の光照射）を行うと，その後の開花率が大幅に減少することが分かっている。この光照射処理後，明暗サイクルを続けた場合，A，B遺伝子の葉でのmRNA量は図3の点線部のように変化した。なお，図中の横軸の黒バーは暗期を，0〜10時間目の白バーは明期を，矢印で示した短い白バーは光照射をした時間を指す。

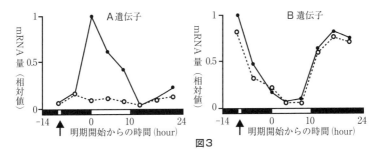

図3

【実験5】A遺伝子を欠く変異株では，短日条件下におけるB遺伝子mRNAの発現パターンは野生株とほぼ同じであった。一方，B遺伝子を欠く変異株ではA遺伝子mRNAの発現は明期でも暗期でもまったく認められなかった。

問1 下線部(ア)について，花成ホルモンは花芽形成を促進する作用をもつ。花成ホルモンのこのような作用が現れるまでには，花成ホルモンは植物体のどのような部位で合成され，どのように移動し，どこで作用するか，50字以内で述べよ。

第10章

問2　実験2の解釈として，「短日条件の明期の短さではなく，暗期の長さ（限界暗期）が短日植物の開花（花成）のオン・オフを決める」という仮説がある。しかし，実験3で得られた結果から，この仮説には修正が必要である。結果を踏まえながら，短日植物の花芽形成に関する仮説を書け。

問3　実験4から，A遺伝子とB遺伝子のいずれかがコードするタンパク質が花成ホルモンであるならば，どちらがその候補としてふさわしいか。理由とともに答えよ。

問4　問3の答を具体的に検証するため，花成ホルモンの候補となるタンパク質が問1で答えた特徴をもつことを示す実験を2つ述べよ。ただし，イネで検証することが困難な実験については，オナモミその他の植物の場合に置き換えて答えてもよい。

問5　A遺伝子とB遺伝子の転写制御に関して，推測されることを2つ述べよ。

〔Ⅱ〕近年，イネやシロイヌナズナを用いた研究から，花成ホルモンの正体は花芽形成を誘導する遺伝子の転写を活性化するタンパク質であることが明らかとなった。シロイヌナズナでは，花成ホルモンに相当するタンパク質としてFTタンパク質が同定され，*FT*遺伝子の発現はCONSTANS（CO）タンパク質によって調節されている。₍ᵧ₎葉における*CO*mRNAの蓄積量は，概ね1日の周期で変動すると共に日長の影響を受け，夜明けから18時間後に最大となる。また，*CO*mRNAからCOタンパク質への翻訳は，明期，暗期のいずれにおいても同じ速度で行われる。図4に，長日条件下および短日条件下における1日の*CO*mRNAとCOタンパク質の蓄積量（濃度）の変化を示した。

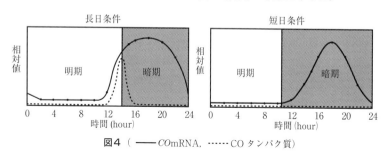

図4（　——*CO*mRNA，……COタンパク質）

また，COタンパク質は*FT*遺伝子の転写調節配列に直接結合する調節タンパク質であり，₍ᵤ₎COタンパク質の濃度の変動こそが，長日条件に応答して*FT*遺伝子を調節するという仕組みであることがわかった。

問6　下線部(イ)について，COタンパク質の蓄積が長日条件で一時的に見られたのはなぜか。「明期」，「暗期」，「分解」という語を用いて70字以内で説明せよ。

問7　下線部(ウ)について。
(1)　シロイヌナズナは長日条件下で花芽形成し，短日条件下では花芽形成しない。COタンパク質は*FT*遺伝子の発現をどのように調節しているか，70字以内で述べよ。
(2)　図4のCOタンパク質の濃度変化を参考にして，長日条件下，および短日条件下で予想される葉内の*FT*mRNAの濃度変化を図4のグラフに書き入れよ。

（早稲田大・宮城大・防衛医科大）

↗ **076 フロリゲン以外の物質による花芽形成の調節**〈第 33・55・58・60・76 講〉
★★★ 〔I〕★　　　　〔II〕★ ─────────────────────〈解答・解説〉p.153

〔I〕多くの種子植物は花芽を分化させるのに日長の変化を利用する。暗期が一定の時間より短くなると花芽を分化させるものを（ a ）と呼び，（ a ）の中には，花芽が形成されるために，一定期間（ b ）にさらされることが必要なものがある。この現象を春化といい，この現象自体には日長は関係ないことがわかっている。

問 1 文中の（ a ）・（ b ）に当てはまる適切な語をそれぞれ答えよ。

問 2 植物にとって春化はどのような意義を持つか，60 字以内で述べよ。

問 3 秋播きコムギの栽培条件と花芽形成との関係について述べた次の文中の空欄（ c ）～（ f ）に適するものを下の①～④からそれぞれ 1 つずつ選べ。

　　発芽した秋播きコムギは，日長条件（ c ）・温度条件（ d ）で 40 日間栽培された後，日長条件（ e ）・温度条件（ f ）で栽培されると，最も効率よく花芽を形成する。なお，栽培は大気条件下で行い，十分な水分が摂取できるものとする。

　　① 暗期 16 時間／明期 8 時間　　② 暗期 8 時間／明期 16 時間　　③ 18℃　　④ 2℃

問 4 シロイヌナズナは，秋に発芽する冬型一年草である。発芽したシロイヌナズナは，秋に適切な温度及び日長条件がそろっているにもかかわらず花芽形成をしない。近年，この理由が遺伝子レベルで明らかにされつつある。発芽後のシロイヌナズナは，*FLC* と呼ばれる遺伝子が発現しており，それにより花芽形成は抑制されている。しかし，*FLC* 遺伝子の発現が低下した場合，日長条件が整っていれば花芽形成は促進される。この時，*FLC* 遺伝子の発現レベルが低いほど花芽形成の時期は早くなることが判明している。最近，野生型ならびに変異型シロイヌナズナを用いた実験から，この *FLC* 遺伝子の発現に *VRN* および *VIN3* という 2 つの遺伝子が重要な役割を果たしていることが明らかとなった。また，*VRN* 遺伝子の発現は温度変化には無関係であるが，*VIN3* 遺伝子の発現は温度変化により影響を受けることも明らかにされた。

(1) *FLC*，*VRN* 及び *VIN3* の各遺伝子の発現量を示すものを，図 1 の A，B，C から，それぞれ 1 つずつ選べ。

(2) *VIN3* 遺伝子が発現していない変異体（*vin3* 変異体）では，*FLC* 遺伝子の発現量

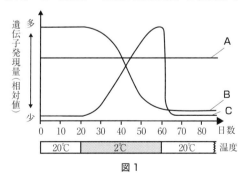

図 1

に変動はみられなかった。*VIN3* 遺伝子は *FLC* 遺伝子発現にどのような影響を及ぼしていると考えられるか，30 字以内で説明せよ。

第10章

(3) *vin3* 変異体，及び *vrn*：*vin3* 二重変異体（*VRN* 及び *VIN3* の両者の遺伝子が発現していない）では，花芽が形成されなかった。しかし，*VRN* 遺伝子が発現していない *vrn* 変異体においては野生型シロイヌナズナより著しく遅れて花芽が形成された。*vrn* 変異体では，*FLC* 遺伝子の発現はどのように変動したと考えられるか。右の図中に実線で書き入れよ。なお，*VIN3* 遺伝子の作用は，*VRN* 遺伝子発現の有無により影響されないものとする。

(4) 上記(3)から，*VRN* 遺伝子は *FLC* 遺伝子の発現に対してどのような影響を及ぼしていると考えられるか，35字以内で説明せよ。

〔II〕被子植物の(あ)生活環を動物の哺乳類と比較すると，受精卵から個体発生が始まるのは哺乳類の場合と同様であるが，初期発生では頂端部（茎頂と根端）に（**ア**）組織がつくられ，しばらくの間は根，(い)茎，葉の（**イ**）成長のみを行う。この（**イ**）成長には光が重要であり，その光を吸収する光合成色素が葉の（**ウ**）組織や（**エ**）組織の細胞に多く含まれている。一方，（**イ**）成長から（**オ**）成長への転換にも光が重要で，(う)アサガオのような（**カ**）植物では，日長が一定の長さ（**キ**）になると（**オ**）器官である花芽を形成する。このように，被子植物における（**オ**）器官の分化は発生後期に起こる。

問5 文中の（**ア**）～（**キ**）に当てはまる適切な語をそれぞれ答えよ。ただし，（**キ**）には「以上」または「以下」のいずれかを答えよ。

問6 下線部(あ)について，生活環とは何か。30字以内で説明せよ。

問7 下線部(い)について，被子植物（双子葉植物）の横断面の一部を図2に示した。図2中の①と②は転流において重要な役割を果たす組織である。次の(1)～(3)に答えよ。

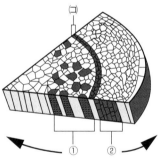
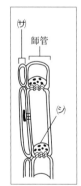

図2 双子葉植物の茎の部分断面図

(1) 図2中の(ク)～(シ)で示すものの名称を答えよ。

(2) 転流とは何か。40字以内で述べよ。

(3) 図2中の①と②の働きをそれぞれ20字以内で述べよ。

問8　下線部(う)について，アサガオの一品種（限界暗期が9時間で，日長感受性が高く，子葉一枚で日長に反応できる）を用いて，次の実験を行った。この実験結果から長日条件下のアサガオ個体内で起こっていることを推測し，50字以内で述べよ。

表1　アサガオの花芽形成と師管液の効果

茎頂培養時の日長条件		師管液の添加		花芽形成率（％）
		短日師管液	長日師管液	
短日条件	I	−	−	100
	II	+	−	100
	III	−	+	52
長日条件	IV	−	−	0
	V	+	−	82
	VI	−	+	0

＋添加あり　　−添加なし

【実験】種子を播き，6日間育てた後，芽生えの茎頂部を無菌的にメスで切り出し，ショ糖（スクロース）を含む培地に置床する（茎頂培養の開始）。その後，短日条件（8時間明期/16時間暗期）あるいは長日条件（16時間明期/8時間暗期）で4週間培養すると，茎葉をもつ小植物体に発達し，花芽形成の有無を調べることができる。その際，別の植物体から採取した短日師管液（16時間の暗期を1回与えた子葉の師管からしみ出た液）あるいは長日師管液（連続照明下で育てた子葉の師管からしみ出た液）を培地に添加した場合についても同時に調査し，それぞれの条件で複数の植物体についての花芽形成率を**表1**に表した。

（東海大・島根大・横浜市立大）

類題出題校	神戸大，京都大，滋賀医科大，東京慈恵会医科大，名古屋市立大，埼玉大，群馬大，広島大，筑波大，愛媛大，岐阜大，防衛医科大，大阪公立大，東京理科大，秋田県立大，関西大，日本大，近畿大，日本女子大，玉川大，摂南大

↗ 077　エチレンの働き

★★★ 　〈第59・60講〉

〈解答・解説〉p.155

エチレンは植物ホルモンの中で唯一（　a　）の植物ホルモンであり，それを作る植物体においてのみならず，その体外へも放出されて，他の植物体にもさまざまな影響を及ぼすことができる。果実の中でも，バナナ，リンゴ及びトマトなどの果実においては，それらの（　b　）の過程において，数日間の呼吸，すなわち（　c　）の放出が著しく高まる時期があり，その後に，特に(ア)多量のエチレンが生成されて，果実の（　b　）が促され，その色，かたさ，香りおよび味などが変化する。

(イ)エチレンは，（　d　），果実および葉などの器官を茎から脱離させるための各器官の基部に形成される特殊な組織である（　e　）における，これら器官の脱離をも促進する。

(ウ)これらの器官の脱離の過程および，下線部(ア)で述べられている果実の（　b　）の過程においては，セルロースを分解する酵素，すなわちセルラーゼの活性の著しい高まりが認められる。

また，エチレンは茎の成長過程に関与して，その伸長成長を制御することが知られている。

問1　文中の（　a　）〜（　e　）に最も適する語をそれぞれ答えよ。

問2　下線部(ア)について，果実の色，かたさ，香りおよび味の変化は，植物にとってどのような意義があるか。100字程度で述べよ。

第10章

問3 下線部(イ)について，温帯域の落葉樹では，冬季に葉が脱離（落葉）する直前（秋季）に，葉が鮮やかに色づく，紅葉や黄葉と呼ばれる現象が見られる。

(1) この現象にはある色素の分解が関係しているが，この色素の名称と色素分解の生理的な意義をあわせて70字以内で述べよ。

(2) この現象は，葉の老化とも考えられる。葉の老化を抑制する作用をもつ植物ホルモンの名称を答えよ。

問4 下線部(ウ)で述べられているセルラーゼの活性の高まりは，下線部(ア)で述べられている果実の（ b ）および下線部(イ)で述べられている器官の脱離の二つの現象と，どのように関係するかを述べよ。（ a ）～（ e ）に入れた用語を用いる場合は，記号ではなく，相当する用語を入れて70字以内で述べよ。

問5 暗所で育てたエンドウの芽生えから茎切片を切りだして，それを，暗所にて，密閉された容器中の各濃度のオーキシン溶液に浮かべて培養した。培養終了時の，切片の長さの増加率および，切片により生成されたエチレン量を調べた実験の結果を図1のグラフは示している。

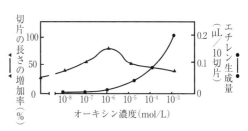

図1 暗所で育てたエンドウの茎切片の暗所における伸長と，茎切片のエチレン生成に対するオーキシンの濃度効果

(1) 切片の長さの増加率が最大となるオーキシンの濃度（mol/L）を記せ。

(2) (1)の答えの濃度より高濃度側においては，オーキシン溶液の濃度が増すにつれて，切片の長さの増加率が徐々に低下する理由を70字以内で述べよ。 （日本女子大）

| 類題出題校 | 名古屋大，神戸大，東京大，東北大，獨協医科大，関西医科大，埼玉大，奈良教育大，弘前大，信州大，鹿児島大，富山大，兵庫県立大，千葉大，九州工業大，宇都宮大，大阪教育大，三重大，熊本大，京都教育大，京都工芸繊維大 |

↗ 078 植物のストレス応答 〈第42・60講〉
★★★ 〈解答・解説〉p.156

〔Ⅰ〕植物は急激に氷点下の温度にさらされると，細胞が凍り枯死してしまう。しかし，軽度の低温に数日間さらされる経験を経ると，植物は（ ア ）や（ イ ）を生成して細胞内の水分（水溶液）の凝固点を降下させ，その後，氷点下の温度にさらされても細胞の凍結を防ぐことができるようになる。植物は強度の高温にさらされた場合も，細胞が損傷を受けて枯死してしまう。しかし，比較的軽度な高温（約45～55℃）であらかじめ処理すると，(1)熱ショックタンパク質の生成が細胞内で誘導されて，高温に対する高い適応性を示すようになる。

問1 （ ア ）と（ イ ）にあてはまる物質をa～eから選べ（順不同）。
　　a. アミノ酸　　b. 脂質　　c. デンプン　　d. 低分子の糖　　e. 水

問2 下線部(1)は，シャペロンと呼ばれるタンパク質の一種である。熱ショックタンパク質として生成されるシャペロンの働きを50字以内で述べよ。

〔Ⅱ〕植物の葉の表皮や（ **ウ** ）層は，病原体の感染を物理的に防ぐためのバリアとして働く。しかし，これらのバリアで病原体の感染を防ぎきれなかった場合，植物は病原体成分由来の物質を細胞膜に存在する（ **エ** ）で感知して応答する。植物の葉が病原体に感染すると，病原体の感染部位周辺や同一個体のまだ感染していない葉，さらには，この個体の周囲にあるまだ感染していない別の植物個体でも (2) <u>さまざまな防御応答が起こる</u>。

問3 （ **ウ** ）と（ **エ** ）にあてはまる語をそれぞれ答えよ。

問4 下線部(2)の防御応答の例を2つあげ，それぞれの応答の働きとしくみを説明せよ。1つの例につき50字程度で述べよ。

〔Ⅲ〕植物の食害応答を調べるための実験を行った。ダイズの個体の葉1枚にハサミで傷をつけたところ，3時間後にその個体のジャスモン酸の合成量が増加していることが認められた。次に，**図1**のようにダイズの個体 **A** の葉1枚にハサミで傷をつけ，3時間後にその葉（①とする）と1枚の無傷の葉（②とする）に食害をもたらす害虫を置いた。また，傷をつけていないダイズの個体 **B** の葉1枚（③とする）にも同様に害虫を置いた。1日後，それぞれの葉の食害

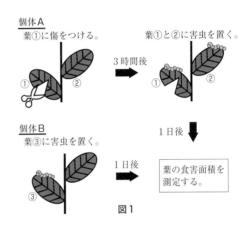

図1

を受けた面積（食害面積）を測定して比較した。なお，個体 **A** と個体 **B** は十分に離れた場所で栽培した。

問5 この実験の結果，葉①と②それぞれの食害面積は，葉③の食害面積と比較してどうであったか。最も適切なものを次の a ～ c からそれぞれ1つずつ選べ。

    a. 小さい   b. 同程度   c. 大きい

問6 問5の実験結果の説明として適切なものを次の a ～ e から全て選べ。ただし，適切なものがない場合は「なし」と答えよ。

    a. ジャスモン酸が傷をつけた葉①のみに蓄積された。

    b. ジャスモン酸が傷をつけていない葉②のみに蓄積された。

    c. ジャスモン酸が傷をつけた葉①で生成され，その一部が葉②にも移動した。

    d. ジャスモン酸が昆虫の運動機能を麻痺させた。

    e. ジャスモン酸が昆虫の消化酵素の働きを阻害する物質の合成を促進した。（上智大）

類題出題校	センター，北海道大，名古屋大，東京大，京都大，獨協医科大，藤田医科大，金沢大，群馬大，県立広島大，横浜国立大，埼玉大，三重大，奈良教育大，千葉大，京都工芸繊維大，横浜市立大，琉球大，東京理科大，石川県立大

→079 植物体内の物質輸送 ★

〈第33・55・60講〉

〈解答・解説〉p.158

　植物にとって水は，<u>物質の輸送</u>，化学反応の進行，光合成の材料などの生命活動に欠かせない物質であり，植物は土壌中の水を根の表皮細胞の一部が変形した（　ア　）から主に吸収する。通常，根では内側の細胞ほど浸透圧が高いので，吸収された水は，浸透圧の差によって（　ア　）から内部の細胞へ移動し，（　イ　）へ到達する。（　イ　）内の水は，主に葉に存在する（　ウ　）を通じた蒸散による吸引力および水分子の持つ凝集力により，植物個体全体に供給されるのである。

問1　文中の下線部について，光合成によって葉でつくられた光合成産物は，どのような物質となって成長部位や貯蔵器官に輸送されるか。その物質名を答えよ。

問2　文中の（　ア　）～（　ウ　）のそれぞれに最適な語を答えよ。

問3　（　イ　）に関する次の記述①～⑥から正しいものをすべて選べ。
　　①　（　イ　）は師部に含まれる。
　　②　（　イ　）は死んだ細胞が連なってつくられる。
　　③　（　イ　）は分裂組織に含まれる。
　　④　（　イ　）は細胞が柵状に並んでつくられる。
　　⑤　（　イ　）は細胞間の細胞壁に穴があいており，ふるいのような構造を持つ。
　　⑥　（　イ　）の細胞内では，アクアポリンを介して水が移動する。

　図1は，ある植物におけるアブシシン酸の分泌量の変化（相対値）を示したグラフである。曲線a, bは，一方が水分を十分与えた場合，もう一方が水分不足にした場合の分泌量の変化である。

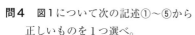

問4　図1について次の記述①～⑤から正しいものを1つ選べ。

　　①　この植物は，水分不足になるとアブシシン酸の分泌量を増大し，（　ウ　）を開いて，空気中の水分を取り込む。

　　②　この植物は，水分が十分に与えられると，アブシシン酸の分泌量を減らし，（　ウ　）を閉じ，光合成組織に水分を積極的に供給する。

　　③　この植物は，水分不足になると，アブシシン酸の分泌量を増大し，（　ウ　）を閉じ，水分の蒸発を防ぐ。

　　④　この植物は，水分が十分に与えられると，アブシシン酸の分泌量を増大し，（　ウ　）を開いて，空気中に水分を積極的に放出する。

　　⑤　この植物は，水分不足になると，アブシシン酸の分泌量を増大し，（　ウ　）を開いて，光合成組織に水分を積極的に供給する。

問5 図1の p の時点で，水分不足にした場合の個体に，十分に水分を与えると，アブシシン酸の分泌量の変化はどうなるか，最適なものを次の記述①～⑦から1つ選べ。

① 曲線 a の個体でアブシシン酸の分泌量が増大し，曲線は急激に上昇する。

② 曲線 b の個体でアブシシン酸の分泌量が増大し，曲線は急激に上昇する。

③ 曲線 a の個体でアブシシン酸の分泌量が減少し，曲線は急激に下降する。

④ 曲線 b の個体でアブシシン酸の分泌量が減少し，曲線は急激に下降する。

⑤ 曲線 a の個体でアブシシン酸の分泌量が一定になり，曲線は水平になる。

⑥ 曲線 b の個体でアブシシン酸の分泌量が一定になり，曲線は水平になる。

⑦ 曲線は，変化しない。

問6 図2は，ある植物の蒸散量および吸水量，照度，気温の差を測定し，1日における変化を示したグラフである。いずれの曲線も1日の最大値を100％とした相対値で示してある。図2の曲線あ～えは次の①～④のいずれに相当するか。それぞれ1つずつ選べ。

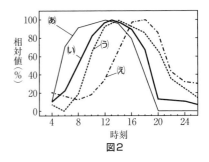

図2

① 蒸散量

② 吸水量

③ 照度

④ 気温

（宮崎大・杏林大）

類題出題校	センター，**九州大**，京都大，藤田医科大，**鹿児島大**，**千葉大**，**熊本大**，東京農工大，兵庫県立大，金沢大，島根大，**東京理科大**，金沢工業大，**愛知工業大**，北里大，麻布大，**東京農業大**

第11章 バイオテクノロジー

080 ゲノム・DNA マイクロアレイ・SNP

〈第 43・46・61・62 講〉

〈解答・解説〉p.160

ₐヒトのゲノムを構成する DNA は，約（　ア　）億塩基対からなる。その中には約（　イ　）万個の遺伝子があり，タンパク質のアミノ酸配列を指定している部分は約 1.5% である。

多くの遺伝子の発現状態を効率よく調べる方法として，DNA マイクロアレイを用いた解析法がある。DNA マイクロアレイとは，スライドガラスのような小さい平面上にある多数のスポットのそれぞれに，1 本鎖 DNA（異なる塩基配列をもつ遺伝子の一部）を接着さ

多数のスポット

1 つのスポットには同じ塩基配列の
1 本鎖 DNA が固定されている。

図1　DNA マイクロアレイ

せたものである（図1）。特定の組織や細胞，または特定の条件で培養した細胞などから抽出した（　ウ　）または，（　ウ　）を鋳型として（　エ　）と呼ばれる酵素によって合成した cDNA を蛍光物質で標識する。蛍光標識された（　ウ　）または cDNA は，DNA マイクロアレイにのせられると，ₑスポットにある相補的な配列の DNA と結合する。

この方法を用いて，マウスの肝臓と筋肉における遺伝子の発現状態を調べるために，次の実験を行った。

【実験】マウス由来の多種類のタンパク質に対応するそれぞれの 1 本鎖 DNA を合成し，DNA マイクロアレイを作った。一方，マウスの肝臓と筋肉から抽出したそれぞれの（　ウ　）をもとに合成した cDNA を用意し，肝臓由来の cDNA をすべて緑色の蛍光物質で，また筋肉由来の cDNA をすべて赤色の蛍光物質でそれぞれ標識した。これらの cDNA を混合し，この混合液を DNA マイクロアレイにのせて反応させた（図2）。反応後に結合していない cDNA を洗い流したあと，DNA マイクロアレイを蛍光顕微鏡で観察した。その結果の一部を，図3に示す。

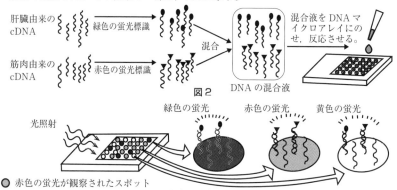

肝臓由来の
cDNA　緑色の蛍光標識

筋肉由来の
cDNA　赤色の蛍光標識

混合

DNA の混合液

混合液を DNA マイクロアレイにのせ，反応させる。

図2

緑色の蛍光　　赤色の蛍光　　黄色の蛍光

光照射

● 赤色の蛍光が観察されたスポット
● 緑色の蛍光が観察されたスポット
○ 緑色と赤色が混ざり，黄色の蛍光が観察されたスポット

図3

問1 下線部 a について。

(1) 文中の空欄（ **ア** ），（ **イ** ）に最適な整数をそれぞれ答えよ。

(2) ゲノムと遺伝子数に関する次の記述①〜④から誤っているものをすべて選べ。なお，大腸菌のタンパク質を構成するアミノ酸の平均数は 350 個とする。

① ヒトのゲノムサイズは，イネのそれより大きい。

② ヒトの遺伝子数は，大腸菌のそれの 10 倍以上である。

③ ヒトの遺伝子数は，ヒトのタンパク質の種類に等しい。

④ 大腸菌のゲノムの中でタンパク質に翻訳される部分は，約 30% である。

問2 文中の空欄（ **ウ** ），（ **エ** ）に最適な用語をそれぞれ答えよ。

問3 下線部 b について，あるスポットに接着された 1 本鎖 DNA の塩基配列が 5′ ACGCTATAGCCACGT 3′ であった場合，そこに結合する蛍光標識された（ **ウ** ）はどのような配列をもつと考えられるか。最も適当なものを，次の①〜④から 1 つ選べ。

① 5′ ACGCUAUAGCCACGU 3′　② 5′ UGCGAUAUCGGUGCA 3′

③ 5′ ACGUGGCUAUAGCGU 3′　④ 5′ UGCGAUAUGCCACGU 3′

問4 DNA マイクロアレイのあるスポットにフィブリノーゲンに対応する 1 本鎖 DNA が接着されていた場合，反応後に何色の蛍光が観察されるか。

問5 ホルモン X を注射したマウスの肝臓と筋肉を用いて同様の実験を行ったところ，DNA マイクロアレイのある位置のスポットで緑色の蛍光が観察されており，ホルモン X を注射しない場合よりも蛍光の強さが増加していた。ホルモン X の働きについて 50 字程度で説明せよ。

問6 DNA マイクロアレイは，SNP の検出にも用いられることがある。

(1) SNP は何という用語の略号か，日本語で答えよ。

(2) SNP とは何か，40 字程度で説明せよ。

(3) DNA マイクロアレイを用いて SNP の検出を行う際，細胞から抽出した DNA を断片化・増幅・蛍光標識した後にある処理を行って，DNA マイクロアレイにのせる。「ある処理」として最適なものを，次の①〜④から 1 つ選べ。

① DNA を含む溶液を加熱する

② DNA を含む溶液に制限酵素を加える

③ DNA を含む溶液に紫外線を照射する

④ DNA を含む溶液にプライマーを加える

(4) SNP の解析などによって得られる個人の遺伝情報に基づき，個人の体質に合った病気の治療や予防を行うことを何というか，答えよ。　　　（金沢工業大，福岡大，群馬大）

| 類題出題校 | 京都大，九州大，神戸大，東京医科歯科大，慶應義塾大[医]，兵庫医科大，北里大[医]，大阪医科薬科大[医]，愛知医科大，東海大[医]，お茶の水女子大，埼玉大，岩手大，東京海洋大，三重大，奈良女子大，熊本大，秋田大，早稲田大 |

→081 ノックアウトマウス・キメラマウス ★★★

〈第54・61講〉
〈解答・解説〉p.161

胚性幹細胞 (ES 細胞) は，哺乳類の初期胚 (胚盤胞) から取り出した将来個体になる部分の細胞で，生殖細胞を含む種々の細胞に分化できる能力をもっている。この胚性幹細胞を用いると，特定の遺伝子の機能を失った遺伝子組換え動物を作製し，その遺伝子の機能や病気との関連を調べることができる。次に，純系の黒毛マウスと純系の白毛マウス (黒毛が白毛に対して顕性 (優性)) の2種類のマウスを用いて，A 遺伝子の機能を失った遺伝子組換えマウスを作製した一例を示す。

(工程1) マウスの遺伝子の1つである A 遺伝子に薬剤耐性遺伝子を挿入した N 遺伝子を作製した。これにより，A 遺伝子は分断され全く機能しなくなるが，代わりに挿入した薬剤耐性遺伝子が

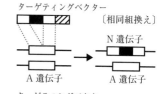
図1

機能する。N 遺伝子が発現した細胞は，細胞の増殖を抑制して死滅させる抗生物質を含んだ培養液中でも増殖できるようになる。さらに，この N 遺伝子の末端に毒素遺伝子をつないだ DNA 断片を作製した。毒素遺伝子が発現すると細胞は死滅する。このような遺伝子構成をもつ DNA 断片をターゲティングベクターという (図1)。

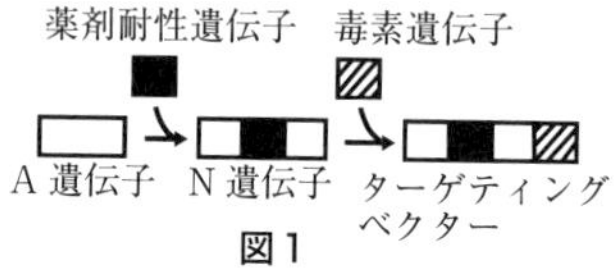

(工程2) 工程1で作製したターゲティングベクターを，黒毛マウス由来の胚性幹細胞の核内にエレクトロポレーション法 (電気刺激を細胞に与えて遺伝子を導入する方法) を用いて導入した。ターゲティングベクターには，胚性幹細胞の常染色体に存在する A 遺伝子と相同な塩基配列が含まれている。そのため，A 遺伝子が存在する相同染色体のうちの1本と，ターゲティングベクターとの間で組換えが起こり，2つの A 遺伝子のうちの1つが N 遺伝子に置きかわることがある。これを相同組換

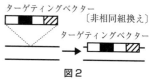
図2

えという。一方，ターゲティングベクター全体が染色体の任意の場所に組み込まれることもある。これは非相同組換えという (図2)。染色体に組み込まれなかったターゲティングベクターは，分解され消失する。

(a)エレクトロポレーションを行った胚性幹細胞を，抗生物質を含む培養液中で培養すると，相同組換えを起こした胚性幹細胞のみが細胞分裂を繰り返し，コロニーとよばれる細胞集団を形成した。

(工程3) 白毛マウスの子宮から初期胚 (胚盤胞) を採取し，工程2でコロニーを形成した黒毛マウス由来の胚性幹細胞を白毛マウス由来の胚盤胞の中に注入して，別の個体の白毛マウ

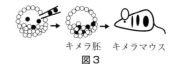
キメラ胚　キメラマウス
図3

スの子宮内に移植した。移植した胚盤胞は正常に発生が進行し，最終的には(b)白毛と黒毛が入りまじったマウスが生まれた (図3)。このマウスをキメラマウスという。

（工程4）工程3で得られた(c)雄のキメラマウス（個体A）と雌の白毛マウスを交配させたところ，10匹のマウスが生まれた。その内訳は，白毛の雄3匹と雌2匹，黒毛の雄2匹と雌3匹であった。この中から，遺伝子型解析によって(d)N遺伝子をヘテロにもつ個体を選抜した。一方，別の雄のキメラマウス（個体B）と雌の白毛マウスを交配させたところ，数回の交配を試みたにもかかわらず，そのすべての交配で(e)白毛マウスのみが生まれて，黒毛マウスは1匹も生まれなかった。

（工程5）工程4で得られたN遺伝子をヘテロにもつマウスどうしを交配して，(f)両対立遺伝子がN遺伝子のホモ接合体，すなわち，完全にA遺伝子の機能が失われたマウスを得た。

これらの一連の操作によって作製される特定の遺伝子の機能を完全に失ったマウスを，ノックアウトマウスという。

問1 工程2の下線部(a)において，エレクトロポレーションを行った胚性幹細胞を抗生物質を含む培養液中で培養すると，なぜ相同組換えを起こした胚性幹細胞のみがコロニーを形成することができるのか，その理由を120字程度で記せ。

問2 工程3の下線部(b)において，白毛と黒毛の入りまじったキメラマウスが生まれた理由を50字程度で記せ。

問3 工程4の下線部(c)において，雄のキメラマウス（個体A）と雌の白毛マウスを交配してもキメラマウスは生まれない。その理由を80字程度で記せ。

問4 工程4の下線部(d)に関して，次の文章の（ ア ）と（ ウ ）に入る適切な記述を①〜⑥から選び番号で記せ。また，（ イ ）と（ エ ）については数値を記せ。

工程4において，雄のキメラマウス（個体A）と雌の白毛マウスとの交配から生まれたマウスの遺伝子型を毛色別に調べたところ，白毛マウスでは雌雄にかかわらず（ ア ）もっている。したがって，N遺伝子をヘテロにもつ白毛マウスが生まれる確率は（ イ ）％である。一方，黒毛マウスでは雌雄にかかわらず（ ウ ）もっている。したがって，N遺伝子をヘテロにもつ黒毛マウスが生まれる確率は（ エ ）％である。

① すべての個体は，黒毛マウス由来の2本の相同染色体を

② すべての個体は，白毛マウス由来の2本の相同染色体を

③ すべての個体は，黒毛マウス由来の相同染色体と白毛マウス由来の相同染色体をそれぞれ1本ずつ

④ 生まれた個体の25％は，黒毛マウス由来の2本の相同染色体をもち，残りの75％は，黒毛マウス由来の相同染色体と白毛マウス由来の相同染色体をそれぞれ1本ずつ

⑤ 生まれた個体の50％は，黒毛マウス由来の2本の相同染色体をもち，残りの50％は，黒毛マウス由来の相同染色体と白毛マウス由来の相同染色体をそれぞれ1本ずつ

⑥ 生まれた個体の75％は，黒毛マウス由来の2本の相同染色体をもち，残りの25％は，黒毛マウス由来の相同染色体と白毛マウス由来の相同染色体をそれぞれ1本ずつ

第11章

問5 工程4の下線部(e)に関して，雄のキメラマウスの個体Aと個体Bとでは，雌の白毛マウスとの交配で生まれる黒毛マウスと白毛マウスの出現頻度が大きく違っていた。その理由を80字程度で記せ。

問6 工程5の下線部(f)において，A遺伝子の機能を完全に失ったノックアウトマウスが生まれる確率は何%か，記せ。

（東北大）

類題 出題校	センター，北海道大，九州大，大阪大，杏林大[医]，日本医科大，長崎大，群馬大，千葉大，宇都宮大，筑波大，横浜国立大，広島大，早稲田大，慶應義塾大，明治大，関西学院大，立命館大，同志社大，芝浦工業大，北里大

↗082 ゲノム編集

★ ────────────────────────── 〈第44・61講〉

〈解答・解説〉p.162

最近，CRISPR/Cas9（クリスパー／キャスナイン）システムという比較的簡単にゲノム編集をする技術が開発され，その利用例は極めて急速に増加している。

CRISPR/Cas9システムは本来，ファージ（バクテリオファージ，細菌ウイルス）などの感染に対し，(a)細菌が備える一種の免疫機構として発見された。ファージ感染後に生き残った細菌は，ファージのゲノムの一部を自分のCRISPR座位に組込んで記憶する（図1A）。再び同じファージが感染した時，CRISPR座位から転写されたRNA配列と照合しながら相補的なファージのDNA配列を見つけ出し，Cas9酵素によってファージDNAを切断し破壊する（図1B）。

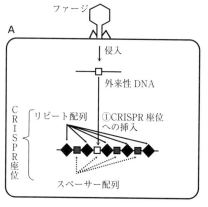
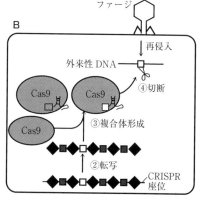

図1 細菌の免疫機構におけるCRISPR/Cas9

編集の標的となるゲノムDNA上の配列20塩基に対応するガイドRNAと，Cas9核酸分解酵素を同時に生細胞に導入すると，ガイドRNAとCas9酵素は複合体を形成し，生細胞のゲノム中から標的配列を見つけ出してDNA二本鎖を切断する（図2A）。その後，細胞内で非相同末端結合が起こるが，修復される時に，切断端で塩基の挿入や欠失が生じるため，遺伝子の情報に基づいて作られるタンパク質の機能を損なわせることができる（図2B左）。

また，ガイドRNAとCas9酵素を細胞に導入する際，一緒に，切断端周辺の相同配列を持つドナーDNAを導入すれば，相同組換えにより，希望通りの塩基置換や外来遺伝子の挿入（ノックイン）などが可能となる（図2B右）。これらの技術は，従来の相同組換えを利用したノックアウトマウスの作製法と似ているが，CRISPR/Cas9システムの方が簡便で，組換え効率が圧倒的に高く，生物種も選ばず，父方・母方の両遺伝子座を同時に，更には複数の遺伝子を同時に編集できるという利点などが存在する。

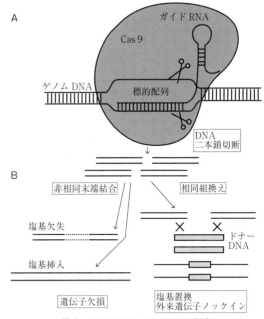

図2 CRISPR/Cas9システムの概略

このように，CRISPR/Cas9システムは簡便で組換え効率が高く，どのような生物種にも応用できる極めて優れた技術である。しかし場合によっては，(b)標的配列以外の部位での切断（オフターゲット効果）が生じるなど，克服しなければならない問題点も残されている。既に，(c)ゲノムDNAを切断せずに標的遺伝子の発現を調節する方法なども開発されていることから，近い将来，ヒトの遺伝子治療などにも応用されるであろう。

問1 下線部(a)に関して，以下の問いに答えよ。

(1) 図1Aのように，CRISPR座位には，同一配列（リピート配列，◆）が密集し，リピート配列間には多様な配列（スペーサー配列，■）がはさまれている。CRISPR/Cas9システムが細菌の免疫機構であると考えられるようになったきっかけの実験結果を推測し，以下の単語を全て用いて簡潔に説明せよ。

（ゲノム，ファージ，スペーサー配列，塩基配列解析，細菌）

(2) ウイルスが感染した場合，細菌とヒトの免疫反応は大きく異なる。何を外来性異物として認識しているかという観点から，異なる点を簡潔に述べよ。

問2 下線部(b)に関して，オフターゲット効果が生じる原因を簡潔に説明せよ。

問3 下線部(c)に関する以下の説明文の空欄を，文末の用語群から選んで完成させよ。

ヒトでは，一組の遺伝子の片方が（　ア　）などによって機能せず，遺伝子の発現量が半分以下になったために生じる病気が200種以上知られている。正常なもう一方

の遺伝子の発現量を高めることができれば，病気の発症を抑えることができるが，各遺伝子がいつ，どの細胞で，どの位の量を発現するかは，遺伝子ごとの（**イ**）や（**ウ**）に結合する転写調節因子の種類に依存しており，遺伝子の発現を制御することは決して容易ではない。しかし，（**エ**）を取り除いた Cas9（**ア**）体に，転写調節活性をもつ他のタンパク質を（**オ**）させたものを，（**カ**）と複合体形成させれば，標的とする遺伝子の（**イ**）や（**ウ**）に運ぶことができ，遺伝子の発現を調節することが可能となる。

用語群：プロモーター，ガイド RNA，DNA 切断活性，転写調節領域，融合，変異

問4 CRISPR/Cas9 システムを用いたゲノム編集技術は，既に農作物や水畜産物分野で実用化されている。従来の品種改良法と比べた時，CRISPR/Cas9 システムが優れている点などを述べた以下の文章のうち，誤っているものを一つ選べ。

① ゲノム編集技術による遺伝子破壊で得られた個体は，自然放射能や紫外線で引き起こされる自然突然変異体，あるいは，化学薬剤で引き起こされる誘導突然変異体と明確に区別できる。

② ゲノム編集技術では，改変する塩基配列（染色体上・遺伝子上の位置）が明確である。一方，トランスジェニック生物を作製する遺伝子導入技術では，外来遺伝子が染色体のどこかに偶然組込まれるため，外来遺伝子による予期せぬ副作用が現れる可能性がある。

③ 自然突然変異に依存した従来の品種改良では，特定の系統を樹立するのに長期間（数十年）かかっていたが，ゲノム編集技術を用いれば短期間（数年）で行うことが可能である。

④ 2019 年 3 月に厚生労働省は，ゲノム編集で開発した農水産物の多くは従来の品種改良と同じであるとして，同省の安全審査を受けなくても，国に届け出るだけで食品として販売を認める方針を打ち出した。

⑤ 科学技術は往々にして，「益」と「害」を併せ持つ諸刃の剣である。ゲノム編集に関しても，「人はどこまで人為的に生物を変えて良いのか」という倫理的問題などについて，科学者だけでなく，一般市民も含めて議論を重ね，今後の使い方を考える必要がある。

(福井大)

類題出題校	産業医科大，奈良県立医科大，北里大[医]，立命館大，同志社大，学習院大，東北医科薬科大

↗ 083 アグロバクテリウム ★★

〈第 60・61・62・65 講〉

〈解答・解説〉p.163

〔Ⅰ〕 タバコなどの植物体から切り出された組織片（葉など）を，オーキシンやサイトカイニンと呼ばれる植物ホルモンなどを含む培地で培養（組織培養）すると，カルスといわれる未分化な組織塊が生じる。このカルスを，サイトカイニンは含まずオーキシンを含む培地で培養すると根が分化し，オーキシンは含まずサイトカイニンを含む培地で培養すると茎や葉が分化することが知られている。

　土壌細菌の一種Aが植物に感染すると，カルスに似た不定形の細胞塊，すなわち腫瘍（しゅよう）が形成されることがある。この腫瘍の一部を切り取り，細菌を完全に除去した後，別の健全な植物に移植しても，移植された細胞はその場所で増殖する。細菌Aには染色体DNAとは別に，Tiプラスミドと呼ばれる，自己増殖する環状のDNAをもつものがある。Tiプラスミド上には腫瘍形成に関係する遺伝子が存在することがわかっている。

　細菌Aによる細胞の腫瘍化は次のように進む。細菌Aがタバコに感染すると，細菌A内のTiプラスミド上にある遺伝子 *tms*, *tmr*, *nos* などが，タバコ細胞に移行してタバコの染色体DNAに組み込まれる。組み込まれた遺伝子が発現すると，無秩序な細胞分裂が起こり腫瘍が形成される。この腫瘍細胞中には正常な細胞にはみられない，オピンと呼ばれる有機窒素化合物が蓄積する。

　腫瘍形成能のある細菌Aの遺伝子 *tms* に人為的に変異を起こさせ，*tms* の遺伝子産物の機能を失わせた。この細菌Aの変異体をタバコに感染させると，感染部位から茎葉の分化が観察された。一方，*tmr* の遺伝子産物の機能を失わせた細菌Aをタバコに感染させると，感染部位から根の分化が観察された。*nos* の遺伝子産物の機能を失わせた細菌Aをタバコに感染させた場合は，腫瘍が形成された。*tms* と *tmr* は，植物ホルモンの合成酵素の遺伝子であり，*nos* はオピンの合成酵素の遺伝子であることがわかっている。植物はオピンを利用しないが，細菌Aはオピンを炭素源および窒素源として利用することができる。このような植物と細菌Aの関係を，細菌による(1)"遺伝的植民地化"と呼ぶこともある。

問1　次の①〜⑥のうちから正しい記述をすべて選べ。

① 腫瘍細胞は正常な細胞とともに培養されると，正常な細胞に変化する。

② オピンは正常なタバコの細胞の腫瘍化に必要であるが，腫瘍細胞の増殖維持には必要ない。

③ 腫瘍を切り取り，細菌Aを除き，植物ホルモンを含まない培地で培養すると茎葉が分化し，その後，発根して正常な個体となる。

④ 野生型の細菌Aの感染により形成された腫瘍細胞の核では，原核生物である細菌A由来の *nos* 遺伝子が転写されている。

⑤ 腫瘍細胞の増殖維持には細菌Aは必要ない。

⑥ 正常なタバコの細胞と，細菌Aの感染により形成されたタバコの腫瘍細胞の間では，染色体DNAに違いはない。

問2　*tms* の遺伝子産物が合成すると考えられる植物ホルモン名を記せ。

問3　*tms* と *tmr* の二つの遺伝子を人為的に変異させ，両方の遺伝子産物の機能を失わせた細菌Aがある。これをタバコに感染させると，感染部位はどのようになると考えられるか。次の①〜⑤のうちから正しい記述を一つ選べ。

① 腫瘍が形成される　　② 大きな形態変化はない　　③ 根が分化する

④ 腫瘍が形成された後，奇形の根と茎葉が分化する　　⑤ 茎葉が分化する

問4　下線部(1)について，"遺伝的植民地化"とは，細菌Aが，植物細胞にどのような方法で，何をさせることを指しているのか。80字以内で説明せよ。

問5 細菌Aと植物の関係は，何と呼ばれるか。また，その関係は根粒菌とマメ科植物の関係とどのような点で異なっていると考えられるか。100字以内で述べよ。

〔II〕 ⑵遺伝子組換え植物（作物）の作出を目的として使用されるアグロバクテリウムのプラスミドはハイグロマイシンなどの特定の抗生物質に対する耐性遺伝子をあらかじめ付加するなどして改変されている。外来遺伝子をこのプラスミドの中に組み込んで作られた組換えプラスミドをアグロバクテリウムに戻し，植物細胞に感染させると，外来遺伝子や抗生物質耐性遺伝子を含むDNA断片はアグロバクテリウムから植物細胞に運ばれて，染色体DNAに組み込まれる。特定の抗生物質に対する耐性によりDNA断片が組み込まれていることを確認された植物細胞を，適当な植物ホルモンを含む培地で培養した後，土に移植することにより，⑶成長した植物体が作出される。

問6 下線部⑵の具体例を一つあげ，新たな形質を発現するようになった生物の名称と形質を記せ。

問7 下線部⑶の植物体を自家受精させて得た多数の次世代種子のうち750粒を抗生物質であるハイグロマイシンを含む培地に播種した。発芽した732粒の中で，抗生物質に対して耐性の植物体は547個体，感受性の個体は185個体であり，後者はやがて枯死した。非遺伝子組換え植物である野生型種子を同じように播種したが，発芽した個体はすべて感受性であった。下線部⑶の植物体と野生型の植物体とを交雑して，得られた種子を同じ抗生物質を含む培地に播種したとき，発芽した全植物体中で抗生物質に対して耐性の植物体が占める割合（%）を答えよ。

問8 プラスミドは大腸菌を用いた遺伝子組換え実験でも広く用いられている。図1に示すプラスミドは3,000塩基対数（3kbp）の大きさであり，その中に4種類の制限酵素（EcoRI，PstI，BamHI，HindIII）の切断部位をそれぞれ一つずつもつ。このプラスミドを用いて以下に示す実験を行った。

【実験】図1に示すプラスミドを制限酵素PstIとBamHIの両方で切断して，シロイ

ヌナズナから単離したある遺伝子を同じように切断し，この中に組み込んだ。このようにして作製した組換えプラスミドを大腸菌に導入して培養することで，大量に調製した。組換えプラスミドを図1に示されている4種類の制限酵素のいずれかで切断後に，DNA断片をアガロースゲルのくぼみ（ウェル）に入れて電気泳動を行い，分析した。このとき同時に，種々の大きさ（kbp）のDNA分子量マー

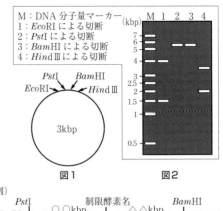

図1　図2

（例）

カーも泳動した。その結果を**図2**に示している。

(1) プラスミドに組み込まれたシロイヌナズナ遺伝子の塩基対数（kbp）を求めよ。なお，**図1**に示されているプラスミドでは，各制限酵素による切断部位が近接しているので，各切断部位の間の塩基対数は考慮しなくてよい。

(2) シロイヌナズナのこの遺伝子には，今回の実験で用いた制限酵素による切断部位がどのように配置されているか。例にならって，制限酵素切断部位の位置を制限酵素名とともに矢印で示し，制限酵素切断部位にはさまれた間の塩基対数（kbp）を書き加えよ。

（東京大・島根大）

類題 出題校	センター，北海道大，神戸大，東北大，旭川医科大，横浜市立大，お茶の水女子大，広島大，長崎大，静岡大，東京農工大， 大阪公立大，早稲田大，滋賀県立大，立教大，法政大，芝浦工業大，名城大，学習院大，大阪医科薬科大，東海大

↗084 モノクローナル抗体 〈第25・62講〉
★ ────────────── 〈解答・解説〉p.165

　近年，抗体を利用したがん治療などが進められている。では，がん治療に利用される抗体はいかにして作製されるのであろうか。マウスを用いた例について考えてみよう。あるヒトがん細胞にみられるタンパク質pを用いてマウスに免疫応答をおこさせると，抗p抗体を産生するB細胞の集団※が現れる。この細胞集団はタンパク質pの様々な部分に結合する抗体を産生する。しかし，抗体を産生するB細胞を長期間（一週間以上）体外で培養することは難しいため，抗p抗体を安定して得ることはできない。そこで，免疫応答をおこさせたマウスよりB細胞の集団を取り出し，別に用意した不死化マウス細胞とポリエチレングリコールを用いて細胞融合を行う。①これにより一部のB細胞が不死化したハイブリドーマ（雑種細胞）となる。次に，これらを1細胞ごとに分けて培養を続け，得られた抗p抗体の反応性を試験するとともに，望む抗体を産生するハイブリドーマを選択する。このようにして作製された抗体をモノクローナル抗体という。しかしながら，②こうして得られたマウス抗体をそのままヒトに投与するのは適当ではない。③そこで，遺伝子組換え技術を併用してヒトに利用できる抗体が作製され，がん治療に利用されている。

※1個のB細胞は1種の抗体しか産生しない。

問1　下線部①では，マウスのB細胞，不死化マウス細胞およびハイブリドーマが混在する細胞集団の中から，ハイブリドーマを選択する過程が必要である。以下の文章を手掛かりに，効率よくハイブリドーマを選択するにはどのようにすればよいか。理由も含め170字程度で記せ。

　　すべての細胞は細胞増殖に必要なヌクレオチド合成経路を2つ持っている。1つは新規にヌクレオチドを合成するデノボ経路である。もう1つはヌクレオチド分解産物の塩基部分（または培養液に添加した塩基h）を利用しヌクレオチドを合成するサルベージ経路である。用いた不死化マウス細胞は，後者のサルベージ経路に必要な遺伝子cを欠いている。また，デノボ経路は薬剤aで止めることができる。

問2　下線部②のように，マウス抗体のヒトへの投与が不適当な理由を70字程度で記せ。

問3 下線部③にあるように，得られたマウス抗体をコードする遺伝子の塩基配列情報を基に，遺伝子組換え技術を用いてタンパク質 p に対する反応性を持ち，かつ，ヒトに利用できる抗体を作ることができる。その理由を免役グロブリンの構造に着目して 100 字程度で記せ。

(京都大)

類題出題校	大阪大，九州大，**和歌山県立医科大**，**産業医科大**，滋賀医科大，**名古屋市立大**，**福井大**，富山大，慶應義塾大，立教大，芝浦工業大，**東海大**，**北里大**，**大阪医科薬科大**，昭和大

↗085 PCR 法・反復配列・DNA 鑑定 〈第 41・44・45・61・62 講〉

★★★ ─────────────────── 〈解答・解説〉p.167

　近年，DNA の構造や遺伝子の解析が進み，DNA 鑑定や遺伝子組換えなど新たな技術が確立されている。ヒトの DNA 鑑定は，犯罪現場で採取された DNA と容疑者の DNA が一致するかを調べる個人識別鑑定や，個人の依頼により民間でも可能な親子鑑定などがある。ヒトのゲノムは約 30 億塩基対であり，すべての DNA 塩基配列を解析し比較するには時間も費用もかかる。そこで，DNA 鑑定ではヒトの遺伝子の一部を ₐPCR（ポリメラーゼ連鎖反応）法により増幅し，解析することが多い。

　DNA 鑑定の対象となる領域には，個人によって配列が異なる ♭非翻訳領域などが選択される。現在，多く用いられているのはマイクロサテライト short tandem repeat（STR）領域で，4 塩基の繰り返し配列が 3 ～ 50 回と個人で大きく異なる。このような 4 塩基の繰り返し配列は複数存在し，その中から 15 種類程度について解析する。

　子は両親から 1 ～ 22 番染色体（常染色体）と性染色体を 1 本ずつ引き継ぐ。そこで，親子鑑定では常染色体の STR 領域に加えて，男児と父親の鑑定には（ **あ** ）の配列，女児と父親の鑑定には（ **い** ）の配列の解析も行われることが多い。

```
         1            10          20           30           40
     5′ GGAAGATGGA  GTGGCTGTTA  ATTCATGTAG  GGAAGGCTGT
         50          60          70           80
        GGGAAGAAGA  GGTTTAGGAG  ACAAGGATAG  CAGTTCATTT
         90          100         110          120
        ATTTATTTAT  TTATTTATTT  ATTTATTTAT  TTATTTATTT
         130         140         150     154
        AGAGATGTAG  TCTCATTCTT  TCGCCAGGCT  GGAG   3′
```

図1 常染色体に存在する STR 領域の配列

　図1 は，15 番染色体上に存在する FES/FPS と呼ばれる STR 領域を含む配列であり，2 本鎖 DNA の片方の鎖の塩基配列を，5′末端側を 1 として 10 塩基ずつで間を空けて示している。**図1** の配列中には ATTT の 4 塩基の配列が繰り返し存在し，個人によって繰り返し回数が異なることがわかっている。

　STR 領域の長さの鑑定では，PCR 法で STR

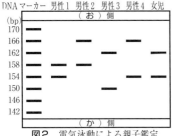

図2 電気泳動による親子鑑定

領域を含む配列を増幅し，増幅された DNA 断片の長さを電気泳動によって解析する。女児と父親（男性 1 〜 4）の鑑定のために，図1の矢印で示した部分に対応する短い DNA 断片（プライマー）をもちいて，PCR 法で全配列を増幅し，_c電気泳動によって分離した結果を図2に示した。なお，図2の左側に示した数字は，DNA 断片の塩基対数の指標となるマーカーの長さであり，1bp は 1 塩基対のことである。また，図2は模式的な図であり，実際の電気泳動とは異なり，1bp を等間隔で表している。

問1 下線部 a について，DNA 複製に必要なものを入れた反応液の温度を，図3に示すように温度域 A → 温度域 B → 温度域 C と変化させて 1 サイクルとし，これを 30 サイクルほど繰り返した。次の(1)・(2)に答えよ。

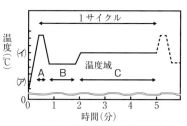

図3 PCR における温度変化

(1) 図3中の縦軸の温度(ア)・(イ)に適する数値の組合せとして最も適当なものを右の表の①〜⑧から1つ選べ。

	①	②	③	④	⑤	⑥	⑦	⑧
(ア)	30	30	30	50	50	50	70	70
(イ)	50	70	90	70	90	110	90	110

(2) 図3の温度域 A 〜 C で起こっている反応を，それぞれ 25 字以内で述べよ。

問2 下線部 b について，非翻訳領域ではない DNA の領域を次の①〜⑦からすべて選べ。
① イントロン　　② ポリ A 配列　　③ プロモーター　　④ tRNA の遺伝子
⑤ エキソン　　⑥ rRNA の遺伝子　　⑦ オペレーター

問3 文中の空欄（ あ ）・（ い ）に適する染色体の名称をそれぞれ答えよ。

問4 図1の全配列を増幅するために用いる2つのプライマーの塩基配列として正しいものを右の①〜⑥からそれぞれ1つずつ選べ。なお，図1の1段目の矢印に対するプライマーを（ う ），4段目の矢印に対するプライマーを（ え ）とする。

① 5′ GGAAGATGGAGTGGCTGTTA 3′
② 5′ CCTTCTACCTCACCGACAAT 3′
③ 5′ TAACAGCCACTCCATCTTCC 3′
④ 5′ CTCCAGCCTGGCGAAAGAAT 3′
⑤ 5′ ATTCTTTCGCCAGGCTGGAG 3′
⑥ 5′ TAAGAAAGCGGTCCGACCTC 3′

問5 図2において，女児で検出される長さ 162bp の DNA 断片中の FES/FPS では，ATTT の 4 塩基配列は何回繰り返されていると考えられるか。

問6 下線部 c について。
(1) 図2の（ お ）側，（ か ）側のうち，いずれがマイナス電極側か。
(2) 図2の（ お ）側，（ か ）側のうち，ウェル（試料を入れる寒天のくぼみ）はいずれに近い側に存在するか。

問7 図2の結果のみから考えて，父親の可能性がある人を男性 1 〜 4 からすべて選べ。

問8 母親から検出された DNA 断片の長さが 154bp と 166bp である場合，図2の結果と考え合わせて父親である可能性がある人を男性 1 〜 4 からすべて選べ。（金沢工業大）

類題出題校	九州大，大阪大，川崎医科大，滋賀医科大，福井大[医]，静岡大，東京農工大，金沢大，高知大，熊本大，島根大，信州大，宇都宮大，県立広島大，岡山県立大，東京都立大，大阪公立大，慶應義塾大，東京理科大，同志社大，立命館大

第12章 生態と環境

↗086 個体群の成長と密度

〈第63・64講〉
〈解答・解説〉p.169

〔Ⅰ〕アズキゾウムシの雌はアズキの表面に卵を産み，ふ化した幼虫はアズキを食べて育つ。子世代の成虫がアズキから羽化する頃には，親世代の成虫は寿命が尽きて死滅する。また，雌雄一対の成虫を 20g のアズキで飼育すると，平均 65 匹の子世代の成虫が羽化する。個体群密度が個体群の増加に及ぼす影響をみるため，20g のアズキを入れたペトリ皿の中で雌雄を一対から数百対まで密度を変えて飼育し，それぞれのペトリ皿から羽化する子世代の成虫数を数えた。その結果，両世代の密度の関係は，図1のように右に緩やかな凸形の曲線で近似できた。

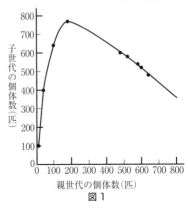

図1

問1 10 匹のアズキゾウムシの雌雄（0 世代）を 20g のアズキを入れたペトリ皿に放し，得られた子世代の全個体を同量のアズキを入れた別のペトリ皿に移すという操作を続けて何世代も飼育した場合，密度は世代間で特徴的な変化を示すと予想される。

(1) 図1の結果から考えて，その変化の様子を最もよく示すと思われるグラフを右のグラフ群 **A** ～ **C** から一つ選べ。

(2) グラフ **A** ～ **C** 中の a は，その値を中心に密度が安定または変動するある密度のレベルを示している。その値として最適なものを次の(a)～(e)から一つ選べ。

　(a) 150　(b) 400　(c) 600　(d) 750　(e) 900

さまざまなサイズの容器にアズキを入れて 1 匹から 8 匹までの雌を放して，アズキの表面に産みつけられた雌 1 匹あたりの産卵数を調べた（図2）。図2中の数字は，容器へ入れたアズキゾウムシの雌成虫の匹数，黒粒はアズキの数量を示す。図3には，横軸に実験Ⅰ～Ⅴの実験条件(a)～(d)を，縦軸に雌 1 匹あたりの産卵数をとり，実験結果として考えられる種々の可能性(A)～(E)を示した。

まず，実験Ⅰ（図2）を行ったところ，図3の結果(A)を得た。このことから，容器あたりの雌成虫の数が増加する，つまり，雌 1 匹あたりの容器内の空間の広さが減少すると，

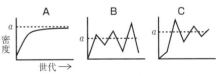

図2

雌１匹あたりの産卵数が減少したことがわかった。しかし，この実験からは，雌が，１匹あたりの容器内の空

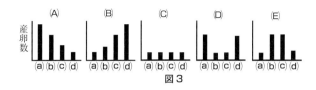

図3

間の広さの減少に反応したのか，アズキの量の減少に反応したのか判断できない。そこで，この二つの可能性を区別するために，実験Ⅱ〜Ⅴ（図2）を行った。

問2 雌が，１匹あたりの容器内の空間の広さにではなく，１匹あたりのアズキの量にのみ反応したとき，実験Ⅱ〜Ⅴで得られる結果を図3の(A)〜(E)からそれぞれ１つずつ選べ。同じ記号を何度選んでもよい。

〔Ⅱ〕図4と図5はそれぞれ，個体群密度を変えたときのダイズの平均個体重と単位面積あたりの個体群全体の重さの変化を表している。図4と図5を参照して以下の各問に答えよ。

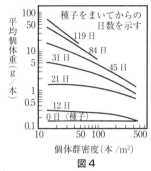

図4

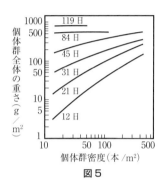

図5

問3 空欄（ １ ）〜（ ８ ）に最適な語句を答えよ。ただし，（ ３ ）と（ ７ ）には「大き」「小さ」のいずれかを答えよ。ただし，（ ３ ）と（ ７ ）に同じ語を答えてもよい。

　　植物の生育空間内の栄養塩類や光，水分などの（ １ ）は限られているため，個体群密度は個体の成長に影響を及ぼす。このような現象を（ ２ ）という。図4において，０日目を除き，個体群密度が高いほど個体は（ ３ ）くなっているのは，個体群密度が高まるにつれ，個体群内の（ １ ）が不足し，それらをめぐる（ ４ ）が起こるからである。しかし，図5では，個体群全体の重さは，（ ５ ）の違いにかかわらず，日数の経過に伴って一定の値に近づく。これを（ ６ ）の法則という。同種の樹木だけを高密度で成長させると，（ ７ ）い個体は枯れ，残った個体が成長して林をつくる。（ ８ ）間引きが起こらないと，林は高密度のまま成長し，個体の成長が悪くなり，強風を受けると多くの樹木が倒れ，林全体が枯れてしまうこともある。

問4 平均個体重を w，個体群密度を n とすると，右の関係が成立する。　　$w = \dfrac{1}{An+B}$

ただし，A と B は種をまいてからの日数で決まる係数である。以下の文章(1)・(2)中の（ ア ）〜（ オ ）に適切な数字（四捨五入して小数点以下2桁まで）や数式を記せ。

(1) 図4より，０日目の平均個体重 w は，個体群密度 n に無関係に0.15g/本と読み取れる。この w が n に無関係に一定となることから，０日目における係数 A の値は（ ア ）m²/g，また，係数 B の値は（ イ ）本/g となる。

(2) 個体群全体の重さを y とすると，平均個体重 w と個体群密度 n との関係より，y と n との関係は，$y = （ ウ ）$ となる。図5より，119日目の y の値は，個体群密度 n に無関係に $800g/m^2$ と読み取れる。この y が n に無関係に一定となることから，119日目における係数 A の値は（ エ ）$\times 10^{-3}m^2/g$，また，係数 B の値は（ オ ）本 $/g$ となる。

（和歌山県立医科大・金沢大・琉球大）

類題出題校	センター，東北大，**大阪医科薬科大[医]**，**東海大[医]**，**大分大[医]**，**順天堂大[医]**，愛媛大，静岡大，長崎大，新潟大，埼玉大，広島大，鳥取大，信州大，熊本大，徳島大，**お茶の水女子大**，岩手大，岐阜大，帯広畜産大，早稲田大

↗ 087 世界のバイオーム

★

〈第66講〉
〈解答・解説〉p.170

植生（植物群落）に特有な高さや色など，植生を全体的にとらえた外観を（ ① ）といい，それを特徴づける代表種を（ ② ）と呼ぶ。互いに近い地域で，立地環境が類似している場合には，両者に共通する種を多く含む植生が形成されるが，異なる各大陸間においても，気候条件が類似している地域には類似した（ ① ）をもつ植生が形成されることが知られている。

ある植物地理学者は，これら大陸間レベルで類似する植生をまとめる単位を提案した。このような類似植生の形成は，植物の遺伝的性質は異なっていても，植物がそこの環境に適応して形態を変化させた結果である

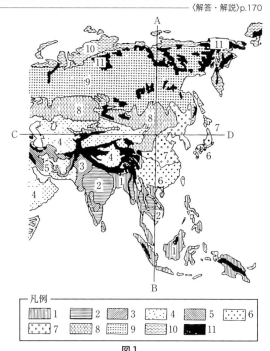

図1

と考えられている。植生の広がりのなかに生息する（ ③ ）などを含めたすべての生物集団をバイオームという。**図1**はアジア地域を中心としたバイオームの分布を示したものである。

問1 上の文章中の（ ① ）～（ ③ ）に最も適する語を入れよ。

問2 図1の凡例の1，2，4，6，7，8，9，10にはどのようなバイオームが該当するか。次の**ア～シ**からそれぞれ1つずつ選べ。

   ア. サバンナ   **イ**. ステップ   **ウ**. 熱帯多雨林   **エ**. 照葉樹林

   オ. 夏緑樹林   **カ**. パンパ   **キ**. 雨緑樹林   **ク**. 針葉樹林

   ケ. 硬葉樹林   **コ**. ツンドラ   **サ**. 砂漠   **シ**. プレーリー

問3 図1中ではA−Bに沿ってバイオームの分布が変化している。また，アジアに着目するとC−Dに沿ってバイオームの分布が変化している。それぞれ，どのような環境の変化によるものと考えられるか。

問4 図1の凡例1について。

(1) 凡例1は多くの場合，凡例2と接している。この両者が区分される大きな違いについて，植生の特徴と環境の観点からそれぞれ50字以内で述べよ。

(2) 凡例1は近年急速に減少している。その原因として考えられるもののうち主要なものを2つあげ，それぞれ10字以内で記せ。

(3) 凡例1の消滅は人間の生活にさまざまな影響を与えると心配されている。どのような影響が予測されているか。例を2つあげ，それぞれ15字以内で記せ。

問5 図2に示すような気候の地域は，**問2**の**ア，イ，ウ，エ，オ，キ，サ**のいずれに相当するか。

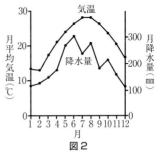

図2

問6 植物の外部形態には植物の生活様式が反映されている。植物の外部形態に基づいて類型化されたものは生活形と呼ばれる。植物の生活形の分類としてよく知られているラウンケルの生活形を**表1**に示した。表中の（ ④ ）から（ ⑧ ）に入る生活形の名称を記せ。また，ラウンケルの生活形の一年生植物とはどのような特徴をもった植物か，（ ⑨ ）に入る記述を15字以内で答えよ。

表1 ラウンケルの生活形

名称	略称	特徴
（ ④ ）	Ph	休眠芽が地上30cm以上の位置にある。
（ ⑤ ）	Ch	休眠芽が地表から地上30cmまでの位置にある。
（ ⑥ ）	H	休眠芽は地表に接している。
（ ⑦ ）	G	休眠芽は地中にある。
一年生植物	Th	（ ⑨ ）
（ ⑧ ）	HH	休眠芽が水中か水中の土の中にある。

問7 図3は，世界各地にみられる植物をバイオームが分布する地域別にラウンケルの生活形で分けてその割合を示したものである。図3に示したラウンケルの生活形の割合において，バイオーム(a)〜(d)は**問2**の**ウ，エ，コ，サ**のいずれに相当するか，それぞれ1つずつ選べ。

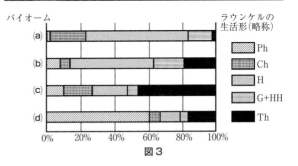

図3

(東京農工大・センター)

類題出題校	京都大，東北大，**藤田医科大**，東京慈恵会医科大，**大阪公立大**，**熊本大**，**三重大**，愛媛大，鳥取大，山形大，鹿児島大，**早稲田大**，**日本大**，**京都産業大**，**龍谷大**，東京女子大，**名城大**，麻布大，**立正大**，**杏林大**，**金沢工業大**，**北里大**

↗ 088 種の多様性

★★★ 〔Ⅰ〕★　　　〔Ⅱ〕★

〈第65・69・74講〉

〈解答・解説〉p.172

〔Ⅰ〕生物群集は数多くの生物種によって構成されて
いる。このような生物多様性は，1つの種が複数の種
に分かれ，種分化することによって形作られてきた。
それでは，ある地域に生息する生物の種数はどのよう
にして決まっているのだろうか。マッカーサーとウィ
ルソンは，この問いに関して簡単なモデルを考案して
いる。

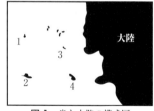

図1　島と大陸の模式図

　図1のように，大陸とその周辺の大小様々な島を考える。大陸には多くの生物種が生
息しており，これを源として，それぞれの島に生物種が侵入（移入）してくると仮定する。
島間の生物の移動は考えない。このモデルでは，(1)大陸からの侵入種数はその島が大陸
からどれだけ離れているかということのみに依存すると仮定している。一方で，それぞ
れの島では，種の絶滅が起こり種は失われていく。このとき，絶滅確率は島が大きいほ
ど低くなる。このような，種の侵入と，種の絶滅の間のバランスによって，それぞれの
島に生息する種数が決まると考える。

　この様子を表現した模式図が図2である。縦軸
は一定時間内に「新たに」大陸から侵入する種数，
および，島にすでに生息する種のうち一定時間内
にその島で絶滅する種数を示している。横軸は，
それぞれの島に生息する種数を示す。

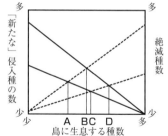

図2　マッカーサーとウィルソンのモデ
ルを示す図。実線が「新たな」侵
入種の数を，破線が絶滅種数を
それぞれ示す。島の面積および大陸
からの距離に応じて，それぞれ2
本の線が描かれている。

問1　このモデルでは，下線部(1)のように，島に
侵入する種数は島が大陸からどれだけ離れて
いるかということのみによって制限されてい
る。しかし，図2では，島に生息する種数が
多くなると，「新たな」侵入種の数が減少する
ことが示されている。これは，どのような理
由によるか，130字以内で説明せよ。

問2　図1の島1～4における種数は，図2のＡ～Ｄのどれになるか，それぞれ答えよ。
なお，島1と島3，島2と島4の面積はそれぞれほぼ同じであり，島1と島2，島3
と島4の大陸からの距離はそれぞれほぼ同じである。

問3　それぞれの島での生物の種数が上記のモデルに従って決まる場合，大陸から遠く
離れた島と，大陸に近い島のそれぞれについて，島の面積とその島に生息する種数
の関係はどのようになると予想されるか。縦軸を種数，横軸を島の面積とするグラ
フを描き，大陸から遠く離れた島での関係を実線で，大陸に近い島での関係を破線
でそれぞれ書け。

問4　このモデルでは，すべての種の特性が同じであることを仮定しているが，実際には，

生物は種によってその特性が異なる。例えば，捕食者と被食者の違いである。ある島には，そこに生息する生物にとって捕食者となる生物が1種生息していた。この島に生息する生物の総種数は，捕食者が生息しない他の島と比較して少なかった。このようになる理由を機構も含め，「絶滅」および「個体数」の語を必ず用いて，60字以内で答えよ。

問5 ガラパゴス諸島やハワイ諸島，そして小笠原諸島などの海洋島には，他の場所で見られない島固有の種が数多くみられる。このように固有の種が多くみられる理由を，本問のモデルを参考にし，「種分化」の語を必ず用いて140字以内で答えよ。

〔Ⅱ〕生物多様性とは，生態系や生物群集を構成する種そのものや種間関係の複雑さを表す言葉である。生物群集を構成する種の多様性は，生物多様性の1つの指標とされる。これを数値化したものに多様度指数があり，生物群集を構成する種の数と，それぞれの種の頻度を考慮した値として求められる。多様度指数にはいくつかの表し方があり，そのうちの1つを次に示す。

多様度指数 = 1 − 各種の頻度の2乗の和

例えば，表1のように5種類の魚が同じ個体数ずついる湖の多様度指数を計算すると，以下のようになる。

多様度指数 $= 1 - (0.2^2 + 0.2^2 + 0.2^2 + 0.2^2 + 0.2^2) = 0.8$

表1 ある湖に生息する魚のすべての種の個体数

種	A	B	C	D	E
個体数	200	200	200	200	200

生物群集において，(2)絶滅や移入などで，構成種の数が変化した場合や，(3)構成種の頻度が変化した場合に，多様度指数も変化する。

現在，生物多様性に対する人間活動の影響が懸念されている。例えば，(4)生息地の開発や外来種の持ち込みが，生物多様性の低下をもたらす事例も知られている。

問6 下線部(2)の絶滅の影響に関する下の問いに答えよ。

(1) 表1の湖の構成種のいくつかが絶滅し，他の種の個体数に変化が無いと仮定した場合，多様度指数はどうなるか。

(2) どのような種構成のときに，多様度指数が最小になるか。

(3) 生物多様性に対する絶滅の影響について，40字以内で考察せよ。

問7 下線部(3)に関して，表1の湖に新たな種Fが侵入した結果，種A〜Eの個体数が半減し，種Fの頻度が0.5になったと仮定する。この時の多様度指数の値を求めよ。

問8 下線部(4)に関して，生息地の開発や外来種の持ち込みが，生物多様性の低下の原因となる理由について，下線部(2)と下線部(3)を考慮して，90字以内で答えよ。

問9 多様度指数は，上記とは別の方法，例えば，生物群集の単純度の逆数で表すこともできる。生物群集の単純度は，生物群集の中から2つの個体を無作為に復元抽出（取り出した標本を母集団に戻してから，次の標本を取り出す）したとき，その2個体が同じ種となる確率で表すことができる。図3および図4に示される樹木群集の多様度指数をそれぞれ単純度の逆数と

図3

図4

（図3及び図4において，樹木の形の違いは種の違いを表す。図3及び図4の樹木群集ともに4種，全12個体の樹木を含んでいる。）

して求めよ。

問10　問9の多様度指数について述べた次の①～③から正しいものをすべて選べ。

① 生物群集に含まれる種ごとの個体数に偏りが大きいほど，多様度指数は小さくなる。

② 種数の違う生物群集どうしの多様度指数を比べたとき，種数のより大きな生物群集の方が多様度指数が高くなる。

③ 特定の生物群集における多様度指数が最大となるのは，生物群集に含まれるすべての種の個体数が同じときで，最大値は生物群集の種数に等しくなる。

（千葉大・横浜国立大）

類題 出題校	センター，京都大，名古屋大，福島県立医科大，大阪公立大，信州大，岐阜大，京都工芸繊維大，茨城大，長崎大，金沢大， 慶應義塾大，東京農業大，千葉工業大，桜美林大，東邦大，麻布大，神奈川大，大阪工業大，東京家政大

↗ 089 里山の生態系　　〈第67・68・69講〉

★★★　〔Ⅰ〕★★　　〔Ⅱ〕★★　　　　　　　　　　　　　　─── 〈解答・解説〉p.175

〔Ⅰ〕トキ（学名：*Nipponia nippon*）は，19世紀まで東アジアに広く生息し，普遍的に見られる大型野鳥のひとつであったが，_㋐日本では明治時代に乱獲され大正期にはすでに絶滅に近い状態となっていた。

　トキは肉食性の鳥で，その餌生物の本来の生息地であった河川周辺の自然湿地や草地の多くが開発のために消失したため，次第に水田・河川・草地などを主な餌場とし，周辺の森をねぐらにする「里山の鳥」になっていったと推測される。一般に，里山の林内では，薪炭（しんたん）を得るための伐採や下枝の切り取り，肥料（堆肥（たいひ））にするための下草刈りや落ち葉かきなどが行われるため，里山の林内は比較的明るく，陽樹的な樹種が多く生育し，_㋑植生遷移が途中の段階で停止している状態が維持されている。

　_㋒トキの餌生物のなかにも里山の環境を利用して生活する生物が多い。人の生活のために開拓され，人為的な作業で維持されてきた里山の環境は，トキの餌生物たちにもトキ自身にも結果的に良好な生息条件を提供してきたのである。

　しかし，1970年代以降，多くの_㋓棚田は利用放棄され，棚田であった土地の植生遷移は急速に進行し，餌生物のすむ水辺も減少して，棚田は二次林に変わっていった。一方，平野部の水田では，大規模な圃場（ほじょう）整備や乾田化，主要河川の護岸工事，農薬・化学肥料の利用などが進行し，こちらでもトキは餌場を失ってしまった。また，_㋔現在トキの天敵のひとつと考えられているテンは，1950年代に植林地に被害を与えるサドノウサギの駆除のために生物天敵として佐渡島に持ち込まれたものであるが，その成果ははっきりしないまま大増殖して害獣化してしまった。こうした様々な要因の帰結として，トキは1981年に日本の空から姿を消した。

問1　下線部㋐に関して，日本において過去に絶滅または野生絶滅（人工飼育状態でのみ生存するもの）した鳥獣のなかで，乱獲や駆除が主な原因のひとつとなり，20世紀に絶滅が認定（指定）された鳥類（トキを除く）と哺乳類をそれぞれ1種ずつ答えよ。

問2　下線部㋑に関して，植生の遷移と種子の型に関する次ページの文中の（　a　）～（　c　）

に適する記述を下の①〜⑧からそれぞれ1つずつ選べ。

　溶岩流や大規模な山崩れなどによってできた裸地は植物の生育にとってきびしい環境で，（ a ）散布型の種子を持つ植物が侵入する。裸地は草原を経て，（ b ）散布型の種子を持つ樹木が生育する低木林となる。低木林は高木林を経て，（ c ）散布型の種子を持つ樹木が生育する森となる。

① コケなどの風　　　　② コケなどの動物　　　③ ススキなどの風

④ ススキなどの動物　　⑤ コナラなどの動物　　⑥ コナラなどの重力

⑦ アラカシなどの風　　⑧ アラカシなどの重力

問3　一般に，あるサイズ以下に縮小した個体群は急速に絶滅する可能性（絶滅リスク）が高くなると言われているが，その主要な原因は何か，80字程度で述べよ。

問4　下線部(ウ)に関して，人による利用が長年続けられてきた里山で高い生物多様性が保たれてきた理由として適切なものを次の(A)〜(D)から2つ選べ。

(A) 里山の人為的利用に適応するように多数の生物が進化したため。

(B) アメリカザリガニやブラックバス（オオクチバス）などの移入生物の影響を近年まで受けにくかったため。

(C) 里山の人為的利用が生物多様性の低い環境を広範に作り出したため。

(D) 里山のモザイク的な土地利用が複雑な環境の組み合わせを作り出したため。

問5　下線部(エ)に関して，1970年代に里山利用を行わなくなってから40年程度経過した二次林の植生調査を行ったところ，この森林全体の直径階分布（幹の太さのヒストグラム）と森林の中核になるコナラ個体群の直径階分布は**図1**のようなグラフに整理された。このような森林の内部環境はどのようになっていると推測されるか，また，コナラの個体群は，今後どのように推移すると考えられるか，下の(A)〜(D)から適切なものをそれぞれ1つずつ選び，グラフにもとづいてそれぞれの根拠を100字程度で説明せよ。

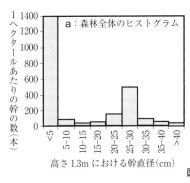
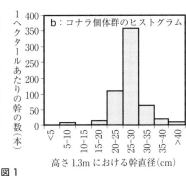

図1

森林内の環境

(A) 森林内は比較的明るく，光環境は不均質で林床の植物種数は豊富である。

(B) 森林内は比較的暗く，光環境は均質で林床の植物種数は限られている。

コナラ個体群

(C) コナラ個体群は継続的に次世代が更新する。

(D) コナラ個体群の次世代の更新は難しい。

問6 下線部(オ)に関して、生物天敵が当初の意図通り機能せず際限なく増殖してしまう失敗事例は奄美大島のマングースとハブの関係などでも見られている。2種を同一の飼育ケージ内におけば被食−捕食関係になり得ることが確認されているにもかかわらず、自然環境下ではその通りに機能しない理由を80字程度で述べよ。

〔Ⅱ〕 **図2**は、熊本県にある伐採後50年を経たコジイの優占する照葉樹林生態系の炭素循環を示したものである。**図2**中の □ で囲んだ部分は、測定開始時の植物体生体量または有機物蓄積量を炭素量（トン／ヘクタール）で示し、矢印は、1年間の測定期間における炭素の流量（トン／ヘクタール・年）を示す。動物による被食量、土壌有機物の系外への流出量、落下前の枯死材の分解量は、相対的に微量であるので省略した。

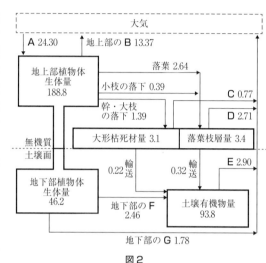

図2

問7 図2中の **A〜G** に最適な語を次の①〜⑫からそれぞれ1つずつ選べ。同じ番号を繰り返し選んでもよい。
① 光合成　② 化学合成　③ 窒素固定　④ 脱窒　⑤ 硝化　⑥ 撹乱
⑦ 呼吸　⑧ 枯死　⑨ 落下　⑩ 蒸散　⑪ 転流　⑫ 流出

問8 次の(H)〜(M)に相当する炭素の流量（トン／ヘクタール・年）を、四捨五入して小数第2位まで求めよ。
(H) 総生産量　　(I) 植物体呼吸量　　(J) 純生産量
(K) 枯死・脱落量　　(L) 森林の成長量　　(M) 総分解量

問9 次の文中の空欄 **(N)** 〜 **(P)** に最適な記述を下の①〜③からそれぞれ1つずつ選べ。

　　この1年間の測定結果では、炭素量で表したこの生態系の落葉枝層量は **(N)** 。大形枯死材量は **(O)** 。土壌有機物量は **(P)** 。
① 安定している　② 増加しつつある　③ 減少しつつある

（新潟大・東邦大・大阪公立大）

| 類題出題校 | 北海道大、名古屋大、**帝京大[医]**、獨協医科大、藤田医科大、**横浜国立大**、山形大、長崎大、愛媛大、**鳥取大**、**茨城大**、愛知教育大、和歌山大、**山口大**、**東京学芸大**、福島大、**早稲田大**、**富山県立大**、関西大、京都産業大、名城大 |

↗ 090 水界生態系

★★★

〈第34・36・68・75・77講〉
〈解答・解説〉p.177

海洋におけるおもな生産者は，植物プランクトンである。海洋全体の純生産量は陸上全体の純生産量に匹敵すると見積もられているが，①海洋では，純生産量の大きさに対し生産者の現存量が著しく小さいことが特徴である。植物プランクトンは多様な生物種から構成されるが，海洋全体の純生産量においては，光合成を行う②原核生物のシアノバクテリア，真核生物の珪藻類とハプト藻類の貢献度が高いと考えられている。

図1は，分子系統学的解析に基づく真核生物の系統を示している。真核生物はおよそ8つの系統群に分けられ，それぞれの系統群には種々の生物群が含まれると考えられている。珪藻類とハプト藻類を含む，主に水生の酸素発生型光合成を行う生物を総称して藻類と呼ぶ。系統樹上では，③珪藻類や褐

真核生物の共通祖先
┬ オピストコンタ（動物や真菌など）
├ アメーボゾア（アメーバ類や粘菌など）
├ エクスカバータ（ユーグレナなど）
├ アーケプラスチダ（陸上植物，緑藻，紅藻など）
├ ハクロビア（ハプト藻やクリプト藻など）
├ アルベオラータ（渦鞭毛藻やマラリア原虫など）
├ ストラメノパイル（珪藻，褐藻，卵菌など）
└ リザリア（有孔虫や放散虫など）

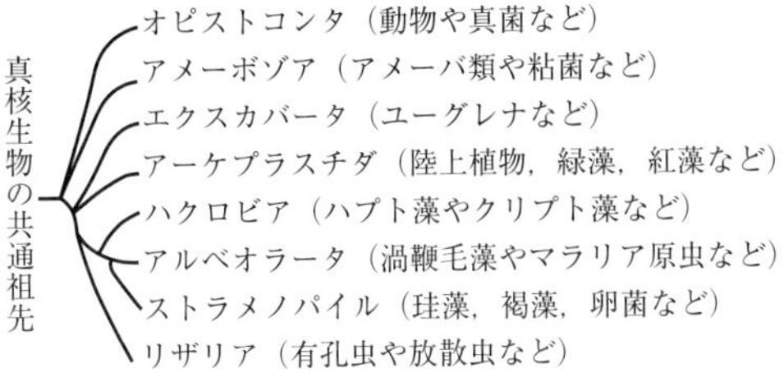

図1 真核生物の系統樹とそれぞれの系統群に含まれる代表的な生物群

藻類はストラメノパイル，ハプト藻類はハクロビアに含まれ，陸上植物と藻類の緑藻類や紅藻類は④アーケプラスチダに含まれる。エクスカバータとアルベオラータにも藻類が含まれる。このように藻類は1つのまとまった系統群ではなく複数の系統群に属する。

藻類の葉緑体には，核内のDNAとは異なる葉緑体DNAがある。藻類や種子植物などさまざまな光合成生物の葉緑体DNAの遺伝子を用いて遺伝子系統樹を作成すると，すべての生物の葉緑体DNAの遺伝子は，シアノバクテリアのものと近縁であることがわかった。アーケプラスチダに属する生物の葉緑体は2枚の膜で包まれている。⑤一方，ハクロビアに属するクリプト藻類の葉緑体は，4枚の膜で囲まれている。クリプト藻類は，4枚の膜で包まれた葉緑体DNAに加え，2枚目と3枚目の膜の間にも異なるDNA（核様体）をもち，その遺伝子の塩基配列は紅藻類の核DNAのものに最も類似している。

問1 下線部①について，海洋において純生産量に対する生産者の現存量が著しく小さい理由を50字程度で説明せよ。

問2 下線部②について，シアノバクテリアは緑色植物と似た光化学系をもち，酸素発生型光合成を行うが，酸素非発生型光合成を行う光合成細菌もいる。

(1) このような酸素非発生型光合成細菌の光化学系の特徴を70字程度で説明せよ。

(2) また，シアノバクテリアの光化学系が酸素非発生型光合成を行う光合成細菌の光化学系から進化したとすると，光合成色素に関してどのような変化があったと考えられるか，30字程度で説明せよ。

問3 下線部③について，珪藻類と褐藻類に共通して含まれる光合成色素を次の㋐〜㋔からすべて選べ。

㋐ クロロフィルa　㋑ クロロフィルb　㋒ クロロフィルc
㋓ フコキサンチン　㋔ フィトクロム　㋕ アントシアン

問4 下線部④について，アーケプラスチダに含まれる藻類のうち，水深1mの浅い所から採取したもの（A種）と，水深25mの深い所から採取したもの（B種）に関する次の(1)～(5)に答えよ。

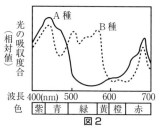

図2

(1) 図2は，A種，B種の光の吸収をグラフに表したものである。このようなグラフはふつう何と呼ばれているか，答えよ。

(2) B種には，主に緑色の光をよく吸収する光合成色素が多量に含まれている。B種を空気中で見た場合，何色に見えるか。図2の下に示した光の色で答えよ。

(3) B種は何という藻類に属すると考えられるか，最も適当なものを，次の①～④から1つ選べ。
① 緑藻類　　　② 褐藻類
③ 紅藻類　　　④ シアノバクテリア

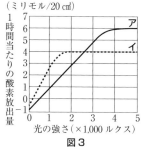

図3

(4) 図3は，A種，B種それぞれ20cm²当たりの酸素放出量を光の強さを変えて測定し，グラフに表したものである。B種の測定結果は**ア**，**イ**どちらに相当するか，答えよ。

(5) 図4は，A種，B種が生育していた水深1mと25mの光環境を波長別に表したものである。図2に示した光の吸収，図3に示した光合成と光の強さとの関係，図4の生育場所の光環境を示したそれぞれのグラフを参考にして，B種がA種より深い所で生育できる理由を100字以内で説明せよ。

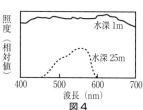

図4

問5 下線部⑤について，

(1) クリプト藻類の葉緑体の直接の起源となった生物群を推定し，その名称を記せ。

(2) さらに，クリプト藻類がどのような進化的過程をたどって酸素発生型の光化学系をもつようになったのかを考え，80字以内で説明せよ。

（京都大・三重大）

| 類題出題校 | センター，東京大，滋賀医科大，関西医科大，東京慈恵会医科大，富山大，岐阜大，熊本県立大，横浜市立大，東京農工大，長崎大，大阪公立大，岡山大，埼玉大，金沢大，筑波大，山梨大，奈良女子大，慶應義塾大，東京理科大，立教大 |

第13章 生物の進化と系統

→ 091 ハーディ・ワインベルグの法則（伴性遺伝）

〈第47・74講〉

〈解答・解説〉P.180

〔文1〕ある形質を発現する遺伝子が性染色体上に存在する場合、その遺伝子を伴性遺伝子といい、伴性遺伝子による遺伝を伴性遺伝という。ヒトの伴性遺伝の例として知られている2色覚（赤緑色覚異常）は、3種類の錐体細胞のうちいずれか1種類をもたない場合の色覚であり、X染色体上の、光を感じるタンパク質の遺伝子の突然変異によって生じる。2色覚はありふれた突然変異の一つで、日本では男性の20人に1人が2色覚である。2色覚の原因遺伝子は潜性（劣性）であり、その遺伝子頻度が男女とも同じで、女性の性染色体について常染色体と同様にハーディ・ワインベルグの法則が成立すると仮定すると、調査した14,897名（男性11,673名、女性3,224名）のうち、概算で男性の約580名が2色覚であった。

問1 女性3,224名のうち何名が2色覚の原因遺伝子をもつと推定できるか。小数第1位を四捨五入して整数で答えよ。

〔文2〕ある潜性の伴性遺伝子によって起こる疾患の、男女別の罹患者数を調査し、その結果を**表1**に示した。

問2 男性におけるこの疾患の遺伝子の遺伝子頻度を求めよ（答が割り切れないときは小数第5位を四捨五入して第4位まで求めよ。以下の問も同様とする）。

問3 女性におけるこの疾患の遺伝子の遺伝子頻度を求めよ。

問4 女性におけるこの疾患の保因者（ヘテロ接合体）の頻度を求めよ。

表1 ある潜性伴性遺伝子による疾患の男女別罹患者数の調査結果

性別＼表現型	女性	男性
健常者	9,984	9,571
罹患者	16	429
合計	10,000	10,000

〔文3〕自然選択、突然変異、移住、遺伝的浮動などがなく、任意交配の行われている集団では、集団全体の遺伝子頻度は世代が経過しても変化しない。このように、集団全体の遺伝子頻度が平衡に達した状態を"ハーディ・ワインベルグの平衡"という。ただし、常染色体上の遺伝子と異なって、伴性遺伝子においては遺伝子頻度が平衡に達する過程は雌雄により異なる。**図1**に、ある哺乳類において、伴性遺伝に従うある潜性の対立遺伝子の0世代の遺伝子頻度を、雌1.0、雄0.0であると仮定した場合に、雌における遺伝子頻度が世代を経て平衡に至る様子を示した。

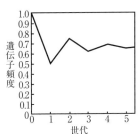

図1 雌における伴性遺伝子の遺伝子頻度の平衡に至る変動

問5 雄について、1世代から5世代までの、各世代における潜性遺伝子の遺伝子頻度を求めよ。

問6 雌雄合わせた集団について、1世代から5世代までの、各世代における潜性遺伝子の遺伝子頻度を求めよ。

（東京大・名古屋大）

188

↗ 092 集団遺伝学（淘汰・選択がある場合など） 〈第74講〉

★★★ ──────────────────────────────── 〈解答・解説〉P.182

〔Ⅰ〕鑑賞魚として人気のあるグッピーは，体色や雄の体側部に現れる模様，ひれの形などにより様々な品種がつくり出されている。このような品種の中には黒色素（メラニン）をもたないアルビノの品種がある。メラニンを有する野生型はアルビノに対して顕性（優性）で，この形質を支配する遺伝子は，常染色体上に存在する。

　人為的に維持されているある野生型の集団において，まれにアルビノが観察されることがある。あるとき，この集団からグッピーを採集したところ，表現型はすべて野生型であった。しかし，採集した個体を用いて交配実験を行ったところ，400ペアに1ペアの割合で子魚の中にアルビノが観察された。このような交配実験を異なる世代においても何度か行ったが，アルビノが出現するペアの割合は変化しなかった。このことから，アルビノの遺伝子は，この集団中に一定の頻度で維持されているものと考えられる。野生型の遺伝子をA，アルビノの遺伝子をa，それぞれの遺伝子頻度をpとqとし，$p + q = 1$とする。

問1　文中の下線部の集団におけるアルビノ遺伝子（a）の遺伝子頻度を，採集した個体の表現型と交配実験の結果から小数点以下第3位まで算出せよ。

〔Ⅱ〕グッピーの野生型の体色が濃い灰色であるのに対して，アルビノの体色は淡黄色であるから，アルビノは自然の状態では非常に目立ち，外敵に捕食されやすく，次世代を残せる確率が低い。アルビノが捕食され，次世代を残せない場合，次世代（1世代後）のaの遺伝子頻度（q'）をqの式で表すと，

$$q' = \left(\frac{1}{2} \times 2pq + 0\right) / (\boxed{\text{ア}}) = \boxed{\text{イ}} \text{ となる。}$$

　同様に2世代後，3世代後のaの遺伝子頻度（q'', q'''）をqの式で表すと，

$$q'' = \boxed{\text{ウ}}, \quad q''' = \boxed{\text{エ}}$$

となることから，t世代後のaの遺伝子頻度（qt）をqの式で表すと，$qt = \boxed{\text{オ}}$ となる。

問2　文中の空欄 $\boxed{\text{ア}}$ ～ $\boxed{\text{オ}}$ に適当な数式を入れよ。

問3　アルビノが次世代を全く残せないと仮定した場合，aの遺伝子頻度が**問1**で求めた値の半分に減少するのは何世代後か求めよ。

問4　潜性（劣性）遺伝子のホモ接合体が次世代を全く残せない場合，この潜性遺伝子の遺伝子頻度は集団中でどのような減少の過程をたどるかを，90字以内で説明せよ。

（東北大）

093 色覚の進化

〈第 10・44・46・74 講〉
★★★

〈解答・解説〉P.184

〔Ⅰ〕生殖細胞の形成における減数分裂の過程では，同じ大きさと形を持った相同染色体が並び，その一部が交差して乗換えが起こる。この際，これらの染色体がきちんと整列して並ばなかった場合に，最終的にできる染色体上の遺伝子のならび方に不均衡が生じることがある。これを不等交差と呼ぶ。

図1は不等交差の結果，一本の染色体上に対立遺伝子が2つ並ぶ重複と，染色体から遺伝子がうしなわれる欠失が生じる様子を示した模式図である。図中の①と❶および②と❷はそれぞれ対立遺伝子を意味している。

問1 相同染色体の乗換えが起きるのは減数分裂のどの段階か。段階の名称を答えよ。

問2 生存にとってきわめて重要な遺伝子が，不等交差によって重複したと仮定する。この後，重複した遺伝子の片方に突然変異が生じ，この遺伝子によって作られるタンパク質の機能が消失した場合，どのようなことが予想されるか，理由とともに説明せよ。

問3 不等交差によって生じる遺伝子の重複は，生物の進化においてどのような役割を担ってきたと考えられるか説明せよ。

[通常の交差]

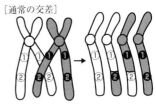

[不等交差]

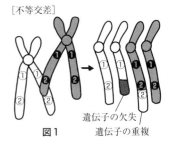

遺伝子の欠失
遺伝子の重複
図1

〔Ⅱ〕ヒトの網膜には，青・赤・緑の3色に感受性が高い3種類の錐体細胞が存在し，色覚を担っている。いずれの錐体細胞においても，光を受容するのはビタミンA誘導体のレチナールとオプシンというタンパク質が結合した視物質とよばれる複合体である。発現するオプシンタンパク質のアミノ酸配列の違いにより吸収する光の波長に違いが生じている。青錐体細胞に発現する青オプシンの遺伝子は，第7染色体に存在するのに対して，(a)赤錐体細胞に発現する赤オプシンと緑錐体細胞に発現する緑オプシンの遺伝子はX染色体上に隣り合って存在する。

図2に赤オプシン遺伝子と緑オプシン遺伝子の構造を模式的に示した。いずれも6つのエキソンからなり，365個のアミノ酸からなるタン

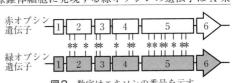

図2 数字はエキソンの番号を示す

パク質をコードするが，アスタリスク（*）で示した位置にある塩基配列の違いにより15個のアミノ酸が異なっている。赤視物質と緑視物質は，それぞれ 552.4nm と 529.7nm にピークをもつ吸収スペクトルを示す。赤オプシンと緑オプシンにおける15のアミノ酸の違いのいずれか1つ，もしくは複数のアミノ酸の違いが，吸収スペクトルの違いの原因となっている。

　赤オプシンと緑オプシンで異なっている15アミノ酸のうち，吸収スペクトルの違いを生み出す原因となっているアミノ酸を絞り込むために，以下の実験を行った。赤オプシン遺伝子と緑オプシン遺伝子のエキソンを交換した融合遺伝子1〜6を作成し，それぞれを培養細胞で発現させ，レチナールと結合させた後に吸収スペクトルを測定した。図3には，作成した融合遺伝子1〜6の構造とその吸収スペクトル（実線）を赤視物質と緑視物質の吸収スペクトルとともに示した。

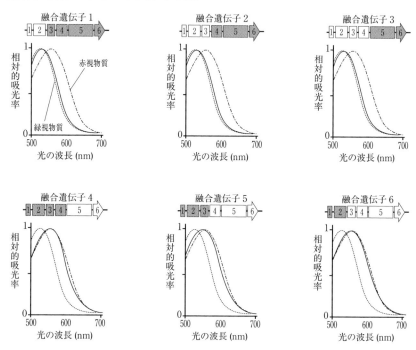

□は赤オプシン遺伝子由来のエキソンを示す　■は緑オプシン遺伝子由来のエキソンを示す

図3

問4　赤オプシン遺伝子と緑オプシン遺伝子のどのエキソンに由来するアミノ酸の違いが，赤視物質と緑視物質の吸収スペクトルの違いを生み出しているのかを，実験結果（図3）から読み取り，そのエキソンの番号を答えよ。

問5　問4で答えたエキソンには，赤オプシン・緑オプシンで異なるアミノ酸を指定する塩基配列の違いが複数存在する。そのうちのどのアミノ酸が吸収スペクトルの違いに最も影響を与えているかを調べるためには，どのような実験を行うとよいか，120字以内で説明せよ。

問6 図4に霊長類の進化の系統樹と色覚情報を示した。原猿類のアイアイやロリスは青・赤を認識する2色型色覚であるが，ヒトとゴリラを含む狭鼻猿類は青・赤・緑を認識する3色型色覚を進化の過程で獲得したと考えられている。

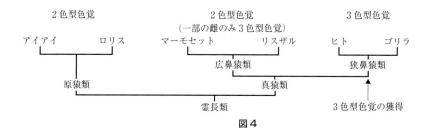

図4

下線部(a)について，赤オプシン遺伝子と緑オプシン遺伝子が隣り合って存在するように進化したメカニズムを推測し，次の語句を使用して100字以内で説明せよ。

[語句] 祖先型オプシン遺伝子，突然変異

問7 広鼻猿類のマーモセットやリスザルは基本的には2色型色覚だが，狭鼻猿類とは異なるメカニズムにより，一部の雌のみ3色型色覚をもつ（**図4**）。この事実に関する次の文章中の ア と イ にそれぞれあてはまる適切な語句を10字以内で記入せよ。

広鼻猿類ではX染色体上にはオプシン遺伝子は1つしか存在しない。しかし，このオプシン遺伝子には，複数の ア が存在しており，それぞれの ア が転写・翻訳された結果として形成される視物質には，吸収スペクトルの違いが生じる場合がある。雄はX染色体を1本しかもたないため，このオプシン遺伝子について1つの ア しかもたないので，3色型色覚を示すことはない。X染色体を2本もつ雌では， イ 現象が起こるため，転写・翻訳されるX染色体上の ア が錐体細胞ごとに異なる。そのため，2本のX染色体が，異なる吸収スペクトルを示す視物質を形成する ア をもつ雌では，錐体細胞がモザイク状に存在する網膜となり，3色型色覚を示すことになる。

（札幌医科大・広島大）

| 類題出題校 | 名古屋大，東京大，**東京医科大**，奈良県立医科大，京都府立医科大，帝京大[医]，宮城大，富山大，千葉大，埼玉大，京都工芸繊維大，**大分大**，信州大，岡山県立大，慶應義塾大，**東京理科大**，関西学院大，同志社大，立命館大 |

↗094 胎児の循環系・ヘモグロビンの変異と進化 〈第16・17・43・74講〉

★★

〈解答・解説〉P.185

赤血球に含まれるヘモグロビンはグロビン鎖とヘム色素からなる色素タンパク質である。図1はヒトの$_{(ア)}$胎児期から乳児期にかけてグロビン鎖の発現がどのように推移するかを主なグロビン鎖について模式化したものである。グロビン鎖にはα様グロビン鎖（図1ではα）とβ様グロビン鎖（図1ではβとγ）があり、α様グロビン鎖2本とβ様グロビン鎖2本の計4本のポリペプチド鎖がヘモグロビンを構成している。ヘモグロビンを構成

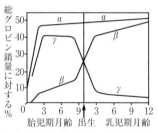

図1 ヒトのグロビン鎖の発現パターン

するポリペプチドの遺伝子には多数の突然変異が知られ、多くの異常ヘモグロビンが同定されている。ヒトの異常ヘモグロビンの一種に鎌状赤血球貧血症と鎌状赤血球形質がある。$_{(イ)}$鎌状赤血球貧血症はこの突然変異をホモ接合でもつヒトに見られ、このヒトは低酸素濃度条件下で重い貧血症となるので、生存には不利である。一方、鎌状赤血球形質のヒトは、この突然変異と正常型とのヘテロ接合体であり、ある種のマラリア感染に対して正常のヒトと比べて症状が軽く、$_{(ウ)}$マラリア多発地域では生存に有利であることが知られている。

問1 下線部(ア)について、妊娠した哺乳類では、胎盤において母体と胎児の間で酸素や二酸化炭素の交換が行われる。次の(1)〜(3)に答えよ。

(1) 表1は、ある哺乳類の母体と胎児のガス交換に関係する血管I〜血管IVにおける酸素分圧と二酸化炭素分圧を測定した結果を示している。血管Iと血管IIは母体の血管であり、一方が胎盤に向かう血液が流れる血管、他方が胎盤から出る血液が流れる血管である。血管

表1

	酸素分圧 (mmHg)	二酸化炭素分圧 (mmHg)
血管I	41.5	46.5
血管II	70.0	41.0
血管III	11.5	48.0
血管IV	5.5	50.0

IIIと血管IVは胎児の血管であり、一方が胎盤に向かう血液が流れる血管、他方が胎盤から出る血液が流れる血管である。**表1**の結果から考えて、胎盤における血液が正しく流れる順として最適なものを、次の①〜④から1つ選べ。

① 母体では血管I→胎盤→血管II、胎児では血管III→胎盤→血管IV

② 母体では血管I→胎盤→血管II、胎児では血管IV→胎盤→血管III

③ 母体では血管II→胎盤→血管I、胎児では血管III→胎盤→血管IV

④ 母体では血管II→胎盤→血管I、胎児では血管IV→胎盤→血管III

(2) ヒトの胎児の心臓には右心房と左心房との間の壁である心房中隔に卵円孔と呼ばれる孔（穴）が存在し、血液が通過できる構造になっている。卵円孔は胎児の循環において有利に働いているが、出生後、呼吸の開始により、通常閉じてしまう。胎児の循環において卵円孔があることが有利な点を30字以内で述べよ。

(3) ヒトの胎児では，卵円孔が出生後に閉じないことがある。この場合，どのような影響がでるか，40字以内で述べよ。

問2 図1において，乳児期6ヶ月に最も多量に存在するヘモグロビンはどのようなグロビン鎖からなるか。αααα のようにして示せ。

問3 下線部(イ)について，異常ヘモグロビンの突然変異をホモ接合でもつ胎児は，母体内の低酸素濃度条件下においても貧血症になることはなく，正常に誕生する。この理由を70字以内で述べよ。

問4 下線部(ウ)について，マラリアの分布する熱帯地方の集団で異常ヘモグロビンの調査を行ったところ，表2の結果が得られた。この集団に関する次の(1)，(2)に答えよ。

表2 熱帯地方における異常ヘモグロビンの調査

表現型	正常	鎌状赤血球貧血症	鎌状赤血球形質
個体数	1,410 人	0 人	465 人

(1) この集団では，グロビン遺伝子に，正常型Aと突然変異型Sの2つの型，すなわち2つの対立遺伝子が存在していた。それぞれの対立遺伝子の集団内における遺伝子頻度は0から1の値をとり，その和は1となることをふまえ，上記の表現型の分布からこの集団における2つの対立遺伝子，AとSの遺伝子頻度を求めよ。解答は，1.234のように小数点以下3けたで示せ。

(2) この地方でマラリアが撲滅されたとする。上記の集団で再調査を行ったところ，AとSの遺伝子頻度はそれぞれ0.9と0.1であった。それでは，次世代におけるSの遺伝子頻度はいくらになるか，解答を得る過程を示して小数点以下3けたで答えよ。なお，この地域の環境ではこの突然変異をホモ接合でもった個体は生存できないとし，また，この集団は十分大きく，任意配をするものとし，新たな突然変異やヒトの移住は考えないものとする。

(東京大・東京家政大)

↗ 095 ダーウィンフィンチ

★★

〈第65・74講〉

〈解答・解説〉P.187

ガラパゴス諸島は，南米エクアドルの沖合1000kmの海上に浮かぶ小群島である。ここには，ダーウィンフィンチ類とよばれる小型の野鳥がおよそ14種生息している。それらは，南米大陸から渡ってきた祖先集団が，(1)海によって自由な交配を行えなくなった結果，(2)それぞれの島の環境の違いにより多様化し，複数の種に分かれていったものと考えられている。ダーウィンフィンチ類は，種によって餌とする食物が異なり，それに応じてくちばしの形と大きさが少しずつ異なっている。種子を餌とするフィンチ類は，くちばしが大きいと大きい種子を，小さいと小さい種子を食べるのに適している。また，同種内でも，くちばしの形と大きさの個体差が大きい。ダーウィンフィンチ類のうち，ガラパゴスフィンチとよばれる種は，ガラパゴス諸島内の大ダフネ島に生息し，通常，中くらいの大きさの種子を食べている。**図1**は，(3)ガラパゴスフィンチの親のくちばしの厚みと，その子のくちばしの厚み（成熟時）を調べた結果を示している。

大ダフネ島では，1977年に干ばつが起きて，餌となる種子の量が減り，残った種子も通常より大きくて堅いものが多かった。**図2**は，干ばつ前後の1976年と1978年に生まれた個体のくちばしの厚みを調べた結果を示している。この結果は，環境の変化によって餌とする食物の性質が変化すると，短期間に ① が強くはたらくことを示している。

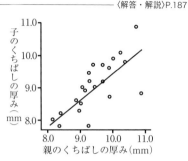

図1 ガラパゴスフィンチの親と子のくちばしの厚みの関係（親のくちばしの厚みは，つがいのくちばしの厚みの平均値を示す。）

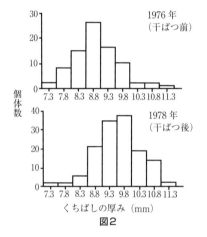

図2

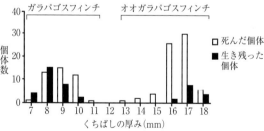

図3 2003～2004年の干ばつ後におけるガラパゴスフィンチとオオガラパゴスフィンチのくちばしの厚みの分布

1982年から，大ダフネ島でオオガラパゴスフィンチとよばれる種が繁殖するようになった。この種も，種子を餌とするが，ガラパゴスフィンチより大きなくちばしをもつ。2003年から2004年に干ばつが起き，ガラパゴスフィンチもオオガラパゴスフィンチも

個体数が激減した。前ページの**図3**は，これら2種のフィンチについて，干ばつで死んだ個体と生き残った個体のくちばしの厚みの分布を示している。(4)この干ばつの後に生まれたガラパゴスフィンチのくちばしの厚みは，干ばつ前と比べて大きく変化した。このことは，　②　が進化の方向性に影響を与えることを示している。

問1　文中の　①　と　②　に適切な語句を入れよ。

問2　下線部(1)と(2)の現象をそれぞれ何とよぶか記せ。

問3　下線部(3)について，野外に生息する集団において，どのような方法で調査をしたと考えられるか，80字程度で述べよ。

問4　図1のグラフで，親と子のくちばしの厚みの関係を表す直線の傾きは0.82であった。この結果からどのようなことが推察されるか，50字程度で述べよ。

問5　図2の結果を説明し，その結果からどのようなことが推察されるか，120字程度で述べよ。

問6　文中の　①　とは無関係に，偶然に遺伝子頻度が変化することにより，進化が起こることがある。(1)偶然の遺伝子頻度の変化を何とよぶか記せ。(2)また，これが進化に大きく影響するのはどのような場合か，50字程度で述べよ。

問7　下線部(4)について，ガラパゴスフィンチのくちばしの厚みはどのように変化したと考えられるか述べよ。また，そのように変化した理由を，1977年の干ばつの前後の変化と比較して説明せよ。

問8　くちばしの厚みに影響する遺伝子の1つは，対立遺伝子BとPをもつ。大ダフネ島に生息するガラパゴスフィンチの集団と，別の島Aのガラパゴスフィンチの集団について，遺伝子型の頻度を調べると**表1**のとおりであった。もし，2つの島がつながって，2つの集団が同等の大きさで完全に混じり合い，交配も自由に行われるようになったとすると，新しい1集団となった次の世代では，BB，BP，PPの遺伝子型の頻度はいくらになるか答えよ。計算過程も示せ。

表1

遺伝子型	BB	BP	PP
大ダフネ島	0.22	0.46	0.32
島A	0.56	0.38	0.06

〈滋賀医科大〉

類題出題校	**センター**，京都大，**名古屋大**，北海道大，**奈良県立医科大**，関西医科大，埼玉医科大，浜松医科大，**奈良女子大**，富山大，**愛媛大**，筑波大，琉球大，香川大，徳島大，大阪公立大，中央大，**関西学院大**，東京女子大，**東海大**，**東邦大**

↗ **096** | **分岐年代の推定・最節約法・無根系統樹**　〈第74講〉
★★★　(Ⅰ) ★　　(Ⅱ) ★ ————————— 〈解答・解説〉P.189

〔Ⅰ〕生物が進化してきた道筋は系統とよばれ，系統を表す図は系統樹とよばれる。ズッカーカンドルとポーリングは，多くの生物に共通して存在しているタンパク質を比較し，生物間で見られるアミノ酸の置換数と化石から知られている生物の分岐時期をグラフに表してみたところ，この両者の間には見事な直線関係があることを明らかにした。このことは，同じタンパク質であればどの生物でもおおむね一定の速度でアミノ酸の置換が起こっていることを示している。したがって，(a)「共通祖先から分岐した生物群の同じタンパク質の進化速度はほぼ等しい」という仮定のもとに，生物間のアミノ酸の違いの数によって，生物間の系統関係を系統樹の形で表したり，生物の分岐の年代を推測できる。

　5種の脊椎動物種間の進化系統関係を明らかにするため，あるタンパク質のアミノ酸配列を比較し，それらのアミノ酸置換数を表1に示した。下線部(a)の仮定のもとに作成した系統樹を図1に示している。

表1　5種の脊椎動物におけるあるタンパク質のアミノ酸置換数

	ヒト	ウシ	カモノハシ	イモリ	サメ
ヒト	—				
ウシ	18	—			
カモノハシ	38	42	—		
イモリ	62	65	71	—	
サメ	80	80	84	84	—

問1　表1の結果をもとに，①〜③には適切な生物種の名称を記し，また，④〜⑦の進化的距離（アミノ酸置換数）を計算し，図1の系統樹を完成させよ。

　ただし，2つの系統間のアミノ酸置換数は，分岐後の2つの系統におけるアミノ酸の置換の合計であることに留意すること。

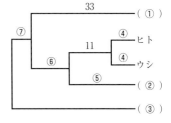

（注）　数字は，分岐点間の進化的距離をアミノ酸置換数で示している。

図1　系統樹

問2　化石を用いた研究からヒトとウシとは今から約8千年前に共通祖先から分岐したと推定されている。ヒトとサメとが分岐したのはおよそ何年前と考えられるか。次の①〜⑥から最適なものを1つ選べ。

① 約2億2千万年前　　② 約2億8千万年前　　③ 約3億2千万年前
④ 約3億6千万年前　　⑤ 約4億年前　　⑥ 約4億4千万年前

問3　このタンパク質のアミノ酸配列は140アミノ酸からなり，ヒトとウシとは今から8千万年前に分岐したとする。このアミノ酸配列の分子進化の速度を，10億年あたりにおける1アミノ酸あたりの置換数として計算し，有効数字2桁で答えよ。

〔Ⅱ〕生物間の系統関係を明らかにする方法として，従来は外部形態の違いが情報源として利用されてきた。これに対して，(b)近年はDNAの塩基配列に基づく系統解析が一般的になっている。以下に系統解析における最節約法について，例を用いて説明する。

　生物の種 a，b，c の系統関係を調べる。種 x は，種 a，b，c と系統的に最も遠く離れていることがわかっている。種 x は，系統樹の最も基部にくるため，種 a，b，c の可能な進化的関係は，図2の系統樹1〜3に示すように3通りである。

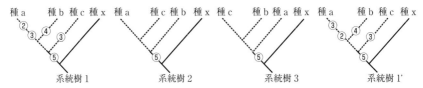

図2

ここで、種 a, b, c, x のそれぞれがもつ DNA のある部分の塩基配列を決定すると、**表2**のようになっていた。**表2**に基づいて系統樹1を作成する。変異が起こったと考えられる枝の上に

表2　種 a, b, c, x の DNA 塩基配列

	部位1	部位2	部位3	部位4	部位5	部位6
種a	A	A	C	C	T	T
種b	A	G	T	T	T	T
種c	A	G	C	C	T	T
種x	A	G	T	C	C	T

○を記し、塩基配列上の部位を数字で示す。このとき、系統樹の枝上に記入する変異数の合計が出来るだけ少なくなるようにする。**表2**において種aと種bを比べると、異なる塩基配列上の部位は部位2、3、4であるので、**図2**の系統樹1において種aと種bを結ぶ経路の枝上には、②、③、④が記入される。一方、種aと種cを比べると、異なる塩基配列上の部位は部位2のみであるが、②の他に③が2回記入されている。これは、同じ塩基への変異が種aと種cに起こったと考えるからである。この方法で系統樹1を完成させると、変異数の合計は5回になる。同様に系統樹2と系統樹3も完成させる。このようにして完成させた複数の系統樹のうち、変異数の合計が最も少ない系統樹を選択するのが最節約法である。ただし、系統樹1と系統樹1'は、同じとみなす。系統樹2と系統樹3は未完成である。また、枝の長さは進化時間とは無関係であるとする。

問4　下線部(b)に関して、DNA の塩基配列を系統解析に利用することの利点を、収束進化で生じた変化の影響を受けないこと以外に2つあげ、それぞれ40字程度で述べよ。

問5　系統解析は DNA の塩基配列の代わりにタンパク質のアミノ酸配列を用いて行うこともできる。進化系統上で近い生物種を比較する際には、どちらを利用する方が適当か。理由もつけて100字程度で答えよ。

問6　**図2**の系統樹1を参考にして、変異数の合計が最も少なくなるように系統樹2と系統樹3を完成させよ。その際、○は点線で示した枝の上だけに記し、その○の中に部位を数字で示せ。

問7　最節約法で選択される系統樹の番号と、その系統樹の変異数の合計を答えよ。

〔Ⅲ〕生物の類縁関係は、DNA の塩基配列から推定できる。キク科植物4種（ノボロギク、ハルノノゲシ、セイヨウタンポポ、ヒメジョオン）のある遺伝子を分析し、塩基配列を比較した結果、17箇所で違いが認められた（**表3**）。

表3　キク科植物4種の塩基配列（ある遺伝子を分析し、違いがあった17箇所のみを表記）

ノボロギク	G	C	C	A	G	C	A	G	A	C	T	A	T	A	A	T	C
ハルノノゲシ	A	C	T	T	G	G	G	A	A	C	C	A	C	G	A	G	T
セイヨウタンポポ	A	C	T	T	G	G	G	G	T	C	G	T	G	A	G	T
ヒメジョオン	A	A	C	T	A	G	A	G	A	C	C	G	C	G	C	G	T

この結果に基づき、2種間で異なる塩基数を遺伝的距離として**表4**に示す（種Ⅰ、種Ⅱ、種Ⅲ、種Ⅳは、キク科植物4種のいずれかに該当する）。

問8　**表4**の種Ⅰ、種Ⅱに該当する植物の名称を答えよ。

問9　**表4**の［ ア ］、［ イ ］、［ ウ ］に入る数値をそれぞれ答えよ。

表4　キク科植物4種の遺伝的距離

	種Ⅰ	種Ⅱ	種Ⅲ	種Ⅳ
種Ⅰ	0			
種Ⅱ	5	0		
種Ⅲ	8	［ ア ］	0	
種Ⅳ	［ イ ］	［ ウ ］	12	0

問 10　分子系統樹を作成する方法は様々であるが，最も簡単な手順を考えてみる。

まず，種 I，種 II，種 III の 3 者を頂点とする三角形を考え，その三角形の中のどこかに点 P があるとする。種 I と点 P，種 II と点 P，種 III と点 P の距離をそれぞれ X，Y，Z とし，種間の遺伝的距離（**表 4**）を X，Y，Z で表すと，たとえば種 I と種 II の遺伝的距離は（**あ**），種 II と種 III の遺伝的距離は（**い**）となる。X，Y，Z の連立方程式を解くと，X ＝ ［**エ**］，Y ＝ ［**オ**］，Z ＝ ［**カ**］となる。同様に，種 II，種 III，種 IV の 3 者を頂点とする三角形を考え，その三角形の中のどこかに点 P′ があるとする。種 II と点 P′，種 III と点 P′，種 IV と点 P′ の距離をそれぞれ X′，Y′，Z′ として連立方程式を解くと，X′ ＝ ［**キ**］，Y′ ＝ ［**ク**］，Z′ ＝ ［**ケ**］となる。点 P，点 P′ を連結点として，(c)得られた距離関係を系統樹として表すと，**図 3** の①～⑥のいずれかとなる（線の長さは遺伝的距離を表し，一部で数値を並記している。**図 3** の種 A，種 B，種 C，種 D は，種 I，種 II，種 III，種 IV のいずれかに該当する）。このとき，以下の(1)～(6)に答えよ。

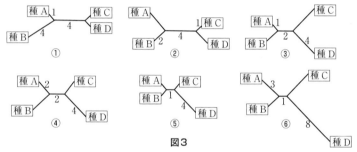

図 3

(1) 文章中の空欄（**あ**），（**い**）に入る数式として最適なものを次の①～⑨からそれぞれ 1 つずつ選べ。

① X ＋ Y ＝ 5　② X ＋ Y ＝ 7　③ X ＋ Y ＝ 8　④ Y ＋ Z ＝ 7

⑤ Y ＋ Z ＝ 11　⑥ Y ＋ Z ＝ 12　⑦ Z ＋ X ＝ 7　⑧ Z ＋ X ＝ 8

⑨ Z ＋ X ＝ 11

(2) ［**エ**］，［**オ**］，［**カ**］に入る数値をそれぞれ答えよ。

(3) ［**キ**］，［**ク**］，［**ケ**］に入る数値をそれぞれ答えよ。

(4) 文章中の下線部(c)に対して，キク科植物 4 種の系統樹として最適なものを**図 3** の①～⑥から 1 つ選べ。

(5) (4)の系統樹に関して，種 A，種 B に該当する植物の名称をそれぞれ答えよ。

(6) 新たに，種 V の遺伝分析を行った結果，種 V と種 III は 11 塩基，種 V と種 IV は 9 塩基異なっていた。種 I，種 II，種 III，種 IV の関係が不変である（先述した距離関係は変わらない）としたとき，種 V と種 II の遺伝的距離として最も適切な数値を答えよ。

（三重大・九州工業大・東京農業大）

類題 出題校	センター，奈良県立医科大，昭和大［医］，長崎大，琉球大，お茶の水女子大，筑波大，香川大，宮崎大，大阪教育大， 宮城大，慶應義塾大，中央大，立教大，法政大，明治大，関西学院大，日本大，近畿大，龍谷大，日本女子大

第14章 特別章

→ **097** 研究者と業績
★★★ ──────────────────────── 〈解答・解説〉p.193

問1 下記の〈人名〉(1)〜(7)は生物学史に名を残した研究者の名前であり，〈業績〉a〜
gは(1)〜(7)のいずれかの研究業績である。a〜gのそれぞれの空欄に適する語を入れ，
(1)〜(7)に対応させよ。また，下記の〈年代〉ア〜シから研究が発表された年代も選び，
〈解答例〉にならって答えよ。なお，〈年代〉は複数回選択してもよい。

〈解答例〉　(8)　h・細胞，ス

〈人名〉

(1) ハーシー　　(2) レーウェンフック　　(3) ミーシャー　　(4) モーガン

(5) ジェンナー　　(6) ニーレンバーグ　　(7) グリフィス

〈業績〉

a 遺伝物質は（　　）ではなくDNAであることを解明した。

b ワクチンにより（　　）を予防することに成功した。

c ヒトの膿に含まれる（　　）の核からリン酸を多量に含む酸性物質を発見し，ヌ
クレインと名付けた。

d 大腸菌の抽出液に人工合成した（　　）を加えて，遺伝暗号を解読した。

e 遺伝子は染色体上に一定の順序で配列するという（　　）説を提唱した。

f 手製の顕微鏡を用いて，生きた（　　）を観察した。

g 肺炎球菌において（　　）という現象を発見した。

〈年代〉

ア 15世紀前半　　**イ** 15世紀後半　　**ウ** 16世紀前半　　**エ** 16世紀後半

オ 17世紀前半　　**カ** 17世紀後半　　**キ** 18世紀前半　　**ク** 18世紀後半

ケ 19世紀前半　　**コ** 19世紀後半　　**サ** 20世紀前半　　**シ** 20世紀後半

問2 次に示す日本の〈研究者〉ⓐ〜ⓓの業績として適当なものを下記の〈業績〉㋐〜
㋓から選び，空欄に適する語をそれぞれ答えよ。

〈研究者〉

ⓐ 大隅良典　　ⓑ 本庶佑　　ⓒ 岡崎令治　　ⓓ 利根川進

〈業績〉

㋐ DNAの半保存的複製における（　　）鎖の不連続複製機構を考案

㋑ 細胞が自らのタンパク質を栄養源にする（　　）の仕組みを解明

㋒ （　　）の多様性に関する遺伝的原理の発見

㋓ （　　）細胞の活性を抑制する機構（免疫チェックポイント）阻害因子を発見し，
がん治療へ応用した

〈法政大・東邦大〉

類題出題校	神戸大，産業医科大，関西医科大，兵庫医科大，国際医療福祉大，岩手医科大，大阪公立大，信州大，愛知教育大，富山大，岩手大，群馬大，横浜市立大，上智大，高知工科大，中央大，学習院大，順天堂大，玉川大，東京家政大，麻布大

→ 098 | 生元素
★★★
〈解答・解説〉p.193

次の文 1 ～ 15 は生命体に必要な元素またはイオンについて述べたものである。各文にあてはまる元素あるいはイオン名を記号で記せ。

1. カドヘリンが互いに結合するために必要なイオン。
2. 動物の体液の主要な陰イオン。
3. 副甲状腺（上皮小体）が充分に作用しないと血中に存在するこのイオンが不足する。
4. 筋フィラメントの周囲で，このイオンの濃度が上昇すると筋肉の収縮が行われる。
5. この二つのイオンは，動物の細胞膜に存在するポンプにより，一方は細胞外に排出され，他方は細胞内に取り込まれるので，細胞内外の濃度が著しく異なる。
6. ATP や核酸に含まれるが，炭水化物やタンパク質に含まれない元素。
7. アゾトバクターなどが固定することができる分子を構成する元素。
8. 植物が葉から取り入れる物質を構成している元素で，根から取り入れる元素を除いたもの。
9. 炭水化物や脂肪には含まれないが，タンパク質に含まれる元素 2 種。
10. 原始地球の大気組成に含まれていたと考えられる元素を四つ。
11. ヘモグロビンに含まれる金属元素。
12. この三つの元素があまり多くなると赤潮を発生させる。
13. 活動電位発生の直接的な原因となるイオン。
14. 孔辺細胞内にこのイオンが流入すると，気孔の開度が上昇する。
15. クエン酸ナトリウムを加え血液の中からこのイオンを除くと，フィブリノーゲンがフィブリンになることが妨げられる。

（獨協医科大）

類題出題校	東北大，滋賀医科大，埼玉医科大，国際医療福祉大，関西医科大，近畿大[医]，大阪公立大，福岡教育大，横浜市立大，金沢大，岩手大，筑波大，広島大，埼玉大，奈良女子大，京都府立大，立命館大，日本大，京都産業大，甲南大，成蹊大，

↗ 099 | 生体物質の構造式
★★★
〈解答・解説〉p.195

問1　図1に5種類のアミノ酸の構造式を示す。次の(1)～(7)に答えよ。

(1) (a)～(e)から，酸性アミノ酸をすべて選べ。

(2) (a)～(e)から，塩基性アミノ酸をすべて選べ。

(3) (a)～(e)から，ペプチド鎖内やペプチド鎖の間を橋渡しする強い結合をつくるアミノ酸をすべて選べ。

(4) (b)～(e)から，親水性アミノ酸をすべて選べ。

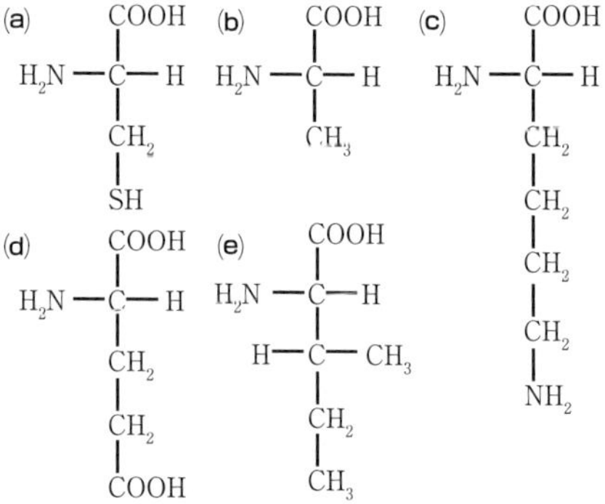

図1

(5) 図1のアミノ酸(b) 2分子がペプチド結合した状態を構造式を用いて示せ。

(6) (a)〜(e)から，ヒト（成人）の必須アミノ酸をすべて選べ。

(7) 最も単純な構造をもつアミノ酸であるグリシンの構造式を示せ。

問2 核酸に関する次の(1)〜(4)に答えよ。

(1) 図2の⑦〜⑨から，(a) RNA のヌクレオシド三リン酸，(b) DNA のヌクレオシド三リン酸，(c) サンガー法で DNA 合成を止めるために用いる特殊なヌクレオシド三リン酸の構造として，最適なものをそれぞれ1つずつ選べ。

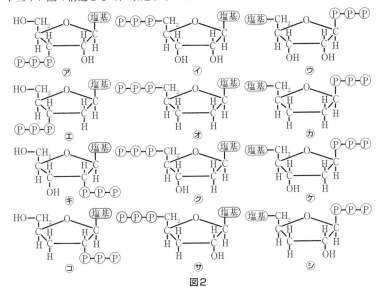

図2

(2) 図3は DNA を構成する塩基の構造式である。(d)と(e)に相当する塩基の名称を答えよ。

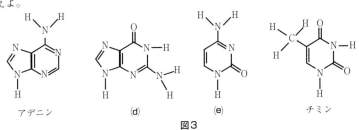

図3

(3) ATP は3種類の分子からできている。それらの分子の名称と，1分子の ATP に含まれているそれぞれの分子数を答えよ。

(4) (2)のアデニンとチミン，(d)と(e)の間で水素結合が形成された状態を構造式を使って示せ。ただし，水素結合は…で表せ。 (北九州市立大・東京理科大・京都工芸繊維大)

類題出題校	神戸大，兵庫医科大，聖マリアンナ医科大，滋賀医科大，関西医科大，福岡教育大，福島大，茨城大，千葉大，福井県立大，信州大，弘前大，山梨大，京都府立大，法政大，中央大，関西大，日本大，東洋大，甲南大，龍谷大，学習院大

↗ **100 読図・描画問題**

★★★ 〔Ⅰ〕★★ 〔Ⅱ〕★★ 〔Ⅲ〕★★★ ──────── 〈解答・解説〉p.196

〔Ⅰ〕**図1**は，生体高分子から多細胞生物にいたる多様な形と大きさをもつ構造体の模式図である。

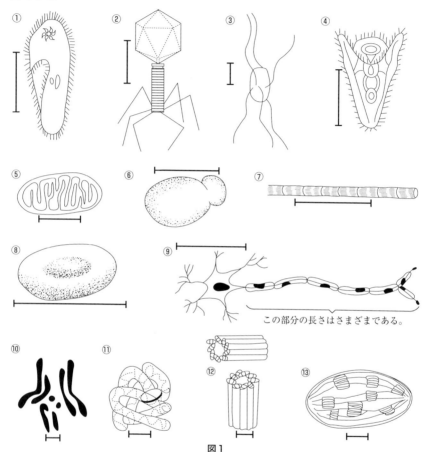

図1

問1 ①～⑬の各構造体の名称として最適なものを，次の**A～Z**から一つずつ選べ。

A 中心体	**B** 葉緑体	**C** ミドリムシ	**D** 星状体
E ポリオウイルス	**F** 伝令RNA	**G** プルテウス幼生	**H** ヒトの赤血球
I ヒトの血小板	**J** ゾウリムシ	**K** キイロショウジョウバエの染色体	
L ミトコンドリア	**M** クラミドモナス	**N** 色素細胞	**O** ミオグロビン
P 軸索	**Q** ハネケイソウ	**R** 小胞体	**S** 筋原繊維
T ヒトの運動ニューロン		**U** ヒドラ	**V** ゴルジ体
W 大腸菌	**X** ヒトの染色体	**Y** 酵母	**Z** T₂ファージ

問2 ①〜⑬に付した縮尺（スケール）として最適なものを，次の**ア**〜**コ**から一つずつ選べ。

ア 1Å **イ** 1nm **ウ** 10nm **エ** 100nm **オ** 1μm

カ 10μm **キ** 100μm **ク** 1mm **ケ** 1cm **コ** 10cm

問3 一個の細胞と思われるものを図1の①〜⑧と⑩〜⑬のうちからすべて選べ。

〔Ⅱ〕図2は絶滅の危機に瀕し，現在日本のレッドリストに記載されている鳥である。

鳥類において，現在までに13種が絶滅，120種以上が絶滅危惧種として環境省レッドリストに登録されている。

問4 体長約77cmで，1981年に野生絶滅，2003年に国内最後の生存個体が死亡したことで一旦絶滅した。その後中国から新たにつがいが導入され，保護繁殖が行われている鳥として最も適当なものを，図2の①〜⑦から一つ選べ。

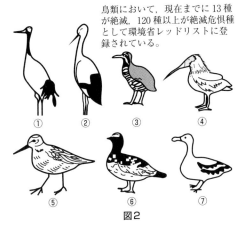

図2

問5 体長110cmの渡り鳥で，国内では1971年に最後の野生の生存個体が死亡し一旦絶滅した。その後ロシアから幼鳥が導入され，保護繁殖が続けられている鳥として最も適当なものを，図2の①〜⑦から一つ選べ。

問6 体長約95cmで，乱獲され一時期は絶滅寸前まで陥ったものの，鳥島の営巣地保護により現在は個体数が増えつつある鳥として最も適当なものを，図2の①〜⑦から一つ選べ。

〔Ⅲ〕

問7 図3の中に，ミジンコとヒトの心臓，消化管，中枢神経系の位置関係（背側，腹側）の違いがわかるように模式図を描け。

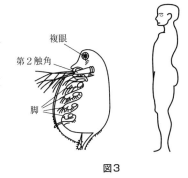

図3

問8 筋原繊維を観察すると，明帯と暗帯とが交互に配列していた。筋肉の弛緩時と収縮時に対応したサルコメアの構造を模式図で示せ。ただし，単一のサルコメアのみを示し，図中に，サルコメア，アクチンフィラメント，ミオシンフィラメント，Z膜，明帯，暗帯を明確に指示すること。

問9 運動性をもつ動物の雄性配偶子の構造を図で示し，各部位の名称を記述せよ。

（京都大・麻布大・東京医科歯科大・新潟大・東京農工大）

MEMO

MEMO

生物問題集 合格100問【定番難問編】

発行日	2023年2月1日　初版発行

著者	田部眞哉
発行者	永瀬昭幸

編集担当	和久田希　倉野英樹
発行所	株式会社ナガセ

〒180-0003　東京都武蔵野市吉祥寺南町1-29-2
出版事業部（東進ブックス）
TEL：0422-70-7456　FAX：0422-70-7457
URL：http://www.toshin.com/books/（東進WEB書店）
※本書を含む東進ブックスの最新情報は，東進WEB書店を御覧ください。

校閲協力	中井邦子　針ヶ谷和花子　小山亜理沙　根本祐衣
制作協力	金井淳太　栗原咲紀　森下聡吾
ブックデザイン	Riccio58
印刷・製本	シナノ印刷株式会社

ISBN 978-4-89085-918-4　C7345

合格の秘訣1 全国屈指の実力講師陣

東進の実力講師陣
数多くのベストセラー参考書を執筆!!

東進ハイスクール・
東進衛星予備校では、
そうそうたる講師陣が君を熱く指導する!

本気で実力をつけたいと思うなら、やはり根本から理解させてくれる一流講師の授業を受けることが大切です。東進の講師は、日本全国から選りすぐられた大学受験のプロフェッショナル。何万人もの受験生を志望校合格へ導いてきたエキスパート達です。

英語

日本を代表する英語の伝道師。ベストセラーも多数。

安河内 哲也先生
[英語]

予備校界のカリスマ。抱腹絶倒の名講義を見逃すな。

今井 宏先生
[英語]

「スーパー速読法」で難解な長文問題の速読即解を可能にする「予備校界の達人」!

渡辺 勝彦先生
[英語]

雑誌『TIME』やベストセラーの翻訳も手掛け、英語界でその名を馳せる実力講師。

宮崎 尊先生
[英語]

情熱あふれる授業で、知らず知らずのうちに英語が得意教科に!

大岩 秀樹先生
[英語]

国際的な英語資格(CELTA)に、全世界の上位5%(Pass A)で合格した世界基準の英語講師。

武藤 一也先生
[英語]

関西の実力講師が、全国の東進生に「わかる」感動を伝授。

慎 一之先生
[英語]

数学

数学を本質から理解できる本格派講義の完成度は群を抜く。

志田 晶先生
[数学]

「ワカル」を「デキル」に変える新しい数学は、君の思考力を刺激し、数学のイメージを覆す!

松田 聡平先生
[数学]

予備校界を代表する講師による魔法のような感動講義を東進で!

河合 正人先生
[数学]

短期間で数学力を徹底的に養成、知識を統一・体系化する!

沖田 一希先生
[数学]

国語

「脱・字面読み」トレーニングで、「読む力」を根本から改革する！

輿水 淳一先生
[現代文]

明快な構造板書と豊富な具体例で必ず君を納得させる！「本物」を伝える現代文の新鋭。

西原 剛先生
[現代文]

東大・難関大志望者から絶大な信頼を得る本質の指導を追究。

栗原 隆先生
[古文]

ビジュアル解説で古文を簡単明快に解き明かす実力講師。

富井 健二先生
[古文]

縦横無尽な知識に裏打ちされた立体的な授業に、グングン引き込まれる！

三羽 邦美先生
[古文・漢文]

幅広い教養と明解な具体例を駆使した緩急自在の講義。漢文が身近になる！

寺師 貴憲先生
[漢文]

文章で自分を表現できれば、受験も人生も成功できますよ。「笑顔と努力」で合格を！

石関 直子先生
[小論文]

理科

丁寧で色彩豊かな板書と詳しい講義で生徒を惹きつける。

宮内 舞子先生
[物理]

化学現象の基本を疑い化学全体を見通す"伝説の講義"

鎌田 真彰先生
[化学]

明朗快活な楽しい講義で、必ず「化学」が好きになる。

立脇 香奈先生
[化学]

全国の受験生が絶賛するその授業は、わかりやすさそのもの！

田部 眞哉先生
[生物]

地歴公民

入試頻出事項に的を絞った「表解板書」は圧倒的な信頼を得る。

金谷 俊一郎先生
[日本史]

つねに生徒と同じ目線に立って、入試問題に対する的確な思考法を教えてくれる。

井之上 勇 先生
[日本史]

"受験 世界史に荒巻あり"といわれる超実力人気講師。

荒巻 豊志先生
[世界史]

世界史を「暗記」科目だなんて言わせない。正しく理解すれば必ず伸びることを一緒に体感しよう。

加藤 和樹先生
[世界史]

わかりやすい図解と統計の説明に定評。

山岡 信幸先生
[地理]

政治と経済のメカニズムを論理的に解明しながら、入試頻出ポイントを明確に示す。

清水 雅博先生
[公民]

「今」を知ることは「未来」の扉を開くこと。受験に留まらず、目標を高く、そして強く持て！

執行 康弘先生
[公民]

映像によるIT授業を駆使した最先端の勉強法

高速学習

一人ひとりの
レベル・目標にぴったりの授業

　東進はすべての授業を映像化しています。その数およそ1万種類。これらの授業を個別に受講できるので、一人ひとりのレベル・目標に合った学習が可能です。1.5倍速受講ができるほか自宅からも受講できるので、今までにない効率的な学習が実現します。

現役合格者の声

東京大学 理科一類
大宮 拓朝くん
東京都立 武蔵高校卒

　得意な科目は高2のうちに入試範囲を修了したり、苦手な科目を集中的に取り組んだり、自分の状況に合わせて早め早めの対策ができました。林修先生をはじめ、実力講師陣の授業はおススメです。

1年分の授業を
最短2週間から1カ月で受講

　従来の予備校は、毎週1回の授業。一方、東進の高速学習なら毎日受講することができます。だから、1年分の授業も最短2週間から1カ月程度で修了可能。先取り学習や苦手科目の克服、勉強と部活との両立も実現できます。

先取りカリキュラム

	高1	高2	高3

東進の学習方法	高1生の学習 → 高2生の学習 → 高3生の学習 → 受験勉強
	高2のうちに受験全範囲を修了する
従来の学習方法（公立高校の場合）	高1生の学習 → 高2生の学習 → 高3生の学習

目標まで一歩ずつ確実に

スモールステップ・
パーフェクトマスター

自分にぴったりのレベルから学べる
習ったことを確実に身につける

　高校入門から最難関大までの12段階から自分に合ったレベルを選ぶことが可能です。「簡単すぎる」「難しすぎる」といったことがなく、志望校へ最短距離で進みます。
　授業後すぐに確認テストを行い内容が身についたかを確認し、合格したら次の授業に進むので、わからない部分を残すことはありません。短期集中で徹底理解をくり返し、学力を高めます。

現役合格者の声

一橋大学 商学部
伊原 雪乃さん
千葉県 私立 市川高校卒

　高1の「共通テスト同日体験受験」をきっかけに東進に入学しました。毎回の授業後に「確認テスト」があるおかげで、授業に自然と集中して取り組むことができました。コツコツ勉強を続けることが大切です。

パーフェクトマスターのしくみ

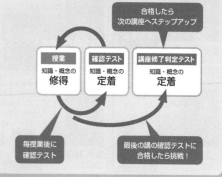

徹底的に学力の土台を固める

高速マスター 基礎力養成講座

　高速マスター基礎力養成講座は「知識」と「トレーニング」の両面から、効率的に短期間で基礎学力を徹底的に身につけるための講座です。英単語をはじめとして、数学や国語の基礎項目も効率よく学習できます。オンラインで利用できるため、校舎だけでなく、スマートフォンアプリで学習することも可能です。

現役合格者の声

早稲田大学 法学部
小松 朋生くん
埼玉県立 川越高校卒

　サッカー部と両立しながら志望校に合格できました。それは「高速マスター基礎力養成講座」に全力で取り組んだおかげだと思っています。スキマ時間でも、机に座って集中してでもできるおススメのコンテンツです。

東進公式スマートフォンアプリ

■東進式マスター登場！
（英単語／英熟語／英文法／基本例文）

> スマートフォンアプリでスキマ時間も徹底活用！

1）スモールステップ・パーフェクトマスター！
頻出度（重要度）の高い英単語から始め、1つのSTAGE（計100語）を完全修得すると次のSTAGEに進めるようになります。

2）自分の英単語力が一目でわかる！
トップ画面に「修得語数・修得率」をメーター表示。自分が今何語修得しているのか、どこを優先的に学習すべきなのか一目でわかります。

3）「覚えていない単語」だけを集中攻略できる！
未修得の単語、または「My単語（自分でチェック登録した単語）」だけをテストする出題設定が可能です。すでに覚えている単語を何度も学習するような無駄を省き、効率良く単語力を高めることができます。

共通テスト対応 英単語1800
共通テスト対応 英熟語750
英文法 750
英語基本 例文300

「共通テスト対応英単語1800」2022年共通テストカバー率99.5%！

君の合格力を徹底的に高める

志望校対策

　第一志望校突破のために、志望校対策にどこよりもこだわり、合格力を徹底的に極める質・量ともに抜群の学習システムを提供します。従来からの「過去問演習講座」に加え、AIを活用した「志望校別単元ジャンル演習講座」、「第一志望校対策演習講座」で合格力を飛躍的に高めます。東進が持つ大学受験に関するビッグデータをもとに、個別対応の演習プログラムを実現しました。限られた時間の中で、君の得点力を最大化します。

現役合格者の声

東京工業大学 環境・社会理工学院
小林 杏彩さん
東京都 私立 豊島岡女子学園高校卒

　志望校を高1の頃から決めていて、高3の夏以降は目標をしっかり持って「過去問演習」、「志望校別単元ジャンル演習講座」を進めていきました。苦手教科を克服するのに役立ちました。

大学受験に必須の演習

■過去問演習講座

1. 最大10年分の徹底演習
2. 厳正な採点、添削指導
3. 5日以内のスピード返却
4. 再添削指導で着実に得点力強化
5. 実力講師陣による解説授業

東進×AIでかつてない志望校対策

■志望校別単元ジャンル演習講座

過去問演習講座の実施状況や、東進模試の結果など、東進で活用したすべての学習履歴をAIが総合的に分析。学習の優先順位をつけ、志望校別に「必勝必達演習セット」として十分な演習問題を提供します。問題は東進が分析した、大学入試問題の膨大なデータベースから提供されます。苦手を克服し、一人ひとりに適切な志望校対策を実現する日本初の学習システムです。

志望校合格に向けた最後の切り札

■第一志望校対策演習講座

第一志望校の総合演習に特化し、大学が求める解答力を身につけていきます。対応大学は校舎にお問い合わせください。

合格の秘訣3 東進模試

学力を伸ばす模試

本番を想定した「厳正実施」
統一実施日の「厳正実施」で、実際の入試と同じレベル・形式・試験範囲の「本番レベル」模試。相対評価に加え、絶対評価で学力の伸びを具体的な点数で把握できます。

12大学のべ35回の「大学別模試」の実施
予備校界随一のラインアップで志望校に特化した"学力の精密検査"として活用できます(同日体験受験を含む)。

単元・ジャンル別の学力分析
対策すべき単元・ジャンルを一覧で明示。学習の優先順位がつけられます。

中5日で成績表返却
WEBでは最短中3日で成績を確認できます。
※マーク型の模試のみ

合格指導解説授業
模試受験後に合格指導解説授業を実施。重要ポイントが手に取るようにわかります。

東進模試 ラインアップ　2022年度

共通テスト本番レベル模試　年4回
受験生　高2生　高1生　※高1は難関大志望者

高校レベル記述模試　年2回
高2生　高1生

全国統一高校生テスト　●問題は学年別　年2回
高3生　高2生　高1生

全国統一中学生テスト　●問題は学年別　年2回
中3生　中2生　中1生

早慶上理・難関国公立大模試　年5回
受験生

全国有名国公私大模試　年5回
受験生

東大本番レベル模試　受験生
高2東大本番レベル模試　高2生　高1生　各年4回

共通テスト本番レベル模試との総合評価※

※ 最終回が共通テスト後の受験となる模試は、共通テスト自己採点との総合評価となります。
※ 2022年度に実施予定の模試は、今後の状況により変更する場合があります。最新の情報はホームページでご確認ください。

京大本番レベル模試　年4回
受験生

北大本番レベル模試　年2回
受験生

東北大本番レベル模試　年2回
受験生

名大本番レベル模試　年3回
受験生

阪大本番レベル模試　年3回
受験生

九大本番レベル模試　年3回
受験生

東工大本番レベル模試　年2回
受験生

一橋大本番レベル模試　年2回
受験生

千葉大本番レベル模試　年1回
受験生

神戸大本番レベル模試　年1回
受験生

広島大本番レベル模試　年1回
受験生

共通テスト本番レベル模試との総合評価※

大学合格基礎力判定テスト　年4回
受験生　高2生　高1生

共通テスト同日体験受験　年1回
高2生　高1生

東大入試同日体験受験　年1回
高2生　高1生　※高1は意欲ある東大志望者

東北大入試同日体験受験　年1回
高2生　高1生　※高1は意欲ある東北大志望者

名大入試同日体験受験　年1回
高2生　高1生　※高1は意欲ある名大志望者

医学部82大学判定テスト　年2回
受験生

中学学力判定テスト　年4回
中2生　中1生

2022年東進生大勝利！
東大・難関大 現役合格 史上最高！ 続出

東大 現役合格 日本一！※1 853名
昨対 +37名

文科一類 138名　理科一類 310名
文科二類 111名　理科二類 120名
文科三類 105名　理科三類 36名
　　　　　　　　学校推薦 33名

※1 東大現役合格実績をホームページ・パンフレット・チラシ等で公表している予備校の中で最大（2021年Digui調べ）

現役合格者の**38.0%**が東進生！※2 **38.0%**
東進生 現役占有率

※2 2022年の東大全体の現役合格者は2,241名。東進の現役合格者は853名。東進の占有率は38.0%。現役合格者の2.7人に1人が東進生です。

現役生のみ！講習生含まず！ 853名

学校推薦型選抜も東進！ **33名** 昨対+10名 /86名
現役推薦合格者の38.3%が東進生！ 推薦人数 38.3% **33名** 史上最高！

東進史上最高記録を更新!!

国公立医・医 1,032名
昨対 +45名

現役合格者の **29.6%**が東進生！
2022年の国公立医学部医学科全体の現役合格者は未公表のため、仮に昨年の現役合格者数（推定）3,478名を分母として東進生占有率を算出しますと、東進の占有率は29.6%。現役合格者の3.4人に1人が東進生です。

東進生 現役占有率 **29.6%**

1,032名 史上最高！ 987名 825名 現役生のみ！講習生含まず！ '20 '21 '22

旧七帝大 東工大+一橋大神戸大 4,612名
昨対 +246名

東京大	853名
京都大	468名
北海道大	438名
東北大	372名
名古屋大	410名
大阪大	617名
九州大	437名
東京工業大	211名
一橋大	251名
神戸大	555名

4,612名 史上最高！ 4,366名 4,118名 現役生のみ！講習生含まず！ '20 '21 '22

早慶 5,678名
昨対 +485名

早稲田大 3,412名
慶應義塾大 2,266名

5,678名 史上最高！ 5,193名 4,636名 現役生のみ！講習生含まず！ '20 '21 '22

上理明青立法中 21,321名
昨対 +2,637名

上智大 1,488名　青山学院大 2,111名　法政大 3,848名
東京理科大 2,805名　立教大 2,646名　中央大 3,072名
明治大 5,351名

21,321名 史上最高！ 18,684名 15,871名 現役生のみ！講習生含まず！ '20 '21 '22

関関同立 12,633名
昨対 +832名

関西学院大 2,621名
関西大 2,752名
同志社大 2,806名
立命館大 4,454名

12,633名 10,867名 史上最高！ 現役生のみ！講習生含まず！

私立医・医 626名
昨対 +22名

626名 史上最高！ 604名 550名 現役生のみ！講習生含まず！

日東駒専 10,011名 史上最高！ 昨対+917名

産近甲龍 6,085名 史上最高！ 昨対+368名

国公立大 16,502名
昨対 +68名

16,502名 16,434名 15,886名 現役生のみ！講習生含まず！ '20 '21 '22

国公立 総合・学校推薦型選抜も東進！

	国公立医・医	旧七帝大 東工大+一橋大神戸大
	302名 昨対+15名	415名 昨対+59名

東大	33名
京都大	15名
北海道大	16名
東北大	114名
名古屋大	80名
大阪大	56名
九州大	27名
東京工業大	24名
一橋大	2名
神戸大	48名

302名 史上最高！ 287名 274名 '20 '21 '22
415名 史上最高！ 356名 313名 現役生のみ！講習生含まず！ '20 '21 '22

ウェブサイトでもっと詳しく

東進　🔍 検索

各大学の合格実績は、東進ネットワーク（東進ハイスクール、東進衛星予備校、早稲田塾）の現役生のみ、高3時在籍者のみの合同実績です。一人で複数合格した場合は、それぞれの合格者数に計上しています。

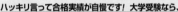

※2022年4月現在

生物問題集
合格100問

［生物基礎・生物］
定番難問編

解答　解説

目次　※（　）内は問題番号

第1章 細胞と生体物質

001 解答 解説

問1 〈一次構造〉一次構造は，1本のポリペプチドのアミノ酸配列である。

〈二次構造〉二次構造は，主鎖での水素結合などにより1本のポリペプチドで部分的に形成される立体構造である。

〈三次構造〉三次構造は，側鎖間の結合により1本のポリペプチド全体で形成される複雑な立体構造である。

問2 〈折りたたまれたプロインスリンの構造〉

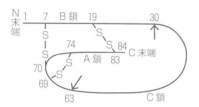

〈活性型インスリンの構造〉

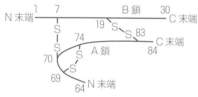

問3

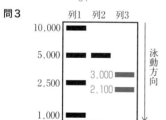

〈根拠〉S-S結合が全て切断された活性型インスリンは，2本のポリペプチドに分離する。A鎖は21個，B鎖は30個のアミノ酸からなるので，分子量はそれぞれ2100と3000となる。（84字）

問4 患者自身はプロインスリンを発現しないので，患者自身のC鎖は血中に分泌されない。ゆえに血中のC鎖は移植細胞から分泌されたものであり，移植細胞から分泌

された活性型インスリンと同量存在するので，C鎖を定量すればよい。（105字）

問5 フォールディング

問6 タンパク質のそれぞれのアミノ酸は連続した3つの塩基の配列によって指定されているが，1種類のアミノ酸を指定する塩基配列は複数種類存在することが多い。このため，塩基配列が変化しても指定するアミノ酸が変わらない場合があるから。（110字）

問7 BSEの原因である異常型プリオンタンパクは熱や酸で変性せず，タンパク質分解酵素でも分解されにくいため，加工の過程で損なわれることなく，ヒトの体内に取り込まれる可能性が高いから。（88字）

問8 タンパク質の一部のαヘリックス構造がβシート構造に変換されることでβシート構造含量が増えている。（48字）

問1 タンパク質は，多数のアミノ酸がペプチド結合したポリペプチドからなる。ポリペプチドのアミノ酸配列をタンパク質の一次構造といい，タンパク質は一次構造に基づいて固有の立体構造をとる。1本のポリペプチドでは，主鎖（ペプチド結合によってつながった鎖）内での水素結合によってαヘリックス構造やβシート構造といった規則的な構造が見られる。このような部分的な立体構造を二次構造という。二次構造を持つポリペプチドは，さらに側鎖どうしでS-S結合（ジスルフィド結合）などが形成されることで，分子全体が折りたたまれて三次構造と呼ばれる複雑な立体構造をとる。一部のタンパク質では，三次構造をとったポリペプチドが複数集まって形成される立体構造が見られ，これをタンパク質の四次構造という。

問2・3 N末端から7番目と70番目，19番目と83番目，69番目と74番目のシステインがS-S結合を形成するようにプロインスリンと切断後の活性型インスリンの構造を描く。

解答の図としてはいろいろな示し方がある。例えば，次の図のように論理的に矛盾がないものはすべて正解である。なお，S-S結合の形成によっ

〈折りたたまれたプロインスリンの構造〉

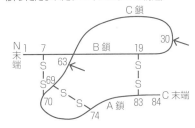

〈活性型インスリンの構造〉

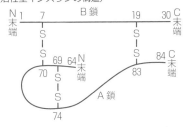

て折りたたみが起こるので，S-S 結合が長すぎる構造や，不必要に折りたたまれた構造は描かないようにしよう。

活性型インスリンの S-S 結合を還元剤によって全て切断すると A 鎖と B 鎖に分かれるため，電気泳動では A 鎖と B 鎖の 2 つのバンドが現れる。下図に示すようにタンパク質分解酵素によって切断されるのはプロインスリンの 30 番目のアミノ酸と 63 番目のアミノ酸の C 末端側なので，A 鎖は 64 番目から 84 番目までのアミノ酸，B 鎖は 1 番目から 30 番目までのアミノ酸からなり，それぞれのアミノ酸数は A 鎖が 21 個，B 鎖が 30 個である。アミノ酸の分子量を全て 100 とするため，A 鎖と B 鎖の分子量はそれぞれ 2,100 と 3,000 になる。

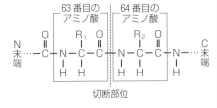

切断部位

問4 プロインスリンは患者自身の細胞では発現しておらず，移植されたヒトランゲルハンス島の B 細胞でのみ発現する。プロインスリンは活性型インスリンと C 鎖となって血中に分泌され

る。よって，移植と活性型インスリンの血中投与を受けた患者の血中に存在する活性型インスリンと C 鎖の由来は次のようになる。

活性型インスリン	移植細胞から分泌＋血中投与
C 鎖	移植細胞から分泌

患者の血中に存在する C 鎖はすべて移植細胞由来である。さらに〔Ⅰ〕の前文中に「血中の活性型インスリンと C 鎖を定量すると，モル比 1：1 で検出される」とあるため，移植細胞から分泌された活性型インスリンと C 鎖は血中に同じモル濃度で存在する。したがって，血中の C 鎖を定量することで移植細胞由来の活性型インスリンの量を知ることができる。

問5 ポリペプチドが一次構造に基づいて折りたたまれて立体構造を形成する過程はフォールディングと呼ばれる。

問6 翻訳では，mRNA の 3 つの連続した塩基であるコドンによりアミノ酸の種類が指定される。タンパク質に含まれるアミノ酸は 20 種類であるが，コドンは $4 \times 4 \times 4 = 64$ 種類あり，1 種類のアミノ酸が複数種類のコドンによって指定されていることが多い。DNA の塩基配列に置換が起こっても，元と同じアミノ酸が指定されればアミノ酸配列は変化しない。このようにアミノ酸が変化しない置換を同義置換という。

問7 BSE の原因となるプリオンの本体は異常型プリオンタンパクである。BSE が加工品を介してヒトに感染し得る理由を，〔Ⅱ〕の前文中に書かれている異常型プリオンタンパクの特徴から考察する。異常型プリオンタンパクでは，一部の α ヘリックス構造が β シート構造に変換されていることで β シート構造含量が増えている。この変換によってプリオンタンパクが変性しにくく，また，分解されにくくなることで加工品に残ってしまうと考えられる。

問8 本来は何らかの生物的機能を持っているプリオンタンパクは，その立体構造の一部が α ヘリックス構造から β シート構造に変換されることで，正常型から異常型となり，アミロイドを形成する。同様の変換は，他のタンパク質でも起こり得ると推測できる。〔Ⅱ〕の前文中に書かれた立

体構造の特徴をまとめればよい。

002 解答 解説

問1 〈等張液中〉(b) 〈原形質分離状態〉(a)

問2 ② **問3** 714.3kPa

問4 (1) e (2) g (3) b

問5 原形質復帰

問6 スクロース分子は細胞膜を透過せず，細胞内外が等張になった後には水の吸収が起こらないから。 (44 字)

....

問1 図1では，植物細胞を種々の浸透圧のスクロース水溶液や蒸留水に浸し，細胞の浸透圧，膨圧，原形質の体積をそれぞれ測定した結果がグラフとして示されている。植物細胞は，低張液中では吸水して膨圧を生じる。体積が 1.0 より大きい細胞は，膨圧が生じているので低張液または蒸留水に浸された状態にある。膨圧が生じていない細胞のうち，体積が最大（1.0）のものは等張液中の細胞であり，体積が 1.0 より小さいものは高張液中で水が吸い出され，原形質分離を起こした細胞とわかる。

問2 膨圧が生じていない植物細胞が外液から水を引き込む力は，細胞の浸透圧と同じである。一方，膨圧が生じている植物細胞（体積 1.0 ～ 1.4 の細胞）では，『細胞が外液から水を引き込む力は，

細胞の浸透圧と同じではなく，細胞の浸透圧から膨圧を差し引いた残りの力に相当する。』膨圧が生じている植物細胞では，『細胞の浸透圧－膨圧』と外液の浸透圧とが等しくなるように水の出入りが起こるので，『体積 (e) の細胞は，浸透圧 (c) が 800kPa だから，浸透圧が 800kPa のスクロース水溶液に浸されており，800kPa のスクロース水溶液に移されても，水の出入りは起こらない。』と考えてはいけない。体積 (e) の細胞が水を引き込む力は前述の『 』内の関係より 800－200＝600kPa となる。したがって，この細胞を浸透圧が 800kPa のスクロース水溶液に入れると，細胞から水が出て体積が減少するが，やがてその細胞が水を引き込む力が 800kPa になると体積減少は停止する。水を引き込む力が 800kPa となるところの体積をグラフから読めばよい。グラフの読み方を下の **図2-1** に示す。

問3 細胞の浸透圧（P）と体積（V）には反比例の関係が成立するので，「$PV =$ 一定」と表すことができる。グラフより，体積が 1.0 のとき，細胞の浸透圧 (b) は 1000kPa なので，$PV=1000\times1.0$ ＝1000 となる。

体積が 1.4 のときの細胞の浸透圧を d（kPa）とすると，$d\times1.4=1000$ が成り立つ。これより，$d=714.28\cdots$（kPa）となる。

細胞は，吸水により体積（V）が増加するとと

図2-1 図1のグラフの読み方

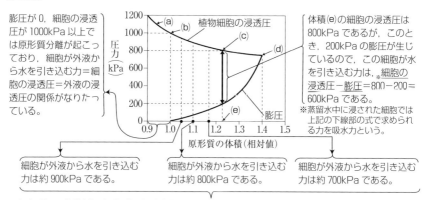

膨圧が 0，細胞の浸透圧が 1000kPa 以上では原形質分離が起こっており，細胞が外液から水を引き込む力＝細胞の浸透圧＝外液の浸透圧の関係がなりたっている。

体積 (e) の細胞の浸透圧は 800kPa であるが，このとき，200kPa の膨圧が生じているので，この細胞が水を引き込む力は，※細胞の浸透圧－膨圧＝800－200＝600kPa である。

※蒸留水中に浸された細胞では上記の下線部の式で求められる力を吸水力という。

細胞が外液から水を引き込む力は約 900kPa である。

細胞が外液から水を引き込む力は約 800kPa である。

細胞が外液から水を引き込む力は約 700kPa である。

したがって体積 (e) の細胞（細胞が外液から水を引き込む力は 600kPa）は，浸透圧 800kPaのスクロース水溶液に移されると，細胞から水が出て，体積が 1.1 のあたりまで小さくなる。

もに，細胞の浸透圧（P）は**図1**のグラフのように右下がりの曲線（直線ではない）となって低下していく。これは，P と V の間に反比例の関係（$PV = a$，$\rightarrow P = \dfrac{a}{V}$ と表せる一次の分数関数）が成立するからである。つまり P を縦軸に，V を横軸にとってグラフに描くと，次の図のような直角双曲線となり，$a > 0$ なので第1象限の一部（青色の線）となる。

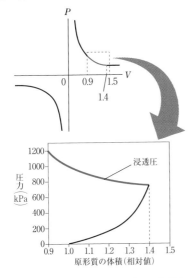

問4 原形質（細胞）の体積減少は，浸透により細胞が水を失った結果であり，体積増加は，浸透により細胞が水を吸収した結果である。

(1) グラフのAでは，$0 \sim t_1$ まで原形質の体積が減少している（原形質分離を起こしている）ので，アオミドロの細胞（内液）は，1mol/L の尿素水溶液より低張であり，細胞は浸透により水を失ったことがわかる（下の**図2-2**参照）。細胞が水を失うと，細胞の浸透圧は上昇する。

(2) (1)の結果，$t_1 \sim t_2$ では細胞内外が等張になり，原形質の体積変化が停止する（下の**図2-3**参照）。

(3) 尿素分子は，拡散によって細胞膜を透過（通過）することができるが，その透過の速度は水の透過速度に比べてはるかに小さい。したがって，細胞を尿素水溶液に浸してしばらくの間（$0 \sim t_1$）は，主に水のみが移動する（細胞外へ出る）ので原形質の体積は減少する。原形質の体積がほぼ一定である $t_1 \sim t_2$ では，細胞内外の浸透圧は等しくなっているが，尿素の濃度は等しくなっているわけではなく，もともと尿素がほとんど存在しない細胞内より細胞外の方が高い。

したがって，$t_2 \sim t_3$ では，拡散により尿素が細胞内へ入り，細胞の浸透圧が上昇するので，細胞内に水が浸透し（水が吸収され），原形質の体積が増加する（下の**図2-3**参照）。

図2-3 問4の(2)と(3)

〔t_1〕

アオミドロ細胞内と尿素水溶液の浸透圧が等しくなると細胞内から水は出なくなり，原形質の体積の減少が止まる。

〔t_2〕⇩

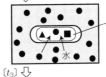

アオミドロ細胞内と尿素水溶液の浸透圧（＝溶質の濃度の合計）は等しいが，尿素の濃度は細胞内＜細胞外である。また，尿素分子は細胞膜を透過できるので拡散により細胞内に入ってくる。

⇩

尿素分子が入ったアオミドロ細胞内は浸透圧が上昇するので，尿素水溶液から水が浸透する。しかし，尿素の濃度は，細胞内＜細胞外であるので，尿素分子は拡散により，引き続き細胞内に入ってくる。これがくり返されて，原形質の体積が増加する。

〔t_3〕⇩

図2-2 問4の(1)

〔0〕

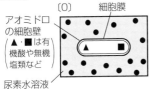

アオミドロの細胞壁
（▲・■は有機酸や無機塩類など）

細胞膜

尿素水溶液
（アオミドロ細胞より体積が非常に大きく，高張）

アオミドロ細胞から水が出て原形質の体積が減少し，細胞の浸透圧は上昇する。

$0 \sim t_1$ にかけて

原形質分離が起こる

〔t_1〕

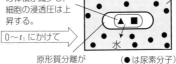

細胞は小さいので水が少しくらい出ても，尿素水溶液の体積も浸透圧も変わらない。

（●は尿素分子）

問5 原形質分離を起こした細胞が，吸水してもとの状態にもどることは原形質復帰と呼ばれ，Aのような場合のほか，原形質分離を起こした細胞を低張液または蒸留水に移しても見られる。

問6 原形質分離の観察には，尿素と異なり，拡散によって細胞膜を透過しないスクロースや食塩のような物質の水溶液が適している。

🅢uccess Point 浸透と拡散

浸透…水が浸透圧（溶液中のすべての種類の溶質の濃度の合計で決まる）の低い側から高い側へ移動すること（現象）。

拡散…ある溶質がランダムな（熱）運動により，高濃度側から低濃度側へ移動して濃度差がない分布状態になろうとすること（現象）。

---

003 解答 解説

問1 レーザー光照射後の計測領域の蛍光強度の回復は，退色した蛍光の回復やチャネルの合成にはよらないので，変性していないGFPと結合したチャネルが領域外から移動したことによる。 （84字）

問2 ㋐

問3 ㋑

問4 a, b

問5 ⑤

問6 b

....

問1 問1で問われている「根拠」としては，以下のような解答も可である。

「退色したGFPの蛍光は回復せず，GFPと結合したチャネルの数は一定なので，変性していない

図3-1 実験1のイメージ図

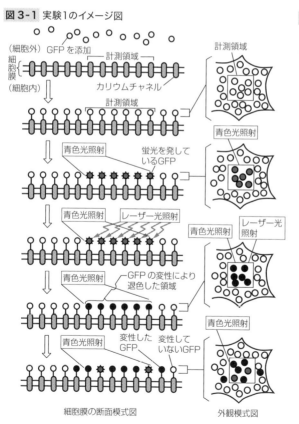

細胞膜の断面模式図　　外観模式図

（○は変性していないGFP，●は変性したGFP）

図3-2 実験2のイメージ図

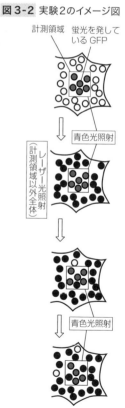

GFPと結合したチャネルが領域外から領域内に移動したと考えられる。（77字）」

実験1のイメージを前ページの**図3-1**に示す。実験結果からも分かるように，細胞膜を構成するリン脂質二重層には流動性があり，そこにモザイク状に埋め込まれているタンパク質も流動している。このような構造を流動モザイクモデルという。なお，GFPはオワンクラゲから発見されたタンパク質である。オワンクラゲの体内では，イクオリンというタンパク質がCa^{2+}と結合することで青色に発光すると，その青色光の光エネルギーを吸収したGFPが不安定な高エネルギー状態(励起状態)を経てエネルギー的に最も安定な状態(基底状態)に戻る際に緑色の蛍光を発する。この実験では，GFPの蛍光強度を測定するためにイクオリンが発する光と同じ波長の青色光を照射している。また，紫光光とは紫外線のことである。

問2 実験2のイメージは前ページの**図3-2**の通りである。レーザー光照射により変性したGFPと結合しているチャネルが計測領域外から移動してくるため，徐々に蛍光強度が低下する。

問3 実験3のイメージは右図の通りである。活性化されていないタンパク質Xと結合したカリウムチャネル（◯）にレーザー光を照射すると，計測領域のタンパク質Xが蛍光タンパク質に変化し，青色光照射により蛍光を発するようになる（●）ため蛍光強度がただちに増加するが，レーザー光により蛍光タンパク質に変化していないタンパク質Xと結合しているチャネルが計測領域外から移動してくるため，やがて蛍光強度が減少する。

なお，実験1から実験3で見られたチャネルの移動は拡散によるものであり，蛍光強度の変化は細胞膜中（細胞膜上）でのチャネルの拡散速度に依存する。細胞膜中でのチャネル（タンパク質）の移動は，溶液中の溶質の移動ではないが，ランダムな（熱）運動による移動であるので拡散である。

問4 細胞膜は下図のようなリン脂質二重層構造からなる。タンパク質の疎水性部分は水を避け，疎水性であるリン脂質膜の内側に埋め込まれる。

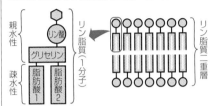

問5・6 ① 実験5では細胞構造が保持されていたためトリプシンが細胞内に透過できず，細胞外に出ている部分しか切断されないが，実験7では細胞を破壊したことで細胞の内側にある部分もトリプシンで切断されると考えられる。また，この結果から**ウ**が細胞外，**ア・オ**が細胞内にある**図5のb**が正しい構造であることが分かる。

② 実験8から**イ**には2ヵ所，トリプシンによって切断される部位があることが分かるが，**イ**が細胞膜に埋め込まれたままの実験5と実験7では，これらの部位は切断されていない。

③ 実験4と実験6から，細胞を破壊したことで，細胞に含まれていたタンパク質分解酵素によって**ウ**のペプチド結合が切断されたと考えられる。トリプシンを加えた実験7では，このタンパク質分解酵素とトリプシンが，それぞれ**ウ**の異なる部位を切断している。

④・⑥ 細胞に含まれていたタンパク質分解酵素を排除した状態の実験8では，加えたトリプシンによって5ヵ所のペプチド結合が切断されている。

⑤ 実験5で**ウ**の1ヵ所が切断されて生じた2つのペプチドが膜から離れるのであれば，細胞外に遊離したペプチドの**ウ**以外の部位のペプチド結合も切断されると考えられるが，実験5では**ウ**の1ヵ所のみが切断されたので誤りである。

004 解答 解説

問1 (1) ①　　(2) ②　　(3) ①　　(4) ①
問2 (1) ②　　(2) ②
問3 (1) ③　　(2) ③
問4 ア．充てん　イ．内　ウ．外
　　エ．グルコース　　オ．内
　　カ．濃度勾配（濃度差）
問5 酸素を与えない条件下では、細胞の呼吸
　　が抑制されることでATP量が減少してナ
　　トリウムポンプの働きが抑制され、Na⁺
　　の濃度勾配が小さくなったから。（70字）
問6 ③，⑥
問7 〈実験Ⓐ〉結果2　〈実験Ⓑ〉結果1
　　〈実験Ⓒ〉結果3　〈実験Ⓓ〉結果4

....

問1　溶液では、H⁺濃度が上昇するとpHは酸
性側に移行し、H⁺濃度が低下すると塩基性（ア
ルカリ性）側に移行する。このため、細胞内を
中性に保つためには、H⁺濃度を一定に保つ調節
が行われていると考えればよい。胃壁細胞から
胃内部に塩酸（HCl）を含む胃酸が分泌される
しくみにおいて、プロトンポンプは前文にある
ように「一個のK⁺を胃壁細胞内に取り込むと同
時に、一個のH⁺を胃内部に排出する」働きをも
つ。これより、プロトンポンプにおけるK⁺の移
動は「胃壁細胞外→内」であり、H⁺の移動は「胃
壁細胞内→外」である。胃壁細胞外にHClが分
泌されるためにはH⁺とともにCl⁻も分泌される
必要があるので、イオンチャネルYにおけるCl⁻
の移動も「胃壁細胞内→外」である（(3)は①が正し
い）。したがって、このCl⁻の胃壁細胞外への
移動と連動する陰イオン輸送タンパク質Xにお
けるCl⁻の移動は「胃壁細胞外→内」であると考
えられる（(2)は②が正しい）。また、プロトン
ポンプにより胃壁細胞外にH⁺が排出されると、胃
壁細胞内においてH⁺を増加させる方向、つまり
「$CO_2+H_2O \leftrightarrows HCO_3^-+H^+$」の反応が右向きに進
行してHCO_3^-の濃度が上昇するため、陰イオン
輸送タンパク質XではHCO_3^-を胃壁細胞外に排
出する「胃壁細胞内→外」の移動が起こると考え
られる（(1)は①が正しい）。また、K⁺の輸送を行
うイオンチャネルZでは、プロトンポンプにお
けるK⁺の移動方向とは逆の「胃壁細胞内→外」
の移動が起こることで細胞内のK⁺濃度が上昇し

ないように調節していると考えられる（(4)は①が
正しい）。以上より、図1にイオンの移動方向を
示す矢印を加えると次図のようになる。

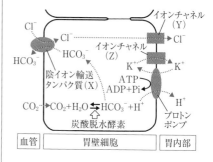

問2　プロトンポンプを阻害すると、H⁺の胃壁
細胞外への輸送量が減少するので、胃壁細胞内に
おける「$CO_2+H_2O \leftrightarrows HCO_3^-+H^+$」の右向きの反
応が起こりにくくなりHCO_3^-の濃度が低下する。
その結果、陰イオン輸送タンパク質Xにおける
胃壁細胞外へのHCO_3^-の輸送量が減少するので、
同時に起こるCl⁻の輸送量も減少し、さらにこれ
に連動したイオンチャネルYにおけるCl⁻の輸
送量も減少すると考えられる（(1)は②が正しい）。
また、プロトンポンプにおけるK⁺の胃壁細胞内
への輸送量が減少するので、これと連動したイオ
ンチャネルZにおけるK⁺の胃壁細胞外への輸送
量も減少する（(2)は②が正しい）。

問3　ナトリウムポンプはプロトンポンプや陰
イオン輸送タンパク質X、イオンチャネルYお
よびZとは無関係に働くので、プロトンポンプ
の働きが抑制されても、ナトリウムポンプの働き
には影響がなく、Na⁺とK⁺の輸送量は変化しな
い（(1)・(2)ともに③が正しい）と考えられる。

> 問題文を素直に読むことも時には大
> 事だナ。

問4　(1) 実験A～Cの条件の違いは、グルコー
ス液または充てん液へのウアバインの添加の有無
のみであるので、実験結果の違いに影響を与えて
いるのはウアバインである。ウアバインはナトリ
ウムポンプの働きを阻害するので、これを添加し
た液側の細胞膜のナトリウムポンプの働きが阻害
されると考えられる。したがって、図4において実
験A・Bと比較して実験Cで見られるグルコー

ス輸送量の減少は，ウアバインを充てん液に添加したことが原因であり，充てん（**ア**）液側の細胞膜のナトリウムポンプの働きが阻害されるとグルコースの輸送も阻害されると考えられる。ナトリウムポンプは，Na^+ の細胞内（**イ**）から細胞外（**ウ**）への輸送を行うので，ナトリウムポンプが働いていれば細胞内の Na^+ 濃度は低く保たれるが，実験Cでは細胞内の Na^+ 濃度が高くなっていると考えられる。

（2）実験AとDの条件の違いは，グルコース液への Na^+ の添加の有無であるので，実験Dで実験Aよりもグルコース輸送量が減少したのは，グルコース液に Na^+ を添加しなかったためであるとわかる。したがって，グルコース液側から細胞内へのグルコースの取り込みには，細胞外の Na^+ 濃度が高いことが重要であると考えられる。このことと(2)の文章をあわせて考えると，グルコース輸送タンパク質 α は，グルコース（**エ**）液側の Na^+ 濃度が高く，細胞内（**オ**）の Na^+ 濃度が低い場合に，Na^+ の細胞内外での濃度勾配（濃度差）（**カ**）を利用して，Na^+ とともにグルコースを細胞内に取り込んでいると考えられる。また，細胞内から充てん液側へのグルコースの輸送は，濃度勾配に従って起こる受動輸送である。

問5 実験Aとの比較で考えると，実験AとEの条件の違いはグルコース液に通気する気体の種類であり，実験EではAよりもグルコース輸送量が減少したので，グルコースの輸送には O_2 が重要であるとわかる。ナトリウムポンプによる輸送は ATP のエネルギーを利用して起こる能動輸送であるので，細胞が呼吸を行って ATP が盛んに合成されると輸送が促進されると考えられる。したがって，O_2 を通気していない実験Eでは，細胞の呼吸が抑制されたために ATP 量が減少してナトリウムポンプの働きが抑制され，Na^+ の濃度勾配が小さくなった結果，グルコース輸送量が低下したと考えられる。

問6 アクアポリンはチャネルの一種であり，水分子のみを受動輸送する働きをもつ（①・⑤は誤り，⑥は正しい）。水分子は浸透圧の低い側から高い側に輸送される（③は正しい）が，この輸送に膨圧は関与しない（④は誤り）。また，水分子の細胞内外への移動は膜電位には影響を与えない（②は誤り）。なお，膨圧は植物細胞でのみ生じる，原形質が細胞壁を押す力である。

問7 実験Ⓐ：細胞を培養液よりも低張な溶液に入れると，細胞外から細胞内へ水が移動して細胞の体積は増加する。

実験Ⓑ：アクアポリンの量が増加すると，時間あたりの水分子の移動量が増加するので，低張な溶液に入れるとアクアポリンを増加させる前に低張な溶液に入れた場合よりも時間あたりの水の移動量が増加し，細胞の体積が実験Ⓐの場合よりも大きく増加すると考えられる。これより，実験Ⓐの結果は2，実験Ⓑの結果は1である。

実験Ⓒ：塩化水銀溶液の処理によりアクアポリンの働きが完全に阻害されるので，水の移動が起こらなくなり，細胞の体積は変化しない。よって結果は3である。

実験Ⓓ：細胞を培養液よりも高張な溶液に入れると，細胞内から細胞外へ水が移動して細胞の体積は減少する。よって結果は4である。

005 解答 解説

問1 〈分離〉＋端：Gアクチン-ATP
−端：Gアクチン-ADP
〈脱重合速度〉Gアクチン-ATP はGアクチン-ADP の2倍の速度で脱重合する。
〈脱重合速度のGアクチン-ATP モル濃度（C）への依存性〉Gアクチン-ATP とGアクチン-ADP が脱重合する速度は，いずれもGアクチン-ATP のモル濃度には依存しない。

問2 薬剤X1分子は，遊離しているGアクチン-ATP 1分子と反応し，Gアクチン-ATP がFアクチンの両端に結合することを阻害する。（62字）

問3 グラフの縦軸はFアクチンの長さに対応する。遊離のGアクチン-ATP 濃度が高い初期は，重合速度が脱重合速度よりも大きいためFアクチンが伸長してグラフが右上がりになる。その後，Gアクチン-ATP の濃度が低下するとともに重合速度が低下し，やがて脱重合速度と一致すると，Fアクチンの長さが変化しなくなるためグラフは水平となる。（159字）

〈式〉図2より，Gアクチン-ATPのモル濃度をCとすると，VpとVmは以下のような式で表せる。

$$Vp = \frac{2}{Ce}C - 2$$

（傾きが$\frac{2}{Ce}$，縦軸の切片が−2の直線）

$$Vm = \frac{1}{2Ce}C - 1$$

（傾きが$\frac{1}{2Ce}$，縦軸の切片が−1の直線）

Fアクチンの長さが変化しなくなるのは，＋端の伸長速度と−端の短縮速度が一致するときなので，Vp＝−Vmが成り立つ。このときのGアクチン-ATPのモル濃度Cを求めると，

$$\frac{2}{Ce}C - 2 = -\left(\frac{1}{2Ce}C - 1\right)$$
$$C = 1.2Ce$$

1.2Ceは，図5で遊離しているGアクチンが20%のときの濃度に相当するから，

$$0.2C_0 = 1.2Ce$$
$$C_0 = 6Ce$$

問4

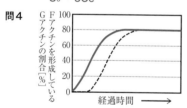

縦軸：Fアクチンを形成しているGアクチンの割合［%］　横軸：経過時間

問5

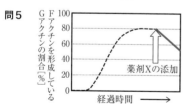

縦軸：Fアクチンを形成しているGアクチンの割合［%］　横軸：経過時間　薬剤Xの添加

問1 〈分離〉Fアクチンのプラス（＋）端では，Gアクチン-ATPからGアクチン-ADPへの変換速度がGアクチン-ATPの結合速度よりも遅いため，GアクチンはGアクチン-ATPの状態で存在している。一方，マイナス（−）端では，Gアクチン-ATPは結合と同時にGアクチン-ADPに変換されるため，GアクチンはGアクチン-ADPの状態で存在している。

〈脱重合速度〉〈脱重合速度のGアクチン-ATPモル濃度（C）への依存性〉Fアクチンの端における伸長速度は，（重合速度）−（脱重合速度）で表される。Gアクチン-ATPモル濃度が0の時，＋端と−端のいずれにおいても重合速度は0なので，図2において，この時の伸長速度の絶対値が脱重合速度に一致する。さらに，図3のGアクチン-ATPモル濃度0〜2Ceと，図4のGアクチン-ATPモル濃度0〜4Ceの範囲では，それぞれモル濃度2Ceと4Ceの薬剤Xの働きによりGアクチン-ATPの重合が完全に阻害されており，この範囲の伸長速度の絶対値も脱重合速度と一致すると考えられる。よって，＋端の脱重合速度は2，−端の脱重合速度は1であり，Gアクチン-ATPのモル濃度によらず一定であることが分かる。なお，重合開始後のグラフが右上がりの直線になっていることから，重合速度はGアクチン-ATPのモル濃度に比例していることが分かる。

問2 図2と比較すると，薬剤Xのモル濃度が2Ceの図3では，Gアクチン-ATPモル濃度が2Ce以下の範囲で重合が阻害されている。また，薬剤Xのモル濃度が4Ceの図4では，Gアクチン-ATPモル濃度が4Ce以下の範囲で重合が阻害されている。したがって，薬剤Xは遊離のGアクチン-ATPと1：1で反応して，Fアクチンの両端への重合を妨げていると考えられる。

問3 図5において，縦軸はFアクチンを形成しているGアクチンのGアクチン全体に対する割合であり，全Gアクチン量は実験3において一定なので，この割合が大きくなるほどFアクチンが伸長している，すなわち縦軸はFアクチンの長さに対応すると考えられる。したがって，グラフが水平になることは，Fアクチンが伸長していないことを意味する。また，設問文に「核形成は起こっていない」とあるので，Gアクチンの重合と脱重合が起こっていると考えられる。さらに，Fアクチンの全体の長さは，重合速度と脱重合速度の大小関係により変化することから，重合速度と脱重合速度が全体で等しくなると，Fアクチンの（見かけの）長さは一定になると考えられる。＋端と−端それぞれで考えると，図2より，Vpと−Vmが一致するようなGアクチン-ATPのモル濃度が求められる。このとき，＋端

の伸長速度と－端の短縮速度は等しくなる。

問4 図5において，グラフがはじめ0%のまま水平になっている部分ではゆっくりと核形成が進行しており，核が形成された後，Gアクチン-ATPが次々に重合したと考えられる。よって，予め核を生成させておいた場合は実験開始後ただちに重合が始まるため，はじめから右上がりのグラフになる。Gアクチン-ATPの総量は元の実験3と変わらないため，Fアクチンの伸長速度つまりグラフの傾きは**図5**と等しい。**図5**と同様に，Fアクチンを形成しているGアクチンの割合が80%になると，**問3**の理由からグラフは水平になる。

問5 過剰量の薬剤Xを加えることで，Gアクチン-ADPから再生したGアクチン-ATPを含め，全てのGアクチン-ATPのFアクチンへの重合が起こらなくなる。一方，両端におけるGアクチン-ATPとGアクチン-ADPの脱重合は遊離のGアクチン-ATP濃度にかかわらず一定の速度で進むため，Fアクチンを形成しているGアクチンの割合は等速で減少しグラフは右下がりの直線となる。なお，**図2**からGアクチン-ATPの濃度が6Ceの時の伸長速度はGアクチンの脱重合速度を大きく上回るため，グラフは**図5**の伸長時のグラフより小さい傾きになる。

006 [解答][解説]

問1 アデノシン三リン酸（ATP）
問2 イ，ウ
問3 チューブリン
問4 ウ
問5 (1) ②
(2) オートファジー（autophagy）
(3) リソソームは神経終末に蓄積した不要なタンパク質などを含む小胞と融合し，逆行輸送されることで，細胞体におけるタンパク質合成の際に分解産物を再利用できるようにする。（80字）

問1 モータータンパク質とは，ATP分解酵素（ATPアーゼ）としての活性をもち，アデノシン三リン酸（ATP）を加水分解することによって得られる運動エネルギーを用いて細胞骨格上を移

動するタンパク質のことであり，アクチンフィラメントをレールとするミオシン，微小管をレールとするキネシンやダイニンがある。

問2 **ア・オ**．繊毛・べん毛を輪切りにすると，2本1組の微小管が環状に配置されている。これらの微小管にはダイニンからなる突起があり，この突起が隣接する微小管どうしをすべらせてずれを生じさせることにより，繊毛・べん毛の屈曲運動が起こる。
イ．原形質流動は，植物細胞内で，小胞体・ミトコンドリアなどの細胞小器官や細胞内顆粒と結合したミオシンがアクチンフィラメント上を移動することによって起こる。
ウ．ウニ胚の卵割などでみられる動物の細胞分裂では，分裂期において細胞膜直下にアクチンフィラメントからなる収縮環と呼ばれる構造が形成され，終期にアクチンフィラメントとミオシンの相互作用により収縮環の半径が小さくなり，細胞がくびり切られる。
エ．ヒトなどの動物細胞の染色体分配は，細胞分裂後期において，細胞膜に結合したダイニンが中心体を細胞膜へ引き寄せるように働くとともに，微小管からなる紡錘糸が分解されて徐々に短くなることで起こる。

Success Point 細胞骨格の特徴
① 中間径フィラメントにはモータータンパク質がない。
② 微小管は中心体などの形成中心から放射状に分布しており，細胞の運動や，細胞のべん毛・繊毛・突起などの形の形成に関与している。
③ アクチンフィラメントは，細胞膜のすぐ内側や，細胞突起の内側に多く分布しており，細胞内構造を支えている。

例えば染色体の分配や，繊毛・べん毛の屈曲運動は細胞の内部で行われているが，原形質流動や卵割には細胞膜のすぐ内側の部分が大きくかかわっていることと，上記の**Success Point**の③より，本設問の正解にたどりつくこともできる。

問3 微小管は，チューブリン（αチューブリンとβチューブリンの2種類）というタンパク質が重合して鎖状になったものが13本集まってきた管状の構造である。

問4 キネシンは A に最も多く蓄積していたので，順行輸送を行うと考えられる。また，前文より「キネシンによる微小管上の輸送方向は，ダイニンによる輸送方向と逆」なので，ダイニンは逆行輸送を行うと考えられる。ミトコンドリアは A・B に多く蓄積していたが，A のミトコンドリアはキネシンによる順行輸送によって，B のミトコンドリアはダイニンによる逆行輸送によって蓄積されたと考えられる。したがって，**ア・イ・エ**が誤りで，**ウ**が正しい。また，前文より，翻訳にかかわるリボソームは細胞体にあるため，ダイニンは細胞体で合成されると考えられ，**オ**は誤りである。

なお，逆行輸送を行うダイニンが A にも多く蓄積されていたのは，細胞体で合成されたダイニンを，キネシンが順行輸送によって神経終末側へ輸送するためである。

問5 リソソームは，1 枚の生体膜からなる小胞であり，ゴルジ体でつくられた分解酵素を含んでいる。細胞内の不要なタンパク質や細胞小器官は，リン脂質二重層からなる 2 枚の膜に包まれて小胞（これをオートファゴソームと呼ぶ）となり，リソソームと融合した後，1 枚の膜に包まれた小胞（これをオートリソソームと呼ぶ）になる。これにより，リソソームに含まれていた分解酵素で不要物が分解されるのである。自己の細胞質の一部をこのように分解することを自食作用（オートファジー）という。その後この分解産物は，細胞内で再利用される。例えばタンパク質は，アミノ酸に分解されたあと，新たなタンパク質の材料として再利用されている。神経細胞でも，古くなったタンパク質などについて同様のことが行われていると推測できる。タンパク質の合成は，リボソームがある細胞体でのみ行われるので，神経終末にあるオートリソソームは逆行輸送によって細胞体に運ばれ，リソソームの存在量が B ＞（A，C，D）となるのである。

以上からわかるように，モータータンパク質と細胞骨格は，真核細胞内で効率的な物質輸送を可能にする。もし，リソソームによるタンパク質などの分解が神経終末で行われ，リソソームの逆行輸送が行われず，分解産物が神経終末に蓄積されるとすると，拡散により分解産物が細胞体へ運ばれるのに膨大な時間がかかることとなる。リソ

ソームが細胞体へ逆行輸送されるのは，効率的なタンパク質合成を可能にするためと考えられる。

007 解答 解説

問1 〈Ca^{2+}〉Ca^{2+} は，「細胞同士の接着において実際につなぎとめている分子」がトリプシンによって分解されることを防ぐとともに，この「分子」が細胞同士をつなぎとめる際に必要である。（81字）

〈トリプシン〉トリプシンは，Ca^{2+} 非存在下では「細胞同士の接着において実際につなぎとめている分子」を分解するが，Ca^{2+} 存在下では，タンパク質分解活性があるにもかかわらず，この「分子」を分解できない。（90字）

問2 筒状構造のタンパク質が隣り合った細胞の細胞質をつなぐギャップ結合を通じて，蛍光分子が隣接する細胞へ移動した。（54字）

問3 蛍光分子は親水性なので，親水性と疎水性の部分をもつ細胞膜の脂質二重層の疎水性部分を通過できず，細胞外へ移動できないから。（60字）

問4 A. 神経褶（神経しゅう）
B. 神経堤（神経冠）　　　C. 脊索

問5 ①，③，⑤

問6 (1) 加えた抗体は，E 型カドヘリン分子のうち，カドヘリン同士の結合において重要な役割をもつ部位を抗原として認識し，そこに結合するので，E 型カドヘリン同士の結合が妨げられたから。（85字）

(2) E 型カドヘリンと P 型カドヘリンは，互いに異なる構造のアミノ末端をもち，アミノ末端が同じ構造の場合のみ結合する。（55字）

(3) 神経堤細胞は，神経板を構成している時期には N 型カドヘリンを発現していたが，その後 N 型カドヘリンの発現を停止して神経褶から遊離し，遊離後は N 型と E 型のカドヘリンのいずれも発現しない。（90字）

問1 栄養液は，細胞が分裂，増殖する際に必要な成分をすべて含む溶液であり，Ca^{2+} も含ん

でいる。Ca^{2+} を含む緩衝液は，Ca^{2+} の濃度が一定の範囲内に保たれるように調整された溶液である。EDTA を加えると，溶液中の Ca^{2+} は除去されて存在しなくなるが，EDTA が捕獲できる以上に Ca^{2+} を加えた場合は，溶液中に Ca^{2+} は存在する。

準備実験，実験1，実験2の内容をまとめると，下の **表7-1** のようになる。**表7-1** の結果a〜iから得られる結論・推論を述べていく。

結果a より，Ca^{2+} 存在下で細胞とシャーレ（ペトリ皿）底を接着させる仕組みがあることがわかる。

結果b より，Ca^{2+} 存在下で細胞同士を接着させる仕組みがあることがわかる。

結果d について，手順②のように Ca^{2+} 非存在下でトリプシンを添加すると，細胞同士を接着させる仕組みが働かなくなる。これは，前文中の「細胞膜に埋め込まれたタンパク質」が，トリプシンによって分解されたからである。

結果c について，**結果d** と同様に考えると，細胞とシャーレ底を接着させる仕組みにも「細胞膜に埋め込まれたタンパク質」が関与しており，そ

れがトリプシンにより分解されたと推測できる。

結果e より，細胞とシャーレ底の接着や，細胞同士の接着に関与するタンパク質は，手順③のようにトリプシンで分解された後に Ca^{2+} を加えても元の働きを取り戻さない（不可逆的に分解された）ことがわかる。

結果f・g と **結果c・d** の比較により，トリプシンは Ca^{2+} 存在下で細胞とシャーレ底の接着に関与するタンパク質を分解することはできるが，細胞同士の接着に関与するタンパク質を分解することはできないことがわかる。

結果h・i について，手順⑤では，細胞同士の接着に関与するタンパク質は分解されていないにもかかわらず細胞がバラバラになるが，手順⑥では，Ca^{2+} を加えると細胞同士が（再）接着したことから，このタンパク質が細胞同士を接着させるときには Ca^{2+} が必要であることがわかる。

以上の結論・推論を，Ca^{2+} の作用とトリプシンの作用としてまとめると解答となる。その際の注意点をいくつか記す。

1) 細胞の接着に Ca^{2+} を必要とすることから，「細胞同士の接着に関与するタンパク質」はカド

表7-1 準備実験，実験1，実験2のまとめ

実験	手順	培養細胞	条件（溶液中の有無）			結果
			Ca^{2+}	トリプシン	EDTA	
準備実験	①	動物から取り出した細胞	◯	×	×	a. シャーレ底に接着 b. 細胞分裂して細胞同士が接着
実験1	②	結果a・bの状態の細胞群	⊠ ← ◯ EDTA が Ca^{2+} を捕獲	◯	◯	c. シャーレ底からはがれた d. バラバラになった
	③	結果c・dの状態の細胞群	⊠ ◯ EDTA の捕獲能力以上の Ca^{2+} を加える	◯	◯	e. バラバラのまま （シャーレ底からはがれたまま）
実験2	④	結果a・bの状態の細胞群	◯	◯	×	f. シャーレ底からはがれた g. 細胞同士は接着したまま
	⑤	結果f・gの状態の細胞群	⊠ → ⊠ 失活させたので働かない		◯	h. バラバラになった （シャーレ底からはがれたまま）
	⑥	結果hの状態の細胞群	⊠ ◯	⊠	◯	i. 細胞同士が（再）接着 （シャーレ底からはがれたまま）

（◯：溶液中に有り，×：溶液中に無し，⊠：除去または失活）

ヘリンであると考えられるが，解答の際には設問文中の「細胞同士の接着において実際につなぎとめている分子」を用いよう。

2) トリプシンは Ca^{2+} が存在するとすべてのタンパク質を分解できなくなるわけではなく，「細胞同士の接着において実際につなぎとめている分子」のみを分解できなくなることを明記しよう。そのためには，細胞とシャーレ底の接着の有無を示した**結果 a, c, f**を見落としてはいけない。ほとんどの入試問題では，解法・解答作成に不必要な情報（特に実験データ）が示されることはないので，提示された実験の目的・条件・結果をていねいに読み取る練習をしておこう。

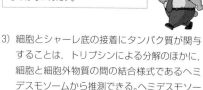

入試問題文中の実験データに無駄なものはないんだナ。

3) 細胞とシャーレ底の接着にタンパク質が関与することは，トリプシンによる分解のほかに，細胞と細胞外物質の間の結合様式であるヘミデスモソームから推測できる。ヘミデスモソームは細胞膜を貫通した接着タンパク質であるインテグリンと，細胞から分泌される細胞外物質であるフィブロネクチンやコラーゲンなどのタンパク質との結合によるものである。教科書外の知識であるが，これらのタンパク質は細胞とシャーレ底の接着にも関与しており，Ca^{2+} の有無にかかわらずトリプシンによって分解される。

問2　細胞膜を貫通している筒状（中空）のタンパク質（コネクソン）による結合様式をギャップ結合といい，ギャップ結合は隣接する細胞間で一定の大きさ以下の分子や，無機イオンを直接移動させる役割をもつ。

問3　蛍光分子は，細胞質同士を連絡する筒状のタンパク質を通して移動するが，このタンパク質は細胞と細胞の接着面だけに存在し，栄養液に接する面には存在しない。また，蛍光分子は親水性であるため，細胞膜における脂質二重層の疎水性部分を通り抜けることができず，細胞の外へ漏出することはない。

問4　下の**図7-2**参照。

問5　神経堤（神経冠）細胞は，自律神経（交感神経と副交感神経）の節後ニューロン，感覚神経，角膜，グリア細胞（神経膠細胞），色素細胞などに分化する。

問6　(1) 同じ型のカドヘリン同士が特異的に結合することで細胞同士が接着する。抗体が，抗原として認識したE型カドヘリンに結合すると，他のE型カドヘリンとの結合部位が覆い隠されたり，結合部位の構造が変化したりすることで，細胞同士の接着が起こらないと考えられる。

(2) 右図に示すようなアミノ酸の構造のうち，−Rと省略される原子団を側鎖または（アミノ酸）残

$$H_2N-\underset{\underset{H}{|}}{\overset{\overset{R}{|}}{C}}-COOH$$

基という。カドヘリンのアミノ末端120残基（タンパク質の一次構造）が異なると，細胞同士の接着が観察されなかったことから，カドヘリン同士の結合はアミノ末端120残基の部分で起こると考えられる。

図7-2 カエルにおける神経胚の形成過程

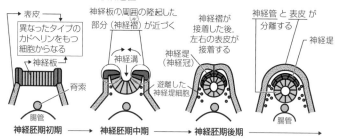

表皮
異なったタイプのカドヘリンをもつ細胞からなる
神経板
脊索
腸管
神経溝
神経胚期初期

神経板の周囲の隆起した部分（神経褶）が近づく
神経溝
神経堤（神経冠）
遊離した神経堤細胞
神経胚期中期

神経褶が接着した後，左右の表皮が接着する
神経胚期後期

神経管と表皮が分離する
神経堤
腸管

(3) カエルでは，神経管形成の前には，背側の外胚葉全体に成体の上皮でも見られるE型カドヘリンが発現しているが，発生が進むと，神経板ではE型カドヘリンに代わってN型カドヘリンが発現するようになる（問題の**図2**上）。神経胚の中期に左右の神経褶が近づく頃には，神経褶の一部の細胞がN型カドヘリンの発現を停止して神経褶から遊離する（**図2**中）。その後，神経褶が正中線で出合うと同じ型のカドヘリンをもつ細胞同士が接着し，表皮の内側に神経管が形成される（**図2**下）。

　神経褶から遊離した神経堤細胞は，フィブロネクチンなどの細胞外物質を介して遊走するが，これらの細胞では，カドヘリンの発現は見られなくなっている。このように，細胞接着分子は，組織や器官が形成される過程で重要な役割を果たしている。

【参考】本問で示されているカドヘリンの特徴を模式的に表すと下の **図7-3** のようになる。

図7-3 カドヘリンの特徴

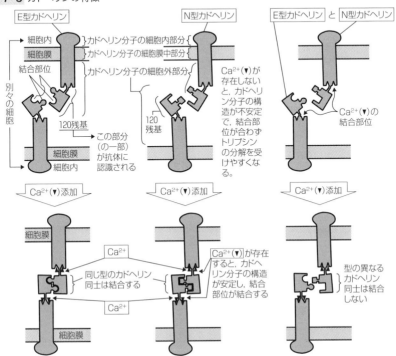

第2章 動物の反応と行動

008 解答 解説

問1　約 20 ～ 20000Hz

問2　e　　　問3　c

問4　0.3×10⁻³ 秒 (0.00030 秒, 0.3 ミリ秒,
3.0×10⁻⁴ 秒, 0.3ms)

....

問1　Hz（ヘルツ）は音の1秒間の振動数（周波数とも呼ばれる）を表す単位であり，音が高いほどその値は大きくなる。イルカやコウモリなどは超音波と呼ばれる 20000Hz 以上の振動数を感知して利用できる。

問2　dB（デシベル）は音の大きさを表す単位であり，音が大きいほどその値は大きくなる。個々の人の聴力は，その人が感知しうる最小の音の大きさで表される。**図1**や**図2**のグラフの縦軸は，音量を小さいものから大きいものに変えて聞かされたときに音がはじめて聞こえたときの値すなわち閾値を表しているので，例えば聴力レベル（これを聴覚閾値という）が 30dB ということは，0 ～ 30dB 未満の大きさの音は聞こえないが，30dB になるとはじめて聞こえるようになるということである。したがって，聴力レベルの値が大きいほど（グラフでは下に行くほど），聴力が低下している状態（難聴）であると判断される。なお，正常な人の聴力レベルは，**図1**のように 0dB に近い値であり，30dB まではほぼ正常とみなされる。また，耳にレシーバーをあてて聞く音，つまり外耳道を通って伝わってきた音である気導音と，骨を伝わって内耳で感じる骨導音を所定の方法で記録した**図1**のようなグラフをオージオグラムという。

　耳に音が届いてから聴覚が生じるまでの過程に何らかの障害が起こると，聴力が低下する。聴力の低下を引き起こす障害として，鼓膜の損傷や，脳腫瘍による聴覚野の機能の障害などが挙げられる。このうち，鼓膜の損傷のように音を内耳に伝えるまでの過程のみに障害が生じた場合には，気導音に対する聴力は低下するが，骨から直接内耳に伝わる骨導音に対する聴力は影響を受けないので**図2b**のようなグラフになると考えられる。一方，聴覚野の障害のように，内耳以降の過程のみ

に障害が生じた場合には，気導音と骨導音の両方に対する聴力が同程度に低下し，**図2e**のようなグラフになると考えられる。また，音を内耳に伝える過程と内耳以降の過程の両方に障害が生じた場合には，骨導音に対する聴力は内耳以降の過程の障害のみの影響を受けるが，気導音に対する聴力は音を伝える過程と内耳以降の過程の両方の障害の影響を受けるために骨導音に対する聴力よりも低下し，**図2d**のようなグラフになると考えられる。気導音に対する聴力が正常である場合は，音を内耳に伝える過程と内耳以降の過程の両方が正常であると考えられ，骨導音に対する聴力も正常であるはずなので，**図2a**のようなグラフは測定結果として不適である。また，気導音に対する聴力よりも骨導音に対する聴力の方が低下することも考えにくいので，**図2c**のようなグラフも測定結果として不適である。なお，音を内耳に伝える過程に障害が生じた難聴は伝音難聴，内耳以降の過程に障害が生じた難聴は感音難聴，両方の過程に障害が生じた難聴は混合難聴と呼ばれる。伝音難聴は鼓膜の損傷のほか，中耳において耳小骨がうまく振動を伝えられなくなったり，鼓膜の外耳側と中耳側の圧力が不均衡になったりしても起こる。また感音難聴には聴神経に生じた腫瘍や，内耳のリンパ液のイオンのバランスの異常といった原因も知られている。難聴を患った患者に対して気導音と骨導音の2種類の聴力を測定することで，難聴の原因となっている障害の種類を絞り込むことができる。

問3　**問2**の解説で述べたように，音を内耳に伝える過程の障害である@と⑤では，**図2b**のようなグラフになるはずなので誤りである。**図3**は，**図2e**のように気導音と骨導音が同程度に低下しているため，内耳以降の過程の障害である，ⓒ，ⓓ，ⓔ，ⓕ，ⓖのいずれかであると考えられる。**図3**のグラフを**図1**や**図2**のグラフと比較すると，比較的振動数の小さい低音では聴力はほぼ正常の範囲であるが，振動数の大きい高音になるに従って聴力が低下していることが老人性難聴の特徴として読み取れる。ここで，ⓒとⓓの選択肢を見ると，うずまき管の基部と先端部について

の聴細胞の変化が述べられている。内耳のうずまき管に存在する基底膜は，卵円窓付近の基部からうずまき管の先端部に向かって次第に幅が広くなっており，その幅が広いほどより低音で振動しやすくなるため，うずまき管の基部側は高音を受容し，先端部側は低音を受容する。**図3**の老人性難聴の場合，高音での聴力が低下していることから，うずまき管の基部側の聴細胞の数が減少，もしくは機能が低下していると考えられる。よって©が適切であり，ⓓは誤りである。なお，内耳以降の過程の障害であり，かつ音の高低に関わらない障害と考えられるⓔ，ⓕ，ⓖでは，**図2e**のようなグラフになるはずなので誤りである。**図3**は，老人性難聴の典型的な例であり，高音が聞き取りにくくなることで，いわゆる「耳が遠い」状態になる。

問4 左右の耳に音が伝わる時間差を求めるためには，音源と左右の耳との距離の差を知る必要がある。設問文の条件を図式化し，音源から左右それぞれの耳までの距離の差をx(cm)とすると，以下のようになる。

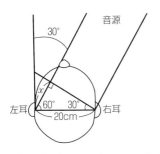

x (cm)$:20$ (cm) $= 1:2$ より，$x = 10$ (cm)である。遠い音源からの音は平行な波として両耳に届くことから，左耳には，右耳に比べて音が10cm（$= 0.1$m）進む時間分遅れて届くことになる。この時間を計算すると，

0.1(m) ÷ 330(m/秒)
= 0.000303… (秒)≒ 0.3×10^{-3} (秒) となる。

009 解答 解説

問1 半規管，前庭，圧点（触点），痛点，温点，冷点などから5つ

問2 感覚細胞（受容細胞）

問3 リガンド依存性イオンチャネル（イオンチャネル型受容体）

問4 ⓦ

問5 熱さとカプサイシンの両方で TRPV1 がより強く活性化する。（29字）

問6 (1) 42℃
(2) ⓐ 〈理由〉TRPV1 の閾値が体温より低くなるから。（20字）
(3) 炎症部位を冷やす。（9字）

問7 (1) ⓐ 味細胞 ⓘ 味覚芽（味蕾）
(2) 苦味，塩味，うま味
(3) ① G タンパク質共役型受容体 ② G タンパク質 ③ セカンドメッセンジャー ④ cAMP（サイクリック AMP）
(4) 〈甘味〉ⓐ 〈辛さ〉ⓦ

問8 気体になりやすい（8字）

問9 (1) f (2) 5 (3) j
(4) 興奮の発生頻度の違い（10字）

問10 興奮する嗅細胞の組み合わせと嗅細胞ごとの興奮の発生頻度の違いをもとににおいを嗅ぎ分ける。（44字）

問1・2 半規管と前庭は内耳に存在する平衡覚の受容器である。圧点（触点），痛点，温点，冷点はいずれも皮膚に存在し，それぞれ圧覚（触覚），痛覚，温覚，冷覚の受容器である。受容器に存在し，特定の刺激に対して特に敏感に反応する細胞を感覚細胞（受容細胞）という。

問3 細胞膜においてイオンを通過させるタンパク質の孔をイオンチャネルといい，イオンチャネルのうち，ゲート（門）と呼ばれる構造をもつものは，電位変化によりゲートが開閉する電位依存性イオンチャネルと，神経伝達物質などの特定の物質と結合することによりゲートが開閉するリガンド依存性イオンチャネルに分けられる。リガンドとは受容体と特異的に結合する分子の総称であり，TRPV1 にとってカプサイシンはリガンドである。なお，リガンドが神経伝達物質の場合は，神経伝達物質依存性イオンチャネルや伝達物質依存性イオンチャネルなどとも呼ばれる。リガンド依存性イオンチャネルは，リガンドと結合する受容体の一種であり，受容体タンパク質の総称としてはイオンチャネル型受容体と呼ばれる。

問4 下線部**(C)**を補足すると，「TRPV1 を通じて Na^+ や Ca^{2+} が細胞内に流入し脱分極が起こ

る。この脱分極が閾値以上の場合,それが刺激(引き金)になって,電位依存性ナトリウムチャネルが開き,大量の Na^+ が細胞内に流入して活動電位が発生する。これが電気信号として神経細胞内を伝わっていく。」となる。したがって,㋐,㋑,㋓は誤り。神経繊維(神経細胞)は全か無かの法則に従うので㋔は誤り。

問5 TRPV1は,特定の温度以上の熱による刺激やカプサイシンとの結合によって活性化される。熱いカレーでは TRPV1 がこの両方の刺激を受容するため辛く感じるが,冷めたカレーではカプサイシンの刺激を受容できても熱の刺激を受容できないのでそれほど辛くは感じない。

なお,「熱による TRPV1 の活性化が起こらなくなるから。(24字)」や「TRPV1 が感知する熱とカプサイシンのうち熱が失われたから。(30字)」のような解答も正解である。

問6 ⑴ **図2** において TRPV1 による活動電位が発生する温度をみると,プロスタグランジン放出前は 42℃以上で活動電位が発生しているので,健常なヒトで TRPV1 の閾値は 42℃と考えられる。
⑵ **図2** においてプロスタグランジン放出後は 33℃以上で活動電位が発生していることから,健常なヒトの体温よりも低い温度で活動電位が発生するため,痛みを感じやすくなると考えられるので,㋐が適切である。
⑶ 炎症部位ではプロスタグランジンが放出されているので,33℃で活動電位が発生する。そこで,炎症部位を 33℃より低い温度に冷やすことで活動電位の発生を抑えることができ,痛みを和らげることができる。

問7 ⑴ 舌には味細胞などから構成されている味覚芽(味蕾)が多数存在し,液体中の化学物質を受容する。
⑵ 味覚には甘味,酸味以外に苦味,塩味,旨味の計5種類がある。なお,辛味は温度や痛みの受容体で受容されるので,一般に味覚には含めない。
⑶ 特定のリガンド(ミラクリンや水溶性ホルモンなど)との結合の有無により,G タンパク質と呼ばれるタンパク質と解離・結合する受容体をG タンパク質共役型受容体という。GDP と結合している G タンパク質は受容体と結合し,GTP

と結合した G タンパク質は受容体から離れてアデニル酸シクラーゼを活性化し,cAMP の生成を促進する。cAMP のように細胞内で新たに生成される細胞内の情報伝達物質をセカンドメッセンジャーという。

第3章の023にも G タンパク質関連の問題があるよ

⑷ 前文に「ミラクリンは甘味の受容体にのみ結合し,このとき周囲が酸性であると,甘味の受容体がより強く反応」とあるので,ミラクルフルーツを食べた後はトムヤムクンの強い酸味で甘味の受容体がより強く反応し,甘味は強くなると考えられる。また,ミラクリンは甘味の受容体にのみ結合するので辛さには影響がない,つまり辛いまま変化しないと考えられる。したがって,㋒が解答となる。

問8 味覚を生じさせる適刺激は液体中の化学物質であり,嗅覚を生じさせる適刺激は気体中の化学物質である。したがって,におい物質は気体に変化しやすい性質(揮発性)をもち,気体として鼻腔に入り,嗅上皮の嗅細胞がもつ嗅覚受容体に結合する。

問9 ⑴ 1つの嗅細胞には1種類の嗅覚受容体が存在する。**図4** でそれぞれのにおい物質と反応する嗅細胞の数を比較すると,f が最も多い8種類の細胞に受容されることがわかる。
⑵ **図4** より,嗅細胞5が反応するにおい物質が7種類(c, d, e, f, i, j, k)で最多である。
⑶ 嗅細胞5と7がともに反応するにおい物質はd, e, f, j, k であり,これらの物質のうち d には嗅細胞11が,e, f, k には嗅細胞12が反応する。

問10 本問の題材となった『400種類の嗅覚受容体のみで10万種類以上のにおいを認識するしくみ』は長年謎だったが,1990年代に,1種類の嗅覚受容体が複数の似たような構造のにおい物質を異なる強度で認識すること,つまり複数種類の嗅覚受容体の反応の強さ(各嗅細胞の興奮の発生頻度)の組み合わせにより,膨大な数のにおい物質が認識されていることがわかった。

【参考】 このような「におい物質の受容体と嗅覚

システムの解明」を行った研究者（アクセルとバック）は 2004 年のノーベル生理学・医学賞を受賞した。

010 解答 解説

問1 (a) A. キ　B. ウ　C. ア

(b) 膜電位の値は，外液の K^+ 濃度が一定のとき，細胞内 K^+ 濃度が高いほど低下し，細胞内 K^+ 濃度が一定のとき，細胞外 K^+ 濃度が低いほど低下する。（64 字）

(c) K^+ は細胞外から細胞内へ移動している。（18 字）

(d) (1) ケ　　(2) ア

問2 カ　　　**問3** a. m　b. p　c. p

問1 (a) 図 2 の縦軸の項目である。「細胞内電位」は，神経繊維に刺激を与えない状態（静止状態）で測定された膜電位なので，静止電位である。静止電位は，細胞内外の K^+ の濃度差に従って，K^+

が移動した結果生じる細胞内外の電位差なので，細胞内外の K^+ の濃度が等しい場合は，0（mV）となる。したがって AmM，BmM，CmM の曲線と，細胞内電位 0（mV）の直線との交点における細胞内 K^+ 濃度を読み取り，近い値を選択肢から選べばよい。

(b) 図 2 において，外液の K^+ 濃度を一定にして，細胞内の K^+ 濃度を高くしていくと（1 本の曲線上の点を右に動かすと），細胞内電位（膜電位）の値は低下していくことから，膜電位は細胞内の K^+ 濃度の影響を受けることがわかる。また，細胞内の K^+ 濃度を一定にして，外液の K^+ 濃度を AmM（440mM）→ BmM（100mM）→ CmM（10mM）のように低くしていくと，膜電位の値は低下していくことから，膜電位は細胞外の K^+ 濃度の影響も受けることがわかる。

図 2 のグラフにおいて，細胞内 K^+ 濃度 0，100，200，300，400，500，600（mM）の各点（ **図 10-1** の点 A1 〜 A7，B1 〜 B7，C1 〜

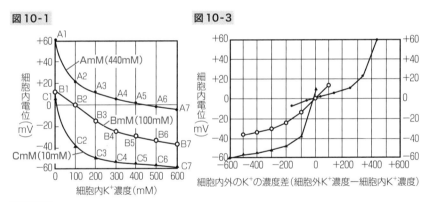

図 10-1

図 10-3

細胞内外の K^+ の濃度差（細胞外 K^+ 濃度 － 細胞内 K^+ 濃度）

図 10-1

		A1	A2	A3	A4	A5	A6	A7
AmM	細胞外 K^+ 濃度 － 細胞内 K^+ 濃度（mM）	+440	+340	+240	+140	+40	－60	－160
	細胞内電位（mV）	+60	+22	+12	+6	+2	－2	－6
		B1	B2	B3	B4	B5	B6	B7
BmM	細胞外 K^+ 濃度 － 細胞内 K^+ 濃度（mM）	+100	0	－100	－200	－300	－400	－500
	細胞内電位（mV）	+13	0	－13	－25	－29	－33	－36
		C1	C2	C3	C4	C5	C6	C7
CmM	細胞外 K^+ 濃度 － 細胞内 K^+ 濃度（mM）	+10	－90	－190	－290	－390	－490	－590
	細胞内電位（mV）	+6	－37	－48	－52	－54	－56	－58

C7）における細胞内電位と，その点における細胞内外のK$^+$の濃度差（細胞外K$^+$濃度－細胞内K$^+$濃度）を表にしたものを前ページの **表10-2** に示す。また，**図10-1** と **表10-2** をもとに，縦軸に細胞内電位を，横軸に細胞内外のK$^+$の濃度差をとったグラフを前のページの **図10-3** に示す。**図10-3** より，細胞内電位と細胞内外のK$^+$の濃度差には，強い相関があることがわかる。

　(c) たとえば，細胞外のK$^+$濃度がAmM（440mM）の曲線において，細胞内電位が0（mV）より高くなっているのは細胞内のK$^+$濃度が440mM未満～0mMの範囲である。この範囲では，細胞外のK$^+$濃度の方が高いので，＋（正）の電荷をもつK$^+$が細胞外から細胞内にカリウムチャネルを介して流入した結果，細胞内電位が＋（正）の値となる。

　(d) 図2において，静止電位（細胞内電位）が－58（mV）になるのは，細胞外のK$^+$濃度がCmM（10mM）の曲線で細胞内のK$^+$濃度が600mMのときのみである。

問2 **図4** は，刺激部位のごく近くにおける膜電位（電圧の1種）の変化を示したものである。この図では，刺激（電流）を与えてから約1ミリ秒間（下の **図10-4** の点線楕円内）は刺激の強さ

に応じて膜電位が変化しているが，これは，通常の電気的な刺激による変化（刺激電極（－電極）付近の細胞膜の内側に＋イオンが集まってくることにより，その部分の細胞内電位がプラス側に変化したもの）であり，活動電位ではない。刺激後，約1ミリ秒以降では，変化bと変化cでは，膜電位がなだらかなピーク後にゆるやかに低下して元の状態（静止電位）にもどっているが，変化aでは，膜電位の正負（＋，－）が逆転する鋭いピーク（スパイク）が現れているので，活動電位が発生している。1本のニューロンにおいて，活動電位が発生する最小限の刺激の大きさを閾値といい，ニューロンは閾値より弱い刺激では活動電位を発生せず，閾値以上の強さの刺激で活動電位を発生するが，閾値以上では刺激の強弱によらず活動電位の大きさは一定である。ニューロンが示すこのような反応を全か無かの法則という。膜電位の最大値などをプロットした **図10-4** と **図10-5** より，膜電位の変化cが得られたときの刺激の強さは約1，変化bが得られたときの刺激の強さは約1.5，変化aが得られたときの刺激の強さは約2以上である。**図10-5** において，刺激の強さ0から2までの膜電位の最大値の変化は，刺激の強さに比例していることから，通常の電気的な

図10-4

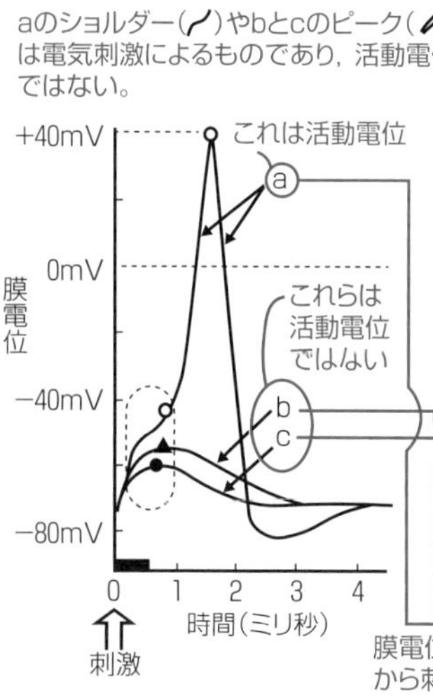

aのショルダー（／）やbとcのピーク（⌒）は電気刺激によるものであり，活動電位ではない。

これは活動電位
ⓐ
これらは活動電位ではない
ⓑ
ⓒ

膜電位

+40mV
0mV
－40mV
－80mV

0　1　2　3　4
時間（ミリ秒）

⇧
刺激

図10-5

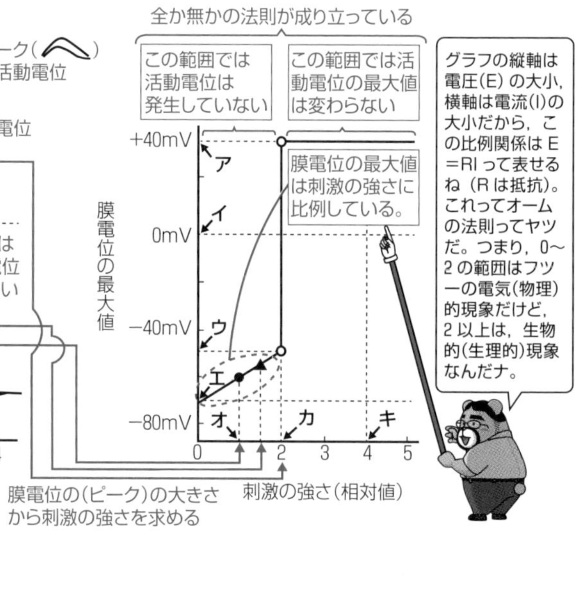

全か無かの法則が成り立っている

この範囲では活動電位は発生していない	この範囲では活動電位の最大値は変わらない

膜電位の最大値

+40mV
0mV
－40mV
－80mV

ア
イ
ウ
エ
オ　カ　キ

膜電位の最大値は刺激の強さに比例している。

0　1　2　3　4　5
刺激の強さ（相対値）

膜電位の（ピーク）の大きさから刺激の強さを求める

グラフの縦軸は電圧（E）の大小，横軸は電流（I）の大小だから，この比例関係はE＝RIって表せるね（Rは抵抗）。これってオームの法則ってヤツだ。つまり，0～2の範囲はフツーの電気（物理）的現象だけど，2以上は，生物的（生理的）現象なんだナ。

現象によるものであり,活動電位の発生ではない。刺激の強さが2では,膜電位の最大値が急激に増大する,つまり,活動電位が発生するが,刺激の強さが2を超えて,3,4,5と大きくなっても活動電位の最大値が一定であることから全か無かの法則が成り立っている。したがって,閾値は2である。

問3 刺激部位で発生した活動電位は,遠く離れた部位にも減衰せずに,同じ大きさのままで伝わる(興奮の伝導)。なお,刺激部位から離れた部位では,電気刺激による初期の膜電位の変化はみられない(右図の青色点線楕円)。また,**図4**のbやc

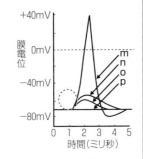

のように活動電位が発生しなかった場合の変化は隣接部に伝わらないので,位置Qでは膜電位は変化しない。

011 解答 解説

問1 ア.抑制　　イ.興奮
問2 短い時間間隔で生じた興奮性シナプス後電位が,時間的加重により閾値を超えたから。（39字）
問3 〈ニューロンA〉②　　〈ニューロンB〉②
　　　〈ニューロンC〉⑤
問4 ④,⑥

....

問1 膜電位が静止電位から正（+）の方向に変化することを脱分極といい,静止電位より負（-）の方向に変化することを過分極という。シナプスでの興奮の伝達は神経伝達物質を介して行われ,シナプス前細胞（神経伝達物質を放出する側の細胞）が放出した神経伝達物質を受容した結果,シナプス後細胞（神経伝達物質を受け取る側の細胞）に生じる膜電位の変化をシナプス後電位といい,シナプス後細胞の細胞膜（シナプス後膜）に存在する受容体によって異なるシナプス後電位が生じる。例えば,受容体が塩化物イオン（Cl^-,クロライドイオン）を通すチャネルである場合,

神経伝達物質が受容されるとチャネルが開いてCl^-が細胞内に流入するので,**図2**のような過分極性の抑制（ ア ）性シナプス後電位（IPSP）が生じる。一方,受容体がナトリウムチャネルである場合,神経伝達物質が受容されるとナトリウムチャネルが開いてNa^+が細胞内に流入するので,シナプス後細胞では**図3**のような脱分極性の興奮（ イ ）性シナプス後電位（EPSP）が生じる。よって,ニューロンAがニューロンCに接続しているシナプスは抑制性シナプスであり,ニューロンBがニューロンCに接続しているシナプスは興奮性シナプスであることがわかる。

問2 多くの場合,1つの興奮性シナプスで生じる1回のEPSPのみではシナプス後細胞に活動電位は発生しないが,EPSPが短時間のうちに繰り返し発生したものが加算されると,膜電位が閾値を超えて活動電位が発生する。したがって「短時間のうちに生じた複数回の興奮性シナプス後電位が,加算されて閾値を超えたから。（40字）」のような解答も可である。なお,EPSPは繰り返し発生しても,時間間隔が長いと加算されない。**図5**を見ると,ニューロンCにシナプス接続するニューロンBの軸索を連続して刺激すると,ニューロンCで生じる膜電位が徐々に大きくなった後,急激に上昇して正の値になっている。したがって,ニューロンBからニューロンCに伝えられたEPSPが加算されて閾値を超えた結果,ニューロンCで活動電位が発生したとわかる。このようなシナプス後電位の加算を時間的加重という。

問3 ニューロンAの軸索のaの位置やニューロンBの軸索のbの位置のようにニューロンの軸索のある位置で刺激を与えて興奮が生じると,興奮した部位から細胞体側と軸索の末端側の両方向に興奮が伝導する。興奮が伝わった部位では次々に活動電位が生じるので,ニューロンAとBの細胞体においても活動電位が生じ,②のような電位変化が記録される。なお,【実験1】において,「ニューロンBの軸索をbの位置で1回だけ刺激すると,ニューロンCの細胞体からは**図3**に示すような興奮性シナプス後電位が記録された」とあることから,ニューロンBの細胞体でも**図3**と同じ波形の④が生じると考えてはいけない。

　【実験1】で示されているように,刺激を与え

ることによりbの位置では興奮が生じる。その
興奮は，ニューロンBの軸索末端まで伝導した
後，シナプスを介して伝達され，ニューロンC
の細胞体で興奮性シナプス後電位を生じさせる。
一方，bの位置で生じた興奮はニューロンBの
細胞体まで伝導のみで伝えられ，通常の活動電位
を生じさせると考えられる。ニューロンAの細
胞体で見られる電位変化も同様に考えよう。

　ニューロンCには，ニューロンAとBから2
つのシナプスを介して興奮が伝達される。ニュー
ロンAとCとの抑制性シナプスでは図2のよう
なIPSPが生じ，ニューロンBとCとの興奮性
シナプスでは図3のようなEPSPが生じる。ま
た，aとbそれぞれの位置を刺激してからニュー
ロンCでシナプス後電位が記録されるまでの時
間は等しいと考えられ，刺激は同時に与えられる
ので，IPSPとEPSPはほぼ同時に生じて加算
された結果，電位変化はほとんど起こらず⑤のよ
うになると考えられる。このようなシナプス後電
位の加算を空間的加重という。

問4　実験3から，カドミウムイオンが存在す
るとニューロンCにおいてEPSPが生じなくな
るので，ニューロンBから神経伝達物質が放出
される過程，またはニューロンCで神経伝達物
質を受容する過程が阻害されている可能性が考え
られる。ここで，ニューロンBの神経伝達物質
を加えるとニューロンCで興奮が生じたことか
ら，受容する過程は正常であり，阻害されている
のはニューロンBから神経伝達物質が放出され
る過程であるとわかる。よって，ニューロンB
から神経伝達物質が放出される過程に対する阻害
について述べられている④と⑥が適切である。①
と②は興奮の伝達には関係しないため誤りであ
る。③と⑤はニューロンCでの神経伝達物質の
受容に関する阻害であるため誤りである。なお，
シナプス前細胞から神経伝達物質が放出されるし
くみは014の解説を参照。

012 　解答　解説

問1　興奮が，大脳に伝わるより前に，効果器
　　　　に伝わるから。
問2　②
問3　運動神経からのアセチルコリンの分泌。
　　　　(18字)

問4　①，④　　　**問5**　筋肉の伸長
問6　(1)　**ア.** ①　**イ.** ②　**ウ.** ①　**エ.** ②
　　　　(2)　膜電位を低下させる。
　　　　(3)　⑤
問7　1：減少　2：増加　3：増加　4：減少
問8　1つの眼球において外直筋と内直筋のう
　　　　ち一方が弛緩，もう一方が収縮すること
　　　　になるので，眼球の回転が引き起こされる。
　　　　(56字)
問9　左右の眼球が同じ方向に回転する。　(16
　　　　字)
問10　右側の感覚器の活動が消失すると，右側
　　　　の神経核Aのニューロンの活動が消失す
　　　　るが，左側の感覚器と神経核Aのニュー
　　　　ロンの活動が増加するので，正常な場合
　　　　と同様に左右の神経核Bのニューロンの
　　　　活動の減少と増加が起こり，左右の眼球
　　　　はともに右に回転する。　(119字)

....

問1　反射における興奮の伝達の経路は，「受容
器（感覚器，受容細胞）→感覚神経→反射中枢→
運動神経→効果器」であり，この経路を反射弓と
いう。反射中枢は主に脊髄や延髄・中脳にあり，
随意運動の中枢である大脳を経由せずに興奮が効
果器に伝わるため，反射は意思とは関係なく無意
識に起こる。

問2　虹彩には瞳孔括約筋と瞳孔散大筋という2
種類の筋肉があり，眼で強い光を受容すると瞳孔
括約筋が収縮して瞳孔が縮小し，光が弱くなると
瞳孔散大筋が収縮して瞳孔が拡大（散大）する。こ
の反応は瞳孔反射と呼ばれる。瞳孔括約筋は副交
感神経の支配を受けており，その収縮は中脳（②）
を反射中枢とする反応である。なお，瞳孔散大筋
は交感神経の支配を受けており，その収縮は脊髄
を反射中枢とする反応である。

問3　脊髄反射により筋収縮が起こるときの反
射弓は，「受容器→感覚神経→脊髄→運動神経→
筋」である。毒物を投与したカエルでは，感覚神
経の電気刺激により運動神経は正常に興奮したた
め，感覚神経から運動神経までの興奮の伝導・伝
達経路は正常であるとわかり，筋収縮の強さが低
下することから，運動神経から筋への興奮の伝達
経路が阻害されているとわかる。さらに，アセチ
ルコリンを筋に直接与えると正常に収縮が起こる

ことから，筋収縮と筋がアセチルコリンを受容する過程は正常であるとわかるので，運動神経からアセチルコリンが分泌される過程が阻害されていると考えられる。

問4　①は，脊髄を中枢とする屈筋反射である。②は，条件づけ（古典的条件づけ）である。条件づけは大脳が関与する学習の一種であり，反射ではない。③は，「ジュースが注がれたコップを落としてはいけない」という意思が関係する行動であり，反射ではない。④は，脊髄を中枢とする屈筋反射である。なお，上げていない方の足では，ひざを伸ばす膝蓋腱反射が起こっている。⑤は，「疲れているが，姿勢を保っていよう」という意思が関係する行動であり，反射ではない。

膝蓋腱反射は，「筋紡錘（自己受容器）→感覚神経→脊髄→運動神経→骨格筋」という反射弓をもつ反射（脊髄反射であり，引き伸ばされた筋肉が収縮する反射）である。「膝蓋腱反射と似た仕組みの生体反応」が何を指すのかがわかりにくいが，選択肢①～⑥のうちから「2つ選べ」るものを考えてみよう。まず，②，③，⑤は反射ではないので不適である。膝蓋腱反射と同様の引き伸ばされた筋肉が収縮する反射の例はなく，骨格筋を効果器とする反射の例は①，④の2つであり，これらはいずれも脊髄を中枢とする反射（脊髄反射）の例であるので，これらが正解となる。

問5　筋紡錘は，骨格筋の筋繊維にほぼ平行に配列し，両端で腱または筋繊維に接合する紡錘形の自己受容器である。ヒトの太ももの伸筋（大腿四頭筋）にある筋紡錘は，伸筋が引き伸ばされるとそれを適刺激として受容し，膝蓋腱反射を起こす。

問6　(1) 膝蓋腱反射は，ヒトの起立時にも常に起こっており，伸筋が伸長するとすぐに収縮することにより，筋の長さが一定に保たれ，無意識の起立姿勢の維持などに重要な役割を果たしている。ハンマーの刺激により膝蓋腱反射が起こるのは，図1の「筋紡錘→(I)→(II)→伸筋」の反射弓により興奮が伝達されるためであるので，(I)や(II)では活動電位が観察される。(I)や(II)のような神経繊維（1本のニューロン）では，活動電位の発生において全か無かの法則が成り立つので，与えられる刺激の大きさにかかわらず活動電位の振幅つまり

興奮の大きさ（最大値）は変化しない（①）。一方，活動電位の頻度（発生頻度）は刺激の大きさに応じて変化する。ハンマーによる刺激は通常の状態よりも大きな刺激であると考えられるので，頻度は増大する（②）と考えられる。

(2) 膝蓋腱反射においては，伸筋が収縮するのに対し，屈筋は弛緩する。これは，「筋紡錘→(I)→(IV)→(III)→屈筋」の経路により屈筋への興奮の伝達が抑制されるためである。設問文より，(IV)の神経繊維上に観察される活動電位の頻度はハンマーの刺激により増大することから，(I)→(IV)は興奮性シナプスで連絡しているとわかる。したがって，興奮の伝達の抑制が起こるのは(IV)→(III)のシナプスであり，(IV)の神経細胞が放出する神経伝達物質は(III)の神経細胞の膜電位を低下させるとわかる。つまり(III)の細胞体では抑制性シナプス後電位（IPSP）が生じ，(III)での活動電位の発生が抑制された結果，屈筋への興奮の伝達が起こらず屈筋が弛緩すると考えられる。

(3) (III)の細胞体で生じる IPSP は，選択肢④のような過分極の波形であるが，この電位変化はシナプス付近から離れると急激に減衰してしまうので，遠く（X 点）へ伝わることはない。したがって，⑤が正解である。シナプス後細胞で活動電位が発生するのは，軸索小丘に閾値以上の電位変化が生じた場合であり，この場合に活動電位は神経繊維内を興奮として伝導する（下図参照）。

ここ では，選択肢④のような膜電位の変化（抑制性シナプス後電位）がみられるが，このような電位変化は神経繊維内をそのまま伝わるようなことはない。

ここ で閾値を超えた電位変化が生じれば，活動電位が発生し，神経繊維内に伝わるが，閾値未満の電位変化が生じても，活動電位は発生しない。

問7　前文と図2の内容に従って考えていく。図2から，前庭動眼反射の神経回路を構成するニューロンには興奮性ニューロンと制御性ニューロンがあることがわかる。また，1つのニューロンに複数のニューロンからの情報が伝わると，その情報は加算される。したがって，頭が左側に回

転させられた結果，左側の神経核 A のニューロンの活動が増加して右側の神経核 A のニューロンの活動が減少すると，左側の神経核 B のニューロンは，活動が増加した抑制性ニューロンと活動が減少した興奮性ニューロンからの情報を受け取るので，抑制性の情報が大きくなりその活動は減少（ 1 ）するとわかる。また，右側の神経核 B のニューロンは，活動が増加した興奮性ニューロンと活動が減少した抑制性ニューロンからの情報を受け取るので，興奮性の情報が大きくなりその活動は増加（ 2 ）するとわかる。さらに左側の神経核 C のニューロンは，活動が増加した興奮性ニューロンからの情報のみを受け取るので，その活動は増加（ 3 ）し，右側の神経核 C のニューロンは，活動が減少した興奮性ニューロンからの情報のみを受け取るので，その活動は減少（ 4 ）するとわかる。これにより，左側の眼球では，活動が減少した興奮性ニューロンからの情報のみを受け取った外直筋は弛緩し，活動が増加した興奮性ニューロンからの情報のみを受け取った内直筋は収縮する。一方，右側の眼球では，活動が減少した興奮性ニューロンからの情報のみを受け取った内直筋は弛緩し，活動が増加した興奮性ニューロンからの情報のみを受け取った外直筋は収縮する。その結果，左右の眼球がともに右に回転する。なお，前文にあるように，神経核 A，B，C は，実際にはそれぞれ前庭神経核，外転神経核，動眼神経核と呼ばれる。

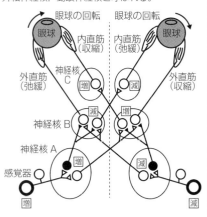

問8　神経核 B と神経核 C に存在するニューロンはいずれも興奮性であり，左右の片側のみを見た場合，それぞれ眼球の外直筋と内直筋のいず

れか一方に接続している。したがって，それぞれのニューロンの活動が相反的に増減すると，外直筋と内直筋のうち一方が弛緩，もう一方が収縮することになるので，左右いずれかへの眼球の回転が引き起こされる。

問9　左側の神経核 B からの情報は，左右両方の眼球の左側にある筋肉に伝わり，右側の神経核 B からの情報は，左右両方の眼球の右側にある筋肉に伝わる。したがって，神経核 B について左右それぞれのニューロンの活動が相反的に増減すると，左右の眼球で同じ側にある筋肉が収縮する。このとき，内直筋への情報の伝達は神経核 C を介して行われるので，神経核 C のニューロンの活動も相反的に増減する。これにより，左の眼球の外直筋と右の眼球の内直筋が収縮した場合には右の眼球の外直筋と左の眼球の内直筋の弛緩が起こり，両方の眼球は左方向へ動き，左の眼球の外直筋と右の眼球の内直筋が弛緩した場合には右の眼球の外直筋と左の眼球の内直筋の収縮が起こり，両方の眼球は右方向へ動くことになるので，左右の眼球の回転方向が同じになる。

問10　右側の感覚器の活動が消失すると，そこからの情報を受け取る右側の神経核 A のニューロンの活動も消失すると考えられる。頭が左側に回転させられると，左側の神経核 A のニューロンの活動が増加するので，左側の神経核 B のニューロンの活動は減少する。また，右側の神経核 B のニューロンは，活動が増加した興奮性ニューロンからの情報のみを受け取るので，その活動は増加する。このような左右の神経核 B でのニューロンの活動の増減は，正常の場合と同様の反応であるので，その後の情報の伝達も正常と同様に起こり，左右の眼球はともに右に回転すると考えられる。

013　解答 解説

問1　**刺激強度が閾値以上になり興奮するニューロンの数が増加していくから。（33字）**

問2　**カエルの座骨神経には，閾値が低く興奮の伝導速度が大きい神経繊維と，閾値が高く伝導速度が小さい神経繊維が含まれており，刺激強度を上昇させると後者に**

も興奮が生じ、記録電極に興奮が遅れて届くことで反応Bが生じる。（103字）

問3　20m/秒

問4　髄鞘をもつ有髄神経繊維では、ランビエ絞輪のみを興奮が伝わる跳躍伝導が起こるので、髄鞘をもたない無髄神経繊維よりも興奮の伝導速度が大きくなる。興奮の伝導距離が短い場合は、両神経繊維において興奮の伝導に要する時間差が小さいためそれぞれの活動電位の波形は1つに重なるが、興奮の伝導距離が長くなると、両神経繊維において興奮の伝導に要する時間差が大きくなるので、活動電位の波形が明瞭に2つに分かれる。（195字）

問5　生体内では、シナプスで興奮の伝達が一方向に起こり、シナプス後細胞に伝達された興奮は神経繊維を伝導するが、一度興奮した部分はすぐには興奮できないから。（74字）

問6　反応Eは、電気刺激により脛骨神経の感覚神経繊維で生じた興奮が、脊髄で運動神経繊維に伝達された後にヒラメ筋に伝達されることで生じた。一方、反応Fは、電気刺激により脛骨神経の運動神経繊維で生じた興奮が、ヒラメ筋に伝達されることで生じた。（116字）

問7　脛骨神経に含まれる感覚神経繊維では、運動神経繊維に比べて閾値の低いニューロンの割合が高いから。（47字）

....

問1　神経を構成するすべてのニューロンの閾値が同じであれば、神経においても全か無かの法則が成り立ち、閾値より小さい刺激強度では反応しないが、閾値以上の刺激強度では一定の強さの反応が生じると考えられる。しかし実際には、神経はそれぞれ異なる閾値をもつ複数のニューロンから構成されている。このため、神経に与える刺激の強度を順に増加させた場合には、刺激の強度に応じて次第に興奮するニューロンの数が増えていくので、反応は次第に大きくなる。

問2　神経は複数のニューロンが束になったものであり、座骨神経を構成するニューロンのうち、反応Aを示すニューロンのグループをA、反応Bを示すニューロンのグループをBとすると、AではBよりも早く反応が生じるので、興奮の伝導速度はBよりもAの方が大きいと考えられる。また、刺激強度が反応Aの出現時よりも大きくならなければ反応Bは現れない。反応し始める刺激強度が小さいニューロンほど閾値が低いといえるので、AにはBよりも閾値が低いニューロンが含まれているとわかる。

問3　実験2より、座骨神経に電気刺激を与えた後、その刺激点で活動電位が生じるのは1ミリ秒後、刺激点から60mm離れた位置で活動電位Cが生じるのは4ミリ秒後である。したがって、60mmの距離を活動電位（興奮）が伝導する時間は、4－1＝3（ミリ秒）であるので、以下の式によって伝導速度を求めることができる。

伝導速度
＝（伝導した距離）÷（伝導に要した時間）
＝60（mm）÷3（ミリ秒）＝20（m/秒）

問4　設問文中にあるように、カエルの座骨神経は有髄神経繊維と無髄神経繊維の両方からできているので、それぞれの神経繊維が複数集まって構成されていることになる。有髄神経繊維にはランビエ絞輪があり、跳躍伝導が起こるため、無髄神経繊維よりも興奮の伝導速度が大きい。したがって、座骨神経に強い刺激（例えば、実験1における強度5以上の刺激）が与えられると、刺激点で生じた興奮はニューロンごとにそれぞれ異なる速度で伝導していくことになり、伝導速度が大きいほど、活動電位を記録した位置に早く達する。したがって、図2の(3)のグラフでは、先にピークが記録される活動電位Cは伝導速度が大きい有髄神経繊維、2つめの活動電位Dは無髄神経繊維で生じた電位変化に対応する。また、(1)、(2)、(3)の順に刺激点から活動電位を記録した位置までの距離が長くなるにつれてピークが分かれ、さらにピークどうしの間隔が広くなっていくしくみとしては、伝導距離が短い場合には有髄神経繊維と無髄神経繊維との間で興奮の伝導に要する時間にあまり差がないが、距離が長くなると伝導に要する時間の差が大きくなるためである。これは、マラソンレースにおいてスタート直後には速い選手も遅い選手も一団になっているが、レースが進み、走った距離が長くなるにつれて、先頭集団、第二

集団，第三集団…のように分かれていくことをイメージすれば理解しやすいだろう。

なお，**図1**の刺激強度6のグラフは，**図2**の(3)のグラフと同様の反応を示していると考えると，**図1**Aは有髄神経繊維，Bは無髄神経繊維で生じた反応であると推測される。

問5 ニューロンで活動電位(興奮)が生じると，興奮が生じた部位と隣接部の間に電位差が生じ，興奮部と隣接部との間に活動電流(局所電流)が流れる。活動電流により刺激された隣接部では脱分極が起こり，脱分極が閾値以上の部位では膜電位が逆転して活動電位が生じる。これが繰り返され，隣接部が次々と刺激されて活動電位が生じることで興奮が伝導する。軸索において一度興奮した部分はすぐにもとの静止状態に戻るが，イオンチャネルがしばらく不活性になり，電気的な刺激に対して反応しにくい不応期になる。このため，興奮は伝導方向に対して逆行することはない。実験3のように，座骨神経(軸索)の中央に電気刺激を与えると，興奮は刺激点から両方向に伝導していき，それぞれで逆行することはない。一方，生体内では，軸索の中央で突然興奮が生じることはなく，シナプスにおいてシナプス前細胞からシナプス後細胞へと一方向に興奮が伝達される。シナプス後細胞に伝達された興奮は，細胞体から軸索へ伝導する。なお，実際には多数のシナプス後電位が加算され，閾値に達した場合には軸索小丘(軸索が細胞体から出て行く部分)において活動電位が発生する。その後，興奮が軸索を伝導する際には逆行することはないので，伝導は一方向にのみ起こる。

本設問の解答としては，「生体内では，シナプスで興奮の伝達が一方向に起こり，軸索において一度興奮した部分のイオンチャネルがしばらくの間，電気的な刺激に対して反応しにくい不応期になるから。(80字)」も正解である。

問6 生体では，受容器で刺激を受容すると，刺激の情報が興奮として感覚神経に伝わり，さらに中枢を経て運動神経から効果器に伝わることで反応が起こる。**図4**の測定においては，前文と**図3**に示されているように，ひざの裏側に刺激電極を装着して皮膚の上から脛骨神経に電気刺激を加えている。脛骨神経の神経繊維束には運動神経繊維と感覚神経繊維が含まれていることから，脛骨

神経に電気刺激を加えると，感覚神経繊維と運動神経繊維の両方が刺激されるとわかる。感覚神経繊維が刺激されると，生じた興奮は感覚神経繊維の神経終末まで伝導し，中枢の脊髄において運動神経繊維に伝達され，運動神経繊維の神経終末まで伝導した後にヒラメ筋に伝達されてヒラメ筋の収縮が起こると考えられる。一方，運動神経繊維が刺激されると，生じた興奮は運動神経繊維の神経終末まで伝導した後にヒラメ筋に伝達される。したがって，感覚神経繊維が刺激された場合の方が興奮の伝導距離が長くシナプスの数も多いので，刺激から反応が出現するまでの時間が長くなるとわかる。これより，刺激から約30ミリ秒遅れて出現する反応Eは感覚神経繊維が刺激された結果の反応であり，刺激から約10ミリ秒遅れて出現する反応Fは運動神経繊維が刺激された結果の反応であると判断できる。

問7 反応Eは刺激強度2ではじめて出現するが，反応Fは刺激強度4ではじめて出現する。反応し始める刺激強度が小さいほど閾値が低いといえるので，刺激強度2で興奮するニューロンの閾値は刺激強度4で興奮するニューロンの閾値よりも低い。ここで，前文中に「運動ニューロンでは，複数の感覚ニューロンからの情報伝達によって生じる電位変化が加重する」とあることから，反応Eが生じる情報伝達経路では，刺激強度2で感覚神経を構成する感覚ニューロンのいくつかに興奮が生じ，それらの電位変化が加算されて運動ニューロンに伝わるので，運動ニューロンでは刺激強度2よりも大きい強度の刺激を受けた状態で興奮が生じると考えられる。以上のことを考え合わせると，感覚神経には運動神経に比べて閾値が低いニューロンが多く含まれていることにより，反応Eは反応Fよりも弱い刺激強度で出現すると考えられる。

014 <small>解答 解説</small>

問1 (ア) カルシウム　(イ) シナプス小胞
　　　 (ウ) ドーパミン　(エ) ナトリウム
問2 〈n2〉⑤　　〈n4〉④
問3 〈n2〉⑧　　〈n3〉⑨

問4

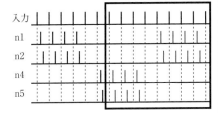

問5 50ミリ秒　　**問6** (D)

問1　ニューロンにおいて興奮が軸索の末端（神経終末）まで伝導すると，末端の細胞膜にある電位依存性カルシウムチャネル（カルシウムイオンチャネルとも呼ばれる）が開き，細胞内にカルシウムイオン（Ca^{2+}）が流入する。その結果，軸索末端の細胞膜（シナプス前膜）にシナプス小胞の膜が融合し，シナプス間隙に神経伝達物質が放出される（エキソサイトーシス）。放出された神経伝達物質は，シナプス後細胞の細胞膜（シナプス後膜）上にある受容体（伝達物質依存性イオンチャネル）に結合する。興奮性の神経伝達物質が受容体である伝達物質依存性ナトリウムチャネルに結合すると，ナトリウムチャネルが開く。これにより，ナトリウムイオン（Na^+）がシナプス後細胞に流入し興奮性シナプス後電位が生じる。同様に，抑制性の神経伝達物質が受容体である伝達物質依存性クロライドイオンチャネル（塩化物イオン（Cl^-）を通すチャネル）に結合すると，Cl^-がシナプス後細胞に流入し，抑制性シナプス後電位が生じる。

　神経伝達物質としては，グルタミン酸やアセチルコリン，ノルアドレナリン，γ‐アミノ酪酸（GABA）などがある。また，ドーパミンは，脳の様々な部分で分泌されており，快感などの感情に関係する神経伝達物質として知られている。

問2　n2：最初の入力刺激による活動電位は，n1とn3でそれぞれ1回目の活動電位が発生した時間の間のタイミングで発生し，その後はn1とn4の両方から興奮が伝達されるため活動電位の発生頻度が高くなる。よって，⑤が正しい。

　n4：n3とn4はどちらもn2からの興奮性シナプス後電位によって活動電位が生じる。n4の活

動電位の発生パターンはn3と等しくなる。よって，④が正しい。

問3　n2：最初の入力刺激による活動電位はn1とn4でそれぞれ1回目の活動電位が発生した時間の間のタイミングで発生し，その後はn1から伝達された興奮がn4からの抑制性シナプス後電位によって抑制される。選択肢の⑥・⑧・⑩がこれに該当するが，n4の活動電位の発生パターンと合わせて考えると⑧が正しい。

　n3：n3の活動電位の発生パターンはn4と等しくなる。よって，⑨が正しい。

問4　まず，n1の興奮が伝達されたn2が4回興奮し，この間n2によってn4では活動電位の発生が抑制される。この後n1は20ミリ秒間興奮できないため，n2でも興奮が発生しなくなる。するとn4で興奮が発生するようになり，今度はn5によってn1で活動電位の発生が抑制される。回路は左右対称であるため，こうしてn1とn4が同じ間隔で4回ずつ活動電位を発生することで，結果として左右交互に筋肉が収縮する。このような，リズミカルな行動パターンを発生させる神経回路を中枢パターン発生器と呼ぶ。

問5　図3Dから，n1とn4の連続した興奮が始まる時間の差は$5 × 5 = 25$ミリ秒であり，左右の体側筋の出力開始時間の差も同じく25ミリ秒である。よって，左体側筋が収縮する間隔は2倍の50ミリ秒である。

問6　設問の条件下でのニューロンn1，n2，n4，n5の活動電位の発生パターンは次の図のようになる。体側筋に出力される連続した興奮は左右交互だが，回数が4回から2回に減り，同じ側の筋肉が収縮する間隔は30ミリ秒に短くなっている。よって，尾を振るリズムは速くなり，尾の曲がりは小さくなると考えられる。

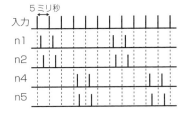

015 解答 解説

問1 ATP は，筋肉の収縮で消費されるが，すぐにクレアチンリン酸から生成されるから。（39字）

問2 ② ATP + H₂O（水）→ ADP + H₃PO₄（リン酸）

② $ATP + H_2O（水）\longrightarrow ADP + H_3PO_4（リン酸）$

③ $2ADP \longrightarrow ATP + AMP（アデノシ$ ンーリン酸）

④ クレアチンリン酸 + ADP $\longrightarrow$ クレアチン + ATP

問3 (ウ)

〈理由〉クレアチンキナーゼの働きが阻害され，クレアチンリン酸から直接 ATP が生成されず，クレアチンリン酸が減少しないから。（57字）

問4 〈ATP の消費量〉0.58μ モル
〈x の値〉+ 0.30

問5 筋繊維の細胞膜を破壊し，ATP や，ATP 供給に必要な酵素とその基質などを，細胞外へ流出させるため。（49字）

問6 〈アクチンフィラメント〉1.00μ m
〈ミオシンフィラメント〉1.65μ m

問1・2 筋繊維内の ATP（供給源）である呼吸，解糖，下線部④の反応のうち，無酸素条件とモノヨード酢酸により，呼吸と解糖を阻害した条件下で筋収縮させても，下線部④の反応で ATP が生成されるので，筋収縮の前後で ATP 量の変化は認められない。なお，問題の前文より，下線部③の反応からも ATP が生成されていることがわかる。

問3・4 「無酸素条件下で，筋肉をモノヨード酢酸とジニトロフルオロベンゼンで処理」すると，呼吸・解糖・クレアチンリン酸からの ATP 生成が停止するが，下線部②と③の反応は進行する。下線部③の反応式より，AMP（アデノシンーリン酸）と ATP は同量生成する。また，下線部②の反応式より，ATP の分解量と同量の ADP とリン酸が増加する。**表1** では，ATP は 0.44μ モル減少しているが，AMP が 0.14μ モル増加しているので，実際の ATP 消費量は 0.44 + 0.14 = 0.58μ モルであることがわかる。また，ADP は実際には 0.58μ モル増加しているはずだが，下線部③の反応で 0.28μ モル消費されるので，表中の（x）の値は 0.58 - 0.28 ＝ + 0.30 となる。

問5 グリセリン筋では，外から ATP を加えたときにのみ収縮が起こるので，収縮に直接必要な構造は無傷だが，呼吸に必要な酵素や基質，あるいは ATP は存在しない。これは，脂質を主成分とする細胞膜が，脂質の構成成分であるグリセリン水溶液に溶けてなくなり，水溶性のタンパク質（多くの酵素）や ATP などが失われるからである。

問6 実験2で測定された相対張力は，引き伸ばされたゴムなどがもとの長さに戻ろうとするときに生じる張力（ゴム状弾性張力）ではなく，筋肉や筋繊維の両端を固定し，その長さが変わらない条件下で収縮が起こったときに生じる張力（等尺性張力）である。すなわち，実験2ではミオシンフィラメントの「小突起がアクチンフィラメントをサルコメアの中央部に引き込むように動く」ことで生じる力を測定しているのである。サルコメアの長さ，2種類のフィラメントの相互の位置，相対張力との関係を以下に示す。

右ページの**図 15-1** の①では，サルコメアの長さが 3.65μm のとき，相対張力は 0 になっている。これは，「フィラメント間の重なり合いがなくなるまで筋肉を引き伸ばすと，張力は発生しなく」なったからである。

①から③のように，サルコメアの長さを 3.65μm から 2.25μm へと変化させると，サルコメアの長さの減少とともに，相対張力は増加していく。これは，「筋肉の張力は小突起が分布する範囲におけるフィラメントの重なり合いの程度に比例して発生」したからである。③から④のようにサルコメアの長さを 2.25μm から 2.0μm へと変化させても，相対張力は変化しない。これは，ミオシンフィラメントの中央部付近には小突起が存在しない 0.25μm の部位があり，「小突起の存在しない部位におけるフィラメントの重なり合いは，張力の発生に影響しない」ため，サルコメアの長さが 2.25μm（③）から 2.0μm（④）に減少しても，フィラメントの重なり合いの程度は変わらないからである。なお，サルコメアが 2.0μm より短くなると，アクチンフィラメントが，ミオシンフィラメントの反対側の突起に触れてしまい，逆向きの力を受けるので張力は低下する。このとき，アクチンフィラメントどうしが衝突するわけではないことに注意しよう。

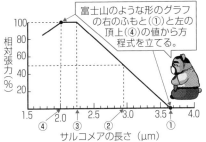

富士山のような形のグラフの右のふもと（①）と左の頂上（④）の値から方程式を立てる。

① サルコメアが 3.65μm より長くなると，重なりがなくなるので，張力は 0%になる。このとき，次の式が成り立つ。

$$2a+b=3.65 \ (\mu m) \cdots 式1$$

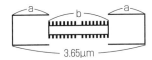

3.65μm

② 重なり（■）は中程度だから，張力は 50% になる。

重なり

2.95μm

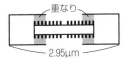

③ 重なり（■）は最大なので，張力は 100% になる。

重なり

2.25μm

④ 重なり（■）は③と同じなので，張力は 100%。このとき，次の式が成り立つ。

$$2a=2.0 \ (\mu m) \cdots 式2$$

式1・2より，

$$a=1.0 \ (\mu m)$$
$$b=1.65 \ (\mu m)$$

重なり

2.0μm

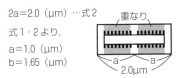

図15-1

なお，サルコメアの長さと相対張力の関係を「富士山のような形のグラフ」として提示される入試問題では，富士山の頂上の左端から左側のふもとまでに相当する部分も含めたグラフが提示されることもある。

問　下図の a 点におけるミオシンフィラメントとアクチンフィラメントのようすを示すのは次の①～⑤のいずれか。

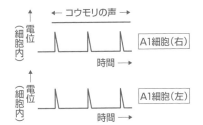

（川崎医科大）

答　④（注：⑤は 1.2 ～ 1.6μm）

016 解答 解説

問1　a) 実験1で雌の姿が見えていても反応しないが，実験2・3・4では雌の姿が見えなくても反応している。（47字）
　　b) 実験1でガラスによってにおいが遮断されると反応せず，実験2・3・4でにおいを受容すると反応した。（48字）
　　c) 実験4で雌のにおい刺激に対して，触角のある雄は反応し，触角のない雄は反応しなかった。（42字）

問2　道しるべフェロモン：アリ
　　警報フェロモン：アリ　などから1つ

問3　雌のカイコガが分泌する性フェロモンと結合する受容体は，カイコガの雄のみで発現している。（43字）

問4　ウ　　　　　　　問5　全か無かの法則

問6　2. 感覚神経　　　　3. 運動神経
　　4. 収縮（筋収縮）

問7　ウ

問8　(1) 次図のように，左右の A1 細胞では，ともに興奮の大きさは位置 A の場合と同じであり，左右の A1 細胞は位置 A の場合と同様に同じ頻度で興奮するが，興奮の頻度は位置 A の場合よりも低くなる。

← コウモリの声 →

A1細胞(右)

A1細胞(左)

(2) 次図に示すように，左右のA1細胞では，ともに興奮の大きさは位置Aの場合と同じだが，右側のA1細胞の方が左側のA1細胞よりも興奮の頻度が低くなり，興奮し始める時間が遅くなる。

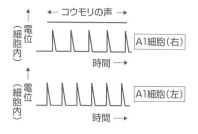

種類	働き	例
性フェロモン	異性を誘引する。	カイコガ
集合フェロモン	仲間を集める。	ゴキブリ
道しるべフェロモン	食物までの道順を仲間に知らせる。	アリ（はたらきアリ）
警報フェロモン	仲間に危険を知らせる。	アリ
ロイヤルティフェロモン	新しい女王バチの飼育抑制	ハチ（女王バチ）

問1 実験を通して，基本的な知識の理解を問う設問である。実験者がどのような仮説をもって実験を設計したのか，推察しながら解き，論述では，どの実験の何が根拠となるのかを明記しよう。

「a）視覚によって雌に接近しているのではないこと」については，実験1では雌の姿が見えているが雄は反応を示さない。一方，実験2では視覚のない雄が雌に反応を示し，実験3・実験4では，雌の姿がなくても雄が反応を示している。これらのことから，雄は視覚によって雌を認識して接近しているのではないと考えられる。

「b）雌が発するにおいを手がかりに雌に接近していること」については，実験1で雌と物理的に遮断されてにおいが届かない状態では，雄は反応を示さない。実験2・実験3・実験4では，雌や，雌の尾部をこすりつけたものと雄の間を物理的に遮断するものがない状態で，雄は反応を示している。実験3のように雌がその場にいなくても雄が反応を示すことから，雄が受容しているのは音刺激ではなくにおい刺激であると考えられる。

「c）触角で雌が発するにおい刺激を受容していること」については，実験4で雌の尾部にこすりつけたろ紙に対し，触角のない雄が反応を示さないことから，におい刺激は触角で受容していると考えられる。

問2 右上の表に示した主なフェロモンの種類と働きおよびそのフェロモンを用いる生物名を併せて覚えておこう。

問3 フェロモンなどの化学物質は，受容体に受容されることで，受容体をもつ細胞や生物に作用する。雄のカイコガ以外が雌のカイコガの性フェロモンに反応しないのは，受容体をもたないからである。この設問の解答としては「カイコガの雌が分泌する性フェロモンを受容できる受容体をもっているのはカイコガの雄のみであるから。（48字）」も可である。

問4　ウ） 実験5から，雄ははねがないとなかなか雌にたどりつけないことと，雄ははねがなくても，雌のいる側から雄の方に風を送れば雌にたどりつけることがわかる。また実験6から，雄は羽ばたきによって頭部前方の空気を触角へ送り込んでいることがわかり，羽ばたきの役割は触角に性フェロモンを送り込むことだと考えられる。よって，「ウ）前方から後方へ向かう風の流れを作り，触角で性フェロモンを検出しやすくしている」が正しい。

イ），**エ）** は「後方から前方へ向かう風の流れ」という部分が誤りである。

また，実験5から羽ばたきがなくても短い時間で歩行できていることがわかる。よって，「**ア）** 歩行速度を高めている」という部分が不適切である。

問5 ニューロンや筋繊維のほか，A1細胞などの感覚細胞のように活動電位を発する興奮性の細胞が，閾値より弱い強さの刺激では反応せず，閾値以上の強さの刺激では刺激の強弱によらず一定の大きさの反応を示すことを「全か無かの法則」という。

一方，興奮の頻度は刺激が強くなるに従って高くなる。

問6 随意運動における興奮の伝達経路を確認する設問である。ある生物が受容器で刺激を受容すると，受容器の細胞の興奮は感覚神経（ **2** ）を通って脳へ伝達され，脳から運動神経（ **3** ）を通って特定の筋肉等の効果器へ伝達される。筋肉は収縮（ **4** ）して反応を示す。

問7 ガの左右の A1 細胞は，音源であるコウモリとの位置関係の違いにより，異なる音量の音刺激を受容する。前文中の下線部の通り，興奮の大きさは音量によって変化せず，一定の大きさを示す。音量によって変化するのは興奮の頻度であるため，**ウ**が正しい。**ア**，**イ**は興奮の大きさが含まれるため誤りである。

問8 まず，位置 A の実験結果を確認する。位置 A は左右の聴覚器から等距離にあるため，この位置で声の再生を行うと，左右の A1 細胞が同じ大きさ，同じ頻度で興奮することがわかる。次に，位置 B および位置 C について，位置 A の場合との共通点と違いについて整理していこう。

（1）位置 B は，位置 A と同じ方向にあるため，左右の A1 細胞は同じ音量の音刺激を同時に受容する。そのため，左右の A1 細胞は同じ頻度で興奮する。距離は位置 B の方が遠いため，聴覚器に届く音量は小さくなるので，左右の A1 細胞の興奮の頻度は位置 A の結果と比べて低くなる。興奮の大きさは音量によって変化しないので，左右ともに興奮の頻度が低くなることを模式図で示すとよい。

（2）位置 C は，位置 A と異なり，ガの左側にあり，聴覚器と位置 C との距離は位置 A との距離とほぼ同程度であるが，右の A1 細胞は左の A1 細胞よりもスピーカーから少し離れているので，右の A1 細胞の興奮の頻度は左の A1 細胞の興奮の頻度より低くなる。A1 細胞の興奮の頻度に左右差が生じることを模式図で示すとよい。その際，定規などによって正確な距離を測定することができない受験生は，右上の図のように右の A1 細胞における興奮の頻度を位置 A の場合とほぼ同程度にして，左の A1 細胞における興奮の頻度を右の A1 細胞より高く表してもよい。興奮の大きさは音量によって変化しないので，左右の A1 細胞では同じである。

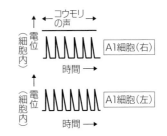

017 **解答 解説**

問1 ネズミが浅瀬の位置を記憶ではなく踏み台を直接見て認識しているという可能性を排除するため。（44字）

問2 試行錯誤（試行錯誤学習）

問3 ⓐ 25%　　ⓑ 0%

問4 ⓐ

問5 ⓒ 100%　ⓓ 25%　ⓔ 100%

問6 浅瀬の位置と，その位置から離れたプールの周囲の目印の位置との相対的な位置関係を認識して記憶する機能を果たしている。（57字）

....

問1 前文から，実験の意図を推測して答えよう。

前文に「プールの周囲には数個の異なった目印を置く。ネズミは泳ぎながらこの目印を見ることができる」とある。また下線部②から，試行錯誤により浅瀬（水面下の踏み台）の位置を記憶していることがわかる。よって，この実験はネズミがプールの周囲の目印を手がかりにして浅瀬の位置を記憶しているかどうかを確かめる実験であると推測できる。浅瀬が直接見えてしまうと，プールの周辺の目印を手がかりにしているかどうかわからなくなってしまうので，浅瀬が見えないようにする必要がある。本設問の解答として「プールの周囲の目印を手がかりにして位置を記憶させる踏み台をネズミに直接見つけられないようにするため。（50字）」も可である。

問2 生後の経験が記憶されることによって成立する行動を学習という。そのうち，間違いを繰り返すうちに適切な行動をとれるようになる学習を試行錯誤（試行錯誤学習）という。学習には他に，慣れ，刷込み（インプリンティング），条件づけなどがある。

問3　下線部③のネズミは，プールの周囲の目印により浅瀬の位置を記憶している状態である。

(a) 目印がなくなると，目印と関連付けて記憶していた浅瀬の位置がわからなくなる。そのため，浅瀬を探すために再びあてもなくプール全体を泳ぎ回ると考えられる。よって，すべての分画を試行時間の $\frac{1}{4}$ ずつ泳ぎ回るため，U 内の遊泳時間は試行時間のおよそ 25% である。

(b) プールの周囲の目印を，プールの中心を基準に 180 度回転して取り付け直すと，分画 U の周囲の目印が分画 T に移動したように見える。下線部③のネズミは分画 T に浅瀬があると認識し，試行時間のおよそ 100% の間，分画 T 内を泳ぎ回ると考えられる。よって，U 内の遊泳時間は試行時間のおよそ 0% である。

問4　海馬は(a)大脳の辺縁皮質（大脳辺縁系のうち原皮質）に存在し，短期の記憶の形成・学習・空間認識にかかわる。脳の構造，位置，および機能は， **図 17-1** とともに覚えておこう。

問5　下線部⑤のネズミは海馬が破壊されているため，浅瀬の位置とプールの周囲の目印を関連付けて記憶することができない。浅瀬に旗があれば，旗を手がかりに浅瀬に到達できる状態である。

(c) 旗と目印が両方ある場合，下線部⑤のネズミは旗を手がかりに泳ぎ回ると考えられるので U 内の遊泳時間は試行時間のおよそ 100% である。

(d) 下線部⑤のネズミは，目印が残っていても浅瀬の位置と関連付けて記憶できないため，目印だけでは浅瀬にたどり着くことができない。よって，下線部⑤のネズミはあてもなくプール全体を泳ぎ回ると考えられる。よって，すべての分画を試行時間の $\frac{1}{4}$ ずつ泳ぎ回るため，U 内の遊泳時間は試行時間のおよそ 25% である。

(e) 旗のみがある場合，下線部⑤のネズミは旗を手がかりに泳ぎ回ると考えられる。よって U 内の遊泳時間は試行時間のおよそ 100% である。

問6　「問題文の記述からわかること」という指示に従って解答しよう。問題文（前文）で「浅瀬を取り除いたプールに放したところ，試行時間のおよそ 100%の間，分画 U 内を泳ぎ回った」とあることから，海馬を壊していないネズミは，分画 U の浅瀬がある位置と，プールの周囲の目印を関連付けて学習したと考えられる。一方，「海馬と呼ばれる部分を壊すと，上に述べた学習はできなくなる」とあり，さらに，浅瀬の場所に立てた旗は手がかりとして認識できることから，海馬は浅瀬の位置と，その位置から離れた場所にあるプールの周囲の目印を関連付けて認識し，記憶する機能を担っていると考えられる。なお，海馬を壊してもすべての学習ができなくなるわけではなく，旗と浅瀬の関係は学習できる。

図 17-1 大脳皮質と脳の正中断面

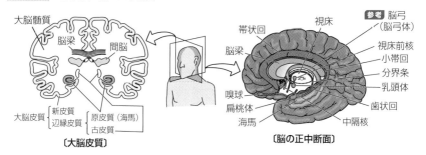

〔大脳皮質〕　　〔脳の正中断面〕

018 解答 解説

問1 ⑦ ① ⑦ ④ ⑦ ⑤

問2 ⑦ ② ⑦ ④ ⑦ ⑥ ⑦ ⑧

問3 タンパク質合成の阻害により細胞質の PERIOD1 や PERIOD2 の量が増加しなくなり，負のフィードバックが起こらないので，*period1* や *period2* の転写が抑制され，mRNA 発現量の概日リズムの周期性は失われる。（109字）

問4 遺伝子 *z* は行動や体内時計の制御には大きな作用を及ぼさないが，*period1* や *period2* は多くのリズム現象を司る遺伝子を調節する遺伝子だから。（72字）
〈別解〉遺伝子 *z* には同じ働きをする別の遺伝子が存在しており *z* が変異しても他の遺伝子が代わりに働くが，*period1* や *period2* には代わりとなる遺伝子が存在しないから。（81字）

問5 恒常暗環境に変えた4日目から13日目までの10日間で活動開始時刻が20時から2時まで6時間遅くなっている。したがって，1日あたり 6÷10 = 0.6（時間）ずつずれているので恒常暗環境における周期は 24 時間 36 分である。（107字）

問6 図2Bの結果から，マウスでは，暗期開始を遅くした場合よりも，暗期開始を早くした場合の方が明暗周期と行動リズムの同調に長い日数を要している。ヒトにおいても同様に考えると，日没が早くなる東方向の都市へ行った場合の方が，現地の明暗周期と体内時計の同調に時間がかかり，一過性の時差ボケが長く続くと予想される。（150字）

問7 目が覚めた時点では，明暗周期は暗期の前半である可能性が高い。実験3より，明暗周期における暗期の前半に光を浴び

図18-1 時計遺伝子

遺伝子B の転写産物（タンパク質B）は，遺伝子Aや遺伝子Cの転写調節領域に結合して，それぞれの転写を促進するので，遺伝子Bは時計遺伝子Aの スイッチ に相当する。

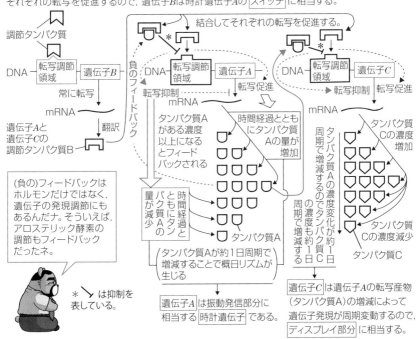

33

ることは体内時計の位相の後退をもたら
すので，そのまま暗くして光を避けた方が，
体内時計を現地時間に早く合わせること
ができると考えられる。（121字）

問1 前文中に「遺伝子Bは遺伝子Aの調節遺伝
子である」と「遺伝子Cの調節遺伝子は遺伝子B
であり」とある。また，設問文中に「遺伝子Bの
情報をもとにして作られるタンパク質をタンパク
質Bと呼ぶ」と「遺伝子Bの機能のみが失われる
と，遺伝子Aと遺伝子CのmRNA量は減少し」
とある。これらの事実をすべて合わせると，タン
パク質Bは遺伝子AとCの転写を促進する調節
タンパク質であると考えられる。

問2 設問文中に「遺伝子Aの機能のみが失われ
ると，遺伝子CのmRNAは高濃度のまま，ほ
ぼ一定になり，約1日の周期の変動が見られな
くなった」とあることから，調節タンパク質Bが
遺伝子Cの転写調節領域に結合したままとなり，
遺伝子Cの転写が常に促進されていると推測で
きる。また，遺伝子Aがコードするタンパク質
Aは，タンパク質Bが遺伝子Cの転写調節領域
に結合することを抑制していると考えられる。
　遺伝子A，B，Cそれぞれの働きを模式的に表
すと，前ページの **図18-1** のようになる。なお，
この図に関する【参考】を以下に示す。

【参考】時計遺伝子について
　概日リズムをもつ現象や反応は，ほとんどすべ
ての生物において見られ，その例として，ヒトに
おける睡眠・覚醒，食事，体温，血圧，ホルモン
分泌などがよく知られている。これらの現象や反
応に見られるリズム（周期性）は，時計遺伝子と
呼ばれる遺伝子（群）によってつくり出される。
　実際の時計は，振り子（または水晶振動子）に
より時を刻む振動発信部分（これを本体または基
部ともいう）と，振り子の振動にともない文字盤
上を長針・短針・秒針などが動くアナログ式ディ
スプレイや，数字が表示されるデジタル式のディ
スプレイ部分などからなる。
　〔Ⅰ〕の問題に登場する各遺伝子（A・B・C）を
実際の時計に例えると，遺伝子Aは振動発信部分，
遺伝子Bは振動発信部分のスイッチ，遺伝子C
はディスプレイ部分のそれぞれに相当し，遺伝子
Aのみが時計遺伝子と呼ばれる。

　なお，概日リズムの発生や調節のしくみは，
図18-1 よりかなり複雑であり，ヒトではかっ
〔Ⅱ〕の問題に登場するperiod遺伝子やcry遺伝
子などの時計遺伝子（振動発信部分），clock遺伝
子やbmal1遺伝子などのスイッチとなる遺伝子，
明暗条件により時計遺伝子をリセットして，概日
リズムの周期性をずらす遺伝子（タンパク質）な
ど，多くの遺伝子が関与している。また，ヒトでは，
時計遺伝子は睡眠・覚醒，体温，血圧，ホルモン
分泌など，多数のディスプレイ部分とつながって
いる。

問3 薬剤によってタンパク質の合成（翻
訳）を阻害すると，period遺伝子から転写され
たmRNAがあってもPERIODタンパク質が
ほとんど合成されなくなる。すると細胞質内の
PERIODタンパク質の量が増加せず，負のフィー
ドバックによるperiod遺伝子の転写の抑制が起
こらなくなる。その結果，period遺伝子は常に
転写されるようになり，本来あったmRNA発現
量の概日リズムの周期性が失われると推測され
る。

問4 period1やperiod2の変異マウスは，行動
など多くのリズム現象の周期が大きく変化するな
どの体内時計の異常を示したことから，period1
やperiod2は体内時計の制御に関わる時計遺伝子
であり，遺伝子zのほかにも多くの遺伝子の発
現を調節していると考えられる。一方，遺伝子z
は，そのmRNA量に概日リズムが見られること
から，period1やperiod2によって転写が調節さ
れるが，遺伝子zの変異マウスには目立った異常
が見られなかったことから，遺伝子zは行動や体
内時計の制御に対してはほとんど作用を及ぼさな
い遺伝子であると推測される。ただし，遺伝子z
の変異マウスにおいて目立った異常が観察されな
かったとはいえ，表面化していない異常が存在し
ている可能性はあり，遺伝子zがまったく機能し
ていないとは言い切れない。
　もうひとつの可能性としては，遺伝子zの他
に，遺伝子zとほぼ同じ作用を持つ遺伝子z′が
存在し，遺伝子zが変異した場合でも遺伝子z′
が遺伝子zのはたらきを補完したことにより，目
立った異常が生じなかったということが考えられ
る。生物のゲノムには，遺伝子重複で生じたと考
えられる類似性の高い遺伝子のグループが多く存

在している。遺伝子の変異によって機能が変化したり機能を失ったりしているものもあるが，もとの機能を残している場合もあり，その場合には同じ機能をもつ遺伝子が複数存在することになる。一方で，類似の遺伝子が存在しない遺伝子もあり，それらの遺伝子が変異した場合にはその機能を補完する遺伝子がなく，異常が起こりやすい。*period1* や *period2* は類似の遺伝子がなかったために異常が生じたとも推測される。

問5 **図**1Bより，恒常暗環境に変えた4日目から活動時間帯が遅い時間にずれていくことから，マウスの活動の周期は24時間よりも少しだけ長くなっていることがわかる。恒常暗環境下でもマウスの行動リズムが一定の周期を刻んでいるとすると，毎日一定の時間だけずれていると考えられる。3日目と13日目の活動時間帯の開始時刻に注目すると，3日目はちょうど20時に活動を開始していたが，10日間かけて少しずつ遅くなり，13日目にはちょうど2時に活動を開始している。3日目の20時からずっと暗い条件になっていることを考えると，恒常暗環境下での周期は，明暗環境下（24時間）と比べ，3日目の活動開始から13日目の活動開始までの10日間（10回のサイクル）で6時間分長くなったとわかる。したがって，1日あたり6÷10＝0.6（時間）＝36（分間）長くなっているので，恒常暗環境下における1回の周期は24時間36分である。

問6 設問文の記述から，一過性時差ボケは周囲の明暗環境と自分の体内時計の周期にずれがあることで起こる現象であることがわかる。したがってこの設問では，東または西方向の都市に移動した場合に，どちらの場合が明暗環境と体内時計の周期の同調により時間がかかるかが解答の鍵になる。**図**2Bの結果を見ると，暗期の開始を6時間早くした場合（3—10日）には活動開始が暗期開始に同調するのに6日間かかっている（8日目には同調している）。一方，暗期の開始を6時間遅くした場合（11—16日）では，活動開始が暗期開始に同調するのに4日間かかっている（14日目には同調している）。したがって，暗期開始が遅くなる場合よりも早くなる場合の方が，体内時計の周期を明暗周期に同調させるまでに時間がかかることがわかる。これはマウスにおける結果だが，この結果がヒトにも当てはまると考えると，

日没が早い東の都市に移動した場合の方が同調に時間がかかり，一過性時差ボケが長く続くと考えられる。

> 問6の設問文では「日本からの時差の絶対値がいずれも6時間で」とあるけど，正確なことを言うと，日付変更線に比較的近いところに位置する日本からの時差が＋6時間の国はないんだ（−18時間の地域について日付を無視すれば，実質的な時差は＋6時間と捉えることはできるがね）。まぁ細かいことは抜きにして，生物の問題として解いてしまおう。

問7 東方向の都市に移動して2日目の状況を**図**2Bで考えると実験4日目に該当し，この時点では体内時計の位相は2.5時間程度しか前進していないことが読み取れる。したがって，設問の旅行者の体内時計において，寝始めた時刻はまだ就寝時刻にはなっていなかったために数時間で目覚めてしまったと推測される。具体的な時刻を例示して考えると，それまで毎日22時に就寝していた旅行者が，旅行によって明暗周期の位相が6時間前進した環境に置かれたことで，6時間早い16時に当たる時刻に就寝したことになる。しかし体内時計の位相は2～3時間程度しか進んでおらず，就寝時の体内時計は19～20時前後を指していたと考えられる。本来22時に就寝していた旅行者は，体内時計と現地時間のずれによって短い時間で起きてしまったと推測される。「夜になったので寝始めた」とあることから，就寝から3時間で目覚めた時点は明暗周期の暗期の前半にあたると考えられる。実験3の文章の最後には，明暗周期の暗期の前半にあたるタイミングに光を浴びることは体内時計の位相後退をもたらすとある。したがって，目覚めた際に明かりをつけて光を浴びることは体内時計の位相後退をもたらし，体内時計と現地時間の同調を阻害する方向に働くと考えられる。ゆえに，同調を早めるには光を避けて過ごす方がよいと推測される。

実験3の文章の冒頭より，*period1* や *period2* の発現が光刺激によって調節されることで体内時計の周期と明暗周期の同調が起こるので，旅行先の明暗周期に体内時計を同調させるには，当然のことながら旅行先の自然な明暗環境の中に身を置く方がよいということである。

第3章 体内環境と恒常性

019 解答 解説

問1 (1) ⑦ ギャップ ⑦ 原形質連絡
(2) 1つの心筋細胞に生じた興奮は，中空構造のギャップ結合でつながっている細胞質を介して，周囲の隣接する心筋細胞にすばやく直接伝わるため。(66字)

問2 4200mL　　　**問3** ②

問4 ①，②，③　　　**問5** (b)：(c)＝1：1

問6

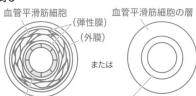

血管平滑筋細胞
（弾性膜）
（外膜）
血管内皮細胞

または

血管平滑筋細胞の層
血管内皮細胞の層

問7 ACh は，血管内皮細胞が存在する場合には，収縮した血管を拡張させる作用をもつ。(39字)

問8 内皮がないと ACh は平滑筋を収縮させる。(20字)

- -

問1　細胞接着の様式のうちのギャップ結合では，近接している細胞の細胞膜が，中空のタンパク質（コネクソン）の通路によってつながっている。この構造は，植物の原形質連絡と類似しており，細胞間でイオンや低分子化合物を直接移動させる役割をもっている。実際に，心臓を構成する多数の心筋細胞（心筋繊維）同士は細胞接着によりつながっている。心臓でみられる細胞接着のしくみとしては，固定結合（接着結合やデスモソーム）とギャップ結合がある。シナプスで連接しているニューロン間や，神経筋接合部で連接しているニューロン・筋繊維間では，興奮の伝導後に，「軸索末端への Ca^{2+} の流入」から始まり，「シナプス後細胞での特定のイオン流入，膜電位の変化」までの一連の反応からなる伝達が起こるので，興奮が伝わるのに伝導に要する時間に加えて，伝達にも一定の時間を要する。一方，ギャップ結合で連接している心筋細胞間では，細胞質がつながっており，興奮は伝導のみで伝わるので，その時間は伝達を含む場合に比べて著しく短くなる。これ

により，心筋は同調して拍動することができる。

問2　図1において，左心室容積の最小値は約70mL であり，最大値は約140mL である。したがって，心室から送り出される血液量は1秒間で 140 − 70 ＝ 70（mL）であり，1分間（60秒間）では 70 × 60 ＝ 4200（mL）である。

問3　図1の A → B，B → C，C → D，D → A の各過程それぞれについて，左心室の容積と内圧のおよその変化を示し，それらの変化とステージ 1～4 を対応させた表を下に示す。

	① A→B	② B→C	③ C→D	④ D→A
容積	一定	増加	一定	減少
内圧	急激に 低下	低下後 上昇	急激に 上昇	上昇
ステージ	3	4	1	2

　ステージ2の「血液が動脈に送り出される」から「左心室容積の減少」を，また，ステージ4の「心房にたまっていた血液が心室内へ流れ込む」から「左心室容積の増加」をそれぞれ読み取ろう。また，ステージ4の「心室の内圧が低下し心房の内圧より低くなると」と『グラフ B → C 間初期の変化』が一致していることも見逃さないようにしよう。

問4　「大動脈弁が開くと，左心室から大動脈に血液が流れていく」と左心室容積は減少するので，この過程はグラフの D → A である。それ以外の過程は大動脈弁が閉じていると考えられる。**図1**のグラフの各区間と，心臓の構造の関係を模式的に表すと次ページの **図19−1** のようになる。

問5　下線部(b)は体循環，下線部(c)は肺循環である。肺循環で左心房に戻った血液がステージ4で左心室に流れ込み，その結果，左心室容積は体循環に送り出す前と同じになるので，体循環と肺循環それぞれで1分間に流れる血液量は等しい。

問6　動脈は，外側から内側に向かって外膜，弾性膜（弾性板），平滑筋，弾性膜，内皮で構成されている（解答左図）。解答としては，多数の平滑筋細胞からなる厚い層の内側に，内皮細胞からなる薄い層を描いた図（解答右図）でも可であろう。

36

図19-1 図1のグラフの各区間と心臓の構造の関係

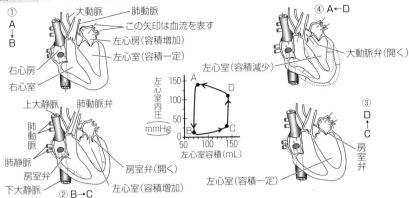

① A→B 大動脈 肺動脈 この矢印は血流を表す 左心房(容積増加) 左心室(容積一定) 右心房 右心室

上大静脈 肺動脈弁 肺動脈 肺静脈 下大静脈 房室弁 房室弁(開く) 左心室(容積増加) ②B→C

④ A←D 左心室(容積減少) 大動脈弁(開く)

③ D→C 房室弁 左心室(容積一定)

左心室内圧 mmHg 150 100 50 0 50 100 150 左心室容積(mL) A B C D

問7 実験結果のグラフを正確に読んでいこう。まず，血管内皮細胞を除去していない通常の動脈は，実験1よりNAdによって収縮し，実験2よりAChでは収縮しないことがわかる。また，通常の動脈では，実験3よりNAd添加による収縮がACh添加によって打ち消されていることから，AChは動脈を拡張させる作用があることがわかる。次に，血管内皮細胞を除去した動脈を用いて同様の実験を行った実験4～6の結果と実験1～3の結果を比較してみよう。実験1と4の結果より，NAdを添加した際に同様の動脈の収縮が起こることから，NAdは血管内皮細胞がなくても動脈を収縮させる作用をもつことがわかる。また，実験6と結果の比較より，AChは血管内皮細胞が存在する場合は，NAdの働きで収縮した血管を拡張させることができるが，AChは血管内皮細胞が存在しない場合は，NAdで収縮した血管を拡張させることはできないことがわかる。したがって，上記の下線部を**問7**の解答とすることもできる。

問8 実験2の結果と実験5の結果を比較すると，血管内皮細胞がある場合にはACh添加により動脈の収縮が起こらなかったが，血管内皮細胞がない場合にはACh添加により動脈の収縮が起こることが読み取れる。このことより，血管内皮細胞がない場合には，AChはNAdと同様に動脈の収縮を引き起こす作用をもつことがわかる。

本問では明記されていないが，生体内では，一酸化窒素（NO）がNO合成酵素（NOS）によ

り生成され，血管拡張作用をもつ物質として働いている。実験1～6の実験結果をもとにさらに研究が進み，循環器系で作用するNOSが，動脈の血管内皮細胞に存在することが明らかにされた。

020 解答 解説

問1 A．糸球体 B．ボーマンのう D．集合管
問2 オ **問3** ⑤ **問4** a．② b．①
問5 a．① b．① c．①
問6 a．① b．②
問7 ④
問8 単位時間当たりのろ過量（原尿量）
問9 C_z は C_w より大きい
問10 8mg/mL

問1 腎臓は，体液中の老廃物除去と浸透圧調節の役割を果たす器官である。糸球体（構造A）とボーマンのう（構造B）を合わせて腎小体（マルピーギ小体）といい，腎臓には腎小体と細尿管（腎細管，図1の構造C）からなる腎単位（ネフロン）が100万個ほど存在する。尿生成の過程は主にろ過と再吸収に分けられ，成人では1日に通常1～2Lの尿が生成されている。

問2 血液は糸球体を通過するときにボーマンのうへろ過され，血しょう中のタンパク質などの大きな物質以外がこし出される。溶液の浸透圧を決めるのは溶質の濃度であり，血しょう中の溶質のうちタンパク質の影響は無視すると設問文にあ

るため，糸球体（構造 A）内の血しょう中の全溶質の濃度は区画1を流れる原尿とほぼ同じ濃度であり，浸透圧も等しい。

問3 細尿管では，原尿に含まれる水，無機塩類，グルコースなどが毛細血管に取り込まれる再吸収が起こる。区画1では浸透圧が一定に保たれていることから，流れる原尿中の全溶質の濃度が一定であることがわかる。溶液において，溶質のみ，または溶媒のみの量が変化すると溶質の濃度が変化してしまうので，溶質（無機塩類，グルコース）と溶媒（水）の両方が再吸収されていると考えられる。

問4・5 図1より，原尿の浸透圧は区画2で次第に上昇し区画3で低下していることがわかる。この現象を Na^+ と水の再吸収で説明すると，区画2では水が浸透（受動輸送）により再吸収されるが，Na^+ は再吸収（能動輸送）されないため浸透圧が上昇し，区画3では Na^+ が再吸収されるが水が再吸収されないため浸透圧が低下していると考えられる。腎髄質の浅いところでは，区画3側から Na^+ が汲みだされることで細尿管外の組織液の浸透圧が上昇する。その結果，原尿と組織液との浸透圧差によって，水に対する透過性がある区画2側で原尿中の水が組織液に移動し，原尿の浸透圧は上昇する。腎髄質の深いところでは，原尿と組織液との浸透圧差を解消するまで水の移動が起こり（実際には Na^+ の受動輸送も起こる），組織液の浸透圧は原尿と同程度の高さに保たれる。このような浸透圧の調節には，脳下垂体後葉から分泌され主に集合管（構造 D）に作用し，水の再吸収を促進するバソプレシンと，副腎皮質から分泌され細尿管（構造 C）に作用し，原尿中の Na^+ の再吸収を促進する鉱質コルチコイドが関与している。

【参考】 上記のような仕組みで腎髄質の組織液には大きな浸透圧の勾配が生まれている。この浸透圧勾配に従って集合管で水の再吸収が起こり，腎髄質の深いところでは，集合管外の組織液の浸透圧と平衡する高濃度の尿が生成される。つまり，U字型の構造 L（ヘンレのループと呼ばれる）がつくる浸透圧の勾配が尿を濃縮する駆動力となっている（**図20-1**）。このように，逆向きの流れを持つ並行した2本の管（細尿管では下行脚と上行脚と呼ばれる）によって効率的な物質交換や熱

図20-1 細尿管と集合管における浸透圧勾配

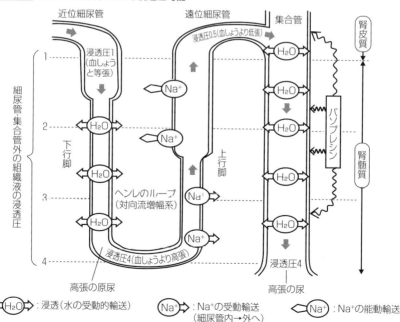

交換を可能にする仕組みを対向流増幅系といい，ヒトの体温調節や魚の呼吸にも関わっている。

問6 集合管の細胞は，細胞内に多数のアクアポリンを組み込んだ小胞を含んでおり，バソプレシンを受容すると，細胞内の小胞が管腔側の細胞膜に移動することでアクアポリンが増加し，水の透過性が上昇するので，尿と周囲の腎髄質の組織液が等張になるように水の再吸収が促進される。

問7 図1において細尿管の構造Lの先端部（●の位置）と集合管の先端部（△の位置）は腎髄質の同じ深さにある。腎髄質の同じ深さでは組織液の浸透圧が一定なので，●と△の位置を流れる原尿（尿）の浸透圧も等しい。選択肢の中で，この2点の浸透圧が等しくなるグラフの組み合わせはbとdの④のみである。

問8 腎クリアランス（C_x）は，次式で求められる値であり，ある物質Xが単位時間に腎臓によって完全に除去（清掃）されるのに必要な血しょう量を表している。

$$C_x = \frac{U_x \times V}{P_x}$$

$$\begin{pmatrix} U_x：物質Xの尿中濃度 \\ P_x：物質Xの血しょう中濃度 \\ V：単位時間（1分間）当たりの尿量 \end{pmatrix}$$

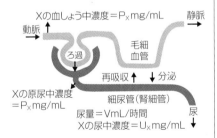

単位時間当たりのろ過量（原尿量）をY（mL）とすると，設問文中の「物質Wは腎細管で再吸収も分泌も受けずに尿として排出される」より，$P_w \times Y = U_w \times V$の式が成り立つ。この式を変形すると，$Y = \dfrac{U_w \times V}{P_w} = C_w$となる。つまり，この場合は$C_w$はろ過量を表していることになる。

問9 問8と同様に，単位時間当たりの原尿量をY（mL）とすると，「物質Zは毛細血管から腎細管へ主に分泌される」より，$P_z \times Y < U_z \times$

V が成り立ち，これは $Y < \dfrac{U_z \times V}{P_z} = C_z$ となることから，$C_w < C_z$ である。

問10 はじめ，物質Zは血しょう3000mL中に，10（mg/mL）× 3000（mL）= 30000（mg）含まれている。物質Zの腎クリアランス（ここでは単位時間を10時間とする）の式に，与えられた数値を代入すると以下のようになる。

$$1000(\text{mL/10時間})$$
$$= \frac{U_z(\text{mg/mL}) \times 500(\text{mL/10時間})}{10(\text{mg/mL})}$$

この式より，$U_z = 20$mg/mLであり，10時間の尿量500mL中に含まれて排出される物質Zの量は，20（mg/mL）× 500（mL）= 10000（mg）となるので，10時間後の物質Zの血しょう中濃度は，

$$\frac{30000(\text{mg}) - 10000(\text{mg})}{3000（\text{mL}） - 500（\text{mL}）} = 8(\text{mg/mL})$$である。

021 【解答】【解説】

問1 A 甲状腺 〈理由〉TSH濃度が高いにもかかわらず，チロキシン濃度が低いから。（29字）

B 視床下部

C 脳下垂体 〈理由〉TRH投与後にTSH濃度が上昇しないから。（21字）

問2 (1) 正常マウスで産生・分泌された正常なレプチンが，結合した血管を経て*ob/ob*マウスの正常なレプチン受容体に結合したから。（59字）

(2) *ob/ob*マウスの体内では正常なレプチンが合成されず，*db/db*マウスの体内では正常なレプチン受容体が合成されない。（58字）

(3) *ob/ob*マウスの食欲と体重は正常マウスとほぼ同じになるが，*db/db*マウスでは食欲は強く，体重は重いままである。（57字）

(4) ① 　　　(5) ⑦

問3 ① ろ胞刺激ホルモン ② エストロゲン

③ 黄体形成ホルモン

④ プロゲステロン

問4 ろ胞の成長，減数分裂，排卵を抑制する。（19字）

問5 肥厚した子宮内膜がはがれ落ちる。（16字）

問1 チロキシン分泌が正常にコントロールされているヒトでは，血液中のチロキシン濃度が低下すると，それが感知されて視床下部からの甲状腺刺激ホルモン放出ホルモン(TRH)の分泌や脳下垂体前葉からの甲状腺刺激ホルモン(TSH)の分泌が促進される。この事実と，A・B・Cの3人のTSH濃度の測定結果を比較してみよう。表1の結果より，AではTSH濃度が正常値よりも高いので，TSHを分泌する脳下垂体前葉の機能は正常であり，TSHの作用を受ける甲状腺から分泌されるチロキシン濃度が低いことから，甲状腺の機能が低下していると考えられる。また，AとBでは，TRHの投与によりTSHの濃度が上昇していることから，TSHを分泌する脳下垂体前葉の機能は正常であるとわかる。A，B，Cの3人は異なった器官に原因があることから，BとCでは甲状腺の機能は正常であるので，Bでは視床下部の機能が低下しており，Cでは脳下垂体前葉の機能が低下していると判断できる。Cについては，TRHを投与してもTSHの濃度が上昇しないことからも，脳下垂体前葉の機能が低下していることがわかる。

問2 (1)・(2) ob/ob マウスと db/db マウスは餌を食べ続ける性質をもつことから，摂食行動（食欲）が抑制されなくなっている，つまりレプチンが正常に産生（合成）されない，またはレプチン受容体が正常に合成されずレプチンの受容や情報伝達が正常に起こらなくなっていると考えられる。レプチンが正常に産生されて血液中に分泌されていれば，マウスの血管を結合させることで血液中のレプチンが両個体で共有されるようになる。実験1において，ob/ob マウスは食欲が低下したことから，レプチンが作用するようになったとわかり，これは，正常マウスの脂肪細胞で産生・分泌されたレプチンが ob/ob マウスのレプチン受容体に結合した結果であると考えられる。この場合，ob/ob マウスではレプチン受容体は正常であり，レプチンの遺伝子に欠陥があることで正常なレプチンが産生されないと考えられる。したがって正常マウスでは，受容するレプチンの量に変化が起こらないので，食欲にも変化が起こらない。一方，ob/ob マウスとは異なる遺伝子に欠陥がある db/db マウスでは，レプチン受容体遺伝子の欠陥により正常な受容体が合成できないと考

えられる。よって，実験2では，正常マウスで産生・分泌されたレプチンを db/db マウスは受容できないため肥満のままであり，正常マウスが餌を食べなくなった（食欲がなくなった）のは，レプチンを受容できない db/db マウスが，負のフィードバック制御を受けることなく，脂肪細胞で過剰なレプチンを産生した結果であると考えられる。

(3) ob/ob マウスではレプチン受容体が正常なので，db/db マウスが産生した過剰なレプチンを受容することで実験2の正常マウスと同様，摂食行動が抑制され食欲が低下し，体重が減少してやがて餓死すると考えられる。一方，正常な受容体を合成できない db/db マウスは，レプチンの有無にかかわらずレプチンを受容できないので，食欲は低下せず体重は変化しないと考えられる。

(4) 前文にレプチンはペプチドホルモンとあるので，レプチンは細胞膜を透過できず(③は誤り)，細胞膜上の受容体に結合して(①は正しい)，細胞膜の内側でセカンドメッセンジャーを介して作用する(②は誤り)と考えられる。

(5) ob 遺伝子を o，これに対する顕性（優性）の正常なレプチン遺伝子を O とし，db 遺伝子を d，顕性の正常なレプチン受容体遺伝子を D とすると，ob 遺伝子のみをヘテロにもつ保因マウスの遺伝子型は OoDD，db 遺伝子のみをヘテロにもつ保因マウスの遺伝子型は OODd と表すことができる。これらの交配（OoDD × OODd）における配偶子の組み合わせは以下のようになる。

	OD	oD
OD	OODD	OoDD
Od	OODd	OoDd

表より，仔マウスの遺伝子型とその分離比は，$OODD : OODd : OoDD : OoDd = 1 : 1 : 1 : 1$ である。これらの仔マウスが親になったときにつくる配偶子の遺伝子型とその割合は，次のようになる。

$OODD \rightarrow 1OD$，$OODd \rightarrow \dfrac{1}{2}OD$ と $\dfrac{1}{2}Od$，

$OdDD \rightarrow \dfrac{1}{2}OD$ と $\dfrac{1}{2}oD$，$OoDd \rightarrow \dfrac{1}{4}OD$

と $\dfrac{1}{4}Od$ と $\dfrac{1}{4}oD$ と $\dfrac{1}{4}od$。これらを遺伝子型ごとにまとめて分離比で表すと，$OD : Od : oD : od = 9 : 3 : 3 : 1$ となり，その組み合わせは次ペー

ジの表のようになる。

	9OD	3Od	3oD	1od
9OD	81OoDD	27OoDd	27OoDD	9OoDd
3Od	27OoDd	9OOdd	9OoDd	3OOdd
3oD	27OoDD	9OoDd	9ooDD	3ooDd
1od	9OoDd	3OOdd	3ooDd	1oodd

表より，〔OD〕:〔Od〕:〔oD〕:〔od〕 = 225:15:15:1 となる。〔OD〕以外はすべて肥満マウスとなるので，その出現する確率（％）は，

$$\frac{15+15+1}{225+15+15+1} \times 100 = \frac{31}{256} \times 100 = 12.1\cdots(\%)$$

となる。

問3 図1において，ホルモンは①→②→③→④の順に増加し始める。これを前文の内容にあてはめると，月経周期が始まると，まず脳下垂体からろ胞刺激ホルモン（①）が分泌され，ろ胞からはエストロゲン（②）が分泌される。エストロゲンにより脳下垂体から黄体形成ホルモン（③）が一過性に大量に分泌され，その後，ろ胞が黄体に変化してエストロゲンに加えてプロゲステロン（④）も分泌する。その結果，ろ胞刺激ホルモンと黄体形成ホルモンの分泌が抑制される。

問4 エストロゲンとプロゲステロンがともに働くと，ろ胞刺激ホルモンと黄体形成ホルモンの分泌が抑制された状態となる。その結果，ろ胞刺激ホルモンの作用であるろ胞の成長や卵母細胞の減数分裂が抑制され，黄体形成ホルモンのはたらきかけによって起こる排卵が抑制される。

問5 経口避妊薬を服用している最初の3週間には，エストロゲンとプロゲステロンが子宮にはたらきかけて子宮内膜を肥厚させる。その後，服用をやめると，エストロゲンとプロゲステロン濃度が低下するので，子宮内膜がはがれ落ちると考えられる。

本問のように，教科書に記載されていないテーマ（月経周期におけるホルモン分泌量の変動など）の問題に出会っても，「コラ，アカン…」とすぐにあきらめたりせず，前文をていねいに読み，解法の糸口を探し，自分の持っている基礎知識やデータ考察力をフルに活用して，何とか食らいついてみよう！

022 **解答 解説**

問1 Ca^{2+} は，血小板から放出された凝固因子や，血しょう中で活性化した凝固因子とともに働き，血しょう中のプロトロンビンをトロンビンに変化させる。（67字）

問2 興奮が軸索の末端に達すると，電位依存性カルシウムチャネルが開き，Ca^{2+} が細胞内に流入する。その結果，神経伝達物質を含むシナプス小胞が軸索の末端の細胞膜に融合し，神経伝達物質がシナプス間隙に放出される。（98字）

問3 副甲状腺

問4 ホルモンAは細胞膜の受容体に結合することで働く水溶性ホルモンであり，ホルモンAの受容体は破骨細胞にのみ存在するから。（58字）
〈別解〉ホルモンAは，破骨細胞のみを標的細胞とする水溶性ホルモンであり，その受容体は破骨細胞の細胞膜上に存在するから。（55字）

問5 ホルモンAは，実験1～3から Ca^{2+} 濃度の上昇に伴い分泌量が増加し，Ca^{2+} 濃度を低下させる作用をもつとわかり，実験4と5から破骨細胞のみの働きを抑制する作用をもつとわかる。よって，血液中の Ca^{2+} 濃度が上昇すると，甲状腺からのホルモンAの分泌が促進され，破骨細胞による骨からの Ca^{2+} の放出が抑制されることで血液中の Ca^{2+} 濃度が低下する。（156字）

··

問1 血液凝固は，出血した場合や血液を空気中に放置した場合に見られる現象である。血液が本来接触していない物質などに触れると，血小板から凝固因子（血小板因子）が放出されたり，血しょう中に含まれている各種の凝固因子（血液凝固因子）が活性化されたりする。これらの凝固因子は，血しょう中の Ca^{2+} と協調して働き，プロトロンビンというタンパク質をトロンビンという酵素に変化させる。トロンビンは，フィブリノーゲンというタンパク質に作用し，繊維状のフィブリン（繊維素）と呼ばれるタンパク質を形成する。フィブリンは，赤血球などの血球を絡めとることで血ぺいを形成する。

問2 興奮の伝達は神経伝達物質を介して行われる。興奮が伝導によりシナプス前細胞の軸索の末端まで伝わると，活動電位によって電位依存性カルシウムチャネルが開き，カルシウムイオン（Ca^{2+}）が軸索の末端の細胞質中に流入する。これにより，軸索の末端での Ca^{2+} 濃度が上昇し，シナプス小胞がシナプス前膜と融合してシナプス小胞内の神経伝達物質がシナプス間隙に放出されるエキソサイトーシスが起こる。その結果，神経伝達物質がシナプス後細胞の受容体に結合することで伝達物質依存性イオンチャネルが開き，シナプス後細胞に特定のイオンが流入してシナプス後電位が生じ，興奮が伝達される。

問3 パラトルモンは，血液中の Ca^{2+} 濃度の調節において重要なホルモンであり，骨から血液中への Ca^{2+} の放出を促進させることなどによって血液中の Ca^{2+} 濃度を上昇させる働きをもつ。パラトルモンの分泌は，血液中の Ca^{2+} 濃度の上昇が副甲状腺で感知されると抑制され，血液中の Ca^{2+} 濃度の低下が副甲状腺で感知されると促進されるという負のフィードバックにより調節されている。

問4 放射活性が検出された破骨細胞の細胞膜は，ホルモンAが存在する部位である。ホルモンは標的器官のみに作用し，標的器官には特定のホルモンのみに結合する受容体をもつ標的細胞が存在する。また，ホルモンには水溶性ホルモン（グルカゴン・インスリンなどのペプチドホルモンやアドレナリンが含まれる）と脂溶性ホルモン（糖質コルチコイド・鉱質コルチコイドなどのステロイドホルモンやチロキシンが含まれる）がある。水溶性ホルモンは細胞膜を透過することができず，細胞膜上に存在する受容体に結合することで作用し，脂溶性ホルモンは細胞膜のリン脂質を透過して細胞内の受容体と結合することで作用する。したがって，ホルモンAは水溶性ホルモンであり，破骨細胞はホルモンAの標的細胞であることがわかる。

問5 実験1から，血液中の Ca^{2+} 濃度が高いほどホルモンAの分泌量が増加することがわかる。実験2から，甲状腺を摘出することでホルモンAが分泌されなくなった場合には血液中の Ca^{2+} 濃度が低下しにくくなるが，実験3から，ホルモン

Aを投与すると Ca^{2+} 濃度が低下して正常値に戻ることがわかる。これらのことから，ホルモンAは Ca^{2+} 濃度が上昇すると分泌が促進され，上昇した Ca^{2+} 濃度を低下させる作用があると考えられる。また，実験4の結果から，ホルモンAは破骨細胞にのみ作用するとわかる。このことをもとに実験5について考察すると，(イ)と(ハ)において Ca^{2+} 濃度の上昇が見られないのは，破骨細胞が存在しないために骨の破壊とそれに伴う Ca^{2+} の放出が起こらなかったことによると考えられる。これに対して(ロ)では，ホルモンAが存在しない場合には破骨細胞の働きにより骨の破壊とそれに伴う Ca^{2+} の放出が起こった結果，Ca^{2+} 濃度の上昇が起こるが，ホルモンAが存在する場合には破骨細胞の働きが抑制された結果，骨からの Ca^{2+} の放出が抑制されて Ca^{2+} 濃度の上昇があまり起こらなかったと考えられる。なお，(イ)から培養液中にはもともと Ca^{2+} がほとんど含まれていないと考えられるので，骨芽細胞が骨に Ca^{2+} を取り込んで骨を造る作用の有無については判断できない。

Ⓢuccess Point Ca^{2+} の働き

頻出
① 筋収縮：**アクチンフィラメントとミオシンフィラメントの結合促進**
② 血液凝固：**プロトロンビンがトロンビンに変化するのに必要**
③ 細胞接着：**カドヘリン同士の結合に必要**
④ 神経伝達物質の放出：**シナプス小胞と軸索末端の細胞膜との融合促進**
⑤ 骨の構成成分：**リン酸カルシウム，炭酸カルシウムとして骨を構成**
⑥ 表層反応：**表層粒の内容物が細胞膜と卵黄膜との間に放出されることを促進**
⑦ セカンドメッセンジャー：**細胞内の情報伝達物質として働く**

023 　解答　解説

問1 (a) 細胞膜の脱分極が常に起こっている状態になるので，細胞内へのカルシウムイオンの流入量が増加してインスリンの細胞外への分泌量が増加し，血糖値は低下する。（74字）

（b）細胞外のグルコース濃度にかかわらず，カルシウムイオンの細胞内への流入が起こらないので，インスリンの細胞外への分泌が起こらなくなり，血糖値は低下しにくくなる。(78字)

問2 ATP産生量が減少するためカリウムチャネルが閉鎖しにくくなり，カルシウムイオンの流入量が減少するので，インスリンの分泌量が減少し，血糖値は低下しにくくなる。（78字）

問3 正の電荷を持つアルギニンがB細胞内に取り込まれた結果，細胞膜の脱分極が起こり，インスリンの分泌が促進される。（54字）

問4 g　　**問5** d

問1　（a）カリウムチャネルが常に閉鎖した状態であれば静止膜電位（静止電位）を保てなくなり，細胞膜の脱分極が起こったままになると考えられる。その結果，カルシウムチャネルは開いたままになり，細胞内へのカルシウムイオンの流入量が増加するので，インスリンの細胞外への分泌量が増加する。その結果，血中インスリン濃度が上昇するので，血糖値は低下すると考えられる。

　（b）細胞外のカルシウムイオンが存在しないと，細胞外のグルコース濃度や細胞内に取り込まれたグルコースの代謝によるATP産生量にかかわらず，カルシウムイオンの細胞内への流入が起こらず，インスリンの細胞外への分泌はまったく起こらない。その結果，血中インスリン濃度が低下するので血糖値は低下しにくくなると考えられる。

問2　クエン酸回路における脱水素反応に異常があると，クエン酸回路と電子伝達系におけるATP産生量が減少する。これにより細胞内ATP量が減少するとカリウムチャネルが閉鎖しにくくなり，細胞膜の脱分極が起こりにくくなるので，カルシウムチャネルが開きにくくなり，カルシウムイオンの細胞内への流入量が減少する。その結果，インスリンの細胞外への分泌量が減少し，血中インスリン濃度が低下するので，血糖値は低下しにくくなると考えられる。

問3　B細胞でインスリンの分泌が促進される際には，カリウムチャネルの閉鎖により正の電荷

を持つカリウムイオンが細胞外に放出されなくなる。つまり細胞内で正の電荷が増えることで細胞膜の脱分極が引き起こされると考えられる。アルギニンは正の電荷を持つことから，アルギニンが細胞内に取り込まれると細胞膜の脱分極が引き起こされ，その結果，カルシウムチャネルが開いてカルシウムイオンが細胞内へ流入し，インスリンの分泌が促進されると考えられる。なお，設問文中に「細胞内のクエン酸回路が働かなかったとして」とあるので，ここではミトコンドリアにおけるATP産生については考慮しなくてよい。

問4　グルカゴンの細胞内情報の伝達経路は，「グルカゴン→（細胞外）受容体→細胞膜上の酵素A→（細胞内）ATP→cAMP→酵素B→酵素C→グリコーゲン→グルコース放出」のように表すことができ，この過程でどこかが促進されるとそれ以降の反応全体が促進され，どこかが阻害されるとそれ以降の反応全体が阻害される。したがって，グルカゴンの作用の有無にかかわらず酵素Aが活性化されるとグルコースは放出される（aは正しい）が，酵素Aを阻害するとcAMPは増加しなくなる（bは正しい）。また，酵素Bを阻害するとグルコースは放出されなくなる（cは正しい）が，酵素Bの前段階で働くcAMPはグルカゴンの作用があれば増加する（dは正しい）。細胞質の抽出液には，ATP，酵素B，酵素C，グリコーゲンが含まれていると考えられるので，cAMPを添加すると酵素Bが活性化され（eは正しい），その酵素Bにより酵素Cが活性化される（fは正しい）。精製された酵素単独で考えると，cAMPによって酵素Bは活性化される（gは矛盾）が，酵素Cは活性化されない（hは正しい）。

問5　文2と図3から，グルカゴンが作用していないときの細胞膜上には，グルカゴン受容体，GDP結合型のGタンパク質，酵素Aが存在し，細胞質にはGTPとATPが存在するとわかる。肝細胞を機械的に破壊して調整した細胞膜分画は，膜に埋め込まれたタンパク質が働きを保ったまま存在すると考えられる。つまり，細胞膜分画には，グルカゴン受容体，GDP結合型のGタンパク質，酵素Aが存在する（a，bは正しい）と考えられる。また，これらを含む細胞膜分画にグルカゴンを作用させると，GTPが存在しないため

にGDPとGTPとの交換反応が起こらず，Gタンパク質がGTP結合型に変化しないので，酵素Aは活性化されない（cは正しい）が，GTPが存在するとGタンパク質がGTP結合型に変化するので，Gタンパク質は活性化されて（dは矛盾）酵素Aを活性化する（eは正しい）と考えられる。このように，細胞膜分画においてGタンパク質が活性化されると，酵素Aは活性化される（fは正しい）。

> 細胞分画法は，細胞から核・葉緑体・ミトコンドリアなどを無傷で取り出す方法というイメージがあるけど，細胞膜を膜タンパク質の働きを保ったまま取り出すこともできるんだナ

024 解答 解説

問1 選択的遺伝子発現

問2 (1) (か), (く)　(2) (く)　(3) (う)

問3 (1) 14.7g

(2) 大腸菌にはゴルジ体がなく，エリスロポエチンが造血活性に必要な糖鎖修飾を受けられないため。（44字）

(3) ① RNAポリメラーゼ（RNA合成酵素）

② 基本転写因子　③ プロモーター

④ 酸素　　　　⑤ （緑色）蛍光

....

問1 遺伝子の中には，どの細胞においても常に発現しているものもあれば，細胞の種類や生体内の状況に応じて発現が変化する遺伝子もある。前者のような発現をする遺伝子をハウスキーピング遺伝子といい，後者のような発現を選択的遺伝子発現という。選択的遺伝子発現では，環境や細胞の分化に応じて転写開始が調節されている例がよく知られている。

問2 (1) **図2**より，遺伝子Hに対するmRNA発現量は通常酸素濃度と低酸素濃度で変わらないので，転写やmRNAの分解は酸素濃度によって調節されないことがわかる。一方，mRNA量が同じであるにもかかわらずタンパク質Hの発現量は通常酸素濃度の方が低くなっているため，通常酸素濃度では翻訳もしくはタンパク質Hの分解が調節されていると考えられる。(お)～(く)のうち，タンパク質Hの量が減少するものを選択すれば

よい。

(2) **図3**より，低酸素濃度と比べて通常酸素濃度のもとでは，標識されたタンパク質Hの量が急速に減少していることがわかる。これは，通常酸素濃度においてタンパク質Hの分解が促進されたためと考えられる。

なお，問われているメカニズムが，(か)の「タンパク質Hの翻訳の抑制」であると仮定した場合，放射性同位体をもつタンパク質Hの量は翻訳阻害では新たなタンパク質Hの合成が起こらないだけなので，通常酸素濃度時でも減らないと予想される。しかし，実験結果は減少しているので，タンパク質Hの量を減少させるのは(か)ではなく(く)の「タンパク質Hの分解促進」が最適だと考えられる。

(3) 通常酸素濃度では，翻訳されたタンパク質Hの分解が常に促進されている。低酸素濃度になるとこのメカニズムが阻害され，タンパク質Hの働きで低酸素ストレス応答遺伝子が発現し，ストレス応答が起こる。このメカニズムではタンパク質Hの量を直接変化させることで，転写や翻訳の段階が調節される場合よりも速やかにストレス応答を起こすことができる。なお，酸素センサーのタンパク質Hに対する分解促進には，VHLとよばれる別のタンパク質も必要である。VHLの遺伝子に変異が生じると，通常酸素濃度下でもタンパク質Hが分解されなくなり，低酸素ストレス応答が恒常的に起こるようになるため，多血症（血液中の赤血球が正常な範囲を超えて増加している状態）をはじめとする様々な疾患を引き起こすことが知られている。

問3 (1) 1分子のヘモグロビンに4分子の酸素が結合するから，20mLの酸素を運ぶために必要なヘモグロビンの量は，以下の式で表される。

$$\frac{20}{22.4 \times 1000} \times \frac{1}{4} \quad (mol)$$

ヘモグロビンの分子量は66,000なので，必要なヘモグロビンの重さは次のように求められる。

$$\frac{20}{22.4 \times 1000} \times \frac{1}{4} \times 66000 = 14.73\cdots (g)$$
$$\fallingdotseq 14.7 \ (g)$$

(2) 設問文中の，エリスロポエチンの造血活性にはゴルジ体で受ける糖鎖修飾が必要であるという記述に注目する。ゴルジ体はリボソームで合成されたタンパク質を修飾・濃縮して細胞膜や細胞

外に送り出す働きをする細胞小器官であり，原核生物である大腸菌には存在しない。なお，設問文中に大腸菌で産生されたエリスロポエチンは正しくフォールディングされていたとあるため，大腸菌ではスプライシングが起こらずエリスロポエチンが正しく翻訳されなかったという解答は誤りである。

(3) GFP（緑色蛍光タンパク質）は下村脩博士によって発見された，緑色の蛍光を発するタンパク質である。この発見により，生きた細胞内で遺伝子の発現やタンパク質の局在を確認することができるようになった。エリスロポエチン遺伝子の発現を制御する配列の後に GFP 遺伝子をつないだ組換え DNA を導入したトランスジェニックマウスでは，エリスロポエチンの発現を GFP の蛍光として観察することができる。

【参考】エリスロポエチンは，酸素濃度の低下に応じて腎臓の細尿管の間質細胞（結合組織の細胞）で産生され，骨髄で赤血球の分化と増殖を促進する造血因子である。腎不全患者では，エリスロポエチンの産生低下による腎性貧血が大きな問題となっており，このような貧血の治療には，遺伝子組換えによって産生されたエリスロポエチン製剤が用いられている。

本問の題材のような低酸素に対する動物の応答について詳しいメカニズムがわかってきたのはここ 30 年ほどのことである。まず，1990 年代に，米ジョンズ・ホプキンズ大学のグレッグ・セメンザ氏が，低酸素状態においてエリスロポエチン遺伝子を活性化するタンパク質を発見し，「Hypoxia-inducible factor：HIF」（低酸素誘導因子）と名づけた。そして，英オックスフォード大学のピーター・ラトクリフ氏と米ハーバード大学のウィリアム・ケーリン氏は，HIF が酸素濃度に応じて低酸素応答遺伝子のスイッチをオン・オフする分子メカニズムを明らかにした。この 3 名は，「細胞が低酸素を検知し，応答する仕組みの発見」によって，2019 年にノーベル生理学・医学賞を受賞した。

第 4 章 生体防御

025 解答 解説

問1 ㋐ 免疫グロブリン
  ㋑ エピトープ（抗原決定基，抗原決定部位）
  ㋒ 骨髄

問2 ⓐ ウ，エ，オ，カ，キ，ク，ケ，コ（順不同）

  ⓑ イ，エ，オ，カ，ク，ケ，コ，シ（順不同）

問3 1,628,400 種類

問4 ア，オ

問1 B細胞から産生される抗体は，免疫グロブリンというタンパク質からできている。抗体の可変部の立体構造の違いにより，抗体は特定の抗原にのみ結合する。抗原が抗体と結合する特定の部分をエピトープ（抗原決定基，抗原決定部位）という。B細胞は骨髄で分化し，ひ臓で成熟する。

免疫を担う細胞と，それぞれが分化・成熟する器官について復習しておこう。

問2 下線部ⓐ2本のH鎖と，下線部ⓑ定常部に該当する箇所を解答すれば良い。

問3 未分化なB細胞のDNAにおいて，H鎖の可変部の遺伝子断片はV領域，D領域，J領域の3つの領域に存在し，L鎖の可変部の遺伝子断片はV領域，J領域の2つの領域に存在する。これらの領域から遺伝子断片が1つずつ取り出されて遺伝子が再編成（再構成）され，可変部の遺伝子となる。また設問文にある通り，L鎖の遺伝子断片は「κ（カッパー）とλ（ラムダ）とよばれ2つの異なる染色体に存在」している。実際に，L鎖には異なる遺伝子座から発現するκ鎖とλ鎖という2種類が存在し，1つのB細胞からつくられる抗体のL鎖はκ鎖とλ鎖のいずれか一方のみである。

H鎖について3つの領域V，D，Jそれぞれから1つずつ遺伝子断片を取り出すので，H鎖の組み合わせは $40 \times 23 \times 6$ 通りである。L鎖についてはκの場合はV，Jそれぞれから1つずつ遺伝子断片を取り出すと 35×5 通り，λの場合はV，Jそれぞれから1つずつ遺伝子断片を取り出すと 30×4 通りである。よって，抗体の種類は

$$40 \times 23 \times 6 \times (35 \times 5 + 30 \times 4)$$
$$= 1,628,400（種類）$$

となる。

【参考】 これは高校生物の範囲外であるが，L鎖について，κ鎖を発現するB細胞とλ鎖を発現するB細胞の存在量はある一定の値になることが知られている。ある疾患になると，活性化したB細胞（形質細胞）が異常増殖し，L鎖のκ鎖またはλ鎖のどちらかをもつB細胞が極端に多くなる。このことから，κ鎖とλ鎖の産生量の比を表したκ/λ比を測定することにより，疾患の早期発見が可能となっている。

問4 まず，抗体と抗原の組み合わせがわかっている**図2**と**図3**から整理しよう。寒天培地上で，抗体Aからやや離れた2か所にいずれも抗原aを置いた場合，半円状の沈降線が観察される（**図2**）。抗体Aと抗体Bを混合し，やや離れた2か所にそれぞれ抗原aと抗原bを置くと，各抗原と抗体の間に直線状の沈降線が観察される（**図3**）。これらのことから，以下の2点がわかる。

・同じ種類の抗原を2か所に置いた場合，その抗原に特異的に反応する抗体との間に半円状の沈降線が観察される。
・違う種類の抗原を2か所に置いた場合，その抗原に特異的に反応する抗体との間に直線状の沈降線が観察される。

これらのことを踏まえて，**図4～6**の結果から，混合抗原液p，qに含まれる抗原x～zと，混合抗体液R～Tに含まれる抗体X～Zの組み合わせを推測していこう。

図4では，混合抗体液Rと混合抗原液pとの間に直線状の沈降線が観察されているが，混合抗原液qとの間には沈降線がないことから，混合抗体液Rに含まれる抗体は，混合抗原液qに含まれる抗原とは反応しないことがわかる。**表1**でこの条件に該当するのは**ア，イ，オ**である。…①

図5では，混合抗体液Sと混合抗原液p，qの間に半円状の沈降線が観察されている。このことから，混合抗体液Sに含まれる抗体と特異的に反応する共通の抗原が，混合抗原液p，qのどちらにも含まれていることがわかる。また，混合抗

体液 S と混合抗原液 p の間には直線状の沈降線も観察されていることから，混合抗体液 S に含まれる抗体と特異的に反応する別の抗原が，混合抗原液 p のみに含まれていることがわかる。**表 1** でこの条件に該当するのは**ア，エ，オ**である。…②

図 6 では，混合抗体液 T と混合抗原液 p，q の間に半円状の沈降線が観察されている。このことから，混合抗体液 T に含まれる抗体と特異的に反応する共通の抗原が，混合抗原液 p，q のどちらにも含まれていることがわかる。また，混合抗体液 T と混合抗原液 p，q の間には，それぞれ直線状の沈降線も観察されている。このことから，混合抗体液 T に含まれる抗体と特異的に反応するそれぞれ異なる抗原が，混合抗原液 p，q に別々に含まれていることがわかる。**表 1** でこの条件に該当するのは**ア，ウ，オ**である。…③

①，②，③より，**図 4 ～ 6** の実験結果が生じる抗原及び抗体の組み合わせは**ア，オ**である。

【参考】問 4 の設問文中に「抗原抗体反応が起こると，それによって生じた複合体が白濁した線（沈降線）として観察される」とあるが，寒天培地上を拡散した抗原と抗体がどのような濃度で出合っても，その複合体が白線となるわけではなく，抗原と抗体が最適な濃度で出合い，抗原抗体反応を起こした部位でのみ白線が現れる（抗原や抗体の濃度が低過ぎても，高過ぎても白線は現れない）。なお，下図左のように 2 つの離れた位置に同じ抗原を置くと， ◇ で囲った部分では，抗原の濃度が高くなり過ぎるため白線は現れないが，下図右のように 2 つの離れた位置に異った抗原を置くと ▽ で囲った部分でも抗原の濃度は高くなり過ぎず，最適となるので，2 本の白線が交差した形として現れる。

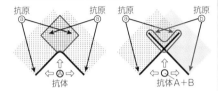

026 [解答・解説]

問 1 (ア) 拒絶反応 (イ) 主要組織適合抗原
問 2 (ウ) × (エ) × (オ) ○ (カ) ○ (キ) ○
問 3 $\dfrac{5}{8}$ （62.5%）

問 4 ヒトでは，ハツカネズミと異なり，両親はともに純系ではなく，お互いに血縁関係がない（遠い）場合がほとんどであるため，父親と母親はそれぞれ MHC 遺伝子型が異なるヘテロ接合であり，子がもたない MHC 遺伝子をもつから。（101 字）

問 5 (1) $\dfrac{1}{4}$ （25%）

(2) 〈計算式〉$(_{26}C_2 + 26) \times (_{55}C_2 + 55) \times (_{24}C_2 + 24) = 162,162,000$
〈値〉162,162,000 通り

(3) 日本人の集団における HLA の対立遺伝子それぞれの遺伝子頻度が均等ではないから。（39 字）

問 1　一般に哺乳類では，同じ種の同じ種類の細胞であっても，移植片は基本的には異物（非自己）として認識され，移植片は主にキラー T 細胞に攻撃されて脱落する。これは拒絶反応と呼ばれる。ほぼすべての細胞の表面には，その個体特有のタンパク質が発現しており，この細胞の表面に存在するタンパク質によって，自己か非自己かが認識される。このタンパク質は組織適合抗原と呼ばれる。このうち，特に強い拒絶反応をもたらす抗原タンパク質は主要組織適合抗原と呼ばれる（主要組織適合性抗原，MHC 抗原，MHC 分子などとも呼ばれる）。

主要組織適合抗原は，同じ染色体上に並ぶ複数の遺伝子座からなる，主要組織適合抗原遺伝子複合体（Major Histocompatibility Complex，略して MHC）によってコードされている。なお，主要組織適合抗原，主要組織適合性複合体抗原，主要組織適合性抗原も MHC と略されることがあるので正解である。

問 2　ハツカネズミでは，MHC は第 17 染色体上に存在することが知られている。ヒトと同様に 6 つの遺伝子座からなるが，実験に用いられるハツカネズミはマウスと呼ばれ，血縁関係のある個体どうしを掛け合わせ，いわゆる純系として，系統を確立したものである。そのため，同じ系統のマウスであれば，同じ MHC をもっているので，同じ系統間での皮膚の移植，臓器移植では拒絶反応が起こらない。これをもとに，設問の表を完成させると次ページのようになる。

ドナー側

		A系統 (*aa*)	B系統 (*bb*)	F₁ (*ab*)
レシピエント側	A系統 (*aa*)	○	×	A系統にとって*b*が異物だから×
	B系統 (*bb*)	×	○	B系統にとって*a*が異物だから×
	F₁ (*ab*)	F₁(*ab*)にとって*a*は異物ではないから○	F₁(*ab*)にとって*b*は異物ではないから○	F₁(*ab*)にとって*a*と*b*は異物ではないから○

問3 図式化して考えよう。

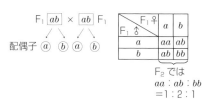

F_2 では
$aa : ab : bb$
$= 1 : 2 : 1$

「任意の2個体間で皮膚移植を行ったとき」の任意に選ばれる2個体の組合せと，その組合せが生じる確率，および拒絶反応の有無をまとめると下表のようになる。

ドナー側

	$\frac{1}{4}aa$	$\frac{2}{4}ab$	$\frac{1}{4}bb$
$\frac{1}{4}aa$	$\frac{1}{16}\cdot○$	$\frac{2}{16}\cdot×$	$\frac{1}{16}\cdot×$
$\frac{2}{4}ab$	$\frac{2}{16}\cdot○$	$\frac{4}{16}\cdot○$	$\frac{2}{16}\cdot○$
$\frac{1}{4}bb$	$\frac{1}{16}\cdot×$	$\frac{2}{16}\cdot×$	$\frac{1}{16}\cdot○$

拒絶反応が起こらない (表中の○の) 確率は，

$$\frac{1}{16}+\frac{2}{16}+\frac{4}{16}+\frac{2}{16}+\frac{1}{16}=\frac{10}{16}=\frac{5}{8}(=62.5\%)$$

問4 ヒトでは，ほとんどの場合，血縁関係のない男女が夫婦となり子をもうけるので，夫のMHCの型を*ab*とすると（*aa*や*bb*のようなホモ接合体になることはない），血縁関係のない他人どうしのMHCが一致する確率は非常に低いの

で，妻のMHCの型は*cd*と表せる。したがって，この夫婦の間に生まれる子のMHCの型は，*ac*，*ad*，*bc*，*bd*のいずれかであるが，それらがレシピエントになった場合，両親のいずれの皮膚も異物とみなす。

問5 (1) ヒトのMHCは，白血球の型を決めるという意味でヒト白血球（型）抗原（HLA：Human Leukocyte Antigen の略）とも呼ばれている。ヒトのHLA遺伝子は，第6染色体上の6つの遺伝子座からなる。この6つの遺伝子座にはそれぞれ多くの対立遺伝子があり，それぞれに顕性・潜性の別はない。次の図は，HLA遺伝子の6つの遺伝子座の位置を模式的に示したものであり，表はそれぞれの遺伝子座に存在する対立遺伝子の数をまとめたものである。

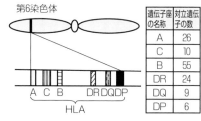

遺伝子座の名称	対立遺伝子の数
A	26
C	10
B	55
DR	24
DQ	9
DP	6

この表からもわかるように，HLAは非常に多様性に富んでいる。単純に計算して，これらの6つの対立遺伝子数の掛け算をすればHLAの型の組合せの数は求められるが，通常ヒトの相同染色体上には，父親と母親からそれぞれ受け継がれたHLA遺伝子があるため，組合せの数はさらに多くなる。よって，血縁関係でない限り，HLAの型が一致することはほとんどない。なお，HLA遺伝子の6つの遺伝子座は非常に狭い領域に隣接して存在しており，減数分裂のときにも遺伝子座の間での組換えがほとんど起こらないため，本問では1つの遺伝子として扱うことができる。したがって，遺伝子型が*ab*と表される父親と，遺伝子型が*cd*と表される母親から生まれた子のHLAの遺伝子型としては*ac*，*ad*，*bc*，*bd*の4種類があるので，兄弟姉妹間でHLAの遺伝子型が同じになる確率は$\frac{1}{4}$（＝25%）である。したがって兄弟姉妹間での皮膚や臓器の移植において拒絶反応が起こらない確率も$\frac{1}{4}$となる。

(2) 設問文中に「これらの遺伝子は顕性・潜性

の別なく発現する」とあるので，HLA の型の組合せは遺伝子型の種類と同じであり，次のように考えることができる。HLA-A では，対立遺伝子の種類が 26 種類あるので，2 本 1 組の相同染色体における遺伝子型の組合せの数は，26 種類のもの（たとえば，アルファベット 26 文字）から重複を許さないで 2 個（たとえばアルファベット 2 文字）を取り出す組合せの数に，同じものどうしの組合せ（たとえば AA，BB，CC…ZZ）の数である 26 を加えたものとなり，$_{26}C_2 + 26$ で求められる。対立遺伝子がそれぞれ 55 種類と 24 種類ある HLA-B と HLA-DR についても同様に考えると，それぞれの遺伝子型の組合せの数は，$_{55}C_2 + 55$ と $_{24}C_2 + 24$ で求められる。これらの積，つまり，$(_{26}C_2 + 26) \times (_{55}C_2 + 55) \times (_{24}C_2 + 24)$ = 162,162,000 が HLA 型の理論上の組合せの数である。

(3) 日本人の他人どうしにおいて HLA が一致する確率は数百～数万分の 1 とされている。このように，実際に一致する確率が理論値より高いのは，HLA の対立遺伝子の遺伝子頻度に偏りがあるからである。たとえば，HLA-B の対立遺伝子（55 種類）のうち，日本人では 3 種（B5, B15, B40）の遺伝子頻度の合計のみで 0.5（50%）を超えることが知られている。なお，このような対立遺伝子の遺伝子頻度の偏りは人種によっても異なっているので，人類の起源や人種のルーツの解析などにも利用されている。

027 解答 解説

問1 (1) ビードル，テータム（順不同）
(2) アカパンカビ

問2 フレームシフト（フレームシフト突然変異）

問3 〈A 型〉50%　　〈B 型〉25%
〈AB 型〉25%　　〈O 型〉0%

問4 AB 型

問5 〈A 型〉25%　　〈B 型〉0%
〈AB 型〉50%　　〈O 型〉25%

問6 O 型

問7 〈A 型〉0%　　〈B 型〉12.5%
〈AB 型〉37.5%　　〈O 型〉50%

問8 遺伝子型 hh のヒトでは，オモテ検査を行うと抗 A 抗体を含む血清と抗 B 抗体を含む血清のいずれを用いても凝集は起こらないので O 型と判定されるが，ウラ

検査を行うと A，B，O のどの型とも凝集が起こるので O 型と判定されず，確定しない。(111 字)

....

問1　遺伝子と酵素の関係についての研究史からの出題である。1 つの遺伝子が 1 つの酵素を合成するという仮説を「一遺伝子一酵素説」といい，(1)ビードルとテータムが提唱した。2 人は(2)アカパンカビの野生株と変異株を用いて，遺伝子の働きとタンパク質合成の関係を明らかにした。

現在は，選択的スプライシングにより 1 つの遺伝子から複数種類のタンパク質がつくられることがわかっているが，研究史において遺伝子とタンパク質の関係を明らかにしたという点で，一遺伝子一酵素説が果たした役割は大きい。

問2　下線部(2)で「O 遺伝子では A 遺伝子の 1 塩基が欠失する変異が起きている」「この O 遺伝子は 117 アミノ酸からなる酵素をコードしている」とある。下線部(1)で A 遺伝子は「354 アミノ酸からなるタンパク質をコードしている」とあることから，O 遺伝子では A 遺伝子の 1 塩基が欠失する変異によって，合成されるポリペプチド鎖が短くなっていることがわかる。DNA の塩基配列に挿入や欠失が起こることで，対応する mRNA のコドンの読み枠がずれることをフレームシフト（フレームシフト突然変異）という。フレームシフトが起こると，アミノ酸配列が大きく変化したり，翻訳される mRNA の途中に終止コドンが生じてポリペプチド鎖が短くなり，正常なタンパク質が合成されなくなる。なお，ナンセンス突然変異という用語は，教科書で「塩基の置換により終止コドンが生じる」現象と説明されていることから，解答としては不可になる可能性が高い。

問3　遺伝子型 HHAO の父親と HHAB の母親から生まれてくる子供の血液型の遺伝子型は，H 遺伝子については HH 型が 100% となる。HH 型の場合，A 遺伝子があれば A 抗原，B 遺伝子があれば B 抗原，O 遺伝子があれば H 抗原をもち，オモテ検査で判定される血液型は遺伝子型から推測される表現型と一致する。

A 遺伝子，B 遺伝子，O 遺伝子については子供の遺伝子型は AA：AB：AO：BO = 1：1：1：1 となる。よって，表現型は A 型：B 型：AB 型：O 型 = 2：1：1：0 = 50%：25%：25%：0% となる。

(父) $\boxed{AO}$ × $\boxed{AB}$ (母)

(子) 遺伝子型 $\boxed{AA}$ $\boxed{AB}$ $\boxed{AO}$ $\boxed{BO}$
表現型 [A型] [AB型] [A型] [B型]

問4 下線部(3)に続く文で「この遺伝子（遺伝子C）をもつヒトの赤血球では，H抗原，A抗原，B抗原の3種類が存在する」とある。よって，AB型の赤血球と同じ種類の抗原をもつ状態なので，オモテ検査をするとAB型と判定される。

問5 遺伝子型HHAOの父親とHHCOの母親から生まれてくる子供の血液型の遺伝子型は，H遺伝子についてはHH型が100%となる。

A遺伝子，B遺伝子，O遺伝子，C遺伝子については子供の遺伝子型はAC：AO：CO：OO＝1：1：1：1となる。C遺伝子を1つでももつ場合，赤血球はH抗原，A抗原，B抗原の3種類をもつので，遺伝子型AC，COの表現型はともにAB型になる。

よって，表現型はA型：B型：AB型：O型＝1：0：2：1＝25%：0%：50%：25%となる。

(父) $\boxed{AO}$ × $\boxed{CO}$ (母)

(子) 遺伝子型 $\boxed{AC}$ $\boxed{AO}$ $\boxed{CO}$ $\boxed{OO}$
表現型 [AB型] [A型] [AB型] [O型]

問6 前文に「h遺伝子を2つもっている場合，この個体は糖鎖末端へのフコースの付加活性をもたないため，H抗原が形成されない」とある。A抗原やB抗原は，H抗原への糖鎖の付加によって形成されるため，H抗原が存在しない場合はA抗原やB抗原も形成されない。遺伝子型がhhの場合はH抗原が存在しないため，A遺伝子やB遺伝子やC遺伝子をもっていてもA抗原やB抗原をもたない。

よって，hhBCのヒトの血液ではオモテ検査の際に抗A抗体とも抗B抗体とも凝集反応が起こらないため，表現型はO型となる。

問7 遺伝子型HhAOの父親とhhBCの母親から生まれる子供の遺伝子型は，H遺伝子についてはHh：hh＝1：1＝50%：50%となる。hhの子供は，**問6**で述べた通り遺伝子A，Bの有無にかかわらずA抗原やB抗原をもたないため，オモテ検査で判定すると表現型はO型になる。

一方，Hh型の子供の表現型はA遺伝子，B遺

伝子，O遺伝子，C遺伝子の有無によって変わる。子供の遺伝子型はAB：AC：BO：CO＝1：1：1：1となる。**問5**と同様に，C遺伝子を1つでももつ場合，赤血球はH抗原，A抗原，B抗原の3種類をもつので，遺伝子型AC，COの表現型はともにAB型になる。よって，Hh型の子供の表現型はA型：B型：AB型：O型＝0：1：3：0となる。

(父) $\boxed{AO}$ × $\boxed{BC}$ (母)

(子) 遺伝子型 $\boxed{AB}$ $\boxed{AC}$ $\boxed{BO}$ $\boxed{CO}$
表現型 [AB型] [AB型] [B型] [AB型]

よって，Hh型の子供とhh型の子供の表現型をあわせて考えるとA型：B型：AB型：O型＝0：1：3：4＝0%：12.5%：37.5%：50%となる。

問8 hh型の場合，赤血球の細胞表面ではH抗原が形成されないためA抗原もB抗原ももたない。血しょう中では，前文で「h遺伝子を2つもっている場合，この個体は糖鎖末端へのフコースの付加活性をもたないため，H抗原が形成されない。そのため，通常は存在しない抗体が産生される」とあるので，通常存在する抗A抗体や抗B抗体のほかに，通常は存在しない抗体（抗H抗体とする）が産生されていることがわかる。よって，オモテ検査ではA抗原とB抗原をもたないためにO型，ウラ検査ではA，B，O型すべてと凝集反応が起こる。本問における各血液型の赤血球（抗原，凝集原）と血清（抗体，凝集素）の組み合わせにおける凝集反応の有無（＋，－）をまとめると，以下の表になる。

血清（凝集素）＼赤血球（凝集原）	A型 (A・H)	B型 (B・H)	AB型 (A・B・H)	O型 (H)	遺伝子Cをもつ (A・B・H)	遺伝子型 hh (なし)
A型（抗B抗体）	－	＋	＋	－	＋	－
B型（抗A抗体）	＋	－	＋	－	＋	－
AB型（なし）	－	－	－	－	－	－
O型（抗A抗体 抗B抗体）	＋	＋	＋	－	＋	－
遺伝子Cをもつ（なし）	－	－	－	－	－	－
遺伝子型 hh（抗A抗体，抗B抗体，抗H抗体※）	＋	＋	＋	＋	＋	－

※このような血液型はボンベイ型と呼ばれる

028 解答 解説

問1 ⑥　　　問2 C

問3 (1) B

(2) 〈抗原結合活性〉変わらない

〈抗原凝集活性〉失われる

〈抗原捕食活性〉失われる

問4 ②，⑤，⑧

問5 母体内でつくられた Rh 抗体が胎盤を通して胎児血液中に移動するから。（33字）

問6 胎児の赤血球が，Rh 抗体と結合することにより凝集する。（27字）

問7 Rh 抗体は，結合した赤血球に対する食細胞の食作用を促進する。（30字）

問8 新たに加えた血清に含まれていた様々な種類の抗体が，Rh 抗体と結合した赤血球を食細胞が貪食する働きを抑制したから。（56字）

問9 免疫グロブリンの断片2の部位は食細胞の貪食を抑制する作用をもつので，酵素処理していない免疫グロブリンの溶液を加えた場合と同様の結果になると考えられる。（75字）

問1　前文から，ウサギの抗体分子を構成する H 鎖の分子量は5万，L 鎖の分子量は2万5千(2.5万)とわかる。還元処理（S-S 結合を切断）により，H 鎖2本と L 鎖2本に分離させた後，電気泳動を行うと 5.0 万と 2.5 万の2か所の位置にバンドが生じる。一方，還元処理を行わない場合には，分子量 15 万の抗体分子のみが存在するので 15.0 万の位置にのみバンドが生じる。また，電気泳動（法）において，抗体が移動するゲルの

繊維は網目構造を形成しており，分子量が小さいものほど網目に引っかかりにくいため，移動距離が長くなる。したがって，移動方向を示す矢印の先端側の分子量が小さい⑥が正しい。

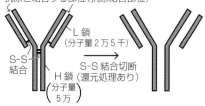

抗原と結合する部位（抗原結合部位）

L 鎖（分子量2万5千）

S-S 結合

S-S 結合切断（還元処理あり）

H 鎖（分子量5万）

問2・3　抗体分子を図1の A ～ C それぞれの部位で切断すると，下の **図28-1** のような断片が生じる。このうち，実験3において抗体分子がほぼ同じ大きさの3つの断片に分かれるのは B で切断した場合のみなので，パパインが切断する部位は B である。これより，実験2においてペプシンが切断する部位は A または C であるが，A で切断すると断片 a の L 鎖と H 鎖が分離し，抗原と結合できなくなる（抗原結合活性が失われる）と考えられるので，C が適切である。このとき，C で切断しても抗原凝集活性は変わらないことから，断片 e のように2か所の抗原結合部位が分離しない状態で存在していれば，抗原結合部位で結合した抗原を凝集させることができると考えられる。また，抗原捕食活性が失われることから，断片 f の部分は抗体分子において食細胞が抗原を取り込むために必要であると考えられる。以上のことから，パパインで処理した場合（B の部位で切断した場合）には，断片 c により抗原結合活性は変わらないが，抗原凝集活性と抗原捕食活性は失われると考えられる。

図28-1 抗体分子を切断したときの断片

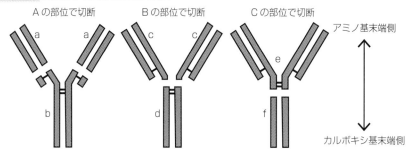

A の部位で切断　　B の部位で切断　　C の部位で切断

アミノ基末端側

カルボキシ基末端側

問4 抗体の抗原結合活性は，可変部の抗原結合部位すなわちH鎖とL鎖が対になった部分のアミノ基末端側にある。よって①～③では②が正しい。また，一般に1つの抗原中には複数の異なる構造のエピトープ（抗原決定基）が存在する。次図に示すように，1つの抗体は抗原結合部位を2か所もつため，1つまたは2つのエピトープと結合できる。また，複数のエピトープをもつ1つの抗原は，複数の抗体と結合するので，抗原抗体反応により複数の抗原と抗体からなる大きな抗原抗体複合体が形成される。この反応において，抗原が細胞のような不溶性の場合は凝集反応と呼ばれ，可溶性の場合は沈降反応と呼ばれる。以上のことから，抗体に抗原凝集活性があるのは，抗体分子が抗原結合部位を2か所もつためであるということができ，実験2においてCの部位で切断が起こっても抗原凝集活性が変わらなかったこととも矛盾しない。よって④～⑥では⑤が正しい。

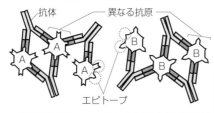

抗原捕食活性については，下図のように凝集反応が起こった状態で食細胞が抗原を取り込むという事実と，**問2**の解説で述べたように前ページに示した**図28-1**の抗体分子の断片fの部分は食細胞が抗原を取り込むために必要であることをあわせて考えると，定常部でH鎖が対になった部分のカルボキシ基末端側に抗原捕食活性があると考えられる。よって⑦～⑨では⑧が正しい。なお，実際に抗原捕食活性がある部位はFc部位と呼ばれ，マクロファージはFc部位を認識して結合する受容体FcRをもつ。マクロファージでは，FcRが抗原と結合している抗体のFc部位を認識することで食作用が促進される。

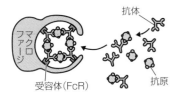

問5 胎児は，母体の子宮内で発生し，胎盤を通して母体から酸素や栄養分など様々な成分を受け取っている。胎盤では，母親と胎児の毛細血管はつながっているわけではなく，血液も混ざり合っていない。そのため，母体の血液中の成分は，血管外の組織液を介して胎児に受け渡される。母体内でRh抗体がつくられると，抗体は血しょうやリンパ液に含まれて体内を移動し，胎盤で組織液を介して胎児の血液中に移動する。Rh$^+$型の胎児の赤血球にはRh因子があるため，胎児内では抗原抗体反応が引き起こされる。

問6 **問4**の解説で述べたように，抗原が細胞のような不溶性である場合，抗原抗体反応が起こると大きな抗原抗体複合体が形成される凝集反応が起こる。したがって，胎児内でRh抗体と赤血球（細胞の一種）がもつRh因子の抗原抗体反応が起こると，赤血球が凝集することになる。なお，その後抗原抗体複合体がマクロファージなどの食作用を受けると，胎児の赤血球が破壊されることがある。この破壊速度が大きくなると，胎児に貧血が生じる可能性がある。また，赤血球が破壊されるとヘム（ヘモグロビンを構成する色素）の分解産物であるビリルビンが生じるので，大量の赤血球が破壊された場合にはビリルビンの濃度が上昇し，皮膚や粘膜が黄色になる症状（黄疸）が現れることが知られている。

問7 実験4では，血清とRh$^+$型赤血球を混合してしばらくおいた後，血清を取り除いているので，Rh抗体を含まない血清を加えた場合には抗体と結合していないRh$^+$型赤血球のみが残り，Rh抗体を含む血清を加えた場合には抗体と結合したRh$^+$型赤血球と結合していないRh$^+$型赤血球の両方が残り，その状態で食細胞を加えている。その結果（**表1**），赤血球がRh抗体と結合しない場合には食細胞の貪食がほとんど起こらず，Rh抗体と結合した場合には多くの食細胞が赤血球を貪食したので，Rh抗体は，Rh$^+$型赤血球に結合することで食細胞による食作用を促進する働きをもつと考えられる。これは，**問4**の解説で述べたように，食細胞は抗原と結合した抗体を認識する受容体をもつことによる。

問8 実験5では，Rh抗体を含む血清とRh$^+$型赤血球を混合してしばらくおいた後，血清を取り

除いているので，Rh 抗体と結合した Rh$^+$ 型赤血球と，Rh 抗体と結合していない Rh$^+$ 型赤血球が残り，その状態で新たに溶液と食細胞を加えている。その結果，血清を加えた場合には，Rh 抗体の有無にかかわらず食細胞の貪食がほとんど起こらなくなっている。血清中には，Rh 抗体のほかにも様々な種類の抗体が含まれていると考えられ，それらの抗体の定常部は共通したアミノ酸配列をもつことと，**問 4** で考察したように定常部で H 鎖が対になった部分のカルボキシ基末端側には抗原捕食活性があることを考えあわせると，新たに加えた血清中に含まれていた様々な抗体の定常部に共通して存在する抗原捕食活性をもつ部位が食細胞に認識された（結合した）ことにより，Rh$^+$ 型赤血球に結合した Rh 抗体の食細胞への認識が阻害され，食細胞の赤血球の貪食が抑制されたと考えられる。

問 9　実験 6 による免疫グロブリンの酵素処理は，〔 I 〕の実験 3 のパパインによる切断（**図 1** の **B** の位置での切断）と同じである。断片 1 は抗原への結合はできるが，食細胞が認識する部位をもたないので，食細胞の貪食を抑制する働きをもたない。このため，断片 1 の溶液を加えた場合には赤血球を貪食した食細胞の割合が高い値を示すことになる。一方，断片 2 は食細胞が認識する部位を含むので，食細胞の貪食を抑制する働きをもつと考えられる。したがって，酵素処理していない免疫グロブリンの溶液を加えた場合と同様の結果になると推測される。

029　解答・解説

問 1　(あ) DNA　　(い) 抗原
　　　　(う) 抗体　　(え) 突然変異

問 2　①，③，④
　　〈理由〉脂質膜は石けん水により破壊され，スパイクタンパク質は，酢により変性し，パイナップル果汁により分解されるので，ウイルスは感受性細胞に結合できなくなるから。（76 字）

問 3　インフルエンザウイルスでは，突然変異が起こり，スパイクタンパク質の立体構造が変化しやすい。このような変異を起こしたウイルスは，免疫系によって新たな異物として認識されるので，二次応答が起

こらないから。（99 字）

問 4　体内に多量の抗体が残っているので，ウイルス量は初回感染時ほど増加しない。（36 字）

問 5　二次応答によって，体液性免疫の強度は急速に初回感染時よりも大きくなり，ウイルス量は一時的に増加したのちに初回感染時よりも速やかに減少する。（69 字）

問 6　(ニ)

問 7　逆転写酵素を用いてウイルスの遺伝子 RNA と相補的な塩基配列をもつ 1 本鎖 DNA を合成する。（44 字）

問 8　天然痘ウイルスそのものを接種するのではなく，天然痘と似た構造をもつが人体への悪影響が少ない牛痘ウイルス由来の物質を接種することにより，免疫記憶を成立させた。（78 字）

....

問 2　ウイルスへの感染の予防には，石けん水（ハンドソープ）による手洗いが有効である。これは，ウイルスが水で洗い落とされるとともに，石けんの界面活性剤としての働きによりウイルスの脂質膜が破壊されるからである。また，アルコールも同様の働きをもつので感染予防には有効である。酸性である酢は，スパイクタンパク質を変性させる。パイナップルやパパイヤにはタンパク質分解酵素が含まれており，スパイクタンパク質を分解する。これらの処理により，はしかウイルスは感受性細胞の表面に結合できなくなり，ウイルスの感染性が失われる。

インフルエンザウイルスや新型コロナウイルス（SARS-CoV-2）などの RNA ウイルスは，DNA ウイルス（遺伝子として DNA をもつウイルス）と比べて，RNA が 1 本鎖であり，2 本鎖 DNA より不安定であること，RNA の複製時における修復システムが弱いことなどにより，突然変異が起こりやすい。

問 4　**図 2** はウイルス量の変化に伴う獲得免疫の反応を示している。ウイルスは，体内に侵入すると宿主の細胞に感染し，細胞内部で増殖するようになる。これを繰り返して体内のウイルス量が増加していくが，初回感染時には獲得免疫が働くまでには時間がかかる。なお，実際には，細胞性免疫が働くまでの間には自然免疫が働き，マクロ

ファージや好中球，樹状細胞による食作用が起こる。また，NK 細胞による感染細胞の攻撃も行われる。その後，キラー T 細胞による細胞性免疫の強度が上昇し，続いて抗体による体液性免疫の強度が上昇する。(イ)の時点では，体液性免疫の強度は図 2 の期間中で最も大きくなっており，体液中には多量の抗体が存在していると考えられる。この(イ)の時点で同じウイルスが体内に再侵入すると，ウイルスは細胞に感染するより前に，体液中の抗体によって速やかに排除されると考えられる。

問 5 (ウ)の時点では，ウイルスは完全に排除されており，抗体量はかなり減少して体液性免疫はほぼ働いていない状態になっていると考えられる。しかし，B 細胞の一部は記憶細胞となり体内に残存している。したがって，(ウ)の時点で同じウイルスが再侵入すると，二次応答によって記憶細胞が抗体産生細胞として速やかに分化・増殖し，抗体を初回感染時よりも急速に，かつ大量に産生する。したがって，ウイルス侵入後に一時的に体内のウイルス量は増えるが，初回感染時よりも大きい強度の体液性免疫によってウイルスは速やかに排除される。

問 6 HIV はヘルパー T 細胞に感染して増殖するので，感染後にはしだいにヘルパー T 細胞が破壊されることで獲得免疫の働きが低下し，その結果，通常では感染・発症しないような感染症を発症するようになる。したがって，図 3 のエイズ発症期には，HIV に対する抗体量はかなり減少していると考えられる。また，抗体は HIV 感染後しばらくした後に産生されてその量が増加する。以上のような量の変化に合うグラフは(ニ)である。実際には，HIV に感染すると，感染後約 3 〜 6 週間で HIV が急速に増殖するが，やがて HIV に特異的な T 細胞(ロ)が増加して細胞性免疫により血中ウイルス(イ)の量は約 8 週間目までに急激に減少する。感染後のこの時期を急性感染期（感染初期）という。急性感染期を過ぎると数年〜十数年におよぶ無症候期（潜伏期）に入る。この時期には，HIV 感染の影響で T 細胞は徐々に減少するがウイルス量を低い値に抑える。また，HIV が増殖・複製の際に突然変異を繰り返すので，抗体(ニ)の量は高い値に保たれる。(ハ)は，HIV 感染の影響をあまり受けない血液中の成分（血小板）

と考えられる。T 細胞の数が著しく減少すると，日和見感染症や悪性腫瘍などの合併症を発症しやすくなる。この時期をエイズ発症期という。

【参考】エイズ発症期に起こる主な合併症を以下に示す。

〔日和見感染症〕

　感染抵抗力の高い健康なヒトでは発症しない病原体（弱毒菌・平素無害菌）が感染抵抗力の低下したヒト（宿主）に入り，それが原因で発症する疾病を日和見感染症という。日和見感染症の原因となる病原体名を以下に示す。

・寄生虫…トキソプラズマ・クリプトスポリジウム
・細菌…結核菌・トリ型結核菌・サルモネラ菌
・真菌…ニューモシスチスカリニクリプトコックス・カンジダ・ヒストプラズマ
・ウイルス…単純ヘルペスウイルス・サイトメガロウイルス

〔悪性腫瘍〕

　エイズ発症期にみられる主な悪性腫瘍の名称を以下に示す。

・カポジ肉腫・非ホジキン型リンパ腫・脳原発のリンパ腫

問 7 PCR 法は，熱に強い DNA ポリメラーゼ（DNA 依存性 DNA ポリメラーゼと呼ばれる）を用いて DNA を増幅する方法であるので，ウイルスの遺伝子 RNA を鋳型として用いても，DNA が増幅されることはない。そこで，逆転写酵素（RNA 依存性 DNA ポリメラーゼと呼ばれる）により，ウイルスの遺伝子 RNA を鋳型として合成した DNA を PCR 法に用いる必要がある。

問 8 弱毒化，無毒化した病原体や病原体由来の毒素などを抗原として健康な人に接種し，人為的に目的の病原体に対する免疫を獲得させることを予防接種といい，接種される抗原をワクチンという。

　天然痘ウイルスによる天然痘は，数千年前からヒトを苦しめる感染性や死亡率の高い病気であった。18 世紀末，イギリスの医師ジェンナーは，ウシの天然痘（牛痘）に感染した患者の膿を健康なヒトにワクチンとして接種し，天然痘を予防する方法（種痘）を開発した。

030 解答 解説

問1 胸腺を欠損したヌードマウスではT細胞が成熟できず、獲得免疫が機能しないので、他種や他個体からの組織、臓器の移植実験に際し、拒絶反応が起こらないという利点がある。(80字)

問2 (1) A. 抑制されている　　B. 変わらない
　　　　　　C. 活性化される　　D. 抑制性
　　　(2) (i) PLタンパク質を発現したがん細胞は、受容体Pと結合してキラーT細胞からの攻撃を免れるので、生存しやすく、増殖活性が高い。(60字)
　　　　　(ii) (a)、(b)

問3 ウイルス　〈別解〉ベクター

問4 遺伝子治療

問5 TCR-Tはがん抗原断片をMHCとともに認識するため同じMHCを持つ患者にしか対応できないが、CAR-TはMHCを介さずがん細胞を認識できるから。(73字)

....

問1 ヌードマウスは先天的に胸腺を欠損しているので、T細胞が成熟できない。そのため、ヌードマウスでは、ヘルパーT細胞が司令塔となる獲得免疫が抑制されており、免疫不全の研究や、他個体からの臓器、組織、がん（細胞）などを移植して研究する実験などに使われる。

問2 (1) 実験1では、Tg1マウスのキラーT細胞のタンパク質Bに対する反応性はWtと比べて大きな差はないが、Tg1のキラーT細胞のタンパク質Aに対する反応性はWtと比べて低い。このことから、Tg1ではタンパク質Aに対する免疫反応は抑制されている、つまり、樹状細胞が発現している自己のタンパク質Aにのみ末梢性の免疫寛容が働いていると考えられる（**A**の答）。

実験2では、キラーT細胞のタンパク質B（異物）に対する反応性は、Tg1（受容体Pが正常な場合）とTg3（受容体Pが欠損した場合）とで大きな差がないので、受容体Pが欠損しても免疫反応は変わらないと考えられる（**B**の答）。

しかし、Tg3でタンパク質A（末梢性の機構（免疫寛容）が働いていたタンパク質）に対する反応性がタンパク質Bと同程度になっていることに

注目すると、Tg3では受容体Pが欠損したことで末梢性の機構が働かなくなり、抑制されていた免疫反応が活性化されたと考えられる（**C**の答）。

受容体PとPLタンパク質の結合が起こらないと、免疫寛容が抑制されて自己に対する免疫反応が起こるようになるので、末梢性の機構では、免疫反応に対して抑制性のシグナルが伝えられることが重要であると考えられる（**D**の答）。

(2) (i) がん細胞のPLタンパク質がキラーT細胞の受容体Pと結合すると、がん細胞に対するキラーT細胞の反応性が低下するので、PLタンパク質を発現しているがん細胞は、PLタンパク質を発現していないがん細胞より、生存しやすく、増殖活性が高いと考えられる。

(ii) (a) PLタンパク質を発現したがんでは、受容体PとPLタンパク質が反応してがん細胞に対する免疫寛容が生じているので、受容体PとPLタンパク質の反応を抑えることが有効ながん治療法の一つとなりうる。選択肢(a)中の「受容体Pの阻害薬」は、受容体PとPLタンパク質の結合を阻害する薬剤であり、この薬剤の投与はがん治療法の一つとなりえる。実際に、T細胞に発現する受容体P（PD-1と呼ばれる）と特異的に結合し、PD-1とPLタンパク質の結合を阻害する抗体が、抗PD-1抗体薬と呼ばれ、がんの治療薬（この抗PD-1抗体薬としてはニボルマブ（商品名オプジーボ）などがある）として臨床の現場で使われ始めている。抗PD-1抗体薬は、PD-1の発見者である本庶佑らによって開発された。本庶佑は、この研究の功績により、2018年ノーベル生理学・医学賞を受賞した。

(b) PLタンパク質の阻害薬は受容体PとPLタンパク質の反応を阻害するので、(a)と同様に有効ながん治療法になりうると考えられるので正しい。

(c) 受容体Pが刺激されると末梢性の免疫寛容がより強く成立してしまい、がんの進行がむしろ促進されることが予想されるので、誤りである。

(d) PLタンパク質の活性を増強させると、がん細胞の生存率がより高くなると考えられるので誤りである。

(e) (a)、(b)といった治療法が考えられるので誤りである。

問3 一部のウイルスはヒトに感染すると，ウイルスの DNA の一部をヒト細胞のゲノムに組み込む性質がある。この性質を応用し，無害化したウイルスを DNA の運び手（ベクター）として利用することができる。

問4 遺伝子治療とは，遺伝子の先天的な異常による疾患や，がんなどの特定の疾患をもつ患者に対し，治療に効果的な遺伝子を導入することで治療するという方法である。ベクターとなるウイルスを患者に直接与える方法や，患者から取り出した細胞に遺伝子を組み込んだ後，増殖させて患者の体内に戻す方法などがある。

問5 T 細胞の表面には T 細胞が抗原を認識するための T 細胞受容体（T 細胞レセプター，TCR）が存在する。T 細胞受容体には抗体や B 細胞受容体と同じく定常部と可変部が存在し，可変部の構造は T 細胞ごとに異なっている。しかし，T 細胞受容体は抗体や B 細胞受容体のように抗原を直接認識することはできず，病原体に感染した細胞や，非自己の物質を取り込んだ食細胞が MHC 分子上に提示した状態の抗原（タンパク質断片やポリペプチド）を MHC と合わせて認識する。

TCR-T と CAR-T という細胞を用いた 2 つの手法において，がん細胞を特異的に攻撃する T 細胞を患者に移入することで治療するという点は同じだが，がん細胞を攻撃する T 細胞の作製方法が大きく異なっている。TCR-T の場合では患者のもつ T 細胞の中からがん細胞を攻撃するものを抽出し，その T 細胞がもつ T 細胞受容体をそのまま利用してがん細胞を攻撃する T 細胞を作製している。この T 細胞受容体は患者本人の MHC に適合したものになっており，他の MHC が異なる患者にこの T 細胞を移入しても活性化せず，治療効果は得られない。一方 CAR-T の場合では，がん細胞に特異的な抗原に結合する抗体の抗原結合部位と，T 細胞受容体のシグナル伝達部位をつなぎ合わせることで，がん細胞の抗原を直接認識して活性化する受容体（キメラ抗原受容体）を作製している。この受容体は MHC を介さないと抗原が認識できなかった T 細胞受容体や TCR-T の弱点を克服しており，がん細胞の抗原が共通であれば MHC が異なる複数の患者にも適用することができる。

S*uccess Point* 今後，定番になるかもしれない「免疫」関連の難問

下記の出題校の受験生，医学部志望の受験生，免疫分野を好んで出題する大学の受験生などは，余裕があればこれらの問題にチャレンジしておくとよいかもしれない。

① ハプテン（横浜市立大 1991 年）
② 体液性免疫による拒絶反応（長崎大 2007 年）
③ 胸腺における T 細胞の選択（東京医科歯科大 2011 年）
④ アジュバント（山梨大 2013 年）
⑤ 減感作療法（福岡教育大 2015 年）
⑥ サイトカイン遺伝子（近畿大 2016 年）
⑦ アナフィラキシー（東海大[医] 2016 年）
⑧ 制御性 T 細胞（横浜市立大 2016 年）
⑨ ナノボディ治療薬（中央大 2017 年）
⑩ クラススイッチ（北里大 2018 年）
⑪ アレル排除（関西医科大 2018 年）
⑫ エボラ血清療法（関西医科大 2018 年）

抗体の構造の模式図としては，下に示したように様々な描き方があるんだ。だから，問題025の**図1**，028の**図1・2**と030（**図3**）において，描き方（L鎖の形やH鎖の位置）が違っているけど，どれも正しい図なんだよ。

MEMO

第5章 酵素と代謝

031 解答 解説

問1 a. [S]　b. [P]　c. [ES]　d. [E]
問2 ①　　　　**問3** ③
問4 (1)

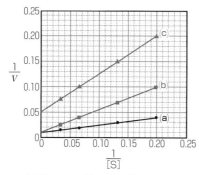

(2) ⓐ 100　ⓑ 100　ⓒ 20
(3) 阻害剤1
(4) 〈阻害剤1〉競争的阻害
　　〈阻害剤2〉非競争的阻害
(5) 図4のグラフでは基質濃度が低い場合の反応速度が複数点得られても K_m や V_{max} の値はわからないが，二重逆数プロットでは基質濃度が低い場合の反応速度が2点以上得られれば，K_m や V_{max} の値が求められるので，阻害様式を推定することができる点。（114字）

- -

問1　酵素が化学反応を触媒するときは，まず，酵素と基質が結合して，酵素-基質複合体が形成される。この反応は可逆反応であり，酵素-基質複合体の一部は酵素と基質に戻る。そして，酵素-基質複合体を形成した基質は，酵素の作用を受けて生成物（反応生成物）になる。酵素は生成物を離し，再び基質と結合できる状態に戻る。

　また，酵素-基質複合体を形成していない酵素の濃度と酵素-基質複合体の濃度を合わせた濃度が全酵素濃度であり，全酵素濃度は常に一定である。

　以上の内容を踏まえて考えると，基質は時間とともに消費されて生成物になるので，基質の濃度 [S] は，減少していく（**図3**のグラフ **a**）ことがわかる。基質の消費された分は生成物になるの

で，時間とともに生成物の濃度 [P] は増加していく（**図3**のグラフ **b**）。酵素-基質複合体の濃度 [ES] は，反応開始直後は上昇するが，その後酵素-基質複合体が消費されて酵素と生成物になる速度と，酵素と基質から酵素-基質複合体が生成される速度がほぼ等しくなるため，濃度はほぼ一定になる（**図3**のグラフ **c**）と考えられる。酵素（酵素-基質複合体を形成していない遊離の酵素）は，反応開始直後から基質と結合して酵素-基質複合体を形成するので，はじめはその濃度 [E] は減少するが，その後，酵素-基質複合体が生成される速度と，酵素-基質複合体が分解されて酵素と生成物になる速度がほぼ等しくなるため，濃度はほぼ一定になる（**図3**のグラフ **d**）。

問2　酵素の反応速度は酵素-基質複合体の濃度 [ES] によって決まる。酵素-基質複合体の濃度は酵素分子と基質分子の結合のしやすさ（これを親和性といい，ミカエリス・メンテンの式（☞ p.60～62の【参考】①）においては K_m として表される）の影響を強く受ける。つまり，親和性が高い酵素は，親和性が低い酵素に比べて，基質濃度が低い場合でも酵素-基質複合体を形成しやすいので，K_m（反応速度が最大反応速度 V_{max} の $\dfrac{1}{2}$ となる基質濃度）の値は小さい。したがって，K_m の値が小さい酵素反応（たとえば**図1**のグラフ A）では，K_m の値が大きい酵素反応（**図1**には示されていない）に比べてグラフの傾き（立ち上がり）が大きいので，V_{max} に達するのに必要な基質濃度は低いと考えられる。なお，K_m の値と温度による酵素の変性のしやすさとの間に直接的な関係はない。

問3　競争的阻害では，基質と類似した構造の阻害物質（阻害剤）分子と基質分子のどちらか方が酵素の活性部位と結合する。この結合は可逆的なものであり，結合と解離が常に起こっている。競争的阻害では，阻害剤分子が酵素の活性部位を基質分子と奪い合うため，基質分子と酵素分子の結合のしやすさである親和性を低下させている，つまり K_m の値は大きくなっている。しかし，基質濃度が高くなると，阻害剤の影響は小さくなるため，V_{max} の値はほとんど変化しない（**図1**の

グラフ B）。

これに対して，非競争的阻害では，阻害剤分子は酵素の活性部位以外の特定の部位に結合して酵素の反応性を低下させるが，酵素と基質の結合のしやすさである親和性には影響しない。したがって，K_m の値は変化しないが，基質濃度にかかわらず反応速度が低下するので，V_{max} は低下する（下図）。

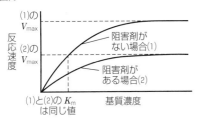

問4 (1) 表1の基質濃度（[S]）と反応速度（V）の逆数をとったものを下表に示す。これらの値をプロットして直線でつなぐと解答となる。

$\dfrac{1}{[S]}$	$\dfrac{1}{V}$		
	(a) 阻害剤なし	(b) 阻害剤1添加	(c) 阻害剤2添加
不能	不能	不能	不能
0.200	0.040	0.100	0.200
0.133	0.030	0.070	0.152
0.067	0.020	0.040	0.100
0.033	0.015	0.025	0.075

(2) 基質濃度 [S] を最大限に高くすると，$\dfrac{1}{[S]}$ は 0 に近づく。(1)で答えた二重逆数プロットのグラフの $\dfrac{1}{[S]} = 0$ における $\dfrac{1}{V}$ の値（$\dfrac{1}{V}$ 切片）を読み取ると，(a) 0.01，(b) 0.01，(c) 0.05 である。これらの値から求められる V は V_{max} であり，(a) 100，(b) 100，(c) 20 となる。

(3)・(4) (2)ではグラフの $\dfrac{1}{V}$ 切片を読み取ったが，"2点を通る直線（一次関数）の式を求める方法"などにより，3本のグラフ（直線）の式を求めると，以下のようになる。

(a) $\dfrac{1}{V} = 0.15 \times \dfrac{1}{[S]} + 0.01$ ←阻害剤を添加しない場合

(b) $\dfrac{1}{V} = 0.45 \times \dfrac{1}{[S]} + 0.01$ ←阻害剤1を添加した場合

(c) $\dfrac{1}{V} = 0.75 \times \dfrac{1}{[S]} + 0.05$ ←阻害剤2を添加した場合

これらの式をもとに(a)・(b)・(c)の各直線を左側に伸ばし，$\dfrac{1}{[S]}$ 切片まで示すと下図（**図31-1**）のようになる。グラフの $\dfrac{1}{V} = 0$ における $\dfrac{1}{[S]}$ の値 $\left(\dfrac{1}{[S]}\ 切片\right)$ は $-\dfrac{1}{K_m}$ の値となる。グラフの $\dfrac{1}{[S]}$ 切片の値はそれぞれ，(a) -0.067，(b) -0.022，(c) -0.067 である。

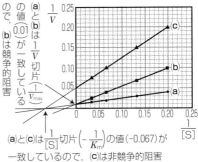

(a)と(c)は $\dfrac{1}{[S]}$ 切片 $\left(-\dfrac{1}{K_m}\right)$ の値（-0.067）が一致しているので，(c)は非競争的阻害

図31-1

「基質と構造が類似している」阻害剤を添加すると，競争的阻害が起こる。競争的阻害が起こる場合の反応は，阻害剤がない場合の反応（グラフ(a)）と比べて，K_m に差はあるが V_{max} に差は見られないグラフ(b)のようになるはずである。したがって，阻害剤1の阻害様式は競争的阻害であると考えられる。これに対して，阻害剤2を加えた場合の反応は，阻害剤がない場合の反応と比べて，V_{max} に差はあるが K_m に差は見られないグラフ(c)のようになることから，阻害剤2の阻害様式は非競争的阻害であると考えられる。

(5) **図4**のグラフから V_{max} を求めるためには，基質を高濃度（本実験では基質濃度 100 以上）にする必要があるが，基質の溶解度の制限などのため実現困難・測定不能であり，V_{max} の値（例えば 70 か 80 かそれ以外か）はわからない。また，V_{max} の値が不明なので，K_m の値もわからない。しかし，二重逆数プロットを用いると，基質濃度が低い範囲での反応速度が2点以上測定できれば，V_{max} や K_m の算出と，阻害様式の推定が可能になる（☞ p.62 の【参考】②）。

問題に示されている図4のグラフ (a) 〜 (c) はいずれもなめらかな曲線（1次の分数関数のグラフ）となるハズだけど，本問では測定値を便宜的に直線でつないだグラフになってるね。

【参考】酵素反応速度論

1 ミカエリス・メンテンの式

(1) 化学反応の速度（化学反応速度）に関する考え方を，一般に反応速度論といい，酵素が触媒する化学反応速度に関する考え方を酵素反応速度論という。

(2) ある量の酵素（E）と基質（S）を添加した反応液中の反応速度（1秒間に生成する生成物（P）のモル数，または1秒間に増加する生成物のモル濃度と定義される）を測定する。この操作を，添加する酵素の量，いい換えれば，酵素濃度（[E]）とその他の条件を一定にして，添加する基質の量，いい換えれば基質濃度（[S]）をさまざまに変化させて行うと，以下の図①のような結果が得られる。なお，ここで測定される反応速度は，反応開始後，間もない時期（反応初期）の速度（V_0）である。

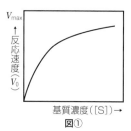

図①

[補足] 酵素反応では，次の(ア)〜(エ)のような原因により時間経過にともない反応速度が低下し，酵素量に比例しない不正確な値が得られる。これを防ぐために反応初期の速度を測定する。(ア)基質が減少する，(イ)生成物が蓄積して逆反応や阻害反応が起こる，(ウ)反応の進行にともないpHが変動するなどの反応条件が変わる，(エ)酵素が徐々に失活する。

(3) 図①では，[S] が低い領域では V_0 が [S] にほぼ比例するが，[S] が上昇するにつれて V_0 の上昇率（図①のグラフの傾き）が低下し，水平な漸近線（最大反応速度 V_{max}）に近づき，やがて [S] によらずに一定になることが予想される。

(4) 20世紀の初めに，ミカエリスとメンテンという化学者達が，図①のような特徴をもつ酵素反応について，『基質はいったん酵素と結合してす

みやかに複合体（ES）を形成した後，ゆっくり生成物（P）に変化する』という2段階の反応からなるモデル（式1）を提案した。

$$E + S \underset{k_{-1}}{\overset{k_1}{\rightleftarrows}} ES \underset{k_{-2}}{\overset{k_2}{\rightleftarrows}} E + P \quad （式1）$$

彼らは，このモデルをいくつかの仮定のもとで，化学的・数学的に展開し，酵素反応速度論の一般理論（ミカエリス・メンテンの式）を提唱した。ミカエリス・メンテンの式がどのように導き出されたかをみていこう。

(5) すべての化学反応は可逆的であるので，式1では右向きの反応（→）とともに，左向きの反応（←）が起こることが示されている。一般に，化学反応速度は，反応物（→の左側あるいは←の右側に記されている物質）の濃度に比例することが知られており，その比例定数は速度定数と呼ばれ，k で表される。式1の k_1, k_{-1}, k_2, k_{-2} は，それぞれの反応の速度定数である。

(6) 通常の生理的な条件下，すなわち酵素に対して基質が大過剰（[S] ≫ [E]）に存在するときの反応における時間経過と，各成分の濃度変化を示すと図②のようになる。

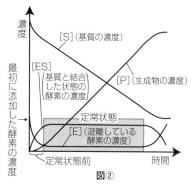

図②

酵素反応速度論として注目するのは，反応初期の速度と基質濃度の関係であり，反応初期には，生成物の濃度 [P] は非常に低いので，式1は $\underset{k_{-2}}{\overset{}{\leftarrow}}$ を無視できると仮定（仮定1）して，式2のように表すことができる。

$$E + S \underset{k_{-1}}{\overset{k_1}{\rightleftarrows}} ES \overset{k_2}{\rightarrow} E + P \quad （式2）$$

（式2）より，反応初期の速度（Pの生成速度）はESの濃度にのみ比例するので，式3のように表すことができる。

$$V_0 = k_2 \text{ [ES]} \quad (\text{式 3})$$

(7) 酵素反応速度論の課題は，**図①**のような曲線（V_0 と [S] の関係性）を，測定可能な値（既知の量）と速度定数（k_1, k_{-1}, k_2）を用いて表すことであるが，（**式 3**）中の [ES] は直接測定することができない値（未知の量）である。そこで，[ES] を既知の量で表すことを考えよう。

(8) ES の生成反応（E + S $\xrightarrow{k_1}$ ES）のように 2 種類以上の反応物が存在する場合の反応速度は，それぞれの成分の濃度の積に比例するので，**式 4** のように表すことができる。

$$\text{ES の生成速度} = k_1 \text{ [E] [S]} \quad (\text{式 4})$$

ES の分解反応（E + S $\underset{k_{-1}}{\xleftarrow{}}$ ES $\xrightarrow{k_2}$ E + P）のように 2 方向の反応がある場合の反応速度は 2 つの反応速度の和となるので，**式 5** のように表すことができる。

$$\begin{aligned}\text{ES の分解速度} &= k_{-1} \text{ [ES]} + k_2 \text{ [ES]} \\ &= (k_{-1} + k_2) \text{ [ES]} \quad (\text{式 5})\end{aligned}$$

(9) ここで，**図②**を見てみよう。酵素と基質を混ぜ合わせて反応を開始させた直後のごく短時間（数ミリ秒）を除き，基質がほとんどなくなるまでは，[ES] はほぼ一定である。つまり，ES の生成速度と分解速度が等しい状態にあると考えられる。このような状態を定常状態といい，ミカエリスとメンテンは解析を単純にするために，定常状態における反応速度（V_0）に着目した（**仮定 2**）。

(10) 定常状態では，**式 4** の右辺と**式 5** の右辺が等しいので，**式 6** が成り立ち，**式 6** は**式 7** のように書き換えることができる。

$$k_1 \text{ [E] [S]} = (k_{-1} + k_2) \text{ [ES]} \quad (\text{式 6})$$

$$\frac{\text{[E] [S]}}{\text{[ES]}} = \frac{k_{-1} + k_2}{k_1} \quad (\text{式 7})$$

[補足] **式 7** のような関係は化学平衡の法則または質量作用の法則といわれる。

ここで，**式 7** の右辺を新たな定数（ミカエリス定数）とする。

$$K_m = \frac{k_{-1} + k_2}{k_1} \quad (\text{式 8})$$

K_m は各反応の速度定数から導かれる定数（平衡定数）であり，その単位はモル濃度であるが，K_m の値は酵素反応ごとに特有であり，測定実験において添加する酵素の量（[ES] を形成せずに遊離している酵素の量，つまり [E]）や基質の

量（つまり [S]）には影響されず一定であることに注意しよう。**式 7** に**式 8** を代入して，[ES] について表すと**式 9** になる。

$$\text{[ES]} = \frac{\text{[E] [S]}}{K_m} \quad (\text{式 9})$$

(11) ここで反応の進行に伴う酵素濃度と基質濃度の変化について考えてみよう。反応前に添加した酵素（全酵素）の濃度を [E]$_T$ とし，反応中に ES を形成せずに遊離している酵素の濃度を [E] とすると，**式 10** が成り立つ。

$$\text{[E]} = \text{[E]}_T - \text{[ES]} \quad (\text{式 10})$$

一方，酵素に対して大過剰になるように添加された基質に関しては，「ES を形成せずに遊離している基質の濃度」は「反応前に添加した基質（全基質）の濃度」にきわめて近い値になると考えてよい。したがって，**式 10** を**式 9** に代入すると，**式 11** のようになり，**式 11** を [ES] について解くと**式 12** になる。

$$\text{[ES]} = \frac{(\text{[E]}_T - \text{[ES]}) \text{ [S]}}{K_m} \quad (\text{式 11})$$

$$\text{[ES]} = \frac{\text{[E]}_T \text{ [S]}}{K_m + \text{[S]}} \quad (\text{式 12})$$

式 12 を**式 3** に代入すると**式 13** となる。

$$V_0 = k_2 \frac{\text{[E]}_T \text{ [S]}}{K_m + \text{[S]}} \quad (\text{式 13})$$

最大反応速度（V_{max}）が得られるのは，全酵素が基質と結合したとき，すなわち [ES] = [E]$_T$ のときであるので**式 14** のように表すことができる。

$$V_{max} = k_2 \text{ [E]}_T \quad (\text{式 14})$$

式 14 を**式 13** に代入すると次式のようになり，この式をミカエリス・メンテンの式という。

$$V_0 = \frac{V_{max} \text{ [S]}}{K_m + \text{[S]}} \quad (\text{ミカエリス・メンテンの式})$$

(12) ミカエリス・メンテンの式は次ページの**図③**に示すような反応速度と基質濃度との関係をうまく説明できる。

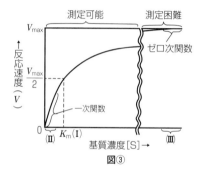

図③

（I）K_m の意味

K_m の単位は濃度であるので，反応開始時の [S] を K_m とすると（ミカエリス・メンテンの式に [S] ＝ K_m を代入すると），

$$V = \frac{V_{max}\,[S]}{[S]+[S]} = \frac{V_{max}[S]}{2\,[S]} = \frac{V_{max}}{2}\,となる。$$

このことから，K_m は V が V_{max} の半分になるときの基質濃度であることがわかる。

反応速度を，K_m に対する [S] の大小で場合分けすると，次のようになる。

（II）[S] が K_m より非常に小さい場合

K_m に [S] を加えても値はほとんど変化しないので，ミカエリス・メンテンの式の分母から [S] を除くと $V = \dfrac{V_{max}}{K_m}$ となり，V_{max} と K_m はともに定数なので，V は [S] に比例する（一次関数）といえる。

（III）[S] が K_m より非常に大きい場合

[S] に K_m を加えても値はほとんど変化しないので，ミカエリス・メンテンの式の分母から K_m を除くと $V_0 = \dfrac{V_{max}[S]}{[S]} = V_{max}$ となり，V_0 は [S] とは無関係に一定（ゼロ次関数）であるといえる。

2 二重逆数プロット

（1）基質濃度（[S]）を実際に増加させて反応速度（V_0）を測定する実験において，基質の溶解度に上限があることなどから，V_{max} に達するまで [S] を増加させることができない，つまり，V_{max} の正確な値を決めることは大変困難である。そこで，以下に示すような操作（二重逆数プロット，ラインウィーバー・バークプロット）を行って，ミカエリス・メンテンの式（一次の分数関数）を直線の式（一次関数）に変形することにより，V_{max} や K_m を正確に求めることができる。

（2）阻害剤が存在しない場合

$$V_0 = \frac{V_{max}\,[S]}{K_m+[S]}\quad \boxed{両辺の逆数\\をとる}\Rightarrow$$

$$\frac{1}{V_0} = \frac{K_m+[S]}{V_{max}\,[S]} = \frac{K_m}{V_{max}\,[S]} + \frac{[S]}{V_{max}\,[S]}$$

$$= \frac{K_m}{V_{max}} \times \frac{1}{[S]} + \frac{1}{V_{max}}\quad（式 a）$$

式 a は，$\dfrac{1}{V_0}$ と $\dfrac{1}{[S]}$ の一次関数であり，グラフで表すと，$\dfrac{K_m}{V_{max}}$ が傾き，$\dfrac{1}{V_{max}}$ が $\dfrac{1}{V_0}$ 軸切片，$-\dfrac{1}{K_m}$ が $\dfrac{1}{[S]}$ 軸切片である（問題の図2や問4（3），（4）の解説の図31-1 参照）。

（3）競争的阻害を起こす阻害剤が存在する場合

ミカエリス・メンテンの式は

$$V_0 = \frac{V_{max}\,[S]}{K_m\left(1+\dfrac{[I]}{K_i}\right)+[S]}\quad（式 B）\,となる。$$

[I] は阻害剤の濃度，K_i は阻害剤と酵素の結合の強さを表す定数である。

（2）と同様に式 B の両辺の逆数をとり，変形すると，

$$\frac{1}{V_0} = \frac{\left(1+\dfrac{[I]}{K_i}\right)K_m+[S]}{V_{max}\,[S]}$$

$$= \frac{\left(1+\dfrac{[I]}{K_i}\right)K_m}{V_{max}\,[S]} + \frac{[S]}{V_{max}\,[S]}$$

$$= \frac{\left(1+\dfrac{[I]}{K_i}\right)K_m}{V_{max}} \frac{1}{[S]} + \frac{1}{V_{max}}\quad（式 b）$$

となる。

$\dfrac{[I]}{K_i}$ は正なので，式 b の傾き $\dfrac{\left(1+\dfrac{[I]}{K_i}\right)K_m}{V_{max}}$ は式 a の傾き $\dfrac{K_m}{V_{max}}$ に比べて大きく，$\dfrac{1}{V_0}$ 軸切片である $\dfrac{1}{V_{max}}$ は式 a の $\dfrac{1}{V_0}$ 軸切片と同じである（問4（3），（4）の解説の図31-1 参照）。

（4）非競争的阻害を起こす阻害剤が存在する場合

ミカエリス・メンテンの式は

$$V_0 = \frac{V_{max}\,[S]}{(K_m+[S])\left(1+\dfrac{[I]}{K_I}\right)}\quad（式 C）\,となる。$$

[I] は阻害剤の濃度，K_I は阻害剤と酵素の結合の強さを表す定数である。

　⑵と同様に**式C**の両辺の逆数をとり，変形すると，

$$\frac{1}{V_0} = \frac{(K_m + [S])\left(1 + \dfrac{[I]}{K_I}\right)}{V_{max}\,[S]}$$

$$= \frac{\left(1 + \dfrac{[I]}{K_I}\right) K_m}{V_{max}} \frac{1}{[S]} + \left(1 + \frac{[I]}{K_I}\right)\frac{1}{V_{max}}\;(\textbf{式c})$$

となる。

　$\dfrac{[I]}{K_I}$ は正なので，**式c**の傾き $\dfrac{\left(1 + \dfrac{[I]}{K_I}\right) K_m}{V_{max}}$ は

式aの傾き $\dfrac{K_m}{V_{max}}$ に比べて大きく，$\dfrac{1}{[S]}$ 軸切片

である $-\dfrac{1}{K_m}$ は**式a**の $\dfrac{1}{[S]}$ 軸切片と同じである

（**問4**⑶，⑷の解説の **図31-1** 参照）。

032 　解答　解説

問1 ⑥　　　　**問2** ②

問3 基質がすべて分解された可能性と，酵素がすべて失活した可能性がある。新たに基質を加えた場合に生成物の量が再び増加すれば前者が，新たに酵素を加えた場合に生成物の量が再び増加すれば後者が正しいと考えられる。（100字）

問4 4℃では酵素反応が著しく低下し，ATPの合成や能動輸送が起こらなくなり，主に拡散による K^+ と Na^+ の受動輸送が起こるから。（59字）

問5 温度を37℃に上げると酵素反応が盛んに起こるようになり，解糖による ATP の合成やポンプによる能動輸送が回復するから。（58字）

問6 赤血球内では，解糖の基質であるグルコースの消費が進み，能動輸送に必要な ATP の供給が不足するから。（49字）

問7 グルコースが赤血球内に取り込まれ，解糖の基質となり，生じた ATP を用いて K^+ の能動輸送が起こった。（48字）

問8 能動輸送には，赤血球内の ATP が利用されるが，外液中の ATP は赤血球の細胞膜を通過することができないから。（53字）

問1　図1では，酵素の反応速度は単位時間あたりの生成物の量，つまりグラフの傾きとして示されている。反応温度を上昇させていくと，グラフの傾きは「20℃の場合＜30℃の場合＜40℃の場合」のように大きくなっていくので，この温度範囲では，温度の上昇とともに反応速度も上昇していると考えられる。しかし，50℃におけるグラフの傾きは，反応開始約2～3分までは40℃の場合より大きいが，その後は急激に小さくなっているので，反応速度も急激に低下していると考えられる。また，基質が最も少なくなるということは，生成物の量が最も多くなるということなので，40℃が正しいと考えられる。

問2　①：反応温度を50℃から60℃，70℃とさらに上昇させていくと，反応開始から反応速度が急激に小さくなるまでの時間が短くなっていることから，この酵素は 50℃以上で熱による不活性化（熱変性による失活）が急激に進むと考えられるので，①は図1から読みとれる。

　②：この実験では，酵素量を変化させた条件下では反応速度の測定を行っていないので，②は図1から読みとれない。

　③：化学反応とは，ある物質が性質の異なる別の物質に変化することである。この酵素の基質であるタンパク質が分解されて，時間経過とともに生成物の量が増加しているので，③は図1から読みとれる。

　④：酵素の高い活性が長時間維持される温度のうち，最も高い値である40℃がこの実験においては最適温度であるので，④は図1から読みとれる。

問3　40℃における反応では，反応開始後図1の反応時間の間にグラフの傾きが徐々に小さくなっていることから，この酵素の一部は熱変性により失活している可能性が考えられる。したがって，反応開始40分後には生成物の量がそれ以上増加しなくなった理由としては，すべての酵素が失活したことにより反応も停止した可能性がある。また，反応開始40分後には，活性のある酵素は存在しているが，基質が酵素によってすべて分解されたことにより反応が停止した可能性もある。これらのうちいずれの可能性が正しいかを調べるには，活性のある酵素，または基質を加え，

どちらを加えた場合に，反応が再開するかを確認すればよい。

問4　能動輸送は，細胞膜がエネルギーを利用して特定の物質を透過させることである。特に，細胞膜が濃度勾配に逆らって Na^+ を細胞外へ，K^+ を細胞内へ移動させるしくみをナトリウムポンプという。ナトリウムポンプの実体は，細胞膜に存在し，Na^+-K^+-ATP アーゼ（ナトリウム-カリウム-ATP アーゼ）と呼ばれる酵素である。この酵素は，下の模式図に示すように，細胞内にATPと結合する部位をもち，細胞内のATPをADPとリン酸（Pi）に加水分解するとともに，その際に放出されるエネルギーを使って，Na^+ を細胞外に，K^+ を細胞内に輸送する。また，能動輸送に利用されるATPは，赤血球では解糖によって生成される。したがって4℃（低温）で実験を行うと，Na^+-K^+-ATP アーゼや解糖に関する各種酵素の活性が低下するので，能動輸送が停止する。

酵素の最適温度は，通常 30～40℃の範囲にあり，4℃（低温）ではほとんどの酵素が働かず，酵素反応に依存しているATP合成と能動輸送も停止する。その結果，赤血球内のイオン濃度は赤血球内外の濃度差（濃度勾配）による拡散（Na^+ は赤血球の外から内へ，K^+ は赤血球の内から外へ移動）によって，外液のイオン濃度に近づいていく。なお，ヒトの赤血球にはミトコンドリアが存在しないので，ATPは解糖により合成される。

問5・6　取り出した赤血球はそのまま4℃に放置されたため，解糖や能動輸送がほとんど行われず，ごくわずかの解糖の基質しか消費されない。赤血球を37℃に放置すると，赤血球内に存在していたATPと，残っていた解糖の基質から新たにつくられるATPにより能動輸送が行われるが，やがてATPもそれを合成するための解糖の基質も消費されてしまうため能動輸送が停止する。その結果，赤血球内のイオン濃度は，拡散により再び外液のイオン濃度に近づいていく。

問7　グラフより，グルコース添加によって能動輸送が回復したと考えられるので，グルコースが赤血球内に取り込まれ，解糖の基質として分解されて生じたATPにより，能動輸送などの生命活動が行われたとわかる。

問8　ATPは，能動輸送のエネルギー源として必要不可欠な物質である。しかし，ATPを加えてもグルコースを加えた場合とは異なり，赤血球

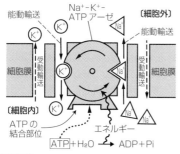

表33-1 消化酵素

基質	酵素名	消化液	働き・特徴
炭水化物（糖質）	アミラーゼ	だ液 すい液	デンプン グリコーゲン ⟶ マルトース（麦芽糖）
	マルターゼ	腸液（小腸粘膜表面）	マルトース ⟶ グルコース
	スクラーゼ	腸液（小腸粘膜表面）	スクロース（ショ糖）⟶ グルコースとフルクトース
タンパク質	ペプシン（最適pH約2）	胃液	タンパク質 ─特定部位切断→ タンパク質断片（例えば，ペプトン）
	トリプシン（最適pH約8）	すい液	タンパク質断片（ペプトン）─特定部位切断→ 短いポリペプチド
	ペプチダーゼ	すい液・腸液（小腸粘膜表面）	短いポリペプチド ─末端から切断→ アミノ酸
脂肪	リパーゼ	すい液	脂肪 ⟶ 脂肪酸とモノグリセリド

内の K^+ 濃度の増加が見られない。これは，赤血球内の ATP は能動輸送のエネルギー源として利用されるが，赤血球外の ATP は，細胞膜を透過することができず，能動輸送のエネルギーとしては使われなかったためと考えられる。

033 解答 解説

問1 (1) アミラーゼ　(2) 塩酸（胃酸）
　　 (3) ペプシン
　　 (4) すい　　　 (5) 胆
　　 (6) アミラーゼ
　　 (7) リパーゼ　(8) トリプシノーゲン
　　 (9) トリプシン　(10) グルコース
　　 (11) アミノ酸　(12) 血（毛細血）
　　 (13) 肝臓　　　(14) リンパ
問2 ペプシンを不活性な状態で分泌することにより，胃の細胞に含まれるタンパク質が分解されることを防ぐ。（48字）
問3 多糖類が主成分の粘液は，ペプシンによって分解されないので，胃の内壁がペプシンの分解作用から守られる。（50字）
問4 (4) すい臓　　 (5) 肝臓
問5 脂肪を乳化してリパーゼの作用を受けやすくする。（23字）

....

問1〜3　消化酵素は，それが含まれる消化液，消化酵素の生成部位と働き・特徴などを正確に覚えておく必要がある。どこまで覚えるかは大学によって異なるが，前ページの**表33-1**は必ずおさえておこう。

　なお，胃で分泌される塩酸（HCl）は胃酸とも呼ばれ，食物中のタンパク質の高次構造を変化させて，タンパク質が酵素による分解作用を受けやすくなるようにする。また，塩酸は胃液を酸性（pH2.0）にする働きももっており，食物とともに口から入り込んだ細菌を胃（腔）内で殺すとともにペプシンの最適 pH を保つ。

　胃の細胞内では，タンパク質分解酵素としては不活性なペプシノーゲンが生成されるので，胃の細胞を構成するタンパク質が分解されることはない。胃の細胞から分泌されたペプシノーゲンは，胃液中の塩酸によって，タンパク質分解酵素として活性のあるペプシンになる。このペプシンは消化酵素として働くとともに後から分泌されるペプ

シノーゲンの活性化分子としても働く。また，胃の内壁は多糖類（炭水化物の一種）を主成分とする粘液でおおわれているので，ペプシンによって胃の内壁が分解されることはない。

問4・5　胆汁は，肝臓で生成され胆のうに一時的に蓄えられた後，分泌される。胆汁は，消化酵素を含まないが，胃液（pH2.0）によって強酸性になった胃の内容物を，すい液とともに十二指腸（小腸の一部でありヒトの指が十二本並べられる程度の長さの部分）で弱アルカリ性（pH8.0）にする。また，胆汁は，脂肪の乳化（水に溶けない脂肪が溶液中に分散し，濁ったような液体になること）を促進して，リパーゼの作用を受けやすくしたり，小腸への吸収を助ける働きももっている。

034 解答 解説

問1 (1) ヘキソキナーゼ
　　 (2) グルコキナーゼは，ヒトの血糖濃度の変動の範囲で反応速度が変化するので，食後に血糖濃度が上昇したときには肝臓で反応速度が増大してグルコースの消費を促進し，空腹時には反応速度が低下してグルコースの消費を抑制することで血糖濃度を調節できる。（117字）
問2 (1) 細胞内で ATP 濃度が低下したときには PFK の反応速度を高めて解糖系での ATP 合成を促進し，ATP 濃度が上昇したときには反応速度を低下させて過剰な ATP の生成を防ぐことができる。（88字）
　　 (2) ②，⑤　　 (3) C

....

問1　(1) 基質との親和性の高低は，K_m（最大反応速度（V_{max}）の $\frac{1}{2}$ になるときの基質濃度）の値から判断できる。**図1**のグラフより，ヘキソキナーゼでは V_{max} が約 10 であるので，K_m は約 0.4 〜 0.5 であり，グルコキナーゼでは，V_{max} が約 7.5 以上であるので，K_m は約 7 以上であることがわかる。したがって，ヘキソキナーゼの基質との親和性の方が，グルコキナーゼの基質との親和性より高いと考えられる。

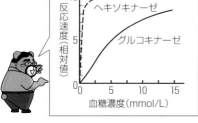

グルコキナーゼの反応がミカエリス・メンテンの式に従うのなら，問題031で学習した二重逆数プロットによって V_{max} と K_m の値を求めることができるけど，実際の測定データは下図のようなS字型となるので，二重逆数プロットは使えないんだ。図1のグルコキナーゼのグラフが血糖濃度0から立ち上がっていないのは，この辺を考慮したからかな？

反応速度（相対値）

ヘキソキナーゼ

グルコキナーゼ

血糖濃度(mmol/L)

(2) 空腹時から食後にかけての血糖濃度の変動範囲は，3.3～7.2mmol/L である。この範囲内の反応速度を図1で見ると，ヘキソキナーゼではほぼ一定であるが，グルコキナーゼでは血糖濃度に対して一次関数的に変化している。したがって，解糖系の第1段階を触媒するグルコキナーゼが局在する肝臓では，血糖濃度の変化に対応して，解糖系によるグルコースの消費量が調節されることで，血糖濃度の急激な変化が抑制される。特に，食後に大量のグルコースが小腸から吸収された場合，それらは肝門脈を介してまず肝臓に入り，グルコキナーゼの反応速度を上昇させることで解糖系を促進し，グルコースの消費量を増大させるので，血糖濃度の急上昇は抑えられる。

【参考】グルコースから生じたグルコース6-リン酸は，解糖系のほかに，グリコーゲン合成の材料としても消費される。

問2 (1) 前文と設問文から，「ホスホフルクトキナーゼ（PFK）は解糖系の初期（第3段階）の反応を触媒するアロステリック酵素」であるので，解糖系で働くPFKの反応速度（活性）が解糖系の最終生成物によって調節（フィードバック調節）されることが推察される。

それでは，PFKの活性を調節する活性調節物質とは何であろうか。それは，ATPである。

ATP は，PFK の基質であるとともに，解糖系や解糖系に続くクエン酸回路・電子伝達系における最終生成物の1つである。高濃度に存在するATP は，PFK のアロステリック部位に結合して，活性部位の立体構造を変化させて反応速度を低下させること（フィードバック阻害）により，ATP が豊富に存在する細胞内での過剰な ATP生成や，解糖系における基質の浪費を防いでいる。また，ATP が低濃度になるとフィードバック阻害が緩和されることにより，解糖系による ATP生成が促進されるので，ATP の安定供給は維持される。

【参考】PFK は，4つのサブユニットからなる四次構造（四量体）のタンパク質であり，各サブユニットのそれぞれに活性部位とアロステリック部位が存在しており，ATP は，PFK の活性部位と結合した場合は基質となり，アロステリック部位に結合した場合は活性調節物質となる。

(2) ① 図2より，PFK の活性（反応速度）は，高濃度の ATP 存在下では，低濃度の ATP 存在下より低下してはいるが，0ではないことがわかる。したがって，すべての PFK は不活性な状態にあるとは言えないので，①は不適切である。

② (1)の解説で述べた内容により適切である。

③ 補酵素とは，酵素のタンパク質部分（アポ酵素）と可逆的に結合することにより酵素作用を現す物質（熱に強い，低分子有機物）であり，補酵素のみ，あるいはアポ酵素のみでは活性をもたない。AMP を加えていない場合（グラフ1と2）でも PFK には活性があることから AMP は補酵素ではないので，③は不適切である。

④ AMP が「F6-P と競争的に PFK に結合する」場合，PFK の活性部位を基質である F6-Pと奪い合い競争的阻害の作用を現すことになる。しかし，高濃度の ATP 単独の場合より，AMPを加えた場合の方が PFK の活性が上昇しているので，④は不適切である。

⑤ 筋収縮に伴う ATP 濃度や AMP 濃度の変化を考えてみよう。筋細胞内の ATP の一部は，筋収縮のエネルギー源として以下の**式1**（H_2O は省略）のように分解される。

$$2ATP \longrightarrow 2ADP + 2リン酸 （式1）$$

式1のように分解された ATP から生じた ADP は，アデニル酸キナーゼ（AK）の働きにより，

式2のようにATPとAMPに変化する。

$$2ADP \rightleftarrows ATP + AMP \ (\textbf{式2})$$

これらの反応については問題015でもヤッタよね。

このように，筋収縮時に分解されたATP量の$\frac{1}{2}$はAKの働きで再合成されるので，筋収縮後の筋細胞内では，筋収縮に伴って分解されたATP量の$\frac{1}{2}$が減少するとともに，ATPの減少と同量のAMP量が増加している。これらの内容と，設問文中の「筋細胞内では，ATPの濃度はADPの濃度よりも，またADPの濃度はAMPの濃度よりもはるかに高く」をもとに，筋収縮前のATP濃度を5.0mmol/L，AMP濃度を0.1mmol/L（ATPの$\frac{1}{50}$）と仮定して，選択肢⑤の適・不適を考えてみよう。設問文中に「激しい運動を行ったときでも，……筋細胞内のATP濃度は10%しか減らない」とあることから，激しい運動（筋収縮）後の筋細胞内では，ATP濃度は5.0mmol/Lの10%（0.5mmol/L）減少して4.5mmol/Lになっており，AMP濃度は0.5mmol/L増加して0.1 + 0.5 = 0.6mmol/Lになっていると考えられる。つまり，ATP濃度の減少率が10%のときでも，AMP濃度の増加率は500%となっている。このようにAKの働きで増幅されるAMPの増加率は，PFKの活性を細かく調節できることから，⑤は適切である。

【参考】AMPは，PFKのアロステリック部位に結合して反応速度（活性）を上昇させる活性調節物質であり，ADPもAMPと同様の働きをもっている。

⑥　フィードバック調節では，解糖系で働くPFKの活性が，解糖系の最終生成物であるATPによって調節されるが，クレアチンリン酸からのATP合成反応には，解糖系は直接関与していないので，この反応から供給されるATPがPFKの活性を調節したとしても，それはフィードバック調節とは言わないので，⑥は不適切である。

(3) F2,6-BPは，「PFKのF6-Pへの親和性を高める」ので，K_mの値が低下したグラフ，つまり，図3のグラフ（「F2,6-BPなし」の場合

の破線のグラフ）より低濃度ATPにおける傾き（立ち上がり）が大きいグラフとなる。また，F2,6-BPは，「高濃度ATPによる（PFK阻害）効果を弱める」ので，高濃度ATP存在下におけるグラフは図3のグラフよりも右に伸びる（同じATP濃度下での反応速度が大きくなる）。

【参考】本問では，解糖系の調節に重要な役割を担う酵素である，ヘキソキナーゼ，グルコキナーゼ，ホスホフルクトキナーゼ（PFK）が取り上げられている。これらの酵素名に共通している「キナーゼ（kinase）」という語はATPから基質にリン酸基を転移するATP依存性酵素群に用いられる。これらの酵素のうち，ヘキソキナーゼとグルコキナーゼの反応生成物であるグルコース6-リン酸は，解糖系だけの中間生成物ではなく，グリコーゲンの合成反応やNADPHの生成反応の基質でもある。これに対して，PFKの反応生成物であるフルクトース1,6-ビスリン酸は，解糖系だけの中間生成物であるので，PFKが解糖系全体の調節にとって最重要な酵素であり，その活性は，ATP（PFKの活性抑制），AMP・ADP・F2,6-BP（いずれもPFKの活性促進）などの種々の活性調節物質がアロステリック部位に結合することにより，厳密に調節されている。

035 解答 解説

問1　細胞において膜の内外に形成されたH⁺の濃度勾配に従い，H⁺が膜に存在するATP合成酵素を通過することでATPが合成されるしくみ。（62字）

問2　〈内側〉低下する　〈外側〉変化しない

問3　〈内側〉上昇する　〈外側〉変化しない

問4　H⁺は，その濃度が高いチラコイド膜の内側から外側に向かいATP合成酵素を通って移動する。それにより緩衝液中のADPとリン酸から合成されたATPが発光のエネルギーに利用されたから。（88字）

問5　H⁺は，その濃度が高いチラコイド膜の外側から内側に向かって移動するが，ATP合成酵素を通らないので，ATPは合成されず発光は見られない。（67字）

問6　(1) 光リン酸化
　　　(2) 〈最初の電子供与体〉水（H_2O）
　　　　　〈最終電子受容体〉$NADP^+$

問7　(b)　　問8　3分子　　問9　(c)

問10　KCN は，電子伝達系を阻害することで
　　　酸素消費を停止させた。（29字）

問11　膜間腔の H$^+$ が DNP により，ATP 合成
　　　を伴わずに内膜を通ってマトリックスに移
　　　動するので，内膜を挟んだ H$^+$ の濃度差
　　　が小さくなり，電子伝達系が活発に働く。
　　　これにより，NADH が NAD$^+$ に戻る反
　　　応が促進され，NAD$^+$ 濃度が高くなるの
　　　で，脱水素反応を伴う解糖系やクエン酸
　　　回路が活性化し，有機物の代謝が促進さ
　　　れるから。（150字）

問12　〈阻害物質 a〉A　　〈阻害物質 b〉B

問13　膜間腔の H$^+$ がマトリックスに移動しなく
　　　なるので，内膜を挟んだ H$^+$ の濃度差が
　　　大きくなり，電子の伝達が進みにくくなる
　　　ため，酸素消費量は減少する。（68字）

‥‥‥‥‥‥‥‥‥‥‥‥‥‥‥‥‥‥‥‥‥‥‥‥‥‥‥‥‥

問1　前文から，ミッチェルはミトコンドリア
におけるATP合成のモデルとして化学浸透説を
発表し，これを証明するためにヤーゲンドルフは
葉緑体のチラコイド膜を用いて実験を行ったこと
がわかる。このことから，化学浸透とはミトコン
ドリアと葉緑体で共通するATP合成のしくみ，
すなわち電子伝達系とATP合成酵素によるしく
みであるとわかる。図35-1に模式的に示すよ
うに，電子伝達系とATP合成酵素は，ミトコン
ドリアでは内膜に，葉緑体ではチラコイド膜に存
在する。いずれにおいても，電子伝達系を電子（e$^-$）
が移動する際に生じるエネルギーを利用し，ミト
コンドリアでは内膜を挟んでマトリックスから膜
間腔に，葉緑体ではチラコイド膜を挟んでストロ
マからチラコイド膜の内側（チラコイド内腔）に
H$^+$ が輸送され，膜の内外でH$^+$の濃度勾配（濃

度差）が形成される。この濃度勾配を利用して，
ATP合成酵素を通ってミトコンドリアでは膜間
腔からマトリックスに，葉緑体ではチラコイド内
腔からストロマにH$^+$が移動（浸透）することで
ATPが合成される。このような膜の内外に形成
されたH$^+$の濃度勾配を利用した移動によって起
こるATP合成のしくみを化学浸透という。

問2　緩衝液とは，外部から少量の酸や塩基を
加えたり，希釈して濃度を変化させたりしても
pHをほぼ一定に保つ働きをもつ溶液である。ま
た，pHは7で中性であり，H$^+$の濃度が高いほ
ど低下して酸性側になる。下線部②では，チラ
コイド膜を「pH8の緩衝液にけん濁しておいた」
とあり，前文に「チラコイド膜はH$^+$をわずかに
透過させる」とあるので，このときチラコイド膜
内外ではH$^+$の濃度勾配が解消され，チラコイド
内腔は緩衝液と同様にpH8になっていると考え
られる。この状態のチラコイド膜をpH4の緩衝
液に入れて平衡化すると，H$^+$が濃度の高い緩衝
液側から内腔側に移動し，内腔ではH$^+$濃度が上
昇してpHは4まで低下するが，緩衝液のpHは
変化しないと考えられる。

問3・4　内腔のpHが8よりも低い状態のチ
ラコイド膜をpH8の緩衝液に移すと，H$^+$が濃度
の高い内腔側から緩衝液側に移動し，内腔では
H$^+$濃度が低下してpHは上昇するが，緩衝液の
pHは変化しないと考えられる。このとき，H$^+$
の移動は主にATP合成酵素を通って起こり，緩
衝液中のADPとリン酸からATPが合成され，
そのATPのエネルギーを利用して発光が起こっ
たと考えられる。

問5　内腔のpHが8の状態のチラコイド膜を
pH4の緩衝液に移すと，H$^+$が，ATP合成酵素

図35-1 ミトコンドリアと葉緑体における ATP 合成のしくみ

〔ミトコンドリア〕

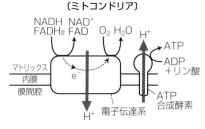

〔葉緑体〕

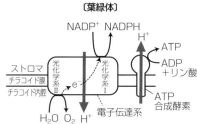

を通らず膜を介した拡散によって，濃度の高い緩衝液側から内膜側に移動するため，ATPが合成されず発光は起こらないと考えられる。

問6 光合成の反応過程において，**図35-1**に示したようなチラコイド膜で起こる光エネルギーをもとにしたATPの合成反応を光リン酸化という。光化学系Ⅱおよび光化学系Ⅰで起こる光化学反応とそれに伴う電子伝達反応は連動しており，光化学系Ⅱにおける水（H_2O）の分解で生じた電子（e^-）が光化学系Ⅰに伝達されて$NADP^+$に受け渡される。つまり，水が最初の電子供与体であり，$NADP^+$が最終の電子受容体として働く。

問7 実験1では，細胞から取り出したミトコンドリアとリン酸を含む反応液を用いており，細胞質基質や呼吸基質は存在していないので，実験開始時には呼吸の解糖系，クエン酸回路，電子伝達系のいずれも起こっていない。また，**図2**において，容器中の酸素分子量が減少している（グ

ラフが右下がりになっている）場合には，電子伝達系が進行して酸素（O_2）が消費されている（e^-とH^+とO_2からH_2Oが生じる反応が進行している）状態にあることを示している。実験開始約2分後にクエン酸回路の基質となるコハク酸を加えても酸素分子量が変化しないのは，電子伝達系が進行しないためである。実験開始約5分後にADPを加えると，ADPとリン酸からATPが合成される反応が進行する。つまり膜間腔からマトリックスへのH^+の移動が進行して内膜を挟んだH^+の濃度差が小さくなる。前文に「（内膜を挟んだ）H^+の濃度差が大きくなると電子の伝達が進みにくくなる」とあることから，H^+の濃度差が小さくなることで電子の伝達が進みやすくなり，O_2が消費されると同時にコハク酸を用いたクエン酸回路も進行する。このとき，ADPは**図35-1**からもわかるように，ミトコンドリアの内膜のマトリックス側に位置する表面(**b**)で反応する。

Success Point ミトコンドリアにおける電子伝達系の詳細 ━━━━━━━

　電子伝達系では，次図に示すように，複合体Ⅰ～Ⅳが酸化還元を繰り返しながら電子を伝達し，ミトコンドリアのマトリックスのH^+が膜間腔に移動し，内膜を挟んでH^+の濃度勾配が形成される。この濃度勾配に従って，H^+がATP合成酵素を通ってミトコンドリアの膜間腔からマトリックスに移動する。このときに生じるエネルギーの一部が利用されてATPが合成される。つまり，生じるエネルギーの残りは熱エネルギーに変換される。電子伝達反応が進行し続けるためには，マトリックスから膜間腔へのH^+の移動が起こることが必要であり，そのようなH^+の移動は，内膜を挟んだH^+による勾配（電位的勾配）が大きくなりすぎると起こらないことが知られている。したがって，通常，電子伝達反応が進行するためには，ATP合成反応が進行し，H^+がATP合成酵素を通ってマトリックスに移動する必要がある。

クエン酸回路で働く酵素のほとんどは，マトリックス中に浮遊しているが，コハク酸脱水素酵素だけはミトコンドリア内膜に埋め込まれた状態で働くんだよ。

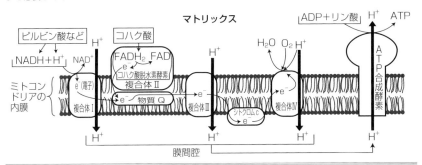

問8 図2より，ADP を 150nmol 加えると酸素分子量が 350nmol から 300nmol に 50nmol 分減少していることがわかる。酸素分子量が減少した後にグラフの傾きが 0 になっているのは，加えた ADP がすべて消費されたことを示している。このとき，1分子の ADP から1分子の ATP が生じるので，酸素1分子の消費によって生成する ATP は，150 ÷ 50 = 3（分子）である。なお，ADP を 300nmol 加えると酸素分子量が 300nmol から 200nmol に 100nmol 分減少していることからも同様に計算して求められる。

問9 2,4- ジニトロフェノール（DNP）によりミトコンドリア内膜の H^+ 透過性が増大すると，内膜を介した膜間腔からマトリックスへの H^+ の移動（拡散）が促進され，内膜を挟んだ H^+ の濃度差が小さくなるため，電子の伝達が促進されると考えられる。これにより，ADP が存在しない（ATP が合成されない）状態でも O_2 が消費されるようになる。これが，図2において DNP を加えた後に酸素分子量が減少している理由である。以上より，(a)，(d)，(e)は誤りであり，(c)が適切である。また，ATP のミトコンドリア外への輸送の有無については実験からは判断できないので，(b)は不適である。

問10 ATP 合成は行われないが，電子伝達系における電子の伝達が起こることで O_2 が消費されている状態の反応液に KCN（シアン化カリウム）を加えることで酸素分子量の低下が起こらなくなったことから，O_2 が消費されなくなった，つまり電子伝達系が阻害されたと考えられる。

問11 体内において呼吸が行われている際には，解糖系，クエン酸回路，電子伝達系の反応がいずれも進行している。この状態で DNP がミトコンドリアに作用すると，問9の解説で述べたように電子伝達系において，ATP 合成を伴わない電子の伝達が促進される。その結果，解糖系やクエン酸回路で生じた NADH が電子伝達系に電子を供与する速度が上昇し，NAD^+ の濃度が高くなる。これにより，NAD^+ を用いた解糖系やクエン酸回路の反応速度が上昇し，呼吸基質となる有機物の代謝が促進されることで体重が減少すると考えられる。

問12 図3から，阻害物質 a を加えてもコハク酸を基質とした反応での酸素消費は阻害されないことから，阻害物質 a は物質 B と物質 C には作用しない，つまり物質 A に作用するとわかる。一方，図4から，阻害物質 b を加えるとコハク酸を基質とした反応での酸素消費は阻害されるが，その後ピルビン酸を基質とした反応での酸素消費は阻害されないことから，阻害物質 b は物質 A と物質 C には作用せず，物質 B に作用するとわかる。

問13 薬剤 O は，ATP 合成酵素内の H^+ の移動を止める物質であるので，電子伝達系での電子伝達に伴う酸素消費には直接的な影響を与えない。しかし，薬剤 O により膜間腔からマトリックスへの H^+ の移動が起こらなくなると，ミトコンドリアの内膜を挟んだ H^+ の濃度差が大きくなるので，電子の伝達が進みにくくなり，酸素消費量は減少すると考えられる。

【参考】電子伝達系の阻害剤

呼吸に関する研究の進展に伴い，電子伝達系に作用する種々の阻害剤が発見あるいは開発され，それらを用いて電子伝達系の詳細を明らかにする研究や，医薬品・農薬の開発などが行われてきた。下の表は，電子伝達系のいくつかの阻害剤の働きについてまとめたものである。

また，解糖系やクエン酸回路で生じるピルビン酸やコハク酸，下の表に示した阻害剤などを用いて，本問 035 の〔Ⅱ〕と同様の実験を行うと，次ページ左上図のような結果となる。

ロテノン	複合体Ⅰから物質 Q への電子伝達を阻害する。
アンチマイシン A	複合体Ⅲから Ⅳ への電子伝達を阻害する。
シアン化カリウム (KCN)	複合体Ⅳにおいて，H^+ と e^- と O_2 から H_2O が作られる反応を阻害する。
ジニトロフェノール (DNP)	ミトコンドリア内膜の H^+ に対する透過性を増加させることで，ATP の合成を阻害する。
オリゴマイシン（薬剤 O）	ATP 合成酵素内の H^+ の移動を止め，ATP の合成を阻害する。

〔注〕次ページ左上図の④の時点で，オリゴマイシンの代わりにアンチマイシン A を添加しても，溶存酸素量の減少は停止する。

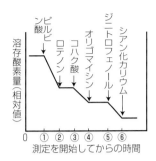

縦軸: 溶存酸素量（相対値）

横軸: 測定を開始してからの時間

ラベル（上から）: ルビピン酸、ロテノン、オリゴマイシン、コハク酸、ジニトロフェノール、シアン化カリウム

横軸目盛: 0 ① ② ③ ④ ⑤ ⑥

036 解答 解説

問1 ①　　　　　　　　**問2** ③

問3 〈A'〉③　〈C'〉①

問4 (1) 225mg　(2) 115μL

　　　　(3) 11.5 ミリモル

問1　酵母は呼吸とアルコール発酵の両方を行うことができるので，実験Bのように空気中（酸素が存在する条件下）では，酵母は呼吸を行っていると考えられる。酵母によって放出されたCO_2は，㈡内のNaOH水溶液に吸収されてしまうので，㈡内の気体の増減には影響を与えない。つまり，図2のグラフB'で示された㈡内の気体の減少量は，酵母が呼吸によって吸収した酸素量を表していることになる。

問2　実験Dは㈡内の気体がN_2（無酸素条件下）なので，酵母はアルコール発酵のみを行う。放出されるCO_2は，㈡内のNaOH水溶液に吸収されるので，㈡内の気体の体積変化はない。

問3　実験Aでは，空気（酸素）が存在するので，呼吸が起こっている。もし，実験Aにおいて呼吸のみが起こっているとすると，呼吸では吸収されたO_2の体積と同量のCO_2が放出されるので，㈡内の気体の体積変化はなく，気体の増減はグラフD'のようになるはずである。しかし，グラフA'では，実験開始後約2時間は気体の体積が増加しているので，アルコール発酵も起こっていることがわかる。2時間以降，グラフA'は水平になるが，実験Aと同様の反応が起こっている実験Bの結果では，2時間以降もO_2吸収は停止していない。これらのことから，2時間以降は呼吸のみが起こっていると考えられる。

無酸素条件下の実験Cでは，アルコール発酵によって放出されたCO_2が㈧内の蒸留水に吸収されないので，㈡内の気体増加の原因となっている。グラフC'が，実験開始後約2時間以降，水平になっているのは，実験開始から約2時間後にはグルコースがすべて消費され，それまで起こっていたアルコール発酵が停止したからである。

問4　実験AとBではいずれも呼吸とアルコール発酵が起こっており，実験Aの測定値である44.8mLはアルコール発酵（$C_6H_{12}O_6 \rightarrow 2C_2H_5OH+2CO_2+2ATP$）で放出される$CO_2$量を表しており，実験Bの測定値である33.6mLは呼吸（$C_6H_{12}O_6+6O_2 \rightarrow 6CO_2+6H_2O+38ATP$（最大））で吸収される$O_2$量を表している。呼吸では，吸収される$O_2$のモル数と放出される$CO_2$のモル数が等しいので，吸収される$O_2$の体積と，放出される$CO_2$の体積も等しい。したがって，呼吸で放出される$CO_2$の体積は33.6mL（0.0336L）である。なお，0℃，101.3kPaにおいては，どのような気体も1モルの体積は22.4Lであることを覚えておこう。

(1) 酵母の呼吸で消費されるグルコース（$C_6H_{12}O_6$）の量をy_1（g）とすると，呼吸における$C_6H_{12}O_6$とCO_2の量的関係より，重量と体積で比例式をたててそれを解くと，

$C_6H_{12}O_6 : 6CO_2 = 180 (g) : 6 \times 22.4 (L)$
$= y_1 (g) : 0.0336 (L)$
$\longrightarrow y_1 = 0.045 (g) = 45 (mg)$

酵母のアルコール発酵で消費される$C_6H_{12}O_6$の量をy_2（g）とすると，アルコール発酵における$C_6H_{12}O_6$とCO_2の量的関係（1：2）より，

$C_6H_{12}O_6 : 2CO_2 = 180 (g) : 2 \times 22.4 (L)$
$= y_2 (g) : 0.0448 (L)$
$\longrightarrow y_2 = 0.180 (g) = 180 (mg)$

よって，$y_1 + y_2 = 225 (mg)$

(2) 酵母が生成するエタノール（C_2H_5OH）の重量をy_3（g），体積をy_4（mL）とすると，アルコール発酵におけるC_2H_5OHとCO_2の量的関係（1：1）より，

$C_2H_5OH : CO_2 = 46 (g) : 22.4 (L) = y_3 : 0.0448 (L)$
$\longrightarrow y_3 = 0.092 (g)$

比重＝重量(g)÷体積(mL)であるから，

$0.8 = 0.092 \div y_4$
$\longrightarrow y_4 = 0.115 (mL) = 115 (μL)$

(3) 酵母の呼吸で生成する ATP の量を y_5（モル）とすると，呼吸における CO_2 と ATP（最大値）の量的関係（6：38）より，

$6CO_2 : 38ATP = 6 × 22.4 （L）: 38 （モル）$
$= 0.0336 （L）: y_5 （モル）$

→ $y_5 = 0.0095 （モル）$

1 モル＝ 1000 ミリモルなので

$y_5 = 9.5 （ミリモル）$

酵母のアルコール発酵で生成する ATP の量を y_6（モル）とすると，アルコール発酵における CO_2 と ATP の量的関係（1：1）より，

$CO_2 : ATP = 22.4 （L）: 1 （モル）$
$= 0.0448 （L）: y_6$

→ $y_6 = 2.0 （ミリモル）$

よって，ATP の生成量（最大値）は，

$y_5 + y_6 = 9.5 + 2.0 = 11.5 （ミリモル）$

なお，本問のように「有効数字は 3 桁で答えよ。」に対して，有効数字の桁数を明確にするために，(1) $2.25 × 10^2$ mg　(2) $1.15 × 10^2$ μL　(3) $1.15 × 10$ ミリモル　と答えてもよい。

037 解答 解説

問1　30℃　　　問2　20℃
問3　102mg　問4　68mg　　問5　F
問6　クロレラが行う呼吸によって酸素が消費されたから。（24字）
問7　光照射開始後しばらくの間は，クロレラの光合成速度が呼吸速度を上回っていたが，光合成の進行により，水中の二酸化炭素が消費され不足するようになると，光合成速度は低下し，呼吸速度と等しくなるから。（95字）
問8　$12 × 10^{-7}$ モル /L
問9　$11 × 10^{-7}$ モル /L

....

問1　前文中の表に，見かけの光合成速度の値を加えると次の表のようになる。30℃のときの見かけの光合成速度（10.0）は，光合成速度（20.0）の半分である。

問2　光合成によって合成された有機物量から呼吸によって消費された有機物量を差し引いた分が葉中に蓄積されるので，「葉中に蓄積される光合成産物の量」とは，見かけの光合成量のことである。

温度(℃)	光合成速度		呼吸速度		見かけの光合成速度
5	7.5	－	2.0	＝	5.5
10	11.0	－	2.5	＝	8.5
15	16.0	－	3.5	＝	12.5
20	20.0	－	5.0	＝	(15.0)
25	20.5	－	7.0	＝	13.5
30	(20.0)	－	10.0	＝	(10.0)
35	18.0	－	13.0	＝	5.0
40	15.0	－	16.0	＝	−1.0

見かけの光合成速度が最も大きい（15.0 を指す）
見かけの光合成速度が光合成速度の半分（10.0 を指す）

問3　表は「葉面積 100cm^2 当たり，1 時間当たりの二酸化炭素」の吸収量と排出量を示しているが，設問は，葉面積 200cm^2 の葉が 20℃で 5 時間光合成を行ったときに蓄積されるグルコース量（見かけの光合成量）を問うている。まず，上の条件のときの見かけの光合成速度を下のように CO_2 量で求める。

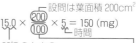

設問は葉面積 200cm^2

$15.0 × \dfrac{200}{100} × 5 = 150 （mg）$

時間

20℃のときの見かけの光合成量　　表は葉面積 100cm^2 当たり

次に，光合成（$6CO_2 + 12H_2O → (C_6H_{12}O_6) + 6O_2 + 6H_2O$）における CO_2 とグルコースの量的関係から，グルコース量を x（mg）として次のように求めることができる。

$6CO_2 : C_6H_{12}O_6 = 264 （g）: 180 （g）$
$= 150 （mg）: x （mg）$

→ $x = 102.2… ≒ 102 （mg）$

問4　葉面積 200cm^2 の葉が，20℃で 5 時間暗黒に置かれたときの呼吸量を CO_2 速度で求める。

$5.0 × \dfrac{200}{100} × 5 = 50 （mg）$

20℃のときの呼吸量　　時間

葉に 5 時間光を照射（**問3**の条件）した後に，5 時間暗黒に置くと，$150 − 50 = 100 （mg）$ の CO_2 が吸収されたことになる。光合成における量的関係をもとに，グルコース量を y（mg）として求める。

$6CO_2 : C_6H_{12}O_6 = 264 （g）: 180 （g）$
$= 100 （mg）: y （mg）$

→ $y = 68.1… ≒ 68 （mg）$

Success Point 光合成の計算に関する注意点

(1)「光合成量」と「見かけの光合成量」のいずれを求めるかを確認する。

A「光合成量（前に形容詞・修飾語がない）」,「同化量」,「生産量」とあったら，光合成量を求める。

注：総同化量（＝総生産量）は，光合成量と同義であるが，純同化量（＝純生産量）は見かけの光合成量と同義である。

B「葉の重量増加量」,「光合成産物（グルコース）の蓄積量」,「葉に吸収される CO_2 量」,「葉から放出される O_2 量」とあったら，見かけの光合成量を求める。

注：葉の細胞内では，ミトコンドリアが放出した CO_2 は葉緑体に取り込まれ光合成に利用される。したがって，葉が吸収した CO_2 量や，葉が放出した O_2 量は見かけの光合成量を表している。

(2) グラフや表の値（測定値）の単位（何 cm^2 の葉・何時間当たり）と設問で求められている量を合わせる。

例：光合成速度が 10mgCO_2（100cm^2・1時間当たり）の場合，200cm^2 の葉の3時間の光合成量は $10 \times 2 \times 3 = 60mgCO_2$ となる。

(3) CO_2 量➡グルコース量への換算を行うかどうかを確認する。
光合成量や見かけの光合成量は，グルコース量として求められることが多い。その場合は，$6CO_2 : C_6H_{12}O_6 = 264 : 180$ の比例式でグルコース量を求める。

第5章

問5　表より，20℃のときは10℃のときより呼吸速度が大きい，つまり CO_2 排出量が多い。この呼吸速度の関係に適するものは，y 切片の位置で判断すると，**C** と **F** のグラフである。また，十分な強さの光のもとでは，20℃のときは，10℃のときより見かけの光合成速度が大きい，つまり，CO_2 吸収量が多い。この見かけの光合成速度の関係に適するものは，**F** のグラフだけである。

表の数値をもとに，10℃と20℃における光の強さと CO_2 の吸収・排出量の関係を正確なグラフにすると，**図37-1** のようになる。

図37-1 10℃と20℃における光の強さと CO_2 の吸収・排出量の関係

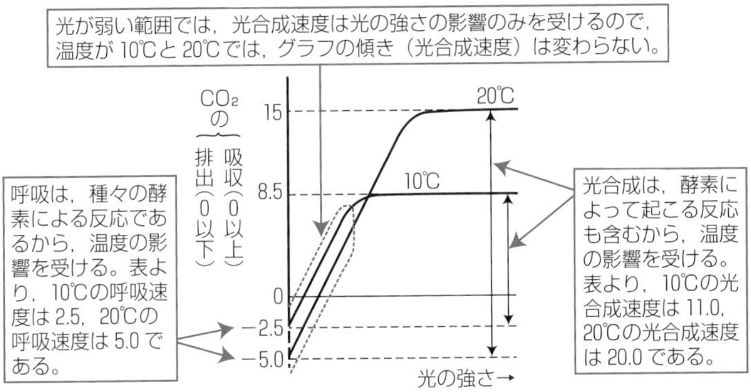

Success Point 見かけの光合成速度のグラフと光合成速度のグラフ

CO_2 の吸収速度を測定することによって求められる見かけの光合成速度と光の強さの関係は図Aのようなグラフになる。光合成速度は，見かけの光合成速度に呼吸速度（暗黒条件下の CO_2 排出速度）を足して求められるので，光合成速度と光の強さの関係をグラフにすると図Bのようになる。

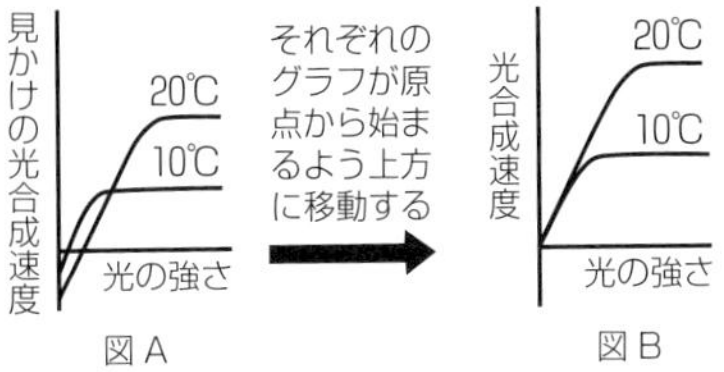

問6 クロレラは，暗所では光合成を行うことができないので，クロレラの呼吸によって懸濁液中の酸素が消費（吸収）され，溶存酸素量が減少していく。

問7 光照射後，時間経過にともなって溶存酸素量の増加の割合が低下し，15分後には増加が停止してしまう。これは，「温度・pHならびに，光照射中の光の強さは一定に保たれていた」とあることと，溶存酸素量の増加が停止した後，$NaHCO_3$（炭酸水素ナトリウム）を加えると再び増加することから，水中の二酸化炭素濃度の低下が原因で光合成速度が低下したためであると考えられる。水中には，少量の二酸化炭素が水に溶けて炭酸イオン（HCO_3^-）の形で存在している。クロレラやオオカナダモなどを用いて光合成の実験を行うときは，水中の二酸化炭素が不足して光合成に影響を与えないように，$NaHCO_3$を加えることが多い。

問8 光補償点は，光合成速度と呼吸速度が等しくなるときの光の強さであるから，光補償点の強さの光を照射すると，溶存酸素濃度は変化しない。また，実験開始5分後から行った光照射により，溶存酸素量が増加しているので，このときは，光補償点より強い光を照射したことがわかる。なお，二酸化炭素濃度は，実験開始20分後に与えた$NaHCO_3$によって十分に保たれているので，35分までの光合成には影響を与えない。

問9 光合成の反応のみを阻害する試薬を与えた場合，呼吸のみが行われている状態になる。したがって，クロレラを暗所に置いたとき（光照射を行う前）と同じ速度で溶存酸素量が減少する。

038 解答 解説

問1 C_4植物は光飽和点と光合成の最適温度が高いので，熱帯などのように日射が強く高温の気候に適している。（48字）

問2 CO_2濃度200ppm以下における見かけの光合成速度は，C_4植物がC_3植物よりもかなり大きいので，C_4植物には低CO_2濃度下でも光合成速度を高めるしくみが存在する。（77字）

問3 C_3植物とCAM植物は，ともに葉肉細胞中に存在する葉緑体内のストロマで進行するカルビン・ベンソン回路において，チラコイドで生じたATPとNADPHなどを用いてCO_2を還元し，有機物を生成する。（94字）

問4 C_4植物では，C_4回路とC_3回路は別々の細胞に存在し，ともに昼間に進行する。CAM植物では，C_4回路と同様の反応とC_3回路は同じ細胞に存在し，夜間にC_4回路と同様の反応が進行し，生じたC_4化合物が液胞中に貯められ，昼間にこのC_4化合物から生じたCO_2を用いてC_3回路が進行する。（129字）

問5 気孔抵抗が急激に上昇することから，CO_2の取り込み口である気孔が閉じるから。（37字）

問6

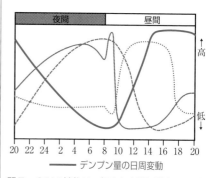

夜間　　昼間　　↑高　　低

20 22 24 2 4 6 8 10 12 14 16 18 20

―― デンプン量の日周変動

問7 CAM植物は，気孔を夜間に開きCO_2を貯蔵し，昼間に閉じて水分の損失を抑えて光合成を行うから。（46字）

問8 ベンケイソウ，サボテン，パイナップルなどから1つ

問1 図1より，C_4植物は80キロルクス以下に光飽和点がなく，強い光条件下で光合成速度をC_3植物より高めることができるとわかる。また，図2より，C_4植物の光合成における最適温度（約35℃）は，C_3植物の最適温度（約15℃）より高いこともわかる。したがって，C_4植物は，高温・強光の条件下の地域（たとえば熱帯）での生育に適していると考えられる。

Success Point　二酸化炭素固定の様式

　無機物として存在する炭素（主に二酸化炭素（CO_2））を有機物の形に変換して，生体内に取り込む過程を二酸化炭素固定，炭酸固定，炭素固定などといい，さらにこの過程を広義にとらえて炭酸同化，炭素同化ということもある。二酸化炭素固定に注目して，C_3植物・C_4植物・CAM植物の特徴をまとめると下図のようになる。

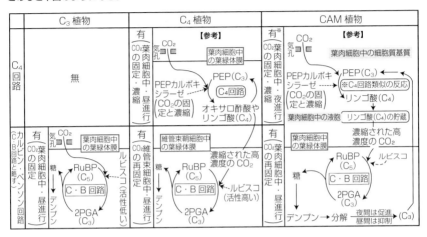

問2　図3より，C_4植物における呼吸速度と光合成速度が等しくなるCO_2濃度（これをCO_2補償点という）は，C_3植物のそれより低く，CO_2濃度の上昇に伴う見かけの光合成速度の増加の割合が，C_3植物よりC_4植物の方が大きいことがわかる。これらのことから，C_4植物は，低いCO_2濃度下でもCO_2の固定能力が高いことが推測される。実際にC_4回路で働くPEPカルボキシラーゼは，カルビン・ベンソン回路で働くRuBPカルボキシラーゼ/オキシゲナーゼ（ルビスコ，RubisCO）よりもCO_2と結合する性質（CO_2に対する親和性）が高く，大気中のようにCO_2濃度が低い条件下では，C_4回路はCO_2を維管束鞘細胞のカルビン・ベンソン回路にさかんに送り込む役割，すなわち，CO_2の濃縮装置の役割をもつと考えられる。したがって，C_4植物は，図3に示すように低CO_2濃度下においてC_3植物より高い光合成能力を示し，図1に示すようにCO_2濃度が限定要因となる強光下においてもなかなか光飽和しない。

　本設問の解答として，次のような記述でも可である。「呼吸速度と光合成速度が等しくなるCO_2濃度は，C_3植物よりC_4植物の方が低い。したがって，C_4植物の方が低CO_2濃度下でもCO_2を有効に利用して光合成を行うことができる。（79字）」

問3～8　ベンケイソウやサボテンなど，乾燥地に生育する多肉植物は，C_4植物と異なり，葉肉細胞内の細胞質基質中にC_4回路と類似の反応系をもち，同じ細胞の葉緑体中にカルビン・ベンソン回路をともにもつ。このような植物は，比較的乾燥の程度の低い夜間に気孔を開いて大気中のCO_2を取り込み，リンゴ酸などのC_4化合物に変えて液胞中に蓄え，乾燥の程度の高い日中は気孔を閉じてCO_2を取り込まず，C_4化合物から生じたCO_2で葉緑体中のカルビン・ベンソン回路を進行させる。このような代謝を$\overset{カ}{CAM}$（crassulacean acid metabolism，ベンケイソウ型酸代謝）といい，CAMを行う植物は，CAM植物と呼ばれ，日中に気孔を閉じて乾燥による水分の損失を防ぐとともに光合成を行うことで，乾燥地での生活に適応している。

039 解答 解説

問1 (1) 酸素濃度が高い方向に移動する。(15字)

(2) 光合成が起こり酸素が生じている部位とその度合を，細菌の集まり方により調べるため。(40字)

問2 〈記号〉(e)
〈理由〉同じ細胞内で，葉緑体の有無の条件だけが違う(ア)と(ウ)の結果を比べると，葉緑体に光照射した部分に細菌が多く集合しているから。(59字)

問3 光合成には，赤色光と青色光がよく利用される。(22字)

問4 ヘモグロビンは，酸素と結合した状態と結合していない状態で色が異なるので，酸素発生の有無を色の変化として確認するため。(58字)

問5 (1) H_2O

(2) あらかじめ空気を抜いてあるため，ツンベルク管内に CO_2 は存在しないから。(35字)

問6 水の分解によって生じた電子を受け取る。(19字)

問7 緑藻に光を照射して光合成を行わせ，生じた酸素を調べる実験で，$H_2^{18}O$ 存在下では $^{18}O_2$ が発生したが，$C^{18}O_2$ 存在下では $^{18}O_2$ は発生しなかった。(62字)

問8 光合成には，光が必要な反応と，<u>直接光が必要でない反応</u>があり，光が必要な反応は，直接光が必要でない反応に先立って起こる。また，直接光が必要でない反応の進行には，光が必要な反応の結果が必要である。(96字)

問9 (ア) (j) (イ) (g) (ウ) (h) (エ) (i)
(オ)・(カ) (a)・(c)（順不同） (キ) (h)
(ク) (g) (ケ) (j) (コ)・(サ) (a)・(c)（順不同）
(シ) (g) (ス) (h) (セ) (h) (ソ) (g)

··

問1 エンゲルマンは，運動性のある好気性細菌を用いて実験を行った。好気性細菌とは，空気（酸素）の存在下で生育する細菌で，実験に用いた細菌は酸素が存在する（あるいは，酸素濃度が高い）方向に移動する。このような性質を正の酸素走性という。アオミドロの細胞内で光合成が行

われると，その部位では酸素が発生するので，好気性細菌はそこに集まる。エンゲルマンはこれを利用して，アオミドロの細胞内のどこで光合成が行われるかをつきとめた。

問2 (ウ)に細菌が集まっているという結果のみをみただけでは，葉緑体のみで光合成が行われているとはいえない。アオミドロでは，光が照射されると葉緑体以外の部位でも酸素が発生するかもしれない。それを確かめるために，(ウ)と(ア)，(イ)のいずれかを比較する必要がある。このとき(ウ)と(イ)では，葉緑体の有無のほかに，細胞内外という条件も異なっているので，(ウ)における大量の酸素の発生は，細胞内への光照射によるものであるか，あるいは葉緑体への光照射によるものであるかを判断できない。そこで(ア)と(ウ)を比較する。これによってはじめて，葉緑体のみで光合成が行われているという結論に達することができる。

問3 エンゲルマンは，プリズムで分光した光をアオミドロに照射し，光の波長と細菌の集まり方の関係から，光の波長ごとに光合成に対する有効性を調べ，光合成にはどのような波長の光が利用されるかをつきとめた。これは，光合成の作用スペクトルとほぼ同じ結果となっている。

問4 ツンベルク管から空気を抜くと，気相中からも液体中からも酸素（O_2）や二酸化炭素（CO_2）が除かれる。この状態で光合成が行われないと，混合液中のヘモグロビンは O_2 と結合できず，暗赤色をしている。光合成が行われると，ヘモグロビンは発生した O_2 と結合して鮮紅色になる。このようなヘモグロビンの色の変化を確認することで，O_2 の発生の有無を知ることができる。

問5 光合成の反応式は $6CO_2 + 12H_2O \rightarrow$ $(C_6H_{12}O_6) + 6O_2 + 6H_2O$ である。この反応式の生成系（→の右側）の $6O_2$ は，反応系（→の左側）の $6CO_2$ と $12H_2O$ のいずれか，または両者から生じたと考えられる。本実験では，空気を抜くことによって O_2 とともに CO_2 も除去してあるので，発生する $6O_2$ は $12H_2O$ に由来したことがわかる。

76

問6・7 シュウ酸鉄(Ⅲ)のように，電子（水素）を受け取る物質は電子（水素）受容体と呼ばれる。また，電子受容体は，酸化還元反応において相手の物質を酸化する働きがあるので，酸化剤とも呼ばれる。

　光合成において，H_2O が分解されて O_2 が発生する反応には，酸化剤が必要である。葉の細胞内に存在している葉緑体には，もともと酸化剤が存在しているので，植物の葉はシュウ酸鉄(Ⅲ)などを与えられなくても光合成を行うことができる。しかし，ヒルが植物の葉から取り出した葉緑体では，葉緑体を包む膜が破れていたので，酸化剤が失われていた。したがって，その代わりとなる酸化剤として，シュウ酸鉄(Ⅲ)を加えないと O_2 が発生しなかったのである。ヒルの実験結果は，光合成で発生する O_2 が H_2O に由来することの間接的な証明となった。

　その後，ルーベンは光合成で発生する O_2 の由来を直接的に証明した。自然界に最も多く含まれる酸素原子は ^{16}O であり，その同位体（安定同位体）である ^{18}O は，自然界には微量しか存在せず，放射能はないが ^{16}O より重い（質量数が大きい）。質量数の違いに着目して光合成で発生する O_2 の由来を調べた実験である。$H_2{}^{18}O$ を与えた場合（正確には自然界よりも高い割合で ^{18}O を含む水を与えた場合）と，$C^{18}O_2$ を与えた場合（正確には自然界よりも高い割合で ^{18}O を含む二酸化炭素を与えた場合）のいずれの光合成において，$^{18}O_2$ が発生するか（発生する酸素中の ^{18}O の割合が高まるか）を確かめることによって，光合成で発生する酸素の由来を知ることができる。

問8 〔Ⅲ〕の実験4・5はベンソンの実験（1949年）である。実験4の④と実験5の④より，高い光合成速度を維持するためには，光を必要とする反応と，直接光を必要としない反応の両方が進行する必要があることがわかる。しかし，実験4の④のように，光がなくても CO_2 があれば短時間だが光合成は起こる。では，実験4の光がなく，CO_2 がある②では，なぜ光合成は起こらないのか。それは，④の前段階の③では光が与えられているのに対し，②の前段階の①では光が与えられていないことによると考えられる。このことから，光を必要とする反応は，直接光を必要としない反応に先立って起こり，その反応で起こったことは，次の段階で光を消した後も光合成にとって有効であることがわかる。その後の研究で，光が与えられている間に ATP や NADPH（還元型補酵素）がつくられ，それらが，光を必要としないカルビン・ベンソン回路で消費されることがわかった。

問9 光・温度・CO_2 濃度が十分な条件下の光合成では，すべての反応が順調に進行するので，回路反応（カルビン・ベンソン回路）を構成する C_3（PGA）と C_5（RuBP）の濃度は一定になる（**図39-1**・次ページ**図39-2**の$-200 \sim 0$秒）。このような光合成の進行中に，急に光照射を止めると（**図39-1**），NADPH や ATP が回路反応に供給されなくなるので，C_3 が次の物質へ変化する反応が止まる。しかし，C_5 から C_3 への反応は，CO_2 さえあれば光とは無関係に進行するので，光照射を止めると C_5 が減少し，C_3 が増加・蓄積する。

図39-1 図5の考え方

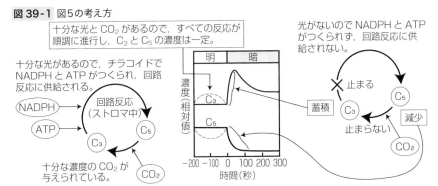

十分な光と CO_2 があるので，すべての反応が順調に進行し，C_3 と C_5 の濃度は一定。

十分な光があるので，チラコイドで NADPH と ATP がつくられ，回路反応に供給される。

光がないので NADPH と ATP がつくられず，回路反応に供給されない。

回路反応（ストロマ中）

NADPH　ATP　C_3　C_5

十分な濃度の CO_2 が与えられている。

CO_2

明　暗

濃度（相対値）

C_3　C_5

-200　-100　0　100　200　300

時間（秒）

蓄積　C_3

止まる　C_5

止まらない　減少

CO_2

光・温度・CO₂濃度を十分にして光合成を行わせているとき，急にCO₂の供給を止めると（**図39-2**），C_5からC_3への反応が止まる。しかし，C_3からC_5への反応は，光照射さえあればCO₂の供給とは無関係に進行するので，CO₂の供給を止めるとC_3が減少し，C_5が増加・蓄積する。もし，CO₂が存在しない場合，$C_5 \rightarrow C_3$の反応と$C_3 \rightarrow C_5$の反応がともに停止するならば，CO₂の供給を止めても，C_3の濃度もC_5の濃度も変化しないはずである。したがって，CO₂がない場合も$C_3 \rightarrow C_5$の反応は進行することがわかる。

図 39-2 図6の考え方

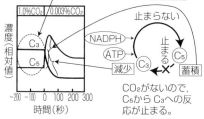

十分な光とCO₂があるので，すべての反応が順調に進行し，C_3とC_5の濃度は一定。

濃度（相対値）
時間（秒）
止まらない
NADPH
ATP
減少 C_3 ✕ 蓄積 C_5
CO₂がないので，C_5からC_3への反応が止まる。

（注）高校生物では，**図5**（**図39-1**）・**図6**（**図39-2**）において，一度増加した物質が減少することの理由は考えなくてよい。

040 解答 解説

問1 (1) (う), (か), (く)　(2) (か)

問2 a. (ト)　b. (ハ)　c. (イ)

問3 〈反応〉脱窒
〈池や沼の特徴〉脱窒を行う生物は，低酸素濃度条件下で硝酸イオンをN_2に変換するので，周囲から有機物や栄養塩類を含む汚水が流入しやすく，有機物や増殖したプランクトンなどの生物の遺体の分解によって大量の酸素が消費される池や沼に多く存在すると考えられる。（115字）

問4 a) ○　b) ○　c) ×　d) ○　e) ×

問5 c)

問6 突然変異体では，正常な受容体タンパク質が合成されず，第1のシグナル物質が認識されないため，根粒形成抑制シグナル物質が産生されなかった。（67字）

問7 根粒形成抑制シグナル物質が産生されないので，A，Bに約40個の根粒が形成

される。（40字）

問8 (ア) c)　(イ) g)　(ウ) h)　(エ) d)

....

問1 タンパク質は多数のアミノ酸からできており，生体のタンパク質を構成するアミノ酸は20種ある。アミノ酸は側鎖の性質（中性・酸性・塩基性，親水性・疎水性など）によってグループ分けされている。酸性の側鎖をもつ場合は酸性アミノ酸，アルカリ性の側鎖をもつ場合は塩基性アミノ酸に分類される。また，側鎖の分子量が大きい場合，疎水性を示しやすい。

（1）ヒトの成人の必須アミノ酸は，ロイシン，イソロイシン，リシン，ヒスチジン，メチオニン，バリン，フェニルアラニン，トレオニン，トリプトファンの9種類（ヒトの成長期には，アルギニンを加えた10種類）である。

（2）20種類のアミノ酸のうち，硫黄原子を含むのはメチオニンとシステインの2つである。

問2 窒素同化において，**図1a，b，c**がそれぞれグルタミン酸（アミノ酸の一種），ケトグルタル酸（有機酸の一種，α-ケトグルタル酸ともいう），グルタミン酸（アミノ酸の一種）であることは知っておく必要がある。構造式を覚えておく必要はないが，これらの物質が窒素同化の過程において果たしている役割と，有機酸やアミノ酸の特徴を正しく理解していれば，**図2**の選択肢（構造式）から答えを推測できる。

ここで，有機酸とアミノ酸について，それぞれの特徴を確認しておこう。有機酸は，窒素（アミノ基）を含まない有機物に属する酸であり，アミノ酸は1個の炭素原子（C）に，アミノ基（-NH₂），カルボキシ基（-COOH），水素原子（H）ならびに側鎖をもつ化合物である。

アミノ基を1個（以上）もつグルタミン酸が，NH_4^+をアミノ基（-NH₂）として受け取ることによって生じるのが**図1a**のグルタミンであるので，その分子中にはアミノ基が2個（以上）あるはずである。**図2**のうち，(ト)のみがアミノ基を2個もっていることから，**図1a**は(ト)であり，炭素原子を5個含むC_5化合物であることがわかる。

図1a（**図2**の(ト)）のグルタミンは，**図1b**のケトグルタル酸にアミノ基を1個与えることによりグルタミン酸に変化し，ケトグルタル酸を**図1c**のグルタミン酸に変化させるので，グルタミン

酸はグルタミンと同様 C_5 化合物（アミノ基を 1 つもつアミノ酸）であり，ケトグルタル酸もグルタミン酸同様 C_5 化合物（アミノ基をもたない有機酸）である。したがって，**図2**のうち，C_5 化合物でアミノ基を 1 個もつアミノ酸である**（イ）**が**図1c**であり，C_5 化合物の有機酸である**（ハ）**が**図1b**であると推測できる。なお，クエン酸回路中で，C_6 化合物のクエン酸が脱炭酸されて生じるケトグルタル酸は，C_5 化合物の有機酸であることから考えを進めてもよい。

問3 生物の枯死体・遺体や排出物が土壌中で菌類や細菌に分解されると，無機窒素化合物であるアンモニウムイオン（NH_4^+）が生じる。NH_4^+ は，亜硝酸菌によって NH_4^+ から亜硝酸イオン（NO_2^-）に，硝酸菌によって NO_2^- から硝酸イオン（NO_3^-）に変化する。植物は気体の窒素（N_2）を体内に吸収することはできないが，土壌中の NO_3^- や NH_4^+ を吸収し，窒素同化を行う。なお，根粒菌やネンジュモなど，一部の生物は空気中の N_2 を体内に取り込み，窒素固定を行って NH_4^+ を作ることができる。土壌中にある NO_3^- などは，低酸素濃度条件下（嫌気的条件下）において，脱窒素細菌によって気体の N_2 に変換され，大気中に戻される。これを脱窒という。

本問では，脱窒素細菌が生息しやすい池や沼の特徴について問われている。脱窒が起こりやすい環境の特徴として，「NO_3^- が豊富にあること」，「酸素が低濃度であること」の2点が挙げられる。池や沼などの NO_3^- は，栄養塩類（N，P，K などを含む無機塩類）が周囲から流入したり，多量の有機物が流入して，増殖したプランクトンなどの遺体や有機物が分解されることなどにより増加する。また，この分解過程で酸素が消費されるので，低酸素状態になると考えられる。土壌中や水中で NH_4^+ が NO_3^- に変化する過程は酸化反応であり，酸素を必要とするのに対し，NO_3^- が脱窒素細菌により N_2 に変化する過程は還元反応であり，酸素濃度の低い環境で進みやすい。このため，池や沼では，光合成が行われて O_2 濃度が高い上層で酸化反応が起こりやすく，O_2 濃度が低い下層で還元反応が起こりやすいという特徴も見られる。低酸素濃度の池や沼の特徴として，風や水流などによる外部からの酸素の供給が少ないことを述べてもよいので，本設問の解答として，以下の

記述でも可である。「脱窒を行う生物は，低酸素濃度条件下で硝酸イオンを N_2 に変換するので，風の弱い地域にあり，流入・流出する川が少ないことで水流が起こりにくく，多量の生物の遺骸が分解されることで生じる硝酸イオンの濃度が高い池や沼に多く存在すると考えられる。(116字)」

【参考】脱窒素細菌が NO_3^- を N_2 に変換する脱窒は，嫌気的条件下で起こる異化反応であり，硝酸呼吸などとも呼ばれる。脱窒素細菌は，酸素があれば通常は酸素を用いて呼吸を行うため，脱窒は起こらない。脱窒素細菌は，呼吸と脱窒のどちらも行うことができるので，酸素が高濃度の環境では呼吸を行い，酸素が低濃度になると脱窒を行う。

脱窒素細菌は，「NO_3^- が豊富」で「酸素濃度が低い」場所であれば，海洋，湖沼，池，水田などのいたるところに生息しているんだヨ。

問4 分割根については，〔Ⅱ〕の前文で1つ，問4の設問文で2つ，合わせて3つの実験が行われている。これらの実験結果を整理し，表にまとめると次の通りになる。

	〔Ⅱ〕の前文 根粒菌の 時間差接種		**問4**の設問文 根粒菌の 同時接種		**問4**の設問文 根粒菌を Aにのみ接種	
	分割根A	分割根B	分割根A	分割根B	分割根A	分割根B
野生型	8個	2個	約8個	約8個	形成あり	0個
変異体	40個	41個	約40個	約40個	形成あり	0個

実験結果と前文の内容から，以下のように考察できる。〔Ⅱ〕の前文の実験と問4の設問文の根粒菌同時接種の実験結果から，**表1**の野生型では分割根Aでの根粒形成の結果産生された根粒形成抑制シグナル物質が，分割根AとBにともに作用したため，野生型では変異体よりも根粒形成が抑制されたと考えられる（…考察①）。また，突然変異体は根粒形成の抑制ができないこともわかる（…考察②）。**問4**の設問文の分割根Aにのみ根粒菌を接種した実験結果から，根

粒形成は根粒菌が接種された部位のみで起こり、根粒菌が植物体内を移動して他の部位に根粒形成を促進しないことがわかる（…考察③）。

　考察①、②、③から、選択肢の正誤を判断していく。a) は、考察①と一致するので○である。b) は、考察②と一致するので○である。c) は、「分割根 A から分割根 B への根粒菌の移動が容易になった」という点が考察③に反するので×である。d) は、考察①と一致するので○である。e) は「何の結論も導きだせなかった」とあるが、a)、b)、d) を導くことができるので×である。

問5　表2で野生型（穂木）／変異体（台木）の接ぎ木個体の根粒数が正常であることから、変異体では根で起こる過程すなわち根粒形成抑制シグナル物質が根で機能する過程は正常であることがわかる。また、変異体（穂木）／野生型（台木）の接ぎ木個体の根粒数が増加することから、変異体では地上部で起こる過程に変異（異常）があると考えられる。問6の設問文から、変異体は受容体遺伝子に変異があることがわかるので、第1の物質の受容体での認識と、それと同じ器官で起こる根粒形成抑制シグナル物質の産生は、地上部で起こると考えられる。したがって選択肢のうち、第1の物質が「根で受容体に認識される」とする a)、b)、f) は誤りである。残りの c)、d)、e) では、それぞれ第1の物質が作られる部位が異なっている。第1の物質が根粒を形成しない根や地上部で作られる場合、根粒が形成された根からその情報が根粒を形成しない根や地上部へ伝えられる過程が必要となる。したがって、根粒を形成した根で直接第1の物質が形成されるとする c) が最も可能性が高いと考えられる。

問6　根粒形成の抑制が起こるしくみについて、反応が起こる場所と順序を理解してから解答しよう。問5で考察した内容と前文で書かれている「これまでの研究結果から」に続く一文を整理すると右上図のようになる。

　問6の設問文で「突然変異体は、受容体遺伝子のアミノ酸を指定する領域」に終止コドンが生じ、「最終的に根粒数が増加した」とある。また問5の解答から、第1の物質の受容体は地上部にあることがわかる。よって、突然変異体では地上部にある受容体のタンパク質が正常に合成されないため、第1のシグナル物質が認識されず、そ

根粒形成の抑制が起こるしくみの概念図

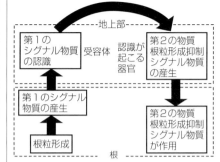

の後の反応が進まないと考えられる。したがって、地上部で根粒形成抑制シグナル物質が産生されず、根で機能しないため、根粒が増加する。

問7　表2および問6の設問文から、突然変異体では地上部の受容体の形成が正常に起こらないと考えられる。突然変異体の穂木は根粒形成によって産生される第1のシグナル物質を受容できないため、根粒形成抑制シグナル物質が産生されない。よって、分割根 A, B ともに約 40 個の根粒が形成されると考えられる。

問8　下線部⑥で「窒素源不足の土壌で根粒を形成した野生型の草丈は根粒を形成しないときより大きくなったが、逆に、突然変異体の草丈は根粒を形成することにより小さくなった」とある。このことから、根粒の形成が過剰になると、植物体のエネルギーの消費量が多くなると考えられる（…考察④）。また、下線部⑥で「十分な濃度の窒素肥料が土壌に存在するときには、野生型に根粒菌を接種しても根粒は形成されなかった」とある。このことから、十分に窒素源が存在する場合は、生育のために根粒を形成する必要がないと考えられる（…考察⑤）。

　上記の考察④、⑤をふまえて、問8の文章に適切な選択肢を考えていこう。工業的に窒素ガスをアンモニアに転換する反応は、化学触媒の存在下において高温・高圧で進行するが、根粒内の窒素固定反応は常温・常圧で進行する（**ア**…c）。考察④より、根粒形成やその機能維持のためには多量のエネルギーが必要である（**イ**…g）。考察⑤より、十分な窒素肥料が土壌にある場合は、窒素肥料を根から直接吸収する方が、根粒を形成するよりエネルギー消費が少なくてすむと考えられ

る（**ウ**…h）。野生型マメ科植物は，根粒数を調節することでエネルギー消費のバランスを保っている（**エ**…d）と考えられる。

041 解答 解説

問1 (1) ウ，エ　(2) カ，ク　(3) ア，エ
　　　(4) オ，カ　(5) カ，コ　(6) カ，ケ
　　　(7) イ，エ
問2 (a) 6　　(b) 18　　(c) 12
　　　(d) 18　　(e) 12　　(f) 6

問1　入試に頻出の代謝に関する化学反応式をまとめると，下の**表41-1**のようになる。なお，反応性の高い水素原子を表す〔H〕は，NADH，FADH₂，NADPH の H である。

表41-1 から，式**エ**は 1・解糖系，式**オ**は 11・亜硝酸菌の硝化，式**キ**は 12・硝酸菌の硝化，式**ク**は 8・チラコイドで起こる反応であることがわかる。他は，「代謝の経路に含まれる化学反応」であり，反応の一部が示されている。$C_3H_4O_3$ がピルビン酸であることなどをもとに，一つ一つ考えていこう。

〈式**ア**〉$C_3H_4O_3$（ピルビン酸）から $C_3H_6O_3$（乳酸）が生じている。(3)乳酸発酵の一部の反応である。

〈式**イ**〉ピルビン酸から C_2H_6O（エタノール）と二酸化炭素が生じている。(7)アルコール発酵の一部の反応である。

〈式**ウ**〉ピルビン酸が二酸化炭素と水に酸化分解されている。(1)呼吸の一部（クエン酸回路と電子伝達系）の反応を表す。

〈式**エ**〉解糖系の反応を表している。解糖系は，(1)呼吸・(3)乳酸発酵・(7)アルコール発酵などに共通の反応である。

〈式**オ**〉(4)亜硝酸菌が行う硝化を表す。硝化は化学合成の反応の一部であり，ここで生じたエネルギーが炭酸同化に用いられる。

〈式**カ**〉(2)・(4)・(5)・(6)の炭酸同化（光合成・化学合成）の反応を表している。植物の光合成であれば，普通は，$6CO_2 + 12H_2O \rightarrow (C_6H_{12}O_6) + 6O_2 + 6H_2O$ と書くが，炭酸同化に共通する反応のみが示されている。

〈式**キ**〉硝酸菌の硝化を表す。この反応で生じたエネルギーが炭酸同化に用いられる。

〈式**ク**〉(2)植物の光合成において，チラコイドで水が分解される反応を表している。

注：化学合成に用いられる水素は，〈式**ク**〉の反応で供給されるわけではないが，高校生物のレベルでは，(4)と(6)に〈式**ク**〉を加えても減点はされないと思われる。

〈式**ケ**〉(6)硫黄細菌による化学合成の一部の反

表41-1 代謝に関する化学反応

			反応名	反応式
異化	1		解糖系	$C_6H_{12}O_6 \rightarrow 2C_3H_4O_3$（ピルビン酸）$+ 4$〔H〕
	2	呼吸	クエン酸回路	$2C_3H_4O_3 + 6H_2O \rightarrow 6CO_2 + 20$〔H〕
	3		電子伝達系	24〔H〕$+ 6O_2 \rightarrow 12H_2O$
	4		まとめ	$C_6H_{12}O_6 + 6O_2 + 6H_2O \rightarrow 6CO_2 + 12H_2O$
	5	アルコール発酵		$C_6H_{12}O_6 \rightarrow 2C_2H_6O$（エタノール）$+ 2CO_2$
	6	乳酸発酵・解糖		$C_6H_{12}O_6 \rightarrow 2C_3H_6O_3$（乳酸）
同化	7	植物の光合成		$6CO_2 + 12H_2O \rightarrow (C_6H_{12}O_6) + 6O_2 + 6H_2O$
	8	チラコイドで起こる反応		$12H_2O \rightarrow 24$〔H〕$+ 6O_2$
	9	光合成細菌の光合成		$6CO_2 + 12H_2S$（硫化水素）$\rightarrow (C_6H_{12}O_6) + 6H_2O + 12S$
	10	化学合成	まとめ	無機物 $+ O_2 \rightarrow$ 酸化物 $\dashrightarrow$ 式11，12 など 化学エネルギー CO_2 など $\rightarrow$ 有機物
	11		亜硝酸菌（硝化）	$2NH_3$（アンモニア）$+ 3O_2 \rightarrow 2HNO_2$（亜硝酸）$+ 2H_2O$
	12		硝酸菌（硝化）	$2HNO_2 + O_2 \rightarrow 2HNO_3$（硝酸）

応を表している。この反応で生じたエネルギーが炭酸同化に用いられる。

〈式**コ**〉（5）緑色硫黄細菌の光合成において，H_2S（硫化水素）が分解される反応である。

問2 カルビン・ベンソン回路では，$6CO_2$ が，チラコイドで生じた $18ATP$ と $12（X \cdot 2〔H〕）$ を用いて有機物（$C_6H_{12}O_6$）に固定される。なお，$12（X \cdot 2〔H〕）$ は正確に表すと $12NADPH + 12H^+$ となる。

Success Point 呼吸と光合成に関する化学反応式の表記法

(1) 呼吸の各過程（ATP，補酵素などは省略）
- ●解糖系　$C_6H_{12}O_6 \longrightarrow 2C_3H_4O_3 + 4〔H〕$
- ●クエン酸回路　$2C_3H_4O_3 + 6H_2O \longrightarrow 6CO_2 + 20〔H〕$
- ●電子伝達系　$24〔H〕 + 6O_2 \rightarrow 12H_2O$

これらの式をまとめると，$C_6H_{12}O_6 + 6O_2 + 6H_2O \longrightarrow 6CO_2 + 12H_2O$

注：上の式をまとめて，$C_6H_{12}O_6 + 6O_2 \longrightarrow 6CO_2 + 6H_2O$ と書くこともできる。

(2) 呼吸の各過程（ATP，補酵素を明記）
- ●解糖系
  $C_6H_{12}O_6 + 2NAD^+ \longrightarrow 2C_3H_4O_3 + 2NADH + 2H^+ + 2ATP$
- ●クエン酸回路
  $2C_3H_4O_3 + 6H_2O + 8NAD^+ + 2FAD \longrightarrow 6CO_2 + 8NADH + 8H^+ + 2FADH_2 + 2ATP$
- ●電子伝達系
  $10NADH + 10H^+ + 2FADH_2 + 6O_2 \longrightarrow 12H_2O + 10NAD^+ + 2FAD + （最大）34ATP$
  これらの式をまとめると，$C_6H_{12}O_6 + 6O_2 + 6H_2O \longrightarrow 6CO_2 + 12H_2O + （最大）38ATP$ となる。

(3) 光合成の各過程（ATP，補酵素などは省略）
- ●チラコイドで起こる反応　$12H_2O \longrightarrow 24〔H〕 + 6O_2$
- ●ストロマで起こる反応　$6CO_2 + 24〔H〕 + 6H_2O \longrightarrow （C_6H_{12}O_6） + 12H_2O$
  これらの式をまとめると，$6CO_2 + 12H_2O \longrightarrow （C_6H_{12}O_6） + 6O_2 + 6H_2O$ となる。

注：上の式をまとめて，$6CO_2 + 6H_2O \longrightarrow （C_6H_{12}O_6） + 6O_2$ と書くこともできる。
　　（$C_6H_{12}O_6$）の（　）はない場合もある。

(4) 光合成の各過程（ATP，補酵素を明記）
- ●チラコイドで起こる反応
  $12H_2O + 12NADP^+ \longrightarrow 6O_2 + 12NADPH + 12H^+ + 18ATP$
- ●ストロマで起こる反応
  $6CO_2 + 12NADPH + 12H^+ + 18ATP \longrightarrow （C_6H_{12}O_6） + 6H_2O + 12NADH^+$
  これらの式をまとめると，$6CO_2 + 12H_2O \longrightarrow （C_6H_{12}O_6） + 6O_2 + 6H_2O$ となる。

第6章 遺伝情報の複製と細胞周期

042 解答 解説

問1 25時間

問2 (1) 2時間30分 (2) 6時間15分
(3) 3時間45分 (4) 12時間30分

問3 2.2×10^5bp/秒

問4 2.2×10^3個

問5

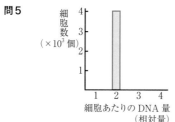

細胞数（×10^3個）／細胞あたりのDNA量（相対量）

問6 (1) A群 (2) ②，③

問1 培養により増殖中の細胞集団では，通常，どの細胞も同じ長さの細胞周期で増殖し続けるが，細胞周期のどの時期にあるかは細胞ごとに異なる（細胞周期が同調していない）。このような培養細胞の細胞周期の長さは，その調べた細胞の数が2倍になるのにかかる時間に相当する。**図1**では培養開始50時間後に100×10^3個だった細胞が400×10^3個になるのは培養開始100時間後である。つまり，50時間で細胞数が4倍になっていることから，50時間で2回の細胞分裂が起こっている（2回の細胞周期がみられる）。したがって1回の細胞周期に要する時間は25時間である。このように，グラフにおいて正確な数値の読みやすいところに着目すると，細胞周期を求めることができる。

問2 細胞周期が同調していない細胞からなる細胞集団において，ある時点における，細胞の各時期に属する細胞数は，各時期それぞれの長さに比例する。また，各時期の細胞1個に含まれるDNA量に注目すると，間期のS期（DNA合成期）にはDNAが複製（合成）され，DNA量はG1期（DNA合成準備期）の量の2倍になる。2倍になったDNA量は，染色体が娘細胞に分配されるM期（分裂期）が終了すると，もとの量に戻る。したがって，細胞あたりのDNA量（相

対値）は，G1期の細胞を2とすると，G2期（分裂準備期）とM期の細胞では4となる。また，S期の細胞は，DNAが合成される途中段階にあるため，そのDNA量は2と4の間の値となる。この関係をグラフにしたものが**図2**であり，この図から各時期の細胞数を求めると以下のようになる。

各期に要する時間
＝細胞周期×$\dfrac{各時期の細胞数}{すべての細胞数}$（時間）

(1) $25 \times \dfrac{8000 \times 0.1}{8000} = 2.5$（時間）＝2時間30分

(2) $25 \times \dfrac{2000}{8000} = 6.25$（時間）＝6時間15分

(3) $25 \times \dfrac{2000-800}{8000} = 3.75$（時間）＝3時間45分

(4) $25 \times \dfrac{4000}{8000} = 12.5$（時間）＝12時間30分

問3 DNAの複製はS期において行われ，**問2**で求めたS期に要する6.25時間に5.0×10^9bp複製するので，1秒間に複製される塩基対数は，

$5.0 \times 10^9 \times \dfrac{1}{6.25 \times 60 \times 60} = 2.22 \cdots \times 10^5$（bp）

となる。よって，速度は2.2×10^5bp/秒である。

問4 設問文より，DNAの複製に関与する複合体の進行速度が50bp/秒であり，1つの複製起点（複製開始点）から両方向にDNAが開裂して複製が進むことから，1つの複製起点につき2つの複合体（DNAヘリカーゼなどの複製開始に必須のタンパク質複合体）が結合し，それぞれ別の開裂方向への進行に関与すると考える。DNAの複製速度は2.22×10^5bp/秒であることから，

$2.22 \times 10^5 \times \dfrac{1}{50} \times \dfrac{1}{2} = 2.22 \times 10^3$

となり，2.2×10^3個の複数起点が存在すると推測できる。

問5 ⑦の時点ではグラフはほぼ横ばい（傾きが0）であることから，細胞分裂はほとんど起こっていないと考えられるので，測定した4000個の細胞のうちの大部分は，細胞周期のG1期にあり，S期・G2期・M期にはないと推測される。

問6 (1) 減数分裂では，第一分裂が起こる前の間期のS期にDNAの複製が行われてDNA量が2倍になった（相対値2→4）後，減数分裂第一分裂の終期に2つの娘細胞に染色体が分配されることでDNA量が半減（相対値4→2）する。続いてDNAの複製が起こることなく減数分裂第二分裂で染色体の分配が行われ，DNA量がさらに半減（相対値2→1）する。このようなDNA量の変化を表すグラフに精子形成の過程で生じる細胞の名称を記入すると，次図のようになる。

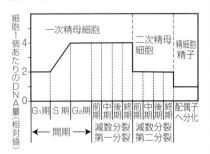

上図より，精細胞のDNA量は相対値1であるので，**図3**ではA群に含まれると考えられる。
(2) **図3**のC群には，DNA量が2よりも大きく4よりも小さい細胞が含まれる。これには，S期においてDNAの複製を行う細胞が該当するので，体細胞分裂を繰り返す過程でS期にある精原細胞（①）はC群に含まれるが，二次精母細胞（②）と精子（③）はDNAの複製を行わないためC群には含まれない。

043 解答 解説

問1 (1) ① G_2　② M　③ S
　　　　④ G_1＋S＋G_2＋M
　　　(2) ① イ　② エ　③ ウ，エ
問2 S期～M期前期

....

問1 設問文中の後半に書かれている「すべての細胞が同じ細胞周期で細胞分裂を繰り返しているが，各細胞が同調的な分裂を行っていない細胞集団」とは，どのような細胞集団かを考えてみよう。
たとえば25個の細胞からなり，各細胞が同調的な分裂を行っていない細胞集団があり，この細胞集団内の各細胞は，ある時点において細胞周期の次のような時期にあるとしよう。

25個の細胞からなる細胞集団のうち，

　7個の細胞（細胞番号1～7）はG_1期
　10個の細胞（細胞番号8～17）はS期
　5個の細胞（細胞番号18～22）はG_2期
　3個の細胞（細胞番号23～25）はM期

上記の各細胞の細胞周期が進行する様子を次ページの円グラフ状の模式図 **図43-1** の①～⑥に示したのでよく見て理解しよう。なお，この図では，G_1期，S期，G_2期，M期に要するおよその時間を，扇形の部分の角度（面積）で表し，細胞番号1の細胞（青色の細胞）に着目して，細胞周期が円グラフの周囲を時計回りに進行するようすを説明している。

(1) 同調的な分裂を行っていない培養細胞の集団に，放射性チミジンを短時間与えると，放射性チミジンはS期にある細胞のみに取り込まれ，他の時期の細胞には取り込まれない。これらの細胞の細胞周期が進行していく様子を模式的に図示すると，次ページの **図43-2** ①～⑥のようになる。これらをもとに **図1** のグラフを解釈してみよう。

(I) 培養細胞に，「放射性チミジンを短時間与えて，S期にあった細胞をすべて標識したあと，放射性チミジンを除去して，それを含まない液の中で培養」すると，チミジンの添加時にS期にあった細胞のみが放射線を出す標識細胞になる（**図43-2** ①）。
(II) 放射性チミジンを与えたときにS期の最後（G_2期直前）にあった細胞xが，G_2期を経てM期に達すると，M期の細胞の中に標識細胞が観察され始める（**図43-2** ②）したがって，**図1** のt_1はG_2期の長さに相当する。
(III) 細胞xがM期の最後（G_1期直前）に達したときには，放射性チミジン添加時にM期とG_2期にあった細胞（標識されていない細胞）は，M期を終了しているので，M期のすべての細胞が標識細胞になる（**図43-2** ③）。したがって，**図1** のt_2-t_1は，細胞xがM期を通過するのに要した時間，つまりM期の長さに相当する。
(IV) 放射性チミジン添加時にS期最初にあった細胞aがM期に入った後には，放射性チミジン添加時にG_1期にあった細胞（放射線を出さない細胞）がM期に入ってくるので，M期にあるすべての細胞のうち，標識細胞の割合がしだいに減

少していく（**図43-2** ④〜⑤）。細胞aは、細胞xよりもS期の長さの時間だけ遅れてM期に入ってくる。この時点が**図1**のt_3なので、$t_3 - t_1$はS期の長さに相当する。細胞xの娘細胞も

放射線を出す標識細胞であり、これらの細胞が次のM期に達すると再びM期の細胞に標識細胞が観察される（**図43-2** ⑥）。

図43-1 各細胞の細胞周期が進行する様子

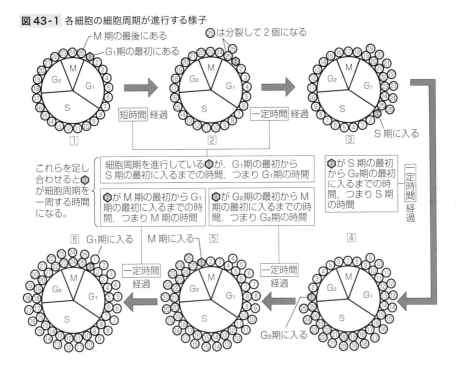

図43-2 放射性チミジンを与えた後に各細胞の細胞周期が進行する様子

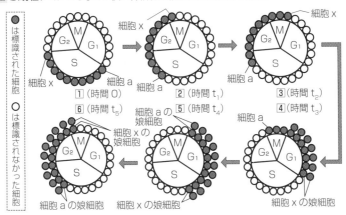

（標識されていない細胞の娘細胞は省略）

(V) 図1の $t_5 - t_1$ は 図43-2 ②が 図43-2 ⑥ になるまでの時間，つまり細胞周期の長さ（G₁期＋S期＋G₂期＋M期）に相当する。

(2) S期では，DNAの2本のヌクレオチド鎖のそれぞれが鋳型になって，新しい2分子のDNA（新生鎖）が半保存的に複製される。次図が示すように，最初のG₁期にある細胞中のDNAは放射線を出さない。この細胞が，S期にあるときに放射性チミジンが与えられると，複製されたDNAはその2本鎖のうちの一方の鎖に放射性チミジンを含むことになるので，1回目のM期の中期（第1ピーク）の染色体は，縦裂面の左右ともに黒い粒子をもつ（放射線を出す）。

2回目の分裂に際して，放射性チミジンのない溶液中で複製されるDNAは，放射性のないチミジンを取り込むので，2回目のM期中期（第2ピーク）の染色体は，縦裂面の左右のどちらか一方のみが黒い粒子をもつ。3回目のM期中期の染色体では，図2のウとエが50%ずつ存在する。

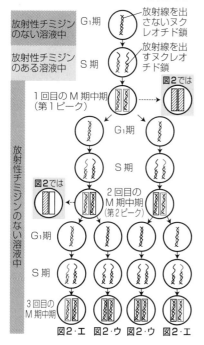

問2 図3の矢印は，放射性チミジン添加からM期中期の細胞の染色体上に検出される銀粒子数が上限に達するまでにかかる時間が最も短い細

胞で約13時間であることを表している。言いかえれば，DNAの複製により生じた新生鎖がすべて放射性チミジンを最大限取り込んでいるDNAとなっており，それをもつ細胞が初めてM期中期に入るのが，放射性チミジン添加から約13時間ということである。細胞内のDNA（新生鎖）がすべて放射性チミジンを最大限取り込んだ状態となるためには，その細胞がS期の最初からDNA合成の材料として放射性チミジンを取り込まなければならないので，放射性チミジン添加時に細胞がS期の最初以前にある必要がある。この中で，一番最初にM期中期に入る細胞は，放射性チミジン添加時にS期の最初にあった細胞である。したがって図3の矢印が示す約13時間は，S期の最初にあった細胞がG₂期を経てM期中期に入るまでの時間，すなわち細胞周期のS期，G₂期，M期前期を合わせた時間に相当すると考えられる。本設問の考え方を模式的に表すと以下のようになる。

培養細胞の培養液中に放射性チミジンを添加したときに，下の図Aの①〜④のそれぞれの時点に存在していた細胞が細胞周期を進行させ，M期中期に入ったときに各細胞を標本とし，それぞれについてオートラジオグラフィーを行った。その結果，染色体上に検出される銀粒子は図Aのようになる。また，放射性チミジン添加後の時間は①〜④の時点にいた細胞がそれぞれM期中期に入るまでの時間に対応し，グラフで表すと右ページの図Bのようになる。

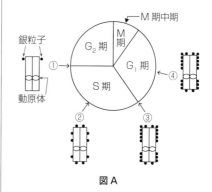

図A

（①〜④の染色体の図は，放射性チミジン添加時に①〜④にいた細胞が，それぞれM期中期に入ったときの染色体の状態）

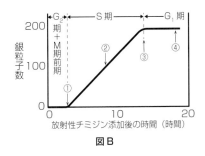

図B

044 [解答][解説]

問1 実験1-1，実験2

問2 実験1-1の対照実験として，間期の細胞
同士を融合させても分裂期特有の現象が
起こらないことを確認する。（50字）
〈別解〉実験2の対照実験として，間期の
細胞の細胞質を注入した未処理の未受精
卵が，成熟しないことを確認する。（49字）

問3 実験1-3

問4 DNA量の過不足により，正常な細胞分
裂や生命活動ができない。（30字）

問5 サイクリン遺伝子のmRNAと相補的な
RNA鎖を加えてRNA干渉させ，分裂
期にならないことを確認する。（50字）
〈別解〉抗サイクリン抗体で前処理した卵
抽出液に加えた精子核で，核膜消失や染
色体凝縮が生じないことを確認する。（50
字）
〈別解〉卵抽出液にサイクリン阻害剤を加え
て反応させた後に精子核を加え，分裂期
が始まらないことを確認する。（48字）

問6

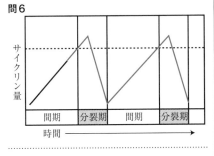

‥‥‥‥‥‥‥‥‥‥‥‥‥‥‥‥‥‥‥‥‥‥‥‥‥

問1 分裂期（M期）の細胞質中に，核を分裂
期に誘導する因子が存在することを示すために
は，間期の細胞の核に分裂期の細胞の細胞質を触

れさせて，間期の核が分裂期に進行することが確
認できればよい。間期の細胞と分裂期の細胞を用
いている実験は実験1-1と実験2であり，実験
1-1で間期細胞由来の核膜が消失し染色体が凝
縮し始めたという現象は，間期の核が分裂期前期
の状態に変化したことを示している。実験2では，
成熟させた卵細胞は染色体が赤道面に並んでいる
ことから分裂期中期にあり，この時期の細胞質を
未受精卵に注入することで未受精卵が分裂期中期
に進行したことから，核を分裂期に誘導する因子
は細胞質に存在することが示される。なお，プロ
ゲステロンはホルモンの一種であり，哺乳類では
妊娠の維持に働き，両生類では卵成熟に働く。

問2 対照実験とは「注目している条件以外の
他の条件を本来の実験とすべて同じにして，注目
している条件のみを本来の実験とは異なるものに
する実験」のことである。本実験で注目している
のは，核を分裂期に誘導する因子が分裂期の細胞
にのみ存在するということなので，分裂期以外つ
まり間期の細胞では核を分裂期に誘導できないこ
とを同じ実験で確認すればよい。したがって，実
験1-1の対照実験としては，分裂期以外の細胞
つまり間期の細胞同士を融合させる実験を，実験
2の対照実験としては，間期の細胞の細胞質を注
入する実験を行えばよいことになる。

問3 細胞周期には，一つ前の段階が適切に完
了しないうちに次の段階に進行しないよう制御す
る，チェックポイントと呼ばれるしくみが存在し
ている。このチェックポイントの存在を示すもの
としては，実験1-2の中から実験操作により細
胞周期が一時停止した実験を選べばよい。実験1
-3では，DNA合成期（S期）細胞由来の核が
分裂準備期（G_2期）に入るまで核膜の消失など
が起こらなかった（分裂期に進行しなかった）の
で，分裂準備期の細胞の核がチェックポイントの
働きで細胞周期を一時停止していたということが
わかる。なお，細胞周期は一方向に順序よく進行
し逆行することはないので，分裂準備期細胞由
来の核がDNA複製を開始しなかったのはすでに
DNA複製を終了していたためであり，チェック
ポイントの働きによるものではない。

問4 分裂直後のDNA量を2とすると，DNA
合成期の終了後にはDNA量は2から4に増加

する。言い換えれば，DNA 合成期の開始直後から終了直後までの DNA 量は 4 より少ないので，DNA 合成期の途中で細胞分裂が起こったり，細胞分裂前に DNA 複製が繰り返し起こったりすると，娘細胞の DNA 量は 2 にならない。つまり，染色体が 2 つの娘細胞に均等に分割されないことになり，正常な細胞分裂が起こらなくなったり，生命活動に必要な遺伝子が欠損して生命維持できなくなったりする。

問 5 下線②の実験系でサイクリン遺伝子の mRNA と相補的な RNA 鎖を加えて RNA 干渉を起こさせ（翻訳を阻害したり mRNA を分解し），その結果分裂期が始まらないことを確認する。また，サイクリンと同様の役割を果たす別のタンパク質の存在の有無を確認するためには，卵抽出液中に存在するサイクリンが働かないようにして，サイクリンが働いているときと同様の現象が起こるかどうかを調べればよい。つまり，サイクリンの活性を抑える効果のある物質（抗サイクリン抗体やサイクリン阻害剤など）で処理しておいた卵抽出液に精子核を加えて，核膜の消失や染色体の凝縮が起こらず，分裂期が開始しないことが確認できれば，サイクリンと同様の役割を果たす別のタンパク質が存在しないことがわかる。

問 6 **C** の前文と設問文の内容および図のグラフから，サイクリンは間期の初期には非常に少ないが時間とともに合成・蓄積されて増加し，ある一定の量に達すると分裂期の開始を誘導するということがわかる。つまり，サイクリン量が分裂期を開始するために必要な量に達すると，細胞が分裂期に進行するので，グラフは間期と分裂期の境界線と点線の交点を通ることになる。

また，実験 3 − 3 と比較してタンパク質分解酵素で分解されないサイクリンを用いた実験 3 − 4 では，核膜の消失や染色体の凝縮（分裂期前期）までは観察されたが，その後の反応は進行しなかったことから，分裂期中期に進行するためにはサイクリンがタンパク質分解酵素で分解され，サイクリン量が減少する必要があることがわかる。また，**C** の前文からサイクリンは細胞周期の進行にともなって周期的に変動するとある。これにより，サイクリン量は前期には点線を越えた後，中期以降には減少し，分裂期の終わりには間期の初期と同じぐらいまで減少するという周期を繰り返すと考えられる。

なお，解答のグラフとして，なめらかな曲線で「山」のように描き，点線から，「山」の頂上までの高さも任意でよい。

【参考】 体細胞分裂の細胞周期は単純に時間で進行しているわけではなく，それぞれの過程が正しく行われていることを確認し，その情報にしたがって細胞周期の進行を制御するチェックポイントと呼ばれるしくみが複数存在している。これらのしくみが働くことにより，同じ遺伝情報を持つ細胞がつくられていくのである。それぞれのしくみには多くの物質が関与しているが，本問のサイクリンは，間期に存在する G2/M 期チェックポイントと分裂期に存在する M 期チェックポイントの両方のチェックポイントにおける細胞周期の進行に関与している。サイクリンには，構造や機能のよく似たタンパク質が 20 種類以上見つかっており，主に真核生物の細胞において細胞周期の進行に関与しているのはサイクリン A，B，C，D，E である。このうち，サイクリン C は，分裂を停止して G0 期（静止期，休止期）に入っている細胞が，細胞周期に戻るために G0 期からの脱出を促進することに関与している。サイクリン A，B，D，E は細胞周期の進行制御に単独で関与しているのではなく，進行制御に関与する酵素（サイクリン依存性キナーゼ：CDK）と結合することで酵素の活性化に働いている。この酵素の存在量は細胞周期にかかわらずほぼ一定であるが，サイクリン量の周期的な変化が，この酵素活性の周期的な変化をもたらし，細胞周期の進行を制御している。

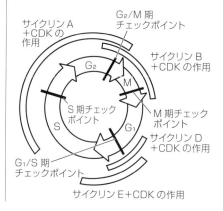

045 　解答　解説

問1　① 真核細胞のDNAは直鎖状であるが，原核細胞のDNAは環状である。
② 真核細胞のDNAはヒストンと結合してクロマチン繊維を形成しているが，原核細胞のDNAはヒストンと結合しておらずクロマチン繊維を形成しない。

問2　原生生物界―ミドリムシ　菌界―酵母

問3　細胞の分裂能の限界を決める遺伝子は第1染色体上と第6染色体上にあり，両方とも存在すると細胞は有限分裂能を持ち，どちらか一方の遺伝子が欠損すると細胞は不死化して無限増殖能を持つようになる。（93字）

問4　㋐ プライマー
㋑ DNAポリメラーゼ（DNA合成酵素）
㋒ ラギング
㋓ リーディング
㋔ 5′

問5　分裂のたびにテロメアが短縮する正常体細胞ではテロメラーゼ遺伝子の発現を抑制する物質が合成されていると考えられるので，細胞融合によりこの物質ががん細胞のテロメラーゼ遺伝子の発現も抑制したから。（95字）

問6　有性生殖では配偶子の形成過程でテロメアの長さの回復が起こるが，クローン個体の細胞では移植核のテロメアは短縮しているため寿命が短くなる可能性があることが問題となる。このため，移植核のテロメアの長さを回復する操作が必要となる。（111字）

....

問1　真核細胞と原核細胞では細胞小器官や細胞壁の有無などの違いに加えて，DNAの形態にも違いがある。真核細胞のDNAは，直鎖状（線状）でヒストンというタンパク質と結合してヌクレオソームを形成し，さらにクロマチン（繊維）構造を形成し，核膜で包まれた核の中に存在しているが，ヒストンをもたない原核細胞のDNAは，環状でヌクレオソームやクロマチンを形成せず，細胞質基質中に局在している。

問2　五界説では，真核生物は原生生物界・植物界・菌界・動物界の4つの界に分けられており，

単細胞生物の多くや体の構造が簡単で組織が未発達な多細胞生物は原生生物界に含まれる。例としては，ミドリムシのほかゾウリムシ，アメーバ，ヤコウチュウなども正解である。

　酵母は，真核の単細胞生物で細胞壁をもち，光合成を行わず外部の有機物を分解吸収することによって栄養を得ており，菌界に含まれる。実際は，酵母とはいろいろな種からなる生物群の総称で，分類学上ではいくつかのグループにまたがっており，増殖方法も出芽によるものや分裂によるものがある。

問3　設問文より，永久増殖能を獲得した2つの不死化細胞株で欠損している染色体が異なっていることから，分裂能を決定する遺伝子は少なくとも2つ以上存在し，それらの遺伝子が分裂能の限界を決めているが，1つでも欠けると細胞は不死化すると考えることができる。また，不死化細胞株と有限分裂能をもつ体細胞との融合細胞，あるいは不死化細胞株どうしの融合細胞のどちらでも無限増殖能が失われたことから，遺伝子の欠損により合成されていなかった物質が，遺伝子を欠損していない細胞との融合により合成されるようになり，無限増殖能が失われたと考えられる。つまり，融合細胞では，不死化細胞株で欠けていた遺伝子が遺伝子の欠けていない細胞の染色体から補われたということになる。

問4　DNAの半保存的複製では，DNAの二重らせん構造がほどけ短いRNAのヌクレオチド鎖であるプライマー㋐が鋳型鎖に結合し，DNAポリメラーゼ（DNA合成酵素）㋑がそのプライマーにヌクレオチドを付加していくことで進行する。真核細胞では多数の複製起点（複製開始点）が存在し，そこから両方向にDNAの合成が進行する。DNAのヌクレオチド鎖には方向性があり2本は互いに逆向きになっているので伸長様式が異なっており，不連続に合成されるヌクレオチド鎖はラギング㋒鎖，連続的に合成される鎖はリーディング㋓鎖と呼ばれている。真核細胞の直鎖状DNAの末端にはテロメアと呼ばれる特殊な塩基配列（ヒトなど脊椎動物ではTTAGGGの6塩基の配列）の繰り返しがあり，このテロメアが一定の長さより短くなると細胞周期が停止することから，テロメアは細胞の分裂回数や寿命を決定しているといわれている。真核細胞のDNAの複製の過程

図 45-1 直鎖状の DNA の半保存的複製によるテロメアの短縮

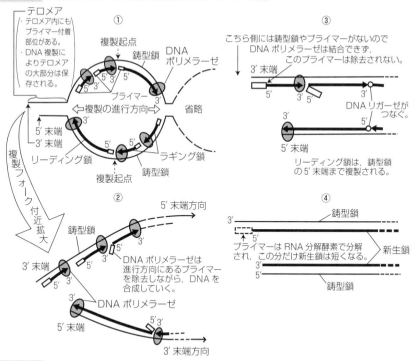

図 45-2 環状 DNA の半保存的複製

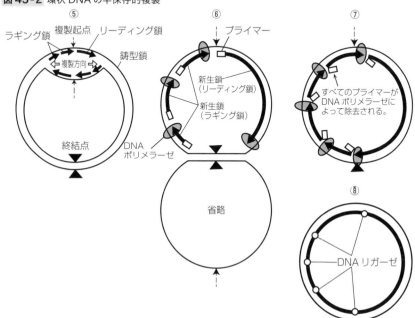

において，テロメアは次のような段階を経て短くなる（一部【参考】を含む）。DNAポリメラーゼは，ある程度の長さのヌクレオチド鎖の3′末端にヌクレオチドを付加する活性を持つ酵素なので，DNAの複製開始にはプライマーが鋳型鎖に結合していることが必要で，合成される新生鎖は5′から3′方向に伸長する。リーディング鎖は伸長方向と複製方向が同じであり，プライマーが複製起点で鋳型鎖に結合して3′末端方向に伸長する。一方，ラギング鎖は伸長方向と複製方向が逆向きなので，不連続な短い鎖（岡崎フラグメント）が断続的に合成される（左ページの **図45-1** ①）。3′末端方向に向かって新生鎖のDNAを合成してきたDNAポリメラーゼは，合成の進行方向にあるプライマーを除去しながらプライマーが結合していた部分のDNAまで合成する（**図45-1** ②）。リーディング鎖のプライマーは複製起点にのみ存在するので，3′末端方向に進行するDNAポリメラーゼにより除去されてDNAが合成される。しかし，ラギング鎖では鋳型鎖の3′末端にプライマーが結合するので，そのプライマーの5′（オ）末端側にはプライマーもDNAポリメラーゼも結合できない。その結果，新生鎖の5′末端のプライマーはDNAポリメラーゼで除去されず残る（**図45-1** ③）。その後，隣り合った新生鎖の間はDNAリガーゼで連結される。また，ラギング鎖の5′末端に残ったプライマーはRNA分解酵素により分解されるが，そこではDNAポリメラーゼが働けないので新生鎖は合成されない（**図45-1** ④）。このようにして，新生鎖のテロメアの5′末端は短縮する。

このように，DNAの5′末端のプライマー部分が複製されず，複製のたびにDNAが短縮する（これは「末端複製問題」と呼ばれる）と最後にDNAはなくなってしまうが，実際にはテロメアが分裂回数を決定することでこれを防いでいる。また，染色体の末端部には不安定な1本鎖の部分が存在するが，テロメアが特殊なループ構造を形成して，1本鎖の部分を隠していることにより分解を防いでいる。

一方，原核細胞やミトコンドリアなどの環状DNAは，複製起点は一カ所のみで末端は存在しないので，鋳型鎖に結合した全てのプライマーに向かってDNA合成を進行するDNAポリメラーゼが存在する。したがって，直鎖状のDNAと異なり，環状DNAは完全に複製され短くなることはない（左ページの **図45-2** ⑤〜⑧）。

問5 がん細胞は，テロメラーゼによりテロメアが伸長するので，分裂による短縮が起こらず無限に増殖する能力を獲得している。これに対して，正常体細胞では分裂回数が有限となっていることから，テロメラーゼ遺伝子の発現を抑制する物質が合成されてテロメラーゼが合成されないので，テロメアが分裂ごとに短縮すると考えられる。また，この2種類の細胞の融合細胞は正常細胞の性質を示したと設問文にあることから，正常体細胞で合成されているテロメラーゼ遺伝子の発現を抑制する物質により，がん細胞のテロメラーゼ遺伝子の発現が抑制されたことにより，テロメラーゼによるテロメアの伸長が起こらず，分裂にともないテロメアが短縮したと考えられる。

問6 ほとんどの正常体細胞にはテロメラーゼ活性はないが，生殖細胞ではテロメラーゼ遺伝子が発現しており，短くなったテロメアの長さを回復して長いテロメアを子孫に伝えられるようになっている（一部の幹細胞でもテロメラーゼ遺伝子が発現している）。しかし，体細胞の核を移植することにより得られるクローン個体では，移植核のテロメアの長さが短くなっているため分裂の回数が少なく制限され，有性生殖で生まれた個体よりも細胞の寿命が短くなってしまう可能性があることが問題点として考えられる。この問題点を回避するには，移植核で短くなっているテロメアの長さを回復することが必要となる。

第7章 遺伝子の発現とその調節

046 解答 解説

問1 376 **問2** 287

問3 タンパク質 - 4

問4 〈小さいタンパク質〉タンパク質 - 4
〈ペプチド結合〉252 個

問5 遺伝子 G は，組織 X では6つのエキソンすべてが選択されるが，通常の組織では転写開始点側から4番目以外の5つのエキソンが選択される。(64字)

問6 (1) 4番目
(2) 4番目のエキソンの途中に1塩基置換の突然変異が起こった結果，mRNA の対応する部位のコドンが終止コドンに変化し，翻訳がその手前で終了したため。(71字)

問7 遺伝子 D から合成された mRNA 前駆体のスプライシングが起こる際に，雄でのみ制御因子が働き，エキソン3とエキソン4がイントロンとともに除去された。(72字)

問8 限られたサイズのゲノムから多種類のタンパク質を合成できる。(29字)

問9 RNA 干渉とは，真核生物において合成された小さな RNA や外部からの RNA が，相補的な塩基配列をもつ mRNA に結合し，mRNA を分解したり，翻訳を阻害したりする現象である。(85字)

問10 遺伝子 F から転写される小さな RNA による RNA 干渉で制御因子の合成が阻害され，遺伝子 D の mRNA 前駆体からはすべてのエキソンを含む mRNA が合成されて雌となる。(80字)

問1 タンパク質-1は332アミノ酸であることから，mRNA-1の翻訳領域の塩基数は 332×3 = 996 となる。これは，エキソン1の103番目の開始コドン以降の塩基数（$326 - 102 = 224$）と，エキソン2およびエキソン3の全塩基数と，エキソン5の終止コドンの直前の159番目までの塩基数（159）の合計と等しい（mRNA-1の終止コドンがエキソン5に存在するためエキソン6は翻訳されない）。したがって，エキソン3の塩基数

をxとすると，$224 + 237 + x + 159 = 996$ となる。これより，エキソン3は376塩基となる。

問2 タンパク質-3が353アミノ酸であることから，mRNA-3の翻訳領域の塩基数は 353×3 = 1059 となる。これは**問1**と同様に，エキソン1の塩基数224と，エキソン3およびエキソン4の全塩基数と，エキソン7の終止コドンの直前までの塩基数の合計と等しい。エキソン7の終止コドン UAG の直前の塩基番号を y とすると，$224 + 376 + 173 + y = 1059$ となる。これより，y = 286 なので終止コドン UAG はエキソン7の287-288-289にあることがわかる。

問3 抗体Mが結合できるタンパク質のmRNAとしては，次の2つの条件をともに満たしていることが必要である。
(ア) 抗体Mが特異的に結合する部位のアミノ酸配列をコードするエキソンを含む。
(イ) 条件(ア)のエキソンにおけるコドンの読み枠が，mRNA-1と同じである。
　設問文より，タンパク質-1における抗体Mの結合する部位は，第284アミノ酸～第291アミノ酸であることから，右ページの**図46-1**のように，開始コドン AUG の A を1番目の塩基とするとエキソン5に存在する850～873番目の塩基の位置に相当する。これにより，エキソン5を含まない mRNA-3 から合成されるタンパク質-3は，あてはまらないことがわかる。次に条件(イ)について考えると，エキソン5のコドンの読み枠がmRNA-1と同じであるならばエキソン5に終止コドンがあるはずだが，エキソン5ではなくエキソン6に終止コドンが出現する mRNA-2 から合成されるタンパク質-2はあてはまらないことになる。一方，mRNA-4にはエキソン5が含まれており，コドンの読み枠も mRNA-1 と同じである（エキソン5のコドンはエキソン5の1番目の塩基（全体の601番目の塩基）から始まる）ことから，mRNA-4から合成されるタンパク質-4はあてはまる。

問4 設問文中に，「4つのタンパク質のアミノ酸組成に大きな違いはない」とあるため，アミノ酸数の最も少ないタンパク質が最も分子量

図46-1 問3の考え方

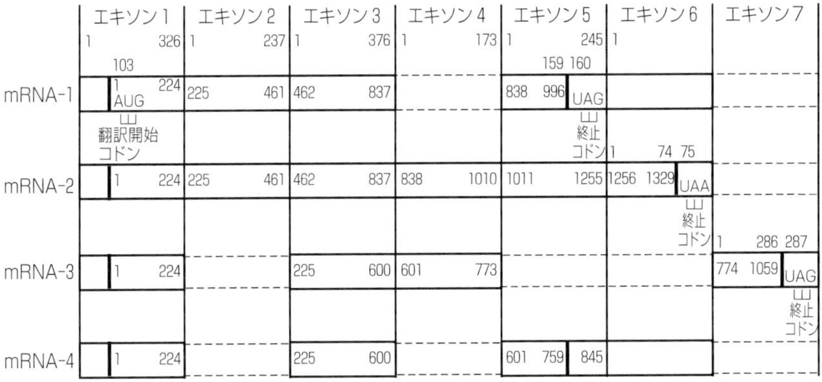

	エキソン1	エキソン2	エキソン3	エキソン4	エキソン5	エキソン6	エキソン7
	1　　　326	1　　　237	1　　　376	1　　　173	1　　　245	1	
	103				159　160		
mRNA-1	AUG 224 翻訳開始コドン	225　461	462　837	---	838　996 UAG 終止コドン		
mRNA-2	1　224	225　461	462　837	838　1010	1011　1255	1256 1329 UAA 終止コドン	
						1　74　75	1　286 287
mRNA-3	1　224	---	225　600	601　773	---		774 1059 UAG 終止コドン
mRNA-4	1　224	---	225　600	601　759　845			

┌┈┐はスプライシングで除去され，mRNA に含まれないエキソンを表している。
□の内部の数字は，開始コドン AUG の A を 1 とした塩基の番号を表している。

の小さいタンパク質である。まずタンパク質-1からタンパク質-3を比較すると，mRNA-1はmRNA-2に含まれるエキソン4がなく，終止コドンがエキソン6ではなくエキソン5の途中にあるため，タンパク質-2よりもタンパク質-1の方が小さい。さらに，タンパク質-1（332アミノ酸）はタンパク質-3（353アミノ酸）よりアミノ酸数が少ないことから，タンパク質-1の分子量が最も小さいことがわかる。また，mRNA-4は**問3**の解説にあるように，終止コドンは mRNA-1と同じエキソン5にあるが，mRNA-1に含まれているエキソン2を含んでいないので，タンパク質-4はタンパク質-1より分子量が小さいことがわかる。したがって，タンパク質-4が最も分子量が小さいタンパク質となる。

タンパク質-4の塩基数は（224 + 376 + 159 =）759 であり，アミノ酸は（759 ÷ 3=）253 となるので，アミノ酸どうしを結合しているペプチド結合の数はアミノ酸数より1個少ない252 個になる。

なお，**図46-1** から各 mRNA の翻訳領域の塩基数が mRNA-1 → 996，mRNA-2 → 1329，mRNA3 → 1059，mRNA-4 → 759 とわかるので，タンパク質-4が最も分子量が小さいと考えてもよい。

問5 遺伝子 G の6つのエキソンを転写開始点側からそれぞれエキソン1〜6と表すこととする。

まず，通常の組織と組織 X のそれぞれで合成されたアミノ酸の数から翻訳領域の塩基数を考えると，通常の組織では 320 × 3 + 3 = 963 塩基，組織 X では 365 × 3 + 3 = 1098 塩基となる（「+ 3」は終止コドンに相当）。これより，通常の組織では，翻訳領域が組織 X より 1098 − 963 = 135 塩基少ないことから，エキソン4が選択されていないことがわかる。また，エキソン1〜6の合計は1220 塩基で，組織 X の翻訳領域との差は 122 塩基である。最初と最後のエキソン（エキソン1とエキソン6）はどの組織でも共通に使用されていることから，組織 X でもエキソン1とエキソン6は選ばれており，エキソン2〜5の塩基数はいずれも 122 塩基より多いので，組織 X の遺伝子 G ではエキソン1〜6のすべてが選ばれていることがわかる。

したがって，解答には「組織 X 以外の組織では，組織 X と異なり転写開始点側から4番目が選択されない」だけでなく，「組織 X では，それ以外の組織と異なり6つのエキソンのすべてが選択される」の内容も明記しておきたい。

問6 突然変異が通常の組織と組織 X のどちらでも選択されているエキソンに起こっているならば，通常の組織でも異常タンパク質が合成されてしまう。異常タンパク質は組織 X でのみ検出されていることから，この突然変異は組織 X のみで選ばれるエキソン4に存在すると考えられる。

また，この遺伝病で遺伝子 G に起こっている突然変異は 1 塩基置換なので，コドンの読み枠の変化（フレームシフト）は起こらず，組織 X で検出された異常タンパク質が正常なタンパク質の約半分の大きさしかないことから，置換により終止コドンが生じたと考えられる。

問 7 同一の mRNA 前駆体から，雌の細胞ではエキソン 1・2・3・4・5・6 からなる mRNA が合成されるのに対して，雄の細胞ではエキソン 1・2・5・6 からなり，エキソン 3・4 のない mRNA が合成される。これは雄の細胞では，イントロンとともにエキソン 3・4 がスプライシングにより除去されたためと考えられる。さらに，指定語句の制御因子は，「選択的スプライシングに関与する RNA 結合性のタンパク質」と説明されていることから，雄の細胞においてのみ，制御因子が遺伝子 D から合成される mRNA 前駆体に特異的に結合することで，イントロンとともにエキソン 3・4 が除去される選択的スプライシングが起こったと考えることができる。また，本問の条件のみからでは，雌の細胞においてのみ制御因子が mRNA 前駆体と結合することにより，エキソン 3・4 が除去されないように働くと考えることもできるので，この内容を解答に含めても誤りではないだろう。

問 8 ゲノムの塩基対数やタンパク質をコードする遺伝子数は生物によって異なっている。例えば，大腸菌は約 460 万〜 500 万塩基対で遺伝子数は約 4200 〜 4500，センチュウは約 1 億塩基対で遺伝子数は約 20000 であり，これらの体制が簡単な生物のデータをもとに，かつてはヒトの遺伝子数は 10 万を超えると考えられていた。しかし，実際にはヒトの遺伝子数は約 20500 〜 22000 であることが判明した。また，ヒトの体には，遺伝子数を超える約 10 万種類のタンパク質があると言われており，この遺伝子数を超える数のタンパク質を合成するためのしくみが，選択的スプライシングなのである。つまり，1 つの遺伝子から転写された mRNA 前駆体の約 90％が選択的スプライシングを受けることにより複数種類の mRNA がつくられ，複数種類のタンパク質（ポリペプチド）が合成されることで，約 22000 の遺伝子から約 10 万種類ものタンパク質の合成が可能になる。

問 9 タンパク質をコードする領域が占める割合は，30 億塩基対からなるヒトのゲノム全体のわずか数パーセントであり，タンパク質に翻訳されない領域（非コード領域）は，かつては一見無駄に見えるため「ジャンク（役に立たない）DNA」と考えられていた。しかし，この領域からは tRNA や rRNA が転写されるだけでなく，mRNA からのタンパク質合成を抑制する働きをもつ小さな RNA（miRNA）が転写されている。この RNA は相補的な塩基が結合してヘアピン構造をとるが，2 本鎖 RNA を切断する酵素（ダイサー）によって切断された後，1 本鎖の短い RNA に分解される。この短い RNA は，特定のタンパク質と結合して複合体（RISC）を形成し，mRNA と結合することで，mRNA が分解されたりリボソームの移動が妨げられたりして翻訳が阻害される。この現象が RNA 干渉（RNAi）である。

RNA 干渉は細胞内でつくられた mRNA に対してだけではなく，細胞外から侵入するウイルス RNA に対しても起こる。ダイサーによりウイルス由来の 2 本鎖 RNA が分解され，生じた小さい RNA（siRNA）とタンパク質の複合体が結合したウイルス RNA は分解される。このしくみは，生体防御の役割を担っていると考えられている。

また，RNA 干渉は特定の遺伝子の機能を阻害する実験手法の 1 つとして，遺伝子やがんの治療法などの研究に用いられている。

問 10 実験 2 に，W 染色体上に存在し雌だけで発現する遺伝子 F からは，タンパク質に翻訳されない小さな RNA が転写されるとある。また，遺伝子 F は常染色体上にある遺伝子 D の上位でカイコガの性を決定する遺伝子である。さらに，**問 7** での考察からわかるように，雌と雄の mRNA の構造が異なるのにはタンパク質からなる制御因子の有無がかかわっており，それには RNA 干渉が関与していることから，制御因子の合成の有無は雌で遺伝子 F から転写される小さな RNA が，RNA 干渉に働いた結果であることが考えられる。つまり，これらのことを合わせて考えると，雌で遺伝子 F から合成された小さな RNA が，タンパク質である制御因子の翻訳を阻害（または，mRNA を分解）するので，制御因子は合成されない。したがって，遺伝子 D の mRNA 前駆体のスプライシングにおいて，エキ

ソン3とエキソン4がイントロンとともに除去されず，すべてのエキソンからなるmRNAが合成されることにより雌となると考えられる。

047 [解答][解説]

問1 〈推定〉ペプチド鎖はN末端からC末端に向かって伸長する。（24字）
〈根拠1〉4分の培養では，N末端側のペプチド片に放射活性がまったく見られないので，α鎖のN末端側は培養開始前からすでに合成されていたと考えられる。（68字）
〈根拠2〉すべての実験で，C末端側のペプチド片がN末端側より放射活性が高いので，培養開始後に合成されたα鎖の部位はC末端側が多いと考えられる。（66字）

問2 Ⓐ 142　Ⓑ 426（425）　Ⓒ 7
　　　Ⓓ 81　Ⓔ 6

問3 Ⓐ プロモーター
　　　Ⓑ ヌクレオチド（ヌクレオシド三リン酸）

問4 タンパク質Pを細胞質から葉緑体に輸送する機能。（23字）

問5 葉緑体の形成は色素体遺伝子がコードするタンパク質によって促進される。（34字）

⋯⋯⋯⋯⋯⋯⋯⋯⋯⋯⋯⋯⋯⋯⋯⋯⋯⋯⋯⋯⋯⋯⋯

問1 哺乳類では，骨髄中で幹細胞が網状赤血球細胞（有核・ヘモグロビンを合成）に分化し，それが脱核した後，血液中に流れ込み無核の赤血球になる。

　細胞を放射性アミノ酸を含む培地に移す時点で，細胞内で合成途中にあったペプチド鎖は，途中から放射性アミノ酸を取り込み，合成が完了するため，ペプチド鎖の合成終了末端に近い側を多く含むペプチド片ほど放射活性が高く，ペプチド鎖の合成開始末端に近い側を多く含むペプチド片ほど放射活性は低い。このような考えに基づいて，**図1**のグラフを正確に解釈してみよう。ここでは，イメージしやすいように，合成が完了したヘモグロビンα鎖が10個のアミノ酸からなるとし，放射性アミノ酸を●，放射性のないアミノ酸を○，放射性の有無については不明のアミノ酸を⑦として説明していく。

〔培養時間4分の場合〕

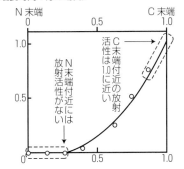

上図からわかるように，放射性アミノ酸を含む培地で4分間培養すると，
N末端—●⑦⑦⑦⑦⑦⑦⑦⑦⑦—C末端，
N末端—⑦●⑦⑦⑦⑦⑦⑦⑦⑦—C末端，
N末端—⑦⑦●⑦⑦⑦⑦⑦⑦⑦—C末端
は存在しないが，
N末端—⑦⑦⑦●⑦⑦⑦⑦⑦⑦—C末端，
N末端—⑦⑦⑦⑦●⑦⑦⑦⑦⑦—C末端，……，
N末端—⑦⑦⑦⑦⑦⑦⑦⑦⑦●—C末端
は存在する。

　このことから，合成が完了したα鎖として，N末端側から表記（以下同様）して，●●●●●●●●●，○●●●●●●●●●，○○●●●●●●●は存在しないが，○○○●●●●●●●，○○○○○●●●●，○○○○○○○○○●などは存在する。つまり，培養開始時に○○○○○の状態まで合成が進んでいたペプチド鎖は，その後4分間の培養で放射性アミノ酸を取り込み，○○○○○●●●●●のようなα鎖として合成が完了する。もちろん，○○○○○○や○○○○○○○○○の状態のペプチド鎖も4分間の培養で，それぞれ○○○○○○●●●や○○○○○○○○○●のようなα鎖として合成が完了する。しかし，培養開始時に合成が開始していなかったペプチド鎖や，○や○○の状態までしか合成が進んでいなかったペプチド鎖は，4分間の培養ではα鎖の合成が完了せず，最終的には○●●●●●●●●や○○●●●●●●●のようなペプチド鎖にしかなれなかったと考えられる。前文中に「合成が完了したヘモグロビンα鎖を取り出し」とあることから，合成途中の未完成なα鎖（ここではアミノ酸10個未満のペプチド鎖）には着目しておらず，完全長のα鎖のみについて分析を行っている点に注意したい。

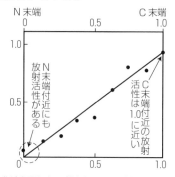

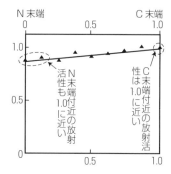

合成が完了したα鎖として，わずかではあるが，N末端ー●○○○○○○○○○○ーC末端が存在するということは，放射性アミノ酸を含む培地での培養開始時に1番目のアミノ酸から放射性アミノ酸が用いられたα鎖があるということを表している。これは，7分間の培養でα鎖の合成が完了するということを示唆している。しかし，N末端ー○○○○○○○○○●●ーC末端やN末端ー○○○○○○○○○○●ーC末端のように，C末端付近に放射性アミノ酸が取り込まれているα鎖の方が多い。つまり，培養開始時に●から出発し，7分間で●●●●●●●●●●のようなα鎖になるものもあるが，多くは○○○○○，○○○○○○○○，○○○○○○○○○○などの状態から出発し，7分間で○○○○○●●●●●，○○○○○○○○●●●，○○○○○○○○○○●のようなα鎖として合成が完了する。

合成が完了したα鎖のほとんどが，N末端ー●○○○○○○○○○○ーC末端である。つまり，1番目のアミノ酸のほとんどが放射性である。したがって，60分間の培養で合成されるα鎖の多くは●●●●●●●●●●である。

以上をまとめると，C末端側には短時間の培養でも長時間の培養でも放射性アミノ酸が多く含まれるが，N末端側には短時間の培養では放射性アミノ酸は含まれない。したがって，α鎖の合成は，N末端側から始まってC末端側へ伸長することがわかる。

問2 （A）ヘモグロビンα鎖の分子量を，アミノ酸の平均分子量で割ると，ヘモグロビンα鎖を構成するアミノ酸数（17000 ÷ 120 = 141.6… ≒ 142）が求められる。

（B）1つのアミノ酸は，3つの塩基（対）によっ

Ｓuccess Point 複製・転写・翻訳の方向性

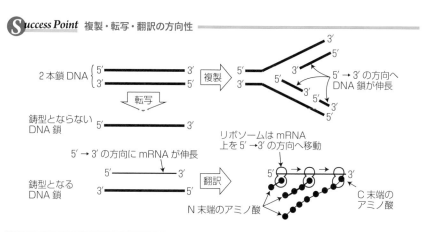

て指定されるので，α鎖遺伝子を構成する塩基対の数は 142 × 3 = 426 となる。なお，

$\dfrac{17000}{120} × 3 = 424.9\cdots$ より 425 としてもよい。

(C) 図 1 のグラフから，N 末端の放射活性が，はじめて 0 より高くなるのは 7 分培養したときである。

(D)・(E) 142 個のアミノ酸からなる α 鎖の合成に要する時間は 7 分なので，アミノ酸合成速度は，$\dfrac{142}{7}$（個／分）である。したがって，20 個のアミノ酸が結合したペプチド鎖は，さらに 4 分間合成が進むと，$\dfrac{142}{7} × 4 = 81.1\cdots ≒ 81$（個）のアミノ酸が新たに結合し，20 + 81 = 101（個）のアミノ酸からなるペプチド鎖になる。また，α 鎖の合成が完了するまでの時間は $(142 - 20) ÷ \dfrac{142}{7} = 6.0\cdots ≒ 6$（分）である。

問3 前文に，PEP はコアとシグマ因子からなり，RNA ポリメラーゼの一種とあるので，PEP は遺伝子のプロモーター(A)に結合する。このうち，シグマ因子はプロモーターの塩基配列を認識する部位であり，PEP がプロモーターに結合すると，シグマ因子が PEP から解離し，コアは 4 種の塩基をもったヌクレオチド（実際にはヌクレオシド三リン酸である ATP，UTP，GTP，CTP）(B)を結合させていき，RNA を合成する。

問4 実験 1 で，タンパク質 P の領域 I を削除した場合にのみ，タンパク質 P は細胞質に局在し，領域 I をもつタンパク質 P はすべて葉緑体に局在している。タンパク質 P は核遺伝子にコードされているので，合成場所は細胞質中のリボソームである。これらのことから，領域 I にはタンパク質 P を細胞質から葉緑体に輸送する（運ぶ）働きがあると考えられる。

問5 色素体は，葉緑体やアミロプラストなどの白色体，有色体の総称であり，未分化な色素体（原色素体）からそれぞれ分化する。リンコマイシンは原核生物の翻訳のみを阻害する物質であり，色素体のリボソームは，シアノバクテリア由来の原核生物型のものであるので，ある植物の野生株の種子にリンコマイシンを作用させると，色素体のリボソームでの翻訳が阻害される。つまり，色素体で PEP のコアサブユニットをコードする遺

伝子などの転写が進行して RNA が合成されても，その後の翻訳が阻害され，タンパク質が合成されない。コアサブユニットが合成されない場合には，PEP の RNA ポリメラーゼの機能が失われ，PEP による転写も起こらなくなる。この結果として，表 1 でリンコマイシン存在下では子葉の緑化，子葉細胞での葉緑体形成が抑制されたと考えられる。このことから，葉緑体の形成（色素体から葉緑体への分化）は色素体遺伝子にコードされているタンパク質によって促進される（タンパク質が必要不可欠である）ことがわかる。

048 [解答][解説]

問1 ・アミノ酸配列中のある 1 つのアミノ酸が別のアミノ酸に変化する。
　　　・アミノ酸配列が途中までの短い配列になる。

問2 重複，転座，逆位　　　**問3** ③

問4 (エ) 正常細胞由来のがん抑制遺伝子産物が，細胞のがん化を抑制する。（30 字）
　　　(オ) 染色体の欠失によって一対のがん抑制遺伝子のうち一方を生まれつき欠損している。（38 字）

問5 2 つのうちの 1 つに変異がある *Rb* 遺伝子を親から受け継いだ場合，両眼の網膜芽細胞内では，すでに第 1 ヒットが起こっている状態なので，1 度の変異が第 2 ヒットとなるから。（81 字）

問6 変異を起こした p53 と正常な p53 が異常な 4 分子複合体を形成する可能性があるから。（41 字）

問7 細胞死が起こった。

問8 変異を起こした p53 が 4 分子の正常な p53 からなる複合体の形成とその機能には影響を与えないことを意味し，(キ)の仮説を否定する。（62 字）

問9 遺伝子の傷害が大きく修復不可能な場合，細胞はがん化する可能性が高いので，p53 が細胞死を引き起こすことでがん細胞の出現を抑制できるから。（68 字）

問10 p53 が機能しないため，放射線によって遺伝子に傷害を受けた正常細胞の細胞死が起こらないから。（46 字）

問1 1塩基の置換によってコドンが指定するアミノ酸が変化する場合は，アミノ酸配列の中で1つのアミノ酸が変化するだけである。しかし，アミノ酸を指定していたコドンが終止コドンになる場合，以降の配列が翻訳されなくなるためポリペプチドの長さが正常なものより短くなる。

問2 細胞分裂の過程で染色体の構造に生じる変異には欠失の他に，染色体の一部がくりかえす重複，染色体の一部が他の染色体につながる転座，染色体の一部が切れて逆向きにつながる逆位などがある。

問3 前文から，正常 *ras* 遺伝子の遺伝子産物は，細胞の増殖を促進する活性状態と促進しない不活性状態を切り替えることができると考えられる。一方，下線部(ウ)から，変異 *ras* 遺伝子の遺伝子産物には，常に活性状態で細胞の増殖を促進し続けるものがあり，これが細胞のがん化の原因となると考えられる。つまり，特定の位置のアミノ酸が特定のアミノ酸に変化するような変異によって，*ras* 遺伝子産物の活性が変化し（恒常的に活性化し），がん細胞の増殖が促進されたと考えられるので，③が最も適切である。このように，発がん性をもつものは遺伝子産物（タンパク質）であるので，アミノ酸に発がん性があるとする①は不適である。また，突然変異の頻度が高くても，その突然変異によって形質が変化しない場合もあり，設問文の現象が観察される理由にはならないため②は不適である。④については，*ras* 遺伝子産物が大量に産生されても，不活性状態になる機構が働いていればがん化の原因にはならないと考えられるので不適である。⑤については，活性化した *ras* 遺伝子産物は変異の有無にかかわらず細胞の増殖を抑制する働きはもたないため不適である。

問4 (エ)変異により活性化して細胞の増殖を促進するがん原遺伝子は，正常遺伝子が潜性（劣性），異常遺伝子が顕性（優性）である一方，正常な状態で細胞の増殖を抑制し，変異によって機能を失って細胞のがん化を引き起こすがん抑制遺伝子は，正常遺伝子が顕性で異常遺伝子が潜性である。融合細胞では，がん細胞由来のがん抑制遺伝子産物で失われている機能を正常細胞由来のがん抑制遺伝子産物が補うことができるため，がん化が抑制され，正常細胞の形質を示す。

(オ)がん抑制遺伝子を含む部分が欠失している染色体を両親の一方から受け継いでいると，もう一方の染色体上のがん抑制遺伝子に変異が起こるとがん化が引き起こされる。

問5 two-hit theory に基づくと，非遺伝性の網膜芽細胞腫が発症するのは2つの *Rb* 遺伝子に共に変異が起こる場合であり，この確率は極めて低い。親から受け継いだ時点で片方の *Rb* 遺伝子に変異がある場合は，**問4**の下線部(オ)の場合と同様にもう一方の遺伝子に変異が起こるだけで発症するため，高確率で発症すると考えられる。また，網膜芽細胞は分裂能力をもつため，分裂の過程で複数の細胞に変異が起こり，早期（乳幼児期）に両眼に発症しやすいことが知られている。成人では網膜の細胞は分化し分裂能力をもたないため，網膜芽細胞腫は発症しない。

問6 前文から，p53 は4分子で複合体を形成してはじめて機能することがわかる。変異を起こした p53 は転写を活性化する働きを失っているため，複合体に変異 p53 が何分子か含まれることで，正常な p53 複合体としての機能が阻害される可能性がある。

問7 図1から，大量の正常 p53 を発現させた c では生細胞数が大きく減少していることを読み取ることができ，細胞死が起こっていると推測できる。

問8 図1から，がん細胞に正常 p53 と変異 p53 を同時に発現させた e では，正常 p53 のみを発現させた b と同程度に細胞の増殖が抑制されていることが見てとれる。このことから，変異 p53 は正常 p53 の機能を妨げないことがわかるので，(キ)の仮説は否定される。

問9 遺伝子が傷害を受けると，多くの場合それを修復する機構が働く。しかし，傷害が大きい場合には修復が不可能でそのまま細胞分裂が進むと，遺伝子に異常が蓄積しがん化につながる恐れがある。このような細胞に対して細胞死を引き起こすことは，がん抑制遺伝子の重要な役割である。

問10 実験の後から述べられている前文から，通常，放射線治療によって傷害を受けた細胞は p53 の働きで細胞死に至るが，その副作用としてがん細胞ではない正常な細胞も死滅する可能性が

考えられる。下線部(サ)の実験では，p53 の機能を阻害したことで，放射線照射で傷ついた細胞が細胞死することなく維持されたと考えられる。

049 解答 | 解説

問1 〈Ⅰ株〉酵素 b 〈Ⅱ株〉酵素 a 〈Ⅲ株〉酵素 c
〈理由〉酵素 a, b, c を欠く菌株からは，それぞれ物質 B, C, D が漏れ出す。Ⅱ株は，Ⅰ株とⅢ株のいずれから漏れ出た物質でも生育できないことから，酵素 a を欠損している。Ⅰ株は，Ⅱ株から漏れ出た物質 B では生育できるが，Ⅲ株から漏れ出た物質では生育できないことから，酵素 b を欠損している。Ⅲ株は，Ⅱ株から漏れ出た物質 B とⅠ株から漏れ出た物質 C のいずれでも生育できることから，酵素 c を欠損している。（190 字）

問2 (1) (あ) 炭酸同化　(い) 従属栄養生物
　　　　(う) 分解者　　(え) 子のう胞子
　　　　(お) 減数分裂　(か) 紫外線
　　(2) (ア) Ⓒ　(イ) Ⓐ　(ウ) Ⓑ　(エ) Ⓐ
　　(3) 核相が単相のアカパンカビでは，突然変異によって生じた潜性の遺伝子の形質も，表現型として現れるから。（49 字）

問3 (1) ＋　(2) ＋　(3) －　(4) ＋　(5) ＋
　　(6) －　(7) －　(8) ＋　(9) －　(10) ＋
　　(11) ＋　(12) ＋　(13) －　(14) －　(15) ＋

問4 (1) 50　(2) 25　(3) 0
　　(4) 25　(5) 25　(6) 25

問5 16%

....

問1 アミノ酸 A を含まない寒天培地上の変異株では，「欠損酵素の基質が蓄積して細胞外に漏れ出て，寒天培地中をゆっくり拡散」し，近接する大腸菌内に取り込まれる。その基質（物質）を取り込んだ大腸菌が，生育（増殖）するか否かをまとめると，次の表のようになる。

アミノ酸 A を含まない培地		
Ⅰ株から漏れ出す物質	Ⅱ株から漏れ出す物質	Ⅲ株から漏れ出す物質

	Ⅰ株から漏れ出す物質	Ⅱ株から漏れ出す物質	Ⅲ株から漏れ出す物質
Ⅰ株		＋	－
Ⅱ株	－		＋
Ⅲ株	＋	＋	

＋：生育する　　－：生育しない

左下の表の行（横の並び）の ＋（生育できる培地）が少ないほど，合成経路の終わりの方の酵素が欠けている株と考えられるので，Ⅱ株（＋は 0 個）は酵素 a を欠き，菌内に物質 B を蓄積していることがわかる。同様に考えると，Ⅰ株（1 個の＋）は酵素 b を欠き，菌内に物質 C を蓄積し，Ⅲ株（2 個の＋）は酵素 c を欠き，物質 D を菌内に蓄積していることがわかる。

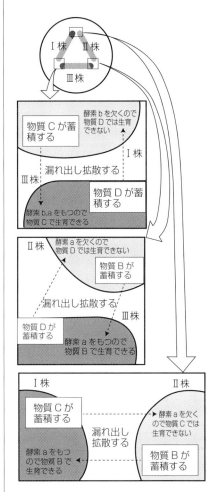

問2 (1) 体を構成している有機物を，炭酸同化(あ)によって得ている生物を独立栄養生物といい，他の生物が合成した有機物を体外から取り入れて生活している生物を従属栄養生物(い)という。炭酸同化には光合成と化学合成の 2 つの様式がある

ので, 光合成は, あの解答としては不十分である。

(2) 菌類の分類を以下にまとめる。

ツボカビ類	カエルツボカビなど
接合菌類	クモノスカビ, ケカビなど
グロムス菌類	(内生菌根菌のなかま)
子のう菌類	アカパンカビ, アオカビ, コウジカビ, 多くの酵母など
担子菌類	シイタケ, マツタケ, シメジ, エノキタケ, 一部の酵母など

酵母(酵母菌)は, 子のう菌類と担子菌類のうちで, 一生を単細胞生物として過ごすものの総称だね。

(3) 野生株への紫外線照射などによる, 突然変異で, 潜性(劣性)の遺伝子が生じても, その形質は, 核相が複相(2n)の生物では, 顕性(優性)の遺伝子の形質によって隠されるが, 核相が単相(n)の生物では隠されることはなく現れる。

問3 変異株 A1 はオルニチンを合成できないので, アルギニン合成経路の中間代謝産物のうち, オルニチン以降の物質が与えられると生育できるようになる。また, 変異株 A1 はアルギニン要求性であるから, メチオニン合成経路の中間代謝産物を与えられてもアルギニンは合成できないため

生育できない。 他の株も同様に考える。

問4 野生型遺伝子は変異遺伝子の遺伝子記号の右肩(右上)に＋を付して表し, 図式化する(**図49-1**)。

問5

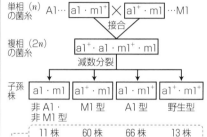

▶「a1 と m1 が連鎖」しているが, 連鎖が完全なら, 子孫株の分離比は a1·m1 : a1⁺·m1 : a1·m1⁺ : a1⁺·m1⁺＝0 : 1 : 1 : 0 になるが, a1·m1 (非 A1·非 M1 型)と a1⁺·m1⁺ (野生型)が生じたことから組換えが考えられる。この場合, 単相(n)の菌糸からなる子孫株の表現型の分離比は a1⁺·a1·m1⁺·m1 からの配偶子の遺伝子型の分離比と等しいので, 株数をもとに組換え価を計算する。

$$\frac{11+13}{11+60+66+13} \times 100 = 16 \, (\%)$$

図49-1 問4の考え方

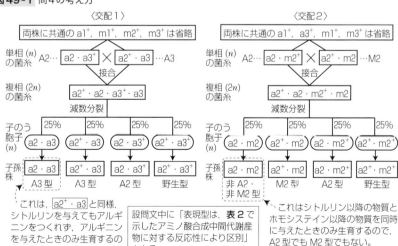

〈交配1〉

両株に共通の a1⁺, m1⁺, m2⁺, m3⁺ は省略

単相(n)の菌糸 A2… a2·a3⁺ ✕ a2⁺·a3 …A3
接合
複相(2n)の菌糸 a2⁺·a2·a3⁺·a3
減数分裂
子のう胞子(n) 25% a2·a3 | 25% a2⁺·a3 | 25% a2·a3⁺ | 25% a2⁺·a3⁺
子孫株 a2·a3 A3型 | a2⁺·a3 A3型 | a2·a3⁺ A2型 | a2⁺·a3⁺ 野生型

…これは, a2⁺·a3 と同様, シトルリンを与えてもアルギニンをつくれず, アルギニンを与えたときのみ生育するので A3型。

設問文中に「表現型は, **表2**で示したアミノ酸合成中間代謝産物に対する反応性により区別」とある。

〈交配2〉

両株に共通の a1⁺, a3⁺, m1⁺, m3⁺ は省略

単相(n)の菌糸 A2… a2·m2⁺ ✕ a2⁺·m2 …M2
接合
複相(2n)の菌糸 a2⁺·a2·m2⁺·m2
減数分裂
子のう胞子(n) 25% a2·m2 | 25% a2⁺·m2 | 25% a2·m2⁺ | 25% a2⁺·m2⁺
子孫株 a2·m2 非A2·非M2型 | a2⁺·m2 M2型 | a2·m2⁺ A2型 | a2⁺·m2⁺ 野生型

…これはシトルリン以降の物質とホモシステイン以降の物質を同時に与えたときのみ生育するので, A2型でも M2型でもない。

Sucess Point 栄養要求株において欠損している酵素のみつけ方

方法1. 最少培地に，中間物質を添加し，生育の有無をみる（049の問3）

方法2. 細菌では，異なる変異株を同じ最少培地で培養し，近接する部分の生育の有無をみる（049の問1）

方法3. 欠損部位のわかっている株とわかっていない株とを接合させ，生じた個体の最少培地における生育の有無をみる（049の問4・5）

050 解答 解説

問1 ヒストンは，正の電荷をもつリシンを多く含むことで，負の電荷をもつ DNA と結合しやすく安定したヌクレオソームを形成する。（59字）

問2 クロマチン繊維（クロマチン）

問3 (1) 合成された DNA を巻きつけ，新たなヌクレオソームを形成するためのヒストンが必要になるから。（45字）
(2) クロマチン繊維がさらに折りたたまれて凝縮し，棒状になる。（28字）

問4 リシン残基のアセチル化により，ヒストンがもつ正の電荷が減少し，ヒストンとDNA の結合力が弱まるから。（50字）

問5 ヒストンのように機能的に重要なタンパク質では，アミノ酸配列に変異が生じると生存に不利になる可能性があるため，変異が生じた遺伝子は進化の過程で排除されることが多いので，アミノ酸配列の違いは少なくなる。（99字）

問6 細胞株 L1：

AATTTCGGGT TTATTACGTT

細胞株 L2：

AATTTTGGGT TTATTATGTT

問7 促進：A　抑制：G

問8 DNA の塩基配列が全く同じ一卵性双生児を比較することで，遺伝子Xの発現量の違いが塩基配列の違いではなくプロモーター部位でのメチル化率の違いによるものであることを判断できるから。（88字）

〈別解1〉DNA の塩基配列が全く同じ一卵

性双生児を解析対象とすることにより，プロモーター部位のメチル化率などの塩基配列以外の違いが，遺伝子の発現制御に関与していることを確認できるから。（87字）

〈別解2〉一卵性双生児ではなく DNA の配列が異なるヒト同士を解析対象とすると，遺伝子の発現に違いが見られてもそれが DNA のメチル化によるものか DNA の配列によるものか判断できないから。（87字）

問1 塩基性アミノ酸は，側鎖にアミノ基を含み，図1からもわかるように正の電荷をもつことが特徴である。ヒストンは塩基性アミノ酸であるリシン（およびアルギニン）を多く含むために正の電荷をもち，DNA は負の電荷をもつリン酸を含む。このため電気的な相互作用により，両者が結合して形成されるヌクレオソームは，安定な複合体となる。

問2 ヒトでは，ヌクレオソームは4種類のヒストンタンパク質が2個ずつ集まった，8量体（分子（サブユニット）が8つ結合したもの）のヒストンコアに DNA が約2回巻きついた構造をしている。このヌクレオソームが DNA（ヌクレオソームをつなぐ DNA をリンカー DNA という）で数珠状に多数連なりクロマチン繊維（クロマチン）という繊維状構造を形作り，さらにヒストン以外のタンパク質と結合して凝縮し，高次構造(細い染色体)をとっている。

問3 (1) ヒストンは糸巻きのように DNA を巻き取ることで，核内に DNA をコンパクトに収納する役割とともに，DNA を保護する役割ももっている。細胞周期の S 期（DNA 合成期）に入ると DNA の複製が始まり，それにともないヒストンが盛んに合成されることで，複製された DNA はすぐにヒストンに巻きつきヌクレオソームを形成することができる。これは DNA の保護や倍加する DNA を核内にコンパクトに収納するのに役立っている。

【参考】ヒストンは塩基性が強く，DNA に結合せず単独の状態で存在すると細胞にとって有害なので，過剰になることがないように，DNA が複製される S 期にのみヒストンの合成が起こるよう

第7章

に制御されていることがわかっている。

(2) DNA の複製が終了して分裂期になると、クロマチン繊維はさらに折りたたまれて凝縮し、中期には光学顕微鏡で観察できる棒状の染色体となる。体細胞分裂では、染色体に縦に裂け目のようなものが見えるようになり、後期には紡錘糸に引かれてその裂け目から分かれる。

問4 問1の解説にもあるように、ヒストンとDNA は電気的に引き合うことにより安定した構造であるヌクレオソームやクロマチン繊維を形成している。ヒストンのアセチル化によりヒストンの特定のリシン残基（ヒストンテールと呼ばれる）が図2のようにアセチル化される（アセチル基が付加される）と、**図1**の− NH₃⁺ の部位がなくなることでヒストンの正の電荷が減少し、ヒストンと DNA の間の電気的な結合が弱くなる。凝縮している状態では RNA ポリメラーゼなどの転写に関与するタンパク質はクロマチン繊維に結合できない。しかし、アセチル化によりヒストンとDNA の間の結合が弱くなり凝縮が緩んでクロマチン繊維がほどけた状態になると、転写に関与するタンパク質が結合できるようになり、転写が起こる（**図50-1**）。

問5 異種の生物で同じ遺伝子をもっている場合、その遺伝子の DNA の塩基配列には種間で違いが見られるが、これは、共通の祖先から分岐した後に、それぞれの種で突然変異が起こったためである。種間の塩基配列の変化した数は、それら

の種が分岐してからの時間に比例して増える、つまり系統（生物進化のつながり）上、遠縁な種間ほど塩基配列の違いが多くなる傾向があり、アミノ酸配列においても同じ傾向が見られる。しかし、実際には代謝など重要な機能を果たしている DNA の塩基配列やタンパク質のアミノ酸配列は、近縁の種間だけでなく遠縁でもあまり変化していないことが多い。これは、ヒストンのように機能的に重要なタンパク質のアミノ酸配列に生じた変異は、生存に不利であり自然選択によって取り除かれることが多いので、変異が蓄積されにくいためである。

問6 前文からわかる、「C のメチル化の多くは CG ジヌクレオチド配列部位の C で生じ、それ以外の C はメチル化されない」という内容と、DNA のメチル化の検出方法（メチル化していない C は重亜硫酸ナトリウム（NaHSO₃）処理で U に変換され、PCR 法で U は T として増幅される）を踏まえて、**図3**のプロモーター部分の〔 〕で囲まれている塩基配列の変化をそれぞれの細胞株で順を追って考えていけばよい。

細胞株 L1 はプロモーター部位に存在する C のうち、メチル化されうる C は全て ᵐC で、細胞株 L2 の C は全くメチル化されないので、次ページの**表50-2**のようになる。

問7 まず、前文に「糖尿病発症群は、健康群よりも非常に高い（遺伝子 X の mRNA の）発現量を示していた」とあるので、糖尿病では遺伝子

図50-1 クロマチン繊維の状態の変化と転写

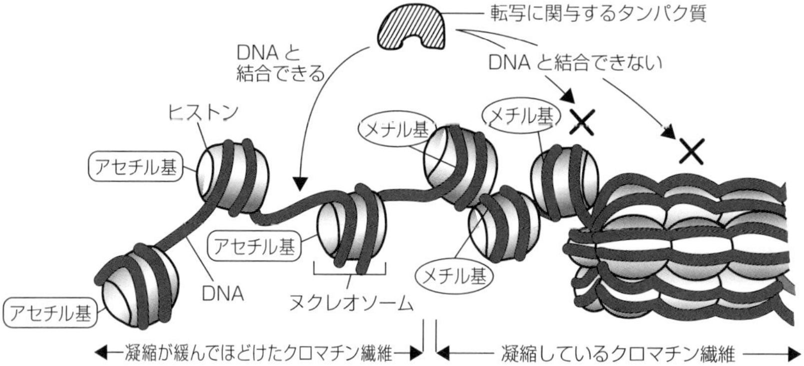

102

表50-2 問6の考え方

	細胞株 L1	細胞株 L2
メチル化 (CG → ^{m}CG)	AATCT^{m}CGGGT TTATTA^{m}CGCC	AATCTCGGGT TTATTACGCC
NaHSO₃ 処理 (C → U・^{m}C → ^{m}C)	AATUT^{m}CGGGT TTATTA^{m}CGUU	AATUTGGGT TTATTAUGUU
PCR 法で増幅 (U → T・^{m}C → C)	AATTTCGGGT TTATTACGTT	AATTTTGGGT TTATTATGTT

X の発現が促進されていることがわかる。一方，**図4**のグラフでは，CG 配列部位の S1 ～ S3 では糖尿病発症群と健康群のメチル化率にほとんど差はないが，S4 と S5 では糖尿病発症群と健康群のメチル化率に大きく差があるので，S4 と S5 の CG 配列のメチル化が転写調節タンパク質との結合に重要と考えられる。ここで，前文の「転写調節タンパク質のプロモーター部位への結合がCのメチル化により抑制される」という内容から，メチル化率が低い部位には転写調節タンパク質が給合しやすいと考えられることを踏まえると，遺伝子 X の mRNA の発現が抑制されている健康群においてメチル化率は S4 で低く S5 で高いことから，S4 に結合する転写調節タンパク質は，遺伝子 X の発現を抑制すると考えられる。また同様に，遺伝子 X の mRNA の発現が促進されている糖尿病発症群においてメチル化率は S4 で高く S5 で低いことから，S5 に結合する転写調節タンパク質は，遺伝子 X の発現を促進すると考えられる。このことをもとに，**図3**の S4 と S5 のそれぞれの周辺の塩基配列と一致する結合配列を**表1**から探すと，促進に働く転写調節タンパク質は A（S5 周辺と一致），抑制に働く転写調節タンパク質は G（S4 周辺と一致）となる。

問8 2 細胞期または 4 細胞期の時期に胚が2つに分離し，それぞれの胚が発生して生まれた一卵性双生児は，元々は 1 個の受精卵に由来しているので DNA の塩基配列は全く同じである。したがって，一卵性双生児を解析対象にすることにより，遺伝子 X の発現量に違いがあった場合，その違いは DNA の塩基配列に由来するのではなく，プロモーター部位でのメチル化率など塩基配列以外の違いによるものであると判断することができる。

Success Point　調節タンパク質

　調節タンパク質による遺伝子の発現調節に関する問題では，以下の 3 点に留意して解法を進めていこう。

①調節タンパク質は，DNA の転写調節領域に結合する。

②調節タンパク質には，転写を促進するものと抑制するものがある。

③調節タンパク質は，すべての細胞で常に発現しているわけではない。

051　解答 解説

問1 遺伝子 X の発現の有無を蛍光の有無として視覚的に判別する目的。（30 字）
問2 ㋐ ⑦ ㋑ ⑮ ㋒ ⑬ ㋓ ⑮ ㋔ ② ㋕ ⑯
問3 ○，○，○，○

· ·

問1 ある遺伝子のプロモーター（**図1**では省略されている）の下流に連結することで，その遺伝子の発現の有無（プロモーター活性の有無）を判別するために導入される遺伝子をレポーター遺伝子という。レポーター遺伝子として，クラゲやホタルなどの生物に由来する発光タンパク質の遺伝子が多く用いられる。代表的なものに，オワンクラゲから単離された緑色蛍光タンパク質（GFP：green fluorescent protein）遺伝子がある。

> プロモーター活性の解析に用いられるレポーター遺伝子には，GFP 遺伝子の他にルシフェラーゼ遺伝子などがあるよ。ルシフェラーゼは，ホタルのような生物発光を行う昆虫などに存在し，ルシフェリンと呼ばれる物質を分子状酸素（O₂）によって酸化して発光させる酵素なんだ。

第7章

問2　前文の「z1 は Y1, z2 は Y2, z3 は Y3 のみにそれぞれ結合する。転写調節領域に結合した調節タンパク質 z1 〜 z3 のそれぞれは，転写の促進あるいは抑制のどちらかのみの決まった作用を持つ」という内容を踏まえて検討する。**図1**の上から3段目を見ると，転写調節領域が Y1 のみのとき，細胞PとSでは蛍光タンパク質が合成され，細胞QとRでは蛍光タンパク質が合成されないことがわかる。Y1 に z1 が結合した細胞でのみ蛍光タンパク質遺伝子の転写が促進されたと考えられるので，z1 は細胞PとSでつくられる（細胞QとRではつくられない）ことと，z1 は Y1 に結合して転写を促進することがわかる。

　次に，**図1**の上から4段目を見ると，転写調節領域が Y2 のみのとき，細胞Q，R，Sでは蛍光タンパク質が合成され，細胞Pでは蛍光タンパク質が合成されないことがわかる。3段目の場合と同様に考えると，z2 は細胞Q，R，Sでつくられる（細胞Pではつくられない）ことと，z2 は Y2 に結合して転写を促進することがわかる。

　続いて**図1**の上から5段目を見ると，転写調節領域が Y3 のみのとき，細胞P〜Sのいずれにおいても蛍光タンパク質が合成されないことがわかる。このことから，(i) z3 は Y3 に結合して転写を促進するが細胞P〜Sのいずれの細胞でもつくられない，または，(ii) z3 は細胞P〜Sのいずれかの細胞でつくられて Y3 に結合して転写を抑制する可能性が考えられる。ここで，(i)のように z3 が細胞P〜Sのいずれの細胞でもつくられないのであれば，**図1**の6段目は4段目と同じ結果になるはずであるが，異なる結果になっていることから，上記の(ii)が適切であると考えられる。**図1**の6段目の結果を見ると，4段目との違いは細胞Qの結果であるので，細胞Qでは z2 のほかに z3 もつくられることで，転写が抑制されたと考えられる（細胞R，Sでは z3 はつくられない）。また，細胞Pについては，仮に細胞Pで z3 がつくられるのであれば，**図1**の2段目で z3 が Y3 に結合して転写が抑制されると考えられるが，実際には抑制されていないので，細胞Pでは z3 はつくられないと考えられる。これらの内容をまとめると，**表51-1**のようになる。

表51-1 調節タンパク質の働きと，細胞P〜Sでの合成の有無

調節タンパク質	遺伝子Xの転写に対して	各細胞での合成の有無			
		細胞P	細胞Q	細胞R	細胞S
z1	促進	有	無	無	有
z2	促進	無	有	有	有
z3	抑制	無	有	無	無

問3　**問2**の結果を元に考えよう。Y3 非存在下なので，細胞Qでの遺伝子Xの転写抑制は起こらない。細胞Pは Y1 存在下，細胞Qは Y2 存在下，細胞Rは Y2 存在下，細胞Sは Y1 または Y2 どちらかまたは両方の存在下であれば遺伝子Xの転写が促進される。よって，細胞P〜Sの全ての細胞で蛍光タンパク質が合成される。

052 　解答 解説

問1　②，④　　**問2**　②

問3　調節タンパク質（転写調節因子, 転写因子）

問4　D　　　　**問5**　②，④

問6　ア. ⑦　イ. ①　ウ. ⑨

問7　③

問8　まず，正常なEを合成できないE遺伝子の突然変異体の幼虫にエクダイソンを投与してもL遺伝子が発現しないことを確認する。次に，この突然変異体に正常なE遺伝子を導入した形質転換個体を作製する。この形質転換個体の幼虫にエクダイソンを投与した結果Lが合成されれば，EがL遺伝子の発現を促進することがわかる。（148字）

⋯⋯⋯⋯⋯⋯⋯⋯⋯⋯⋯⋯⋯⋯⋯⋯⋯⋯⋯⋯⋯⋯⋯

問1　ホルモンにはタンパク質やポリペプチドからなる水溶性ホルモンと，アミノ酸や脂質からなる脂溶性ホルモンがある。それぞれのホルモンでは，受容様式や細胞内情報伝達のしくみが異なる。次の表で確認しておこう。

　本設問では細胞膜に存在する受容体に結合するホルモンを選べばよいので，水溶性ホルモンであるグルカゴン（②）とアドレナリン（④）を選択する。

Success Point　水溶性ホルモンと脂溶性ホルモン

	水溶性ホルモン	脂溶性ホルモン
構成要素	タンパク質やポリペプチドなど	脂質など
受容体の存在部位	細胞膜	細胞内の細胞質基質や核内
細胞内情報伝達のしくみ	セカンドメッセンジャーを介して細胞内の化学反応や調節タンパク質を活性化	ホルモンと受容体の複合体を形成し，核内で遺伝子発現を調節
主な例	グルカゴン・インスリン・成長ホルモンなどのペプチドホルモン，アドレナリン	糖質コルチコイド・鉱質コルチコイドなどのステロイドホルモン，チロキシンなど

問2　上表にあるように，核内受容体に作用するホルモンの特徴は脂溶性であること（②）である。

　核内受容体に作用する脂溶性ホルモンは，主に脂質からなり，細胞膜を透過できることから比較的分子量が小さいものが多い。よって分子量が大きい（①）という選択肢や，多糖である（③）という選択肢は不適である。ポリペプチドであることは，細胞膜の受容体に結合する水溶性ホルモンの特徴なので④は不適である。ホルモンはタンパク質，ポリペプチド，アミノ酸，脂質などからなり，2本鎖RNAではないので⑤は不適である。

問3　核内でDNAの特定の部位（転写調節領域）に結合し，その近傍の遺伝子の発現を変化させる機能をもつタンパク質を調節タンパク質（転写調節因子，転写因子）という。脂溶性ホルモンは細胞内で受容体と結合し，調節タンパク質としてDNAの発現調節をする（**図52-1**参照）。

　脂溶性ホルモンは，分泌されたあと血流によって運ばれ，標的細胞に到達すると細胞膜を透過し（**図52-1**①），細胞内の受容体と結合して複合体になる（**図52-1**②）。この複合体が核内に入り（**図52-1**③），特定のタンパク質をコードしている遺伝子を活性化させた結果，タンパク質が盛んに合成される（**図52-1**④〜⑧）。

図52-1　脂溶性ホルモンによる遺伝子の発現調節の例

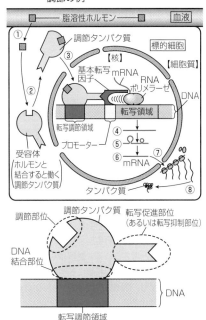

　一般に，調節タンパク質はDNA結合部位，転写促進（活性化）・抑制部位，調節部位（ホルモン結合部位）の3つの部位をもっている。脂溶性ホルモンと結合する調節タンパク質の場合，調節部位に脂溶性ホルモンが結合すると調節タンパク質として作用する。

問4　前文より，「核内受容体は，DNA結合部位，ホルモン結合部位，および転写活性化部位を切り離しても，それぞれ独立して機能する」とある。また，設問文より，野生型の場合，ホルモンH非存在下ではH受容体の転写活性化能が抑制されているとわかる。これらのことから，野生型においてはH受容体のホルモンH結合部位にホルモンHが結合することで転写が活性化され，ホルモンH結合部位にホルモンHが結合していないときは転写が抑制されていると考えられる。

　図3の変異体のうち，変異体1と変異体4は，ホルモンH存在下の方がホルモンH非存在下よりもX遺伝子転写産物の量が増加している。変異体2,3,5,6では，ホルモンHの有無によるX遺伝子転写産物の量に差は見られない。**図1**で変

異体1, 4のみに共通する特徴は，領域CとDを含むことである。このうちCはDNAのH応答配列へ結合する領域であるので，ホルモンH非存在下でX遺伝子の転写活性化を抑制しているのは領域Dであると考えられる。

問5 実験1と2の結果から，考えよう。

① **問4**での考察より，ホルモンHの有無による転写活性化は領域Dで調節されることがわかる。領域DにホルモンHが結合することで転写活性化が起こると考えられるので誤りである。

② 変異体1はホルモンH存在下では野生型よりもやや転写量が少ないことから，領域EはホルモンH依存的に転写活性化に関わると考えられる。また，変異体6は変異体2から更に領域Bを除いたものである。ホルモンH非存在下では，領域Dによる転写活性化の抑制が起こらないため，変異体2では野生型よりも転写活性化が起こっていると考えられる。変異体6では領域Bがないことで野生型と同程度に転写活性化が抑制された，つまり，領域BはホルモンHに非依存的な転写活性化機能を有していることがわかる。よって正しい。

③ 領域Cをもたない変異体3の実験結果から，DNAに結合しないと転写が活性化されないことがわかる。よって誤りである。

④ ②の考察より，領域Bと領域Eは転写活性化領域であると考えられるので正しい。

以上の内容から，推測されるそれぞれの領域の機能をまとめると下の表のようになる。

領域	機能の推測
領域A	特に働きなし（働き不明）
領域B	転写活性化（ホルモンHに非依存的）
領域C	DNA結合領域
領域D	ホルモンH結合部位（ホルモンH非存在下で転写活性化抑制，ホルモンH結合で転写活性化）
領域E	転写活性化（ホルモンHに依存的）

問6 ショウジョウバエやユスリカの幼虫のだ腺染色体（だ液腺染色体）（⑦）のところどころでみられるパフの部分では，ある特定の遺伝子が発現し，RNAの合成（転写）が活発になっている。パフは，DNAが複製された後，染色体の分配や細胞分裂が行われずにDNAの複製が起こるとい

うことが繰り返された結果，倍数化（①）して生じたものである。だ腺染色体では，相同染色体の対合（⑨）が起きている。なお，前文中に「染色体の分配や細胞分裂が行われず」とあることなどから　**ウ**　に入れるべき最適な用語として，乗換え（②）は選べない。

通常の細胞では，細胞周期のうち分裂期でしか染色体を観察することができない。だ腺染色体は，分裂期・間期を問わず染色体を観察でき，遺伝子発現の様子を調べることができる。なお，ランプブラシ染色体（⑩）とは，哺乳類以外の多くの脊椎動物などの卵母細胞の減数分裂第一分裂前期の巨大染色体であり，この染色体の一部分から外側に凝縮のゆるんだクロマチン繊維がループ状に多数吹き出し，ランプを掃除するブラシの形状に似ていることからこの名が付いた。

問7 下線部(c)に「エクダイソンが誘導するパフは，少なくとも2種類に分類できる」とあり，選択肢で初期のパフと後期のパフの2種類のパフについて述べられている。前文の2段落目から，下記のことがわかる。

・エクダイソンの投与により，通常の幼虫が蛹になるときと同じ順番で遺伝子が誘導される。

・エクダイソンとタンパク質合成阻害剤（シクロヘキシミド）を同時に投与すると，初期のパフは生じるが後期のパフは生じない。

タンパク質合成阻害剤の存在下であっても初期のパフが生じたことから，初期のパフを誘導するタンパク質はエクダイソン投与前から存在していることがわかる（①は適切）。また，タンパク質合成阻害剤の存在下では後期のパフが生じないことから，後期のパフを誘導するタンパク質はエクダイソン投与を行った時期より後の時期に，新たに合成されることがわかる（②は適切）。よって，後期のパフを誘導するためには初期のパフが必要となる可能性があり，その一つとして初期のパフに含まれる遺伝子の発現で生じたHNAポリメラーゼが後期のパフでのRNA合成に用いられる可能性も考えられる（④・⑤は適切）。また，エクダイソン投与によって後期のパフを誘導するタンパク質が合成されるのであれば，幼虫に投与後すぐに後期のパフが生じると考えられるので③は適切でないと考えられる。

問8　まず仮説を立てて，その仮説を証明する実験方法を考えよう（**図52-2**）。前文より，エクダイソンの投与によって初期のパフが生じ，時間の経過とともに後期のパフが生じることがわかる。これらのことから，「エクダイソンが初期のパフを誘導し，誘導された初期のパフでE遺伝子が発現し，遺伝子産物EがL遺伝子の発現を誘導する」という仮説を立てることができる（**図52-2**①）。この仮説を証明するには，遺伝子産物Eの有無によって，L遺伝子の発現の有無が変わることを示せばよい。

　まず，正常な遺伝子産物Eを合成できないE遺伝子の突然変異体にエクダイソンを投与して，L遺伝子が発現しないことを確認する（**図52-2**②）。次にこの突然変異体に，正常なE遺伝子を導入した形質転換個体を作製する。この個体がエクダイソンを投与された後，Lを合成すれば，遺伝子産物EがL遺伝子の発現を誘導（促進）することがわかる（**図52-2**③）。

053 解答 解説

問1　精子核には父型の刷り込み遺伝子しか存在せず，2個を移植しても母型の刷り込み遺伝子が存在しないから。（49字）

問2　⑤

問3　生殖細胞を形成する過程で一旦刷り込みが消失し，精子になるものは父型，卵になるものは母型に新たに刷り込まれるため，刷り込みがない時期や刷り込みの型が一対の染色体で同じ時期が存在するから。（92字）

問4　雄親：g/Y　雌親：G/G（GG）
　　娘A：G/g（Gg）　娘B：G/g（Gg）
　　根拠：娘Aと娘Bは黒色とオレンジ色が発現しているので，遺伝子Gと遺伝子gをヘテロでもち，雌親は黒色が発現していないので遺伝子gをもたない。したがって，娘Aと娘Bがもつ遺伝子gは雄親に由来する。（93字）

問5　雄親：E/e（Ee）　雌親：e/e（ee）
　　娘A：e/e（ee）　娘B：e/e（ee）
　　根拠：遺伝子Eを1つでももてば全身が白色になるので，雌親，娘A，娘Bはいずれも遺伝子Eをもたない。雄親は全身が白色なので遺伝子Eをもち，娘Aと娘Bの遺伝子型がe/eであることから遺伝子eももつことになる。（99字）

問6　雄親：F/f（Ff）　雌親：f/f（ff）
　　娘A：f/f（ff）　娘B：F/f（Ff）
　　根拠：雌親と娘Aは白斑がないので，遺伝子Fをもたない。娘Bは白斑があるので遺伝子Fをもつが，雌親の遺伝子型がf/fであるので，遺伝子fをヘテロでもつ。娘Bの遺伝子F，娘Aの遺伝子fの片方は雄親に由来するので，雄親は遺伝子Fと遺伝子fをヘテロでもつ。（121字）

問7　三毛ネコでは，胚で遺伝子GをもつX染色体が不活性化した細胞と，遺伝子gをもつX染色体が不活性化した細胞がランダムに生じ，その後の細胞分裂の回数も細胞ごとに異なるから。（83字）

問8　性染色体構成：XXY

図52-2 問8の仮説検証実験

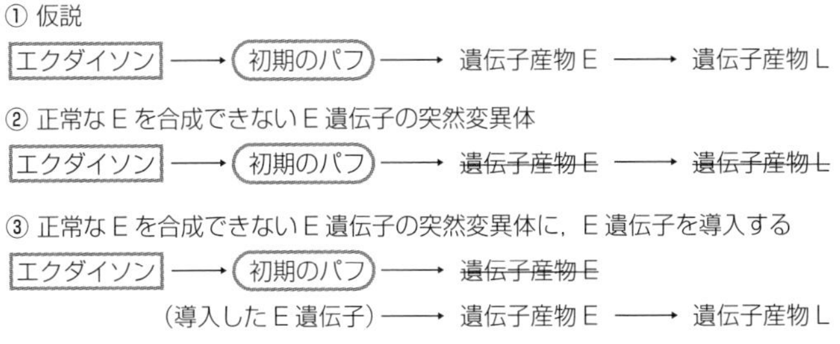

① 仮説

エクダイソン ⟶ 初期のパフ ⟶ 遺伝子産物E ⟶ 遺伝子産物L

② 正常なEを合成できないE遺伝子の突然変異体

エクダイソン ⟶ 初期のパフ ⟶ 遺伝子産物E ⟶ 遺伝子産物L

③ 正常なEを合成できないE遺伝子の突然変異体に，E遺伝子を導入する

エクダイソン ⟶ 初期のパフ ⟶ 遺伝子産物E

（導入したE遺伝子）⟶ 遺伝子産物E ⟶ 遺伝子産物L

第7章

理由：この個体は，Y染色体をもつため性別は雄となるため，X染色体を2本もつため，雌と同様にX染色体の不活性化が細胞ごとにランダムに起こる。このため，遺伝子型が$eeFfGg$/Yの場合，三毛ネコの雌と同様に三毛模様が表れる。（106字）

問1　受精卵の初期発生が正常に進むためには，父型および母型の刷り込みを受けた遺伝子が両方必要である。精子はすべて父型の刷り込みを受けているため，精子核2個を移植した未受精卵には母型の刷り込みを受けた遺伝子が存在せず，正常な初期発生が進まない。

問2　核移植が成功し初期発生が正常に進むためには，正常な受精卵と同じ条件がそろっている必要がある。つまり，すべての遺伝子が発生初期の状態にあり，父型と母型の刷り込みはいずれも維持されていればよい。

問3　卵や精子などの生殖細胞のもととなる細胞は始原生殖細胞と呼ばれ，発生初期に一部の細胞から分化する。始原生殖細胞は父型および母型の刷り込みを受けた遺伝子を両方持っているが，体細胞分裂と減数分裂を経てできる卵や精子は一方の刷り込みしか受けていない。このことから生殖細胞ができる過程で一度刷り込みが消去され，父型または母型に刷り込まれると考えられる。そのため，刷り込みが消去されている時期や，一方の型に刷り込まれた時期の核（2n）を採取して移植した場合には正常な発生が進まない。

問4　G遺伝子座の顕性（優性）の遺伝子Gはオレンジ色を表す作用があり，潜性（劣性）の遺伝子gは黒色を表す作用がある。G遺伝子座はX染色体上にあるため，遺伝子GをもつX染色体が不活性化している細胞は黒の毛色を，遺伝子gをもつX染色体が不活性化している細胞はオレンジの毛色を示す。雌親は全身オレンジ色なのでG/Gである。娘Aと娘Bは遺伝子Gと遺伝子gのヘテロ接合体（G/g）であるが，娘Aと娘BがG/gになるためには，雌親がG/Gなので雄親からgを受け取らなければならない。したがって，雄親はg/Yである。

問5　前文中の「顕性の遺伝子Eをもつと，他の遺伝子座の遺伝子型に関係なく全身が白色となる，潜性の遺伝子eがホモ接合となった場合，有色となる」という部分に注目する。

問6　前文中の「顕性の遺伝子Fをもつと白斑が表れ，潜性の遺伝子fがホモ接合の場合，白斑はできない」という部分に注目する。

問7　三毛ネコになる雌の個体（$eeFfGg$）では，発生の初期の細胞内ではX染色体の一方が不活性化されるが，前文にあるように，「父親と母親由来のX染色体のどちらが不活性化されるかは細胞によって異なっている」ので，G/gの遺伝子型をもつ雌では，遺伝子GをもつX染色体と遺伝子gをもつX染色体のどちらが不活性化されるか，また，その後どのような細胞分裂が起こるかは細胞ごとに異なるため，次に示す模式図のように模様に個体差が生じる。

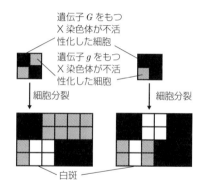

遺伝子GをもつX染色体が不活性化した細胞

遺伝子gをもつX染色体が不活性化した細胞

細胞分裂　　　　　　　細胞分裂

白斑

問8　雄の三毛ネコはX染色体を1本多くもつ染色体異常（異数性）によって生じることが多いため，非常に珍しい。なお，XXYの個体は，卵形成の過程において，染色体不分離によりX染色体を2本もつ卵が生じ，これとY染色体をもつ精子との受精卵や，精子形成の過程において染色体不分離によりX染色体とY染色体を1本ずつもつ精子が生じ，これとX染色体を1本もつ卵との受精卵などから生じると考えられている。

054　[解答][解説]
問1　原核生物では，細胞質で転写が起こり，合成中のmRNAにリボソームが付着して翻訳も同じ場所で同時に進行する。(53字)

原核生物の遺伝子にはふつうイントロ

ンが含まれていないので，合成された mRNA はスプライシングを受けずに翻訳される。（57字）

問2 オペロン

問3 RNA ポリメラーゼと結合することで，転写の開始を促進する領域。

問4 調節タンパク質はトリプトファンと結合するとオペレーターに結合できるようになり，RNA ポリメラーゼのプロモーターへの結合が阻害される。（66字）

問5 トリプトファン合成酵素遺伝子群では調節タンパク質がトリプトファンと結合することでオペレーターに結合できるようになるが，ラクトース代謝酵素遺伝子群では調節タンパク質がラクトースの代謝産物と結合することでオペレーターに結合できなくなる。（116字）

問6 ① Ⓓ ② Ⓑ ③ Ⓐ

問7 グルコースが欠乏することで増殖は一時的に停止するが，活性化因子が活性化因子結合部位に結合して3つの酵素遺伝子が発現するようになり，ラクトースが代謝されるから。（79字）

....

問1 下線部①が「遺伝子発現の調節」ではなく「遺伝子発現」であることに注目し，その特徴について述べる。核をもたない原核生物では，合成途中の mRNA にリボソームが結合して転写と翻訳が細胞内の同じ場所で同時に行われる。一方，真核生物では核内で転写が行われて mRNA 前駆体が合成された後，核内でスプライシングを経て mRNA が完成（成熟）する。mRNA は核膜孔を通って細胞質に出て，リボソームに結合することで翻訳が行われる。

なお，「遺伝子発現について異なる特徴」の中に「遺伝子発現の調節について異なる特徴」の内容を含めても誤りではないと考えられる。したがって，解答として「原核生物では，RNA ポリメラーゼが基本転写因子なしに単独でプロモーターに結合することで転写が開始する。」，「原核生物では，DNA がヒストンに巻き付いた構造をしていないので，転写前にクロマチン繊維がほどける必要がない。」等の内容でもよいだろう。ただし，「原核生物では，複数の遺伝子が1つのプ

ロモーターによってひとつながりの mRNA として転写される。」のようなオペロンに関する記述は，下線部①に続く前文中で述べられているので解答としては不適切と考えられる。

原核生物と真核生物の遺伝子発現における共通点・相違点をまとめると，次の表のようになる。

Ⓢuccess Point 原核生物と真核生物の遺伝子発現の比較

	原核生物	真核生物
共通点	・1つの遺伝子から転写により多数のRNA が合成される。 ・1本の mRNA に多数のリボソームが結合し，同じポリペプチドが多数合成される。 ・1つの遺伝子に相当する DNA 領域では，転写の際の鋳型となるのは，DNA の2本鎖のうち，どちらか一方の鎖のみである。	
相違点	・環状の DNA の一部から直接 mRNA が合成される。 ・核がないので，転写と翻訳は同じ場所で行われる。	・線状の DNA の一部から RNA（mRNA 前駆体）が合成され，スプライシングを経て mRNA が完成する。 ・転写は核内で，翻訳は細胞質で行われる。

問2・3 原核生物では，機能的に関連した遺伝子（構造遺伝子）が DNA 中に隣接して存在し，まとめて転写されることがある。このような複数の遺伝子からなる転写単位をオペロンという。オペロンを構成する遺伝子群は，1つのプロモーターのもとで調節タンパク質による転写調節を受け，プロモーターに RNA ポリメラーゼが結合することで1本の mRNA として転写される。

問4 大腸菌のラクトース代謝酵素遺伝子群（ラクトースオペロン）周辺の DNA 領域では，調節遺伝子，プロモーター，オペレーター，オペロンの順に領域が並んでいる。一方，大腸菌のトリプトファン合成に必要な酵素遺伝子群（トリプトファン合成酵素遺伝子群）はトリプトファンオペロンと呼ばれる。前文から，トリプトファンオペロンで働く調節タンパク質は，トリプトファンと結合すると特定の DNA 配列に結合できるように

なり，トリプトファン濃度が高い時，すなわちトリプトファンと調節タンパク質が結合している時にはトリプトファンオペロンの転写（の開始）が抑制されることがわかる。このことと，ラクトースオペロンにおけるオペレーターの働きを合わせて考えると，トリプトファンと結合した調節タンパク質が結合する「特定のDNA配列」はオペレーターであり，調節タンパク質がオペレーターに結合するとRNAポリメラーゼのプロモーターへの結合が阻害されることで転写（の開始）が抑制されると考えられる。また，オペレーターに結合する調節タンパク質はラクトースオペロンと同様に転写を抑制する働きをもつリプレッサー（抑制因子）であるとわかる。一方，トリプトファン濃度が低い時には，調節タンパク質がオペレーターに結合しないことにより，転写は抑制されないとわかる。このようなしくみにより，トリプトファンが不足している条件下でのみトリプトファンの合成が行われるようになっている。トリプトファンオペロンでの転写調節のしくみを模式的に表すと下の **図54-1** のようになる。

問5 **問4**の解説より，トリプトファンオペロンは，ラクトースオペロンと同様にリプレッサーによる転写調節を受けるが，その転写調節機構はラクトースオペロンと異なる。ラクトースオペロンではラクトースの代謝産物がリプレッサーに結合することでリプレッサーがオペレーターに結合できなくなり，その結果転写（の開始）が促進されるのに対し，トリプトファンオペロンではトリプトファンがリプレッサーと結合することでリプレッサーがオペレーターに結合できるようになり，その結果転写（の開始）が抑制される。

問6・7 ラクトースオペロンでは，ラクトースの有無に連動したリプレッサー（抑制因子）による転写調節が行われるが，実際には前文で述べられているようにグルコースの有無に連動した活性化因子による調節も行われる。リプレッサーはラクトースが存在しない場合にはオペレーターに結合し，ラクトースが存在する場合にはオペレーターに結合しない。一方，活性化因子はグルコースが欠乏する（存在しない）場合に活性化因子結合部位に結合することで転写を促進する（グルコースが存在する場合には結合部位には結合しない）。これらのことをもとに，**図1**の(A)～(D)の状態のときのラクトースオペロン（3つの酵素遺伝子）の発現（転写調節）についてまとめると次の

図54-1 トリプトファンオペロンでの転写調節のしくみ

〈トリプトファンを含む（またはトリプトファンの濃度が高い）培地の場合〉

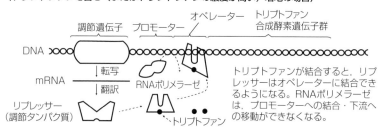

〈トリプトファンを含まない（またはトリプトファンの濃度が低い）培地の場合〉

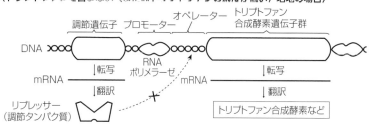

表54-2のようになる。この表からもわかるように，ラクトースオペロンが発現してラクトースの分解が行われるのは，グルコースが存在せず，かつラクトースが存在する条件下のみである。

ここで，**図2**の①～③についてそれぞれ考察する。大腸菌の培養はグルコースとラクトースの両方が存在する条件で開始されているので，①では抑制因子と活性化因子の状態は**表54-2**から⑩であり，大腸菌はラクトースの分解は行わずグルコースの分解を行って増殖する。この増殖は，グルコースをすべて分解するまで継続されると考えられる。したがって②では，グルコースが欠乏

したために大腸菌の増殖が一時的に停止したが，ラクトースが存在するため**表54-2**から⑧の状態となり，抑制因子が結合していない状態で活性化因子が結合部位に結合することで3つの酵素遺伝子の発現が活性化されたと考えられる。その結果，ラクトースの代謝に必要な酵素が合成されるようになり，ラクトースを分解して大腸菌が増殖したと考えられる。この増殖は，ラクトースをすべて分解するまで継続されると考えられるので，③ではグルコースもラクトースも存在せず，**表54-2**から④の状態となり，大腸菌の増殖は停止すると考えられる。

表54-2 ラクトースオペロン（3つの酵素遺伝子）の発現

	正の制御		負の制御		ラクトースオペロンの発現
	グルコース	活性化因子	ラクトース	抑制因子 （リプレッサー）	
(A)	なし	結合する	なし	結合する	抑制因子により抑制される（不活性）
(B)	なし	結合する	あり	結合しない	抑制因子がなく活性化因子があるため活性化される
(C)	あり	結合しない	なし	結合する	抑制因子により抑制される（不活性）
(D)	あり	結合しない	あり	結合しない	活性化因子がないので活性化されない（不活性）

図54-3 ラクトースオペロンの転写制御のしくみ

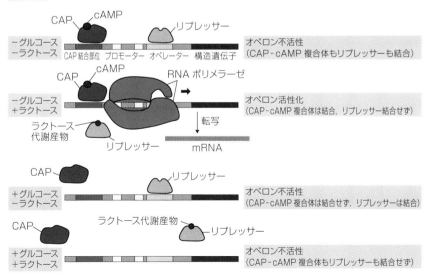

【参考】ラクトースオペロンにおける活性化因子は，CAP（catabolite activator protein）と呼ばれるタンパク質と cAMP が結合した CAP-cAMP 複合体である。なお，CAP は CRP（cAMP receptor protein）とも呼ばれる。グルコース濃度が高い時には cAMP 濃度が低下するので，cAMP が CAP と結合せず CAP-cAMP 複合体が形成されない。一方，グルコース濃度が低下すると cAMP 濃度が上昇するので，cAMP が CAP と結合して CAP-cAMP 複合体となり，これが CAP 結合部位に結合して活性化因子として働くのである。ラクトースオペロンの転写制御のしくみを表すと前ページの **図 54-3** のようになる。

Success Point　形質発現・遺伝子発現における調節に関する出題

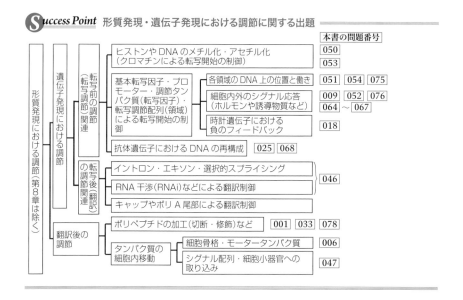

第8章 減数分裂と遺伝情報の分配

055 [解答][解説]

問1 (1) 12.5% (2) 66.7%

問2 Ccdd   **問3** 20%

問4 [GH]:[gh]:[Gh]:[gH] = 2:0:1:1

………………………………………………

問1 本問の流れ（構成）を下の **図55-1** に示す。本問では，**図55-1** に示すように提示された①をもとに，③を答えなければならない。そのためには，隠されている②を求める必要がある。

そこで，①から②を求める方法を考えてみよう。

F_1（$AaBb$）において A（a）と B（b）が独立していようと連鎖していようと，F_1 の配偶子の遺伝子型分離比は，一般に $AB:Ab:aB:ab = m:n:n:m$ と表せる。例えば，A（a）と B（b）が独立していれば，$m = n = 1$ となる。また，A と B（a と b）が連鎖していて組換えなければ，$m = 1$，$n = 0$ となり，A と b（a と B）が連鎖していて組換えなければ，$m = 0$，$n = 1$ となる。F_1 の自家受粉による自家受精では，分離比を係数としてつけた配偶子の組み合わせ表をつくることができる（**表55-2**）。

配偶子の組み合わせ表を整理すると次の **S**uccess Point のようになる。これを "F_2 の表現型と F_1 の配偶子をつなぐ式" として覚えてしまおう（忘れたら配偶子の組み合わせ表を書けばよい）。

Success Point F_2 の表現型と F_1 の配偶子をつなぐ式

F_1 の配偶子を $AB:Ab:aB:ab = m:n:n:m$ とすると，F_2 の表現型分離比は

$$[AB] = 3m^2 + 4mn + 2n^2$$
$$[Ab] = [aB] = n^2 + 2mn$$
$$[ab] = m^2$$

─────────────────────

問1 の交配を図式化して考えよう。

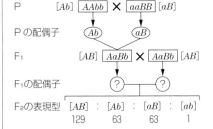

"F_2 の表現型と F_1 の配偶子をつなぐ式" より，F_1 から生じる配偶子の分離比を求めよう。

$[ab] = 1$ より，$1 = m^2$　$m = 1$，

$[Ab] = [aB] = 63$ より，$63 = n^2 + 2mn$

$m = 1$ だから，$n^2 + 2n - 63 = 0$

$(n - 7)(n + 9) = 0$　$n = 7$，−9

よって，F_1（$AaBb$）から生じる配偶子の分離比は $AB:Ab:aB:ab = 1:7:7:1$ となる。

図55-1 問1の流れ（構成）

（提示する）		（隠す）		（答えさせる）
①$F_1 \times F_1$ の結果	イコールではない	②F_1 の配偶子の分離比	$\dfrac{n+n}{m+n+n+m} \times 100$ の式で求める	③組換え価
（F_2 の表現型の分離比）		（$m:n:n:m$）		

表55-2 配偶子の組み合わせ表

F_1 ＼ F_1	$m\ AB$	$n\ Ab$	$n\ aB$	$m\ ab$
$m\ AB$	m^2AABB [AB]	$mnAABb$ [AB]	$mnAaBB$ [AB]	m^2AaBb [AB]
$n\ Ab$	$mnAABb$ [AB]	n^2AAbb [Ab]	n^2AaBb [AB]	$mnAabb$ [Ab]
$n\ aB$	$mnAaBB$ [AB]	n^2AaBb [AB]	n^2aaBB [aB]	$mnaaBb$ [aB]
$m\ ab$	m^2AaBb [AB]	$mnAabb$ [Ab]	$mnaaBb$ [aB]	m^2aabb [ab]

この分離比を用いて配偶子の組み合わせ表をつくり、F₁の自家受粉（F₁×F₁）で生じるF₂の遺伝子型の種類とそれらの出現割合を求めよう。

F₁＼F₁	1 AB	7 Ab	7 aB	1 ab
1 AB	1AABB	7AABb	7AaBB	1AaBb
7 Ab	7AABb	49AAbb	49AaBb	7Aabb
7 aB	7AaBB	49AaBb	49aaBB	7aaBb
1 ab	1AaBb	7Aabb	7aaBb	1aabb

(1) 組換え価 $= \dfrac{1+1}{1+7+7+1} \times 100 = 12.5$ (%)

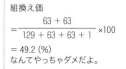

組換え価
$= \dfrac{63+63}{129+63+63+1} \times 100$
$= 49.2$ (%)
なんてやっちゃダメだよ。

(2) 上記の表中のF₂のうち、表現型が[B]のもの（遺伝子型がBBかBb）は、1AABB、14AaBB、49aaBB、14AABb、100AaBb、14aaBbである。このうち、自家粉によって（結果として、自家受精が起こるので）[b]を生じるものは、Bとbに関してヘテロ接合体の14AABb、100AaBb、14aaBbである。これらの割合は、

$\dfrac{14+100+14}{1+14+49+14+100+14} \times 100$
$= 66.66\cdots \fallingdotseq 66.7$ (%) となる。

問2 交配を図式化して考えよう。

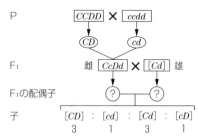

まずCとcの遺伝子対に着目（Dとdは無視）すると、[C]:[c] = (3+3):(1+1) = 3:1となる。子の表現型分離比（[C]:[c]）が3:1となるのは、親の遺伝子型の組み合わせがCc（①）×Cc（②）のときだけである。

次にDとdの遺伝子対に着目（Cとcは無視）すると、[D]:[d] = (3+1):(3+1) = 1:1

となる。子の表現型分離比（[D]:[d]）が1:1となるのは、親の遺伝子型の組み合わせがDd（③）×dd（④）のときのみである。

雌親の遺伝子型はCcDdなので、前述の遺伝子型①のCc（または②のCc）と③のDdからなり、雄親の遺伝子型は②のCc（または①のCc）と④のddからなるCcddであるとわかる。

また雄親は、その表現型が[Cd]であることから、その遺伝子型はC?ddである。したがって、雄親はCCddとCcddのいずれかであるが、（雌CcDd）×（雄CCdd）の交配からは、表現型が[cd]や[cD]の子が生じないので、Ccddが妥当であると考えてもよい。

AaBbからつくられる配偶子やその組み合わせで生じる子の表現型の表記順はAB, Ab, aB, abとなることが多い（一般的）。でも、055の**問2**の解説では、CcDdからつくられる配偶子の組み合わせで生じた子の表現型を、設問文に提示された子の表現型の順にそろえてCD, cd, Cd, cDのように並べてあるので、混乱しないようにしてね。**問3**や**問4**の解説も同様だから気を付けてね。

問3 E（もしくはe）とF（もしくはf）が連鎖していると仮定して、交配を図式化して考えてみよう。

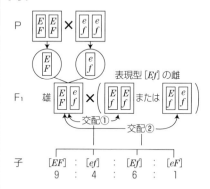

交配①においてF₁がつくる配偶子の組み合わせ表

雌＼雄	m EF	m ef	n Ef	n eF
Ef	mEEFf [EF]	mEeff [Ef]	nEEff [Ef]	nEeFf [EF]

[eF]、[ef]は現れない

114

交配②においてF₁がつくる配偶子の組み合わせ表

雌＼雄	m EF	m ef	n Ef	n eF
Ef	mEEFf [EF]	mEeff [Ef]	nEEff [Ef]	nEeFf [EF]
ef	mEeFf [EF]	meeff [ef]	nEeff [Ef]	neeFf [eF]

$$\left.\begin{array}{lll}[EF] & = 2m+n & = 9 \\ [ef] & = m & = 4 \\ [Ef] & = m+2n & = 6 \\ [eF] & = n & = 1\end{array}\right\} \begin{array}{l}\text{これを解くと}\\ m=4,\ n=1\\ \text{となる。}\end{array}$$

したがって，E と F（e と f）は連鎖しており，その組換え価は $\dfrac{1+1}{4+1+1+4} \times 100 = 20$（％）である。

なお，連鎖していない（独立している）と仮定すると，F₁の雄から生じる配偶子の分離比は $EF : ef : Ef : eF = 1 : 1 : 1 : 1$ となり，この雄と，表現型 $[Ef]$ の雌（遺伝子型は $EEff$ か $Eeff$ のいずれか）との交配で生じる子の表現型分離比は $[EF] : [ef] : [Ef] : [eF] = 9 : 4 : 6 : 1$ にはならない。

問4 交配を図式化して考えてみよう。

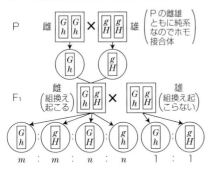

F₁がつくる配偶子の組み合わせ表

雄＼雌	m Gh	m gH	n GH	n gh
Gh	mGGhh [Gh]	mGgHh [GH]	nGGHh [GH]	nGghh [Gh]
gH	mGgHh [GH]	mggHH [gH]	nGgHH [GH]	nggHh [gH]

$$
\begin{aligned}
& [GH] : [gh] : [Gh] : [gH] \\
&= (2m+2n) : 0 : (m+n) : (m+n) \\
&= 2 : 0 : 1 : 1
\end{aligned}
$$

056 　解答 解説

問1 $A \cdot C$ ①・⑧（順不同）　　B ⑪　　D ⑫

問2 82％

問3 黒色：茶色＝3：1

問4 (1) この病気の遺伝子は潜性（劣性）であり，その形質の脂肪糞は Br で現れる。脂肪糞をする動物2，4，5のすべてにおいて Br/Br はマーカー B のみなので，この病気の遺伝子はマーカー B に最も近い。（89字）

(2) 茶色が白色に対して顕性（優性）であり，白色の動物3において Wh/Wh がマーカー A〜E であり，茶色の動物6において Br/Wh はマーカー E と F であるので，毛色を決める遺伝子はマーカー E に最も近い。（92字）

....

問1 2遺伝子が独立している場合の組換え価は 50％ になるので，**表1**から連鎖しているのは A と C，B と D と H であることがわかる。設問文より，遺伝子 H は染色体Ⅱの⑨の位置にあり，染色体上の1目盛りは組換え価 5％ を表すので，H との組換え価が 10％ の B は⑪，15％ の D は⑫の位置に存在することになる（B と D の組換え価が 5％ であることとも矛盾しない）。一方，A と C は H と連鎖していないので染色体Ⅰ上にあり，組換え価が 35％ なのでそれぞれ両端の①と⑧のいずれかに位置することになる。

問2 設問の交配を行うと，雑種第一代（F₁）のウシの遺伝子型は $HhBb$ となり，雑種第二代（F₂）では無角で遺伝子型 BB のウシが2種類（$HHBB$ と $HhBB$）できるので，その比率を考えればよい。F₁の配偶子の比率を考えると，B と H の組換え価は 10％ だから，配偶子の分離比は $HB : Hb : hB : hb = 9 : 1 : 1 : 9$ となる。この配偶子の組み合わせによってできる $HHBB$ と $HhBB$ だけに着目すればよいので，配偶子の組み合わせ表の必要な部分（▨）だけを埋めればよい。

P（無角）雄 $\boxed{HHBB}$ × $\boxed{hhbb}$ 雌（有角）

F₁　　　$\boxed{HhBb}$

HB　Hb　hB　hb
9 ： 1 ： 1 ： 9

	9HB	1Hb	1hB	9hb
9HB	81HHBB		9HhBB	
1Hb				
1hB	9HhBB			
9hb				

上の表をまとめると $HHBB : HhBB = 81 : 18$ $= 9 : 2$ となるので，このうち無角遺伝子 H について顕性（優性）ホモの個体の割合は，

$$\frac{9}{11} \times 100 = 81.8\cdots \fallingdotseq 82 \,（\%）\text{である。}$$

問3 前文に解答を導くための条件が記されているので，読み飛ばさずに整理していこう。また，ホモ接合体を表す表記に関する用語の定義と使い分けについて，章末（127ページ）の

Success Point で確認しておこう。

黒色のラット（P）と茶色のラットの交配で得られた子（Q）の毛色がすべて黒色であったことから，黒色が茶色に対して顕性であると考えられる。毛色を黒色にする顕性の遺伝子を P，毛色を茶色にする潜性（劣性）の遺伝子を p とすると，Q の遺伝子型は Pp となり，Q どうしの交配で得られる子の遺伝子型の割合は以下のようになる。

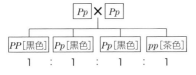

$$PP\text{[黒色]} \quad Pp\text{[黒色]} \quad Pp\text{[黒色]} \quad pp\text{[茶色]}$$
$$1 \quad : \quad 1 \quad : \quad 1 \quad : \quad 1$$

よって，黒色：茶色＝3：1となる。

問4 白色ラット（Wh）と茶色ラット（Br）の交配結果について，前文に「子（雑種第一代）には糞や体重の異常は認められず，毛色は茶であった」とある。このことから，糞や体重の異常に関する病気は潜性の形質であり，毛色は茶色が白色に対して顕性であることがわかる。潜性の形質は遺伝子をホモ接合でもつ（Br/Br または Wh/Wh）場合にのみ現れることに着目して**表2**を読み，それぞれの形質が顕性であるか潜性であるかを明記して，解答を作成しよう。

(1) 脂肪糞と低体重をもたらす病気の遺伝子は潜性である。病気の遺伝子と毛色を決める遺伝子が連鎖しており，病気は Br で現れることから，常染色体上のある特定部位における一対の遺伝情報がいずれも Br からきている場合（Br/Br）に

病気の形質（脂肪糞）が現れれば，その特定部位が病気の遺伝子が存在する部位であるとわかる。脂肪糞をする動物 2, 4, 5 において共通して Br/Br であるマーカーは B のみなので，この病気の遺伝子はマーカー B に最も近いと考えられる。

(2) 毛色が白色の動物 3 において Wh/Wh はマーカー A 〜 E であるので，毛色を決める遺伝子は A 〜 E のいずれかに近い。さらに，茶色の動物 6 において Br を含むのはマーカー E・F である。よって，毛色を決める遺伝子はこれらに共通のマーカー E に最も近い位置に存在すると考えられる。なお，「茶色は白色に対して顕性（優性）である。白色の動物 3 においてマーカー A 〜 E が Wh/Wh であり，茶色の動物 6 においてマーカー A 〜 D が Wh/Wh であるので，毛色を決める遺伝子はマーカー E に最も近い。（92 字）」のような解答も可である。

> チョット細かいこと言うよ（Part1）。
> 生物学（遺伝学）では，遺伝子記号は A や a のように斜体（イタリック体）で書く，というルールがある。でも，高校の教科書や大学入試問題では A や a のように正体（ローマン体）で書かれているものもある。だから，大学入試まではアルファベットの傾きは気にしなくてよいということだね。

057 解答 解説

ア．② イ．⑦ ウ．⑯ エ．①
オ．⑬ カ．⑳ キ．㉓ ク．⑫
ケ．⑱ コ．④ サ．④ シ．⑤

前文より，各遺伝子の働きをまとめると，次のようになる。

独立に遺伝する形質の顕性（優性），潜性（劣性）

[A]（色素の分布粗）は顕性
[a]（色素の分布密）は潜性
[B]（黒色）は顕性
[b]（褐色）は潜性
[C]（有色）は顕性
[c]（アルビノ（白毛））は潜性

遺伝子 C 存在下の〔表現型〕（遺伝子型）

[A・B]（A_B_）…野ネズミ色
[a・B]（aaB_）…黒色
[A・b]（A_bb）…薄茶色
[a・b]（aabb）…チョコレート色

【参考】遺伝子 B (b) が色調を支配する（有色を現す）ためには，遺伝子 C という条件が必要である。このように，他の遺伝子(本問では遺伝子 C) が存在する条件のもとでのみ働くことのできる遺伝子(本問では遺伝子 B(b))を条件遺伝子という。

実験に用いられたハツカネズミは「毎世代同じ毛色の生まれる家系」とあるので，純系（ホモ接合体）である。実験1〜4を図式化して考えよう。

実験1・実験2は下の **図 57-1** 参照。

実験3は下の **図 57-2** 参照。チョコレート色のネズミの遺伝子型が $aabbCC$ であるため，アルビノ×チョコの交配は遺伝子 A(a)と遺伝子 B(b)に注目すれば検定交雑といえる。検定交雑では，「子（F_1）の表現型（［アルファベット］表示）とその分離比」は，遺伝子型不明の親がつくる「配偶子の遺伝子型とその分離比」と一致する（下の **図 57-2** の★）。

図 57-1 実験1と実験2の交配

【実験1】

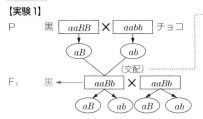

▶配偶子の組み合わせ（マス目表(1)）

F_1＼F_1	aB	ab
aB	$aaBB$［黒］	$aaBb$［黒］
ab	$aaBb$［黒］	$aabb$［チョコ］

F_2　黒：チョコ＝3：1

【実験2】

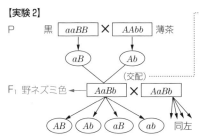

▶配偶子の組み合わせ（マス目表(2)）

F_1＼F_1	AB	Ab	aB	ab
AB	［野ネズミ］	［野ネズミ］	［野ネズミ］	［野ネズミ］
Ab	［野ネズミ］	［薄茶］	［野ネズミ］	［薄茶］
aB	［野ネズミ］	［野ネズミ］	［黒］	［黒］
ab	［野ネズミ］	［薄茶］	［黒］	［チョコ］

F_2　野ネズミ：黒：薄茶：チョコ＝9：3：3：1

図 57-2 実験3の交配

配偶子の組み合わせ（マス目表(3)）

F_1＼F_1	AbC	Abc	abC	abc
AbC	$AAbbCC$［薄茶］	$AAbbCc$［薄茶］	$AabbCC$［薄茶］	$AabbCc$［薄茶］
Abc	$AAbbCc$［薄茶］	$AAbbcc$［アルビノ］	$AabbCc$［薄茶］	$Aabbcc$［アルビノ］
abC	$AabbCC$［薄茶］	$AabbCc$［薄茶］	$aabbCC$［チョコ］	$aabbCc$［チョコ］
abc	$AabbCc$［薄茶］	$Aabbcc$［アルビノ］	$aabbCc$［チョコ］	$aabbcc$［アルビノ］

F_2　薄茶：チョコ：アルビノ＝9：3：4

実験4…遺伝子型 *aabbcc* の表現型はアルビノである。実験3の F₂ どうしの交配によってアルビノが生じる組み合わせを考え，検討してみる。

薄茶×薄茶，薄茶×チョコ，薄茶×アルビノ，チョコ×アルビノ，アルビノ×アルビノの交配で生じるアルビノには，*aabbcc* のほかに *AAbbcc* や *Aabbcc* が含まれる。チョコ×チョコの交配を検討してみよう。F₂ のチョコには *aabbCC* と *aabbCc* の個体が1：2の割合で含まれており，それらは区別されることなく交配（任意交配）する。*aabbCC* の個体からは *abC* の配偶子が1種類のみ生じ，*aabbCc* の個体からは *abC* と *abc* の配偶子が1：1の割合で生じる。これらの配偶子の種類と個体数の割合から，*aabbCC* と *aabbCc* の集団内のすべての個体がつくる配偶子は，*abC*：*abc* が2：1の割合となる。任意交配では，これらの配偶子が下表のように組み合わされ，生じた子のうち，アルビノの遺伝子型は必ず *aabbcc* である。

チョコ＼チョコ	2 *abC*	1 *abc*
2 *abC*	4 *aabbCC* [チョコ]	2 *aabbCc* [チョコ]
1 *abc*	2 *aabbCc* [チョコ]	1 *aabbcc* [アルビノ]

また，本設問については「遺伝子型 *aabb* の動物のみをつくるためには ［*a*・*b*］ のチョコどうしの交配をすればよい。生じた F₃ のうち *aabbcc* はアルビノのみなので，アルビノを選べばよい。」のようにシンプルに考えてもよい。

【参考】マウスの毛の色の遺伝は複雑

実際のマウスの毛の色の遺伝は，問題057 よりさらに複雑である。この遺伝のしくみをより深く理解するために，前駆物質・物質Q・黄色色素や遺伝子 D も加えて，毛の色に関する色素の合成経路とその合成経路に関与する遺伝子の関係を下の **図57-3** に模式的に示す（実際の経路は

もっと複雑であるが，一部を省略してある）。

遺伝子 *c* はすべての色素のもとになる物質Qをつくれないので，*cc* のマウスは色素がつくれず白色（アルビノ）になる。遺伝子 *C* を1つ以上もち，遺伝子 *b* をホモ接合でもつ個体（*bbCC* や *bbCc*）の毛では，褐色色素がつくられる。

また，遺伝子 *B* と *C* をそれぞれ1つ以上もつ個体の毛では黒色色素がつくられる。遺伝子 *D* は物質Qから黄色色素をつくるが，*B* と *D* が同時に働くと，黄色色素の色が黒色色素で打ち消されて黒色の毛になる。遺伝子 *A* と *a* は，問題057 では「1本の毛の中の色素の分布を支配」する遺伝子となっているが，実際は「遺伝子 *B*（*b*）の働きを調節する」遺伝子である。毛の色は毛根部の細胞がつくる色素の種類によって決まる。

たとえば，遺伝子 *A* は毛の伸長にともない，遺伝子 *B*（*b*）の働きを周期的に止めるので，野ネズミ色［*ABCD*］の個体の毛は，下図のように黒色と黄色のまだらになる。

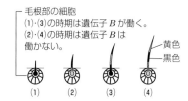

毛根部の細胞
(1)・(3)の時期は遺伝子 *B* が働く。
(2)・(4)の時期は遺伝子 *B* は働かない。
黄色
黒色

マウスの遺伝子型と毛の色の関係を図示すると以下のようになる。

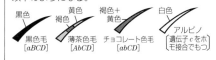

黒色　黄色＋褐色　褐色＋黄色　白色
黒色毛　薄茶色毛　チョコレート色毛　アルビノ
［*aBCD*］　［*AbCD*］　［*abCD*］　（遺伝子 *c* をホモ接合でもつ）

058 解答 解説

問1 (1) 白まゆをつくる個体：黄まゆをつくる個体＝3：1

(2) *iiYY*, *iiYy*　(3) 13：3　(4) $\dfrac{7}{13}$

図57-3 マウスの毛の色に関する色素の合成経路と遺伝子の関係

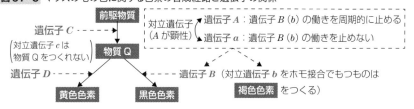

前駆物質
遺伝子 *C* ----
（対立遺伝子 *c* は物質Qをつくれない）
物質Q
対立遺伝子（*A* が顕性）◀ 遺伝子 *A*：遺伝子 *B*（*b*）の働きを周期的に止める
遺伝子 *a*：遺伝子 *B*（*b*）の働きを止めない
遺伝子 *D* ----
遺伝子 *B*（対立遺伝子 *b* をホモ接合でもつものは 褐色色素 をつくる）
黄色色素　黒色色素

問2 (1) 白色：黄色：緑色＝12：3：1
(2) 白色：黄色：緑色＝2：1：1
(3) ① *WWYY*, *WWYy*, *WWyy*
② どの交雑でも，すべて白色となる。

問3 (1) 〈こげ茶色〉*AABB* 〈白色〉*aabb*
(2) *AaBb* (3) *Aabb*, *aaBb*
(4) *AAbb*, *AaBb*, *aaBB*
(5) 等級2：等級1：等級0＝1：2：1

問1 図式化して考えてみよう。

(1) 下図のように，*iiyy* と F₁（*IiYy*）から生じる配偶子を書き出し，それらを組み合わせ，それぞれの表現型を考えればよい。

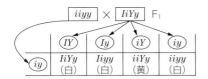

また，次のように考えてもよい。検定交雑で生じる個体の表現型とその分離比は，F₁がつくる配偶子の遺伝子型とその分離比に等しいので，
[*IY*]：[*Iy*]：[*iY*]：[*iy*]＝1：1：1：1となり，

このうち黄まゆをつくる個体は [*iY*] のみなので，白まゆをつくる個体：黄まゆをつくる個体は3：1となる。(2)，(3)は **図58-1** を参照。

(4) F₂ の白まゆをつくる個体のうち，2対の遺伝子がいずれもホモ接合体である *IIYY* と *IIyy* と *iiyy* は，同じ遺伝子型どうしの交配では，親と同じ表現型しか現れない。また，抑制遺伝子 *I* のホモ接合体である *IIYy* と，黄色遺伝子をもたない個体である *Iiyy* も，同じ遺伝子型どうしの交配では，白まゆをつくる個体しか生じない。

また，遺伝子 *i* と *Y* をともにもっている個体であれば，同じ遺伝子型の個体どうしの交配で黄まゆをつくる個体が生じる可能性があるので，*i* と *Y* をともにもつ個体以外を数えてもよい。

問2 (1) 前文より，[*WY*]（遺伝子型 *W_Y_*）と [*Wy*]（遺伝子型 *W_yy*）は白色を，[*wY*]（遺伝子型 *wwY_*）は黄色を，[*wy*]（遺伝子型 *wwyy*）は緑色をそれぞれ現すことがわかる。つまり，このカボチャの果実の遺伝においては，2対の遺伝子が潜性のホモ接合の場合に緑色の果実が，遺伝子 *W* があれば白色の果実が，遺伝子 *W* がなく遺伝子 *Y* があれば黄色の果実がそれぞれできる（下の **図58-2** ）。

図58-1 問1(2)・(3)の考え方

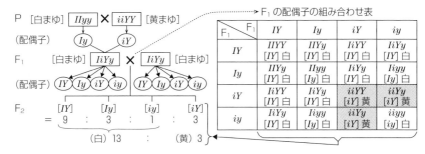

図58-2 問2(1)の考え方

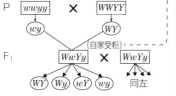

(2) (a)は、果実が白色なので［WY］か［Wy］、つまり、WWYY、WWYy、WwYY、WwYy か WWyy、Wwyy であり、自家受粉すると白色のほかに緑色の果実（wwyy）ができることから、配偶子 wy を形成する。また、自家受粉しても黄色の果実（wwY_）はできないことから、配偶子 wY は形成しない。よって、(a)の遺伝子型は Wwyy である。

(b)は、果実が黄色であるから、遺伝子型は wwYY か wwYy のいずれかであるが、(a)との交雑で緑色の果実が生じるので、配偶子 wy をつくることがわかる。したがって、(b)の遺伝子型は wwYy である。以上のことを踏まえ、(a)と(b)の交雑を図式化して考えよう（下の **図58-3**）。

(3) ① 遺伝子の働き合い（相互作用）がないとき、自家受粉しても次代に他の形質が生じないのは、すべての遺伝子についてホモ接合体の場合である。しかし本問のように遺伝子の働き合いがあるときは、以下のように各遺伝子型について、ていねいに考えることが必要である。果実が白色になる個体の遺伝子型には、WWYY、WWYy、WwYY、WwYy、WWyy、Wwyy がある。この中で、自家受粉により、黄色や緑色の果実を生じない個体は、配偶子 wY と wy を形成しない。WwYY の配偶子には wY が、WwYy の配偶子には wY と wy が、Wwyy の配偶子には wy がそれぞれ含まれるので、これらの遺伝子型は上の条件に適さな

い。したがって、白色の果実をもつもののうち、自家受粉しても他の色の果実を生じない個体の遺伝子型は、WWYY、WWYy、WWyy である。

② 緑色の果実をつくるカボチャは、遺伝子型 wwyy の潜性ホモ接合体であるから、この個体との交雑は検定交雑である。したがって、得られる次代の表現型は、①で求めた遺伝子型をもつ個体がつくる配偶子の遺伝子型で決まる。それぞれについて考えると、WWYY の配偶子は WY、WWYy の配偶子は WY と Wy、WWyy の配偶子は Wy となり、すべて遺伝子 W をもつことから、次代の果実は白色のみとなる。

チョット細かいこと言うよ（Part2）。生物学（遺伝学）では、「交配は遺伝子型の同異に関係なく、2個体間で受精が行われること」であり、「交雑は遺伝子型が異なる2個体間の交配」なんだけど、大学入試では「交配」と「交雑」の正確な使い分けが行われていない問題も多いんだ。だから、大学入試までは「交配」と「交雑」の使い分けは気にしなくてイイよ。

問3 (1)〜(4) 前文には「遺伝子 A と遺伝子 B は粒の色を濃くする上で同じ働きをもち、しかも相加的に働く」、また「粒はこげ茶色から白色まで5段階の色（等級4から0）に分けることができ」とあるので、AABB（大文字の遺伝子が4つ）は等級4（こげ茶）、AABb・AaBB（大文字の遺

図58-3 問2(2)の(a)と(b)の交雑

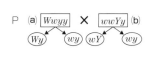

Pの配偶子の組み合わせ表

(b) ＼ (a)	Wy	wy
wY	［WY］	［wY］
wy	［Wy］	［wy］

次代は白色：黄色：緑色＝2：1：1 ◀

図58-4 問3(1)〜(4)の考え方

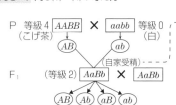

→ F₁の配偶子の組み合わせ表〔( )内の数字は等級〕

F₁ ＼ F₁	AB	Ab	aB	ab
AB	AABB(4)	AABb(3)	AaBB(3)	AaBb(2)
Ab	AABb(3)	AAbb(2)	AaBb(2)	Aabb(1)
aB	AaBB(3)	AaBb(2)	aaBB(2)	aaBb(1)
ab	AaBb(2)	Aabb(1)	aaBb(1)	aabb(0)

伝子が3つ）は等級3（こげ茶よりややうすい茶），$AAbb \cdot AaBb \cdot aaBB$（大文字の遺伝子が2つ）は等級2（茶色），$Aabb \cdot aaBb$（大文字の遺伝子が1つ）は等級1（最も薄い茶色），$aabb$（大文字の遺伝子なし）は等級0（白色）となると考えればよい。なお，F_2の表現型分離比の合計が1＋4＋6＋4＋1＝16になることから，「独立して遺伝する」「2対の対立遺伝子（Aとa，Bとb）が相互に関係した結果である」ことが考えられる。つまり，F_1（$AaBb$）から4種類の配偶子（AB：Ab：aB：ab）が1：1：1：1の割合でつくられることがわかる（左ページの **図58-4**）。

(5) 等級1の遺伝子型は$Aabb$か$aaBb$のいずれかである。これらの遺伝子型の個体を自家受精させると次のようになる。

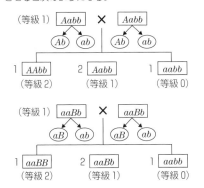

つまり，どちらの自家受精であっても同じ表現型が同じ分離比で生じる。

【参考】問1のように，ともに顕性の2対の遺伝子（IとY）のうち，一方（I）が他方（Y）の発現を抑制する場合，抑制的に働く遺伝子（I）を抑制遺伝子という。

問2に示す遺伝子Wのように，遺伝子Yやyの働きを覆いかくす遺伝子を被覆遺伝子という。

問3の「遺伝子Aと遺伝子Bは粒の色を濃くする上で同じ働きをもつ」ような関係にある遺伝子を同義遺伝子という。

059 解答 解説

問1 灰色 　　**問2** 黄色

問3 灰色で黄色胚乳：灰色で緑色胚乳＝3：1

問4 黄色：緑色＝1：1

問5 緑色果皮・灰色種子で黄色胚乳：緑色果皮・灰色種子で緑色胚乳＝3：1

問6 ア．② 　イ．⑥ 　ウ．⑤ 　エ．②

問7 (ア) ② 　(イ) ⑤

. . . .

問1 胚乳の色を現す遺伝子をAとa，種皮の色を現す遺伝子をBとbとして考えていく。

黄色胚乳 [A] は顕性（優性）
緑色胚乳 [a] は潜性（劣性）
　　　　　　　　　　　　　　} A(a) と B(b) は独立して遺伝
灰色種皮 [B] は顕性
白色種皮 [b] は潜性

[注] 白色種皮の種子では，種皮を透かして胚乳の色（黄色や緑色）が見える。

前文中の「品種は純系である」を考慮に入れて図式化しよう（下の **図59-1** 参照）。このとき，被子植物は重複受精を行うことに注意する。

なお，この交配でできた種子（胚$AaBb$，黄色胚乳$AAaBBb$，灰色種皮$AABB$）が発芽・成長するとF_1になるが，胚乳や種皮は消失したり土中で腐ったりするので，次代には伝えられない。

問2 次ページの **図59-2** 参照。

問3 種皮は母親（めしべ親）のめしべの一部

第8章

図59-1 問1の考え方

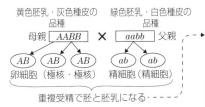

である珠皮（体細胞からなる組織）が肥厚した
ものである。したがって，**問1**の F_1 のめしべの
一部である珠皮（Bb）が肥厚して灰色種皮（Bb）
になるので，種子の外観はすべて灰色となる。胚
乳の形質については，A と a のみに着目すればよ
い（下の **図 59-3** ）。

問4 **問2**の母親のめしべの一部である珠皮
（bb）が肥厚して白色種皮（bb）になるので，種
子の外観は胚乳の色によって決まる。胚乳の形質
に着目して図式化してみよう（下の **図 59-4** ）。

問5 果皮は，母親の組織である子房壁が変化
したものである。緑色果皮（C）は顕性，黄色果
皮（c）は潜性として図式化してみよう（次ペー
ジの **図 59-5** ）。

F_1 を自家受精させると，F_1 のめしべの一部で
ある珠皮（Bb）が肥厚して灰色種皮（Bb）に，
子房壁（Cc）が変化して緑色果皮（Cc）になる。

胚乳の形質については，A と a のみに着目して
図式化すると **問3**の解説 **図 59-3** と同様にな
る。

Success **P**oint　種子の果実の形成

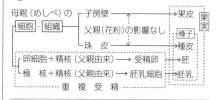

図59-2 問2の考え方

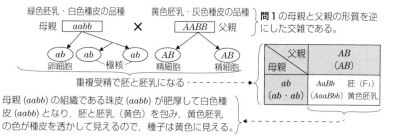

図59-3 問3の考え方

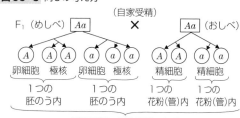

父親／母親	A (A)	a (a)
A ($A \cdot A$)	AA 胚 (AAA)黄色胚乳	Aa 胚 (AAa)黄色胚乳
a ($a \cdot a$)	Aa 胚 (Aaa)黄色胚乳	aa 胚 (aaa)緑色胚乳

F_2　黄色胚乳：緑色胚乳 ＝ 3：1

図59-4 問4の考え方

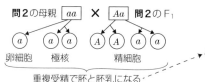

父親／母親	A (A)	a (a)
a ($a \cdot a$)	Aa 胚 (Aaa) 黄色胚乳	aa 胚 (aaa)緑色胚乳

黄色胚乳：緑色胚乳 ＝ 1：1

122

問6 右巻きの遺伝子を D，左巻きの遺伝子を d として，前文中の(i)と(ii)の交配を図式化すると，下の **図59-6** のようになる。(ii)の交配によって生じた F_1 の遺伝子型は(i)と同じ Dd であるが，殻の巻き方は雌貝（母親）の遺伝子型により決定され，左巻きの殻となる。

このように，モノアラガイの殻の巻き方は，貝自体の遺伝子型によるのではなく，その貝を生んだ雌貝（母親）の遺伝子型（表現型ではない）によって決定される。このような遺伝様式を遅滞遺伝という。

(ii)の交配によって生じた F_1 どうしを交配させた場合を図式化すると，下の **図59-7** のようになる。

子の殻の巻き方の分離比を考える場合，母親の遺伝子型で決定されるため，F_2 を「任意に選んで交配（任意交配）」させる場合，配偶子の組み合わせ表を作成しなくてもよい。母親（F_2 の雌）の遺伝子型の比は，$DD : Dd : dd = 1 : 2 : 1$（$[D]$: $[d]$ $= 3 : 1$）であるから，生じる F_3 の殻の巻き方の比は右：左 $= 3 : 1$ となる。

問7 (i)の交配によって生じた「F_1 以降の各世代で，出現する個体数の比に応じて同じ遺伝子型をもつ雌雄どうしを交配させて」$F_2 \cdot F_3 \cdot F_4$ をつくるとき，これを図式化して表すと次ページの **図59-8** のようになる。

【参考】 巻貝の殻の巻き方は，発生初期の卵割の様式（らせん卵割）によって決定され，卵割の様式は受精卵の細胞質（母性因子など）の影響を強く受ける。精子は，受精の際に卵内に細胞質をほとんどもち込まないので，受精卵の細胞質は卵を

図59-5 問5の考え方

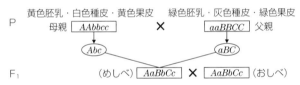

図59-6 〔Ⅱ〕の(i)と(ii)の交配

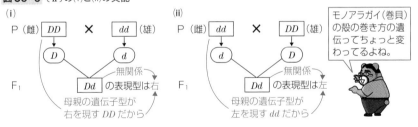

図59-7 〔Ⅱ〕の(ii)の交配によって生じた F_1 どうしを交配させた場合

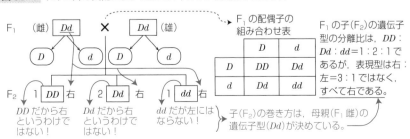

図 59-8 問7の考え方

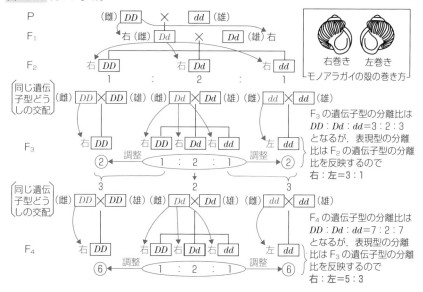

形成する雌親の遺伝子によって決定される。したがって，ある子（個体）の殻の巻き方（表現型）は，その子の母親の遺伝子型に支配される。

巻き貝の殻の巻き方の遺伝は，メンデルの法則に従うが，卵細胞を通じてのみ遺伝するので母性遺伝と呼ばれたり，前述したように表現型が一代遅れて現れるので遅滞遺伝と呼ばれたりする。

060 解答 解説

問1 (1) 両親とも Yy
　　 (2) 黄色は Yy，黒色は yy
問2 (1) $KkLl$
　　 (2) 有毛長葉:有毛短葉:無毛長葉=2:1:1
問3 7:2:2:1
問4 一部のマウス系統にのみ，それぞれ異なる遺伝子のプロモーター領域の上流にDNA断片が挿入されたから。（49字）
問5 2:2:1:1

────────────────────────

問1 遺伝子 Y は，毛色に関しては，遺伝子 y に対して顕性（優性）で黄色を現し，生存に関しては，遺伝子 y に対して潜性（劣性）で致死作用を現すことを考え合わせると，本設問の交雑は，

下図のように表すことができる。

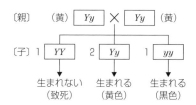

問2 本設問の交雑を図式化すると以下のようになる。

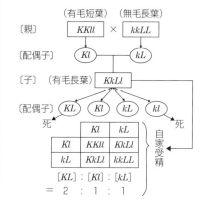

問3　トランスジェニック動物は，プロモーター領域と発現させたい遺伝子を含めた外来 DNA 断片を染色体に挿入することで得られる「細胞すべてに外来 DNA 断片が挿入された動物」である。前文に「プロモーター領域を変えることにより，同じ外来遺伝子を発現させる細胞や発現の時期を変化させることもできる」とある。

　作製されたトランスジェニックマウスの 2 系統であるマウス X，マウス Y は細胞すべてに外来 DNA 断片が挿入されているが，細胞に蛍光を発現させる gfp は，外来 DNA 断片において視細胞にのみ発現するロドプシン遺伝子のプロモーター領域の下流につなげている。よって，両眼にのみ蛍光を持つトランスジェニックマウスが得られたことがわかる。また，マウス X もマウス Y も挿入された遺伝子断片をヘテロで持っていることから（G_1g_1，G_2g_2），眼に蛍光を持つ形質は蛍光を持たない形質に対して顕性であることがわかる。

> ロドプシン遺伝子は体中の全細胞内に存在しているけど，ロドプシン遺伝子のプロモーター領域に結合してロドプシン遺伝子の発現を促進する調節タンパク質は，視細胞にしか存在していないので，ロドプシンは視細胞だけで合成されるんだナ。

　マウス X とマウス Y のそれぞれと白毛のマウスの交配を図式化して考えよう。その際，「眼に蛍光あり・蛍光なし」は「有・無」と表し，黒毛・白毛は黒・白と表す。

［マウス X と白毛マウスの交配］

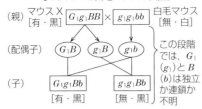

［マウス Y と白毛マウスの交配］

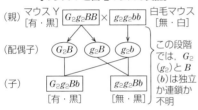

　まず，左下図と前文より下線①の黒毛で眼に蛍光がある子のうちマウス X の子は G_1g_1Bb，マウス Y の子は G_2g_2Bb である。次に，これらの子同士の交配結果から，マウス X とマウス Y のそれぞれの配偶子の分離比を求めよう。

　マウス X の子同士の交配においては，表現型の分離比が「眼に蛍光があり黒毛：眼に蛍光があり白毛：眼に蛍光がなく黒毛：眼に蛍光がなく白毛 ＝ 9：3：3：1」となっている。このことから，対立遺伝子 G_1（g_1）と B（b）は独立しており，マウス X の子 G_1g_1Bb の配偶子の分離比は G_1B：G_1b：g_1B：g_1b ＝ 1：1：1：1 であると考えられる。

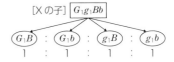

$$[X の子]\ \boxed{G_1g_1Bb}$$

G_1B	:	G_1b	:	g_1B	:	g_1b
1	:	1	:	1	:	1

　マウス Y の子同士の交配においては，表現型の分離比が「眼に蛍光があり黒毛：眼に蛍光があり白毛：眼に蛍光がなく黒毛：眼に蛍光がなく白毛 ＝ 22：5：5：4」となっている。表現型の分離比が 9：3：3：1 になっていないことから，対立遺伝子 G_2（g_2）と B（b）は連鎖し，組換えが起こっていると考えられる。ここで，マウス Y の子 G_2g_2Bb の配偶子の分離比を G_2B：G_2b：g_2B：g_2b ＝ m：n：n：m と仮定し，マウス Y の子同士の交配の結果（表現型の分離比は $[G_2B]$：$[G_2b]$：$[g_2B]$：$[g_2b]$ ＝ 22：5：5：4）を "F_2 の表現型と F_1 の配偶子をつなぐ式（☞ p.113）" に当てはめると，以下のようになる。

$[G_2B]$ 蛍光あり黒毛 ＝ $3m^2 + 4mn + 2n^2 = 22$

$[G_2b]$ 蛍光あり白毛 ＝ $n^2 + 2mn = 5$

$[g_2B]$ 蛍光なし黒毛 ＝ $n^2 + 2mn = 5$　…①

$[g_2b]$ 蛍光なし白毛 ＝ $m^2 = 4$　…②

　②より $m = 2$，これを①に代入して $n^2 + 4n = 5$ を解くと，$n = 1$ と求められる。

　したがって，マウス Y の子 G_2g_2Bb の配偶子の分離比は G_2B：G_2b：g_2B：g_2b ＝ 2：1：1：2 となる。

　上記のように，配偶子を G_1B：G_1b：g_1B：g_1b ＝ 1：1：1：1 でつくる下線①のマウス X の子と，マウス Y の子を交配すると，次ページの表のようになる。

X の子 \ Y の子	2G₂B	1G₂b	1g₂B	2g₂b
1G₁B	2G₁G₂BB 2[有・黒]	1G₁G₂Bb 1[有・黒]	1G₁g₂BB 1[有・黒]	2G₁g₂Bb 2[有・黒]
1G₁b	2G₁G₂Bb 2[有・黒]	1G₁g₂bb 1[有・白]	1G₁g₂Bb 1[有・黒]	2G₁g₂bb 2[有・白]
1g₁B	2G₂g₁BB 2[有・黒]	1G₂g₁Bb 1[有・黒]	1g₁g₂BB 1[無・黒]	2g₁g₂Bb 2[無・黒]
1g₁b	2G₂g₁Bb 2[有・黒]	1G₂g₁bb 1[有・白]	1g₁g₂Bb 1[無・黒]	2g₁g₂bb 2[無・白]

以上の結果，眼に蛍光があり黒毛：眼に蛍光があり白毛：眼に蛍光がなく黒毛：眼に蛍光がなく白毛＝ 14：4：4：2 ＝ 7：2：2：1 となる。

問 4 前文に「**図 2** の DNA 断片からプロモーター領域をなくした DNA 断片（**図 3**）を作製」したとある。このことから，ある遺伝子のプロモーター領域の下流に DNA 断片が挿入されたときのみ，その遺伝子が発現する細胞や発現する時期に挿入された DNA 断片が発現して蛍光が生じると考えられる。よって，プロモーター領域の下流に挿入されていない系統では蛍光は認められず，またどの遺伝子のプロモーター領域の下流に挿入れたかによって，蛍光を示す器官，組織や時期が異なるようになる。

問 5 マウス Z と白毛のマウスとの交配によって，以下のような子が生まれる。

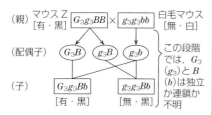

前文から，下線③の子 G_3g_3Bb 同士の交配の結果は「脳に蛍光があり黒毛：脳に蛍光があり白毛：脳に蛍光がなく黒毛：脳に蛍光がなく白毛＝ 6：2：3：1」とある。これは，対立遺伝子 G_3（g_3）と B（b）が独立である場合の表現型の比「脳に蛍光があり黒毛：脳に蛍光があり白毛：脳に蛍光がなく黒毛：脳に蛍光がなく白毛＝ 9：3：3：1」とは異なっている。また，「脳に蛍光があり白毛：脳に蛍光がなく黒毛」の比が 2：3 となっているため，

問 3 で考察したような対立遺伝子 G_3（g_3）と B（b）が連鎖し，組換えが起こっているという想定とも異なっている。よって，何らかの遺伝子同士の働き合いが起こっていると考えられる。

ここで「脳に蛍光があり黒毛：脳に蛍光があり白毛：脳に蛍光がなく黒毛：脳に蛍光がなく白毛＝ 6：2：3：1」について毛色のみに着目すると，「黒毛：白毛＝ 9：3 ＝ 3：1」となっているので，対立遺伝子 B と b はそれぞれ顕性遺伝子と潜性遺伝子であり，分離の法則が成り立っていることと矛盾しない。一方，脳の蛍光のみに着目すると，「脳に蛍光がある：脳に蛍光がない＝ 8：4 ＝ 2：1」となっており，一遺伝子雑種から想定される分離比である 3：1 と異なっている。このことから，対立遺伝子 G_3 は脳の蛍光に対しては顕性で，生存に関しては潜性で致死作用を現すと考えられる。つまり，遺伝子型の分離比は G_3G_3：G_3g_3：g_3g_3 ＝ 1：2：1 であるが，このうち G_3 をホモ接合で持つ個体（G_3G_3）は致死となり，出生した子は G_3g_3：g_3g_3 ＝ 2：1 となったと考えられる。

以上をもとに，下線③のマウス G_3g_3Bb と，マウス Z の子孫で脳に蛍光があり白色のマウス G_3g_3bb を交配すると次の表のようになる。

G_3g_3Bb ＼ G_3g_3bb	G_3b	g_3b
G_3B	（致死）	[有・黒]
G_3b	（致死）	[有・白]
g_3B	[有・黒]	[無・黒]
g_3b	[有・白]	[無・白]

表の結果，脳に蛍光があり黒毛：脳に蛍光があり白毛：脳に蛍光がなく黒毛：脳に蛍光がなく白毛＝ 2：2：1：1 となる。

問 5 に対しては，〔Ⅰ〕の**問 1** や**問 2** が致死作用を現す遺伝子（致死遺伝子）を想定するためのヒントになっている。前文や設問，解答がヒントとなることがあるので，解法を思いつかないときは問題全体を俯瞰して見直してみよう。

用語	定義
ホモ接合体	ある遺伝子座の形質に関する対立遺伝子が AA や aa のように均一な対になっている個体。（第8章 056, 058, 059 など）
純系	すべての形質についてホモ接合体の集団。純系は1種類の配偶子しかつくらず，自家受精を何代繰り返しても同じ形質の子孫しか現れない。「毎世代同じ形質の生まれる家系」や「潜性の形質が現れている個体（潜性ホモ接合体）」なども純系を表している。（第8章 056, 057 など）
近交系	意図的な交配を繰り返すことで得られた，すべての形質についてホモ接合体の集団。問題解法上，近交系と純系は同じ意味として捉えてよい。（第8章 056 など）
系統	高校の教科書では，生物が多様な種に進化する道筋とそれによって示される類縁関係の意で用いられる。〔遺伝学的には〕同質遺伝子系統，つまり純系を意味する用語である。（第8章 056, 058, 060 など）
品種	生物の分類において，種よりも一段低い階級を亜種，変種，品種などという。同種であるので，交配によって子孫をつくることが可能である。〔遺伝学的には〕「同じ種の飼育動物や栽培植物の集団のうち，いくつもの系統の違いがある場合，これらの各系統を品種という」と説明されることもあるので，「品種とあれば純系」とみなして解かなければならない入試問題もある。なお，「品種」でも純系とはかぎらない入試問題もあるので注意が必要である。（第8章 055, 059 など）

061 <u>解答 解説</u>

問1 (1) $4x$　(2) $2x$　(3) x　(4) x

問2 ① 第一極体　② 第二極体

問3 y は，ろ胞細胞に働きかけ，1-メチルア
デニンを分泌させた。（29字）

問4 1-メチルアデニンは，卵母細胞の細胞膜
に働き，その結果，核膜を消失させて減
数分裂を再開させる物質が細胞質中で合
成される。（60字）

問5 ㋐ −10　㋑ 6

問6 (1) 細胞　(2) ナトリウムチャネル
(3) ナトリウム　(4) 卵外　(5) 卵内

問7 Cl⁻が受動輸送によって卵内から卵外に移
動する。（23字）

・・・

問1・2　**図1-A** は前文に「第一減数分裂（減
数分裂第一分裂）の前期で停止」とあることから，
一次卵母細胞であることがわかる。また，一次卵
母細胞は減数分裂に入る前の間期において DNA
の複製を行っているので，**図1-A・B** の DNA
量は体細胞の2倍の $4x$ である。ここで設問文に
ある x は染色体数ではなく，DNA 量を表してい
ることに注意してほしい。**図1-C** は，第一減数
分裂で生じる第一極体（**図1-C** の①）と二次卵
母細胞であり，それぞれの染色体数，DNA 量は
ともに半減しているので，DNA 量は $2x$ である。
減数分裂では第一分裂終了後に間期がないため
DNA が複製されることなく，すぐに第二減数分
裂（減数分裂第二分裂）が起こるので，第二極体
（**図1-D** の②）と卵細胞の DNA 量は x となる。
通常ヒトデでは，極体の放出は同じ位置で起こり，
また，第一極体は分裂をしないため，**図1-D** で
は2つの小さな細胞のうち，上の細胞が第一極体
であり，下の細胞（②）が第二極体である。

問3　前文から，卵巣を神経からの抽出物 y を
含む海水に浸すと卵巣内の卵母細胞は減数分裂を
再開したことがわかった。しかし，卵巣から取り出
した卵母細胞は，抽出物 y を含む海水に浸され
ても減数分裂を再開しなかったことから，抽出物
y は卵母細胞に直接作用するのではなく，卵巣内
で卵母細胞を取り囲むろ胞細胞に働きかけること

で間接的に作用すると考えられる。卵母細胞に細
胞外から直接働きかける物質は 1-メチルアデニ
ンなので，y の働きでろ胞細胞からの 1-メチル
アデニンの分泌が促されることが推察できる。

問4　前文から，1-メチルアデニンは卵母細胞
に細胞外から働きかけるとわかり，実験アの結果
より，卵母細胞内では減数分裂を再開させる作用
をもたないことがわかる。実験イの結果より，減
数分裂を再開した卵母細胞の細胞質中には，減数
分裂を停止している細胞において核膜を消失させ
て減数分裂を再開させる作用をもつ物質が含まれ
ていることが推測できる。また，実験ウの結果よ
り，減数分裂を再開させる物質は，細胞膜を透過
することができず，細胞外から作用することもで
きないことがわかる。以上のことより，1-メチ
ルアデニンは卵母細胞の細胞膜に細胞外から作用
して，細胞内で減数分裂を再開させる物質を合成
させる働きをもつことが推察できる。

【**参考**】 神経からの抽出物 y は，神経が分泌する
ペプチドホルモン（GSS）である。ヒトデの卵
形成における 1-メチルアデニンと同様の働きを
もつ物質として，両生類のプロゲステロンや魚類
の副腎皮質ホルモンなどが知られている。

問5　グラフを正確に読み，整数で答えよう。
図2から，受精前（0〜6分頃）には膜電位は約
−10mV でほぼ一定であるが，約6分で急激に
約20mV に上昇していることがわかる。

問6　受精時に1個のみの精子を進入させ，複
数の精子の進入（多精受精）を防ぐ現象を多精拒
否といい，すばやく起こる反応である受精電位の
発生と，遅れて起こる反応である受精膜の形成の
2段階の反応からなる。多精拒否は，受精卵の核
相が $2n$ より大きくなり，正常な発生が起こらな
くなることを防ぐしくみである。

・ **受精電位の発生**…ウニの卵では，通常，膜電位（卵
外に対する卵内の電位）が負であるが，精子が
卵に接触すると，細胞（ 1 ）膜上のナトリウ
ムチャネル（ 2 ）が開いてイオンの透過性が
上昇し，海水中のナトリウム（ 3 ）イオン（Na⁺）
が受動輸送によって卵外（ 4 ）から卵内（ 5 ）

に流入して膜電位が正に逆転する。この電位を受精電位という。このときの膜電位の変化は，ニューロンに刺激を与えて活動電位が発生するときに起こる変化と同様である。

· **受精膜の形成**…受精電位が生じている間に，厚く固い受精膜が形成されることにより，精子の進入が物理的に防止される。受精膜は，多精拒否のほか，卵がふ化するまでの間，卵や胚を保護する働きも併せもつ。受精電位による多精拒否の効果がなくなる時期には受精膜が完成しているので，多精拒否の状態は維持される。

問7 表1から，水溶液（外液）のCl⁻（塩化物イオン）濃度が低いほど，受精電位が上昇することがわかる。受精電位（膜電位）は，卵外に対する卵内の電位であるので，Na⁺のような正の電荷をもつ陽イオンの卵外から卵内への流入や，Cl⁻のような負の電荷をもつ陰イオンの卵内から卵外への流出により上昇すると考えられる。卵外のCl⁻濃度が低いほど，卵内外のCl⁻の濃度差が大きくなり，Cl⁻は濃度勾配に従う受動輸送（拡散）により卵内から卵外へ流出しやすくなるので，淡水産のアフリカツメガエルでは，Cl⁻が受動輸送により卵内から卵外に移動することで，受精電位が発生していると考えられる。これは，淡水では，細胞外のNa⁺濃度が低いため，ウニのようにNa⁺を卵外から卵内に流入させて受精電位を発生させるという方法が使えないためであり，淡水産の動物が獲得した形質であると考えられる。

なお，ウニとの違いのみを述べるのであれば，「Cl⁻がCl⁻チャネル（塩素イオンチャネル，塩素チャネル）を通って卵内から卵外に移動する。（23字）」などの解答も可である。

062 解答 解説

問1 受精から胞胚期までのタンパク質合成には，受精前に合成され卵内に蓄えられていたmRNAが用いられるから。（51字）

問2 胞胚期以降のタンパク質合成には，受精後に合成されたmRNAが必要であるから。（38字）

問3 tRNAにはアミノ酸の種類以上の種類があり，それらのアンチコドンは異なるが，それらを構成しているヌクレオチド数がほぼ同じなので，分子量もほぼ同じである。

一方，mRNAは分子量の異なるさまざまなタンパク質のアミノ酸配列を指定するため，構成しているヌクレオチド数が異なるので，分子量は多様である。（146字）

問4 胞胚期以降の発生には，胚の遺伝子発現により生じたタンパク質が必要であるので，ピューロマイシンを加えると，必要なタンパク質が合成されなくなるため発生は停止する。（79字）

問5 ③，⑥

問1 RNAの合成阻害剤であるアクチノマイシンDの有無によらず，タンパク質合成が進んでいたということから，受精から胞胚期までのタンパク質合成には，受精後に合成されるmRNAではなく，受精前に母親の遺伝子から転写され，卵内に蓄えられていたmRNAが用いられたと考えられる。このように，多細胞生物の未受精卵には，母親の遺伝子由来のmRNAやタンパク質が蓄えられている。これらを母性因子といい，母性因子の遺伝子を母性効果遺伝子という。

問2 ウニでは胞胚期以降，RNAの合成を阻害することでタンパク質の合成速度が大幅に低下している。これより，胞胚期以降のタンパク質合成には，胚で新たに合成されたmRNAが必要であると考えられる。なお，胚で新たに合成されたmRNAとは，母親由来の遺伝子と父親由来の遺伝子の両方，またはいずれか一方から転写されたものである。

問3 tRNAは，アミノ酸の種類以上の種類がある（実際には約40種類）が，アンチコドンを示す部分以外は類似した構造をしているため，分子量はほぼ同じである。一方，mRNAはさまざまなタンパク質のアミノ酸配列を指定し，タンパク質のアミノ酸配列やアミノ酸数はそれぞれ異なるため，分子量は多様になる。

問4 実験3から胞胚期以降のタンパク質合成には胚由来のRNA合成が必要であり，実験2から胚由来のRNA合成がないと胞胚期以降の発生が進まないことがわかる。また，実験1から，ピューロマイシン存在下ではタンパク質合成ができず発生が進まないことがわかる。これらの結果より，胞胚期にまで正常に発生させてからピュー

ロマイシンを加えると，胚由来のRNA合成はできてもタンパク質合成ができないため，発生が停止すると考えられる。

問5 ① 実験1より，タンパク質合成を阻害すると卵割が起こらないことがわかるが，実験2では，正常な胞胚期までの発生が進行していることから，タンパク質合成が行われていることがわかる。したがって，tRNAは存在するので誤りである。実験4の**図2**から胞胚期まではtRNAの合成がみられないので，「細胞内にほとんど存在しないのでは」と考えた人もいるかもしれない。しかし，胞胚期までは胚由来のtRNAの合成はほとんど行われないが，母親由来のtRNAが存在し，タンパク質合成が行われている。

② **図2**で，尾芽胚以降はmRNAの合成速度がかなり低下しているため，タンパク質合成が低下するのではないかと考えた人もいるかもしれない。しかし，**図2**で胞胚期以降はrRNAの合成速度が上昇し続けていることから，胞胚期以降もタンパク質合成がさかんに行われている状態が続いていると考えられる。よって誤りである。

③ 実験2より，アクチノマイシンDの存在下でRNA合成が阻害されても胞胚期までは発生するので，胞胚期までは未受精卵に蓄えられていた母親由来のmRNAによってタンパク質合成が行われていることがわかる。よって正しい。

④ 実験4の**図2**より，原腸胚以降もDNAの合成速度は減少しているが0にはなっていないので，細胞分裂が起こっていると考えられる。よって誤りである。アフリカツメガエルでは，原腸胚初期から尾芽胚初期までに，胚を構成する細胞数は3倍程度に増加することが知られている。

⑤ ③で述べたように，胞胚期まででもタンパク質合成が起こっており，タンパク質合成に不可欠なリボソームは胞胚期以前から細胞内に存在していると考えられるので誤りである。

⑥ **図2**より，tRNAとrRNAの合成速度は胞胚期まではほぼ0なので正しい。胞胚期まではmRNAと同様に，未受精卵に蓄えられていた母親由来のtRNAやrRNAが使われる。

図2の解釈を以下にまとめておく。カエルの受精卵から胞胚期に入るまで（この間を卵割期という）は，盛んに細胞分裂が起こり，DNAは自己複製の鋳型として使われるので，転写の際の鋳型

になることはない。卵割期の進行に必要なタンパク質のほとんどすべては，母性因子のmRNA，tRNA，rRNAを用いて合成される。原腸胚（期）以降になると個々の細胞の分化が始まり，細胞分裂の速度は低下する。これは，DNAが自己複製の鋳型から，転写の際の鋳型として使われるようになり，胚の遺伝子から新たに合成された多様なmRNAの情報をもとに，多様なタンパク質が合成されることによって起こる現象である。なお，RNAは，DNAと異なり合成されてからしばらくすると分解されてしまうので，胞胚期以降のタンパク質合成を効率よく行うために，新たなtRNAやrRNAの合成が盛んに行われるようになる。

063 解答 解説

問1 神経管，脊索（順不同）

問2 背側中軸構造の形成には，受精後65分までに表層細胞質と内部細胞質との間にずれが生じ始めることが必要である。（53字）

問3 表層回転による本来の背腹軸の方向の決定は受精後65分～80分の間に起こる。さらに，第1卵割の開始までに精子進入点が上になるように受精卵を90度傾けた場合には，表層細胞質と内部細胞質との間に生じる表層回転とは逆方向のずれによって，精子進入点側を背側とする方向の背腹軸も決定する。また，第1卵割の開始後に新たな表層と内部の細胞質のずれが起こっても，新たな背腹軸の方向は決定されない。（189字）

問4 受精後80分には，表層回転による正常な背腹軸の決定がすでに起こっており，その後に受精卵を傾ける操作をすると表層細胞質と内部細胞質の新たなずれが起こり，これにより背腹軸を決定する能力がまだ失われていなかった約半数の胚においては，背腹軸の逆転の効果により，もう1本の背腹軸が形成されたと考えられる。（147字）

問1 中軸構造とは，頭尾軸に沿って体の中央を貫く構造である。神経胚では背側の中胚葉から

脊索が分化し，その後外胚葉から神経管が形成される。尾芽胚では胚の後端が伸びて将来尾となる尾芽が形成され，細長い形になり器官形成も始まる。中胚葉は脊索・体節・腎節・側板に分かれ，神経管の前方からは脳だけでなく，眼胞や耳胞が分化し，後方からは脊髄が分化する。脊索は後に退化し，脊椎骨に置き換わる。

問2　図1のBで表層回転を阻害すると背腹軸は形成されないが，**図1のC**で表層回転を阻害しても卵を傾けて，受精後65分までに内部細胞質の移動を開始させることで背側中軸構造が形成されている。また，内部細胞質が精子進入点側とその反対側のどちらに移動しても背側中軸構造が形成されるので，表層回転や内部細胞質の一方向への移動が必要なのではなく，表層細胞質と内部細胞質との間でずれが生じることが背側中軸構造の形成に必要であると考えられる。

問3・4　実験2では紫外線の照射を行っていないので，**図2のA〜C**のいずれにおいても受精後のある一定時間内に表層回転が起こっていると考えられる。**図2のA**では，受精後25〜65分に精子進入点が上になるように卵を90度傾けると精子進入点側が背側となる背腹軸の逆転が起こり，表層回転による精子進入点の反対側を背側とする方向の背腹軸の決定は起こっていない。**C**では，第1卵割が開始してしまうと卵を傾ける操作による背腹軸逆転の効果は見られない。**B**では，受精後80〜90分に卵を傾けたが，表層回転によりすべての卵で精子進入点の反対側を背側とする方向で背腹軸が決定している。**A〜C**を合わせると，表層回転による背腹軸の決定は受精後65〜80分の間に起こり，約半数の胚では，表層回転により背腹軸の方向が決定した後に卵を傾けるとさらに背腹軸の逆転が見られ，精子進入点側を背側とする方向の背腹軸も形成されている。

ここで，『背腹軸の方向の決定は80〜100分の間に徐々に起こる』としてはいけない。Bのように2本の背腹軸が形成される胚と，正常胚と同じ方向の背腹軸のみが形成される胚があったということは，受精後80分の時点で表層回転による背腹軸の方向はすでに決定しており，このため精子進入点の反対側を背側とする背腹軸が必ず形成されているということである。したがって**問3**においては約半数の胚に2本の背腹軸が形成されて

いることに着目するのではなく，まず，すべての胚で表層回転による背腹軸の方向が決定していることに着目することが必要である。また，**A**では，受精卵を傾けて60分間保持している間に表層回転が起こっていると考えられるが，90度傾けた後に約30度ずれが戻っても，精子進入点の反対側を背側とする決定は起こらないとわかる。

一方，**問4**については，受精後80分の時点で1本の背腹軸が決定されている胚を傾けると，さらに2本目の背腹軸が形成されている胚があったことから，受精後65〜80分の間に表層回転によってすでに決定した背腹軸は失われない，かつ背腹軸を決定する能力も失われていないため，卵を90度傾けることで正常と逆方向への表層回転が起こった状態となり，背腹軸逆転の効果が現れたということが考察される。また，受精後65分以降に傾ける操作を開始すると，背腹軸逆転の効果は時間の経過とともに減少するとあることから，背腹軸を決定する能力は時間とともに失われていくと考えればよい。

ここで，『まだ，内部細胞質が背腹軸を誘導できたから』と解答した人はいないだろうか？この実験は第1卵割開始前の受精卵での実験である。つまり，細胞は1つなのである。『誘導』とは，細胞群が物質を介して他の細胞群に働きかけて分化させることであり，細胞1つで起こる現象ではないことをしっかり理解していれば，このような誤答を書くことはないはずである。

なお，**問3・4**についてはディシェベルドやβカテニンについて言及する解答も考えられる。**問4**であれば，「表層回転後に受精卵を傾けて表層細胞質と内部細胞質との間にずれを生じさせると，内部細胞質の精子進入点側にもディシェベルドが作用してβカテニンの分解を抑制し，βカテニンの濃度勾配が2方向に形成されることで胚軸が2本生じた。」などという解答も可である。

064　**解答・解説**

問1　(1) 内　(2) 外　(3) 動物　(4) 表層回転
　　(5) 微小管　(6) 30
　　(7) 灰色三日月環（灰色三日月）
　　(8) 植物　(9) ディシェベルド
　　(10) βカテニン（β-カテニン）
　　(11) ノーダル　(12) VegT

⒀ 形成体（オーガナイザー）　⒁ 表皮
⒂・⒃ ノギン，コーディン（順不同）
⒄ BMP

問2　動物極側の細胞には BMP 受容体があり，この受容体は BMP を受容すると外胚葉を表皮に分化させ，受容しないと外胚葉は神経に分化する。BMP 受容体と BMP の結合を阻害するノギンとコーディンは形成体から分泌され，中胚葉の陥入に伴い裏打ちする外胚葉域に作用するため，その領域では BMP が受容されず神経分化が誘導される。（154 字）

問3　③

....

問1　動物の発生の過程では，受精卵や発生初期の段階で決定された体軸を基に，多数の細胞が適切に分化し様々な組織や器官を形成していく。胚のある領域が，隣接する他の領域に作用して分化の方向付けを行うことを誘導という。体軸の決定や誘導には多くのタンパク質が関与しており，それぞれのタンパク質の働きや濃度勾配が重要である。

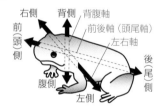

　カエルの背腹軸は受精の際に次のように決定される。精子が卵の動物極側から進入すると，表層回転が起こる。植物極に局在するディシェベルドというタンパク質は表層回転によって灰色三日月環（灰色三日月）のできる背側の領域に移動し，同じように植物極から背側に移動してきた別のタンパク質と協調して，βカテニン（β‐カテニン）と呼ばれるタンパク質の分解を抑制する。βカテニンは細胞質全体に存在する母性因子であるが，βカテニンの分解を引き起こす GSK（前文中の GSK3）という酵素もまた細胞質全体に分布しているため，通常βカテニンは低濃度で細胞質中に均一に分布している。表層回転後にディシェベルドなどによってβカテニンの分解が抑制されると背側でβカテニンの濃度が上昇する。その結果生じたβカテニンの濃度勾配によって背腹軸が決定

する。なお，（　5　）の空欄に対してチューブリンという解答は誤りになる。チューブリンは微小管を構成するタンパク質の名称であり，チューブリンの重合・脱重合によって細胞骨格である微小管が伸縮する。

　桑実胚から胞胚への発生過程では，中胚葉誘導が起こる。植物極側には VegT という母性因子（**【参考】**Vg‐1 などもある）が局在しており，これらが表層回転で濃度勾配が生じたβカテニンと協調してノーダルと呼ばれるタンパク質の遺伝子の転写を促進する。ノーダルは動物極側に働きかけて予定外胚葉域から中胚葉を誘導する作用を持ち，高濃度では背側の中胚葉を誘導して将来は脊索や筋肉を形成し，低濃度では腹側の中胚葉を誘導して血球などを形成する。誘導された中胚葉の中で原口背唇部（原口背唇）は，シュペーマンらの実験によって隣接する外胚葉から神経を誘導する働きを持つことが発見され，形成体（オーガナイザー）と名付けられた。実際，神経誘導には，胚全体に分布する BMP や形成体から分泌されるノギン，コーディンといったタンパク質が関わっている。

問2　胞胚の時期に胚全体で分泌されている BMP というタンパク質は，活性に応じて異なる遺伝子発現を引き起こす。初期原腸胚になると，形成体（原口背唇部）から BMP に結合して働きを阻害するノギンやコーディンが分泌され，背腹軸に沿って濃度勾配を形成する。ノギンやコーディンの濃度によって BMP の働きが阻害される程度が変わるため，予定中胚葉域では背側から腹側にかけて異なる組織が形成される。動物極側の予定外胚葉域であるアニマルキャップの細胞には BMP 受容体があり，BMP が受容されると表皮への分化に必要な遺伝子の発現が促進される。原腸胚で原口背唇部を含む中胚葉の陥入が進行すると，中胚葉から分泌されたノギンやコーディンが，中胚葉が裏打ちする外胚葉域（接する予定神経域）に存在する BMP と結合して BMP の受容体への結合を阻害し，その結果，神経への分化に必要な遺伝子の発現が起こる。

問3　**問2**の解説で示したように，BMP による表皮の誘導はノギンやコーディンの濃度が低い部位で活性が高く，濃度が高い部位で活性が低い（神経誘導の活性が高い）。したがって，ノギンやコー

ディンの濃度が高くなるにつれて表皮の誘導活性が低くなっている③が最も適当である。

①，②は，活性の変化がノギンやコーディンの濃度勾配と対応していないため誤りである。④は，正解のグラフに近いが，活性が低下する度合がノギンやコーディンの濃度が高まる度合と一致している③の方がより適当である。⑤は，ノギンやコーディンの濃度が高くなるにつれて活性も高くなっているため誤りである。

065 [解答][解説]

問1　①　　問2　③　　問3　①
問4　㋐ P1　㋑ EMS　㋒ E
問5　④　　問6　①，⑤

……………………………………………………………

問1　図1より，AB細胞は，正常発生では下皮，神経，筋肉，その他の細胞に分化することがわかる。しかし実験1で2細胞期胚を分離してAB細胞を単独で培養すると，神経と下皮のみに分化した。これらのことから，AB細胞の正常な分化にはP1細胞との細胞間コミュニケーションが必要であることがわかる。よって①が適切である。

②については，P1細胞は実験1で分離しても正常に分化したので，この結果から細胞間のコミュニケーションと細胞の運命の決定の関連性について判断することはできない。AB細胞は正常に分化しなかったので③は誤りである。AB細胞は筋肉に分化しなかったので④は誤りである。

【参考】図1に記されている「下皮」とは，線虫の属する線形動物のほか節足動物や軟体動物などに見られる表皮のことである。下皮は，哺乳類の上皮に相当する組織であるが，歴史的に下皮と呼ばれており，クチクラや石灰などを主成分とする強固な外膜を分泌し，外骨格を形成する。外骨格におおわれている線形動物や節足動物では成長にともない脱皮が起こる。

問2　実験2も2細胞期胚を分離する実験だが，実験1が第一卵割直後で細胞を分離しているのに対し，実験2は第二卵割直前まで培養した後に細胞を分離している。実験2は，2細胞期に細胞同士の接触によって起こる現象について調べていることに注意しよう。

実験1ではAB細胞は正常に分化しなかったが，実験2でアクチノマイシンD（転写の阻害剤）

を含む培地で培養した胚のAB細胞は，正常な分化をした。一方，シクロヘキシミド（翻訳の阻害剤）を含む培地で培養した胚のAB細胞は神経と下皮のみに分化した。このことから，AB細胞が正常に分化するためには，あるタンパク質の合成が必要であり，阻害剤は第一卵割直後から与えられていることからそのタンパク質のmRNAは2細胞期になる前から存在していることがわかる。また，実験1でAB細胞は正常に分化していないことから，AB細胞が正常に分化するためには2細胞期にP1細胞と結合（接触）していることが必要であり，さらにP1細胞で合成されたタンパク質がAB細胞へ伝達されるシグナルとなると考えられる。よって，③が適切であり，シグナルがAB細胞からP1細胞やABa細胞・ABb細胞に送られたとする②，④は誤りである。

また，実験2でシクロヘキシミド（翻訳の阻害剤）を含む培地で培養した2細胞期胚のAB細胞は正常な分化をしなかったので，P1細胞でタンパク質が翻訳されているという点で①は誤りである。

問3　図2の〔ⅰ〕，〔ⅱ〕から，ABa細胞やABb細胞との結合の有無にかかわらず，第二卵割終了後10分以上経過してから処理を行った場合にはEMS細胞から腸が分化することがわかる。〔ⅲ〕から，EMS細胞はP2細胞と結合していれば処理を行う時間がいつであっても腸が分化することがわかる。〔ⅳ〕から，ABa細胞やABb細胞とP2細胞を結合しても腸は分化しないことがわかる。〔ⅰ〕については，第二卵割終了後約10分の間，EMS細胞とP2細胞が結合した状態であれば，その後細胞を分離してもEMS細胞から腸が分化できると解釈できる。よって，①が適切である。

また，〔ⅰ〕，〔ⅱ〕，〔ⅳ〕より，ABa細胞やABb細胞は腸の形成には関与しないとわかるので，ABa細胞やABb細胞が含まれている②，③は誤りである。

問4　図1から，腸はE細胞にのみ由来し，E細胞はEMS細胞から生じ，EMS細胞はP1細胞から生じていることがわかる。

問5　細胞・組織名に着目して，図1をよく見て解答すれば良い。④（生殖細胞）は，P4細胞

だけに由来していることがわかる。①，②，③は，複数種類の割球に由来しているので誤りである。

問6 突然変異体の表現型は，野生型の遺伝子が指令するタンパク質が働かないために生じている。野生型の表現型は，突然変異体の表現型と逆の性質であると考えればよい。

まず，3種類の野生型遺伝子のうち1種類の機能が失われた場合から考える。**表1**から，*ced-9*⁻のホモ接合体（CED-9の機能欠失）の表現型は「過剰な細胞死が生じて，生存すべき細胞も死ぬ」とある。*ced-3*⁻または*ced-4*⁻のホモ接合体（CED-3またはCED-4の機能欠失）の表現型は「予定された細胞死が起こらず，死ぬべき細胞がすべて生存する」とある。これらのことから，CED-9は「過剰な細胞死を抑制し，生存すべき細胞を生存させる」働きをもち，CED-3とCED-4は「予定された細胞死を起こし，死ぬべき細胞のアポトーシスのプログラムを進行させる」働きをもつと考えられる。これより，①は適切であり，②は不適である。

次に，野生型遺伝子のうち2種類の機能が失われた場合について考える。**表1**から，CED-9の機能欠失であっても，同時にCED-3またはCED-4の機能欠失である場合は過剰な細胞死が生じないことがわかる。ここで，もしCED-3とCED-4がCED-9よりも上流で働いているとすると，CED-3やCED-4の機能が失われた場合にはアポトーシスの進行は抑制されるが，その下流で働くCED-9の機能も失われるとアポトーシスの抑制がなくなり過剰な細胞死が生じると考えられる。これは**表1**の結果と矛盾するので，④は不適であり，⑤が適切であると考えられる。また，CED-3とCED-4の違いについては**表1**からは判断できないので，③は不適である。なお，実際には，CED-9はCED-3やCED-4の上流でこれらの働きを抑制することで，アポトーシスのプログラムの活性化を抑制する働きをもつことが知られている。

066 解答 解説

問1 ア．翻訳　イ．拡散
問2 (1) 下図　(2) ④

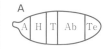

問3 ③
問4 実験結果より，ナノスのmRNAは，X欠損卵の哺育細胞には存在するが，X欠損卵の後端には局在しないことがわかるので，Xは哺育細胞内のナノスのmRNAを卵の後端に輸送・局在させる機能をもつと考えられる。（99字）
問5 核分裂で生じた核が，受精から胞胚期になるまでの特定の時期に，特定の成分を含む極細胞質が存在する部位に移動してくる必要がある。（62字）
問6 生殖細胞は，生殖巣の形成とは異なるしくみで分化した後，生殖巣内に移動する。（37字）
問7 ⑥　〈理由〉胚Aの極細胞質を胚Bの前極に注入すると，胚Bの遺伝子をもつ細胞がつくられる。この細胞を胚Cの後極に移植すると，胚C本来の遺伝子をもつ生殖細胞と，胚Bの遺伝子をもつ生殖細胞の両方が存在するようになる。（99字）
問8 ＋/＋：＋/－：－/－＝1：2：1
問9 ＋/＋：＋/－：－/－＝3：2：3

問2 (1) A．ショウジョウバエの変異体（*bcd*⁻）の胚では，先端部（A），頭部（H），胸部（T）は形成されず，両端に尾部（Te）が，中央部に腹部（Ab）がそれぞれ形成される。この*bcd*⁻の受精卵前端に野生型の受精卵前端の細胞質を移植すると，移植された細胞質に含まれているビコイドのmRNAが翻訳されて生じたビコイドタンパク質が，拡散によって前端から後端に向かって濃度勾配を形成するため，野生型のショウジョウバエと同様の表現型になると予想される。なお，**図1**において左端に突起のある楕円に近い形として描かれている受精卵や胚は，実際には右図の下のように突起のある卵殻の中に収まっている。

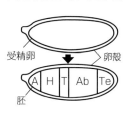

C. 野生型の受精卵後端に野生型の受精卵前端の細胞質を移植すると，前端と後端の両端から中央に向かってビコイドタンパク質の濃度勾配が形成されるので，後端（図の右端）から中央に向かって先端部，頭部，胸部が形成され，前端（図の左端）からも中央に向かって本来の先端部，頭部，胸部が形成され，かつ中央部には腹部が形成されると予想される。なお，右図(a)は「尾部（Te）は胚の末端以外には形成されない」に矛盾するので誤りである。また，右図(b)は「胚の中央部には腹部（Ab）が形成される」に矛盾するので誤りである。

(2) 設問文中に，先端部（A）は「胚の末端部以外には形成されない」とあるので，胚の中央部にAが形成されている②，⑤，⑥は不適である。頭部（H）に隣接し，Hよりもビコイドタンパク質の濃度が低い前端側の末端部に先端部（A）が形成されている①，Hが形成されている部分と離れた位置の両末端にAが形成されている③は，いずれも「高濃度のビコイドタンパク質が存在しない末端は尾部（Te）となる」と矛盾するので不適である。よって，④が正解である。なお，実際には前後軸の決定には複数の遺伝子が関与しており，前文で述べられているようにナノスタンパク質などの影響もあることから，前後対称に器官が形成されるとは限らない。

【参考】末端部の構造の特定化に関与する遺伝子として，*tailless*（テイルレス）と*huckebein*（フクベイン）がある。テイルレスとフクベインが高濃度のビコイドタンパク質とともに働くと末端部は先端部となり，テイルレスとフクベインがビコイドタンパク質の影響を受けずに働くと末端部は尾部となる。

問3　前文に，ビコイドのmRNAが未受精卵に存在しているとあることから，ビコイドDNAの転写や生じたmRNA前駆体のスプライシングは母体の細胞中の核内で起こるとわかる。受精後の頭部や胸部などの形成にはビコイドのmRNAやビコイドタンパク質が重要な役割を果たすが，ビコイドDNAやビコイドのmRNA前駆体を受精

卵前端に注入しても，細胞質ではビコイドDNAの転写や，その転写によって生じたmRNA前駆体のスプライシングは起こらないので，①と②は不適である。

問4　哺育細胞中の母性効果遺伝子ナノスが，受精卵の腹部形成に働く過程は，**問4**の設問文より以下のとおりである。

① 哺育細胞では，核内でナノスDNAが転写・スプライシングされてナノスのmRNAが生じ，このmRNAは細胞質中に存在する。

② ナノスのmRNAは哺育細胞から卵へと輸送される。

③ 卵内に輸送されたナノスのmRNAは卵の後端で局在する。

④ 卵の後端では，mRNAが翻訳されてナノスタンパク質が生じる。

⑤ ナノスタンパク質は拡散により卵の後端から前端にかけて濃度勾配を形成する。

「X欠損卵の哺育細胞の細胞質をナノス欠損卵の後端に移植すると正常な胚が生じる」ことから，X欠損卵の哺育細胞の細胞質には正常なナノスのmRNAが存在していることがわかるので，上記の①は正常である。

しかし，「ある因子（X）の活性をもたない受精卵（X欠損卵）も，ナノス欠損卵と同様に腹部が欠損した胚を生じる」ことから，X欠損卵ではナノスタンパク質の濃度勾配が正常に形成されていないと考えられる。これより，Xは上記の②〜⑤のいずれかの過程に重要な役割を担っていることが考えられる。ただし，拡散（⑤）は特別な因子などが存在しなくても起こる現象なのでXの役割とは考えにくい。また，翻訳（④）のしくみは，多くの遺伝子で共通しているので，ナノスのmRNAの翻訳が行われない場合，ナノス以外の母性効果遺伝子（例えばビコイドなど）のmRNAの翻訳も行われず，腹部以外も欠損した胚となることが考えられるので，Xが④の進行に関与している可能性は低い（ただし，XがナノスのmRNAのみの輸送や翻訳に関与する可能性はある）。したがって，Xの機能としては，哺育細胞内に存在しているナノスのmRNAを卵内に輸送（②）する，または，卵内でナノスのmRNAを後端に移動・局在させる（③）可能性が高いと考えられる。

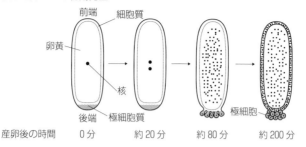

図66-1 ショウジョウバエの初期発生

前端　細胞質

卵黄

核

後端　極細胞質　　　　極細胞

産卵後の時間　　0分　　　約20分　　約80分　　約200分

【参考】ナノスの mRNA が卵の後端に局在する際に重要な働きをする物質として，Oskar（オスカー）や Staufen（スタウフェン）と呼ばれるタンパク質があり，それらの遺伝子である *oskar* や *staufen* を欠く卵では，ナノス欠損卵と同様に腹部が欠損することが知られている。

問5 〔Ⅱ〕の前文の1〜2行目を補足すると，次のようになる。ショウジョウバエの受精卵は，産卵後約20分で核分裂を開始し，約80分で8回目の核分裂が終わると間もなく数個の核が後極の細胞質（極細胞質）に達する。すると後極の卵表面がそれぞれの核に押されるようにしてふくれ出し，さらに1回核分裂した後，基部がくびれて極細胞と呼ばれる細胞ができる（上の **図66-1**）。

「産卵直後の胚の後極に紫外線を照射すると，その胚は成虫にまで成長するが，生殖能力をもたない」，「産卵直後の正常胚の後極から抜き取った細胞質を紫外線照射直後の胚の後極に入れると，この胚は生殖能力をもつ正常なハエに成長する」，「産卵直後の正常胚の後極から抜き取った細胞質を別の産卵直後の正常胚の前極付近に注入すると，注入部分に生殖細胞が生ずる」などから，正常胚の極細胞質には生殖能力の獲得（生殖細胞の形成）に必要な物質が含まれていると考えられる。また，生殖細胞の形成に必要な物質を含む後極への核の移動が，正常胚より30分遅れると生殖細胞が分化しないことから，受精から胞胚期までの特定の時期に，核の周囲に特定の成分を含む極細胞質が存在していることが，生殖細胞の分化には必要であると考えられる。

問6 胚の後極に紫外線を照射された胚は，成虫になると，生殖巣と付属の生殖器官をもつが生殖細胞はもたないので，生殖巣と生殖細胞は異な

るしくみでつくられると考えられる。

問7 産卵直後の胚 A の極細胞質を，胚 B の前極付近に注入した胚を胞胚期まで成長させると，胚 B の前極には胚 B の核と胚 A の極細胞質をもつ細胞がつくられる。この細胞を胚 C の後極に移植すると，胚 C の後極には胚 C の核と胚 C の極細胞質をもつ細胞と，胚 B の核と胚 A の極細胞質をもつ細胞が存在しているので，これらの細胞からつくられる生殖細胞には，B 由来の細胞と C 由来の細胞が混在している。なお，細胞の識別は，核の遺伝子により発現する遺伝的マーカーによって行われるので，つくられる生殖細胞の核がどの胚に由来するかがわかる。

問8・9 次のように図式化して考えよう。

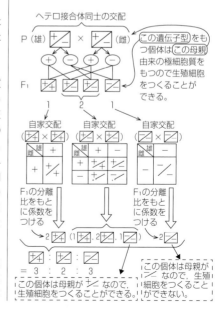

136

067 **解答** **解説**

問1 Gtタンパク質は1番目と2番目の帯の間の細胞内のGtタンパク質結合配列に結合して，*eve*遺伝子の発現を抑制する。（56字）

問2 Krタンパク質は2番目と3番目の帯の間の細胞内のKrタンパク質結合配列に結合して，*eve*遺伝子の発現を抑制する。（56字）

問3 Hbタンパク質はGtタンパク質とKrタンパク質がそれぞれのタンパク質結合配列に結合しておらず，Bcdタンパク質がBcdタンパク質結合配列に結合している細胞内で*eve*遺伝子の発現を促進すると考えられる。（100字）

問4 *Ubx*遺伝子によって抑制されていた*Antp*遺伝子が発現した。（30字）

問5 ホメオボックス

問6 変異していない遺伝子が変異した遺伝子と同じ働きをもつから。（29字）
〈別解〉1つが変異しても似た働きをもつ別の遺伝子が発現するから。（28字）

....

　ショウジョウバエでは，母性因子により前後軸が決定された後，母性因子（本問のBcdなど）の濃度勾配によって，ギャップ遺伝子が一過的に発現する。本問のHbの遺伝子（*hb*），Krの遺伝子（*kr*），Gtの遺伝子（*gt*）などのギャップ遺伝子の発現により，胚の大まかな領域が区画される。

【参考】 *hb*遺伝子は，母性効果遺伝子としてもギャップ遺伝子としても分類されているが，体節の形成過程で働く*hb*遺伝子は母親由来ではなく，新たに胚で発現する胚性遺伝子（接合子遺伝子）である。その後，母性因子やギャップ遺伝子から

合成された調節タンパク質によって，複数のペアルール遺伝子（本問の*eve*遺伝子など）が発現する。各ペアルール遺伝子は，将来の2体節ごとに，前後軸に沿ってしま状に一過的に発現し，7つの帯からなるパターンが作られる。ペアルール遺伝子から合成されるタンパク質も調節タンパク質として働く。さらに，セグメントポラリティー遺伝子が，前後軸に沿って1体節ごとにしま状に発現し，14体節が決定される（**図67-1**）。

問1　*eve*遺伝子の2番目の帯での発現は，転写調節領域にBcd，Hb，Kr，Gtの4種類の調節タンパク質（転写調節因子）が結合することにより制御されており，この領域の後ろにβガラクトシダーゼ遺伝子を融合させたベクターを導入したショウジョウバエ胚では，*eve*遺伝子が発現する帯でβガラクトシダーゼ活性が見られる。これを踏まえて，ベクターAからGtタンパク質結合配列を全て欠失させたベクターBを導入した胚では，1番目と2番目の帯の間にもβガラクトシダーゼ活性が見られるようになるので，Gtタンパク質が*eve*遺伝子のGtタンパク質結合配列に結合できなくなると，1番目と2番目の帯の間の細胞で*eve*遺伝子が発現すると考えられる。図1から，帯2より前側ではGtタンパク質の発現量が多いことがわかるので，通常はGtタンパク質が，*eve*遺伝子のGtタンパク質結合配列に結合することで，*eve*遺伝子の発現を抑制していると考えられる。

問2　Krタンパク質結合配列を欠失させたベクターCを導入した胚では，2番目と3番目の帯の間にもβガラクトシダーゼ活性が見られるようになるので，Krタンパク質が*eve*遺伝子のKrタンパク質結合配列に結合できなくなると，2番目と3番目の帯の間の細胞で*eve*遺伝子が発現すると

図67-1 ショウジョウバエの体節の決定に関与する遺伝子

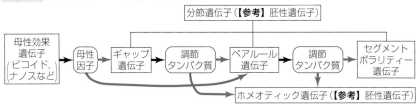

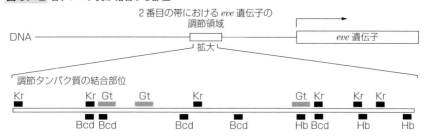

図67-2 各タンパク質が結合する部位

2番目の帯における*eve*遺伝子の
調節領域

DNA ——————————

*eve*遺伝子

拡大

調節タンパク質の結合部位

Kr　　Kr Gt　 Gt　　Kr　　　　 Gt Kr　 Kr Kr

Bcd Bcd　　Bcd　　Bcd　　Hb Bcd　 Hb　 Hb

考えられる。**図1**から，帯2より後側ではKrタンパク質の発現量が多いことがわかるので，通常はKrタンパク質が，*eve*遺伝子のKrタンパク質結合配列に結合することで，*eve*遺伝子の発現を抑制していると考えられる。

問3　Hbタンパク質結合配列を欠失させたベクターを用いた実験が示されていないため，**図1**の発現パターンをもとに，2番目の帯付近でのHbタンパク質の働きを考察する。

　まず，Bcdタンパク質結合配列を欠失させたベクターDを導入した胚では，βガラクトシダーゼ活性が全く見られなくなることから，通常はBcdタンパク質は2番目の帯付近で*eve*遺伝子の発現を促進する働きをもつと推測される。また，**図1**より，Hbタンパク質は，2番目の帯付近を含む前側から後側にかけた広い範囲での発現量が多いことから，*eve*遺伝子の発現を抑制するGtタンパク質とKrタンパク質が働かない部分のみで，*eve*遺伝子の発現を促進していると考えられる。さらに，Bcdタンパク質結合配列を欠失させたベクターDを導入した胚では，先に述べたように，βガラクトシダーゼ活性は見られないので，Hbタンパク質単独では*eve*遺伝子の発現を促進する働きはなく，Hbタンパク質とBcdタンパク質が共存してはじめて，*eve*遺伝子の発現が促進されると考えられる。

【参考】 *eve*遺伝子が発現するそれぞれの帯（1つの帯は数個の細胞の幅をもつ）の発現を制御するDNAの領域はそれぞれ異なっており，2番目の帯の発現を調節する領域は*eve*遺伝子の上流に含まれている。実際には，Bcd，Hb，Gt，Krの各タンパク質が結合する部位は，上の**図67-2**のように配置されている。

問4　設問文に，「ホメオティック遺伝子の産物は調節タンパク質であり，遺伝子の発現を促進するものもあれば抑制するものもある」とある。また，**図3**から，正常なショウジョウバエにおいては，中胸は*Antp*遺伝子が発現し*Ubx*遺伝子は発現しない領域であり，後胸は*Antp*遺伝子と*Ubx*遺伝子が発現する領域であることがわかる。これらより，*Ubx*遺伝子の産物には*Antp*遺伝子の発現を抑制する働きがあるため，後胸では*Antp*遺伝子が発現せず，中胸にのみ一対の翅をもつようになると考えられる。一方，*Ubx*遺伝子が機能を失うと，後胸において*Antp*遺伝子の発現を抑制することができないので，後胸でも*Antp*遺伝子が発現し，中胸だけでなく後胸にも翅をもつバイソラックス変異体が生じたと考えられる。

問5　ショウジョウバエは8つのホメオティック遺伝子をもち，それらは相同性の高い180塩基対の配列をもつ。この配列をホメオボックスといい，ホメオボックスからつくられるタンパク質をホメオドメインという。なお，ホメオボックスをもつ調節遺伝子群は，*Hox*遺伝子群と呼ばれ，ショウジョウバエだけでなく，ほとんどすべての動物に存在することがわかっている。

問6　設問文より，*AbdB*遺伝子に相当する3つの遺伝子は，遺伝子重複によって生じ，それぞれがよく似た働きをもっていることがわかる。したがって，これら3つの遺伝子のうち1つの遺伝子が変異しても，残り2つの遺伝子で変異した遺伝子の働きを補うため，劇的な形態の変化が見られなかったと考えられる。

068 解答 解説

問1 (A) 再編成（再構成）　(B) B 細胞

問2 （レーン5）300 bp
（レーン6）1140 bp
（レーン8）1140 bp

問3 細胞の位置や発生時期によって発現する遺伝子の種類や発現量がそれぞれ異なるから。（39字）

問4 (1) D, F, G, I
(2) 遺伝子 E から生じるタンパク質は，皮膚の細胞の初期化を抑制する作用をもつから。（38字）
(3) 移植した組織の細胞が初期化され，細胞分裂を行って増殖するようになり，がん化する。（40字）

....

問1 B 細胞や T 細胞は，特定の抗原と結合する受容体（レセプター）をもち，これらの受容体の可変部は細胞ごとに異なっている。B 細胞受容体や抗体は免疫グロブリンと呼ばれ，H 鎖と L 鎖の2種類のポリペプチドが2組結合した Y 字型のタンパク質から構成される。なお，T 細胞受容体（T 細胞レセプター）は，α 鎖と β 鎖の2種類のポリペプチドが結合してできている。B 細胞や T 細胞が成熟する過程で，可変部の遺伝子が再編成（再構成）されるため，それぞれ異なる可変部を持つ膨大な種類の受容体がつくられる。

問2 この実験の目的は，核移植によって作製されたクローン動物において，移植に用いた分化した細胞の核が初期化して発生したのか，それとも組織に含まれる成体幹細胞の核が発生したのかを見分けることである。T 細胞は遺伝子の再編成により細胞ごとに遺伝情報が異なるため，T 細胞の核を移植実験に用いることで，移植後に正常発生した個体の組織の細胞が成体幹細胞由来なのか，移植した核由来なのかを判別することができる。

まず，プライマー X と Z を用いた PCR の結果であるレーン1〜4について理解しよう。前文に「X と Z を用いた PCR では，いずれの検体からも300塩基対（bp）のバンドが検出された（図2レーン1〜4）。これは V β12の断片が増幅された事を示す」とある。このことから，プライマー X と Z の間の部分である V β12のみが電気泳動

のバンドとして示されていることがわかる。これは，PCR（法）においては，用いられる2つのプライマーのうち，アンチセンス鎖の3′側に結合するように設計されたもの（フォワードプライマー）と，センス鎖の3′側に結合されたもの（リバースプライマー）のそれぞれの3′末端側のみが伸長するので，PCR の過程が繰り返されることで，2つのプライマーに挟まれた部分のみが大量に増幅されたからである。次に，プライマー X と Z を用いた PCR の結果であるレーン10と9について解釈していこう。前文で「多種類の T 細胞が混在しているリンパ節の DNA からは，350bp から1330bp の，異なる大きさの6本のバンドが検出された（レーン10）」とあることから，レーン10は遺伝子の再編成により，J グループ（J β1〜J β6）において異なった選択を受けた6種類の T 細胞のそれぞれから抽出された DNA のうち，プライマー X と Y に挟まれた部分のみが増幅された結果であると考えられる。また，「T 細胞-2ではこれらのうち下から3番目と同じサイズ（840bp）のバンドが検出された（レーン9）」とあることから，レーン9は，図2(c)のような遺伝子の再編成を受けた T 細胞-2の DNA のうち，プライマー X と Y に挟まれた部分，つまり，V β12＋D β2＋J β4＋J β5＋J β6が増幅され，840bp のバンドとして検出されたと考えられる。

レーン10のバンドは，J グループの断片長が大きい順に上から並んでいる。つまり，V β12＋D β2＋J β1＋J β2＋J β3＋J β4＋J β5＋J β6を含む場合は1330bp，V β12＋D β12＋J β2＋J β3＋J β4＋J β5＋J β6を含む場合(T 細胞-1)は1140bp，V β12＋D β12＋J β3＋J β4＋J β5＋J β6を含む場合は980bp，V β12＋D β12＋J β4＋J β5＋J β6を含む場合(T 細胞-2)は840bp，V β12＋D β12＋J β5＋J β6を含む場合は750bp，V β12＋D β12＋J β6を含む場合は350bp であると考えられる。

次に，T 細胞-1の X と Y を用いた PCR によって検出されるバンドの断片長（レーン8）を推測しよう。図1(b)より，T 細胞-1は J グループの2〜6までを含むので，図2のレーン10の2番目に大きいバンドと同じ大きさのバンドが検出されると考えられる。よって，レーン8で検出されるバンドの断片長は1140bp と考えられる。

第9章

139

続いて，T 細胞-1 の核を移植して発生したマウスについて検討しよう。核移植マウスの肝臓の細胞は遺伝子再編成を経た T 細胞-1 と同じ遺伝子断片を持つと考えられる。したがって，プライマー X と Z を用いて行った PCR では，核移植マウスの肝臓も Vβ12 の断片が増幅されると考えられるので，レーン 5 のバンドの断片長は 300bp と推測される。また，レーン 6 はプライマー X と Y を用いた PCR の結果であるので，レーン 6 のバンドの断片長は，T 細胞-1 から得られたバンド（レーン 8）の断片長と同じ 1140bp と考えられる。

問 3　多細胞生物のからだは，1 つの受精卵が体細胞分裂を繰り返して多数の細胞になり，それらの細胞が分化することで形成される。細胞の分化は，発生の過程で，胚の各細胞において体軸に沿った位置情報や周囲の細胞からの働きかけに応じた遺伝子の発現調節が行われることにより，細胞ごとに発現する遺伝子の種類や発現量が調節されることで起こる。

問 4　(1) 不可欠であるということは，その遺伝子がないと iPS 細胞が生じないということなので，**図 3** において，作製に成功した iPS 細胞の数が 0 になった遺伝子を答えればよい。よって，遺伝子 D，F，G，I となる。

(2) 遺伝子 E を除くと作製に成功した iPS 細胞の数が増加することから，遺伝子 E 由来の産物は iPS 細胞の形成，すなわち皮膚の細胞の初期化に対して抑制的に働いていると考えられる。

(3) iPS 細胞は，分化した細胞に特定の遺伝子を導入し発現させることで，細胞を初期化して得られた細胞である。iPS 細胞を分化させて作った組織や器官の細胞で，iPS 細胞の作製のために導入した遺伝子が再び発現した場合，再び細胞の初期化が起こると考えられる。初期化した細胞（幹細胞）は細胞分裂を行って増殖する能力をもつため，異常増殖してがん化する可能性が考えられる。

069 解答 解説

問 1　①，③，⑤

問 2　(1) 水晶体を再生する能力は，分割片Ⅱが最大であり，分割片Ⅰ・Ⅲではやや低く，分割片Ⅳ・Ⅴ・Ⅵにはない。（49 字）

(2) 背側虹彩付近も腹側虹彩付近も，分割片から水晶体を再生させるが，その影響力は両者間で大差はない。（47 字）
〈別解〉分割片が移植された部位が背側でも腹側でも，水晶体の再生に与える影響にほとんど違いはない。（44 字）

問 3　背側と腹側の虹彩の色素上皮細胞は，いずれも水晶体再生能をもつが，その能力は通常は抑制されており，水晶体が除去されると背側は抑制が解除され，腹側は解除されない。（79 字）

問 4　プラナリアは，切断面から前後軸や左右軸に従って失われた領域を再生できる。（36 字）

問 5　(1) 白い組織になるはずの領域が色のついた組織で構成されている。（29 字）

(2) 一部が切断片の組織から切除された領域の組織に作り変えられた。（30 字）

問 6　体の一部を栄養として消費しつつ，体の位置情報の再編成を行う。（30 字）
〈別解〉体の一部を栄養として消費しつつ，再生により全身を作り変える。（30 字）

問 7　イモリの水晶体の再生は未分化細胞の分化ではなく，虹彩の細胞が脱分化後に再分化することで起こる。（47 字）

・・

問 1　虹彩から発生した細胞塊が水晶体であることを証明するには，その細胞塊を構成する細胞内で水晶体特有の mRNA が転写されていること（⑤），その mRNA に基づき水晶体特有のタンパク質が合成されていること（③），③や⑤の結果として細胞塊を構成する細胞が水晶体特有の形態をもつこと（①）などを確認すればよい。

② 同一個体内では，水晶体の細胞とそれ以外の細胞のそれぞれに含まれる DNA の塩基配列は同じであるので，誤りである。

④ 虹彩から発生した細胞塊が水晶体以外に分化していても，水晶体と同じ大きさになる可能性もあるので誤りである。

⑥ タンパク質分解酵素で処理されたことで，色素を含む水晶体以外の細胞中の色素の分解や，細胞からの漏出の可能性があるので誤りである。

問2 実験1をまとめると，次の図のようになる。

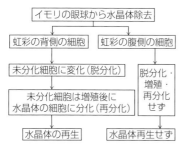

水晶体の再生において，虹彩の背側と腹側の細胞に上記のような違いが見られる理由を明らかにするために実験2と実験3が行われた。

(1) 移植した分割片が虹彩組織のどの位置に由来するかによって水晶体再生の例数の割合が大きく異なることに着目する。

(2) **表1**の上から3行目（水晶体再生の例数／背側虹彩付近への移植数）と4行目（水晶体再生の例数／腹側虹彩付近への移植数）を比較することにより，水晶体への再生の割合は，移植された部位によって大きな差がないことがわかる。

【参考】
1. 水晶体が除去されると，虹彩の背側の細胞は，デスモソームによる細胞間結合をゆるめ，色素顆粒を放出して脱分化する。放出された色素顆粒は，ここに集まってきたマクロファージにより貪食される。
2. 虹彩の細胞が脱分化して，虹彩とは異なる特徴をもつ水晶体の細胞に再分化するような現象を分化形質の転換（分化転換）という。

問3 実験3において，虹彩の色素上皮細胞を個々の細胞に解離して培養した結果から，虹彩のいずれの位置に存在する細胞であっても水晶体を再生する能力をもつことがわかる。また，通常の状態（水晶体が存在する状態）では，それらの能力は抑制されていると考えられる。実験1・2より，その抑制は，水晶体の除去により，背側の虹彩組織では解除されるが，腹側の虹彩組織では水晶体が除去されても解除されないと考えられる。

【参考】水晶体再生能について，虹彩の背側の細胞と，腹側の細胞に差が見られることの理由は，現在完全に解明されているわけではないが，次のような可能性があげられている。

1. 水晶体の再生では，まず虹彩の細胞の接着がゆるむことが必要であり，水晶体の除去操作に伴い虹彩の背側のみで細胞間の結合がゆるむ。
2. 虹彩の腹側の組織には，水晶体再生能を抑制する特別な物質が含まれており，その物質は背側には存在していない。
3. 虹彩の背側には，組織幹細胞のような未分化細胞が，虹彩の腹側に比べてより多く含まれており，これが細胞の増殖や水晶体再生に影響を与えている。

> イモリが虹彩による水晶体再生能をもつことはわかったけど，自然界において，イモリが眼の中の水晶体だけを失うことなんかあるのだろうか。これがあるんだ。野外では，扁形動物に属する吸虫類（トレマトーダの一種）がイモリの水晶体内に寄生し，水晶体を食べてしまうことがある。イモリは，長い進化の過程のどこかで，この寄生虫と関わり合い，水晶体の再生能力を獲得したんだろうネ。

問4 実験4の結果（**図3**）から，プラナリアは頭部を切り取られた場合には前後軸，左半分を切り取られた場合には左右軸に従って切除された領域を再生することができるとわかる。

問5 **図4**の**A**と**B**を見比べると，頭部片由来と尾部片由来のいずれにおいても，再生後のプラナリアの色のついた組織と白い組織の範囲が異なっていることが読み取れる。**B**の継ぎ足し型再生では色のついた領域は再生する前の断片の時と変わらないと考えたが，実際の結果の**A**では色のついた組織の範囲が再生前と比べて拡大している。実際のところ，プラナリアは継ぎ足し型再生とは異なったしくみによって再生している。切断から1週間後の状態から白い組織はほとんど増えず，その代わりに色のついた組織も含めた体全体の組織の位置情報が再編成されることで，少し小さいが完全なプラナリアへと再生している。次ページ**図69-1**に示すように，頭部の先端から尾部の先端までの体に1から10までの番地が振られていると考えると，**図4A**の下では1～6番地と9・10番地が切除されたとみることができ

図69-1 図4の考え方

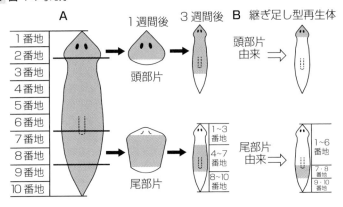

る。継ぎ足し型再生では新たに形成された白い組織が1〜6番地と9・10番地になるということだが、それでは色のついた領域が拡大したことの説明がつかない。白い組織がわずかに形成された段階で1〜10の番地の振りなおし（再編成）が行われることで、切断前は7・8番地であった色のついた組織が4〜7番地を割り当てられ、その番地に相当する組織へとつくり変えられた結果、色のついた領域が拡大したと考えられる。なお、切断直後に形成される白い組織（再生芽）は、体の位置情報の再編成のための物質の分泌を行っていると考えられている。

問6 冬眠などの特殊な場合を除いて、動物が長期間の絶食を生き抜くためには体に貯蔵していた栄養分などを消費する必要があり、プラナリアも例外ではないと考えられる。したがって、プラナリアの体が小さくなったのは体の一部を栄養として消費したためと考えられる。しかし、ヒトを含む一般的な動物では、長期間の絶食を経るとやせ細るものの、体長は変わらない。それに対し、プラナリアではやせ細ることなく、体の形や機能は維持したまま体のサイズが小さくなっていた。このことから、プラナリアは体の一部を消費することと並行して、再生する場合と同様の体の位置情報の再編成およびそれに従った組織の作り変えを行うことで、体の形を維持していたと考えられる。

問7 プラナリアの白い組織の再生と、イモリの水晶体の再生を比較した表を次に示す。

	プラナリアの白い組織の再生	イモリの水晶体の再生
再生の引き金	体の一部の切断（消失）	水晶体の除去（消失）
再生を始める細胞	体中に散在しているネオブラスト（未分化細胞）	虹彩の背側の色素上皮細胞
再生の過程	ネオブラストが切断部に集合→増殖→種々の細胞に分化	虹彩の色素上皮細胞が脱分化→増殖→水晶体の細胞に再分化

この表をもとに、相違点についてまとめればよい。なお、解答例の他に、プラナリアの再生では体中に散在していたネオブラストが集合して働くのに対し、イモリの水晶体の再生では、水晶体があった位置のすぐ近くの細胞が働くという違いも解答として考えられる。

070 　解答　解説

問1 〈構造〉めしべの花柱の長さとおしべの花糸の長さが異なる花をつける。

〈時期〉1個体の中において，めしべで受粉が可能になる時期とおしべで花粉が成熟・放出される時期をずらす。

問2 〈利点〉遺伝的多様性を獲得し，環境の変化に対応できる個体が生じる可能性が高まる。

〈欠点〉花粉の運搬に風や昆虫を利用するため受粉の確実性が低くなるとともに，昆虫を誘引するための蜜や匂い物質を合成するためのエネルギーが必要となる。

問3 (ア) $S_1S_3 : S_1S_4 : S_2S_3 : S_2S_4 = 1 : 1 : 1 : 1$

(イ) $S_1S_2 : S_2S_4 = 1 : 1$

問4 40%　　　　**問5** $S_aS_c,\ S_aS_d$

問6 〈個体U〉S_aS_d

〈形質を現す強さ〉$S_b > S_a > S_d > S_c$

....

問1 植物の受粉には自己の花粉による自家受粉と他個体の花粉による他家受粉があり，自家受粉による受精を自家受精，他家受粉による受精を他家受精という。自家受精を回避する方法としては，受粉を回避する方法と，受粉しても受精しないようにする方法がある。一般に被子植物の花は，めしべ，おしべ，花弁，がく片から構成されており，多くの種では1つの花にめしべとおしべをあわせもつ両性花をつける。花の構造の観点から考えると，めしべの花柱とおしべの花糸が下の **図70-1** ①のような長さ・位置関係にあれば，葯から放出された花粉が同じ花の柱頭に付きやすい，つまり自家受粉しやすいと考えられる。

これに対して，花柱と花糸の長さが例えば下の **図70-1** ②や③のようであれば，自家受粉が起こりにくくなり，これらの構造をもつ花をつける個体が混在する個体群では，他家受粉を行うことができると考えられる。実際に，サクラソウやカタバミ科のある種では複数種類の異なるタイプの花をつける個体が存在し，互いに他家受粉が行われることが知られている。

なお，種子植物には，キュウリやトウモロコシのように，めしべまたはおしべのいずれか一方のみをもつ単性花をつけるものも存在する。単性花には，めしべのみをもつ雌花とおしべのみをもつ雄花がある。また，イチョウのように個体が雌花のみをつける雌株と雄花のみをつける雄株に分かれている（雌雄異株）植物では，他家受精のみが起こる。単性花や雌雄異株も自家受粉を回避するしくみの1つと考えることができる。

時期の観点から考えると，受粉が正常に起こるためには，めしべとおしべの両方が受粉に適した状態（成熟した状態）になっている必要がある。したがって，自家受粉を回避するしくみとしては，1個体内においてめしべで受粉が可能になる時期と，おしべで花粉が成熟・放出される時期がずれることが考えられる。このようなしくみは，キキョウなどで知られている。キキョウでは，開花後に先におしべが成熟して花粉が葯の外に出る。その間に昆虫が訪れ，花粉を運んでいく。その後，おしべがしおれた後にめしべの柱頭が開くことで他の花の花粉を運んできた昆虫により他家受粉が起こる。1つの個体群では，めしべやおしべの成熟時期がさまざまな段階にある個体が混在することで，互いに他家受粉をしていると考えられる。

図70-1 めしべの花柱とおしべの花糸の長さ・位置関係

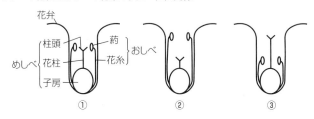

花弁
柱頭
めしべ｛花柱
子房
葯
おしべ｛花糸
①　②　③

さらに，自家受粉しても受精しない方法の1つとしては，前文で述べられているような自家不和合性がある。自家不和合性は，胚のうや花粉が正常であるにもかかわらず自家受精が正常に行われない現象であり，多くの被子植物で見られる。

問2 自家受精を回避するということは他家受粉による他家受精をすることなので，その利点と欠点とは，他家受粉・他家受精を行うことの利点と欠点と考えればよい。自家受粉は1個体内で起こる受粉であるため，自家受粉する植物は，他個体が近くに存在していなくても，単独で繁殖できる。一方，他家受粉では，花粉を他個体まで風や昆虫などに運んでもらう必要があるため，受粉の確実性は低い。また，昆虫を誘引するための蜜や匂い物質を合成する必要も生じる。しかし，他家受精による繁殖には，近交弱勢を避けて次世代の遺伝的多様性を獲得し，環境の変化に対応できる個体が生じる可能性を高めるという利点がある。このため，他家受粉する植物において，自家受精を回避するしくみが発達したと考えられる。

問3 自家不和合性は，花粉が発芽できないことや，花粉管がめしべの柱頭内に進入できないこと，進入してもその伸長が停止することなどによって起こる。図1から，植物Xでは，花粉とめしべで同じ種類（番号）のS遺伝子をもつことで花粉管の伸長ができなくなり，受精が成立しないと考えられる。

(ｱ) 花粉親S_1S_2から生じる花粉（精細胞）の遺伝子型はS_1とS_2であり，めしべ（めしべ親）S_3S_4と同じ番号のS遺伝子をもっていないので，これらの交配では自家不和合性の認識反応は起こらず，受精が成立して以下の配偶子の組み合わせ表に示す遺伝子型をもつF_1が生じる。

精細胞（花粉親由来）＼卵細胞（めしべ親由来）	S_3	S_4
S_1	S_1S_3	S_1S_4
S_2	S_2S_3	S_2S_4

これより，F_1でのS遺伝子型の分離比は，$S_1S_3 : S_1S_4 : S_2S_3 : S_2S_4 = 1 : 1 : 1 : 1$ となる。

(ｲ) 花粉親S_1S_2から生じる花粉の遺伝子型はS_1とS_2であり，S_1をもつ花粉ではめしべ（めしべ親）S_1S_4とS_1遺伝子が共通しているので受精が成立せず，S_2をもつ花粉による受粉のみで受精が成立して以下の配偶子の組み合わせ表に示す遺伝子型をもつF_1が生じる。

精細胞（花粉親由来）＼卵細胞（めしべ親由来）	S_1	S_4
S_2	S_1S_2	S_2S_4

これより，F_1でのS遺伝子型の分離比は，$S_1S_2 : S_2S_4 = 1 : 1$ となる。

問4 S遺伝子とA遺伝子の間の組換え価が20%であることから，花粉親である個体G（S_1S_2Aa）から生じる花粉（精細胞）の遺伝子型の分離比は$S_1A : S_1a : S_2A : S_2a = 4 : 1 : 1 : 4$，めしべ親である個体H（$S_2S_3Aa$）から生じる卵細胞の遺伝子型の分離比は$S_2A : S_2a : S_3A : S_3a = 4 : 1 : 1 : 4$である。このうち，$S_2$をもつ花粉ではめしべ親$S_2S_3$と$S_2$遺伝子が共通しているので受精が成立せず，$S_1$をもつ花粉による受粉のみで受精が成立して以下の配偶子の組み合わせ表に示す遺伝子型をもつ次世代（種子）が生じる。

精細胞（花粉親由来）＼卵細胞（めしべ親由来）	$4S_2A$	$1S_2a$	$1S_3A$	$4S_3a$
$4S_1A$	$16S_1S_2AA$	$4S_1S_2Aa$	$4S_1S_3AA$	$16S_1S_3Aa$
$1S_1a$	$4S_1S_2Aa$	$1S_1S_2aa$	$1S_1S_3Aa$	$4S_1S_3aa$

これより，種子でのA遺伝子およびa遺伝子に着目した遺伝子型の分離比は，$AA : Aa : aa = 20 : 25 : 5 = 4 : 5 : 1$となる。したがって生じる種子のうち$AA$の遺伝子型をもつものは，
$$\frac{4}{4+5+1} \times 100 = 40 （\%）$$
となる。

問5 植物Yでは植物Xとは異なり，花粉ではなくその花粉を形成した花粉親がもつS遺伝子のうち，顕性（優性）のS遺伝子の種類（番号）とめしべのもつS遺伝子の番号が一致する場合に自家不和合性の認識反応が起こり受精が成立しない（種子が得られない）。まず，個体Uが花粉親の場合，実験3と実験4において，めしべ親がS_bS_dまたはS_cS_dでは種子が得られ，めしべ親S_aS_dでは種子が得られなかったことから，個体Uは顕性S遺伝子としてS_aをもち（S遺伝子型S_aS_x，$S_a > S_x$とする），このためS_aをもたないめしべ親では受精が成立し，S_aをもつめしべ親では受精が成立しなかったとわかる。また，個体Uがめしべ親の場合，実験1において，花粉親がS_aS_bでは種子が得られたので，S_aとS_bではS_b

が顕性（$S_b > S_a$）であり，個体UはS_bをもたないことがわかる。これより，個体UのS遺伝子型はS_aS_aまたはS_aS_dであるとわかる。また，実験2において，花粉親がS_aS_dまたはS_cS_dでは種子が得られなかったので，もしS_aとS_dでS_dが顕性（$S_d > S_a$）だった場合，個体UのS遺伝子型はS_aS_dであるが，個体UはS_aを顕性S遺伝子としてもつことから矛盾する。したがって，S_aとS_dではS_aが顕性（$S_a > S_d$）である。また，S_cとS_dでS_cが顕性（$S_c > S_d$）だった場合には個体UのS遺伝子型はS_aS_aであり，S_dが顕性（$S_d > S_c$）だった場合には個体UのS遺伝子型はS_aS_dであると考えられる。

問6 実験5において，花粉親がS_cS_d，めしべ親がS_bS_cでは種子が得られたので，S_cとS_dではS_dが顕性（$S_d > S_c$）であることがわかる。これより，個体UのS遺伝子型はS_aS_d（$S_a > S_d$）である。これまでの考察により，S遺伝子間の顕性・潜性（形質を現す強さ）の関係について，$S_b > S_a$，$S_a > S_d$，$S_d > S_c$であることがわかったので，これを整理すると，$S_b > S_a > S_d > S_c$となる。

071 解答 解説

問1 〈野生型〉② 〈wus〉③
〈clv3〉① 〈CLV3OX〉③

問2 ③ **問3** ①

問4 A. 母細胞内において，細胞質に含まれる物質の偏在や細胞骨格の非対称性が生じること。（39字）
B. ① 不等分裂により表皮始原細胞から表皮細胞を作る。
② 垂層分裂により一層の状態を保つ。

問5 A. 静止中心細胞が，接する始原細胞の分化を抑制するとともに不等分裂を引き起こすことで始原細胞の維持と細胞の分化が起こる。（58字）
B. 内皮細胞や皮層細胞は，内皮・皮層始原細胞の分裂で生じた娘細胞のうち接する細胞に対して並層分裂と分化を促進する働きをもつ。（60字）
C. 中心柱において静止中心細胞との接触が完全に失われること。（28字）

問1 図1から，茎頂分裂組織が大きい順に①，

②，③であることがわかる。wusは茎頂分裂組織を大きくする機能が失われているので，野生型よりも茎頂分裂組織が小さくなり，clv3は茎頂分裂組織を小さくする機能が失われているので，野生型よりも茎頂分裂組織が大きくなると考えられる。CLV3OXは茎頂分裂組織を小さくする機能が過剰になっているので，野生型よりも茎頂分裂組織が小さくなると考えられる。以上より，野生型は②，wusは③，clv3は①，CLV3OXは③が最も適切である。なお，茎頂分裂組織において，WUS遺伝子（WUSCHELと呼ばれる遺伝子の略称）が発現する領域は形成中心と呼ばれ，CLV遺伝子群（CLAVATAと呼ばれる遺伝子群の略称。CLV3遺伝子やCLV1遺伝子が含まれる）が発現する領域は中心領域と呼ばれる。

問2 CLV3遺伝子はWUS遺伝子発現領域を制限する機能をもつので，WUS遺伝子が機能しない場合にはCLV3遺伝子の機能の有無は形質に影響を与えない。したがって，WUS遺伝子とCLV3遺伝子の両方の遺伝子が機能しない系統の形質は，WUS遺伝子が機能しないwusと同様になると考えられる。

問3 受容体をもたないclv1はclv3と同じ形質（図1の①）を示すことから，CLV3遺伝子が正常に機能するためには，CLV3遺伝子から合成されるペプチドホルモンが受容体に受容される必要があるとわかる。したがって，CLV3遺伝子から合成されるペプチドホルモンの量にかかわらず，clv1はclv3と同じ形質を示すと考えられる。

問4 A. 不等分裂で生じた娘細胞は大きさや形だけではなく，遺伝子発現などにおいてもそれぞれ異なる性質をもっている。このような不等分裂の例としては，動物の卵形成の過程で見られる一次卵母細胞からの二次卵母細胞と第一極体の形成や，二次卵母細胞からの卵と第二極体の形成，発生において卵割で見られる不等割が挙げられる。卵形成における不等分裂は，中心体とそこから伸びる微小管からなる紡錘糸によって形成される紡錘体が細胞内の偏った位置に形成される（赤道面が偏る）ことによる。一方，端黄卵で見られる不等割は，細胞質に含まれる卵黄の分布が偏っていることによる。また，分裂後の娘細胞の大きさが同じであっても，母細胞中に偏って含まれてい

る mRNA やタンパク質などの因子が娘細胞に不均等に分配された場合には不等分裂となる。このように，母細胞内において細胞骨格や含まれる物質がどのように分布しているか，つまり母細胞内の極性によって娘細胞に相違が生じると考えられる。

B．表皮を作るためには，表皮細胞が必要であり，これは，表皮始原細胞から不等分裂により表皮始原細胞として維持される細胞と表皮細胞に分化する細胞が生じることによると考えられる。また，一層の細胞層を作るためには，細胞層が維持される垂層分裂を行う必要があると考えられる。

問5 A．**図3**から，静止中心細胞が存在する場合，接する根冠始原細胞では並層・不等分裂が起こり，その後静止中心細胞に接する細胞は分化せずに始原細胞として維持され，接していない細胞は根冠細胞に分化するとわかる。**図5**の(1)で静止中心細胞が破壊されると根冠始原細胞は分裂せずに根冠細胞に分化したことから，静止中心細胞は接する根冠始原細胞に対して並層・不等分裂させる働きと，根冠細胞への分化を抑制する働きをもつと考えられる。また，**図4**から，静止中心細胞が存在する場合，接する内皮・皮層始原細胞では垂層・不等分裂が起こり，その後静止中心細胞に接する細胞は分化せずに始原細胞として維持され，接していない細胞は並層・不等分裂を行い内皮細胞と皮層細胞に分化するとわかる。**図5**の(2)で静止中心細胞が破壊されると，内皮・皮層始原細胞は並層・不等分裂を行い，生じた娘細胞は内皮細胞と皮層細胞に分化したことから，静止中心細胞は接する内皮・皮層始原細胞に対して垂層・不等分裂させる働きと，内皮細胞・皮層細胞への分化を抑制する働きをもつと考えられる。

これらの内容をまとめると，静止中心細胞には，接する始原細胞に対して細胞分裂（不等分裂）を引き起こし，娘細胞のうち接する側の細胞の分化を抑制することで，結果として始原細胞を維持するとともに分化する細胞を作り出す働きがあると考えられる。したがって，不等分裂には，**問4A**の解説で述べたような母細胞内の極性に原因がある場合のほか，分裂後の娘細胞が細胞外からの影響を受けることが原因となる場合があるので，**問4A**の解答としてこの内容を述べてもよい。

B．植物細胞では，一度分化した細胞は分裂せず，吸水によって成長する。したがって，内皮細胞や皮層細胞が分化した後には，これらの細胞に接する内皮・皮層始原細胞（内皮細胞・皮層細胞と静止中心細胞に挟まれた細胞）で垂層・不等分裂が起こり，内皮細胞・皮層細胞に接する側の娘細胞が並層・不等分裂して内皮細胞・皮層細胞に分化することをくり返して内皮と皮層が形成されていくと考えられる。**図5**の(3)において内皮細胞と皮層細胞を破壊すると，内皮・皮層始原細胞が垂層・等分裂して始原細胞が増殖したことから，内皮細胞や皮層細胞は，内皮・皮層始原細胞の垂層分裂で生じた娘細胞のうち，接する細胞に対して並層・不等分裂と内皮細胞・皮層細胞への分化を促進する働きをもつと考えられる。

C．中心柱とは，茎や根において内皮よりも内側の部分のことである。前文に「静止中心を構成する数個の細胞はほとんど分裂しないが，静止中心を取り囲む細胞は始原（幹）細胞として分裂する」とあるが，**図2**から，中心柱には始原細胞が存在しないことがわかる。このことと，静止中心細胞をすべて破壊すると中心柱に新たに静止中心細胞が分化したことから，すべての静止中心細胞の消失が感知されると新たに静止中心となる細胞が決定されると考えられ，それを感知するのは，中心柱において静止中心細胞に接していた領域であると考えられる。なお，中心柱の細胞は始原細胞ではなくすでに分化している細胞から構成されているので，脱分化することで新たな静止中心細胞に分化できるようになると考えられる。

072 　解答　解説

問1　子葉は展開せず，胚軸は細長く，植物体は黄白色である。（26字）

問2　子葉を展開しないことで伸長する時に地中で茎頂が傷つきにくく，不要な葉緑体などをつくらないことで胚軸伸長に栄養分を集中させて地上に出るまでの時間を短くできる。（78字）

問3　オーキシン，ジベレリン，ブラシノステロイド

問4　(1) 正の光屈性　(2) オーキシン
(3) 光受容体が光を受容することでオーキシン輸送タンパク質の配置が変わり，陰側においてオーキシン濃度が反対側より

高まり，伸長成長が促進される。（68字）

問5　A：フィトクロム，赤色
　　　B：クリプトクロム，青色
　　　C：フォトトロピン，青色

問6　〈解答例1〉葉に青色光を含む光を当てて
　　　も，野生株のような気孔の開口が見られ
　　　ない。（34字）
　　　〈解答例2〉葉に青色光を含む強い光を当
　　　てても，葉緑体の細胞側面への移動が起
　　　こらない。（36字）

....

問1　食品としての「もやし」は，一般には緑
豆やダイズ，ブラックマッペ（ケツルアズキ）（マ
メ科植物）の種子を暗所で発芽させ育成したもの
が多い。マメ科植物は無胚乳種子であるため，子
葉は栄養を貯めており，種子とほぼ同じ大きさで
ある。「もやし」を思い浮かべればわかるように，
もやし状とは子葉が展開せず（閉じたまま），胚
軸（茎）が細長く，植物体が緑色ではなく黄白色
であるという特徴をもつ。このほか，胚軸（茎）
の先端がかぎ針状に曲がっているという特徴も見
られるので，これについて述べてもよい。

「もやし」は，穀類などを水に浸し，
日光を遮って芽を出させたものであ
り，植物名ではないんだ。緑豆・大
豆・ブラックマッペ・小豆のもやしが
野菜としてよく食べられているけど，
カイワレ大根やブロッコリースプラウ
トも広い意味ではもやしなんだね。

問2　芽生えは，光合成を行えるようになるま
では種子に貯蔵されている栄養分を利用して成長
するが，貯蔵栄養分はわずかであるため，その利
用を胚軸の伸長に集中させてできるだけ早く光が
得られる場所まで伸びる必要がある。光が当たっ
ていない間は葉緑体は不要であるため，葉緑体を
つくらずに栄養分を胚軸伸長にまわすので，植物
体は緑色にならずに黄白色になる。また，芽生え
は子葉が展開していると，地中での伸長時に抵抗
が大きくなったり茎頂部が傷つきやすくなったり
するため，子葉を閉じて胚軸の先端を曲げること
で伸びしやすく，かつ傷つきにくくなっていると
考えられる。子葉は発芽後に光合成で栄養を得る
ために不可欠な器官であるので，地上に出て光が
照射されると，葉緑体が発達して緑化する。

問3　茎の伸長に関与する植物ホルモンとして，
オーキシン，ジベレリン，ブラシノステロイド，
エチレン，サイトカイニンがある。オーキシンは
細胞の吸水を促進し，ジベレリンとブラシノステ
ロイドは上下方向の伸長成長を促進し，エチレン
とサイトカイニンは水平方向の肥大成長を促進す
る。エチレンの働きは光の影響を受けないが，光
の照射により，オーキシン，ジベレリン，ブラシノ
ステロイドの量の減少や作用の低下がみられる。
【参考】サイトカイニンの肥大成長促進作用と光
の関係は不明である。

問4　芽生えに光が当たると，光受容体（フォ
トトロピン）によって光が受容され，その情報に
よって細胞膜上のPINタンパク質（オーキシン
輸送タンパク質，オーキシン排出輸送体）の配置
が変化し，陰側にオーキシンが輸送されるように
なる。その結果，光の当たる側よりも陰側におい
てオーキシンの濃度が高まり，細胞の伸長成長が
より促進されることで，茎が光の当たる側へ屈曲
する。根ではオーキシンに対する感受性が茎とは
異なるため，オーキシン濃度の高い陰側の伸長が
抑制されて陰側に屈曲する。

問5　シロイヌナズナの種子は光発芽種子であ
る。実験1において，光受容体A欠損株では白
色光を当てても発芽率が低かったことから，光受
容体Aは赤色光を受容して光発芽種子の発芽を
促進するフィトクロムである。実験2から，光受
容体AとBは茎の伸長成長の制御に関わってい
ることが読み取れる。茎の伸長成長抑制の働きを
もつ光受容体にはフィトクロムとクリプトクロム
があるので，光受容体Bはクリプトクロムであ
る。フィトクロム欠損株およびクリプトクロム欠
損株では，光を当ててももやし状になる（なり続
ける）ことが実験的に示されているが，これら2
つの光受容体が胚軸伸長を制御しているしくみの
全容は明らかになっていない。実験3から，光受
容体Cは光屈性に関与しているフォトトロピン
であると判断できる。クリプトクロムとフォトト
ロピンはいずれも青色光を受容する。

問6　フォトトロピンは光屈性以外に，葉で起
こる気孔の開口や葉緑体の光定位運動に関与して
いるので，フォトトロピン欠損株ではこれらの反
応が起こらなくなると考えられる。

073 解答 解説

問1 〈光A〉④ 〈光B〉⑤

問2 ㋐ 13時間目 ㋑ 13時間目
㋒ 16時間目 ㋓ 19時間目

問3 3時間目

問4 ㋔ ① ㋕ ⑤ ㋖ ⑥

問5 ⑤ **問6** ⑤

問7 ジベレリンは種子の発芽を促進し、アブシシン酸はジベレリンの作用を抑制する。カイネチンはアブシシン酸のジベレリンに対する作用を抑制し、ジベレリンの作用を促進する。（80字）

問1 光の照射によって発芽が促進（誘導）される種子を光発芽種子という。光発芽種子に、波長が660nm付近（光A、④）の赤色光を照射すると発芽が促進され、波長が730nm付近（光B、⑤）の遠赤色光を照射すると発芽は抑制される。

問2・3 図1のグラフを読み、光Aの照射時期の異なるそれぞれの種子の発芽率が50%になる時間を答えればよい。図1から、光Aを、種子をまいた1時間後に照射した場合と、3時間後に照射した場合のどちらも、種子をまいてから13時間目に発芽率が50%に達していることがわかる。また、6時間後に照射した場合は16時間目、9時間後に照射した場合は19時間目に発芽率が50%に達していることがわかる。これらのことから、種子をまいてから3時間目までは、光Aを照射しても発芽過程が進まないことがわかる。種子をまいてから3時間以上経過した種子は、光Aを照射してから10時間後に発芽率が50%に達している。

よって、光Aによって発芽過程が進むのは種子をまいてから3時間以降であると推測できる。

問4 光発芽種子は一般に小型で貯蔵物質が少ないので、太陽光が十分に当たる場所でないと発芽後に生育を続けることができない。光発芽種子の発芽促進・抑制は、適切な環境で発芽し生育するためのしくみである。

植物の葉のクロロフィルは赤色光（波長660nm付近）をよく吸収するが、遠赤色光（波長730nm付近）はあまり吸収しない。そのため、図2の通り、葉を透過した光は赤色光が相対的に弱まり、遠赤色光が相対的に強まっている。

光発芽種子は、遠赤色光（光B）が当たる（葉を透過した光が多い林床のような）場所の場合は発芽が抑制される。一方、赤色光（光A）が当たる（上部に植物の葉が少なく開けた）環境では、発芽が促進される。よって、十分な光Aを受けた場合㋕は、種子は地表近くにあり、地上には他の植物は繁茂していないと考えられる（⑤）。ほとんど光Bのみを受けた場合㋖は、種子は地表近くにあり、地上には他の植物が繁茂していると考えられる（⑥）。また、暗所の場合㋔は、種子は光が届かない地中深くにあり、光からは他の植物の状態を感知できないと考えられる（①）。

問5 前文から、ジベレリン（以下GA）は、活性型、代謝されて活性型になるGA前駆体、活性型が代謝されて変化した不活性型の3種類があることがわかる。よって、GA前駆体→活性型GA→不活性型GAの順に代謝されていくと推測される。表1の結果から、暗黒下で発芽促進効果をもつGA_1が活性型GA、暗黒下では発芽促進効果をもたないが、光A照射によってその効果をもつようになるGA_{20}がGA前駆体、光照射の有無にかかわらず発芽促進効果をもたないGA_8が不活性型GAとわかる。よって、$GA_{20} \rightarrow GA_1 \rightarrow GA_8$（⑤）と推測できる。

問6 表1から、光A照射によってGA_{20}からGA_1への代謝が促進されたと考えられる（⑤）。

問7 本設問では、種子の発芽に対するジベレリンの作用と、その作用に対するアブシシン酸とカイネチンの働きについて、図3の結果から考えられることが問われているので、まず、ジベレリン単独で発芽に対してどのような作用があるのか、図3から考察する。Bの結果から、ジベレリンのみを与えると発芽が促進され、ジベレリンの濃度が高いほどその作用は高まることがわかる。

次に、2種類のホルモンを組み合わせた場合について考察する。ジベレリンとカイネチンの2種類を与えたAの結果はジベレリンのみを与えたBの結果と比べて発芽率がやや上昇している。よって、カイネチンはジベレリンの作用をやや促進することがわかる。一方、ジベレリンとアブシシン酸の2種類を与えたDの結果は、ジベレリンの濃度にかかわらず発芽率が0%である。一定

濃度のアブシシン酸は，ジベレリンの作用を完全に抑制することがわかる。

最後にジベレリンとカイネチンとアブシシン酸の３種類を与えた C の結果を見ると，ジベレリンのみを与えた B の結果よりも発芽率は低いが，ジベレリンとアブシシン酸の２種類を与えた D の結果よりも発芽率が高い。このことから，カイネチンが，ジベレリンに対するアブシシン酸の抑制作用を抑制したと考えられる。

以上より，ジベレリンは種子発芽の促進作用をもち，アブシシン酸はそのジベレリンの作用を抑制する。また，カイネチンはアブシシン酸のジベレリンに対する作用を抑制するとともにジベレリンの作用をやや促進する働きをもつと考えられる。

> カイネチンは合成サイトカイニン（植物体内には存在しないがサイトカイニン活性を示す化合物）の一種なんだ。天然サイトカイニン（植物体内に存在するサイトカイニン）としては，ゼアチンやイソペンテニルアデニンなどがあるよ。

074 解答 解説

問1 (a) ② (b) ① (c) ③
問2 〈品種 x〉④ 〈品種 y〉③

問3 ①　**問4** (1) ③ (2) ⑫

問1 図1は，播種（種播き）後から花芽形成までに要する日数が短いほど花芽形成に適した日照条件であり，その日数が長くなるほど日照条件が花芽形成に適さなくなることを示している。また，花芽形成が起こらなくなる（花芽形成に無限の時間を要する）ときの暗期が限界暗期であることを示している。図1の植物(a)は日照が 16 時間以上（暗期が 8 時間以下）になると花芽を形成しないので，限界暗期が約 8 時間の短日植物であり，植物(b)は日照が 12 時間以下（暗期が 12 時間以上）になると花芽を形成しないので，限界暗期が約 12 時間の長日植物である。植物(c)は，日照時間に関係なく播種後一定の日数（図1では約 60 日）で花芽形成するので，中性植物である。

問2 限界日長は，１日の長さから限界暗期の長さを引いた値と考えればよい。植物は発芽後，一定の期間成長した後に，日長の認識が可能になる。ある程度成長した品種 x と y のそれぞれについて，模式図を用いて考えよう（下の **図 74-1**）。

図 74-1 問2の考え方

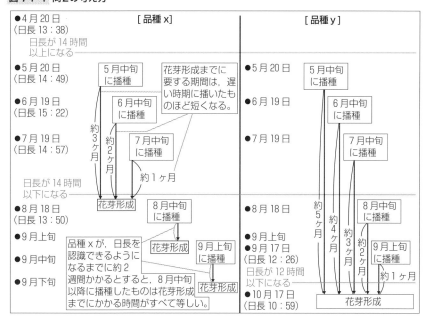

問3 それぞれの品種を播種してから限界日長以下になるまでの期間の長さを求める（下の **図74-2** ）。

問4 植物(d)は，限界暗期が9時間の長日植物であるから，日長が15時間以上になると，花芽を形成する。**図2** より，2月初め以降で日長が

15時間以上になる時期を読みとると，北緯40度では5月10日頃，北緯45度では5月1日頃である。したがって，北緯43度の札幌では5月の初めには日長が15時間以上になると考えられる。一方，北緯30度未満（那覇は北緯26度）では，年間を通して日長が15時間以上になることはないので，植物(d)は花芽を形成することはできない。

図74-2 問3の考え方

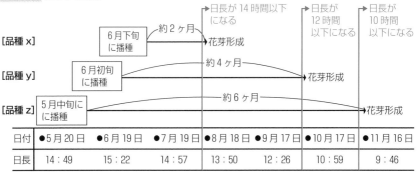

075 [解答 解説]

問1 花成ホルモンは，日長を感知した葉で合成され，師管を通って茎頂に移動してそこで作用する。（43字）

問2 短日植物では，約24時間周期において暗期のどの時間帯に光照射を受けるかによって開花率が変化する。

問3 光照射処理によって開花率が大幅に減少することから，光照射処理を行った場合に発現量が大きく減少するA遺伝子がコードするタンパク質の方が，花芽形成を促進する作用をもつ花成ホルモンとしてふさわしい。

問4 ① A遺伝子にGFP遺伝子をつないだ融合遺伝子をイネに導入し，短日条件下で栽培する。葉でA遺伝子がコードするタンパク質が合成されて師管内を茎頂まで移動することを緑色の蛍光の移動を観察することにより確かめる。
② A遺伝子から合成されるタンパク質を，短日処理を行わないイネ，またはA遺伝子欠損のイネの茎頂の細胞に直接与えると，花芽形成が起こることを確かめる。

〈別解〉① A遺伝子にGFP遺伝子をつないだ融合遺伝子を導入し，葉を1枚のみ残してその葉と茎頂の間で茎に環状除皮を施したオナモミを，短日条件下で栽培すると，環状除皮部より上部に蛍光は確認されず，花芽形成も起こらないことを確認する。
② 環状除皮は行わないが，他の処理を①と同様に行ったオナモミでは，茎頂に蛍光が観察され，花芽形成が起こることを確かめる。

問5 ① B遺伝子の転写は，A遺伝子から合成されるタンパク質の影響も光照射の影響も受けない。
② A遺伝子の転写にはB遺伝子から合成されるタンパク質が必要であり，光照射は，B遺伝子の転写以降の発現過程の阻害，またはB遺伝子から合成されたタンパク質の分解促進や働きの抑制をすることでA遺伝子の転写を抑制する。

問6 COタンパク質は，暗期では翻訳後にすぐに分解されるが明期では分解されず，長日条件では明期に*CO*mRNAの蓄積量が増大する時間帯があるから。（69字）

150

問7 (1) CO タンパク質は，長日条件下では葉で蓄積されて *FT* 遺伝子の転写調節配列に結合して転写を促進し，短日条件下では蓄積されず転写を促進しない。（68字）

(2)

長日条件

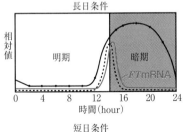

短日条件

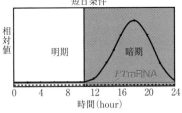

問1 花成ホルモン（フロリゲン）とは，①日長に応じて葉で合成され，②師管（師部）を通って植物体内を移動し，③茎頂（茎頂分裂組織）で花芽形成を促進する，という特徴をもつ物質に対してつけられた名称である。

問2 実験に用いたダイズは，実験1で長日条件では開花せず，短日条件（明期8時間，暗期16時間）では開花したことから短日植物である。また，実験2で短日条件の暗期開始後9時間目に光照射を行うと花芽形成が抑制されたことから，花芽形成には9時間より長い連続暗期が必要であると考えられる。このとき，明期の長さは変化していないので，設問文中の仮説が導き出せる。もしこの仮説が正しければ，実験3の**図1**においても連続暗期が9時間より長い場合（**図1**のa，b，c，e，f）はすべて同様の開花率（花芽形成率とみなしてよい）になり，d（暗期開始後9時間目に光照射を行っているので実験2の結果と同じと考えられる）のみで花芽形成の抑制が起こり，開花率が低下するはずである。しかし，**図1**では，光照射を行う時間帯によって開花率が変化していることがわかる。また，光照射を行っていないa

よりも，光照射を行った方が開花率が高くなる場合（f）もある。さらに，暗期を64時間にした場合の結果を示す**図2**を見ると，暗期開始後8～32時間の24時間と32～56時間の24時間では，光照射を行った時間帯に対して開花率が類似した変化を示していることがわかる。これらのことから，約24時間周期において暗期のどの時間帯に光照射を行うかによって開花率が変化するという仮説が考えられる。

なお，実験3は，1960年代にダイズのビロキシという品種を用いて行われた実験であり，暗期中の光照射による花芽形成促進効果と抑制効果が約24時間ごとにくり返されることから，光照射に対する植物の反応のしやすさ（感受性）には周期性があり，植物の花芽形成には生物時計が関与していることが示された実験である。ただし，このとき実際には暗期中に与えられた光照射の長さは4時間であるので，5～15分程度の短時間の光照射とは効果が異なると考えられる。また，生物時計の周期は植物ごとに異なっており，例えばアカザでは30時間であることが知られている。

問3 実験4で，暗期開始後6時間目で光照射処理を行うと，その後の開花率が大幅に減少するとある。花成ホルモンは花芽形成を促進する作用をもつので，開花率の大幅な減少は，花成ホルモンの合成量が減少した結果であると考えられる。したがって，野生株では暗期の途中から発現量（mRNA量）が増加するが，暗期の途中で光照射を行うとその発現量の増加が起こらない**A**遺伝子がコードするタンパク質は，花成ホルモンである可能性がある。これに対して**B**遺伝子は，光照射を行わない場合と行った場合で発現量にほとんど変化が見られないことから，花成ホルモンの遺伝子としては不適であると考えられる。

問4 ある遺伝子から合成されたタンパク質（遺伝子産物）について，生体内での挙動を具体的に検証する方法としては，GFP（緑色蛍光タンパク質）を利用して視覚的に観察する方法が考えられる。花成ホルモンの特徴のうち，日長に応じて葉で合成され，師管（師部）を通って植物体内を移動する，という特徴については，目的とする遺伝子（本設問では**A**遺伝子）にGFP遺伝子をつないだ融合遺伝子を作製し，これをイネの細胞に導入すると，**A**遺伝子が発現する際にGFP遺伝

子も発現するので，融合タンパク質が発現した部位や移動する様子が緑色蛍光として観察できる。

また，ある遺伝子産物が茎頂で花芽形成を促進することを検証するためには，その遺伝子産物を茎頂に直接導入し，その結果，花芽形成が促進されるかどうかを確かめる方法が考えられる。

このほか，設問文中の「イネで検証することが困難な実験」については，イネは単子葉植物であり，維管束が同心円状に並んでいないため環状除皮を行って師部を除去することができないことが考えられる。この場合，短日植物であり双子葉植物に属するオナモミやダイズなどを用いて環状除皮を施して〈別解〉に示すような実験を行うことにより，物質の師管（師部）内の移動を確認することができる。

問5 実験5において，A遺伝子が存在しない場合でも短日条件下におけるB遺伝子mRNAの発現パターンは変化しないことから，A遺伝子から合成されるタンパク質（A遺伝子産物）はB遺伝子の転写には関与しないことがわかる。これに対して，B遺伝子が存在しない場合にはA遺伝子mRNAの発現が起こらないことから，A遺伝子の転写にはB遺伝子から合成されるタンパク質（B遺伝子産物）が必要であると考えられる。このことは，実験4の結果を示す**図3**において，野生株ではB遺伝子のmRNA量が増加し始めた後にA遺伝子のmRNA量の増加が起こり，B遺伝子のmRNA量が減少し始めた後にA遺伝子のmRNA量の減少が起こることとも矛盾しない。また，暗期における短時間の光照射はB遺伝子の転写には影響を与えないことがわかるので，光照射はB遺伝子産物の合成を阻害または分解を促進したり，B遺伝子産物の作用を抑制したりすることでA遺伝子の転写を抑制する作用をもつと考えられる。なお，B遺伝子の発現量は光照射の影響を受けないが，常に一定ではなく短日条件下において24時間周期で変動していることがわかる。このことから，A遺伝子（花成ホルモンの遺伝子）の転写調節に関与するB遺伝子の発現量の変化には生物時計が関与していることが推測される。

問6 前文中に「COmRNAからCOタンパク質への翻訳は，明期，暗期のいずれにおいても同じ速度で行われる」とあるので，長日条件下と短日条件下のいずれにおいても，COmRNAの蓄積量の増加とともにCOタンパク質の合成量も増加しているはずである。しかし，短日条件下においてはCOタンパク質の蓄積量の増加がまったく見られない。合成が起こっているにもかかわらずタンパク質が蓄積しない理由としては，合成後すぐに分解されていることが考えられる。ここで，長日条件下と短日条件下のグラフの違いについて検討すると，短日条件下ではCOmRNAの蓄積がみられる時間帯（明期開始からおよそ12〜24時間）がすべて暗期にあるが，長日条件下ではその一部の時間帯（明期開始からおよそ12〜14時間）が明期にあることがわかる。この明期でCOmRNAの蓄積量が増加している時間帯では，COタンパク質の蓄積量も同様に増加している。これらのことから，暗期ではCOタンパク質は翻訳後すぐに分解されるが，明期では分解が起こらず，その結果，長日条件下でのみ一時的にCOタンパク質の蓄積が見られたと考えられる。このように，長日植物においても花芽形成に関与する遺伝子発現に1日（24時間）周期の変動が見られることから，生物時計の関与が考えられる。

問7 (1) 前文から，COタンパク質は葉で合成され，*FT*遺伝子の転写調節配列に直接結合する調節タンパク質であることがわかる。また，花成ホルモンであるFTタンパク質は，長日条件下において葉で合成される。したがって，長日条件下では葉で蓄積したCOタンパク質が*FT*遺伝子の転写調節配列に結合して*FT*遺伝子の転写を促進し，それによって合成されたFTタンパク質が茎頂に移動して花芽形成を促進するが，短日条件下ではCOタンパク質の蓄積が起こらない（合成されるとすぐに分解される）ため，*FT*遺伝子の転写が促進されず，花芽形成が起こらないと考えられる。

(2) 長日条件下では，葉内に蓄積したCOタンパク質の量に応じて*FT*遺伝子の転写が促進されるので，COタンパク質の濃度変化に少し遅れて*FT*mRNAの濃度が上昇した後，やがて減少すると考えられる。一方，短日条件下ではCOタンパク質が増加せず*FT*遺伝子の転写が促進されないため，*FT*mRNAの濃度の上昇はまったく見られないと考えられる。

なお，長日条件下のグラフについて，形は山形であれば，半円に近いものであっても三角形に近いものであってもよい。また，12時間以降14時間まで（明期の末まで）に上昇を開始し，24時間（暗期の末まで）に一定の値まで低下しているように描かれていれば可である。

076 解答 解説

問1 (a) 長日植物 (b) 低温
問2 秋に発芽して翌春に花芽形成する長日植物が，光周性のみに従って結実に適さない冬季に花芽形成して開花することを防ぐ。（56字）
問3 (c) ① (d) ④ (e) ② (f) ③
問4 (1) *FLC*：B *VRN*：A *VIN3*：C
(2) *VIN3* 遺伝子の遺伝子産物は，*FLC* 遺伝子の発現を抑制する。（30字）
(3)

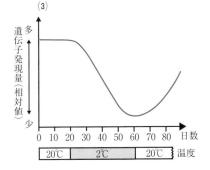

(4) *VRN* 遺伝子の遺伝子産物は，*FLC* 遺伝子の発現の低下を維持する。（32字）
問5 (ア) 分裂（頂端分裂） (イ) 栄養
(ウ)・(エ) さく状，海綿状（順不同）
(オ) 生殖 (カ) 短日 (キ) 以下
問6 生物の一生を生殖細胞を仲立ちとして環状に表したもの。（26字）
問7 (1) (ク) 仮道管 (ケ) 道管 (コ) 形成層
(サ) 伴細胞 (シ) 師板
(2) 同化産物や無機塩類などが植物体内のある部位から別の部位に輸送されること。（36字）
(3) ①根で吸収した水や無機塩類の通路となる。（19字）
②光合成で合成した有機物の通路となる。（18字）

問8 長日条件下では，花芽形成を抑制する物質が葉でつくられた後，師管を通って茎頂に運ばれて作用する。（47字）

………………………………………………………

問1・2 春化は，秋に発芽して翌春〜初夏に花芽形成して開花する長日植物に見られる現象である。これらの植物では，発芽した時期（秋）の連続暗期が限界暗期以下になっていることがあるので，光周性に従って花芽形成が起こると，秋に発芽したばかりの植物が，昆虫などの活動が低下して結実に適さない冬（低温の時期）に花芽形成・開花してしまう可能性がある。これを防ぐため，発芽したばかりの植物では長日条件に対する応答性が抑制されている。

問3 秋播きコムギやダイコン，ライムギなどは花芽形成に低温を必要とする現象（春化）が観察される植物である。したがって，一定期間の低温を与えた後に長日条件を与える，つまり冬の日長や気温に近い条件（①・④）で栽培した後に春の日長や気温に近い条件（②・③）で栽培すると効率よく花芽形成を引き起こすことができると考えられる。

問4 (1) 図1において，Aは，20℃と2℃のどちらの温度下でも発現量が同じで変化しないので，温度変化に無関係な *VRN* 遺伝子の発現量を示していると判断できる。また，Bは，20℃では発現量が多く，2℃の低温になるとしだいに発現量が低下するので，秋に発芽した後には発現しており，その後（冬に）発現が低下することで花芽形成の促進に働く *FLC* 遺伝子の発現量を示していると判断できる。したがって，残りのCは *VIN3* 遺伝子の発現量を示しており，発現が温度変化により影響を受けることとも矛盾しない。

(2) 図1から，温度が20℃から2℃に変化した後に *VIN3* 遺伝子の発現量Cが増加すると，その増加に対応するように *FLC* 遺伝子の発現量Bが低下していくことがわかる。このことから，*VIN3* 遺伝子の遺伝子産物には *FLC* 遺伝子の発現を抑制する働きがあると考えられる。

(3)・(4) *vin3* 変異体，及び *vrn : vin3* 二重変異体で花芽が形成されなかったのは，*VIN3* 遺伝子産物が存在しないことで *FLC* 遺伝子の発現が低下しなかったためであると考えられる。また，*vrn* 変異体で野生型シロイヌナズナより著しく遅

れて花芽が形成されたのは，設問文中に「*FLC*遺伝子の発現が低下した場合，日長条件が整っていれば花芽形成は促進される。この時，*FLC*遺伝子の発現レベルが低いほど花芽形成の時期は早くなる」とあることから，*vrn*変異体では*FLC*遺伝子の発現は低下したが，発現レベルが低い状態に保たれなかった，つまり発現レベルがその後上昇したと考えることができる。この原因は*VRN*遺伝子が発現していないことであると考えられるので，*VRN*遺伝子の遺伝子産物には*FLC*遺伝子の発現が低下した場合にその低下した状態を維持する働きがあると考えられる。なお，(3)の解答のグラフにおける約60日以降の上昇の度合は不問である。

問5 植物では分裂組織（頂端分裂組織と形成層）のみで細胞分裂が起こり，細胞分裂によって葉・茎・根が増えていく過程を栄養成長と呼ぶ。栄養成長には光合成による有機物の合成が重要であり，被子植物の葉では，クロロフィルなどの光合成色素を含む葉緑体は主に基本組織系のさく状組織と海綿状組織の細胞（葉肉細胞）に含まれる。表皮系では，葉緑体は気孔を構成する孔辺細胞にのみ含まれる。また，栄養成長では，茎頂分裂組織から葉芽（葉と茎のもとになる芽）が分化するが，栄養成長がある程度まで進行し，環境条件や植物体内の条件が整うと，茎頂分裂組織から花芽（花器官のもとになる芽）が分化するようになる。花芽が形成され，開花・受粉を経て種子を形成する過程は生殖成長と呼ばれる。短日植物や長日植物は，栄養成長から生殖成長への転換に日長の変化を利用する植物であるともいえる。

問6 一般に植物の生活環では，胞子を形成する胞子体（2n）の世代（複相世代）と，配偶子を形成する配偶体（n）の世代（単相世代）が交互に繰り返される。被子植物では，減数分裂を経て生じる胚のう細胞と花粉四分子が胞子に相当し，これらから生じた胚のうと花粉（花粉管）が配偶体に相当する。胚のう内の卵細胞（雌性配偶子）と花粉管から放出された精細胞（雄性配偶子）の受精により受精卵が生じる。

問7 (1)〜(3) 維管束を構成する木部（①）と師部（②）は，いずれも組織であり，木部に存在する道管(ケ)や仮道管(ク)と師部に存在する師管もそれ

ぞれ組織である。道管は死んだ細胞から構成され，細胞間の細胞壁（上下の隔壁）はすべて失われているので，内部はひとつながりの空洞のように見える。一方，師管は細胞質をもつ生きた細胞から構成されており，細胞間の細胞壁は，師孔という小さな孔がたくさん開いた師板(シ)になっている。この孔を通って，葉の光合成でつくられた有機物（光合成産物，同化産物）などとともに，花成ホルモン（フロリゲン）が植物体の各部へ輸送されると考えられている。

植物体が葉で合成した同化産物や花成ホルモンなど，また，根から吸収した無機塩類などが他の部位に運ばれることを転流という。

問8 アサガオは短日植物であるので，通常は短日条件下では葉でフロリゲンがつくられ，それが師管を通って茎頂に運ばれて作用し，花芽形成が起こる。また，設問文中に「子葉一枚で日長に反応できる」とあるので，実験に用いた短日師管液には，フロリゲンが含まれていると考えられる。**表1**から，短日条件での培養では，長日師管液を添加しない場合（ⅠとⅡ）には短日師管液の有無にかかわらず花芽形成率はいずれも100%である。短日条件下では，培養した小植物体の葉においてフロリゲンがつくられるので，短日師管液を添加しなくてもⅠでは花芽形成率が100%になったと考えられる。一方，短日師管液を添加せず，長日師管液を添加した場合（Ⅲ）の花芽形成率は52%である。このことから，長日師管液には花芽形成を抑制する物質が含まれていると考えられる。また，その物質は長日条件を感知した葉で合成され，師管に含まれた後に茎頂で作用すると考えられる。

一方，長日条件での培養ではフロリゲンがつくられないので，短日師管液を添加しない場合（ⅣとⅥ）には長日師管液の添加の有無にかかわらず花芽形成率は0%である。しかし，短日師管液を添加したⅤでは，花芽形成率は82%に上昇する。これは，短日師管液中のフロリゲンが茎頂に運ばれて作用した結果であると考えられる。なお，本実験のみからでは，長日師管液に含まれる物質が，直接茎頂に働いているのか，フロリゲンが茎頂で働く過程を抑制しているのかは不明である。しかし，短日植物の花芽形成が，単純に短日条件下で合成されるフロリゲンだけの働きによって調

節されているのではなく，長日条件下で合成される物質によっても調節されていることが示唆される。このような長日条件下で合成されて花芽形成を抑制する物質は，アンチフロリゲンと呼ばれており，植物種によってはその実体となる物質が同定されている。

花芽を誘導する光周刺激を受容するのは葉だよね。オナモミなどでは，成長した本葉だけが光周刺激を受容できるのだけど，アサガオのある品種では，子葉も光周刺激に対して感受性があり，それもたった1回の短日処理に反応できるんだ。

077 解答 解説

問1 (a) 気体　　　　　　(b) 成熟
　　　(c) 二酸化炭素（CO_2）(d) 花
　　　(e) 離層

問2 果実は，色や香りの変化により動物に見つけられやすくなり，かたさや味の変化により摂食されやすくなる。その結果，消化されにくい種子が動物の排出物に含まれて散布されることで，植物の分布が広がる。（94字）

問3 (1) 葉内に含まれる光合成色素であるクロロフィルは，落葉により植物体から失われる前に分解され，低分子窒素化合物となり他器官へ転流して利用される。（69字）
　　　(2) サイトカイニン

問4 果実や離層付近で生成されるエチレンがセルラーゼを活性化するので，果実や離層の細胞の細胞壁が分解され，果実の成熟や器官の脱離が促進される。（68字）

問5 (1) 10^{-6}mol/L
　　　(2) オーキシン濃度が高くなるほどエチレンの生成量が増加し，エチレンにはオーキシンの伸長成長作用を抑制する作用があるから。（58字）

問1・4 エチレン（C_2H_4）は，植物ホルモンのうち唯一気体の状態で存在し，植物体から放出されて他個体にも作用する。果実が一定の大きさになるとエチレンが生成され，エチレンは細胞壁の主成分であるセルロースを分解するセルラーゼの合成を促進する（セルラーゼの活性を高める）ことで果実の成熟を促進する。果実の成熟とは，

果皮の変色（緑色から赤色や黄色への変化）や軟化，糖類の蓄積などが起こることであり，成熟した果実の近くに未成熟な果実を置いておくと，成熟した果実から放出されるエチレンによって未成熟な果実の成熟が早まることが知られている。

また，老化した葉や果実，花が植物体から脱離することをそれぞれ落葉，落果，落花といい，これらが起こる際には，葉柄や果柄，花柄の付け根に，離層と呼ばれる，小さな柔細胞からなる特殊な細胞層が形成される。このうち，落葉が起こる過程およびしくみは，次の①〜④のとおりである。
① 若い葉ではオーキシンが盛んに生成されており，オーキシンによりエチレンに対する感受性が抑えられている。
② 落葉期になると，葉でのオーキシンの生成量が低下し，葉柄でのエチレンに対する感受性が上昇すると同時に，離層付近でのエチレンの生成量が増加する。
③ エチレンの作用により，離層の細胞でセルラーゼが合成される。
④ 合成されたセルラーゼの働きにより，細胞間の接着が弱くなり，離層の細胞どうしの分離や細胞の崩壊が起こり，葉の脱離，すなわち落葉が起こる。

このようなエチレンによるセルラーゼ合成の促進は果柄の離層にも作用し，落果を引き起こすと考えられる。

問2 果実とは，子房壁が発達して形成された果皮によって種子が包まれた状態にあるものの全体のことである。種子は，次世代である胚を保護する器官なので，種子が散布されることは繁殖につながり，散布される範囲の拡大は分布の拡大につながる。例えば果実が鳥類に摂食された場合，果皮の部分は体内で消化されるが，種子は消化されにくいため排出物に含まれて摂食された地域から離れた場所に散布されやすい。したがって，果実は動物に摂食されることが重要であり，果実の色や香りの変化はこれを摂食する動物を誘引し，かたさや味の変化は摂食されやすくする意義があると考えられる。

問3 (1) 温帯域の落葉樹の落葉前には，葉に含まれるタンパク質，核酸，光合成色素のクロロフィルなどが分解され，これによって生じた窒素，リン，カリウムなどが若い器官や種子・地下茎など

の貯蔵器官に転流し，再利用される。これは，落葉後には光合成を行うことができなくなるため，葉から必要な物質を回収して越冬するための備えであると考えられる。なお，クロロフィルが分解されると，緑色が目に見えにくくなり，カロテノイドの黄色が見えるようになる場合には，黄葉となる。一方，離層が形成された結果，葉に含まれるグルコースが移動できなくなって葉に蓄積し，そのグルコースに紫外線が照射されることでアントシアンが作られた場合，紅葉となる。

(2) 葉の老化は，エチレンのほかアブシシン酸やジャスモン酸によっても促進され，サイトカイニンによって抑制される。

問5 (1) 図1で切片の長さの増加率を示すグラフを見ると，オーキシン濃度 10^{-6}mol/L で最大の約75% となり，その左右では低下して左右対称の形状となっていることがわかる。

(2) 図1でエチレン生成量を示すグラフを見ると，オーキシン濃度0から約 10^{-6}mol/L まではほぼ0μLであるのに対し，オーキシン濃度約 10^{-6}mol/L 以上では急激に増加していくことがわかる。したがって，オーキシン濃度0から約 10^{-6}mol/L までにおける切片の長さの増加率の上昇はオーキシンの作用のみによるものであり，オーキシン濃度が高くなるほど茎切片の伸長成長が促進されていると考えられる。これに対してオーキシン濃度約 10^{-6}mol/L 以上では，エチレン生成量の増加に伴い切片の長さの増加率が低下しているので，エチレンにはオーキシンの伸長成長促進作用を抑制（阻害）する作用があると考えられる。

植物細胞の成長に対する植物ホルモンの作用としては，ジベレリンとブラシノステロイドは細胞壁において，セルロース繊維が重力と垂直の方向，つまり水平方向に並ぶこと（水平配列）を促進し，エチレンとサイトカイニンは細胞壁において，セルロース繊維が重力の方向，つまり垂直方向に並ぶこと（垂直配列）を促進する。また，オーキシンはセルロース繊維どうしの結合をゆるめて細胞の成長を促進する。このとき，セルロース繊維が水平配列している場合には細胞が垂直方向に伸長成長し，セルロース繊維が垂直配列している場合には細胞が水平方向に肥大成長する。つまり，エチレンは肥大成長を促進する作用をもつので，

結果として伸長成長は抑制される。したがって，「オーキシンはその濃度が高いほど，エチレンの合成と，エチレンがもつ細胞を肥大成長させる作用を促進するので，伸長成長は抑制される。(63字)」などの解答も可である。

エチレンにはいろいろな働きがあるな。でも，それらは光の影響をほとんど受けないんだ。

078 解答 解説

問1 ⑦・⑦ a，d（順不同）

問2 シャペロンは高温下での誤ったフォールディングを防ぐとともに，熱変性したタンパク質の構造を回復する。（49字）

問3 ⑦ クチクラ ⑦ 受容体

問4 ① 病原体の感染部位の周囲で，自発的な細胞死である過敏感反応が起こり，病原体の拡散が防がれる。（45字）
② 病原体の感染部位で，抗菌物質であるファイトアレキシンが作られ，病原体の増殖が抑制される。（44字）
③ 病原体に感染した植物からサリチル酸由来の揮発性物質が拡散し，周囲の別の植物個体の病原体への抵抗性が高まる。（53字）
④ 病原体の感染部位の周辺の細胞では，細胞壁がリグニンの蓄積により強化され，病原体に対する物理的障壁が築かれる。（54字）
上記の①～④などから2つ。

問5 〈葉①〉a 〈葉②〉a

問6 c，e

....

問1 溶液の凝固点（一定の圧力下で液体が冷却されて固体に変化するときの温度）は，溶質の濃度が高くなるほど低下（降下）する。これは化学の知識だが，植物の低温ストレスに対する細胞の反応として生物の教科書にも記載されており，ときどき出題されることがあるので理解しておこう。その上で，選択肢の中から細胞内の濃度を高める溶質を選択する。水（e）は溶質ではなく溶媒であり，溶質の濃度を下げてしまうので誤りである。脂質（b）とデンプン（c）は高分子であり，水に溶けにくいため，溶質の濃度を高める効果は

小さい。よって、低分子で水に溶けやすいアミノ酸（a）および低分子の糖（d）が、細胞内の水分の凝固点を降下させる物質として適当である。

問2 熱ショックタンパク質は、高温にさらされた生体内で合成が誘導され、高温（熱）による障害から細胞を保護する働きをもつ。熱ショックタンパク質には、シャペロンと呼ばれるタンパク質の一種があり、シャペロンは、タンパク質合成の過程で生じるポリペプチド鎖の折りたたみ（フォールディング）が行われる際に、正しく折りたたんで立体構造が形成されるように補助するタンパク質の総称である。また、誤って折りたたまれたり変性したタンパク質を認識してシャペロン内に取り込み、再度正しくフォールディングするよう補助する働きももつ。

問3 植物の葉には、表と裏に表皮があり、それぞれの最表層部にクチクラ（ウ）層があり、植物の外面を保護している。クチクラ層は葉の裏側より表側の方が厚い。
　細胞膜や細胞内に存在し、特定の情報を受け取るタンパク質を受容体（エ）という。

問4 〔Ⅱ〕の前文で「植物の葉が病原体に感染すると、病原体の感染部位周辺や同一個体のまだ感染していない葉、さらには、この個体の周囲にあるまだ感染していない別の植物個体でもさまざまな防御応答が起こる」とある。それぞれの防御応答が起こるしくみと、応答による防御の働きについて、解答例①〜④の内容を整理して理解しておこう。以下に少し補足を入れておく。

① ウイルスなどの病原体が植物に感染した際、その感染部位の周囲で過敏感反応と呼ばれる自発的な細胞死が起こることで病原体がそこに閉じ込められ、拡散が抑制される現象が起こる。過敏感反応に伴う細胞死はプログラム細胞死の一種であると考えられている。

② 高校生物の範囲外であるが、ファイトアレキシンは単一の物質の名称ではなく、病原菌の感染により、植物が新たに合成するジテルペン系、フラバノン系、ポリアセチレン系など、抗菌性をもつ低分子化合物の総称である。植物の種によりさまざまな物質がファイトアレキシンとして知られており、それらの多くはサリチル酸やエチレンなどの働きにより細胞

内で合成され、細胞外に分泌されて病原菌の菌糸の成長を阻害する。

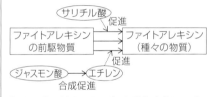

③ 病原体に対するさまざまな防御応答は、ジャスモン酸とサリチル酸の2種類の植物ホルモンによって誘導されると考えられている。これまでの研究によりジャスモン酸とサリチル酸によって引き起こされる防御応答は、異なる種類の病原菌に対して抵抗性を示すことが知られている。ジャスモン酸は昆虫による食害や感染部位の細胞を殺す種類の病原菌に対して抵抗性を示し、サリチル酸は植物細胞を生かしたまま寄生する種類の病原菌に対して抵抗性を示す。興味深いことに、ジャスモン酸とサリチル酸は互いにもう一方のシグナルを抑制する拮抗作用があることがわかっている。これは、病原菌の種類に応じた防御応答を最適化するためのしくみであると考えられている。また、ジャスモン酸とサリチル酸は、いずれも揮発性物質に変化して周囲に拡散する性質をもち、これにより他の植物個体にも作用するという共通性も見られる。

④ リグニンは、細胞壁の主成分であるセルロース繊維間に沈着することにより、病原体に対する物理的障壁になっている。

【参考】 リグニンは低分子の芳香族化合物（フェニルプロパン類）が酵素（ペルオキシダーゼ）の作用を受けて不安定な状態（ラジカル）になった後、無作為な結合（重合）を起こして生じる高分子化合物であり、その立体構造や分子量は細胞（壁）ごとに異なっている。このような特徴をもつリグニンを分解する酵素をもつ生物は、細菌や菌類のなかの一部に限られるので、リグニンは多くの病原体に対する化学的障壁にもなっている。

問5・6 植物の葉は食害を受けるとジャスモン酸を合成する。ジャスモン酸は食害部位などでタンパク質分解酵素を阻害する物質を合成するので、阻害物質を含む部位を摂食した昆虫は、タンパク質の分解（消化）が阻害されることで成長が

抑制される。〔Ⅲ〕の前文で、ハサミで傷をつけた個体のジャスモン酸の合成量が増加しているとある。ハサミによる傷に対しても、食害と同じようにダイズがジャスモン酸を合成する応答をしたことがわかる。

　個体 A の葉①は、傷をつけられたことによりジャスモン酸を合成する。その後、葉①で合成されたジャスモン酸は、師管を通って葉②を含む植物体全体へ輸送されていると考えられる。個体 B の葉③は、傷をつけられていないためにジャスモン酸の合成の誘導が起こっていないと考えられる。また、個体 A と個体 B は十分離れた場所で栽培されているので、個体 A から拡散されるジャスモン酸由来の揮発性物質が個体 B に届いて作用することはないと考えてよい。よって、個体 A の葉①と葉②は、どちらも個体 B の葉③よりも食害面積が小さくなると予想される。

079 解答 解説

問1　スクロース
問2　(ア) 根毛　(イ) 道管　(ウ) 気孔
問3　②　　問4　③　　問5　③
問6　(あ) ③　(い) ①　(う) ④　(え) ②

. . . .

問1　光合成で合成される有機物（光合成産物、同化産物）からは、スクロースまたはデンプンがつくられる。スクロースは低分子で水によく溶けるため細胞内の浸透圧を高める原因となるが、デンプンは高分子で水に不溶なので細胞内の浸透圧を高めることはない。このため、スクロースは輸送に適しており、デンプンは貯蔵に適している。光合成速度が輸送の速度よりも大きい日中では、葉緑体内でデンプン（同化デンプン）が蓄積される。光合成速度が輸送の速度よりも小さくなる夜間などの時間帯では、同化デンプンは分解されて細胞質でスクロースに変換され、転流により師管を通って根や地下茎や種子などに輸送される。輸送先の組織でスクロースは再びデンプン（貯蔵デンプン）に合成される。

問2　植物体において、水は根から吸収される。根毛は、根の表皮細胞が吸水を効率よく行うために、表面積を広げるように変化したものである。前文にあるように、根では、表皮から道管（木部）

が存在する中心部に向かって細胞間で浸透圧の差があるため、水は浸透圧の低い方から高い方へ順に引き込まれ、最後に木部に存在する道管に到達する。道管に入った水は、葉での蒸散と根での吸水により、植物体の上方へと押し上げられる。これは、根から植物体内に入った水分子が凝集力と呼ばれる力により互いに結合しており、根から葉まで途切れることなくつながった状態で存在していることによる。つまり、蒸散によって葉の気孔から水分が放出されると、凝集力で結合した水は葉の細胞・道管・根の細胞さらに根の外側から植物体の上方へと順々に引き上げられるのである。

【参考】気孔が閉じて蒸散が起こらない場合でも、根では根圧と呼ばれる水を上方に押し上げる力が生じている（根の細胞の吸水力が土壌中の溶液の浸透圧よりも高い）ので、根で吸収された水は植物体の上方へ送られる。また、根圧により押し上げられた道管内の水が、葉の水孔と呼ばれる構造から浸み出し、水滴となる現象がある。この現象は排水と呼ばれ、根からの吸水が十分な状態で、蒸散速度が小さいときに起こる。

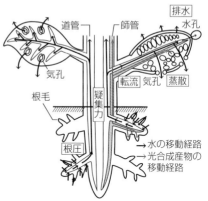

問3　① 道管は木部に含まれる。師部に含まれるのは師管である。

　③ 木部や師部は維管束系に含まれ、細胞分裂を行わない組織である。

　④ 細胞が柵状に並んでつくられるのは、葉のさく状組織である。

　⑤ 細胞間の細胞壁に穴（師孔）があり、ふるい（篩）のような構造を持つのは師管（「篩管」とも表記される）である。

　⑥ アクアポリンは細胞膜に存在して細胞内外

への水の移動に関与するチャネルであるので，細胞内での移動には関与しない。

問4　アブシシン酸は，植物が乾燥により水分不足の状態になると合成され，気孔を閉じる働きをもつ。したがって，**図1**ではアブシシン酸の分泌量が増加している a が水分不足にした場合のグラフであり，b が水分を十分与えた場合のグラフである。

　①・②・⑤　アブシシン酸の分泌量が増大すると気孔が閉じるので誤りである。また，空気中の水分は気孔からは取り込まれない。また，植物体内の組織への水分の供給は，根から吸収した水分の移動によって行われる。

　③　水分の蒸発（蒸散）は気孔で行われるので，気孔を閉じると蒸散を防ぐことができる。つまり，水分不足の状態で気孔を閉じることには植物体内の水分の減少を防ぐ効果がある。よって正しい。

　④　水分が十分に与えられるとアブシシン酸の分泌量は減少するので誤りである。

問5　水分不足にした場合のグラフは a なので，b について述べている②，④，⑥は誤りである。また，十分に水分を与えるとアブシシン酸の分泌量は減少すると考えられるので，①，⑤，⑦は誤りであり，③が最も適当である。

問6　まず，あのグラフは，20時頃～2時頃までの太陽の出ていない夜間に 0% であり，昼間の正午（12時）頃に最大（100%）になることから，明るさを表す照度（③）を示していると考えられる。また，気温（④）は照度に少し遅れて変化し，一般に早朝に最低気温，14～15時頃に最高気温となるので，6時頃に最低値，14時頃に最高値を示しているうのグラフが該当すると考えられる。したがって，いとえは蒸散量または吸水量を示すグラフである。**問2**の解説で述べたように，植物体内を移動する水は，水分子の凝集力によって根から葉までつながっているので，蒸散により葉から水が失われると，それに続いて根から吸水が起こる。つまり，蒸散量が増加した後に，吸水量が増加すると考えられる。いとえのグラフを比較すると，いのグラフの方が上昇し始める時間も最大になる時間も早いので，いが蒸散量（①）を示し，えが吸水量（②）を示すと考えられる。また，蒸散は気孔が開くことで起こり，気孔は光の照射に

よって開くので，あの照度の上昇に続いて増加を示すいが蒸散量であると判断することもできる。

第11章 バイオテクノロジー

080 　解答　解説

問1 (1) (ア) 30　(イ) 2
　　(2) ②，③，④
問2 (ウ) mRNA　(エ) 逆転写酵素
問3 ③　　　　**問4** 緑色
問5 ホルモン X は，肝臓で，蛍光が観察され
たスポットに接着させた DNA に対応す
る遺伝子の転写を促進する。（49字）
問6 (1) 一塩基多型
　　(2) 同種個体間でゲノム中の同じ位置にあ
る塩基配列中に見られる1塩基単位の違
いのこと。（40字）
　　(3) ①
　　(4) オーダーメイド医療（テーラーメイド
医療）

··

問1 (1) ヒト，イネ，大腸菌のゲノムサイズ（ゲ
ノムの総塩基対数）と遺伝子数は以下のとおりで
ある。

	ゲノムサイズ	遺伝子数
ヒト	約30億	20,000〜22,000
イネ	4億〜4億6,000万	32,000〜37,000
大腸菌	460万〜500万	4,200〜4,500

(2) ② ヒトの遺伝子数（約20,000）は大腸
菌の遺伝子数（約4,000）の約5倍であるので
誤りである。なお，ヒトの遺伝子数を中間値の
21,000，大腸菌の遺伝子数を中間値の4,350とし
て計算してもよい（約4.8倍となる）が，大まか
な傾向をつかむための計算には，計算しやすい数
値を採用すればよい。
③ ヒトの遺伝子発現では，選択的スプライシ
ングや B 細胞・T 細胞における遺伝子の再編成
を行うことで遺伝子数以上の種類のタンパク質を
合成している。よって誤りである。なお，ヒトの
タンパク質は10万種類以上と考えられている。
④ 大腸菌のタンパク質を構成するアミノ酸の
平均数は350個であることから，1つのタンパク
質の翻訳に用いられる塩基対の平均数は350×3
= 1050 である。大腸菌の遺伝子数を4,000とし
た場合，タンパク質に翻訳される全塩基対数は

1050 × 4000 である。これがゲノムの総塩基対数
（500万とする）に占める割合は，

$$\frac{1050 \times 4000}{5000000} \times 100 = 84 \ （\%）$$

となるので誤りである。このように，大腸菌では
ゲノムの多くの部分がタンパク質に翻訳される領
域であるとわかるが，前文にあるようにヒトでは
約1.5%である。本設問は，前出の表に示したゲ
ノムサイズと遺伝子数を覚えていることを前提と
しており，このような知識を要求される問題がし
ばしば出題されるので，およその数値は覚えてお
くべきだろう。

問2 RNA を鋳型としてそれと相補的な塩基配
列をもつ DNA を合成することを逆転写といい，
逆転写を行う酵素を逆転写酵素という。逆転写
酵素は，RNA をゲノムとしてもつ RNA ウイル
スのうち，RNA を鋳型として DNA を合成する
レトロウイルスがもつ酵素である。逆転写酵素
を用いて mRNA から合成した DNA を cDNA
（complementary DNA：相補的な DNA）とい
う。cDNA はイントロンを含まないため，真核
生物の遺伝子の解析や遺伝子導入などを行う際に
利用される。

問3 スポットに接着された1本鎖 DNA を
3′側から表記すると 3′-TGCACCG… とな
る。これに相補的な mRNA の塩基配列は，
5′-ACGUGGC…（③）となる。

問4 フィブリノーゲンは血液凝固の過程にお
いてトロンビンの作用を受けてフィブリンに変化
するタンパク質であり，血しょう中に含まれてい
る。フィブリノーゲンのほか，プロトロンビンや
アルブミンなどの血しょう中のタンパク質の多
くは肝臓で合成されるので，肝臓から抽出した
mRNA にはフィブリノーゲンの mRNA も含ま
れているが，筋肉から抽出した mRNA には含ま
れていないと考えられる。したがって，肝臓由来
の cDNA を標識した緑色の蛍光が観察される。

問5 ホルモン X の注射により，緑色の蛍光の
みが観察され，その蛍光の強さが注射しない場合
よりも増加していたことから，肝臓から抽出され

た mRNA 量が増加し，スポットにある DNA と結合する量が増えたことがわかる。したがって，ホルモン X は，肝臓で作用し，蛍光が観察されたスポットに接着させていた 1 本鎖 DNA に対応する遺伝子の転写を促進する働きをもつと考えられる。

問6 (1)・(2) 同種個体間で，ゲノム中の同じ位置に見られる塩基配列の違いのうち，集団内に 1% 以上の頻度で存在する突然変異を遺伝的多型（DNA 多型）といい，遺伝的多型のうち，ある一定範囲の塩基配列における 1 塩基単位の違いは一塩基多型（SNP：single nucleotide polymorphism）と呼ばれる。

(3) DNA マイクロアレイには 1 本鎖 DNA が接着されているので，その 1 本鎖に反応させる mRNA や cDNA も 1 本鎖である必要がある。したがって，2 本鎖の DNA を用いて検出を行う場合，2 本鎖を 1 本鎖に解離させる処理が必要となる。その処理としては，PCR 法の手順を参考にすると，約 95℃ に加熱すればよいと考えられる。②の制限酵素は DNA の 2 本鎖を特定の塩基配列の部位で切断する働きをもつが，DNA を断片化した後の処理としては不適である。③は DNA が損傷する可能性があるので不適である。④のプライマーは DNA の複製に用いるため不適である。

(4) 近年，遺伝子と病気の関係についての研究が進んできたことで，SNP や遺伝子の重複数に見られる個人ごとの遺伝子の違いによって，薬剤の効果や副作用の大小との関係，発症しやすい病気などに個人差があることがわかってきた。これにより，個人の体質に合った投薬や治療，予防を行うオーダーメイド医療（テーラーメイド医療）を行うことが可能になった。

081 解答 解説

問1 組換えを起こさなかった細胞は，薬剤耐性遺伝子をもたないため，培養液中の抗生物質により死滅し，非相同組換えを起こした細胞は毒素遺伝子が発現するため死滅するが，相同組換えを起こした細胞のみは薬剤耐性遺伝子が機能して増殖できるから。（113 字）

問2 発生した個体の表皮において，白毛マウス由来の細胞からは白毛が生じ，黒毛マ

ウス由来の細胞からは黒毛が生じるから。（55 字）

〈別解〉白毛マウスと黒毛マウスの両方の胚盤胞に由来する細胞が分裂・分化して組織や器官にランダムに分布したから。（51 字）

問3 交配で生じる子は1個の受精卵から発生した個体であり，すべての細胞が同じ遺伝子をもつので，異なる遺伝子をもつ2種類の細胞で体が構成されるキメラマウスにはならない。（80 字）

問4 ⑦ ②　⑥ 0　⑦ ③　① 50

問5 個体Aの精子となる細胞には黒毛マウスに由来する細胞が含まれていたが，個体Bの精子となる細胞には黒毛マウスに由来する細胞が含まれていなかったから。（72 字）

問6 25%

問1 相同組換えを起こした細胞は，A 遺伝子の 1 つが N 遺伝子に置きかわっており，薬剤耐性遺伝子のみをもち毒素遺伝子をもたないので，抗生物質に対する薬剤耐性があり，抗生物質を含む培養液中で増殖してコロニーを形成する。一方，相同組換えも非相同組換えも起こさなかった細胞は，薬剤耐性遺伝子や毒素遺伝子をもたず，抗生物質に対する薬剤耐性がないので，抗生物質を含む培養液中で増殖できずに死滅し，コロニーを形成しない。また，非相同組換えを起こした細胞は，ターゲティングベクターに含まれている薬剤耐性遺伝子と毒素遺伝子をもっている。したがって，抗生物質に対する薬剤耐性はあるが，毒素遺伝子が発現するので細胞内で毒素が合成されて死滅する。

問2 キメラマウスは，白毛マウス由来の胚盤胞の細胞と黒毛マウス由来の胚性幹細胞で構成された胚から発生し，この 2 種類の細胞が発生の過程で分裂を繰り返してさまざまな器官を形成するが，2 種類の細胞が組織や器官にどのように分布するかはランダムである。つまり，表皮でも 2 種類の細胞がランダムに分布しているので，白毛の部分と黒毛の部分の入り混じったキメラマウスになる。この時，同じ親から生まれた子でも，白毛と黒毛の部分はそれぞれランダムに形成されるの

で同じ模様にはならない。

問3 問2の解説にもあるように，キメラマウスは他のマウス由来の胚性幹細胞を人工的に注入した胚盤胞から発生するので，その体は遺伝子の異なる胚性幹細胞由来の細胞と胚盤胞由来の細胞の2種類からなる。しかし，キメラマウス（個体A）と白毛マウスの交配で生まれた子は1個の受精卵から発生するので，その体は受精卵由来の1種類の遺伝子の細胞のみからなる。したがって，個体Aと白毛マウスを交配してもキメラマウスは生まれない。

問4 黒毛の遺伝子をB，白毛の遺伝子をb（黒毛が白毛に対して顕性（優性））とすると，雄の個体Aの2種類の細胞の遺伝子型は白毛マウスの胚盤胞由来の$AAbb$と黒毛マウスの胚性幹細胞由来の$ANBB$なので，形成されうる精子の遺伝子型は$AB \cdot NB \cdot Ab$の3種類となる。一方，雌の白毛マウスの遺伝子型は$AAbb$なので卵の遺伝子型はAbの1種類となる。これをもとに設問の文章を考える。

雄の個体Aと雌の白毛マウスの交配から生まれた白毛マウスは毛色については潜性（劣性）ホモ接合なので，その遺伝子型はbをホモ接合でもつ$AAbb$のみ，つまり『すべての個体は白毛マウス由来の2本の相同染色体を（②）』もち，N遺伝子をヘテロにもつ白毛マウスは生まれない（0％）ことになる。一方，生まれた黒毛マウスは，卵が白毛の遺伝子bをもっていることから$AABb$と$ANBb$の2種類，つまり『すべての個体は，黒毛マウス由来の相同染色体と白毛マウス由来の相同染色体をそれぞれ1本ずつ（③）』もち，N遺伝子をヘテロにもつ黒毛マウスは50％の確率で生まれることになる。また，この交配においては毛色の遺伝子もA（N）遺伝子も性染色体上の遺伝子ではないので，雌雄による違いは生じない。

問5 キメラマウスの体では，白毛マウスの胚盤胞由来の細胞と黒毛マウスの胚性幹細胞由来の細胞がランダムに存在する。つまり，精子となる始原生殖細胞に黒毛マウス由来の細胞（黒毛の遺伝子をもつ細胞）が含まれるかどうかもランダムであり，白毛マウスの雌との交配で黒毛マウスと白毛マウスが生まれた個体Aでは始原生殖細胞に黒毛マウス由来と白毛マウス由来の細胞が含まれ

ており，白毛マウスのみが生まれた個体Bでは黒毛マウス由来の細胞が含まれていなかったということになる。

問6 N遺伝子をヘテロにもつマウス（遺伝子型AN）どうしの交配なので，得られる子の遺伝型の分離比は，$AA : AN : NN = 1 : 2 : 1$となる。したがって，完全にA遺伝子の機能が失われた個体（遺伝子型NN）が生まれる確率（％）は，

$$\frac{1}{1+2+1} \times 100 = \frac{1}{4} \times 100 = 25 （\%） となる。$$

082 　解答　解説

問1 (1) 細菌の塩基配列解析を行った結果，スペーサー配列がファージのゲノム由来であることが分かった。
(2) 細菌はウイルスのゲノムDNAを外来性異物として認識するが，ヒトの獲得免疫では，抗原提示細胞や感染細胞が提示するウイルス由来のタンパク質などを認識する。

問2 ゲノムDNA中の標的とする部位以外に，標的配列と似た配列が存在した場合，その配列がCRISPR/Cas9システムに認識される。

問3 ⑦ 変異
④・⑦ プロモーター，転写調節領域（順不同）
④ DNA切断活性　　④ 融合
⑦ ガイドRNA

問4 ①

....

問1 (1) 前文中の**図1A**を見ると，ファージのゲノムの一部はCRISPR座位のスペーサー配列に組み込まれていることが分かる。よって，この多様なスペーサー配列が，細菌に固有ではなくファージ由来であったことから，細菌がウイルスゲノムの一部を自分のゲノムに組み込んで記憶し，同じファージの再感染に備える免疫機構が予測されたと考えられる。

(2) ヒトでは，外来性異物に対して特異的に反応する仕組みは獲得免疫にあたる。獲得免疫による応答を引き起こすものを抗原と呼び，ヒトの免疫反応では，ウイルスの外殻のタンパク質，ウイルス感染細胞が産生したタンパク質などが抗原と

なり，これらは抗原提示細胞や感染細胞によって提示され，Ｔ細胞に認識される。

ヒトは，細菌やウイルスなどの病原体に感染して病気になることがあるけど，これらの病原体から自分を守るための免疫システムももっているよね。細菌もウイルスに感染することがあるけど，ヒトの免疫システムに相当する防御法をもっているんだ。その防御法の１つは，細胞内に侵入する種々のウイルスのDNAを切断するための制限酵素をもつことであり，ヒトの自然免疫に相当するんだ。もう１つの防御法は，CRISPR/Cas9システムなどであり，細菌内に侵入するウイルスのDNAの一部を記憶し，再び同じウイルスが侵入したときに，ウイルスのDNAを切断するので，ヒトの獲得免疫に相当するぞ。

問2 CRISPR/Cas9システムによって切断されるのは，ガイドRNAと相補的な２本鎖を形成する配列である。そのような配列がゲノムDNA中の標的配列以外に存在した場合，誤ってその配列が認識されて切断される可能性がある。

問3 ゲノムDNAを編集することには，オフターゲット効果などによる大きなリスクが伴う。そこで，ゲノムDNAを直接編集することなく遺伝子の発現を調節するCRISPR/Cas9システムの応用法が開発されている。ガイドRNAとCas9酵素が複合体を形成することを利用して，転写調節因子（調節タンパク質）などのタンパク質を標的遺伝子のプロモーターや転写調節領域に運搬する。

問4 ゲノム編集技術が開発されるより前は，ベクターにより外来遺伝子をゲノムDNAに組み込むトランスジェニック技術が主に用いられていた。しかし，この方法では外来遺伝子が組み込まれる位置を選択することができず，目的の配列が得られるとは限らなかった。そのため，外来遺伝子による予期せぬ副作用が現れる可能性がある（②は正しい）。CRISPR/Cas9システムなどのゲノム編集技術は，トランスジェニック技術と異なり，人為的な操作をした痕跡がゲノム上に残らない（①は誤り）。このことから，ゲノム編集によって得られた品種改良品は，自然突然変異によって得られたものと同じ基準で販売が認められている（④は正しい）。また，自然突然変異に依存した従来の品種改良では，自然突然変異が起こる頻度が低いことや，交配を繰り返して行う必要があるので，特定の系統を樹立するのに長期間（数十年）もかかっていたが，ゲノム編集技術を用いれば短期間（数年）で行うことが可能である（③は正しい）。このように，ゲノム編集などのバイオテクノロジーの発達によって生物を人為的に変化させることが簡単になりつつあるが，こうした進歩に伴う安全性の問題や倫理的問題について十分に議論を重ねる必要がある（⑤は正しい）。

083 解答 解説

問1 ④，⑤　　**問2** オーキシン

問3 ②

問4 細菌Aが，遺伝子 *tms, tmr, nos* を植物細胞のDNAに組み込み，植物に腫瘍を形成させ，炭素源および窒素源として利用できるオピンをつくらせて生育すること。（78字）

問5 根粒菌はマメ科植物から有機物を，マメ科植物は根粒菌からアンモニウムイオンを受けとるので相利共生である。細菌Aは，植物から生息場所と栄養源の提供を受けるが，植物は腫瘍化という害を受けるので寄生である。（99字）

問6 害虫抵抗性トウモロコシ，除草剤耐性ダイズ　などから1つ

問7 50%

問8 (1) 2.5kbp

(2)

問1 前文にあるように，細菌Aがもつ遺伝子 *tms, tmr, nos* は，タバコの細胞の染色体DNAに組み込まれ，それらの遺伝子が発現すると腫瘍が形成される（④は正しく，⑥は誤り）。また，腫瘍形成後に，細菌Aを取り除いても，*tms, tmr, nos* の各遺伝子が腫瘍細胞の染色体に組み込まれているので，オピンや腫瘍化に必要なタンパク質の合成は起こり，腫瘍細胞は増殖を続ける（⑤は正しく，①，③は誤り）。*nos* の遺伝子産物

（オピンの合成酵素）の機能を失わせた細菌Aを感染させると腫瘍が形成されたことから，オピンが存在しなくても腫瘍は形成される，つまりオピンは，腫瘍化には必要ない（②は誤り）。

問2　前文に「タバコなどの植物体から切り出された組織片（葉など）を，オーキシンやサイトカイニンと呼ばれる植物ホルモンなどを含む培地で培養（組織培養）すると，カルスといわれる未分化な組織塊が生じる。」，「カルスに似た不定形の細胞塊，すなわち腫瘍が形成される」，「*tms*と*tmr*は，植物ホルモンの合成酵素の遺伝子」などとあることから，植物の組織培養におけるカルスの形成と同様に，腫瘍形成にはオーキシンとサイトカイニンの両方が必要であることが推定できる。*tms*の遺伝子産物の機能を失わせた細菌Aをタバコに感染させると，感染部位から茎葉が分化し，*tmr*の遺伝子産物の機能を失わせた細菌Aをタバコに感染させると，感染部位から根が分化する。このことと，組織培養において，オーキシンを含まない培地での培養ではカルスから茎葉（不定芽）が分化し，サイトカイニンを含まない培地での培養ではカルスから根（不定根）が分化することを考え合わせると，*tms*と*tmr*の遺伝子産物が合成する植物ホルモンはそれぞれ，オーキシンとサイトカイニンであり，*tms*と*tmr*の遺伝子産物はそれぞれ，オーキシン合成酵素，サイトカイニン合成酵素であると推察される。

問3　問2で考察したように，*tms*，*tmr*の遺伝子産物は，それぞれオーキシン，サイトカイニンを合成し，タバコに腫瘍を形成させる。したがって，これらの遺伝子産物の機能を失わせた細菌Aをタバコに感染させても，腫瘍は形成されない。

問4　細菌Aは，Tiプラスミドを介し，腫瘍形成やオピン合成の遺伝子をタバコ細胞の染色体DNAに組み込み，タバコに細菌Aの生活の場である腫瘍を形成させ，細菌Aの炭素源や窒素源となるオピンを合成させている。このように，タバコが細菌Aの遺伝子を組み込んだ染色体DNAに従って，細菌Aのために働くようになることを“遺伝的植民地化”と表現していると考えられる。

問5　生物どうしの働きあいを相互作用という。異種個体群間の相互作用において，2種の生物が共存する場合，それぞれが単独の場合に比べて，一方が不利益を受ける関係は，被食者−捕食者相互関係と寄生である。寄生は一方の生物がすみか（生息場所）や栄養を他方は生物に依存して生活する関係である。また，共存する場合に，一方が利益を受け，他方は不利益を受けない場合を共生という。共生には2種類あり，ともに利益を受ける場合を相利共生，一方だけが利益を受けるが，他方には特に影響がない場合を片利共生という。

〔Ⅰ〕の細菌Aは，アグロバクテリウムと呼ばれる細菌であり，形成される腫瘍は，根と茎の境の部分（クラウンという）にできる瘤（ゴールという）の意味でクラウンゴールと呼ばれている。アグロバクテリウムにより形成された腫瘍の細胞は正常な植物細胞と違って，植物ホルモンを与えなくても不定形の形で増殖し，オピン（opine）と総称される物質を合成する。この化合物は正常な細胞には存在しないもので，アグロバクテリウムが利用できる。つまり，アグロバクテリウムは植物細胞の遺伝子を操作して，植物細胞を自分にとって都合のよいものに形質転換している。

　アグロバクテリウムの細胞内には，染色体DNAのほかに，Ti（tumor-inducing）プラスミド（plasmid）と呼ばれる大型の環状DNAがあり，このプラスミドの一部であるT-DNA（transferred DNA）と呼ばれる領域には，遺伝子*tms*，*tmr*，*nos*などが存在している。アグロバクテリウムの宿主植物体に何らかの理由で傷が生じ，傷口からある種の物質が分泌されると，アグロバクテリウムはその物質を指標として感染する部位を探りあて，細胞内でTiプラスミドからT-DNAを正確に切り出し，宿主細胞のゲノムに送り込む。T-DNAが宿主細胞の染色体に組み込まれると，宿主細胞での転写，翻訳によって3種類のタンパク質が生産される。その一つはオピン合成酵素であり，他の二つはオーキシンとサイトカイニンの合成酵素である。組み込まれたT-DNAによってこれらの2種類の植物ホルモンが産生されるようになると，宿主細胞内の両ホルモンのバランスが狂い，濃度も増大するため，細胞は異常な分裂・増殖を繰り返し，腫瘍が形成される（次ページの図参照）。

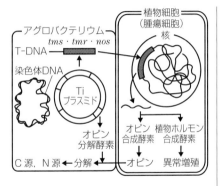

〔 I 〕の前文にあるような，Ti プラスミドの遺伝子 *tms*, *tmr* を人為的に変異させて機能を失わせたものに，制限酵素とリガーゼを用いて遺伝子 *nos* のかわりに特定の遺伝子をつなぎ合わせて作製した Ti プラスミドによって，植物細胞内に目的の遺伝子を組み込ませることができる。このため，植物での組換え DNA を用いた形質転換用ベクターとして Ti プラスミドが広く利用されている。

問6 遺伝子組換え植物には，解答例のほかに，害虫抵抗性ワタ，低温耐性イネ，ウイルス耐性イネ，日持ちの良いトマト，青いバラ，ゴールデンライスなどもある。

問7 組換え個体の自家受精で生じた個体が，抗生物質耐性：抗生物質感受性 = 547：185 ≒ 3：1 となっているので，この組換え個体は導入した抗生物質耐性遺伝子をヘテロで持ち，かつ抗生物質耐性遺伝子は顕性（優性）であることがわかる。よって，この組換え個体に抗生物質耐性遺伝子を持たない野生型を交雑（検定交雑）して得られた個体の表現型は，抗生物質耐性：抗生物質感受性 = 1：1 となるので，全植物体中で耐性植物体が占める割合は 50% である。

問8 (1) **図2**のレーン1の結果より，シロイヌナズナ遺伝子を組み込まれたプラスミドは *Eco*RI で切断されると，1.5kbp と 4kbp の断片に分かれることがわかる。したがって，**図1**に示された切断部位のほか，組み込んだシロイヌナズナ遺伝子の配列中にも *Eco*RI の切断部位が 1 か所あり，切断で生じた 2 つの断片の和 1.5 + 4 = 5.5（kbp）が組換えプラスミドの塩基対数である。

これより，挿入されたシロイヌナズナ遺伝子の塩基対数は 5.5 − 3 = 2.5（kbp）であることがわかる。これは，レーン 2 ～ 4 の結果と矛盾せず，レーン 2 とレーン 3 のバンドは 5.5kbp の位置にあり，シロイヌナズナ遺伝子の配列中には *Pst*I と *Bam*HI の切断部位はないこともわかる。

なお，設問文中に「**図1**に示されているプラスミドでは，各制限酵素による切断部位が近接しているので，各切断部位の間の塩基対数は考慮しなくてよい。」とあることから，これらの切断部位間の塩基対数は数十個程度（以下）であり，数百塩基対以上の違いが示されている**図2**の解釈では無視してよい値と考えられる。

(2) (1)より，*Eco*RI によって組換えプラスミドが 2 か所で切断され，4kbp と 1.5kbp の断片が生じることから，（例）の図のシロイヌナズナの遺伝子において，左端から 1.5kbp の位置に *Eco*RI の切断部位があると考えられる。また，**図2**のレーン4の結果より，組換えプラスミドを *Hind*III で切断すると，3.5kbp と 2kbp の断片に分かれることがわかる。したがって，（例）の図のシロイヌナズナの遺伝子において，右端から 2kbp の位置に *Hind*III の切断部位があると考えられる。なお，（例）の図では，各制限酵素によるプラスミドの切断部位が近接していることを示すために，*Pst*I と *Eco*RI の切断部位を表す矢印がほぼ同じ位置を指し，*Bam*HI と *Hind*III の切断部位を表す矢印がほぼ同じ位置を指している。

084 **解答** **解説**

問1 細胞集団を，薬剤 a および塩基 h を添加した培養液で一週間以上培養すると，B 細胞はこの期間内に死滅し，不死化マウス細胞は遺伝子 c の欠損によりサルベージ経路が機能せず，薬剤 a によりデノボ経路も停止して，死滅する。ハイブリドーマは，デノボ経路は利用できないが，B 細胞由来の遺伝子 c が働くので，サルベージ経路で塩基 h からヌクレオチドを合成して増殖できる。（172 字）

問2 マウス抗体は，ヒトの免疫系では非自己と認識されて排除されたり，繰り返しの投与でアレルギーを引き起こしたりする可能性があるから。（63 字）

問3 マウス抗体の遺伝子のうち可変部をコードする領域と，ヒトの抗体の遺伝子のうち定常部をコードする領域を組み合わせて作製した抗体は，タンパク質 p に対する反応性を持ち，ヒトの免疫系で非自己と認識されないから。（100 字）
〈別解〉マウス抗体をコードする遺伝子のうち定常部をコードする領域を，ヒトの抗体の定常部をコードする領域に置き換えた組換え DNA から合成された抗体は，タンパク質 p に対する反応性を持ち，ヒトの免疫系で非自己と認識されないから。（107 字）

問1 B 細胞と不死化マウス細胞を用いて細胞融合を行い，ハイブリドーマ（雑種細胞）を得る操作を行った場合，すべての細胞が目的通りに融合するわけではなく，ハイブリドーマのほか，融合しなかった B 細胞や不死化マウス細胞が混在した細胞集団が生じる（実際には，B 細胞どうしまたは不死化マウス細胞どうしが融合した細胞もある）。この細胞集団の中から，ハイブリドーマのみを選択するためには，ハイブリドーマのみが増殖でき，B 細胞と不死化マウス細胞が増殖できずに死滅する培地（培養液）で細胞集団を培養すればよい。ここで，設問文中で述べられている細胞増殖に必要なヌクレオチド合成経路を模式的に図示すると以下のようになる。なお，次図ではデノボ経路でヌクレオチドの合成に用いられる物質を物質 X としている。

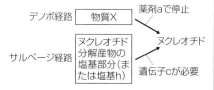

前文中に，「B 細胞を長期間（一週間以上）体外で培養することは難しい」とあることから，培養期間を一週間以上にすると，B 細胞は死滅すると考えられる。また，サルベージ経路に必要な遺伝子 c を欠いている不死化マウス細胞は，サルベージ経路が機能していないので，薬剤 a を加えた培養液で培養してデノボ経路も停止させることでヌクレオチドが合成できなくなりやがて死滅

すると考えられる。ハイブリドーマは，B 細胞の性質と不死化マウス細胞の性質を併せもっているため，長期間培養しても死滅せず（不死化マウス細胞由来の性質），デノボ経路が薬剤 a により阻害されても，B 細胞がもつ遺伝子 c の働きによりサルベージ経路が機能するので，ヌクレオチドを合成して増殖できる。このとき，サルベージ経路ではヌクレオチド分解産物の塩基部分または塩基 h が必要であることから，培養液には薬剤 a のほか塩基 h を添加する必要がある。

なお，B 細胞を長期間体外で培養することが難しいのは，B 細胞では，細胞の生存・分化を制御する一部のサイトカインや受容体，調節タンパク質，アポトーシス抑制因子などが働いていないことが原因である。また，本実験で用いられている「不死化マウス細胞」は，実際には「ミエローマ細胞（骨髄腫細胞）」と呼ばれるがん化した抗体産生細胞である。がん化しているため，増殖し続けて抗体をつくり続けることができるので，その性質が利用される。ただし，ハイブリドーマの作製では，抗体産生能をもたないミエローマ細胞が用いられる。また，ハイブリドーマの選別に用いる塩基 h（ヒポキサンチンと呼ばれる）と薬剤 a（アミノプテリンと呼ばれる）を添加した培地（このほかチミジン（t）も添加する）は HAT 培地と呼ばれる。ハイブリドーマを選別した後には，がん治療に最も有効に作用する抗体であることを目的とする 1 種の抗体（モノクローナル抗体）を産生する 1 種類のハイブリドーマのみを選別する操作を行う。

【参考】モノクローナル抗体とポリクローナル抗体

問題 028 の解説で記したように，一般に 1 つの抗原中には複数のエピトープ（抗原決定基）が存在するので，タンパク質 p のような抗原を用いてマウスなどの動物に免疫応答を起こさせると，それぞれのエピトープに対する抗体が別々の B 細胞から作られ，血清中には複数種類の抗体が含まれる。このような抗体の混合物をポリクローナル抗体という。これに対し，ある 1 か所のエピトープを認識する 1 種類の抗体のみの状態をモノクローナル抗体という。ポリクローナル抗体のなかには，抗原と弱い結合しかできないものや，まったく結合できないものも含まれているので，細胞融合と HAT 培地によるハイブリドーマの選別が

行われた後，必要とする有効なモノクローナル抗体のみを大量に作製するための操作を行う。

問2　マウスの体内で合成されるタンパク質であるマウス抗体は，ヒトの体内では非自己と認識されて免疫応答が起こり，マウス抗体に対する抗体が産生されて排除されると考えられる。また，マウス抗体を繰り返し投与することで，二次応答により排除されやすくなったり，アレルギー（急性の場合にはアナフィラキシー）を引き起こしたりする可能性がある。なお，同じ抗原と反応するマウス抗体とヒト抗体のそれぞれの可変部は類似の構造をもつが，マウス抗体とヒト抗体の定常部は異なった構造をもっているため，自己と非自己の認識部位となることが考えられる。

問3　抗体として働く免疫グロブリンは可変部と定常部からなり，ヒトでは定常部のアミノ酸配列は抗体の種類によらずほぼ同じであるので，定常部はヒト特有の構造をもち，自己と非自己の認識に重要な役割を果たすと考えられる。また，抗原（タンパク質p）に対する反応性を持つためには，マウス抗体（抗p抗体）の可変部の構造が必要である。したがって，マウス抗体をコードする遺伝子の塩基配列のうち，定常部のアミノ酸配列を指定する塩基配列をヒト抗体の定常部のアミノ酸配列を指定する塩基配列に置き換えた組換えDNAを作製すれば，合成された抗体の可変部はマウス抗体由来，定常部はヒト抗体由来となり，タンパク質pに対する反応性を持ち，かつヒトの免疫系で非自己と認識されず排除されないと考えられる。なお，このようにして作製された抗体は，キメラ抗体と呼ばれる。

085 <u>解答 解説</u>

問1　(1) ②
　　　(2)〈温度域A〉**DNAの2本鎖が解離して1本鎖になる。**（19字）
　　　〈温度域B〉**プライマーが鋳型となるDNAに結合する。**（20字）
　　　〈温度域C〉**プライマーに続くヌクレオチド鎖が合成される。**（22字）

問2　⑤
問3　㋐ Y染色体　㋑ X染色体
問4　㋒ ①　㋔ ④　　**問5**　13回

問6　(1)㋖側　(2)㋖側
問7　男性1，男性3，男性4
問8　男性3

....

問1　バイオテクノロジーには，遺伝子や細胞を扱う様々な技術がある。どのような目的でどのような操作をするのか，個々の操作にどのような意味があるのか，一つひとつ理解しておこう。

ある生物のゲノムから特定の遺伝子を含む塩基配列を選び出し，その塩基配列をもつDNA断片を増幅させる操作をクローニングという。クローニングの方法には，遺伝子組換えによる方法や，PCR法（ポリメラーゼ連鎖反応法）などがある。PCR法の手順は，温度と反応をセットにして理解しよう。温度域A（約95℃）で起こる反応については，「DNAが1本ずつのヌクレオチド鎖になる。」，「DNAの水素結合が切れて1本鎖になる。」などでもよい。また，温度域B（50〜60℃）で起こる反応については，「DNAの複製領域の3′末端にプライマーが結合する。」，「プライマーがDNAの相補的な配列に結合する。」などでもよい。温度域C（約72℃）で起こる反応については，「DNAポリメラーゼが働いてDNAが合成される。」，「DNAポリメラーゼの働きによりDNA複製が起こる。」などでもよい。

問2　DNAの遺伝子領域において，エキソンはタンパク質に翻訳される領域，イントロンは翻訳されない領域である。選択肢のうち翻訳される領域は⑤エキソンのみである。①イントロンは非翻訳領域である。②ポリA配列は，ポリA尾部とも呼ばれ，mRNA前駆体の3′末端に付加される塩基配列であり，翻訳開始に関わると考えられている。③プロモーターは転写開始部位の近くに位置し，RNAポリメラーゼが結合するDNA領域である。④tRNAの遺伝子および⑥rRNAの遺伝子は，遺伝子産物がRNAであり，タンパク質に翻訳される領域ではない。⑦オペレーターは原核生物の転写調節に関わるDNAの領域である。

問3　ヒトの体細胞は性染色体を2本持っている。女性の場合は母親と父親からX染色体を1本ずつ引き継いでおり，男性の場合は母親からX染色体，父親からY染色体を引き継いでいる。よって，親子鑑定において常染色体の配列に加え

て用いられるのは，男児と父親の鑑定にはＹ染色体の配列，女児と父親の鑑定にはＸ染色体の配列である。なお，母親との鑑定の場合，子の性別にかかわらず，ミトコンドリアＤＮＡの配列が用いられることもある。これは，ミトコンドリアＤＮＡが母親のみから子に伝わるためである。

問4　プライマーは，ＤＮＡの複製開始時に働く短いヌクレオチド鎖である。ＤＮＡポリメラーゼは，ある程度の長さをもったヌクレオチド鎖にのみ作用し，それをさらに伸長させることはできるが，何もない状態からヌクレオチド鎖を合成することはできない。したがって，ＤＮＡ複製開始時にはまずプライマーが鋳型鎖に結合し，ＤＮＡポリメラーゼがプライマーにつなげてヌクレオチド鎖を伸長していく。生体の細胞内におけるＤＮＡの複製で働くプライマーはＲＮＡであり，体内の酵素によって合成されるが，ＰＣＲ法では，ＤＮＡの増幅させたい領域の3′末端に結合するように人工的に設計・合成したＤＮＡのプライマーを用いる。

　ＤＮＡの転写や複製では，ヌクレオチド鎖の合成は5′→3′方向にのみ進行する。ＰＣＲ法では2本鎖ＤＮＡを複製するので，2本鎖それぞれの3′末端側に結合するような2種類のプライマーを設計する必要がある。例えば，次図のような2本鎖ＤＮＡを複製する場合には，四角で囲んだ塩基配列5′- TAAG -3′に相補的な配列「3′-ATTC-5′」をもつプライマーと，3′- CGTA -5′に相補的な配列「5′-GCAT-3′」をもつプライマーの2種類が必要となる。

5′-GCATTTGAACCTAGATCGCTA TAAG -3′
3′- CGTA AACTTGGATCTAGCGATATTC-5′

　図1は2本鎖ＤＮＡの片方の鎖（上図の上側に対応する鎖）の塩基配列を示したものであるので，2種類のプライマーのうち一方は，**図1**の配列の5′末端側と同じ塩基配列（①）をもつものを用いればよい。もう一方のプライマーは，**図1**の配列の3′末端側に相補的な塩基配列（④）をもつものを用いればよい。

問5　図1をヒントに考察していこう。**図1**はSTR領域を含むＤＮＡの塩基配列を示しており，3′末端の数字から154個の塩基対（154bp）からなるＤＮＡ断片の一方の鎖であることがわかる。

ＡＴＴＴの4つの塩基からなる繰り返し配列を数えると，11回繰り返されている。ＳＴＲ領域において，ＤＮＡ断片の塩基対数の違いは繰り返し配列の回数の違いを示している。

　長さ162bpのＤＮＡ断片中の繰り返し回数は以下の計算で求められる。

　塩基対数の差は，
$$162 - 154 = 8 （bp）$$
　4塩基対からなる繰り返し回数は，
$$\frac{8}{4} = 2 （回）$$
　よって，11 + 2 = 13（回）である。

問6　帯電した物質（ＤＮＡ，ＲＮＡ，タンパク質）などを電流が流れるアガロースなどのゲルの中で分離する方法を電気泳動（法）という。本問では，ＰＣＲ法によって得られた長さの異なるＤＮＡ断片を分離するために行われている。

　水溶液中ではＤＮＡは負（−）に帯電しており，電圧を加えるとプラス（＋）電極側に移動する。また，ＤＮＡが移動するアガロースゲル（寒天ゲル）の繊維は網目構造を形成しており，長いＤＮＡ断片ほど網目に引っかかりやすく移動が妨げられるため，移動距離が短くなる。これらの性質を利用して，ＤＮＡ断片を長さごとに分離することができる。**図2**の縦軸から，**お**側の塩基対の方が大きく，試料は**お**側から**か**側に移動したとわかる。よって，−電極側は**お**側であり，試料は**お**側に入れられたと判断できる。

問7　**図2**から，女児から検出されたＤＮＡ断片の長さは154bpと162bpであることがわかる。このどちらかが父親由来なので，どちらか一方が共通する男性を選べばよい。よって，塩基対数154bpのＤＮＡ断片を持つ男性1と男性4，塩基対数162bpのＤＮＡ断片を持つ男性3が父親の可能性があると言える。

問8　母親から検出されたＤＮＡ断片の長さは154bpと166bpであった。女児から検出されたＤＮＡ断片の長さは154bpと162bpであり，一方は母親由来であることから，塩基対数154bpのＤＮＡ断片は母親由来であることがわかる。よって，**問7**と併せて，女児の塩基対数162bpのＤＮＡ断片は父親由来であり，父親の可能性があるのは男性3のみとなる。

第12章 生態と環境

086 解答 解説

問1 (1) C　(2) (c)

問2 〈実験Ⅱ〉 (C)　〈実験Ⅲ〉 (A)
　　　 〈実験Ⅳ〉 (A)　〈実験Ⅴ〉 (C)

問3 (1) 資源　　(2) 密度効果　　(3) 小さ
　　　 (4) 競争 (種内競争)　(5) 個体群密度
　　　 (6) 最終収量一定　(7) 小さ　(8) 自己

問4 (1) (ア) 0　　(イ) 6.67
　　　 (2) (ウ) $\dfrac{n}{An+B}$　(エ) 1.25　(オ) 0

問1 「10匹のアズキゾウムシの雌雄（0世代）を放し」とあるので，この成虫が親（0世代）となった場合に生じる子孫のおよその数を，**図1**のグラフから読みとる。その際，**図1**に下図のような傾き45°の直線（ --- ）を補助線として引き，これを利用して子孫の数を読みとってみよう。

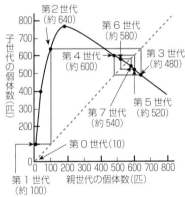

第2世代（約640）
第6世代（約580）
第4世代（約600）
第3世代（約480）
第5世代（約520）
第7世代（約540）
第0世代 (10)
第1世代（約100）

子世代の個体数（匹）
親世代の個体数（匹）

　まず，初めの親（第0世代）は10匹であるから，横軸の値10のときの縦軸の値である約100（90でも110でもよい）が子（第1世代）の数である。次に，この第1世代が親となり子（第2世代）をつくるのであるから，第1世代を読みとった点から，横軸に平行な直線を引き，補助線に達したら，その点から縦軸に平行な直線を引き，グラフの曲線に達した点の縦軸の値（約640）が第2世代の数である。このように，縦軸の値を横軸に置き換えながら，同様の作業を繰り返すことで，各世代のおよその数を求めることができる。このように

して求めた数値をまとめると次の表になる。

世代	0	1	2	3	4	5	6
個体数	10	100	640	480	600	520	580

　これらのグラフからも表からも，世代が経過するにしたがって，個体数は振動しながらも，やがて600付近のある値に収束することがわかる。

　食物不足，生活空間の減少，排出物の蓄積などの，個体群の成長を制限する要因がない場合，つまり理想的な条件下では，個体群の成長曲線は指数関数的増加曲線になるが，個体群の成長を制限する要因がある場合，個体群の成長曲線はS字状の増加曲線になる。S字状の増加曲線といっても，実際には一定の範囲で個体数の変動がみられるので，ジグザグの線になる。特に，多くの昆虫のように，世代が重ならない生物の個体群では，個体数の大きな変動が必ず生じることが知られている。

問2　前文の**図2**の実験条件のままではわかりにくいため，アズキの量と容器内の空間の広さをアズキゾウムシ1匹あたりに換算して下の表にまとめたので，これをもとに考えてみるとよい。なお，アズキの量は，**図2**の黒粒1個をアズキ1粒として，空間の広さ（容器の大きさ）は一番小さいものを1，一番大きいものを8として表してある。

	アズキゾウムシ1匹あたりの	実験条件				結果
		(a)	(b)	(c)	(d)	
実験Ⅰ	アズキ量	8	4	2	1	abcd
	空間の広さ	8	4	2	1	
実験Ⅱ	アズキ量	1	1	1	1	
	空間の広さ	8	4	2	1	
実験Ⅲ	アズキ量	8	4	2	1	
	空間の広さ	8	8	8	8	
実験Ⅳ	アズキ量	8	4	2	1	
	空間の広さ	8	4	2	1	
実験Ⅴ	アズキ量	1	1	1	1	
	空間の広さ	1	1	1	1	

　この表から，実験Ⅰにおいては，アズキ量と空間の広さが同じように減少しているので，産卵数が**図3**の(A)のように減少していても，アズキ量

第
12
章

169

と空間の広さのどちらの影響を受けて減少したのかはわからない。

この二つの可能性を区別するために行った実験Ⅱ～Ⅴについて，設問文に「1匹あたりのアズキの量にのみ反応したとき」とあるので，空間の広さの変化は無視して，アズキ量の変化に注目して結果を検討する。実験Ⅲと実験Ⅳでは，実験Ⅰと同じようにアズキの量が減少していることから，結果のグラフは**(A)** のようになると考えられる。また，実験Ⅱと実験Ⅴでは，1匹あたりのアズキの量は1で変化していないことから，結果のグラフは**(C)** のようになると考えられる。

問3　食物や生活場所など，個体の存在や個体数の増加に役立つものを資源という。植物においては，個体群密度が高くなると，光や栄養分などの資源をめぐる種内競争が激化し，個体の成長速度の低下，個体の小型化や枯死などの密度効果が見られるようになる。その結果，最終的な収量（単位面積あたりの植物体の総重量）は，個体群密度の違いにかかわらず一定となる。これを最終収量一定の法則と呼ぶ。

同種や近縁種，または生活形の類似した植物の種のみを高密度で成長させると，小さな個体は枯れ，残った個体が成長を続ける。このような競争により個体群密度が低下することを自己間引き（自然間引き）という。

一般に，種内競争は種間競争より激しい場合が多い。これは，同種の生物は共通資源を利用し，個体間のニッチの重なりが，異種の生物個体間より大きいためである。

問4　平均個体重 w と個体群密度 n の関係式を，初めて知る人がほとんどだろう。慌てずに，設問文をヒントに係数を推測していこう。

(1) 平均個体重 w と個体群密度 n の関係式は，

$$w = \frac{1}{An + B} \quad \cdots ①$$

である。**図4**より，0日目の平均個体重 w は個体群密度 n に無関係に 0.15g/ 本となっている。すなわち，平均個体重 w を表す式から，個体群密度 n を含む項がなくなるような係数 A，B の値を求めればよい。したがって，0日目における係数 A の値は，An の項の値が0になればよいので $A = 0$ **(ア)** である。

①に $A = 0$ を代入すると，

$$w = \frac{1}{B} = 0.15 \quad \cdots ②$$

②を B について解くと $B = 6.666\cdots \fallingdotseq 6.67$ **(イ)** となる。

(2) 個体群全体の重さ y（g/m²），平均個体重 w（g/ 本），個体群密度 n（本 /m²）の単位に注目しよう。平均個体重 w（g/ 本）はダイズ1個体あたりの重さ（g），個体群密度 n（本 /m²）は1m² あたりの個体数を示している。よって，個体群全体の重さ y は平均個体重 w と個体群密度 n の積によって表される。

$$y \text{（g/m²）} = w \text{（g/ 本）} \cdot n \text{（本 /m²）}$$
$$= \frac{1}{An + B} \text{（g/ 本）} \cdot n \text{（本 /m²）}$$
$$= \frac{n}{An + B} \text{（g/m²）}$$

よって，$y = \dfrac{n}{An + B}$ $\cdots ③$ **(ウ)** となる。

119日目の y の値について，個体群密度 n と無関係に 800g/m² とある。③から n を含む項がなくなるような係数 A，B の値を求めればよい。

③を n について解くと，

$$n = \frac{By}{1 - Ay} \quad \cdots ④$$

$n = 0$ のとき，$B = 0$ **(オ)**
③に $B = 0$ を代入して，

$$y = \frac{n}{An} = \frac{1}{A} \quad \cdots ⑤$$

$y = 800$ のとき，$A = 0.00125 = 1.25$ **(エ)** $\times 10^{-3}$ となる。

087 　解答　解説

問1　① 相観　② 優占種　③ 動物
問2　(1) ウ　(2) キ　(4) サ　(6) エ　(7) オ
　　　(8) イ　(9) ク　(10) コ
問3　〈線 A-B〉気温（年平均気温）
　　　〈線 C-D〉降水量（年降水量）
問4　(1)〈植生の特徴〉熱帯多雨林は，主に常緑広葉樹からなり，雨緑樹林は，雨季に葉をつけ乾季に落葉する落葉広葉樹からなる。(49 字)
　　　〈環境〉熱帯多雨林の地域では，一年中降水量が多いが，雨緑樹林の地域では，雨季と乾季が交代する。　(43 字)
　　　(2)・大規模な森林伐採（8 字）

- ・大規模な焼畑耕作（8字）
- ・森林の農地への転用（9字）
- ・過度の放牧（5字）
- ・森林火災（4字）
  - などから1つ
(3)・地球温暖化による異常気象（12字）
  - ・生物多様性の大幅な低下（11字）
  - ・保水力低下による土壌流出（12字）
    - などから1つ

問5 エ

問6 ④ 地上植物　⑤ 地表植物
　　⑥ 半地中植物　⑦ 地中植物
　　⑧ 水生植物
　　⑨ 種子で冬季や乾季を越す。（12字）

問7 (a) コ　(b) エ　(c) サ　(d) ウ

問1　植生において，生育するそれぞれの植物が地面をおおっている割合を被度といい，植生内で被度が最も大きく，個体数の多い種を優占種という。植生を外から見たときの外観上の特徴は相観と呼ばれる。相観は，一般に優占種の生活形によって決まり，森林・草原・荒原に大きく分けられる。また，森林を構成する木本の高さに注目した場合は，高木林・低木林などに区別され，樹木の葉の形に注目した場合は，針葉樹林・広葉樹林などに区別される。

　同じような環境では，同じような相観をもつ植生が成立する。一定の相観をもつ植生と，そこに生息する動物を含めたすべての生物の集団をバイオーム（生物群系）というので，③の解答として「菌類」や「細菌」も正解である。

　ある地域に成立するバイオームは主に気温（年平均気温）と降水量（年降水量）によって決まり，植生の相観によって区別される。

問2　温帯草原のステップは，南米ではパンパ（パンパス），北米ではプレーリーとも呼ばれる。なお，教科書の範囲外であるが，3・5は低木林，11は氷雪帯と呼ばれる。

問3　線A－Bに沿った分布では，AからBに向かって気温が高くなっている。線C－Dに沿った分布では，CからDに向かって降水量が多くなっている。

問4　(1) 雨緑樹林は，季節風のため雨季と乾季

が交代する熱帯・亜熱帯に発達する森林である。高木は雨季に緑葉をつけ，乾季に落葉して蒸散による水分の損失を防いでいる。

(2) 日本における森林火災の多くは，「たき火」，「火入れ」，「たばこ」などの不始末や放火など，人為的原因によって起こっているが，世界的レベルでみると，異常に高い気温と乾燥，落雷などによる自然発火が原因となって起こる森林火災も多い。

(3) 熱帯多雨林の消滅は，大気中の CO_2 濃度の上昇を引き起こす原因となり，CO_2 濃度の上昇は地球温暖化を引き起こす原因となると考えられている。地球温暖化による異常気象は，海面上昇，陸地の減少，生物分布の変化などを引き起こし，人間の生活にさまざまな影響を与えている。

問5　図2に示される毎月の気温と降水量から，年平均気温と年降水量を求めると，それぞれ約21℃と約2350mmとなる。このような気候の地域に成立するバイオームは亜熱帯多雨林（次図の●）である。

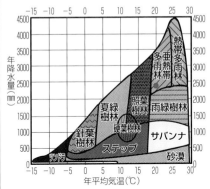

しかし，選択肢には亜熱帯多雨林がないので，この気候条件に近い熱帯多雨林(ウ)，照葉樹林(エ)，雨緑樹林(キ)から選ぶ。熱帯多雨林は季節による気温の変化が小さく，雨緑樹林は降水量がゼロに近い乾季があるが，それらは，図2のグラフには認められないので，この地域のバイオームは(エ)の照葉樹林であり，気温の年較差（最高気温と最低気温の差）や降水量が多い時期（6月の梅雨，8〜10月の台風）の特徴から西日本のある地域の気候と考えられる。

問6・7　世界の植物を調べた結果，砂漠では，固い種皮に覆われた種子で乾燥に耐える一年生植物（種子が休眠芽に相当）が多い。また，気温が低いツンドラ（冬季に地上部は著しい低温にさらされ，地下は凍結する環境）では，草丈が低く，休眠芽を地表付近に形成して極寒から守る地表植物（休眠芽が地上30㎝未満）や半地中植物（休眠芽が地表に接している）が多いことがわかった。また，一次消費者（植物食性動物）が地上に多い熱帯多雨林では，休眠芽が一次消費者に摂食されにくい地上植物（休眠芽が地上30㎝以上）が多いことが知られている。

「凡例」は「はんれい」と読み，本来は書物の初めに，その編集目的・方針・使い方などを箇条書きにした部分のことだけど，図面やグラフでは図中の記号の意味やグラフの要素を示すものとして使われるんだ。ラウンケルの生活形では，地表植物と半地中植物を混乱して覚えないように注意しよう。

088 解答　解説

問1　島に生息する種数が少ない場合は侵入種が利用できるニッチが比較的多様で他の種とのニッチの重複も小さいが，島に生息する種数が多くなると，侵入種が利用できるニッチが減少し，ニッチが重複する島の在来種との間で競争が生じて排除される可能性が高くなるため。（122字）

問2　〈島1〉A　〈島2〉C　〈島3〉B　〈島4〉D

問3

問4　島では個体数が少ないことや捕食者から逃れる環境が少ないことが原因となり，捕食により絶滅する種数が多くなるから。（55字）

問5　海洋島は大陸からの距離が離れているため，大陸からの種の侵入が起こりにくく，島に生息する生物は地理的に隔離されている。また，島では集団が小さいため遺伝的浮動の影響が大きくなるとともに島固有の環境による自然選択の影響も受け

るので，他の地域とは異なる種分化が起こりやすくなるから。（137字）

問6　(1) 小さくなる。

(2) 構成種が1種のとき。

(3) 絶滅は生物多様性を低下させ，その影響は構成種が少ないほど大きくなる。（34字）

問7　0.7

問8　生息地の開発や外来種の持ち込みによる競争や捕食は個体数の減少を引き起こす。その結果，構成種の頻度の偏りの増大や，絶滅による構成種の数の減少が起こるため，生物多様性が低下する。（87字）

問9　〈図3〉2.88　〈図4〉4

問10　①，③

問1　まず，図2の横軸や縦軸，2本ずつ描かれた実線と破線が何を示しているのか理解しよう。図2の注釈から，実線が「新たな」侵入種の数，破線が絶滅種数を示していることがわかる。このうちの2本の実線は，大陸からの距離の異なる島における，島に生息する種数と「新たな」侵入種の数の関係をそれぞれ示している。どちらの実線も，島に生息する種数が多いほど，「新たな」侵入種の数が減少していることを示している。

大陸から島に移動した個体が，島の環境を利用して生活し，個体数を増やして定着することで，島の「新たな」侵入種の種数が増加する。島に生息する種数が多くなると，「新たな」侵入種が利用できるニッチが少なくなるため，定着しにくくなる。

問2　下線部⑴に「大陸からの侵入種数はその島が大陸からどれだけ離れているかということのみに依存すると仮定している」とある。大陸に近い島の方が侵入種数は多いと考えられるので，上側の実線が大陸から近い島，下側の実線が大陸から遠い島を示していることがわかる。また，前文に「それぞれの島では，種の絶滅が起こり種は失われていく。このとき，絶滅確率は島が大きいほど低くなる」とあるので，上側の破線が小さい島，下側の破線が大きい島を示していることがわかる。

次に，図1のそれぞれの島の大陸からの距離と面積を整理しよう。問2の設問文から「島1

と島3，島2と島4の面積はそれぞれほぼ同じ」であり，「島1と島2，島3と島4の大陸からの距離はそれぞれほぼ同じ」であることがわかる。整理すると次の表となる。

	島1	島2	島3	島4
大陸からの距離	遠い	遠い	近い	近い
島の面積	小さい	大きい	小さい	大きい

よって，「新たな」侵入種の数を示す実線のうち上側は島3と島4，下側は島1と島2であり，絶滅種数を示す破線のうち上側は島1と島3，下側は島2と島4であることがわかる。実線と破線の交点の横軸の値が，それぞれの島に生息する種数を示している。したがって，島1は**A**，島2は**C**，島3は**B**，島4は**D**となる。

問3　**図2**から，絶滅種数は大きい島の方が少なくなることがわかるので，島に生息する種数は，島の面積が大きくなるほど多くなると予想される。これは，面積が大きくなるほど，さまざまなニッチが含まれ，多数の種の共存が可能になるためである。ただし，ニッチは生物が利用できる資源であり，資源は環境によって制限される。このため，面積が大きくなるにしたがって，同じ気候区分においては異なるニッチが出現しにくくなるので，島に生息する種数の増加率は小さくなっていく。

また，**図2**から，「新たな」侵入種の数は大陸に近い島の方が多くなることわかるので，島に生息する種数は，大陸に近い島の方が，大陸から遠く離れた島より多くなると予想される。したがって，解答のようなグラフになる。

【参考】ある環境における面積と生息する種数の関係は，次のような式で表されることが知られている。

$$生物の種数 S ＝定数 c ×面積 A^2$$

面積と生息する種数の関係は実数のグラフでは解答のような増加がゆるやかになるグラフを描き，両対数グラフでは直線となる（**図88-1**①）。また，実際には，面積の大きさによって種数の増加率が変化する。面積と種数の関係を表すグラフでは，面積を小さいスケール（局所スケール），中間のスケール（地域スケール），大きいスケール（大陸スケール）に分けた場合，局所スケールと大陸スケールにおいて，増加率が大きくなっている。局所スケールでは，増加率にニッチの多さが影響している。面積が大きくなるにつれて，異なるニッチに生息する種が観測されるようになるからである。地域スケールでは，種の分布域が種数の増加に影響する。面積が大きくなるにつれて，分布域の異なる種が観測されるようになるからである。大陸スケールでは，異なる大陸で別々の進化をしてきた生物種が観測されるようになるため，増加率が大きくなる（**図88-1**②）。

問4　被食者の個体数が多かったり，逃げ場や隠れ家になる環境があるなど，捕食者が被食者を食い尽くすことがないような環境であれば，被食者は絶滅せずに捕食者と共存できる。しかし，島のように面積が小さい環境の場合，個体数が少なかったり，捕食者から逃れる環境が少なかったりするため，捕食によって絶滅しやすくなる。よって，捕食者が生息する島では，島に生息する生物の総種数が少なくなる。

図88-1 ある環境における面積と生息する種数の関係

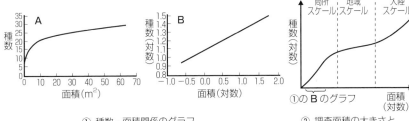

① 種数 - 面積関係のグラフ

② 調査面積の大きさと種数 - 面積関係のグラフ

問5　海洋島のように大陸から離れた島は，大陸と比較して以下のような特徴がある。
① 生息地の面積が小さいため，生息する生物の集団が小さい（個体群の個体数が少ない）。
② 大陸など他の地域との個体の移出入が生じにくい（地理的に隔離されている）。

　これらの特徴により，集団内の遺伝子構成の変化において遺伝的浮動の影響が現れやすくなるため，種分化が起こりやすい。また，大陸と島での環境や種構成の違いにより，島独自の自然選択がはたらき，島で固有の種分化が進む。

問6　(1) 種Eが絶滅し，他の種の個体数は変化しないと仮定すると，多様度指数は以下のように算出される。
　多様度指数 $= 1 - (0.25^2 + 0.25^2 + 0.25^2 + 0.25^2)$
　　　　　　 $= 0.75$
よって，構成種が減少すると多様度指数は小さくなることがわかる。

　(2) (1)の考察から，構成種が最小である1種のみになったときに，多様度指数は最小になる。

　(3) 表1の5種類の魚について，構成種が絶滅により1種ずつ減少し，他の種の個体数に変化がない場合の多様度指数を表にまとめると次のようになる。

構成種数	5	4	3	2	1
多様度指数	0.8	0.75	0.67	0.5	0

　このように，構成種数が少なくなるほど，1種が絶滅したときに他の種の頻度を増加させる影響が大きくなり，多様度指数を低下させる度合いが大きくなるため，生物多様性の低下の度合いが大きくなる。

問7　種Fが侵入したときのある湖に生息する魚の種の頻度は，次のように考えられる。種Fの頻度が0.5なので，種A〜Eの頻度の合計は1 − 0.5 = 0.5となる。設問文から種A〜Eは個体数がそれぞれ半減したとあり，それぞれの頻度に差はないことがわかる。よって，種A〜Eそれぞれの頻度は $\dfrac{0.5}{5} = 0.1$ である。よって，右上の表のようになる。

種Fが侵入したときのある湖に生息する魚の種の頻度

種	A	B	C	D	E	F
頻度	0.1	0.1	0.1	0.1	0.1	0.5

　多様度指数を計算すると，次の通りになる。
　多様度指数
　$= 1 - (0.1^2 + 0.1^2 + 0.1^2 + 0.1^2 + 0.1^2 + 0.5^2)$
　$= 0.7$

問8　問6および問7より，構成種の種数および頻度のばらつきが生物多様性に影響することがわかる。生息地の開発は，生息地の減少や分断化による個体数の減少を招く。また，外来種の持ち込みは在来種との競争や捕食による個体数の減少をもたらす可能性がある。これらの結果，構成種の頻度の偏りが大きくなったり，絶滅によって構成種の数が減少したりするため，生物多様性が低下する。

問9　図3および図4のそれぞれの種の個体数を数えると，次の表のようになる。

それぞれの樹木群集の種ごとの個体数

	🌳	♣	🌲	🌴	計
図3	6	1	2	3	12
図4	3	3	3	3	12

単純度は，それぞれ次のように算出できる。
図3の単純度
$$= \left(\frac{6}{12}\right)^2 + \left(\frac{1}{12}\right)^2 + \left(\frac{2}{12}\right)^2 + \left(\frac{3}{12}\right)^2$$
$$= \frac{50}{144}$$

図4の単純度
$$= \left(\frac{3}{12}\right)^2 + \left(\frac{3}{12}\right)^2 + \left(\frac{3}{12}\right)^2 + \left(\frac{3}{12}\right)^2$$
$$= \frac{36}{144}$$

多様度指数は単純度の逆数なので，図3の多様度指数は $\dfrac{144}{50} = 2.88$，図4の多様度指数は $\dfrac{144}{36} = 4$ となる。

問10　①について，問9の図3と図4の生物群集の多様度指数を比較して考えてみよう。生物群集に含まれる種の個体数に偏りがある図3の方

が，個体数が均一な**図4**より多様度指数が低い。また，種の個体数の偏りが最も大きい1種のみで構成される生物群集を考えると，多様度指数は1となり，最小になる。よって正しい。

②について，**問9**の結果から，種数だけでなく種ごとの個体数の偏りによっても多様度指数は変化するため，種数が大きい生物群集が必ずしも多様度指数が高いとは言えない。よって誤りである。

③について，特定の生物群集において多様度指数が最大になるのは，種の個体数の偏りが最も小さいとき，すなわち**図4**のように生物群集に含まれるすべての種の個体数が同じときである。このとき，

n：任意の種の個体数，S：生物群集の種数とすると，総個体数はnSで表され，単純度は以下の式で求められる。

$$単純度 = \left(\frac{n}{n S}\right)^2 \times S = \frac{1}{S}$$

多様度指数は単純度の逆数なので，生物群集に含まれるすべての種の個体数が同じときの多様度指数はS（種数）となる。よって正しい。

089 解答 解説

問1 〈鳥類〉コウノトリ
〈哺乳類〉ニホンオオカミ，オキナワオオコウモリ などから1種

問2 (a) ③ (b) ⑤ (c) ⑧

問3 個体群があるサイズ以下に縮小すると，それによって起こる近交弱勢や遺伝的多様性の低下，アリー効果の低下などの影響により個体数の減少がさらに引き起こされることが原因となる。（84字）

問4 B，D

問5 〈森林内の環境〉B 〈根拠〉図1のbから，コナラ個体群では幼木がほとんどなく，多くが高木であることがわかる。よって，コナラにより林冠が閉鎖し，林床では陽樹であるコナラは生育できず，陰樹のみが生育するため，植物種類は限られると考えられる。（104字）
〈コナラ個体群〉D 〈根拠〉図1のbから，コナラの幼木はほとんど存在していないことがわかる。また図1のaから，林床

ではコナラ以外の陰樹が多く生育していることがわかる。よって，陽樹のコナラ個体群は陰樹林へ遷移が進行していくと考えられる。（103字）

問6 飼育ケージ内とは異なり，自然環境下では捕食の対象となる生物が複数存在することがあり，導入された捕食者が，想定していた被食者以外を捕食する可能性があるから。（78字）

問7 A. ① B. ⑦ C. ⑦ D. ⑦ E. ⑦
F. ⑧ G. ⑦

問8 (H) 24.30 (I) 15.15 (J) 9.15
(K) 6.88 (L) 2.27 (M) 6.38

問9 (N) ① (O) ② (P) ②

·······································

問1 日本において絶滅が認定（指定）された主な鳥類と哺乳類には，次のような種がいる。

[鳥類] コウノトリ（1971年に野生絶滅した後，中国などから導入した個体の繁殖に成功し，現在は絶滅危惧IA類に指定されている。），トキ（1981年に野生絶滅，現在は絶滅危惧IA類に指定されている。）

[参考] 日本の絶滅鳥類としては，キタタキ（1920年に認定），リュウキュウカラスバト（1940年頃に絶滅），ミヤコショウビン（1937年に絶滅確認）なども知られている。

[哺乳類] ニホンオオカミ（1905年頃に絶滅），オキナワオオコウモリ（20世紀以降，発見例なし），エゾオオカミ（1900年頃に絶滅），ニホンカワウソ（2012年に指定）。

生物多様性が高い生態系は，バランスがとれた持続可能な生態系と考えられている。しかし現在は絶滅したり，絶滅のおそれがある種数が急激に増加していて，世界各国で絶滅危惧種の保護や環境保全の取り組みがなされている。

日本では環境省や各都道府県により，絶滅の危険度を示したレッドデータブックが作成されている。具体的な種名を知っておこう。

問2 ある場所の植生が時間とともに移り変わっていく現象を遷移という。遷移は，植物が環境に与える環境形成作用と，環境が植物に与える作用の繰り返しによって進行する。

植物の種子の形態と散布様式は，遷移の段階と

関係している。遷移の初期に侵入する種子はスス
キやイタドリなど風散布型が多く，軽くて風で遠
くまで運ばれやすい。遷移の初期段階に侵入して
定着する種は先駆種（パイオニア種）と呼ばれ，
選択肢のうちではススキとコケが該当するが，コ
ケ植物は種子を形成しないため不適である。草原
を経て低木林の形成時期には，まず陽樹が成長す
る。選択肢のうちコナラは陽樹，アラカシは陰樹
であり，コナラの種子はドングリと呼ばれる果実
の形態で動物に食べられることで運ばれる動物散
布型の種子である。なお，動物散布型の種子には，
オナモミのように種子が動物の体に付着すること
で運ばれるものもある。遷移が低木林，陽樹林を
経て陰樹林に進むと，アラカシなど重力散布型の
種子が多く見られる。これらは貯蔵栄養分が多く
比較的重いため移動性が低く，分布を広げる速度
は遅いが，陰樹林のような暗い環境下でも発芽し
て生育できる。なお，アラカシの果実もドングリ
であり，動物による散布もみられる。

問3 個体数の減少により近親交配が続くと，
潜性の有害遺伝子がホモ接合になり，その形質が
現れやすくなる。その結果，多産性の低下などの
近交弱勢が起こる。また，遺伝的多様性が低下し，
環境の変化に対応できる個体が現れにくくなる。
さらに，アリー効果の低下により出生率や生存率
が低下し，これらの要因がさらに個体数の減少を
引き起こす。このように個体群の絶滅が加速する
現象を「絶滅の渦」という。

問4 人里近くにあり，人間によって管理・維
持された森林や水田などの地域一帯を里山とい
う。里山では様々な生態系が入り組んで存在する
ため，それぞれの生態系に生息する生物のほか，
幼生や幼虫期には水辺の生態系を利用し，成体に
なると森林や草原で生活するカエルやトンボのよ
うな複数の生態系を利用する生物など，多様な生
物がみられる。このように，様々な生態系が存在
することが里山の生物多様性が高い理由なので，
(D)は正しい。一方で，(C)は「生物多様性の低い環
境を広範に作り出した」とあり，里山の多様性の
高い環境と相反する内容であるため誤りである。

　(A)は「里山の人為的利用に適応するように多数
の生物が進化した」とあるが，元々別の場所に生
息していた生物が，多様な生態系をもつ里山に定

着していったと考えられるため誤りである。もし
里山に適応するように多数の生物が進化していた
としたら，里山にのみ生息する生物種が多数存在
するはずである。実際の里山に生息する種は，別
の場所に一般的に生息する種がほとんどである。

　(B)については移入生物（外来生物）の影響を既
に受けている地域もあるが，(A)と(C)が明らかな誤
りなので，適切であると考えられる。なお，(B)の
文中の「近年」を1960～1970年以降ととらえる
と，里山利用放棄の急速な進行と，アメリカザリ
ガニの分布域の拡大やオオクチバスの意図的放流
が，いずれも「近年」に起こったことなので(B)は
適切である，と考えることもできる。

問5 前文に「一般に，里山の林内では，薪炭
を得るための伐採や下枝の切り取り，肥料（堆肥）
にするための下草刈りや落ち葉かきなどが行われ
るため，里山の林内は比較的明るく，陽樹的な樹
種が多く生育し，植生遷移が途中の段階で停止し
ている状態が維持されている」とある。また，設
問文に「1970年代に里山利用を行わなくなって
から40年程度経過した」と書いてあることから，
里山利用が行われなくなったことにより林内は比
較的暗くなり，陽樹林から陰樹林へ遷移が進行し
ていると予想される。

　図1の**b**からコナラの個体群は幼木がほとん
どないことから，**図1**の**a**の森林全体における
幼木はコナラ以外の種であることがわかる。森林
内が比較的暗くなっていて，林床では陽樹である
コナラは生育できず，陰樹のみが生育するため，
植物種数は限られると考えられる。また，この二
次林は陽樹から陰樹へ遷移が進行していき，コナ
ラ個体群の次世代への更新は難しいと考えられ
る。よって，森林内の環境は(B)，コナラ個体群の
推移は(D)と推測される。

> 樹木の太さとして，ヒトの胸の高さで
> ある地上1.2～1.3mの位置の直径
> を測定することが多く，これを胸高
> 直径と呼ぶんだ。通常，胸高直径の
> 大小は，樹高の高低と強い相関関係
> をもつので，胸高直径が太いほど樹
> 高が高いと考えよう。

問6 自然環境下においては非常に多くの種が
存在し，生物どうしの被食-捕食関係は1：1で
はなく複数：複数で構成され，複雑な網目状になっ
ている。これを食物網という。

飼育ケージ内とは異なり，自然環境下ではあらゆる生物どうしの間で被食 - 捕食関係ができる可能性があるため，生物どうしの被食 - 捕食関係をすべて把握し，予想することは難しい。生物天敵を導入した場合，予想外の生物を捕食してしまったり，生物天敵の増殖速度（増殖率）が想定以上に大きくなることがある。その結果，対象生物の捕食という予想通りの効果を得られないばかりか，その地域の生態系を崩す要因となってしまうことがある。

問7 森林の主な生産者である樹木は，光合成（A）によって CO_2 を吸収し，有機物を生産するので，森林は「有機物生産工場」であるとともに，吸収した CO_2 を有機物として長期間にわたって蓄積する「炭素貯蔵庫」でもある。なぜ，森林には炭素が蓄積されるのか。その理由のひとつは，森林生態系を構成する生物の体の大きさによって説明することができる。森林生態系においては生産者である樹木が最大の生物であり，一次消費者（主に草食動物）が食べることができるのは，葉や果実など，植物体のほんの一部にすぎない（図2では省略されている）。森林生態系では，光合成量すなわち総生産量（**A**）の半分以上が植物の呼吸量（**B** ＋ **G**）として消費される。総生産量から呼吸量を引いた純生産量のほとんどは成長量として植物体に貯蔵されるか，大形枯死材量・落葉枝層量・土壌有機物量として土壌に供給される。これらはやがて分解者（細菌・菌類）によって分解され，その過程で生じる CO_2 は分解者の呼吸量（**C**，**D**，**E**）として大気に戻り，残りは土壌表面や土壌中に貯蔵される。

問8 （H）は植物体の光合成量（図2の **A**）であるので 24.30 である。

（I）植物体の呼吸量は植物体の地上部と地下部の呼吸量（図2の **B** と **G**）の和として求められるので，13.37 ＋ 1.78 ＝ 15.15 となる。

（J）純生産量は（H）−（I）＝ 24.30 − 15.15 ＝ 9.15 である。

（K）2.64 ＋ 0.39 ＋ 1.39（地上部）＋ 2.46（図2の **F**）＝ 6.88 が枯死・脱落量である。

（L）森林の成長量＝総生産量（H）−〔枯死・脱落量（K）＋呼吸量（I）〕（＝（J）−（K））であるから，24.30 −（6.88 ＋ 15.15）＝ 2.27 となる。

（M）0.77（図2の **C**）＋ 2.71（図2の **D**）＋ 2.90（図2の **E**）＝ 6.38 が総分解量（分解者の総呼吸量）である。

問9 図2において，1年間の測定期間における炭素の流量は矢印で表されているので，□ で囲まれている落葉枝層量，大形枯死材量，土壌有機物量のそれぞれに入ってくる矢印の量（炭素の流入量）と出ていく矢印の量（炭素の流出量）を比較すればよい。

（N）1年間の落葉枝層量への流入量は 2.64 ＋ 0.39 ＝ 3.03，流出量（分解・輸送量）は 2.71 ＋ 0.32 ＝ 3.03 なので差し引き 0 となり安定している。

（O）（N）と同様に収支計算すると，1.39 −（0.77 ＋ 0.22）＝ 0.40 なので増加である。

（P）同様に収支計算すると，0.22 ＋ 0.32 ＋ 2.46 − 2.90 ＝ 0.10 なので増加である。

090 解答 解説

問1 生産者の植物プランクトンは小型で同化器官の割合が大きく，一次消費者による被食量が多いから。（45字）

問2 (1) 光化学系Ⅰと光化学系Ⅱのいずれかに類似した光化学系を1つもち，バクテリオクロロフィルを含み，電子の供給源として水ではなく硫化水素などを用いる。（71字）

(2) バクテリオクロロフィルがクロロフィル a に変化した。（25字）

問3 ㋐，㋑，㋓

問4 (1) 吸収スペクトル　(2) 橙色

(3) ③　　　　　　　　(4) イ

(5) B種の光の吸収度合の高い波長は 550nm 付近であり，これは，水深 25m で最も相対照度の高い波長と一致している。また，B種は，A種より光補償点が低いので，水深が深く，より照度の低い所でも生育できる。（98字）

問5 (1) 紅藻類

(2) 酸素発生型の光化学系をもつシアノバクテリアが他の生物に取り込まれて紅藻類が生じ，紅藻類がさらに他の生物に取り込まれてクリプト藻類の葉緑体となった。（73字）

問1　海洋での主な生産者である植物プランクトンは小型であり，一次消費者による被食量が大きいため現存量が小さい。また根・茎・花などの非同化器官をもたず，光合成を行う同化器官の割合が大きいため，純生産量に対する現存量が小さくなる。

問2　(1) シアノバクテリアと光合成細菌の光合成の違いについて下の**表90-1**にまとめた。なお，光合成を行う細菌をまとめて光合成細菌と呼ぶこともある。この場合はシアノバクテリアも光合成細菌に含まれる。

(2) 光合成色素は，光合成を行う生物の体内に存在し，光合成に必要な光を吸収する色素の総称であり，同化色素とも呼ばれる。光合成色素は，クロロフィル（クロロフィル a，クロロフィル b，クロロフィル c，バクテリオクロロフィルなど），カロテノイド（カロテン，キサントフィル，フコキサンチンなど），フィコビリン（フィコシアニン，フィコエリトリンなど）の3つのグループに大別される。シアノバクテリアの光合成色素はクロロフィル a であり，光合成細菌の光合成色素はバクテリオクロロフィルである。進化の過程で，バクテリオクロロフィルから，光エネルギーをより

多く吸収できるクロロフィル a に変化したと考えられる。

問3　クロロフィルについては，光合成細菌はバクテリオクロロフィルをもち，その他の植物や藻類はクロロフィル a をもつ。クロロフィル b は，種子植物・シダ植物・コケ植物，緑藻類，ユーグレナ（ミドリムシ類）がもつ色素である。クロロフィル c は，珪藻類と褐藻類がもつ。カロテノイドについては，フコキサンチンは珪藻類と褐藻類がもつ色素である。よって，珪藻類と褐藻類が共通でもつ色素は**㋐**，**㋒**，**㋓**である。なお，フィトクロム**㋔**は赤色光および遠赤色光を受容する色素（光受容体）で，アントシアン**㋕**は液胞中に見られる色素であり，いずれも光合成色素ではない。

問4　(1) 色素にいろいろな波長の光を照射し，各波長における吸収度合を測定してグラフにしたものを，その物質の吸収スペクトルという。通常，単離した光合成色素の溶液に光を照射し，光合成色素の吸収スペクトルを表すことが多いが，ここでは生物体全体の吸収スペクトルを表しているので，吸収度合の高い波長ほどよく光合成に利用されていると考えてよい。

表90-1 シアノバクテリアと光合成細菌の光合成の違い

	シアノバクテリアの光合成	光合成細菌の光合成
生物例	ネンジュモ，イシクラゲ	緑色硫黄細菌，紅色硫黄細菌
光合成色素	クロロフィル a（光化学系の成分），フィコシアニン，フィコエリトリン	バクテリオクロロフィル（光化学系の成分）
光化学系	光化学系 I と光化学系 II	光化学系 I（に類似の光化学系），光化学系 II（に類似の光化学系）のいずれか1つ
電子の供給源	水（H_2O）	硫化水素（H_2S）など
図		

(2) **図2**のB種のグラフでは，波長600～640nm（橙色）の光は，他の波長に比べて吸収度合がかなり低くなっている。吸収されにくい波長の光は，藻類を透過したり反射して目に入るため，その藻類の色として認識される。つまり，空気中でB種を見ると橙色に見える。

(3) ①緑藻類には，空気中で緑色に見えるアオサ・アオノリなどが属している。②褐藻類には，空気中で褐色に見えるコンブ・ワカメなどが属している。③紅藻類には，空気中で赤色またはそれに近い色（桃色・橙色）に見えるテングサ・トサカノリなどが属している。これらの色は，紅藻類に多量に含まれる光合成色素の一種であるフィコエリトリンが主に緑色・青色を吸収し，橙色・赤色は透過したり反射したりすることによる。④シアノバクテリアには，空気中では青緑色に見えるネンジュモなどが属している。

(4) 設問文に「（B種は）水深25mの深い所から採取」とあるので，B種はあまり光の届かない弱光下で生育しており，そのグラフは陰生植物と似た傾向を示し，光補償点・光飽和点がともに低い**イ**のようなグラフになると考えられる。これに対して，「（A種は）水深1mの浅い所から採取」とあるので，A種は十分な光を受けることができる強光下で生育しており，そのグラフは陽生植物と似た傾向を示し，光補償点・光飽和点がともに高い**ア**のようなグラフになると考えられる。

(5) B種は，陰生植物（**イ**のグラフ）のように光補償点が低いので，相対照度の低い水深25mでの生育の可能性はA種より高いといえる。さらにB種は，水深25mでの相対照度が最も高い500～600nm付近の波長をよく吸収することができるので，この光を利用して光合成を行うことができると考えられる（A種はこの付近の波長をほとんど吸収することができない）。

問5 葉緑体は原始的なシアノバクテリアが他の細胞に共生してできたと考えられており，この考え方を細胞内共生説（共生説）という。葉緑体は二重膜をもち，これは細胞内に取りこまれる際に形成されたと考えられており，細胞内共生説の根拠の1つとなっている。また，葉緑体には核内のDNAとは異なる独自のDNAが含まれており，これも細胞内共生説の根拠の1つである。

前文で「クリプト藻類の葉緑体は，4枚の膜で囲まれている」とあるので，クリプト藻類の葉緑体は，進化の過程で2回の細胞内共生が起こったことにより生じたと考えられ，「葉緑体DNAに加え，2枚目と3枚目の膜の間にも異なるDNA（核様体）をもち，その遺伝子の塩基配列は紅藻類の核DNAのものに最も類似している」とあるので，クリプト藻類の葉緑体は，シアノバクテリアが他の生物に取り込まれて生じた紅藻類が，さらに他の生物に取り込まれることで生じたと考えられる。図示すると下の**図90-2**のようになる。

細胞内共生の様子は，自分で図を描いてみるとわかりやすい。簡単でいいので，一度描いてみよう。なお，葉緑体の二重膜については，近年は両方ともシアノバクテリア由来と考えられている。

なお，「生物群を推定し，その名称を記せ。」とあるので，系統群の名称である「アーケプラスチダ」は，本設問の解答としては不適当である。

図90-2 クリプト藻類の葉緑体形成過程（参考）

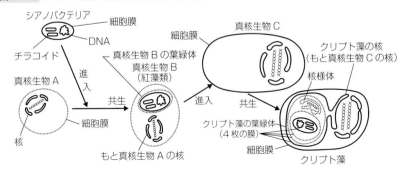

091 解答 解説

問1 314名 問2 0.0429
問3 0.04 問4 0.0768
問5 〈1世代〉1 〈2世代〉0.5 〈3世代〉0.75
〈4世代〉0.625 〈5世代〉0.6875
問6 〈1世代〉0.6667 〈2世代〉0.6667
〈3世代〉0.6667 〈4世代〉0.6667
〈5世代〉0.6667

········

問1 男性はX染色体を1本しかもたないので，男性の20人に1人（調査した11,673名中約580名，つまり，約20人に1人）が2色覚ということは，2色覚の原因遺伝子（潜性なのでaとする）の遺伝子頻度は$\dfrac{1}{20}$，正常遺伝子（顕性なのでAとする）の頻度は$\dfrac{19}{20}$になる。ハーディ・ワインベルグの法則より，女性の遺伝子型の内訳（分離比）は次のように求められる。

$$\left(\frac{19}{20}A + \frac{1}{20}a\right)^2 = \frac{361}{400}AA + \frac{38}{400}Aa + \frac{1}{400}aa$$

したがって，原因遺伝子をもつ女性は，

$$3224 \times \left(\frac{38+1}{400}\right) = 314.34 \fallingdotseq 314（名）である。$$

Success Point **ヒトの伴性遺伝と集団遺伝**
　潜性（劣性）の伴性遺伝子の遺伝子頻度は，全男性中に占めるその形質をもつ男性の割合である。

========

問2 男性は，X染色体を1本しかもたないので，遺伝子の顕性・潜性とは無関係に，X染色体上に疾患の遺伝子があれば罹患者となり，遺伝子がなければ健常者となる。したがって，罹患者の頻度は，そのまま遺伝子頻度を表すことになるので，男性における疾患の遺伝子の遺伝子頻度は，
$$\frac{429}{10000} = 0.0429 \text{ となる。}$$

問3 女性は，X染色体を2本もつので，潜性遺伝子が原因である場合，ヘテロ接合体なら発病せず，ホモ接合体のみ罹患者となる。女性における疾患の遺伝子の遺伝子頻度をpとすると，X染色体1本が疾患の遺伝子をもつ確率はp，X染色体が2本ともこの遺伝子をもつ確率はp^2となるので，女性における疾患の遺伝子の遺伝子頻度pは，$p^2 = \dfrac{16}{10000}$ より，$p = 0.04$ となる。

問4 疾患の遺伝子をa，正常の遺伝子をAとすると，この疾患に関する女性の遺伝子型は，$X^A X^A$（健常者），$X^A X^a$（保因者である健常者），$X^a X^a$（罹患者）の3種類である。

　問3の答より，女性における正常の遺伝子Aの遺伝子頻度は$1 - 0.04 = 0.96$となるので，$X^A X^A$の遺伝子型頻度は，$0.96^2 = 0.9216$である。また，$X^a X^a$の遺伝子型頻度は，$0.04^2 = 0.0016$である。したがって，保因者（$X^A X^a$）の遺伝子型頻度は，$1 - 0.9216 - 0.0016 = 0.0768$ となる。

図91-1 問5・6の考え方（0世代・1世代）

0世代の
任意交配

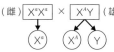 

1世代の雄におけるaの遺伝子頻度は，$\dfrac{1}{1} = 1$

1世代の集団全体におけるaの遺伝子頻度は，$\dfrac{a \text{の総数}}{A \text{の総数}+a \text{の総数}} = \dfrac{2}{1+2} = \dfrac{2}{3} = 0.66666\cdots \fallingdotseq 0.6667$

1世代の
任意交配

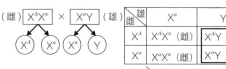

2世代の雄におけるaの遺伝子頻度は，$\dfrac{1}{2} = 0.5$

2世代の集団全体におけるaの遺伝子頻度は，$\dfrac{4}{6} = \dfrac{2}{3} \fallingdotseq 0.6667$

問5・6 前文中の対立遺伝子について，潜性遺伝子を a，顕性遺伝子を A とする。0世代の a の遺伝子頻度が雌 1.0，雄 0.0 であることから，雌の遺伝子型を X^aX^a，雄の遺伝子型を X^AY と表すことができる。これをもとに，配偶子の分離比を調節しながら任意交配を繰り返す方法で，各世代を求めると，**図91-1** と **図91-2** のようになる。

図91-2 問5・6の考え方（2世代～4世代）

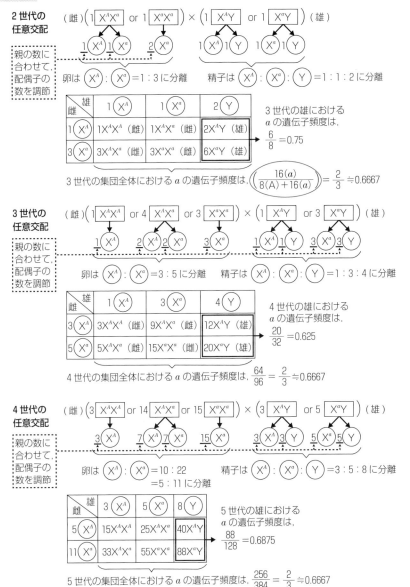

なお，これらの結果（前ページの図）からわかるように，集団全体における a の遺伝子頻度は，世代が経過しても 0.6667 であり，常に一定である。このように，集団全体の遺伝子に注目するとハーディ・ワインベルグの法則が成り立っていることがわかる。また，集団が平衡状態に達したときには，雌雄それぞれについての a の遺伝子頻度はいずれも 0.6667 になる。

092 解答 解説

問1 0.025

問2 (ア) $p^2 + 2pq$　(イ) $\dfrac{q}{1+q}$　(ウ) $\dfrac{q}{1+2q}$

(エ) $\dfrac{q}{1+3q}$　(オ) $\dfrac{q}{1+tq}$

問3 40 世代後

問4 問2の(オ)より，潜性遺伝子の遺伝子頻度は，世代の経過に伴って減少し，その減少する割合はしだいに小さくなり，遺伝子頻度はゆっくりと 0 に近づくが，0 になることはない。（82字）

....

問1 Ⅰ の前文中の「野生型はアルビノに対して顕性（優性）」と「この集団からグッピーを採集したところ，表現型はすべて野生型であった。」より，採集した個体の中には，アルビノ（遺伝子型が aa）の個体は存在せず，AA の個体か Aa の個体しか存在しないことがわかる。これらの個体間の交配により，アルビノの子が生じる場合は，遺伝子型が Aa である個体どうしの交配（$Aa \times Aa$）に限られる。また，「交配実験を異なる世代

においても何度か行ったが，アルビノが出現するペアの割合は変化しなかった。このことから，アルビノの遺伝子は，この集団中に一定の頻度で維持されているものと考えられる。」とあることから，下線部の集団は，ハーディ・ワインベルグの法則が成り立つ集団であることがわかる。この集団の次世代ではアルビノの個体が 400 ペアに 1 ペアの割合（$\dfrac{1}{400}$ の確率）で観察されることから，遺伝子型 Aa の個体の割合の 2 乗が $\dfrac{1}{400}$ に相当するので，集団全体の $\dfrac{1}{20}$ は遺伝子型が Aa の個体であり，これ以外の $\dfrac{19}{20}$ はすべて遺伝子型が AA の個体である。したがって，A の遺伝子頻度（p）は，

$$\frac{1}{20} \times \frac{1}{2} + \frac{19}{20} = \frac{39}{40}$$

a の遺伝子頻度（q）は，

$$\frac{1}{20} \times \frac{1}{2} + 0 = \frac{1}{40} = 0.025 \text{ となる。}$$

または，$p + q = 1$ より，a の遺伝子頻度を

$$1 - \frac{39}{40} = \frac{1}{40} = 0.025 \text{ と求めてもよい。}$$

問2 A と a の遺伝子頻度がそれぞれ p, q （$p + q = 1$）である集団内で任意交配が起こるので，ハーディ・ワインベルグの法則にあてはめ，次世代（1世代後）の A と a の遺伝子頻度（それぞれ p', q'）を求め，p と q で表すと **図92-1** ようになる。

1世代後から2世代後にかけて，集団内で任意交配が起こるので，ハーディ・ワインベルグの

図92-1 問2の考え方（1世代後の A と a の遺伝子頻度）

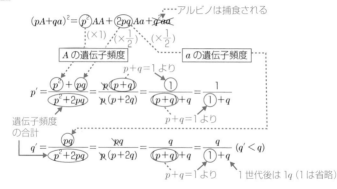

法則にあてはめ、2世代後の A と a の遺伝子頻度（それぞれ p''、q''）を求め、p と q で表すと **図92-2** のようになる。

同様に、3世代後の A と a の遺伝子頻度（それぞれ p'''、q'''）を求め、p と q で表すと **図92-3** のようになる。

これらをまとめると、a の遺伝子頻度は以下のようになる。

1世代後 $(q') = \dfrac{q}{1+q}$　　2世代後 $(q'') = \dfrac{q}{1+2q}$

3世代後 $(q''') = \dfrac{q}{1+3q}$

したがって、t 世代後の a の遺伝子頻度 (qt) は $\dfrac{q}{1+tq}$ となる。
← t 世代後は tq

問3　$\dfrac{q}{1+tq} = \dfrac{q}{2}$ となる t を求めればよい。

この式を整理すると、$1+tq = 2$ となり、これより、

$t = \dfrac{1}{q}$ が成り立つ。

この式に、**問1** で求めた a の遺伝子頻度 $q = 0.025$ を代入する。

$t = \dfrac{1}{0.025} = 40$（世代後）

なお、**問2・3** では、漸化式（等差数列）などを用いた別の解法によっても正解は得られる。

問4　**問2** で求めた式である $qt = \dfrac{q}{1+tq}$ は、一次の分数関数 $\left(y = \dfrac{0.025}{1+0.025x} \text{と同じ} \right)$ である。これをグラフにすると、次ページの図（双曲線の一部）のようになり、世代が早いときは、a の遺伝子頻度 (qt) の減少の割合が大きく、世代が進むと a の遺伝子頻度の減少の割合が徐々に小さくなり、長い時間をかけて 0 に近づく（が 0 にはならない）。

図92-2 問2の考え方（2世代後の A と a の遺伝子頻度）

$$p' = \frac{1}{1+q} \qquad q' = \frac{q}{1+q}$$

$$\left\{ \left(\frac{1}{1+q} \right)A + \left(\frac{q}{1+q} \right)a \right\}^2 = \frac{1}{(1+q)^2}AA + \frac{2q}{(1+q)^2}Aa + \frac{q^2}{(1+q)^2}aa$$

$$p'' = \frac{\dfrac{1}{(1+q)^2} + \dfrac{2q}{(1+q)^2} \times \dfrac{1}{2}}{\dfrac{1}{(1+q)^2} + \dfrac{2q}{(1+q)^2}} = \frac{\dfrac{1+q}{(1+q)^2}}{\dfrac{1+2q}{(1+q)^2}} = \frac{1+q}{1+2q}$$

$$q'' = \frac{\dfrac{2q}{(1+q)^2} \times \dfrac{1}{2}}{\dfrac{1}{(1+q)^2} + \dfrac{2q}{(1+q)^2}} = \frac{\dfrac{q}{(1+q)^2}}{\dfrac{1+2q}{(1+q)^2}} = \frac{q}{1+2q} \quad (q'' < q')$$

← 2世代後は $2q$

図92-3 問2の考え方（3世代後の A と a の遺伝子頻度）

$$p'' = \frac{1+q}{1+2q} \qquad q'' = \frac{q}{1+2q}$$

$$\left\{ \left(\frac{1+q}{1+2q} \right)A + \left(\frac{q}{1+2q} \right)a \right\}^2 = \frac{(1+q)^2}{(1+2q)^2}AA + \frac{2q(1+q)}{(1+2q)^2}Aa + \frac{q^2}{(1+2q)^2}aa$$

$$p''' = \frac{\dfrac{(1+q)^2}{(1+2q)^2} + \dfrac{2q(1+q)}{(1+2q)^2} \times \dfrac{1}{2}}{\dfrac{(1+q)^2}{(1+2q)^2} + \dfrac{2q(1+q)}{(1+2q)^2}} = \frac{\dfrac{(1+q)(1+2q)}{(1+2q)^2}}{\dfrac{(1+q)(1+3q)}{(1+2q)^2}} = \frac{1+2q}{1+3q}$$

$$q''' = \frac{\dfrac{2q(1+q)}{(1+2q)^2} \times \dfrac{1}{2}}{\dfrac{(1+q)^2}{(1+2q)^2} + \dfrac{2q(1+q)}{(1+2q)^2}} = \frac{\dfrac{q(1+q)}{(1+2q)^2}}{\dfrac{(1+q)(1+3q)}{(1+2q)^2}} = \frac{q}{1+3q} \quad (q''' < q'')$$

← 3世代後は $3q$

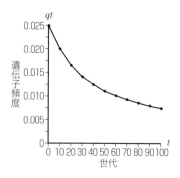

上の遺伝子の配列に不均衡が生じる。これを不等交差といい，不等交差により同じ遺伝子を２つもつ染色体と，その遺伝子を欠く染色体が生じることがある。このようなことが起こった結果，ゲノム内で同じ遺伝子が２つまたはそれ以上存在することを遺伝子重複という。

問2 一般に遺伝子突然変異は，タンパク質の合成に大きな影響を及ぼし，合成されるタンパク質の構造や働きを変化，または欠損させることで個体の生存に不利に作用することが多いため，集団から排除されやすい。しかし，同じ遺伝子が２つ存在する場合には，その片方の遺伝子に突然変異が起こり機能が失われたとしても，もう片方の遺伝子が正常に働くため，個体の形質に変化が生じず，生存にとって不利になることはない。したがって，重複により生じた遺伝子では，突然変異が蓄積されやすくなる傾向がある。

問3 遺伝子重複によって，１つの遺伝子への変異の蓄積が起こりやすくなると，機能を消失させる変異や，個体の生存に有利にも不利にもならない変異のほか，もとの機能とは異なる新たな機能を獲得する変異が起こることもある。また，生存にあまり重要ではない遺伝子に重複が起こった場合，それらの複数の遺伝子はそれぞれ異なる突然変異を蓄積して別々に変化することが可能となる。これらのことから，遺伝子重複は進化において現存の機能を保持したまま新たな機能を生じさせたり，新たに複数の機能を獲得したりする役割を果たしてきたと考えられる。

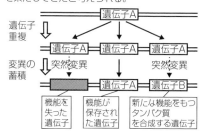

問4 図3について，融合遺伝子１～６それぞれのエキソンの組み合わせと吸収スペクトルの結果をまとめると次ページの表のようになる。

これより，少なくともエキソン５と６が緑オプシン遺伝子由来であれば吸収スペクトルが緑視物質と同様になり，赤オプシン遺伝子由来であれば

093 解答 解説

問1 第一分裂前期

問2 重複した遺伝子のもう片方から正常なタンパク質が合成されるため，個体の生存に影響は生じない。

問3 遺伝子の重複は，進化において現存の機能を保持したまま新たな機能を生じさせたり，新たに複数の機能を獲得したりする役割を担ってきた。

問4 5

問5 赤オプシン遺伝子と緑オプシン遺伝子のエキソン５に存在し，互いに＊で示した同じ位置の塩基配列をさまざまな組み合わせで交換した融合遺伝子を作成する。この融合遺伝子を培養細胞で発現させ，レチナールと結合させた後に吸収スペクトルを測定する。（116字）

問6 真猿類から狭鼻猿類が分岐する過程で，X染色体上の祖先型オプシン遺伝子の重複が起こった。さらにそれぞれの祖先型オプシン遺伝子に突然変異が蓄積し，赤オプシン遺伝子と緑オプシン遺伝子が生じた。（93字）

問7 ア：対立遺伝子　イ：X染色体の不活性化（ライオニゼーション）

問1 減数分裂は，第一分裂と第二分裂の２つの分裂からなり，遺伝的な多様性が生じる機構の１つである。その過程の第一分裂前期において，相同染色体の間で染色体の一部が交換される乗換えが起こる。この際に相同染色体どうしがきちんと並ばなかった場合には，最終的に生じる染色体

吸収スペクトルが赤視物質と同様になることがわかる。したがって，吸収スペクトルの違いを生み出す原因となるアミノ酸を指定する塩基配列は，エキソン5と6のいずれかまたは両方に存在すると考えられる。このうち，エキソン6には**図2**からわかるようにアスタリスク＊（異なるアミノ酸を生じさせる原因となる塩基配列の違い）は存在しないので，原因が存在するのはエキソン5が適切である。

融合遺伝子	エキソン						吸収スペクトル
	1	2	3	4	5	6	
1	赤	赤	緑	緑	緑	緑	緑
2	赤	赤	赤	緑	緑	緑	緑
3	赤	赤	赤	赤	緑	緑	緑
4	緑	緑	緑	緑	赤	赤	赤
5	緑	緑	緑	赤	赤	赤	赤
6	緑	緑	赤	赤	赤	赤	赤

問5 **図3**の結果を得た実験を参考に考える。**図3**では，吸収スペクトルの違いの原因となるアミノ酸を指定する塩基配列が存在するエキソンを特定するために，エキソンを交換した融合遺伝子を作成している。この次の段階として，特定したエキソン5において，原因となるアミノ酸を指定する塩基配列を特定するためには，塩基配列を交換した融合遺伝子を作成すればよいと考えられる。したがって，赤オプシン遺伝子と緑オプシン遺伝子のエキソン5に存在する＊で示した塩基配列のうち，互いに同じ位置の塩基配列をさまざまな組み合わせで交換した融合遺伝子を作成し，培養細胞で発現させ，レチナールと結合させた後に吸収スペクトルを測定することで，**図3**のような結果を得ることができると考えられる。

問6 原猿類と真猿類の共通祖先では，常染色体上に祖先型の青オプシン遺伝子，X染色体上に祖先型の赤オプシン遺伝子をもっており，赤と青を認識する2色型色覚であったと考えられる。その後，真猿類から狭鼻猿類が分岐する過程において，X染色体上で祖先型赤オプシン遺伝子の重複が起こり，祖先型赤オプシン遺伝子が隣り合って2つ存在するようになった。さらにそれぞれの祖先型赤オプシン遺伝子に突然変異が蓄積していったことにより，互いに15のアミノ酸が異なる赤

オプシン遺伝子と緑オプシン遺伝子が生じたと考えられる。なお，実際に赤視物質と緑視物質の吸収スペクトルの違いを生じさせる原因となっているアミノ酸は122番目のアミノ酸1つであり，赤オプシンではグルタミン，緑オプシンではイソロイシンであることがわかっている。

問7 遺伝子重複が起こらなくても，1つの遺伝子座に存在する対立遺伝子の組み合わせによって，現れる形質がそれぞれ異なることがある。また，哺乳類の雌では，2本のX染色体のうち，1本はメチル化により凝集した構造をとっており，転写が起こらない不活性化された状態になっている。これをライオニゼーションといい，このしくみによって雌雄でX染色体上の遺伝子の発現量に差が生じないようになっている。また，ライオニゼーションは，X染色体が両親のどちらに由来しているかにかかわらず，発生のある時期に細胞ごとにランダムに起こる（問題053参照）。このため，錐体細胞ごとに対立遺伝子のうちどちらが不活性化されるかが異なる，つまり対立遺伝子のどちらが発現するかが異なるので，この対立遺伝子についてヘテロ接合の個体では，錐体細胞ごとに2種類の視物質のうちどちらが形成されるかが異なるが，網膜全体でみれば2種類のどちらももつことになる。さらに常染色体上の遺伝子から別の1種類（青）の視物質が形成されるので，3色型色覚を示す。一方，雌でホモ接合の個体やX染色体を1本しかもたない雄では，X染色体上の遺伝子から1種類の視物質が形成され，常染色体上の遺伝子から別の1種類の視物質が合成されることにより，2色型色覚となる。

094 解答 解説

問1 (1) ④

(2) **機能しない肺を介さず，酸素を多く含む血液を全身に供給できる。**（30字）

(3) **右心房内の静脈血が左心房内に流入するため，全身への酸素の供給の効率が悪くなる。**（39字）

問2 $\alpha\alpha\beta\beta$

問3 **鎌状赤血球貧血症のヒトでは，β様グロビン鎖のうちのβの遺伝子に突然変異が起こっているが，胎児ではγの遺伝子が多く発現しているから。**（65字）

問4 (1) A. 0.876　S. 0.124

(2) AとSの遺伝子頻度がそれぞれ0.9
と0.1である集団において，次世代の遺
伝子型の割合は次のようになる。

$(0.9A + 0.1S)^2$
$= 0.81AA + 0.18AS + 0.01SS$

遺伝子型SSの個体は生存できないので，
Sの遺伝子頻度は，

$$\frac{0.18}{2 \times (0.81 + 0.18)} ≒ 0.0909 \ となる。$$

答　0.091

- -

問1 (1) 哺乳類などの体内では，酸素や二酸化
炭素は，血液によって運搬される。肺胞を経て酸
素分圧が高く二酸化炭素分圧が低くなった血液は
心臓から全身の組織へ向かって流れ，組織を経て
酸素分圧が低く二酸化炭素分圧が高くなった血液
は心臓に向かって流れる。母体と胎児における血
液循環の場合，胎盤を介して酸素の受け渡しが起
こるので，母体では胎盤に向かって酸素分圧が高
く二酸化炭素分圧が低い血液が流れ，胎児では胎
盤に向かって酸素分圧が低く二酸化炭素分圧が高
い血液が流れると考えられる。

　表1から，母体の場合，血管Ⅱは血管Ⅰと比
べて酸素分圧が高く，二酸化炭素分圧が低いので，
母体では血管Ⅱ→胎盤→血管Ⅰの順に血液が流れ
ると考えられる。胎児の場合，血管Ⅳは血管Ⅲと
比べて酸素分圧が低く，二酸化炭素分圧が高いの
で，胎児では血管Ⅳ→胎盤→血管Ⅲの順に血液が
流れると考えられる。したがって，④が正しい。

　(2) 血液またはリンパ液の通り道となる器官の
まとまりは循環系と呼ばれる。ヒトの循環系にお
いて，心臓から肺を通り，酸素を取り込んで心臓
に戻る循環を肺循環といい，肺循環以外の全身へ
の循環を体循環という。

　ヒトの胎児の場合，出生前は肺が機能していな
いため，肺で酸素を取り込むことができない。胎
盤を経て右心房に流れ込んだ血液の多くはそのま
ま卵円孔により左心房へと流れることで，肺での
酸素の消費を防ぐことができる。

　(3) 出生後は肺循環によるガス交換が必要とな
る。卵円孔が閉じない場合，右心房内の酸素の少
ない静脈血が左心房内に流入するため，肺循環に
よるガス交換の効率が悪くなり，全身への酸素の
供給量が減少する。

問2　前文に「グロビン鎖にはα様グロビン鎖
とβ様グロビン鎖があり，α様グロビン鎖2本と
β様グロビン鎖2本の計4本のポリペプチド鎖が
ヘモグロビンを構成している」とある。また，**図
1**より，ヒトのβ様グロビン鎖は胎児期にはγ
（鎖）の割合が多く，乳児期にはβ（鎖）の割合
が多いことが示されている。乳児期6ヶ月のβ様
グロビン鎖は主にβに置き換わっている。よって，
乳児期6ヶ月に最も多量に存在するヘモグロビン
のグロビン鎖はααββと示される。

問3　鎌状赤血球貧血症は，β様グロビン鎖の
うちのβの遺伝子において，βを構成するアミノ
酸のうち6番目のアミノ酸であるグルタミン酸を
指定する塩基の1つに置換が起こり，指定され
るアミノ酸がバリンに変化することで生じる。

　図1より，胎児期にはβグロビン鎖として
βではなくγが多く存在するため，βに変異が
あっても胎児期の発生は正常に進行し，誕生する。

　なお，鎌状赤血球貧血症がβの遺伝子の突然変
異によるものであることを知らなくても，低酸素
濃度条件下において，この突然変異をホモ接合で
もつヒトは，出生後には重い貧血症になるのに対
して，胎児のときは貧血症にならないこととβの
割合が低いことから，鎌状赤血球貧血症の原因が
β様グロビン鎖のβにあることを推定できる。

問4　(1)表2において，正常のヒト（1410人）
の遺伝子型はAA，鎌状赤血球形質のヒト（465
人）の遺伝子型はAS，鎌状赤血球貧血症のヒト
（0人）の遺伝子型はSSと表せる。なお，SSが
0人であるのは，SSのヒトの貧血が重症である
ため寿命が短いからである。この集団におけるA
またはSの遺伝子頻度は，遺伝子プールのAと
Sの総数に占めるAまたはSの数の割合である。
また，Aの遺伝子頻度とSの遺伝子頻度の和は1
になるので，次のような計算により求められる。

$$Sの遺伝子頻度 = \frac{465}{2 \times (1410 + 465)} = 0.124$$

$$Aの遺伝子頻度 = 1 - （Sの遺伝子頻度）$$
$$= 1 - 0.124 = 0.876$$

もちろん，次のような計算により求めてもよい。

$$Aの遺伝子頻度 = \frac{2 \times 1410 + 465}{2 \times (1410 + 465)} = 0.876$$

$$Sの遺伝子頻度 = 1 - （Aの遺伝子頻度）$$
$$= 1 - 0.876 = 0.124$$

問4(1)において調査した集団内のAAの遺伝子型の割合（頻度）は，

$$\frac{1410(人)}{1410(人)+465(人)} = 0.752 \text{ だ。}$$

ハーディ・ワインベルグの法則では，A，Sの遺伝子頻度を p，q とすると，

$(p\text{A}+q\text{S})^2 = p^2\text{AA} + 2pq\text{AS} + q^2\text{SS}$

となる。だから $p^2 = 0.752$ として，$p = \sqrt{0.752}$ を求めればよい（…?），としないようにね。

(2) 設問文に「この地域の環境ではこの突然変異をホモ接合でもった個体は生存できない」とあることから，遺伝子型SSの個体は生存できないので，次世代の遺伝子頻度を計算する際に，遺伝子型SSを遺伝子プールの総数に含めないようにする必要がある。AとSの遺伝子頻度がそれぞれ0.9と0.1である集団において，次世代の遺伝子型の割合（遺伝子型頻度）は次のようになる。

$(0.9\text{A} + 0.1\text{S})^2 = 0.81\text{AA} + 0.18\text{AS} + 0.01\text{SS}$

遺伝子型SSの個体は生存できないので，Sの遺伝子頻度は以下のように求められる。

$$\frac{0.18}{2\times(0.81 + 0.18)} \fallingdotseq 0.0909\cdots \fallingdotseq 0.091$$

設問では問われていないが，この結果から，ある地域でマラリアが撲滅されると，鎌状赤血球貧血症や鎌状赤血球形質を引き起こす突然変異型Sの遺伝子頻度は，その地域の集団において低下していくと予測できる。これは，マラリア撲滅によって突然変異型Sが生存に不利な遺伝子になったためと考えられる。

095 解答 解説

問1 ① 自然選択 〈別解〉選択圧
② 種間競争

問2 (1) 地理的隔離 (2) 適応放散

問3 親を捕獲し，個体を識別するための足輪などをつけ，くちばしの厚みを計測する。子にも同様の足輪をつけて，子が成熟した時期に再度捕獲し，くちばしの厚みを計測する。（78字）

問4 親子のくちばしの厚みには強い相関関係があり，くちばしの厚みは遺伝の影響を強く受けると考えられる。（48字）

問5 図2から，干ばつ前に比べて干ばつ後に生まれた個体はくちばしの薄い個体が少なく，厚い個体が多いことがわかる。これより，干ばつで残った大きく堅い種子を食べることができるくちばしの厚い個体が生存に有利となってより多く生き残り，子を残したと推察される。（123字）

問6 (1) 遺伝的浮動
(2) 個体数が少ない集団の場合，遺伝的浮動による遺伝子頻度の変化が大きくなり，進化に大きく影響する。（47字）

問7 図3の結果から，ガラパゴスフィンチのくちばしの厚みは薄く変化したと考えられる。1977年の干ばつでは，餌となる種子が大きく堅いものに変化したためにくちばしが厚くなったが，2003年の干ばつでは，オオガラパゴスフィンチとの種間競争により，餌となる種子の食いわけが生じており，小さい種子の摂食に適するようにくちばしが薄く変化したと考えられる。

問8 遺伝子B，Pの遺伝子頻度をそれぞれ b，p（$b + p = 1$）とする。
大ダフネ島について，

$b = 0.22 + \dfrac{1}{2} \times 0.46 = 0.45$

$p = 0.32 + \dfrac{1}{2} \times 0.46 = 0.55$

同様に，島Aについて，

$b = 0.56 + \dfrac{1}{2} \times 0.38 = 0.75$

$p = 0.06 + \dfrac{1}{2} \times 0.38 = 0.25$

大ダフネ島と島Aの集団は同等の大きさであるので，新しい1集団における遺伝子B，Pの遺伝子頻度 b，p はそれぞれの平均値となる。

よって，新しい1集団について，

$b = \dfrac{0.45 + 0.75}{2} = 0.6$

$p = \dfrac{0.55 + 0.25}{2} = 0.4$

新しい1集団の次の世代の遺伝子型の頻度については，

$(0.6\text{B} + 0.4\text{P})^2 = 0.36\text{BB} + 0.48\text{BP} + 0.16\text{PP}$ より，BB は 0.36，BP は 0.48，PP は 0.16 となる。

問1 進化の要因として，突然変異，自然選択，遺伝的浮動，隔離がある。有利な形質を持つ個体が生き残ったことから，①は自然選択が適当である。なお，自然選択を引き起こす要因を表す用語である「選択圧」も①の答えとして可であろう。

図2と図3の結果から，ガラパゴスフィンチのくちばしの厚さは，1977年の干ばつでは厚くなる方向へ変化し，2003年の干ばつでは薄くなる方向へ変化していて，進化の方向性が異なることがわかる。図3から2003年の干ばつ時には，オオガラパゴスフィンチとの間に種子をめぐる種間競争があり，これがくちばしの厚みに影響したと推測されるため，②は種間競争が適当である。

問2 同種の集団間の自由交配が妨げられることを隔離という。山・川・谷など地形的障害により個体の移動が妨げられることで起こる隔離を地理的隔離という。共通の祖先を持つ生物群がさまざまな環境に適応して多様な種に分化し，多数の異なる系統に分岐することを適応放散という。

問3 問われている調査項目はガラパゴスフィンチの親と，成熟した子それぞれのくちばしの厚みである。親子関係を把握するため，また子が成熟する時期に同じ個体を識別できるようにするために，個体の識別が可能となるような印をつける必要があると考えられる。なお，親子関係の確認は，厳密にはDNAの比較などによって行うのがよいが，ここでは，捕獲して足輪をつけた個体（成鳥）が巣にもどり，その巣内で世話をする個体（幼鳥）を，その成体の子と見なしてよい。

問4 図1のグラフの概形から，親子のくちばしの厚みには強い相関関係があることがわかる。くちばしの厚い親からはくちばしの厚い子が生まれていることが示されており，くちばしの形質は遺伝の影響を強く受けると考えられる。

> 21世紀に入って，ダーウィンフィンチのくちばしの厚さは，骨形成タンパク質4（BMP4）の濃度によって決定されていることがわかったんだ。

問5 図2から，干ばつ後に生まれた個体は，干ばつ前に生まれた個体に比べてくちばしが薄い個体の割合が減少し，厚い個体の割合が増加して

いることがわかる。前文で「餌となる種子の量が減り，残った種子も通常より大きくて堅いものが多かった」とある。また，問4の考察から，くちばしの厚い親からはくちばしの厚い子が生まれる傾向があることがわかる。これらのことから，干ばつによって小さい種子しか食べられないくちばしの薄い個体が減少し，大きく堅い種子を食べることができるくちばしの厚い個体がより多く生き残り，それらの個体が繁殖した結果，くちばしが厚い子の割合が高くなったと推察される。

なお，「餌となる種子の量が減り，残った種子も通常より大きくて堅いものが多かった」ことの理由として，以下のことが推測される。一般的に，種子の形質は広い範囲に散布して発芽する能力か，環境が悪いときに休眠して環境が良くなるまで耐える能力か，どちらかに特化している。小さく柔らかい種子は散布能力が高く，一方で大きく堅い種子は休眠能力が高い。小さくて柔らかい種子は，散布後に休眠せず，すぐに発芽するものが多い。そのため，生育に適した環境のときは生息域を広げてすぐに成長することができるが，干ばつなど環境が悪いときは，休眠せずに発芽してしまい，そのまま枯死してしまう。よって，干ばつ環境下では，乾燥に耐えることができる大きくて堅い種子のみが残りやすい。

また，干ばつ環境下では種子を残せる植物自体の個体数が減少し，植物1個体あたりの種子数が低下することも考えられる。全体の種子数が少ない場合，動物による被食圧が高まるため，小さくて柔らかい種子は被食されてしまい，食べにくい大きくて堅い種子が残ったと考えられる。

問6 集団が小さい場合，親の集団から次世代へ引き継がれる配偶子の頻度にばらつきが生じやすくなるので，偶然による集団内の遺伝子頻度の変化である遺伝的浮動による影響が大きくなる。

問7 まず図3のグラフからわかることを述べて，それから変化の理由について根拠を明記して説明しよう。図3の結果から，ガラパゴスフィンチはくちばしが薄い個体の方がより多く生き残ったことがわかるので，その後に生まれた世代のくちばしの厚みは干ばつ前と比べて薄くなったと考えられる。一方，オオガラパゴスフィンチのくちばしの厚みは厚くなったと考えられる。

次に，ガラパゴスフィンチのくちばしの厚みの変化について，1977年の干ばつと2003年の干ばつを比較して異なっている点に着目しよう。1977年の干ばつ後は，ガラパゴスフィンチのくちばしは厚くなったが，2003年の干ばつ後は薄くなった。また，前文に1982年からは同じ島にオオガラパゴスフィンチが繁殖（定着）していることが示されている。さらに，**図3**に示されている「死んだ個体の数」と「生き残った個体の数」の合計を，2003年の干ばつ前の個体数とみなし，その分布を見ると，ガラパゴスフィンチのくちばしは11mm以下，オオガラパゴスフィンチのくちばしは13mm以上であったことがわかる。このことから，これらの2種の間では，種間競争によって餌となる種子の食いわけが生じており，干ばつによってガラパゴスフィンチのくちばしはより薄い方向へ，オオガラパゴスフィンチのくちばしはより厚い方向へ変化したと考えられる。

このように，競争関係にある他種が存在することで，ガラパゴスフィンチのくちばしの厚みの変化の方向性が逆になったことから，種間競争が進化の方向性に影響を与えると考えられる。

問8 大ダフネ島と島Aの集団は同等の大きさであるので，新しい1集団の遺伝子B，Pの遺伝子頻度 b，p はそれぞれの島の集団での遺伝子頻度の平均値となる。

096 解答 解説

問1 ① **イモリ** ② **カモノハシ** ③ **サメ**
④ 9 ⑤ 20 ⑥ 13 ⑦ 8

問2 ④ **問3** 8.0×10^{-1}（0.80）

問4 ・DNAはすべての生物が共通してもつので，系統的に遠い生物種間でも比較できる。（38字）
・塩基が変化する速度をもとに，生物種間の分岐年代を推測することができる。（35字）

問5 突然変異により塩基配列に違いが生じてもアミノ酸配列が変化しない場合があり，進化系統上で近い生物種間ではアミノ酸配列にあまり違いがみられない可能性が高くなるので，塩基配列を利用する方が適当である。（97字）

問6

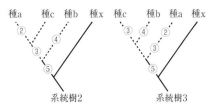

系統樹2　　　系統樹3

問7 〈系統樹〉2　〈変異数の合計〉4

問8 〈種I〉**セイヨウタンポポ**
〈種II〉**ハルノノゲシ**

問9 ア：7 イ：12 ウ：11

問10 (1) **あ**：① **い**：④
(2) **エ**：3 **オ**：2 **カ**：5
(3) **キ**：3 **ク**：4 **ケ**：8
(4) ⑥
(5) 〈種A〉**セイヨウタンポポ**
〈種B〉**ハルノノゲシ**
(6) 10

┄┄┄┄┄┄┄┄┄┄┄┄┄┄┄┄┄┄┄┄┄┄┄

問1 共通祖先から分岐した生物群の分子進化の速度が等しい場合，タンパク質を構成するアミノ酸配列の違いが少ない生物どうしは系統的に近縁であると考えられる。**表1**より，ヒトと他の生物とのアミノ酸置換数は，サメでは80，イモリでは62，カモノハシでは38，ウシでは18である。したがって，ヒトとのアミノ酸置換数が最少のウシが最もヒトと近縁であり，続いて，カモノハシ，イモリ，サメの順でヒトと系統的に近いとわかる。また，**図1**のような系統樹では，基部（**図1**では左端）に近い枝ほど古い時代に分岐したことを表し，近い枝の生物ほど類縁関係が近いことを表すので，①〜③をヒトと系統的に近い順に並べると，②，①，③となる。したがって，②がカモノハシ，①がイモリ，③がサメということになる。

ヒトとウシのアミノ酸置換数は18である。2つの系統間のアミノ酸置換数は，分岐後の2つの系統におけるアミノ酸の置換の合計なので，ヒトとウシそれぞれでの共通祖先からの置換数は，$18 \div 2 = 9$（④）となる。これをもとに考えると，**図1**より，以下のように求められる。なお，これらは次ページのように**表1**からも求められる。
⑤ ＝ 11 ＋④＝ 11 ＋ 9 ＝ 20，
⑥ ＝ 33 －⑤＝ 33 － 20 ＝ 13

（ヒト・ウシ）とカモノハシ（②）との違いは，それぞれとカモノハシとの違いの平均なので，(38 + 42) ÷ 2 = 40 である。したがって，(ヒト・ウシ）とカモノハシの共通祖先からの置換数は 40 ÷ 2 = 20（⑤）である。同様に，（ヒト・ウシ・カモノハシ）とイモリ（①）との違いは，(62 + 65 + 71) ÷ 3 = 66 である。したがって，（ヒト・ウシ・カモノハシ）とイモリの共通祖先からの置換数は 66 ÷ 2 = 33 である。次に，（ヒト・ウシ・カモノハシ・イモリ）とサメ（③）との違いは，(80 + 80 + 84 + 84) ÷ 4 = 82 である。したがって，（ヒト・ウシ・カモノハシ・イモリ）とサメの共通祖先からの置換数は，82 ÷ 2 = 41 である。これより，⑦= 41 − 33 = 8 となる。

図1は下図のように表されることもあるけど，ビックリしないようにね。

問2　ヒトとウシが約 8000 万年前に共通祖先から分岐したということは，約 8000 万年でアミノ酸がそれぞれ 9 個置換したということである。したがって，共通祖先からアミノ酸 1 個の置換に要する時間は，
8000（万年）÷ 9 = 888.88…（万年）≒ 888.9（万年）である。**問1** での考察よりヒトとサメは共通祖先からそれぞれ 41 個のアミノ酸が置換しているので，これらが分岐したのは，
41 × 888.9（万年）= 36444.9（万年）≒ 36000（万年），つまり約 3 億 6 千万年前（④）である。

なお，アミノ酸の置換数は，注目するタンパク質によって，**表1** とは異なった数値になり，それらの数値をもとに算出する「ヒトとサメの分岐年代」は約 3 億 6000 万年前〜 4 億年前の範囲でバラツクことがある。

問3　ヒトとウシでは，8000 万（$8 × 10^7$）年の間に 140 個のアミノ酸のうちそれぞれ 9 個置換しているので，1 アミノ酸あたりの置換数は $\dfrac{9}{140}$ である。したがって 10 億（$1 × 10^9$）年あたりでは，$\dfrac{9}{140} × \dfrac{1 × 10^9}{8 × 10^7} = 0.803…$
となる。有効数字 2 桁で答えるので，$8.0 × 10^{-1}$ 個または 0.80 個である。

問4　前文にあるように，従来の系統解析には，外部形態の違いが利用されてきた。この場合，一般に外部形態が類似しているほどより近縁であると推定されるが，類似した形態には収束進化（収れん）の結果生じた相似器官も含まれる。このように，形態の類似性は類縁関係を正確に反映していない。また，外部形態による比較はその形態をもつ生物種間でしか行うことができない。これに対して，DNA の塩基配列はすべての生物が共通してもつので，これを比較することで形態がまったく異なる生物種間でも系統関係を推測することができる。また，塩基が変化する速度（分子時計）をもとに，生物種間の分岐年代を推測することができる。このほか，絶滅して DNA が残されていない生物に対しては解析が行えないが，絶滅した生物であっても DNA が保存されていればそれを利用できるので，絶滅種と現生の種をあわせた系統関係を知ることができるという利点もある。

問5　遺伝子発現では，ほとんどのアミノ酸についてそれぞれ指定するコドンが複数種類存在するので，遺伝子突然変異の同義置換のように，DNA の塩基配列に違いが生じても生じるタンパク質のアミノ酸配列が変化しない場合がある。したがって，一般にアミノ酸配列の変化数は DNA の塩基配列の変化数よりも少なくなり，近縁の生物種ではアミノ酸配列にあまり違いが生じない場合が多くなるので，塩基配列を用いた方がより正確に系統関係を解析することができる。

問6　前文中の系統樹 1 の作成方法にならって作成していく。系統樹 2 については，まず**表2** において種 a と種 c を比べると，異なる塩基配列上の部位は部位 2 のみなので，種 a と種 c を結ぶ経路の枝上に②を記入すればよいとわかる。このとき，種 c の部位 2 の塩基は種 x と同じ G で

あるので，変化が起こったのは種aへ分岐する過程であると判断でき，種aに分岐する枝上に②を記入する。次に種aと種bを比べると，異なる塩基配列上の部位は部位2，3，4であるが，②は記入済みであり，部位3は種xと比べて種aとcに共通の変化，部位4は種bのみの変化なので，種a・cへ分岐する枝上に③，種bに分岐する枝上に④をそれぞれ記入する。同様に系統樹3については，**表2**において種bと種cを比べると，異なる塩基配列上の部位は部位3，4であるので，種bと種cを結ぶ経路の枝上に③と④を記入すればよいとわかる。このとき，部位3は種xと比べて種cのみの変化，部位4は種bのみの変化なので，種cに分岐する枝上に③，種bに分岐する枝上に④を記入する。次に種cと種aを比べると，異なる塩基配列上の部位は部位2のみなので，種aへ分岐する枝上に②を記入する。また，部位3は種xと比べると種cとaのいずれも変化しているので，同じ塩基への変異が種cと種aに起こったと考え，種aへ分岐する枝上には③も記入する。なお，**図2**の系統樹1と系統樹1'は同じとみなすことから，系統樹3において種aの枝上の②と③の位置は逆でもよい。

問7 作成した系統樹より，系統樹1，2，3における変異数の合計は，それぞれ5，4，5である。最節約法では，変異数の合計が最も少ない系統樹を選択するので，系統樹2が選択される。

問8・9 **表3**に示されている種名の順に，4種の植物間で異なる塩基の数を数え，遺伝的距離として整理すると，次のようになる。これを**表4**と比較すると，答えが求められる。

	ノボロギク [Ⅳ]	ハルノノゲシ [Ⅱ]	セイヨウタンポポ [Ⅰ]	ヒメジョオン [Ⅲ]
ノボロギク [Ⅳ]	0			
ハルノノゲシ [Ⅱ]	11[**ウ**]	0		
セイヨウタンポポ [Ⅰ]	12[**イ**]	5	0	
ヒメジョオン [Ⅲ]	12	7 [**ア**]	8	0

問10 (1)・(2) 種Ⅰ，種Ⅱ，種Ⅲを頂点とする三角形と点Pを図示すると，次図のようになる。

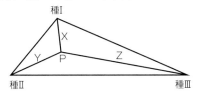

表4の遺伝的距離と対応させると，
種Ⅰと種Ⅱ…X＋Y＝5（**あ：①**）
種Ⅱと種Ⅲ…Y＋Z＝7（**い：④**）
種Ⅲと種Ⅰ…Z＋X＝8
が成り立ち，これを解くとX＝3[**エ**]，Y＝2[**オ**]，Z＝5 [**カ**] となる。

(3) 同様に，種Ⅱ，種Ⅲ，種Ⅳを頂点とする三角形と点P'を図示すると，次図のようになる。

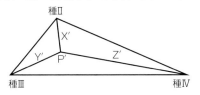

表4の遺伝的距離と対応させると，
種Ⅱと種Ⅲ…X'＋Y'＝7
種Ⅲと種Ⅳ…Y'＋Z'＝12
種Ⅳと種Ⅱ…Z'＋X'＝11
が成り立ち，これを解くとX'＝3[**キ**]，Y'＝4[**ク**]，Z'＝8 [**ケ**] となる。

(4) 種Ⅱと点Pの遺伝的距離は2，種Ⅱと点P'の遺伝的距離は3であるため，PP'間の距離が3－2＝1ではない①～④は不適である。また，種Ⅰ～種Ⅳの4種間で最大の遺伝的距離は12であり，系統樹の線の長さが遺伝的距離を表していることに注意すると，⑤と⑥のうち種Aと種Dの間に12の遺伝的距離がある⑥が適切であると考えられる。なお，このように共通祖先を表す「根」がない系統樹は無根系統樹と呼ばれる。

(5) **図3**の系統樹⑥の線の長さより，種Aと種Bの遺伝的距離は5，種Bと種Dの遺伝的距離は11である。**表4**から，遺伝的距離が5であるのは種Ⅰと種Ⅱ，遺伝的距離が11であるのは種Ⅱと種Ⅳなので，種Aが種Ⅰ（セイヨウタンポポ），種Bが種Ⅱ（ハルノノゲシ），種Dが種Ⅳ（ノボロギク）であるとわかる。

(6) 種Ⅲ, 種Ⅳ, 種Ⅴを頂点とする三角形を描き, 三角形の中にある点 P″ と各頂点との距離を X″, Y″, Z″ とすると, 次図のようになる。

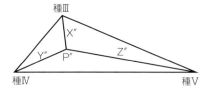

種間の遺伝的距離は,
種Ⅲと種Ⅳ…X″ + Y″ = 12
種Ⅳと種Ⅴ…Y″ + Z″ = 9
種Ⅴと種Ⅲ…Z″ + X″ = 11
となるので, これを解くと X″ = 7, Y″ = 5, Z″ = 4 となる。点 P′ と点 P″ を連結点として種Ⅱ〜種Ⅴの遺伝的距離を系統樹に表すと, 次図のようになる。

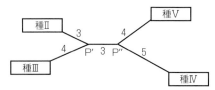

したがって, 種Ⅱと種Ⅴの遺伝的距離は, 3 + 3 + 4 = 10 である。

第14章 特別章

097 解答 解説

問1
(1) a・タンパク質，シ
(2) f・細胞 (細菌，微生物)，カ
(3) c・白血球，コ
(4) e・遺伝子，サ
(5) b・天然痘，ク
(6) d・mRNA，シ
(7) g・形質転換，サ

問2
(a) (イ)・オートファジー (自食作用)
(b) (エ)・T　　(c) (ア)・ラギング
(d) (ウ)・抗体

・・・

問1 (1) ハーシーとチェイスは，ファージを構成するタンパク質とDNAのいずれが遺伝物質であるかを確かめるために実験を行った。よって，aの空欄に適する語はタンパク質のみである。

(2) 自作の顕微鏡を用いて，コルクガシの死細胞を観察し，細胞を発見したロバート=フックと混同しないようにしよう。

問2 (b) PD-1の発見者である本庶佑は，がん細胞のPD-L1とT細胞のPD-1との結合を阻害するがん治療薬の開発を行った。

近年の入試で，「正解」または「選択肢のダミー」として出題頻度が高かった研究者 (上位50グループ) とその業績を次ページの **表97-1** に示す。なお，表中の年代は，重要事項の発見年または発表年を示している。

098 解答 解説

1. Ca^{2+}　　2. Cl^-　　3. Ca^{2+}　4. Ca^{2+}
5. Na^+, K^+ 6. P　　7. N　　8. C
9. N, S　　10. C, H, N, O 11. Fe
12. N, P, K 13. Na^+ 14. K^+ 15. Ca^{2+}

・・・

細胞の構造と働きを支えている物質には，炭水化物 (糖質)・脂質・タンパク質・核酸などの有機物と，水・無機塩類などの無機物がある。さらに，これらの物質は約30種類の元素 (生元素) から構成されている。これらの元素のうち，生体重量の約95%を占めるO,C,H,N (含有率の多い順に表示) は言うに及ばず，少量しか含まれない他の元素も重要な働きをもっている。

図98-1 生物を構成する主な元素 (生元素) の種類とその特徴

元素名 (元素記号)	特徴・働き		
炭素 (C)	CO_2 として光合成に利用され，呼吸により排出される。	ほとんどすべての有機物に含まれている。	植物の必須10元素
水素 (H)	H_2O や HCl の成分。H^+ として pH の形成。ミトコンドリア内や葉緑体内で，膜をはさんだ H^+ の濃度勾配を利用したATP合成。		
酸素 (O)	O_2 として呼吸に利用され，光合成により排出される。		
窒素 (N)	タンパク質，核酸，クロロフィル，ATPなどの成分。富栄養化の原因となる。		
カルシウム (Ca)	硬骨の成分。パラトルモンにより，骨から溶出促進。Ca^{2+} として，興奮の伝達に関与，トロポニンと結合して筋収縮促進，トロンビンの形成 (血液凝固) 促進，カドヘリン同士の結合に関与，受精膜形成に関与。		
カリウム (K)	K^+ はナトリウムポンプで細胞内に。富栄養化の原因となる。		
硫黄 (S)	タンパク質を構成する一部のアミノ酸 (システイン・メチオニン) の構成成分。		
リン (P)	核酸，ATP，リン脂質，硬骨などの成分。富栄養化の原因となる。		
鉄 (Fe)	ヘモグロビンの成分 (ヘム)。【参考】電子伝達系で働くタンパク質の成分。		
【参考】マグネシウム (Mg)	クロロフィルの成分。マグネシウムが欠乏すると植物は白化。		
塩素 (Cl)	Cl^- は体液の成分であり，細胞内に流入して抑制性シナプス後電位 (IPSP) の発生。		
ナトリウム (Na)	Na^+ は体液の成分であり，ナトリウムポンプにより細胞外へ。細胞内に流入して活動電位を発生。腎臓における Na^+ の濃縮率は1に近い。		

表 97-1 近年の入試で出題頻度が高い研究者名とその業績

出題頻度は，番号を ○ で囲ったものが１年に２大学以上，△ で囲ったものが１年に１～２大学，無印は１年に１大学未満である。また，日本人に関してのみノーベル賞受賞の有無を明記した。

	年代	研究者名	業績		年代	研究者名	業績
1	1665	フック	細胞の発見	㉗	1944	エイブリー	形質転換物質の正体は DNA
2	1674	レーウェンフック	微生物などの観察	㉘	1945	ビードルとテータム	一遺伝子一酵素説
③	1735	リンネ	学名（二名法）	29	1947	木原均	コムギの核型分析
4	18 世紀末	ジェンナー	天然痘のワクチン	30	1949	シャルガフ	DNA の塩基組成
5	1803	ラマルク	用不用説	△31	1950	ウィルキンスとフランクリン	DNA の X 線回折
6	1831	ブラウン	細胞の核の発見	32	1952	ハーシーとチェイス	遺伝子の本体は DNA
7	1838	シュライデン	植物の細胞説	㉝	1953	ワトソンとクリック	DNA は二重らせん構造
△8	1839	シュワン	動物の細胞説	△34	1953	ミラー	化学進化
9	1855	フィルヒョウ	細胞は細胞から生じる，細胞説の確立	35	1958	メセルソンとスタール	DNA の半保存的複製
⑩	1857	パスツール	発酵の研究，自然発生説の否定（1862 年）	△36	1961	ニーレンバーグとコラーナ	試験管内でのタンパク質合成と遺伝暗号の解読
⑪	1859	ダーウィン	自然選択説，植物の光屈性の研究（1880 年）	37	1961	下村脩	GFP の発見により 2008 年にノーベル化学賞
⑫	1865	メンデル	遺伝の法則	38	1961	ジャコブとモノー	オペロン説
13	1866	ヘッケル	発生反復説	39	1962	ガードン	核移植実験
14	1869	ミーシャー	白血球から酸性物質（ヌクレイン）を発見	40	1966	岡崎令治	岡崎フラグメント
△15	1908	ハーディとワインベルグ	集団遺伝における遺伝子頻度について	△41	1967	マーグリス	細胞内共生説の普及，五界説の発展
△16	1910	ボイセン＝イェンセン	光屈性のしくみの研究	△42	1968	木村資生	中立説
17	1918	ラウンケル	植物の生活形の分類	㊸	1969	ホイッタカー	五界説
⑱	1924	シュペーマンとマンゴルド	形成体の発見	44	1969	ニューコープ	中胚葉誘導
△19	1925	フォークト	原基分布図	△45	1976	利根川進	抗体の遺伝子再構成，1987 年にノーベル生理学・医学賞
⑳	1926	モーガン	遺伝子説・染色体地図	△46	1990	ウーズ	3 ドメイン説
21	1926	黒沢英一	ジベレリンの発見	△47	2006	山中伸弥	iPS 細胞の作出，2012 年にノーベル生理学・医学賞
22	1927	マラー	人為突然変異	48	2015	大村智	オンコセルカ症の治療薬（イベルメクチン）の開発によりノーベル生理学・医学賞
㉓	1928	グリフィス	形質転換の発見	49	2016	大隅良典	オートファジーの研究によりノーベル生理学・医学賞
24	1936	オパーリン	コアセルベートの作出	50	2018	本庶佑	PD-1 の発見と，抗 PD-1 抗体（がん治療薬）の開発によりノーベル生理学・医学賞
25	1938	藪田貞治郎	ジベレリンの抽出・単離	番外（選択肢のダミーとして）		アリストテレス（B.C.384 ～ 322）	ギリシアの哲学者・博物学者
△26	1939～1957	ヒル，ルーベン，ベンソン，カルビンらによる光合成の研究				コッホ（19 ～ 20 世紀）	ドイツの細菌学者，結核菌・コレラ菌の発見者

生物を構成する主な元素（生元素）の種類とその特徴を 193 ページの **表 98-1** にまとめた。

2．動物の体液とは，多細胞動物の細胞外に存在する液体を指し，その主要成分は Na^+（陽イオン）と Cl^-（陰イオン）である。

5．動物の細胞膜に存在するナトリウムポンプ（$Na^+ \cdot K^+$-ATP アーゼ）によって，Na^+ は細胞外へ，K^+ は細胞内へ輸送される。この輸送は，エネルギーを用いて細胞内外の濃度差に逆らって行われる能動輸送である。この結果，動物では細胞内の K^+ 濃度が細胞外より，細胞外の Na^+ 濃度が細胞内より，それぞれ著しく高くなる。

6・9．炭水化物と多くの脂質を構成する元素は，C・H・O のみであるが，タンパク質ではこれに N・S が，核酸・ATP では N・P が加わる。

7．アゾトバクターやクロストリジウムなどの細菌は，窒素固定（$N_2 \rightarrow NH_4^+$）を行う。

8．葉（気孔）からは，CO_2 と O_2 が取り入れられ，根からは H_2O や無機イオンが取り入れられる。

10．原始地球の大気組成は，H_2，H_2O，NH_3，CH_4 などであったという説（還元型大気説）と CO_2，CO，N_2，H_2O などであったという説（酸化型大気説）があるが，いずれにおいても，C，H，O，N は含まれていたと考えられる。

14．孔辺細胞のカリウムチャネルが開き，細胞内に K^+ が流入して浸透圧が上昇する。その結果，周囲の細胞から孔辺細胞に水が入り，孔辺細胞の膨圧が上昇するので，孔辺細胞は湾曲し，気孔の開度が上昇する。

099 解答 解説

問 1 (1) (d)　(2) (c)　(3) (a)　(4) (c), (d)

(5)

```
         H                 H
         |                 |
H₂N-C-CO-NH-C-COOH
         |                 |
         CH₃              CH₃
```

〈別解 1〉

```
     H  O  H  H
     |  ||  |  |
H₂N-C-C-N-C-COOH
     |        |
     CH₃     CH₃
             COOH
```

〈別解 2〉

```
         CO-NH-C-H
         |          |
H₂N-C-H     CH₃
     |
     CH₃
```

(6) (c), (e)

(7)

```
         COOH
         |
H₂N-C-H
         |
         H
```

問 2 (1) (a) ④　(b) ⑦　(c) ⑨

(2) (d) グアニン　(e) シトシン

(3) 1 分子のアデニン，1 分子のリボース，3 分子のリン酸

(4)

問 1 (a) システイン：中性・親水性（または疎水性），2 つのシステインの -SH 基で S-S 結合の形成。なお，メチオニンも S を含む中性・疎水性のアミノ酸であるが，-SH 基をもたず，S-S 結合の形成には関与しない。

(b) アラニン：中性・疎水性，最小のアミノ酸であるグリシン（側鎖は -H のみ）の次に低分子

(c) リシン：塩基性・親水性，-NH₂（アミノ基）を 2 つもつので塩基性，ヒトの必須アミノ酸

(d) グルタミン酸：酸性・親水性，-COOH（カルボキシ基）を 2 つもつので酸性，窒素同化における中間産物

(e) イソロイシン：中性・疎水性，ヒトの必須アミノ酸

問 2 (1) 核酸を構成する糖については，まず 3′ の炭素（**図 2** では五角形の底辺左）と 2′ の炭素（**図 2** では五角形の底辺右）に注目して識別す

る。RNAの糖であるリボースは，3′と2′の炭素がともに −OH と結合しているので，RNAは⑦か⑨であり，このうち1′の炭素（**図2**では五角形の右角）に塩基がついている⑦が適当である。DNAの糖であるデオキシリボースは，リボースから1つの酸素原子が離脱（デオキシ）したもの（2′の炭素に結合した −OH が −H になったもの）なので，DNAは⑦である。サンガー法でDNA合成を止めるために用いられる特殊なヌクレオシド三リン酸に含まれる糖は，リボースから2つの酸素原子が離脱（ジデオキシ）したものなので，このヌクレオシド三リン酸は⑦である。

（2）・（4）DNAを構成する塩基には，AやGのように大きい塩基（【参考】プリン塩基）とCやTのように小さい塩基（【参考】ピリミジン塩基）があり，A(大)− T(小)，G(大)−C(小)のように，大きい塩基と小さい塩基間でのみ水素結合が起こり，相補的塩基対が形成される。なお，A(大)−C(小)間やG(大)−T(小)間では水素結合が起こらないので相補的塩基対は形成されない。

（3）設問文中の条件より，「1分子のアデノシン，3分子のリン酸」は不可である。

Ⓢuccess Point　生体物質の構造式

『構造式を読ませる・描かせる問題』において取り上げられるテーマとしては，

1. タンパク質関係（ペプチド結合（29%），アミノ酸の種類（20%）など）
2. 核酸関係（糖の種類（29%），塩基（5%）など）
3. ATP関係（9%）
4. 植物ホルモン関係（4%）　5. その他（4%以下）

などがある（（　）内は出題された『構造式を…問題』の総数に対する，各テーマの占めるおよその割合（出題頻度）である）。

100 解答 解説

問1　①J　②Z　③W　④G　⑤L
　　　⑥Y　⑦S　⑧H　⑨T　⑩K
　　　⑪O　⑫A　⑬B

問2　①キ　②エ　③オ　④キ　⑤オ
　　　⑥カ　⑦カ　⑧カ　⑨キ　⑩オ
　　　⑪イ　⑫エ　⑬オ

問3　①，③，⑧

問4　④　　問5　②　　問6　⑦

問7
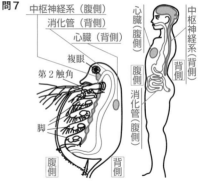

問8
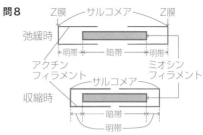

問9
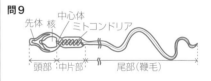

問1　①はゾウリムシ，②は T_2 ファージ（バクテリオファージ）である。③は大腸菌だが，教科書では鞭毛は省略されていることが多い。④はプルテウス幼生，⑤はミトコンドリア，⑥は出芽途中の酵母，⑦は筋原繊維，⑧は赤血球，⑨は運動ニューロンである。なお，P軸索は，⑨の「この部分」の構成成分を指す用語なので，⑨の答えとしては不適である。⑩はショウジョウバエの染色体，⑪はタンパク質（ミオグロビン）分子，⑫は中心体，⑬は葉緑体をそれぞれ表している。

問2　①〜⑬のおよその大きさは，次のとおりである。①ゾウリムシは約200µm，②ファージなどの属するウイルスは100nm〜300nm，③大腸菌は約3µmである。④プルテウス幼生は，直径約100µmのウニ卵が卵割（胚の体積はあまり変化しない細胞分裂）などにより生じ，その大き

さは約200μmである。⑤ミトコンドリアは2～3μmの細胞小器官であり，⑥酵母は約10μmの単細胞生物である。⑦筋収縮の単位であるサルコメア（Z膜からZ膜まで。筋節ともいう。）は，約2.5μmであり，図の縮尺はサルコメア四つ分であるので約10μmとなる。⑧ヒトの赤血球は標準的な大きさの真核細胞（50～80μm）に比べて小さく，その直径は約8μmである。⑨ヒトの運動ニューロンのうち，長いものは1m以上もあるが，細胞体の大きさは数10μmである。⑩の染色体は対合も，動原体での結合もしていないことから，だ腺染色体ではなく，通常の染色体であるので，縮尺は1μmである。⑪タンパク質は1～10nmのものが多く，ミオグロビンは約3nmである。⑫中心体は中心小体（直径約0.2μm）が二つ集まった細胞小器官であり，⑬葉緑体は約5～8μmの細胞小器官である。

問3　②ファージはウイルスの一種であるので細胞膜で囲まれた細胞構造をもたない。⑥酵母は出芽中なので，二個の細胞からなると考えられる。

問4～6　図2については，①タンチョウ（ツル科），②コウノトリ（コウノトリ科），③ヤンバルクイナ（クイナ科），④トキ（トキ科），⑤シギ

科の鳥（コシャクシギなど），⑥ライチョウ（キジ科），⑦アホウドリ（アホウドリ科）である。

　⑤と⑥は「やや難」であるが，それ以外は，図から名称や保護状況を言えるようにしておこう。

問7　ミジンコは節足動物門の甲殻類に属している。ミジンコの体のつくりは知らなくても，同じ甲殻類に属するエビ（の仲間）に関する知識（次ページの**表100-1**）をもとに答えよう。描画のポイントは，ヒトでは消化管や心臓が腹側にあり，中枢神経系（脊髄）が背側にあるのに対して，ミジンコでは消化管や心臓が背側にあり，中枢神経系が腹側にあるように描くことである。

問8　描画のポイントは，筋肉の弛緩時と収縮時のそれぞれの図において，アクチンフィラメントの長さが同じになるように描くこと，同様に，ミオシンフィラメントの長さも同じになるように描くことである。

問9　教科書に出ている「運動性をもつ動物の雄性配偶子」の図，つまり精子の図を正しく描こう。
【参考】哺乳類などの精子では頭部と中片部の間に頸部と呼ばれるやや細い部分が区別され，ここに中心体がある。

Success Point　描画問題に関する出題の傾向と対策

① 本書では，図を描かせる問題を「描画問題」と呼んでいる。なお，描画問題には，「グラフや構造式を描く問題」や「元になる図（ベース）に線を描きたす問題（電気泳動やメセルソン・スタールの実験におけるバンドの位置や，制限酵素切断部位や染色体地図上の遺伝子の位置を示す問題」など）は含まない。

② 近年（2015～2020年の6年間）における「記述・論述式の（記述や論述を含む）大問」の出題総数（約5600題）に占める描画問題の出題総数（約310題）の割合は約5.6%である。

③ 描画問題のテーマ（項目数）は100を超えるが，それらのうち，出題頻度が上位10位までのテーマ（下表）のみで，出題総数（約310題）の約50%を占めている。

1	系統樹（アミノ酸や塩基の置換数より）	6	カエル胚（原腸胚，尾芽胚など）
2	免疫グロブリン（可変部，定常部など）	7	生体膜（リン脂質の親水・疎水部など）
3	細胞小器官（葉緑体，ミトコンドリアなど）	8	内分泌腺（それぞれの形と存在位置など）
4	サルコメア（アクチン・ミオシンフィラメントなど）	9	ABCモデル（花の構造とともに）
5	細胞分裂像（染色体の挙動とともに）	10	血球（赤血球，白血球など）

④ 描画問題の対策として，「記述・論述式の大問」を出題する大学の志望者は，上表のテーマに関する教科書の図を，一度自分の手で描いておこう。なお，描画問題の出題頻度が高い大学（東京医科歯科大・慶應大（医）・北海道大・東京農工大や，教育学（部）系など）の志望者は，丁寧な過去問分析に基づいて，上表の10テーマのほかに守備範囲を広げる対策が必要になる。

表 100-1 節足動物・脊椎動物比較表

分類＼項目		節足動物門				脊索動物門（脊椎動物亜門）							
		甲殻類（甲殻亜門）	クモ・ダニ類（鋏角亜門）	ムカデ・ヤスデ類（多足亜門）	昆虫類（六脚亜門）	無顎上綱	軟骨魚綱（軟骨魚類）	肉鰭綱	条鰭綱	両生綱	爬虫綱	鳥綱	哺乳綱
							有顎上綱（あごをもつ，顎口類ともいう）						
例		エビ・カニ・フジツボ・ミジンコ	クモ・ダニ・サソリ・カブトガニ	ムカデ・ヤスデ・ゲジ	トンボ・ハエ・チョウ・バッタ	ヤツメウナギ・ヌタウナギ	サメ・エイ	シーラカンス・ハイギョ	（海水生）アジ・タイ（淡水生）コイ・フナ	カエル・イモリ・サンショウウオ	ヘビ・ヤモリ・カメ・ワニ	スズメ・ワシ・ニワトリ	ヒト・ネズミ・ウシ・クジラ・（卵生）カモノハシ
発生・形態	卵割	表割				全割・盤割	盤割	不明	盤割	放射卵割	盤割		放射卵割
	卵生・胎生 羊膜	卵生（羊膜がない）				卵生（羊膜がない）					羊膜あり（羊膜類）		
											卵生	卵生	胎生
	胚葉	三胚葉				三胚葉							
	口	旧口動物（原口が口になる）				新口動物（原口付近に肛門が形成される）							
	体腔	真体腔〔裂体腔〕				真体腔〔腸体腔〕							
	体制	左右相称				左右相称				四肢をもつ（四足動物）			
		脱皮動物											
体温		変温動物				変温動物						恒温動物	
消化		細胞外消化				細胞外消化							
		消化管貫通〔背側に位置する〕				消化管貫通〔腹側に位置する〕							
		中腸腺（肝すい臓）				肝臓・すい臓区別あり							
呼吸		えら	書肺（クモ）気管（ダニ）	気管		えら		肺	えら		肺		
循環系		開放血管系				閉鎖血管系							
						1心房1心室				2心房1心室		2心房2心室	
排出	器官	触角腺	マルピーギ管			腎臓							
						（前腎）	（中腎）				（後腎）		
	物質	アンモニア	尿酸			アンモニア	尿素	アンモニア		/尿素	尿酸（尿素排出のカメなどもいる）	尿素	
神経		集中神経系				集中神経系							
		はしご形の中枢（中枢は腹側に位置する）				管状の中枢〔管状神経系〕（中枢は背側に位置する）							
						運動に関する中枢である中脳・小脳が発達				小脳が未発達	小脳が未発達	小脳が発達	大脳が発達
その他		種々の体節構造				体外受精					体内受精		
		体外受精／体内受精											

198

MEMO

生 物 問 題 集

合格100問

［生物基礎・生物］
定番難問編

解 答　解 説